Der Mond –
Urbrunnen der Seele

Astrologie des Mondes

Randolf M. Schäfer

DER MOND

Urbrunnen der Seele

Mein besonderer Dank gilt meiner Freundin Iris Hesse für ihre Anregungen und Inspirationen.

1. Auflage 2004
ISBN 3-03819-017-9
2004 by Urania Verlag, Neuhausen/Schweiz

Umschlaggestaltung: Antje Hellmanzik
unter Verwendung des Bildes „Moongodness" von Linda Garland,
Artwork – Agentur Walter Holl
Satz: Antje Hellmanzik, Aachen
Druck: fgb, Freiburg i.Br.
www.uraniaverlag.ch
www.tarotworld.com

Printed in Germany

Inhalt

Die zwölf Mond-Themen als Ausdruck des Unbewussten

„Die erste Stufe der unkörperlichen Substanz ist ein Leben,
also die Seele. Jene unkörperliche Substanz aber
scheint dasselbe wie ein Leben zu sein.
Weil nun dem Leben die wunderbare Kraft eignet,
den Körper zu durchdringen, zu einigen und zu bewegen,
hat vor allem die durchaus unkörperliche Substanz eine solche Kraft.
Es gibt nun solcherart Leben in der Ordnung der Dinge.
Denn der lebendige Körper hängt mehr von dem ihm verbundenen Leben ab
als vom Körper das Leben.
Denn der Körper wird von daher geformt erhalten, geführt und bewegt.“

(Marsilio Ficino, Traktate zur Platonischen Philosophie)

Marsilio Ficino – seinen Mitphilosophierenden zum Gruße:
„Die aus dem höchsten Haupte des Jupiters aller Dinge
geborene Weisheit empfiehlt ihren philosophischen Liebhabern,
sie mögen doch, wenn sie nur begehrten die geliebte Sache zu besitzen,
konsequent vor allem die Hauptbestimmungen der Dinge
und nicht die niedrigsten Spuren derselben erforschen!"
(Marsilio Ficino – Traktate zur Platonischen Philosophie)

Einleitung

Dieses Buch ist dem Urprinzip Mond gewidmet. Im Sinne der hermetischen Astrologie entspricht der Mond Ihrer seelischen Wurzel, dem Unbewussten und damit der Urquelle des Lebens an sich. Alles Leben ist aus dem Wasser (Mondprinzip) entstanden, und so ist dieses Urprinzip die Urquelle der unbewussten Manifestationen in Ihrem Leben. Dieses Buch kann Ihnen, ein Wegweiser sein, um die verborgenen Kammern und Schichten Ihrer Seele zu ergründen. Die Stimmungsbeschreibungen Ihrer Mondenthemen und die Anregungen zu meditativen inneren Erfahrungen ermöglichen es Ihnen, sich Ihrer seelischen Wurzel anzunähern. Dieses Buch kann Ihr Begleiter werden, der Sie zum Urbrunnen Ihres Seins führt und Sie mit der „Nachtseite des Lebens" verbindet. Im Folgenden erläutere ich Ihnen die Gründe, die eine Hinwendung zur so genannten „Nachtseite des Lebens" hilfreich und notwendig werden lassen, um zu einer wirklich nachhaltigen Zufriedenheit und Ausgeglichenheit im Leben zu gelangen.

Heutzutage determinieren wirtschaftliche Gesichtspunkte unser Leben von Anbeginn an. Der Mensch wird zu einem gefügigen Diener der äußerlichen Erfordernisse erzogen, dadurch dass alles auf Funktionalität und rationale Lebensbewältigung ausgerichtet ist. Von frühster Kindheit an konzentriert sich unsere Energie darauf, die Welt zu erobern: Man geht zur Schule und vielleicht zur Universität, man absolviert eine Berufsausbildung und versucht, sich im Leben zu profilieren, gründet eine Familie, verwurzelt sich durch die Verfestigung des Erreichten und schafft Vermögen und Absicherung. Nach dem Überschreiten des Lebenszenits, der fiktiven Lebensmitte ab dem 42. Lebensjahr, entsteht bei vielen Menschen ein luftleerer Raum, ein seelisches Vakuum. Ab diesem Punkt versuchen sie nur noch, den erreichten Status quo zu erhalten. Oft werden in dieser Dynamik viele Fragen, die den eigentlichen Kern des Menschseins betreffen, nicht gestellt, obwohl sie sich diffus durch veränderte und zum Teil depressive Stimmungslagen aufdrängen.

Es sind Fragen wie: *Wer bin ich eigentlich? Warum musste ich in meiner Kindheit bestimmte Erlebnisse machen? Welche Rolle nahmen meine Eltern in meinem Leben ein? Was bedeuten meine Gefühle? Was gilt es in meiner Seele zu entdecken? Was geschieht, wenn ich die Augen schließe und mein Bewusstsein im Geiste schweifen lasse? Wieso gelingt es mir manchmal, die Gedanken anderer Menschen intuitiv zu empfangen? Warum fühle ich mich in dieser Welt nicht zu Hause? Was für Botschaften erhalte ich aus meinen Träumen? Was geschieht, wenn ich eines Tages sterben werde?*

Eine Fülle von Fragen, die sich auf den Bereich beziehen, den ich die „Nachtseite des Lebens" genannt habe. Es ist jener innere Aspekt des Menschseins, der aus der Sicht des nach außen orientierten Leistungsbewusstseins rational erst einmal keinen „Gewinn" bringt. Doch ist dieser seelische Aspekt, jene „Nachtseite des Lebens", nicht zu unterschätzen. Von ihm hängt unser inneres Gleichgewicht ab. Hat man den inwendigen Bereichen keine Beachtung geschenkt, dann verkümmern die inneren Sinne, wie auf der körperlichen Ebene Muskeln verkümmern, wenn der Mensch sie nicht benutzt. Ruhig gestellte Gliedmaßen sind nach längeren Phasen des Ruhestandes schwerlich in der Lage, den Körper zu tragen. Sie müssen erst wieder trainiert werden, um ihre Leistungsfähigkeit zurückzugewinnen. Im übertragenen Sinne verhält es sich genauso mit den inneren Sinnen des Menschen, auch sie müssen nach längeren Ruhephasen erst erweckt und aktiviert werden. Damit schafft der Mensch jenen ausgleichenden Pol, aus dem die bereichernde Kraft, die den Menschen trägt und inspiriert, entspringt. Die „Nachtseite des Lebens" ist die Quelle des Seins, und der Mensch ist ein Wesen, das jener geheimnisvollen Quelle entsprungen ist.

Das Drängen und Hasten der heutigen Zeit, in der niemand mehr so recht „Zeit hat", packt den Erwerbsmenschen unserer Tage mit tausend Klauen und zieht ihn in den irrsinnigen Strudel sich überstürzender äußerer Eindrücke und Geschehnisse, die mit ihren anstrengenden Erfordernissen die Betroffenen in ihrem Bannkreis halten. Der Mensch von heute hat buchstäblich alle Hände voll zu tun, um diesen Anforderungen, die das Leben von außen an ihn stellt, gerecht zu werden, besonders auch um sich unerwünschter Eindrücke zu erwehren, die nicht zu seiner Arbeit Gehöriges von ihm fernhalten. Er muss mehr als je zuvor Kräfte in sich ausbilden, die es ihm ermöglichen, ohne Gefährdung seiner Physis, geschweige denn seiner Seele, hier durchzuhalten und im Weltengetriebe nicht zu zerbrechen. Die Grundprobleme des 21. Jahrhunderts sind in der Zersplitterung und im Verlust des inneren Zentrums eines jeden zu finden. Der Mensch hat in vielen Bereichen die Orientierung verloren, was sich auch in der äußeren materiellen Welt symbolisch widerspiegelt. In der äußeren Welt wird dies dadurch ersichtlich, dass viele Bereiche des Arbeits- und Alltagslebens keine Richtung mehr besitzen, alles scheint aus der Bahn geraten zu sein, da die entsprechenden Kontrollmechanismen versagen und tragende Strukturen zusammenbrechen. Es nützt nichts, sich von diesem Strudel mitreißen zu lassen, vor allem nicht, indem man einer grassierenden Angst Raum gibt. Vielmehr sollte die sichtbare Symbolik, die allerorten dem Menschen entgegentritt, die Erkenntnis wecken, dass es eigentlich der Mensch selbst ist, der aus dem Zentrum geraten ist.

Sucht man nach Mitteln und Wegen, diesem scheinbar unaufhaltsamen Prozess entgegenzuwirken, sollte man vor allem bei sich selbst beginnen. Alle Manifestationsprozesse dieser Schöpfung bewegen sich stets von innen nach außen. Das Außen ist nur der Abglanz einer inneren Wirklichkeit. Der Mensch erlebt im Zerrspiegel der Umwelt seine eigene innere Wirklichkeit, die vollkommen unstrukturiert ist und keine Kraft besitzt. Die daraus resultierende physische und geistige Abspannung und Erschöpfung nach voller Tagesarbeit treibt die Betroffenen in einen fatalen Teufelskreis. Körper und Gehirn sind derart Ruhe bedürftig, dass sie zusätzlich zu der bestehenden mangelnden Zentrierung gerne auf jeden weiteren Anspruch verzichten. Man will in Ruhe gelassen werden, und mit diesem Bedürfnis sucht man einen Zustand, der Zerstreuung genannt wird. Diesen findet der Mensch dann in mancherlei Beschäftigungen, die Ablenkung vom Tagesgeschehens versprechen sollen. Zumeist sind dies äußere Aktivitäten, die einen „löschenden" Charakter besitzen, um die Eindrücke des Tagesgeschehens aus dem Bewusstsein zu tilgen. Der größte Fehler besteht in der Annahme, in einer derartigen Lebensgestaltung die notwendige Kraft finden zu können. Alles, was der Mensch bis zu diesem Zeitpunkt, den er fälschlicherweise Entspannung nennt, vollbringt, ist in den meisten Fällen nur reine Außenorientierung und fußt auf der „Tagseite des Lebens". Hier fügt er lediglich einen weiteren Zerstreuungsakt hinzu. In einer derartigen äußerlichen Lebensführung fehlt eine Zentrierung, die nach innen führt. Solange der Wunsch lautet, sich zerstreuen zu wollen, um abzuschalten, wird diese Zerstreuung immer größer werden. Das hat zur Folge, dass das Leben immer konturloser wird, also im sprichwörtlichen Sinne zerstreut. Um dies sinnvoll auszugleichen und damit der Abwärtsbewegung einen Einhalt zu gebieten, ist es nötig, eine Gegenbewegung zum ohnehin schon dezentrierten Leben auszuführen – nur so kann eine wirkliche Entspannung entstehen. Wirkliche Entspannung beruht auf der Hinwendung zum Gegenpol als Ausgleich, und diese folgt immer auf sein polares Gegenstück. Dieser Ausgleich ist bei einer übersteigerten Außenorientierung in der Hinwendung an den seelischen Aspekt des Menschseins gebunden, eben an die „Nachtseite des Lebens". Einerseits fehlt dem Menschen als überfordertem Einzelindividuum die Hinwendung zur Nachtseite des Lebens, andererseits ist diese Hinwendung auch als eine kollektive Notwendigkeit anzusehen, denn die bestehende Zivilisation ist aufgrund der Übersteigerung der Tagseite des Lebens erkrankt.

Die Quelle von Regeneration und Kraft liegt in der Konzentration auf einen inneren Aspekt des Menschseins, wenn sie einen aufbauenden Charakter haben soll. Äußeres Leben will mit einem inneren geistigen Leben ausgeglichen werden. Dem Menschen ist der Zugang zu seinem inneren Leben jedoch weitgehend verloren gegangen. Er befindet sich im Ungleichgewicht, so dass dieser Zustand der Harmonie wieder sukzessive zurück erarbeitet werden muss. Diese Inhalte werden in der Symbolik des äußeren Niedergangs an ihn herangetragen. Dieser wird allmählich dazu beitragen, dass der Mensch sich gezwungenermaßen einem inneren Leben zuwendet, weil die äußere Welt für ihn schal und trostlos geworden ist wie die Landschaft in den Wintermonaten des Jahres. Wenn sich diese Abödung vollzieht, dann ist ein solches Geschehen als ein ungesunder zwanghafter Prozess zu werten, der vom Gesichtspunkt kosmischer Gesetzmäßigkeiten deshalb eintreten muss, weil der Mensch anders nicht bereit ist, den Erfordernissen der Hinwendung an seine inneren seelischen Räume zu folgen. Jeder Mensch besitzt in seinem Leben die Möglichkeit, die Signale zu verstehen, um sie in entsprechender Form aufzunehmen und die notwendigen konsequenten Schritte einzuleiten.

Viele Kulturen vor uns haben die Bereiche des inneren Menschseins intensiv erforscht und waren geradezu Meister in der Bewältigung der Fragen, die sich auf das inwendige Wesen beziehen. Der heutige Mensch sollte sich vor allem aus seiner Vermessenheit herauslösen zu glauben, dass alleine unsere moderne Kultur aufgrund der vorhandenen Technisierung etwas zu den letzten Dingen der menschlichen Existenz beizutragen hat. Es ist gerade umgekehrt: Aufgrund der Hochtechnisierung sind die zentralen Lebensfragen abhanden gekommen, die in früheren Kulturen Allgemeingut waren. Diese betreffen das Menschsein an sich: Die Zeit unseres Lebens und was der einzelne Mensch daraus macht, alles andere ist genau betrachtet nur Beiwerk, das aufgrund eines geistigen Werteverfalls einen zu großen Stellenwert erhalten hat. Jeder Mensch lebt, auch wenn er es nicht bewusst wahrnimmt, in einem sehr vielschichtigen Zustand. Er ist von seiner Grundanlage her ein „dreidimensionales Wesen", das aus den drei Säulen Körper, Geist und Seele besteht. Damit ist er, wenn auch in vielen Fällen unbewusst, ein ewiger Wanderer zwischen zwei Welten, der die Zwiespältigkeit von Geist und Materie in sich trägt; ein recht seltsames und geheimnisvolles Wesen, das sowohl der stofflichen Welt als auch der Welt des Geistes angehört.

Dieses Buch ist der seelischen Wesenskomponente gewidmet, die die Aufgabe einer Mittlerin zwischen dem Irdischen und dem Geistigen erfüllt. Sie entspricht einer inneren Instanz, die jedem Menschen aus seinen nicht steuerbaren Gemütslagen, den intuitiven Wahrnehmungen sowie den Symptomen seines Körpers, die man als Stimme des Unbewussten verstehen kann, besteht. Wenngleich der Mensch der Materie und dem Geiste zugehörig ist, so macht doch seine Seele, die mit dem Geist korrespondiert, sein eigentliches, wenn auch tief verborgenes Wesen aus. Der Geist bedient sich der physischen Beschaffenheit der Materie, um sich zu manifestieren und um über die Vielzahl weltlicher Impulse die nötigen Erfahrungen zu machen. Von Geburt an begleitet den Menschen ein Lebensgefühl, das – von Ausnahmen abgesehen – sehr auf den einen Aspekt des materiellen Lebens begrenzt ist. Man orientiert sich an äußeren Gegebenheiten und richtet das ganze Leben von Anfang bis zum Ende in ein und derselben Intention aus, als wäre das Menschsein nur an materielle Äußerlichkeiten gebunden.

In außergewöhnlichen Gefahrensituationen eröffnen sich manchmal andere Wahrnehmungsformen. Oft genug sind Menschen, die ein wirklich extremes Erlebnis hinter sich haben, welches in seelische Grenzbereiche hineinführte, danach vollkommen verändert. Sie stellen ihr Leben um, können es nicht länger in der gewohnten Manier fortsetzen, weil sich ihnen zuvor verborgene Seinsbereiche erschlossen haben, die ihre Konzentration von der Außenwelt auf die Innenwelt umlenkten. Über derartige schicksalhafte Umwege tritt oft in zwingender Form die Notwendigkeit zur inneren Einkehr an die Betroffenen heran, die jedem Menschen auch frei zugänglich wäre, nämlich dadurch, dass er sich mit seinen geistig-seelischen Wurzeln auseinander zu setzen beginnt. Mit zunehmendem Alter spielt die Anbindung an den Bereich des Inneren eine immer bedeutsamere Rolle. Die „Nachtseite des Lebens" vermag den Menschen ungemein zu bereichern und zu beleben. Dies ist auch die Aufgabe für den Menschen in der Zukunft. Zu lange hat er Mühen darauf verwandt, die sichtbare materielle Welt beherrschen zu lernen. Nun ist er an die Grenzen der Materie gelangt und aufgerufen, jene Seite zu erobern, die genau die andere Hälfte des Seins darstellt. Dies wird allein schon dadurch verständlich, weil jeder Mensch, um sein tägliches Leben entspannt und regeneriert steuern zu können, eine gewisse Schlafdauer benötigt. Ohne den nötigen Schlaf wäre er nur für eine kurze Dauer der Belastung täglicher Erfordernisse gewachsen. Genauso verhält es sich mit der inneren Einkehr, die jeder Mensch für sich halten sollte. Es ist insbesondere ratsam, sich seinem psychischen Innenraum zuzuwenden, wenn man die durchschnittliche Lebensmitte (ab ca. 42 Jahre) überschritten hat.

Besonders wenn der Mensch psychisch aus der Bahn gerät und sein inneres Gleichgewicht verliert. Wenn man beispielsweise an unerklärlichen Traurigkeitsgefühlen leidet und eine innere Zerrissenheit oder gar Sinnlosigkeit im Leben empfindet. Dies kann sich beim einen früher, beim anderen später einstellen. Plötzlich ist man mit dem Leben und dem Erreichten nicht mehr zufrieden und möchte etwas verändern, nur weiß man nicht so recht, in welche Richtung man sich bewegen soll. Dies sind deutliche Signale der Seele, die auf ihre Art und Weise den Menschen auf einen anderen Weg zu führen versucht. Man hat plötzlich das Gefühl, etwas versäumt zu haben, oder glaubt, die Zeit beginnt immer schneller zu laufen, so dass man fürchtet, vom endlosen Strom mitgerissen zu werden, ohne ihm etwas entgegensetzen zu können. Hier ist es bedeutsam, sich bewusst zu machen, dass die Disharmonie, die man im Inneren als auch in der äußeren Welt erfährt, sich daraus ergibt, dass man im Leben den Zusammenhang der drei Faktoren – Körper, Geist und Seele – nicht berücksichtigt. Ohne deren synthetische Verknüpfung stellt der Mensch sich jedoch außerhalb der kosmischen Gesetzmäßigkeiten; ihre Nichtbeachtung lässt ihn als Wesen immer mehr aus der Bahn geraten, wodurch er einem Chaos von Kräften ausgesetzt ist, denen er nicht gewachsen ist.

Der Ausweg liegt im Bewusstsein des Menschen selbst. Dort gilt es jenen anderen Punkt einzunehmen, der ihn über seine eingefahrene und unveränderte Lebensführung hinausführt. Dies bedeutet aber, innezuhalten und sich mit sich auseinander zu setzen, indem man lernt, in sich hineinzulauschen und aufsteigenden Gefühlen einen Raum zu geben, lernt, sie nicht verdrängen zu wollen, weil man glaubt, sie nicht gebrauchen zu können, sondern einen Dialog mit dem inneren Wesen zu beginnen.

Das bedeutet, sein eigenes Leben als eine Ausformung des eigenen Inneren zu verstehen, sozusagen als geronnene Seelensubstanz; eine Ausformung des eigenen Unbewussten, die darauf wartet, durch die bewusste verantwortungsvolle Wahrnehmung und Bearbeitung wieder erlöst zu werden.

Der äußere und der innere Mensch

Bevor man sich mit dem Thema des Lebenssinnes und -verlaufes näher beschäftigt, ist es bedeutsam, den Begriff des Menschseins klarer zu definieren. Ist der Mensch wirklich nur das, wofür ihn das Gros der Menschheit hält: Ein Körper, bestehend aus Haut, Knochen, Muskulatur, Sehnen und Organen, die nach dem Tode verwesen und zu Staub zerfallen, eine Arbeits- und Verbrennungsmaschine mit einem angeblich freien Willen? Oder ist der Mensch das, wofür ihn die christlichen Theologen halten: Ein vergänglicher und sterblicher Körper, den ein unsichtbares Etwas, die Seele, belebt und die sich nach dem Tode vom Körper absondert, und während der Körper zu Staub und Erde zerfällt, steigt die Seele entweder nach getanen „guten Werken" zum ewigen Leben in den Himmel auf oder sie wird der ewigen Verdammnis, dem Fegefeuer, der Hölle, überantwortet?

Weder die eine noch die andere Auffassung über die eigentliche Wesenheit „Mensch" trifft den Kern der Frage. Der Mensch ist ein polares Wesen. Das heißt, er ist ein Wesen, das aus einem physischen Körper besteht, der dem Zerfall zu Staub unterworfen ist und der einen zweiten geistigen Körper – den wirklichen Mensch – in und um sich hat, den die Welt nicht kennt und der auch eine andere Sprache spricht. Dieser „innere Mensch" ist bereits vor der Geburt da, während der „äußere Mensch" sich erst Stück für Stück bilden muss, was wir allgemein als den Prozess des Aufwachsens bezeichnen. Geist und Körper sind die beiden Pole, die den Menschen beherrschen. Nicht der vergängliche Körper ist das Wahre und der Anfang, sondern der Geist oder der kosmische Funke in uns. In der Schöpfungsgeschichte heißt es: „Am Anfang war das Wort", vor jedem Wort aber steht immer ein Gedanke, der als Impulsgeber des Wortes anzusehen ist. Bei jeder Schöpfung, sei es die große kosmische Schöpfung oder die kleine im menschlichen Rahmen, braucht es immer erst eine Idee, auf die eine Manifestation folgen kann. Das Sichtbare entsteht aus dem Unsichtbaren, und jede Form hat ihren Ursprung in der Ideenwelt. Somit wird deutlich, dass es keine Welt der gesetzmäßigen und sichtbaren Manifestationen geben kann, wenn ihr nicht eine geistige mit ihren Ursachen gegenüberstünde.

Wer dies erkennt, vermag auch nachzuvollziehen, dass nicht das Sichtbare das Wirkliche ist. Die sichtbare Welt und unser physischer Körper sind sekundär, denn aller Ursprung ist im Inneren zu finden. Der Körper ist das Kleid des inneren Menschen, der diesen für die Dauer seines irdischen Daseins bewohnt. Diese Aussage lässt sich in jedem Moment nachvollziehen, sofern man sich bewusst macht, dass die Gedanken, Gefühle und

Wahrnehmungen Bestandteile des inneren Menschen sind. Man braucht nur für einen Moment die Augen zu schließen und zu versuchen, sich getrennt vom Körper als geistiges Wesen wahrzunehmen. **Der Geist ist unabhängig vom Körper.** Zwar steht er mit ihm in Verbindung, doch der Körper ist nur das Fahrzeug, das der Sterblichkeit und Vergänglichkeit unterworfen ist, der Geist aber entspricht unsterblicher Ewigkeit!

Wer sich den Wechsel zwischen diesen beiden Ebenen veranschaulichen kann, wird zu der Erkenntnis kommen, dass unsere moderne aufgeklärte Weltanschauung eine Sackgasse ist. Der Mensch entsteht nicht allein aus einem biologisch nachvollziehbaren Prozess, sondern der biologische Prozess entsteht aus dem Bedürfnis des geistigen Menschen, sich verkörpern zu wollen. Nach seinem Ableben geht der innere Mensch wieder in die geistige Welt zurück. Damit entsteht ein Rhythmus des immer währenden Kommens und Gehens. Wer dies erkannt hat, weiß, dass sein jeweiliges Erdenleben im physischen Körper eine große Möglichkeit bietet, sein Spektrum des Erlebens durch das Hinzufügen der geistigen Inhalte zu erhöhen. Die Zuwendung an den zweiten Aspekt des Lebens ist also kein Akt der Weltflucht oder Realitätsferne, sondern vielmehr als Notwendigkeit und als eine Krönung des stofflich orientierten Lebens anzusehen.

Den Weg zu solcher Erkenntnis muss aber jeder selbst finden. Es muss dem Menschen aufgrund einer inneren Unzufriedenheit mit den allgemeinen Lebensgepflogenheiten ein echtes Bedürfnis sein, nach anderen Lebensinhalten zu forschen. **Niemals kann einem Sterblichen der Weg zu geistiger Hinwendung dogmatisch verschrieben werden!**

Jeder Weg ist immer ein individueller Weg, der nicht gelehrt, sondern nur erfahren werden kann. Methoden gibt es viele und Beschreibungen darüber noch mehr, doch es gibt nur einen Weg. Die Form des Weges wird klarer, wenn man sich die Zusammensetzung des Menschen nochmals anschaut. Der Geist als kosmischer Seelenfunke des inwendigen Menschen gelangt durch die Geburtspforte in das Erdenleben und geht durch die Todespforte zu seinem Ursprung zurück.

Vom Antritt ins diesseitige Leben bis zum Austritt bedient sich der Geist des irdischen Körpers. Diese beiden Pole streiten miteinander. Wer den Weg der Wandlung gehen will, sollte vor allem Fragen nach Sinn und Zweck allen Daseins stellen. Wer durch das Studium der kosmischen Gesetze den inneren Ausgleich zwischen den miteinander streitenden Naturen des Menschen herzustellen lernt, schafft jene Harmonie in seinem Leben, die sich immer dann einstellt, wenn man der einen stofflichen Hälfte des Lebens die andere geistige hinzufügt. Doch dies ist im Sinne von wirklicher Arbeit und auch Systematik zu verstehen, denn ein *Sich-dem-Geiste-*

Zuwenden sollte weder als intellektuelle Spielerei noch als kurze Zeitgeisterscheinung verstanden werden. Es bedarf kontemplativer Versenkung, Konzentrationsübung und Reflexionsarbeit, die das vorangegangene Leben mit seinen Stationen betrifft. Die Arbeit am eigenen Innenraum bedeutet, dass man sich seine wirklichen Anliegen, seine Gefühle und Motivationen anschaut und jene Bereiche, die den Menschen durch den nicht bewussten Abgrund seiner wahren Natur führt. Er muss den Teil, zu dem er in seinem Tagesbewusstsein „Ich" sagt, Stück für Stück erforschen und möglicherweise Selbstbilder und Lebenslügen verwerfen. Auf einer Ebene besitzt der Mensch die Freiheit der Willensentscheidung: Er kann entscheiden, ob er bewusst einen Weg geht oder ob er – vom Strom des Lebens getrieben – jene Teile gereicht bekommt, die ihm an nötiger Erfahrung fehlen. Er kann sich entscheiden, welchen Weg er gehen will: den Weg in Richtung geistiger Bewusstheit, indem er sich die Nachtseite des Lebens erschließt, oder den Weg der äußeren materiellen Welt.

Der Schlüssel
zu den verborgenen Kammern der Seele

Mittels der hermetischen Astrologie ist es möglich, in die tieferen, gesetzmäßigen Zusammenhänge der seelischen Entwicklung sowie der seelischen Ausdrucksformen, die wie ein unterirdischer Strom unter der sichtbaren Kausalität des Alltages fließen, einen Blick zu werfen und in das Gewebe des inneren Schicksalsablaufes des Menschenlebens hineinzusehen. Die hermetische Astrologie stellt den Zusammenhang zwischen Seele und Schicksal her. **Die äußeren Begebenheiten werden für sie zum Forschungsgegenstand, um die nötigen Rückschlüsse auf die Seeleninhalte ziehen zu können.** Nur die zeitlose Ebene einer metaphysischen Betrachtung kann den Menschen auf jenen Standpunkt heben, von dem aus er sein Leben als ein Ganzes sieht, nämlich als eine eigene wachsende Gestalt. Von diesem gewahrt er seine Individualität, die aus ihm selbst quillt und sich von innen heraus in die Zeit hinein ergießt, in der sie dann losgelöst in der Reihe der Einzelereignisse erscheint. Die hermetische Astrologie zieht ihre Rückschlüsse aus den äußeren Lebensformen und schließt von diesen auf die darin zu Grunde liegenden unbewussten Seelenraster und deren Inhalte. Darüber hinaus macht sie diese bewusst und formuliert aus ihnen die für den

Menschen notwendigen Lernerfahrungen. Damit ist die hermetische Astrologie ein Modell, das den Menschen auf seinem Lebensweg zu befreien vermag, sie agiert nicht gegen die Bedingungen des Lebens, sondern arbeitet mit ihnen. Das ist ein gravierender Unterschied zu den üblichen Umgangsweisen der Menschen mit ihrem Leben. Das richtig angewandte astrologische Weltbild, im Sinne der hermetischen Philosophie, akzeptiert das Erlebte als Möglichkeit des Wachstums, aus dem ein Heilwerdungsprozess entstehen kann. Der Mensch sieht die Geschehnisse nicht von sich separiert, sondern kann über diese einen direkten Bezug zu seinem Unbewussten herstellen. In der makrokosmischen Welt, im Reich der Planeten und Gestirne, der Sonnen und Sonnensysteme, ist alles nach mathematisch erkennbaren und berechenbaren Gesetzen geordnet. Jeder Planet zieht seine definierte Bahn, die auf die Gesamtheit abgestimmt ist. Immer und überall im Mikrowie im Makrokosmos findet man die allgegenwärtigen Widerspiegelungen ewiger, lebendiger und unfehlbarer Prinzipien.

Gleichgültig, wie sich die Offenbarung des Weltenganzen auch zeigen mag, niemals wird dem Menschen die Wahrheit auf direktem Wege offenbart, auch wenn er sich noch so sehr in seinem Verständnis intellektuell klare und lineare Aussagen wünscht, aus denen er Antworten auf seine Fragen erhalten könnte, wie er sich in seinem Leben zu orientieren hat. Scheint auch der direkte Weg zu konkreten Antworten zu den Themen der Sinnfindung versperrt zu sein, so gibt es dennoch die Möglichkeit, mittels der Astrologie bedeutsame Hinweise auf die drängenden Fragen des Lebensweges zu bekommen. Diese Möglichkeit erschließt sich in der intensiven Beschäftigung mit Symbolen und Urprinzipien, indem man diese erforscht, studiert und sie auf andere Zusammenhänge analog abzuleiten lernt. Auf diese Weise stellt sich jedem Suchenden gleichnishaft das Absolute in vollkommener Ordnung, Schönheit und Harmonie dar. Diese Arbeit führt dazu, dass man die Botschaften erlangt, nach denen man forschte. Alles ist stets offenbar, die Schöpfung und das eigene Leben sind ein offenes Weisheitsbuch, man muss nur die Symbolik der Formen zu entschlüsseln beginnen.

Die gleichen Gesetze, die in der Welt als Ganzes allgegenwärtig sind, beherrschen und durchdringen natürlich auch das geistige und kausale Wesen des Menschen. Auch das Geburtsmuster, dargestellt im Horoskop eines jeden Menschen, unterliegt einer eigenen Ordnung und Schönheit, die sich aus den im Leben zu verwirklichenden Prinzipien ergibt. Die Hauptaufgabe des Menschen besteht gerade darin, sein persönliches Wesen mit den ewigen und unveränderlichen Prinzipien, der ewigen Ordnung der Dinge und denen seines persönlichen Geburtsmusters in Einklang zu bringen. Es gilt zu erforschen, welche Themen man im Laufe des Lebens zu lernen hat und welche Prinzipien im Laufe des Lebens erfüllt werden wollen. Dazu bedarf es zumeist einer Korrektur im Bewusstsein und der Umgestaltung des Lebens aus seinen eingefahrenen Bahnen.

Die Astrologie ist ein für diesen Zweck bestehendes Instrument, welches dem Menschen dazu verhilft, die Erfordernisse zu ergründen. Die daraus folgende Korrekturarbeit am eigenen Seelenmuster ist als eine Leistung auf dem individuellen Weg anzusehen, welche darin besteht, unter hermetischen Gesichtspunkten in das Gesetz des eigenen Geburtsmusters zu kommen. Stück für Stück setzt man gleichsam wie die Teile einer zerbrochenen Bildplatte im Bewusstsein die fehlenden Elemente wieder ein, die das Werk der Vervollkommnung unterstützen. In den meisten Fällen decken sich die persönlichen Ideale und Ziele des Menschen nicht mit den bestehenden Strukturen des Geburtsmusters und den zu erfüllenden Lernaufträgen des Bewusstwerdungsweges (Diese finden Sie in meinem Buch *„Astrologie – die Symbolik des Lebens entschlüsseln"*, Urania Verlag, definiert). Der Mensch selbst gerät durch sein subjektives Handeln immer mehr aus dem Gesetz seines Geburtsmusters, was sich darin auswirkt, dass im Leben manches „schief läuft". Die geläufige Redewendung drückt das eigentliche Problem sinnhaft aus, denn jedes Misslingen von Handlungen, jeder Misserfolg resultiert daraus, dass der Mensch nicht in seiner eigenen Ordnung ist, also jenen übergeordneten Gesetzen und Aufträgen nicht gerecht wird, die mit der Geburt als Auftrag an ihn ergangen sind. Gelingt es dem Menschen, die Harmonie mit seinem Geburtsmuster herzustellen, indem er daran arbeitet, die bestehenden Prinzipien seines Musters zu erfüllen, ordnen sich die Dinge in seinem Dasein, weil er im Sinne seines Auftrages in Wahrheit mit sich lebt und damit im Einklang mit der in seinem eigenen Inneren bestehenden Ordnung.

Der Mond als Urbrunnen des Unbewussten

In der Astrologie symbolisiert der Mond archetypisch das weibliche, aufnehmende Prinzip. In ihm spiegelt sich die Entsprechung der „weiblichen" Seite des Lebens als das weiche, passive und anlehnungsbedürftige Prinzip. Der Mond im Geburtsmuster des Menschen gibt Auskunft darüber, wie es um die Verwurzelung des Menschen im Verbund mit seiner Welt bestellt ist. Er lässt das Kräftespiel, das in den jeweiligen Familienmythen besteht, hervortreten. Der Mond beschreibt die Bereiche des seelischen Innenraumes und die Art von Gefühlen und Empfindungen, die jeder Einzelne hat. Über die Position des Mondes im Geburtsmuster erhält man auch Aufschluss darüber, wie der Mensch im Verbund mit seiner Umwelt lebt. Der Mond zeigt an, ob der Horoskopeigner sich z. B. in seinem Leben geborgen fühlt, ob er sich möglicherweise im Kollektiv isoliert empfindet oder die Welt ihm über seine persönlichen Grenzen tritt, so dass er das Gefühl hat, sich nicht abgrenzen zu können und anderen gegenüber durchlässig zu sein. Der Mond als aufnehmendes Prinzip ist jenes Element, das analog im Geburtshoroskop die Lern- und Aufnahmefähigkeit symbolisiert. Jede Lernerfahrung, die der Mensch macht, hat etwas mit der Bereitschaft zu tun, äußere Impulse aufzunehmen.

Jene weibliche Ur-Kraft ist eine archetypische Energie, die sowohl in jeder Frau als auch in jedem Mann zu finden ist. In jedem Menschen waltet diese Ur-Energie, bei dem einen mehr, bei dem anderen weniger. Sie alleine deutet an, inwieweit der Mensch im Verbund mit dem Leben steht. Für den Menschen ist es deshalb von großer Bedeutung, sich mit der ihm spezifischen Mond-Qualität zu identifizieren und sich bewusst zu machen, wie es um seinen wahren subjektiven Innenraum bestellt ist. Lebt er in falschen Identifikationen, durchläuft er in Form von leidhaften Erfahrungen in der Außenwelt jene Aspekte, die er in sich selbst nicht wahrnehmen kann. Der Mond im Geburtshoroskop eines Menschen stellt eine äußerst bedeutsame, wenn nicht sogar die wesentliche Komponente dar. Neben der Sonne, die sowohl das Lebenslicht als auch den Geburtsauftrag symbolisiert, ist der Mond jene zweite Instanz, welche Aufschluss darüber gibt, wie der Mensch im Leben verwurzelt ist. Mit der Stellung des Mondes im Horoskop erhält der Betrachter Aufschluss über die Art der Gefühle, über unbewusste subjektive Eigenarten und über die Aufnahmebereitschaft der Signale, die aus der Stoffeswelt an den Menschen ergehen.

Archetypisch gesehen stellt der Mond gegenüber dem männlichen Prinzip der Sonne das weibliche Prinzip dar. Er wird in allen Mythologien als weibliche Gottheit dargestellt, manchmal als Schwester, meist aber als Gefährtin des Sonnengottes. In der griechischen Mythologie begegnen wir der Mondgottheit in mehrfacher Gestalt. Einmal in der Jagdgöttin Artemis, die das ruhelose Triebleben darstellt, als Verkörperung der ehelichen Liebe in der Gestalt der Göttin Hera sowie als Künderin der dunklen Mächte und des Unbewussten in Gestalt der Hekate, jener dunklen, alles verschlingenden Göttin der Ur-Weiblichkeit. Womit die Mythologie auf die unterschiedlichen Qualitäten des Mondenprinzipes hinweist, die im Verbund mit den Tierkreiszeichen im astrosophischen Kontext sehr differenziert dargestellt werden können. Der Mond ist die „reine" Weiblichkeit gegenüber der „reinen" Männlichkeit der Sonne. Was bei der Sonne Verstand ist, ist beim Mond Einfühlung und Hingabe an die Quellen des Seins. Dem archetypischen männlichen Willen zur Herrschaft steht die weibliche Bereitschaft zur Unterwerfung und der männlichen Zeugungskraft die weibliche Empfänglichkeit gegenüber. Der Mond ist das Symbol der weiblichen passiven Ur-Kraft sowie des Unbewussten und der Triebe. Im Makrokosmischen kündet der Mond dem jeweiligen Betrachter mit seinem immer während en Anwachsen und Abnehmen vom zyklischen Werden und Vergehen, welches sich ewig gleich und unaufhörlich vollzieht. Der Mond spiegelt das Licht der Sonne wider, er besitzt keine eigene Strahlung. In allen Schöpfungsmythen symbolisiert der Mond deshalb das passive weibliche und aufnehmende Prinzip, das neben der aktiven Sonne stehende zweite Element der Schöpfung. Aufgrund dieser Zuordnung bediente man sich schon in frühen Kulturen der Symbolik des Mondes, um analog mit ihm die weiblichen Qualitäten beschreiben zu können.

Mit seinen weiblichen Entsprechungen spiegelt der Mond im Mikrokosmischen jene Anteile des Menschen wider, die von jeher dem subjektiven Seelischen zugeordnet werden. Genauso unstet wie die Phasen des Mondes sind auch die Gefühle des Menschen, die dem Mond im Horoskop entsprechen. Der Mensch ist ihren Schwankungen ausgeliefert und kann aus sich selbst heraus nicht darauf einwirken, wie es um seine inneren Stimmungen bestellt ist. Der Mond im Horoskop ist der Spiegel des Innenraums und gleichzeitig auch das persönlichste und intimste Element eines Menschen. Der Mond symbolisiert den seelischen Urkeim, der die Schicht der unbewussten Teile des Menschseins ausmacht. Der Mond verkörpert ein wässriges, weibliches Thema und ist damit im hohen Maße von der Welt verletzlich und berührbar. Er zeigt im Horoskop eines jeden Menschen an, welche Wahrnehmungen der Betroffene im Verbund mit seiner Außenwelt macht. In vielen Fällen schützt sich der Mensch im Kontakt mit seinem Umfeld, indem er seine wahre Seelen- und Gefühlslandschaft bedeckt hält. Er fürchtet sich davor, sich anderen zu offenbaren, denn die Angst vor Verletzungen ist viel zu groß. Aus diesem Grund ist das Thema des Mondes heikel; er gibt Auskunft über die empfindlichsten Anteile des jeweiligen Individuums.

Da das Mondprinzip im Geburtsmuster einen wesentlichen Teil des Unbewussten repräsentiert, werden die Themen der einzelnen Mondbeschreibungen möglicherweise individuelle Betroffenheit verursachen, rühren sie doch jeweils die empfindlichste Stelle im Inneren an. Viele Menschen haben Angst, die verborgene Seite ihres Inneren zu offenbaren. Wegen dieser Ängste und um sich zu schützen, versuchen sie häufig, ihren wahren gefühlsmäßigen Kern zu verbergen und sich anders darzustellen, als sie in Wirklichkeit sind. Doch irgendwann fehlt die Stärke, das Gebäude der Tarnung aufrechtzuerhalten, und mit unaufhaltsamer Macht quillt hervor, was über lange Zeit vertuscht wurde. Für viele kann das Hervorbrechen der inneren Wahrheit schmerzlich sein. Selbstbilder, die man im Laufe der Zeit errichtet hat, gehen dahin, und man ist aufgefordert, sich in einem anderen Lichte zu betrachten. Mit der Bereitschaft, seiner verborgenen Seite zu begegnen, geht der Mensch einen mutigen Schritt in Richtung „Nachtseite" und vermag durch Erkenntnis jenes erhellende Licht im Dunkel seines Unbewussten strahlen zu lassen. Auch hier ist es wichtig, dies freiwillig mit einem echten inneren Bedürfnis auszuführen. Wer nicht die Bereitschaft dazu hat, sollte an dieser Stelle das Buch besser aus der Hand legen – dies ist völlig legitim und sollte von jedem selbst entschieden werden. Wer bereit ist, seinem verborgenen Anteil bewusst zu begegnen, bringt Licht in die dunklen Kammern seiner Seele, und das Monden-Thema vermag sich sprichwörtlich in die Mondgöttin Selene zu verwandeln, die die Strahlende genannt wird. Ob wir es wollen oder nicht, als Menschen sind wir alle von den klebrigen Fangarmen unseres Unbewussten und durch die Schwerkraft des Lebens gebunden. Licht in das Dunkel der inneren Mechanismen zu bringen, bedeutet, aufzutauchen aus den trüben Wassern unseres Seelentümpels, auf dass die Sonnenstrahlen des Bewusstseins auf der Oberfläche des Wassers zu funkeln beginnen. Genau wie das Wasser wird die Seele zum Spiegel, in dem es möglich ist, sich selbst zu betrachten.

Der Mond – Spiegel der Seele

In fast allen Kulturen dieser Welt – von den Inuits, den afrikanischen Naturvölkern, den Völkern Mittelamerikas bis hin zu den Gnostikern der griechischen Spätzeit – finden sich Beschreibungen, dass die verborgene menschliche Seele in der spiegelnden Oberfläche des Wassers oder z. B. in der Dunkelheit des Schattens wahrnehmbar wird. Dies ist eine Metapher für die Möglichkeit, durch Auseinandersetzung mit dem Schatten im Außen auf die Suche nach den verborgenen Inhalten im Land der eigenen Seele zu gehen. Bei verschiedenen Stämmen der Inuits z. B. wurde die Seele „tarneq" genannt, eine Bezeichnung, die gleichfalls für „Spiegelung im Wasser" und für „Schatten" verwandt wird.

In einer Beschreibung über den hellenischen Spiegel wird berichtet, dass sich in Patrai vor dem Heiligtum der Demeter eine Quelle befand. Dort hing ein Spiegel an einem Strick kurz über der Wasseroberfläche. Wer nach der Verehrung der Göttin Demeter (bedeutet Kornmutter und ist Sinnbild für die materielle Welt) auf die Wasseroberfläche und in diesen Spiegel sah, vermochte alles über sich zu sehen, was er nur begehrte.

Ein altperuanischer Mythos beschreibt diesen Inhalt ebenso: „Als der Inka Yupanqui zu der Quelle ‚*Susur-puquio*' kam, gewahrte er, wie eine spiegelnde Kristallscheibe in das Wasser fiel, in der er die Gestalt seines Vaters, des Sonnengottes, sehen konnte. Nach einiger Zeit verschwand die Erscheinung und nur der Spiegel blieb im Wasser zurück. Er nahm den Spiegel an sich und vermochte fortan in ihm über sich alles zu sehen, was für ihn bedeutsam war." (Vgl. Schwabe, Julius: „Archetyp und Tierkreis", Basel 1951.)

Wasser und Spiegel sind – wie in vielen mythischen Überlieferungen beschrieben – uralte Metaphern für die innere Selbstbetrachtung. Durch den Einstieg in den Urbrunnen der Seele wird die daraus entspringende regenerierende Erkenntniskraft der Seele geweckt. Wasser und Spiegel finden ihre analoge Zuordnung zum Mondprinzip, was bedeutet, dass sie auf einer äußeren Ebene die gleichen Eigenschaften besitzen, wie sie im Inneren der Seele zu finden sind. Im übertragenen Sinn heißt das, wenn der Mensch bereit ist, in die Wasser seiner Seele einzutauchen, vermag er dort im Spiegel der inneren Betrachtung Anteile seines Unbewussten zu sehen, die ihm nur mittels dieses Hinwendungsaktes zuteil werden. Jene Hinwendung nach innen ist für Mann und Frau gleichsam ein zutiefst weiblicher Akt. Bildhaft verschlüsselt, tragen die unterschiedlichsten Mythen der Urvölker jene „heilbringende" Botschaft. Jeder Mythos kündet von dieser universellen Weisheit auf seine Weise und liefert dem Menschen im ewig-zeitlosen Gewand die gesetzmäßigen Zusammenhänge seiner Seele stets gleich und über die Jahrtausende unverändert. Äußerlich mag es zwischen den Kulturen Unterschiede geben, doch im inneren Gefüge des Menschen walten universelle Gesetzmäßigkeiten. So kann der Mythos zum richtungsweisenden Element auf dem Weg der Selbstfindung werden, wenn man um dessen Symbolik weiß. Die Kräfte des Unbewussten besitzen eine zwingende Manifestationsdynamik, so dass die äußere Welt mit ihren Szenarien, wie sie jeder Mensch in seinem individuellen Leben erlebt, als Ausdruck der unbewussten Kräfte des Inneren zu verstehen sind. Im Außen spiegeln sich – vom Menschen – unerkannt die Abstrahlungen der inneren unbewussten Kräfte wider so wie das Sonnenlicht im Wasser. So kann der eigene geistige Weg, angeregt von den äußeren Erlebensbereichen, zu einer Suche im eigenen Inneren führen, um dort dem im Außen erlebten unerkannten Kräftespiel nachzuspüren. Erlebt der Mensch beispielsweise in ständiger

Wiederholung Umbrüche in seinem Leben, die ihn aus der Geborgenheit seiner verschiedenen Lebensbereiche reißen, wäre es bedeutsam, nach jenem Teil in seinem Inneren zu forschen, der unangepasst ist und sich aus unbewegten, stagnierenden Situationen lösen möchte. Möglicherweise ist das Leben, das der Mensch lebt, zu angepasst und er hält an Lebensbedingungen fest, so dass die nicht gelebte Wandlungskraft seines Inneren nach außen emaniert wird und sich dort in Umbrüchen ausdrückt. Nicht umsonst bedeutet das Wort Katastrophe (griech.) übersetzt Umkehr.

Taucht der Mensch in seinen Innenraum ein und forscht in seinen geheimen, verborgenen Intentionen und inneren Bildern nach jenem bewegten Teil, der nur darauf wartet, dort gefunden zu werden, entwickelt dieser eine erlösende Kraft, sofern der Mensch ihn authentisch empfindend als einen Teil von sich annimmt. Der Mensch öffnet sich auf diese Weise innerlich einer verborgenen eigenen Wesensqualität und nimmt durch das Empfinden jenen Fremdanteil in sich auf. Es findet eine Integration statt, die mit dem Prinzip der Liebe gleichzusetzen ist, die den Menschen in ähnlicher Weise öffnet, denn in jeder Beziehung werden Fremdanteile des Partners integriert. Jede Beziehung hat auf beide Partner stets einen verwandelnden Charakter, und die Liebe ist die Kraft, die es möglich werden lässt. Es kommt zur Vereinigung und wie der Volksmund schon sagt, überwindet Liebe Grenzen. Aus geistiger Sicht ist der Sinn des Mysteriums einer jeden Beziehung, zur Erweiterung und zum Wachstum des Menschen beizutragen.

Während der inneren Arbeit öffnet sich der Mensch zwar keiner Beziehung, aber er öffnet sich den verborgenen Anteilen seines Wesens und hält quasi „Hochzeit" mit seinem Schatten, dem Unbewussten, das er gleichermaßen durch Integration und wirkliches Empfinden erlösen kann. Fortan muss dieser Teil nicht mehr über die äußeren Erlebensbereiche an ihn herantreten, denn der Mensch hat die zu integrierende Seelenqualität selbst in seinem Inneren gefunden. Dieses Eintauchen in den Innenraum ist natürlich nicht mit einem einzigen Mal getan, so dass man glauben könnte, man hat es einmal gemacht und damit hat es sich erledigt. Es gibt eine Vielzahl an Fremdanteilen des Menschen in seinem Inneren, die in den unterschiedlichsten Lebensphasen variieren und nur darauf warten, vom Menschen ins Bewusstsein gehoben zu werden. So ist es sinnvoll, die innere Seelenlandschaft von Zeit zu Zeit zu bearbeiten.

Zu diesem innerseelischen Erfordernis gibt es eine sehr aussagekräftige Analogie: Das Edelmetall Silber wird in der Kette der analogen Prinzipien dem Mondprinzip zugeordnet. In früheren Zeiten, als es noch keine mit Folie bedampften Glasscheiben gab, spiegelten sich die Menschen in polierten Silberplatten. Silber besitzt jedoch die Eigenschaft, dass es durch den im

Eiweiß enthaltenen Schwefel stets eine Verfärbung bis hin zur Schwärzung erfährt. Das Eiweiß rechnet man in den Analogien dem Mars-Prinzip zu, welches in der Astrologie für die Trieb- und Ich-Kräfte steht. Der Schwefel findet seine analoge Zuordnung zum Pluto-Prinzip, dem die Vorstellungen und Bildinhalte des Menschen zugeordnet werden. Hieraus lässt sich folgern, dass es die vorstellungsgeprägten Ich-Kräfte sind, die zu einer Trübung im menschlichen Bewusstsein führen. Der Mensch läuft stets Gefahr, sich in seiner Eigendynamik mittels seiner Handlungsweisen so zu verstricken, dass ihm der klare Blick in seine innere Wirklichkeit nicht mehr möglich ist. Genauso, wie man das Silber von Zeit zu Zeit putzen muss, gilt es auch im eigenen Seelenhaus Silberputz zu halten, indem man sich selbstbetrachtend seinen inneren Welten zuwendet. Der Innenraum will durch die Arbeit am Unbewussten gepflegt werden, was im Ergebnis zu mehr Geborgenheit und konstruktiven Lebensverläufen in der äußeren Welt führen wird. Erfährt der Mensch die Kräfte seiner verborgenen Anteile in seinem Inneren, dann verlagert er die Konfrontationsebene (die vom Außen gemittelte Botschaft) von außen nach innen, denn die Dynamik, die der Mensch erlebt, will ihn nicht in einen willkürlichen Leidensaspekt hineinführen, sondern ihm lediglich Anteile seines Inneren vermitteln, die ihm nicht bewusst sind.

Mythische Seelenrepräsentanten

Es gibt eine Fülle an mythischen Beschreibungen für das Seeleprinzip. Die Mythen in den unterschiedlichsten Kulturen sind so vielfältig, wie es die unterschiedlichsten Kräfte im Menschen selbst sind. Die einzelnen weiblichen mythischen Figuren sind damit auch als spezifische Eigenarten der Seele im Menschen zu verstehen. Dieser zentrale Mythos der Mondgöttin Selene beschreibt beispielhaft die generellen Eigenschaften der Seelenkräfte: *Selene ist die eigentliche Mondgöttin. Ihr Name bedeutet die Glänzende, die Strahlende. Selene ist die Tochter der beiden Titanen Hyperion und Theia, und ihre Geschwister sind Helios, der Sonnengott, und Eos, die Morgenröte. Gleichzeitig ist sie auch die Gemahlin des Helios, und wenn die beiden ihr Lager teilen, dann muss dies im Geheimen geschehen; darum verschwindet Selene, wenn sie sich mit Helios vereint, sie ist dann nicht mehr zu sehen.*

Selene ist die Göttin der Frauen, die die Gefühle und das Liebesleben beherrscht. Sie ist die Göttin des Heims und der Familie; sie ist die Göttin der Nacht, des Schlafes und des Todes. Ihr gehören die nächtlichen Liebessehnsüchte, die der folgenden Geschichte ähneln: Als der junge, schöne Gott Endymion in der Grotte des Berges Latmos in ewigen Schlaf versunken ist, nähert sich ihm die anmutige Selene feinfühlend, kaum, dass sie ihren Himmelslauf unter dem Horizont beendet hat. Sie verführt den Schlafenden mit zärtlichen Liebkosungen und gibt sich ihm hin, ohne dabei auch nur ein Wort zu sprechen. Aus dieser Verbindung gebiert Selene fünfzig Töchter. Selene vermehrt sich und gibt sich ganz und gar dem inneren Rhythmus gehorchend, ohne Bewusstheit, ohne Austausch und ohne bewusstes, geistiges Reifen, dem instinktiven Fruchtbar-keitsdrang der Natur hin. (Hederich, Benjamin „Gründliches mythologisches Lexikon", Nachdruck d. Ausg. Leipzig, Gleditsch, 1770. – Darmstadt: Wiss. Buchges. 1996)

Um diesen Mythos zu verstehen, ist es bedeutsam, ihn auf die Kräfte des Mondprinzipes zu übertragen, die in Mann und Frau ihren Ausdruck finden. Selene repräsentiert die unbewusste Kraft der Seele, die in jedem Menschen zum Tragen kommt und in seinem Leben zu Ausdrucksformen führt. Zentrale Aussage dieses Mythos ist, dass aus der Beziehung, die Selene mit Endymion eingegangen ist, fünfzig Töchter entstehen. Damit wird ein Bezug zur unbewussten Manifestationskraft des Seelenprinzipes im Menschen hergestellt. Vielfältig sind die Ausformungen des eigenen Unbewussten in der äußeren Welt, die ständig mit den Begebenheiten unseres alltäglichen Lebens nachwachsen, so dass es dem Menschen nur möglich ist, sich dieser Dynamik des Unbewussten über den Weg nach innen anzunähern. Die äußere Welt will dadurch erlöst werden, dass man angeregt durch die vielfältigen Lebensbereiche im Inneren auf die Suche geht und Ähnlichkeiten zum Erlebten findet. Werden diese authentisch empfunden, führt dies zu einer immensen Bereicherung des Menschen. Dies ist auch der tiefere Sinn des christlichen Gebotes, das da lautet: „Liebe deinen Nächsten wie dich selbst." Forscht man nach der Entstehungsgeschichte des eigenen Lebens, so merkt man, dass sie sich in vielfältigerer Form gestaltet, als es auf den ersten Blick erscheint. Wir finden es ganz selbstverständlich, dass wir von unserer Mutter geboren wurden, und sind der Meinung, dies ist so und nicht anders. Doch ist die leibliche Mutter nicht nur eine „Ziehmutter", die in diesem Sinne für die biologische Austragung eines Wesens verantwortlich ist? Ist die wahre Mutterschaft nicht auf einer anderen Ebene zu finden als im Konkreten? Paracelsus schreibt in seinem „Opus Paramirum" über die Gebärmutter, es gebe nicht nur zwei, sondern drei Kosmen, nämlich den großen Kosmos also den Makrokosmos, den Mikrokosmos, dem Welt und Mensch angehören, und den kleinsten Kosmos, nämlich die Gebärmutter.

Dazu schreibt er: *„Also in der mutter ist es auch also, das die ganze fraue die matrix ist, den aus allen iren glidern ist des menschen acker genommen."* (Vgl. Aschner, Hrsg.: Paracelsus, Sämtl. Werke in 4 Bd., Jena 1932)

Spricht man das Wort Gebärmutter aus, stellt sich die Frage nach der eigentlichen Bedeutung des Begriffes, auch Paracelsus hat die Frage sehr bewegt. Wir kennen die Mutter Natur, wir kennen die Tier- und Menschen-Mutter und wir kennen die Gebärmutter. Welche dieser Mütter trägt den Namen zu Recht? Nach Paracelsus heißt die Frau „metaphorice mutter", hingegen die Gebärmutter bezeichnet er als die „Natur in der Frau", die „Residenz" der Großen Mutter in der kleinen; darum sind Erdmutter (Natur) und Gebärmutter identisch und die leibliche Mutter ist sozusagen die Dritte im Bunde. Denn auch die Große Mutter besitzt wiederum eine Gebärmutter, nämlich den kosmischen Urgrund, in dem alle Bilder und alle Ideen enthalten sind, die in der Form Gestalt annehmen, so wie das Kind in der Mutter Gestalt anzunehmen beginnt. In dieser Dreiheit ist die Große Mutter die wahre Mutter. Nach Paracelsus lassen sich folgende, dem Seelenprinzip entsprechende, Weiblichkeitsebenen definieren: den kosmischen Urgrund, die Erdmutter als Frau Welt, die Gebärmutter als biologisches Organ und die Frau als Manifestationsebene. In dieser Weiblichkeitsanalogie ist immer das Seeleprinzip enthalten, welches einen unbändigen Manifestationsdrang besitzt. Es ist stets die Natur der allumfassenden Seele, die im Ganzen wie im Einzelnen in der Schöpfung ihre Ausprägung findet. Es ist die höhere Natur der Seele, die die Schöpfungsbilder in sich trägt und sie in die Form hineingebiert. Das Geistprinzip spiegelt sich in der Seele wider. Es befruchtet den seelischen Urraum, indem aus der Ganzheit Teile abgespalten werden, die dann in der Form Gestalt anzunehmen beginnen. Das Schöpfungsgeschehen enthält die gleiche Analogie, wie sie im Befruchtungsakt zwischen Mann und Frau enthalten ist. In diesem Befruchtungsakt wird praktisch der Geistfunke, eine Idee, gebunden und mittels eines Trägers (Spermien) in einen Nährboden gesetzt, der diesen austrägt. Das ist ein Gesetz der höheren Natur, das dies bewerkstelligt. Die höhere Natur lässt es zur Zeugung kommen, nicht der Wille der Eltern. Die Menschen können zwar Kinder verhindern, jedoch eine Zeugung nicht willentlich beeinflussen, sondern sie sich nur wünschen. Die Natur bewirkt die Zeugung und jenen Vorgang, den wir als Schwangerschaft bezeichnen, ebenso die Geburt, lauter Vorgänge, die die so genannte Mutter nicht selbst herbeiführen kann, sondern die die Natur in ihrem Körper vollbringt. In unserem heutigen Verständnis lebt der Mensch gerade durch die immer selbstverständlicher werdende künstliche Befruchtung und die Genmanipulation in dem irrwitzigen Bewusstsein, alles willentlich selbst steuern und beeinflussen zu können. In einer antiken Totenrede für die Gefallenen des großen athenischen Krieges heißt es, dass als Erstes die Herkunft der Gefallenen zu loben sei, dass sie nämlich nicht von einer Stiefmutter abstammen, sondern von einer rechten Mutter, der Großen Mutter der allumfassenden Schöpfung, und dass sie nun, nachdem sie tot sind, in den heimischen Schoß derjenigen, die ihnen Gebärerin, Erzieherin und Amme gewesen ist, ruhen. Die leibliche Mutter wird in diesem Sinne als Stiefmutter bezeichnet, sie wird somit nicht als die wahre Mutter des Menschen angesehen. Oft kommt es vor, dass Kinder im frühen Alter dies aus dem tief in ihnen ruhenden Urwissen ihren Müttern verkünden: „Du bist nicht meine Mutti, ich habe eine ganz andere Mutti, die ganz anders aussieht und gaaaanz anders ist." Solche Äußerungen rufen bei den leiblichen Müttern meist schwere Betroffenheit und Ablehnung hervor.

Wo immer die leibliche Mutter als Stiefmutter dargestellt wird, taucht gleichzeitig ein Trost auf, nämlich die Erkenntnis einer noch größeren überirdischen Mutter, die im Menschen selbst zu finden ist und ihm über das irdische Elend hinweghilft, sobald er sich seinem seelischen Urgrund zuwendet. Die Natur ist nicht nur Mutter im biologischen Sinn, sondern betrifft das ganze Leben. Seele und Geist des Menschen gehören wie sein Körper zu seiner Natur – mithin zu dem, was er dem Leben verdankt. Goethe deutete an, dass es bedeutsam sei, sich dem Urbrunnen aller Mütter zuzuwenden, wodurch der Mensch sich der wahren Heimat seiner Seele zuwende.

In vielen Märchen finden wir den Aspekt von Stiefkind und Stiefmutter beschrieben. Das Stiefkind im Märchen tritt uns immer entgegen in seiner gesunden, unverbildeten, schönen, hoffnungsreichen Natur. Ihr aber stellt sich als Gegenspieler jener dunkle bindende Aspekt in den Weg. Das Kind wird wegen seines Zugangs zu seiner inneren Natur und wegen seiner Anlagen gehasst, wie beispielsweise die Stiefmutter-Hexe auf die Schönheit von Schneewittchen eifersüchtig ist. Hier findet sich der typische Kampf der Kräfte zwischen Stoff und Geist wieder, der uns in vielen Mythen und Märchen begegnet. Der Hass der Stiefmütter ist der Hass der Stoffeskräfte auf die sich befreiende Seele, die den Zugang zur inneren Natur gefunden hat. Im Märchen ist es der Hass auf ein inneres Glück, das nicht äußerlich zu messen ist; der Hass auf ein Schicksal, das über das eigene hinausragt, oder auf eine Zukunft, die unter anderen, höheren Gesetzen und Kräften als die eigene steht.

Die wahre Mutter aller Menschen zeigt sich in ihrer inneren Natur. Von ihrer Mütterlichkeit wäre vieles zu sagen. Das Wichtigste aber ist, dass sie die einzige wertfreie Mutter ist, der ihre Geburten gleichgültig sind. Nur die innere Natur ist eine objektive Mutter aller lebenden Wesen. Die leibliche Mutter kann hingegen nicht gleichmütig sein. Darum raubt sie dem Kinde immer etwas von seiner Natur; sie kann gar nicht anders als ihm wenigstens ein Stück weit die ihre aufzudrängen. So wird sie metaphorisch zur Raubmutter oder zur Stiefmutter. Jeder Einfluss, den die Mutter ausübt, stammt aus ihr selbst, entspringt aus ihren besonderen Erwartungen, Wünschen und Absichten, so dass dasselbe Prinzip, welches durch die Mutter verkörpert wurde, später durch andere an den Menschen herangetragen wird, weil es ja immer nur die eigenen Kräfte des Unbewussten sind. So ist es im paracelsischen Sinne verständlich, dass die „eigene Natur" des Kindes diesem in viel tieferem Sinne mütterlich ist als die Mutter, denn in seiner Natur ist der Mensch das Kind der kosmischen Allmutter.

Das bedeutet, dass die Hinwendung zum eigenen seelischen Innenraum Geborgenheit im menschlichen Leben bewirkt, denn der Mensch erlebt im Drama des äußeren Lebens nur seine ungeordneten, ihn verwickelnden unbewussten Seelenkräfte. Die innere Natur des Menschen, seine eigene Seelenwelt, ist im tiefsten Sinne sein Ursprung, und die Seelenmutter in ihm muss ihm helfen, mit allen äußeren Einflüssen in der Welt, so auch mit seiner leiblichen Mutter, „fertig" zu werden, um so verstehen zu lernen, weshalb er im Leben stets bestimmte Erfahrungen machen musste. Die besondere „Natur" des Menschen, seine „Wesensart", ist die lebendige Gegenwart der Großen Mutter in ihm. Jeder Mensch, ob er es weiß oder nicht, lebt aus diesem Verhältnis und findet, sofern er überhaupt dazu fähig ist, hier seine wahre Geborgenheit und seinen Einklang. Alles entspringt im übertragenen Sinne dem Seelenprinzip, auch die Welt; und wenn das Äußere und das Innere metaphysisch nicht unterscheidbar sind, sich nicht scheiden lassen, muss der intellektuelle wissenschaftliche Versuch, diese Unterscheidung allen Schwierigkeiten zum Trotz zu erzwingen, ins Ideologische ausarten.

In der Tat ist der Realitätsbegriff der modernen Psychologie, der stets von Kausalzusammenhängen ausgeht, Bestandteil einer weltumfassenden Ideologie des aufgeklärten/realistischen Standpunktes geworden, der bestrebt ist, alles unter seine Definitionsknute zu zwingen. Was sich nicht zwingen und einsortieren lässt, wird als spekulativ und abgehoben abgetan. Was nicht berücksichtigt wird, ist, dass über der Seele des Einzelnen, die die Psychologie untersucht, die Seele der Zeit steht, die Zeitqualität, und diese wird von jeher nicht psychologisch und auch nicht im Sinne der hermetischen Betrachtung als kosmische Lernerfahrung, sondern nur historisch begriffen. Wer das kosmisch-geistige Prinzip mit seinen schöpferischen Gesetzmäßigkeiten in der Welt nicht wahrnimmt, nimmt alles auf andere Weise wahr als der metaphysisch Schauende. Ideale einer vergeistigten Epoche sind herausragende Tempel und Kirchen, und Ideal der anderen Epoche sind monumentale Versicherungs- und Bankgebäude, Paläste des Materialismus. Beide Ideale der jeweiligen Epoche sind weltverändernd und von objektiver Bedeutung. Aber keine Psychologie reicht hin, um symbolische Ausdrucksformen dieser Art zu erklären, weil eine Ebene ausgeklammert wird: die geistig-metaphysische Wirklichkeit, die sich jeder rationalen Wissenschaftsanalyse entzieht. Die Psychologie versucht zu bestimmen, was Psyche und was Realität ist. Diese Bestimmung kann nicht anders als willkürlich sein. Deshalb kann die Psychologie der Kompliziertheit der Zusammenhänge, die unendlich sind, prinzipiell nicht gerecht werden, weil ihr das analoge, gesetzmäßige Erklärungsmodell fehlt, wie es in der hermetischen Philosophie (mit ihrer starken Säule Astrologie) seinen Ursprung hat. So hat die wissenschaftliche Theorie für den Hermetiker eindimensionale Züge, weil sie nur auf einer Ebene agiert und die andere negiert.

Freud zum Beispiel entdeckte den sexuellen Symbolwert aller Dinge im Traum; nur die Sexualität selbst verstand er nicht symbolisch, sondern konkret. Damit ist er an seiner eigenen sexuellen Problematik philosophisch als auch erkenntnistheoretisch gescheitert. Genauso macht es die psychologische Märchenforschung; sie deutet so gut wie alles symbolisch, nur nicht die zentrale Situation des Märchens, Mutter und Kind. Sie meint schon im Voraus zu wissen, was symbolische und was „wahre Realität" ist. Schon dieser einzige Umstand beweist die erkenntnistheoretische Naivität einer jungen, philosophielosen, reflexionsarmen Wissenschaft, die sich „Psychologie" nennt, obwohl sie den Seelenglauben doch längst zu einer Funktionslehre ohne höhere Lebensregungen entmythisiert hat. Wer ohne Symbolkenntnis in einem Mythos ein Phänomen einfach als mythisch bezeichnet, um damit sogleich „das Mythische an ihm" zu vernichten, fällt unversehens in neue, das heißt schlechtere Mythen, die sich auf rein menschliche Konstrukte beziehen, nicht jedoch auf Schöpfungsprinzipien.

Um also die Mutter im Märchen nicht misszuverstehen, ist es gut, den Mutterglauben, auf den es sich gründet, als verborgenes und innerstes Eigentum eines Menschen, als seine besondere Anlage, als Quell seines eigenen Schicksals, das er selbst aus sich gestalterisch gebiert, zu verstehen. Es ist die in jedem Menschen „begrabene" und doch sehr lebendige, alles bestimmende Mutter, die es in sich zu beleben gilt und welche mit paracelsischen Worten als Seelengebärmutter bezeichnet werden kann.

Die subjektive Wahrnehmungsqualität

Die Begebenheiten unserer Welt lassen sich in objektive und subjektive Bereiche einteilen, obwohl man feststellen muss, dass es Objektivität aus menschlicher Sicht nicht gibt. Objektiv sind alle Themen, die sachlich orientiert sind und vom Menschen selbst nicht verändert wurden. Subjektiv sind all jene Bereiche, die durch einen Menschen gestaltet werden oder aufgrund seiner Wahrnehmung durch die fünf Sinne von ihm verfärbt bzw. interpretiert werden können. Die Mondqualität nimmt die außerhalb eines Individuums liegenden Gegebenheiten immer subjektiv wahr, so dass alles Erlebte und Erfahrene durch den subjektiven Wahrnehmungsfilter aufgenommen wird und eine persönliche Bewertung aller Situationen stattfindet. Verschiedene Menschen können die gleichen Lebenssituationen ganz unterschiedlich wahrnehmen. Was der eine als besonders harmonisch empfindet, mag für den anderen durchaus bedrückend sein. Zum Beispiel empfinden Geschwister die Verhaltensweisen ihrer Eltern ganz verschieden, obwohl – objektiv betrachtet – manchmal kein Unterschied in der Behandlung der Kinder besteht, kommt es zu differierenden Wahrnehmungen und Interpretationen von Handlungs- und Verhaltensweisen.

Vergegenwärtigt man sich das in unserem Universum bestehende Verhältnis des Mondes im Zusammenspiel mit der Sonne, erkennt man analog dazu sehr leicht die auf der menschlichen Ebene ähnlich gearteten psychischen Zusammenhänge. Der Mond besitzt aus sich heraus keine eigene Strahlkraft, er wird von der Sonne beschienen und spiegelt die Strahlen des Sonnenlichtes nur wider. Die sich ergebende Abstrahlung entsteht aus der Reflexion des Sonnenlichtes, wobei natürlich in diesem Zusammenhang die „mondige" Beschaffenheit der Reflexionsfläche maßgeblich ist. Auch im Menschen ist dessen eigene Beschaffenheit entscheidend für die Reflexion der von außen empfangenen Impulse. Es sind also immer ganz subjektive Gefühle, die im Verbund mit der Außenwelt im Menschen Gestalt annehmen, denn das Wahrgenommene offenbart die subjektive Beschaffenheit und lässt diese sichtbar werden. Diese Analogie ist für jedes Individuum von hoher Bedeutsamkeit und Konsequenz, denn die meisten Menschen belassen es bei der Trennung, indem sie die Gefühle oder Wahrnehmungen aus dem Bereich von Familie, Heim und Geborgenheit zur scheinbaren, objektiven Wahrheit machen. An dieser Stelle der Täuschung ist es notwendig, sich selbst die Frage zu stellen und zu prüfen, welche Wahrnehmungen man hat und wie man seine Außenwelt aufnimmt, damit man bei genauerer Betrachtung sich selbst und den eigenen Gefühlskomponenten auf die Schliche kommen kann. Hilfreich bei der „Wahrheitsfindung" ist in diesem Zusammenhang die Kenntnis des individuellen Mondstandes im Horoskop, um sich einen Eindruck verschaffen zu können, welcher Art die eigenen Gefühle sind. Oftmals erkennt man schnell die Kluft zwischen dem geschaffenen Selbstbild und der Beschreibung der inneren Realität, dargestellt anhand des astrologischen Bildes.

Von der Relativität der Geschlechter

Wendet man sich dem Thema des Mondenprinzipes zu, ergibt sich daraus als Konsequenz die Frage nach der Geschlechterrolle.

Es treten beispielsweise Menschen ihr Leben in einem weiblichen Körper an, stellen aber im Laufe des Lebens fest, dass ihr Denken, ihr Fühlen und ihr Agieren männlicher Natur ist. Umgekehrt kommt es zu der Erfahrung, einen männlichen Körper zu besitzen, um die Feststellung zu machen, dass die Empfindungen, die Verhaltensformen und die Beeindruckbarkeit eine deutlich weibliche Prägung besitzen. Bei vielen führt dies zu Problemen mit ihren Geschlechterrollen. Sie machen die Feststellung, dass sie nicht den „klassischen" Erwartungen an den äußeren Aspekt ihres Geschlechtsauftrages nachkommen können. Dies muss in der Konsequenz nicht zu Beziehungen mit gleichgeschlechtlichen Partnern führen, um über diesen Weg einen Ausgleich zu schaffen. Zumindest wird die Rollenverteilung in einer Mann-/Fraubeziehung umgekehrte Vorzeichen bekommen. Möglicherweise lebt der Mann in einer Zweierbeziehung den weiblichen Part, indem er sich um den Haushalt und die Kinder kümmert, oder die Frau übernimmt die Rolle der Ernährerin. Es gibt beispielsweise Männer mit überwiegend passiv-weiblichen und Frauen mit aktiv/männlichen Anteilen. Trägt die Frau mehr männliche Anteile in ihrem Wesen, fehlt es ihr an der Bereitschaft zur Hingabe, was sich häufig konflikthaft manifestiert, da sie zwangsläufig mit Männern in einen Revierkonflikt gerät. Wenn der Mann überwiegend weiblich-passive Anteile in seinem Geburtsmuster trägt, dann wird er kein Problem damit haben, sich unterzuordnen. Für ihn mag dann der Auftrag, aktiv-dynamisch im Leben zu agieren, zum Konflikt führen, da er sich mit der Zeit im Außen erschöpft. Er kann dem Erwartungsdruck nicht standhalten. Die unterschiedlichen Kräfte sind anhand des Geburtshoroskopes sehr klar definierbar. Durch die Struktur des Geburtsmusters kann man die aktiven und die passiven Anteile in Geburtsmustern von Männern und Frauen genau ermitteln, vor allem natürlich anhand der jeweiligen Mondstände. Die Anspruchshaltung eines Menschen offenbart sich darin, ob der Mond in einem weiblich-passiven oder in einem männlich-aktiven Tierkreiszeichen steht; die archetypischen Wesenskräfte sind dabei immer entscheidend. Es werden sich stets männliche und weibliche Kräfte zusammenschließen, da sie sich bedingen und gegenseitig anziehen, ganz gleich, ob sich Mann und Frau oder gleichgeschlechtliche Paare miteinander verbinden. Einer von beiden wird immer passiv oder aktiv im Inneren empfinden und es auch in seinem Verhalten sein. Wie immer solche Manifestationen sich vollziehen werden, es zwingt sich die Frage auf, welcher Teil eigentlich die größere Entsprechung besitzt? Der äußere oder der innere?

Wir sind im Laufe der Zeit daran gewöhnt, uns an den äußeren Gegebenheiten zu orientieren, doch ist es ein Trugschluss zu glauben, dass das Äußere die zwingende Instanz ist. Entscheidend ist immer das innere Gefüge. Außerhalb unseres Rollenverständnisses kann man durchaus formulieren, dass die Seele bipolar ist. Die Seele weist stets zwei Seiten auf, eine aktive und eine passive; sie besitzt darüber hinaus einen beweglichen und einen statischen Aspekt. Der Mensch als Person manifestiert im äußeren Leben nur eine Polarität – abgesehen von Zwitterwesen, weil die Polarität des materiellen Lebens stets nur einen Teil in der Manifestation Gestalt annehmen lässt. Trotzdem ist der andere Pol latent enthalten, das ist vom Bild her vergleichbar mit einem riesigen Stabmagneten, dessen einer Pol in die Sichtbarkeit hineinreicht und dessen anderer Pol zwar existent ist, aber im Hintergrund verborgen liegt. Vergleichbar mit diesem Bild existiert der andere Pol in der Seele, er wird nur nicht in der Form offenbar. Jeder Friedrich trägt eine Friederike in seinem Inneren oder jede Simone ihren Simon. Nur sagt die äußere Hülle Friedrichs nichts darüber aus, ob auch tatsächlich Friedrich drin ist und ob er eine aktive Rolle hat. Häufig tragen Situationen des Erlebens dazu bei, dass sporadisch der eine oder der andere Pol zum Tragen kommt. Dies kann durch das Zusammenwirken in Beziehungen der Fall sein oder durch bestimmte Betätigungen, die eine solche Resonanzkraft besitzen, dass es zum polaren Wechsel im inneren Gefüge des Menschen kommt.

Es geht also vielmehr um das innere Kräftespiel im Menschen, wobei die Frage des äußeren Geschlechts nicht einmal Auskunft darüber zu geben vermag, in welcher körperlichen Ausprägung sich die jeweiligen Qualitäten intensiver empfinden lassen. Möglicherweise ist die Entfaltung von männlicher Energie in einem weiblichen Körper wesentlich prägnanter als in einem männlichen Körper, weil die Konflikthaftigkeit und damit die Wahrnehmung viel intensiver ist.

Wie eingangs erwähnt, ist es bedeutsam zu berücksichtigen, dass der Wesenskeim eines Menschen stets entscheidend ist, und im Wesen liegen männliche und weibliche Anteile verborgen. Will der Mensch sich innerhalb seines geistigen Weges aus den weltlichen Verwicklungen befreien, ist es auch hier nötig, sich aus den äußerlichen Bewertungen zu lösen, insbesondere dort, wo es darum geht, auf der Basis einer inneren Arbeit die Ganzheit im seelischen Gefüge herzustellen. Auch in den inneren Regionen kommt es zu Polarisierungen des Kräftespiels, die auf einer äußeren Ebene erst einmal schwer zu verstehen sind. Wesentlich ist, die elementaren Energien und Erfordernisse losgelöst voneinander zu betrachten. Das Geistprinzip entspricht einem aktiven, dynamischen, männlichen Prinzip; das Seeleprinzip hat eine weibliche, passive Entsprechung. Im Sinne einer Analogie bescheint die Sonne (aktiv) den Mond, der das Licht wiederum reflektiert (passiv). Will der Mensch sich dem Geiste zuwenden und die Einheit in sich herstellen, so ist es für ihn absolut notwendig, jenen zutiefst weiblichen Akt zu vollziehen, indem er sich seinem eigenen inneren Seelenraum zuwendet. Der Weg zur Vollkommenheit kann nur über den Umweg des Eintauchens in die innere seelische Natur gegangen werden. Mann und Frau müssen also beide gleichermaßen jene Hinwendung vollziehen, um die Ganzheit in sich herzustellen. Wer innerlich eine Erweiterung in Richtung Wachstum vornehmen möchte, der sollte sich zuerst öffnen, um die Sphären des Unbewussten zu konfrontieren, in denen es dann jene verborgenen Anteile wiederzufinden gilt, die im Bewusstsein fehlen. Aufgrund der Polarisierung (Beispiel Magnet) liegt bei der Frau der aktive Teil beim Mann, jedoch der passive Teil auf der Seelenseite. Das bedeutet, dass einerseits auf der seelischen Seite die Frau aktive Energien besitzt, die über aktiv-gebende, verströmende Kräfte des Unbewussten verfügen, andererseits der Mann passive Anteile auf seiner Seelenseite besitzt, die ihn im Sinne der seelischen Berührbarkeit wesentlich sensibler machen, vorausgesetzt, er wendet sich nach innen. Bedeutsam ist in diesem Zusammenhang, die Verbindung zu dem Ausgleich der Kräfte herzustellen. Mann und Frau sind gleichermaßen dazu berufen, dies in ihrem Inneren zu vollziehen. In der vorangegangenen Beschreibung vermag das weibliche Prinzip, nämlich die Seelenkraft, jene aktive Dynamik zu mobilisieren. Aktiv und passiv bedeuten nichts weiter als zwei Erscheinungsformen ein und derselben Kraft, so wie Mann und Frau zwei Erscheinungsformen des Menschen sind. Leben kann nur da entstehen und sich immer wieder erneuern, wo Polarität vereint und überwunden wird, wo zwischen einem positiven und einem negativen Pol ein Kräfte- und Energiefluss stattfindet. Dies ist aber stets ein inneres Mysterium, das nicht von Äußerlichkeiten bestimmt wird.

Die bewusste Auseinandersetzung mit dem Geburtsmuster

Im Sinne der Astrologie ist es für den Menschen wichtig, sich bewusst mit seinem Geburtsmuster auseinander zu setzen. Dieses vermag die verschiedensten Facetten seines Wesens aufzuschlüsseln, denn in jedem Geburtsmuster ist der Lehrplan des Lebens bereits latent enthalten. Man muss das Muster „nur" lesen können, wobei das Horoskop hierfür ein besonderes Medium ist. Dabei ist es nicht von Bedeutung, dass sich der Mensch mit den Beschreibungen seiner Grundstruktur des Geburtsmusters, die im Horoskop graphisch dargestellt ist, identifiziert. Dies ist nicht der Sinn einer Auseinandersetzung mit dem Horoskop. **Im Gegenteil, erst wenn der Mensch Themenbereichen begegnet, die ihm zunächst fremd erscheinen und Ablehnung in ihm hervorrufen, beginnt der Prozess der Auseinandersetzung echte Qualität zu erhalten. Je größer die Ablehnung gegen die beschriebenen Elemente seines Geburtsmuster ist, desto höher ist die Wahrscheinlichkeit, dass es in diesen Themenbereichen für ihn etwas zu lernen und zu erfahren gibt, das ihm bis zu diesem Zeitpunkt verborgen blieb.**

Viele Bereiche des Geburtsmusters liegen im Schatten des menschlichen Bewusstseins und kleiden sich innerhalb des Lebens in Erleidenssituationen, in Symptome oder in Beziehungen zu Mitmenschen ein. Begegnungen mit Menschen wie Mutter, Vater, Geschwister, Freunde, Kollegen usw. verkörpern all jene Anteile und Eigenschaften, die der Betroffene in seinem Bewusstsein zunächst nicht entdecken kann. Er muss jedoch einsehen, dass er ihnen nicht zufällig begegnet, denn alle, mit denen er im Verbund steht, tragen seelische Qualitäten an ihn heran, die ihm, objektiv betrachtet, das geben, was ihm fehlt. Je unbewusster der Mensch ist, desto geringer ist sein Zugang zu den entscheidenden Bereichen seines Musters, und er wird mehr und mehr Opfer seiner eigenen nicht wahrgenommenen Anlagen. Naturgemäß ist der Mensch in seiner Kindheit und Jugend im höheren Maße Opfer seines Musters als in der wesentlich bewussteren zweiten Hälfte des Lebens.

Alle erlebten äußeren Situationen folgen nur dem einen kosmischen übergeordneten Bedürfnis: Dem Menschen sollen über die Welt der äußeren Formen Impulse gesetzt werden, die seine Seele im tiefsten Urgrund berühren. Das ist der eigentliche Sinn in der äußeren Erfahrungswelt, denn die Auswirkungen der Erscheinungswelt erreichen jedes Individuum nur aufgrund der Existenz seiner fünf Sinne. Über diese erhält er intensive Impulse, die Geist und Seele zutiefst prägen. So erfährt der Mensch in seinem Leben

33

intensive Auseinandersetzungen mit Bereichen, die ihm allesamt etwas erzählen möchten. In der Antike sprach man davon, dass der Mensch von größeren Wesenheiten angesprochen wurde, die von ihm Opfer verlangten. Diese Opfer bestanden weniger darin, dass der Mensch sich mit konkreten materiellen Dinge an die ihn ansprechenden Ur-Instanzen wandte, sondern dass er sein Bewusstsein auf diejenigen Themen lenkte, die ihn durch die materielle Form ansprachen, und er diesen einen Raum gab, indem er sich den notwendigen Themen stellen konnte. Er „opferte" also aus seinem kleinen subjektiven Betrachtungswinkel einer größeren objektiveren Instanz die nötige bewusste Hinwendung.

Es hat sich nichts verändert. Wie einst in der Antike erhält der Mensch auch heute Impulse durch sein Leben mit all seinen Situationen, welche seine Aufmerksamkeit herausfordern. Je mehr er für sein Schicksal, das sich aus den verschiedensten Erfahrungen zusammensetzt, Verantwortung zu übernehmen beginnt, indem er seine eigenen Wesensanteile im Erlebten zu entdecken versucht, erreicht er wieder jene notwendige Verantwortlichkeit für all das, was ihm widerfährt. In dieser Form erlangt der Mensch den Status eines Erwachsenen und es kann Ruhe in sein Leben einkehren.

Der Prozess der Selbstfindung

Unterstützend für den Prozess der Selbstfindung ist es, sich Schritt für Schritt mit den einzelnen Planeten (Urprinzipien) des eigenen Geburtshoroskopes zu beschäftigen und sich mit der Symbolik der Konstellationen vertraut zu machen. Schnell erkennt man in den sich zeigenden Diskrepanzen, inwieweit die Themen, die sich inhaltlich um die Prinzipien kleiden, bereits Zugang zum Bewusstsein erlangt haben. Man unterscheidet dabei zwischen subjektiven und objektiven Planetenthemen. Zu den subjektiven Planeten rechnet man die Lebenslichter Sonne, Mond, Merkur, Mars und Venus. Sie stellen die persönlichen Anteile des Menschen dar und verkörpern jene Bereiche, die in der Welt für die reine Lebenserhaltung zuständig sind.

Die objektiven Planeten Jupiter, Saturn, Uranus, Neptun und Pluto symbolisieren Themen, die aus übergeordneten Bereichen – jenseits der menschlichen Steuerbarkeit – Einzug in das Leben des Menschen halten und ihm Impulse vermitteln, die ihn oftmals in seinen Grundfesten erschüttern, damit er in ein Wachstumsgeschehen hineinkommen kann, das ihm oftmals erst viele Jahre später sinnhaft erscheint. Wo immer die einzelnen Planeten im Horoskop des Menschen platziert sind, entstehen aus dem Miteinander der im Verbund stehenden Prinzipien Kräftespiele, die, wenn sie nicht im Inneren des Menschen bewusst erfasst werden, über die äußere Form dem Menschen die nicht verstandenen Themeninhalte näher zu bringen versuchen. In diesem Zusammenhang ist der einzelne Planet von Bedeutung: Er symbolisiert als Urprinzip eine spezifische Wesensqualität. Diese lautet dann beispielsweise Mars = energetisches Potenzial, Aggressionsbereitschaft, aktive Sexualität oder Merkur = Austausch- und Kommunikationsqualität, Intellekt, innere Flexibilität. Für den Menschen besitzen die Planeten in seinem persönlichen Leben die gleiche Entsprechung, wie sie diese in ihrer mythologischen Bedeutung als Urprinzip haben. Sie stellen damit spezifische Wesensqualitäten dar, die durch den Menschen ihre Ausdrucksform finden. Die Planeten durchlaufen genau wie die Sonne zyklisch den Tierkreis, allerdings unter anderen zeitlichen Bedingungen. Wenn die Sonne innerhalb eines Jahres einmal den Tierkreis durchläuft, durchläuft im Vergleich dazu der Planet Pluto die gleiche Strecke in einem Zeitraum von 249 Jahren. Der Mond hingegen benötigt für den gleichen Verlauf nur 28 Tage. In der Praxis sieht das so aus, dass in einem Geburtshoroskop die Planeten die unterschiedlichsten Positionen in den Tierkreisbildern einnehmen. Damit erhält jeder Planet zusätzlich zu seiner eigenen Bedeutung über die Wesensmerkmale des Tierkreiszeichens, in dem er Position bezogen hat, eine ganz spezifische Milieu-Entsprechung, die dem Wesensmerkmal des Planeten eine weitere Beschreibung hinzufügt. Aus dieser lässt sich dann ableiten, wie es anhand der Mars-Stellung beispielsweise um die Energie des Menschen oder sein Aggressionspotenzial bestellt ist, oder anhand der Merkurstellung, wie es um die Form der Kommunikation, die Austauschqualität oder um den Intellekt bestellt ist.

Der Mensch, der dem astrologischen Weg der Bewusstwerdung folgt, ist aufgefordert, sich ganz bewusst den durch die Planeten in den Tierkreiszeichen symbolisch dargestellten Themen zu stellen. Dies kann er auf systematische Art und Weise für sich umsetzen. Genau wie der Stand der Geburtssonne im Horoskop die Themeninhalte beschreibt, zu denen der Mensch im Laufe seines Lebens finden soll, symbolisieren alle anderen Planeten im Horoskop jene Themenbereiche, die im Laufe des Lebens immer wieder umkreist werden, damit sie Stück für Stück verinnerlicht werden können. Der Mensch erhält mit der hermetischen Astrologie die Chance, die Bedeutung seiner persönlichen Planetenstände bewusst herauszufinden, damit er erkennen kann, welche Teile bereits von ihm gelebt werden und welche Teile des Unbewussten wiederum in der Erleidensform Einzug in sein Leben halten.

Der Mond und das Spektrum der Gefühle

Ein Wegweiser für den Umgang mit den Mondkapiteln

Wie bei allen anderen Planetenprinzipien lassen sich auch für das Urprinzip Mond in der gleichen Form spezifische Themen herauskristallisieren. Der Mond im Horoskop besitzt keine eigene „Individualität" außer seiner Eigenschaft, von außen wahrgenommene Impulse zu bergen und sie im Innersten der Seele und dem Gemüt als Stimmungsbild widerzuspiegeln, deshalb sind das Tierkreiszeichen wie die Hausebene im Geburtsmuster, in dem der Mond steht, von besonderer Bedeutung. Mit diesen beiden Komponenten werden die inneren Stimmungsbilder des Menschen mit der Art der Wahrnehmung des gesamten Spektrums aller subjektiven Themen deutlich. Der Mond im Horoskop symbolisiert die verborgenen Bereiche des Unbewussten. Das zentrale Merkmal liegt auf diesen beiden Komponenten, will der Mensch sich mit seinen nicht greifbaren Seelenqualitäten auseinander setzen.

Um die Themen, die sich aus den Zusammenstellungen des Tierkreiszeichens, des Hauses und der Aspektverbindung mit dem Prinzip „Mond" ergeben, wirklich zu verstehen, sollte man sich stets deren einzelne Bedeutung vergegenwärtigen, denn das bloße Nachlesen in einem „astrologischen Kochbuch" kann immer nur auf einer oberflächlichen Ebene bleiben. Deshalb ist es empfehlenswert, dass jeder, der Interesse an einer echten Auseinandersetzung mit dem Thema hat, bildhaft zu betrachten und zu denken lernt. Die Beschäftigung mit der Astrologie ohne die Fähigkeit, kreative Themen aus den Planetenstellungen und den Tierkreiszeichen ableiten zu können, ist nicht „effektiv", denn so führt es einen nicht zu den Wurzeln der inhaltlichen Bedeutung. Der Mensch ist aufgefordert, sich in die Konsequenz des Kräftespiels hineinzuversetzen, das sich aus Planet und Tierkreiszeichen ergibt, um sie auf einer tieferen Ebene zu verstehen.

Aus dem Verbund des Mondes mit den Tierkreiszeichen und der Hausposition lassen sich Rückschlüsse auf bestimmte Lebensbereiche ziehen. Äußerlich mag sich das Erlebte in einer großen, kaum durchschaubaren Vielfalt darstellen, aber reduziert auf den Nenner des in ihnen waltenden Prinzips drücken sie in ihrem Blendwerk aus mannigfachen Manifestationen doch nur die zentralen Themenaspekte der zwölf Tierkreiszeichen, der Urbilder des Lebens, aus.

Das Spektrum der menschlichen Gefühle ist gemäß den Qualitäten des Tierkreises in 12 Grundthemen einzuteilen. Genau nach der Beschaffenheit des Tierkreises lassen sich die zahlreichen Gefühlsvarianten in unterschiedliche Erfahrungsqualitäten differenzieren. Der Mond im Horoskop symbolisiert, mit welchen Gefühlsinhalten und subjektiven Themen der Mensch sich im Laufe seines Lebens auseinander zu setzen hat. Auskunft darüber gibt das Tierkreiszeichen sowie die Position des Hauses, in welchem er positioniert ist. Auch die einzelnen Erfahrungsebenen, auf denen der Mensch mit den entsprechenden Inhalten seines subjektiven Inneren konfrontiert wird, spiegeln sich in den aufgeführten Faktoren wider, weshalb in diesem Buch die Ähnlichkeiten der Stimmungsbilder, des Urprinzipes Mond in den Tierkreiszeichen, den Häusern und den vorhandenen Aspekten zusammengefasst sind.

Dies ermöglicht eine brennglasartige Betrachtungsweise und verhindert, dass man durch vielfältige Interpretationen in ein Erkenntnis verhinderndes Zersplitterungswerk gerät.

Die Astrologie als eine Säule der hermetischen Philosophie basiert auf dem analogen Denken: Die Analogie als Rückschluss von der einen auf die andere Ebene sowie ein symbolhaftes Denken in rhythmischen Gesetzmäßigkeiten bilden eine Voraussetzung zum Verständnis aller Manifestationen. In der Welt lässt sich der Mensch immer von der Fülle der äußeren Ereignisse gefangen nehmen und merkt nicht, dass es immer dasselbe ist, was er erlebt, lediglich die Situationen und die Menschen, die an seinem Erleben mit gestalten, verändern sich, nicht aber die Inhalte. Beginnt man, sein Leben nach den Urprinzipien zu untersuchen, dann wird man feststellen, dass immer die gleichen Prinzipien, nur in unterschiedlichen Verpackungen, an einen herantreten. Deshalb ist es auch im Modell der hermetischen Astrologie wichtig, jenes weltliche Trugspiel zu durchbrechen, um sich einmal bewusst zu machen, dass die Verbindungen der Planeten in den Tierkreiszeichen, der Planeten in den Häusern, der Tierkreiszeichen zu den Häusern sowie der Spannungsaspekte untereinander zwar deutlich machen können, in welchen Bereichen bestimmte Themen gelebt werden, die Inhalte jedoch bei analoger Gleichheit dadurch nicht beeinträchtigt werden.

Zur Verdeutlichung ein Beispiel

Eine Freundin erzählt der anderen über ihren andauernden Kampf mit dem männlichen Vorgesetzten und dem Ärger mit ihrem Partner, seitdem sie schwanger ist (Mond/Mars). Die eine sagt ganz ruhig zur anderen: „Anstatt immer mit den Männern einen Machtkampf zu führen, wenn du dich in einer schwächeren Position befindest, musst du vielleicht lernen, dich mit deiner verborgenen unbewussten Aggression auseinander zu setzen." Die Angesprochene findet diese Anregung bereichernd und nimmt sich vor, über das Thema nachzudenken. Es wäre aber auch möglich, dass sie ihre Freundin anschreit und ihr wutschnaubend vorwirft, sich doch selbst mal mit ihrer Aggressivität zu beschäftigen. Es könnte sich auch ein Drama abspielen, indem sie die Freundin aus ihrer Wohnung wirft und ihr hinterher schreit, sie solle erst mal lernen, sich weniger aggressiv zu verhalten. Eine weitere Variante wäre, über dieses Thema bei einem Glas Wein und einem guten Essen zu reden.

Mit den Beispielen soll deutlich werden, dass die Art und Weise der Themenvermittlung, Orte und Stimmungen jeweils unterschiedlich sein können, der Inhalt jedoch davon nicht berührt wird. Jedes Mal wurde der gleiche Inhalt in den unterschiedlichsten Varianten an den verschiedensten Orten ausgetauscht. So verhält es sich auch mit den Verbindungen der Urprinzipien (Planeten) in den Häusern, den Planeten in den Tierkreiszeichen und den Spannungsaspekten. Lauter unterschiedliche Orte und Prinzipien oder Kommunikationsarten, die aber alle, wenn sie gleichartige Verbindungen aufweisen, die entsprechenden Inhalte verkünden. Unter diesem Gesichtspunkt lohnt es sich, eine Bestandsaufnahme im eigenen Leben durchzuführen. Man betrachtet die eigenen Lebensmythen und vergleicht anhand des Horoskops, ob sich die Aufträge mit den eigenen Idealen decken.

Die Verläufe des Schicksals sind stets der unbestechliche Anwalt des eigenen Musters, der im Außen deutlich werden lässt, welche Anteile im Bewusstsein des Menschen noch keine Integration gefunden haben. Der Mensch wird dergestalt über die Formen zum Inhalt geführt, und dadurch kann eine Integration stattfinden. Das einzige Hindernis, das jetzt noch bestehen kann, ist der Mangel an Bereitschaft, die entsprechenden konsequenten Erkenntnisschritte zu vollziehen. Hier besitzt der Mensch natürlich seine individuelle Freiheit. Er hat stets alle Möglichkeiten und alle Systeme zur Verfügung, die ihm den Ausstieg aus seinen eingefahren Lebensmustern ermöglichen.

Die Darlegung der möglichen Verbindungen der einzelnen Faktoren im Geburtsmuster ist als Einführung für das Verständnis der im Anschluss folgenden Mond-Themen gedacht, in denen der Dialog der Urprinzipien mit dem Mond beschrieben wird, um über diesen Weg in die Sprache der Urprinzipien einzuführen und über die formale Symbolik äußerer Lebensmythen an die eigentlichen Inhalte zu gelangen. Die graduelle Aufstellung der Prinzipien gilt als Wegweiser, um im eigenen Horoskop Lerninhalte zu erforschen und diese verstehen zu können.

Zusammenfassung folgender Kombinationsmöglichkeiten:
Primäre Stimmung:
- Mond in den Tierkreiszeichen
- Mond in den Häusern
- Aspekte der Urprinzipien mit dem Mond:
  das Quadrat / die Konjunktion
Latente Erfahrung:
- Häuser im Verbund mit dem Tierkreiszeichen
- Aspekte der Urprinzipien mit dem Mond:
  die Opposition / das Trigon / das Sextil
Beispiel:
  Eine Mond-Mars-Thematik kann in folgenden Faktoren des
  Horoskopes ihren Ausdruck finden: Primäre Stimmung:
- Mond im Widder
- Mond in Haus 1
- Mars in Haus 4
- Mars / Quadrat / Mond
- Mars / Konjunktion / Mond
Latente Erfahrung:
- Spitze des 1. Hauses im Zeichen Krebs
- Spitze des 4. Hauses im Zeichen Widder
- Mars / Opposition / Mond

Als **Orientierungshilfe** sind zu Beginn der Kapitel die Kategorien der Mond-
kombinationen in **primäre Stimmungsbilder** und **latente Erfahrungen** ein-
geteilt. Das entscheidende Merkmal in der Auseinandersetzung mit den
Qualitäten des eigenen Gefühlsspektrums ist die ständige Bereitschaft, sich
selbst in seinen eigentlichen subjektiven Belangen „auf die Schliche" zu kommen. Je größer die Ablehnung gegen eigene Aspekte aus dem Mondthemen-
bereich und damit gegen einen wesentlichen Bestandteil des Geburtsmusters
ist, desto heftiger werden die nicht gesehenen Themen schicksalhaft über das
Leben erfahren.

Will der Mensch nicht mehr länger Opfer seiner unbewussten Wesensanteile sein, sollte er zuerst seinen schicksalhaften Erlebensbereichen in
einer anderen Bewusstheit begegnen, und zwar mit der Bereitschaft, für das
Erlebte die Verantwortung zu übernehmen. **Wann immer der Mensch in
die Nähe von psychischen Grenzbereichen gerät, sollte er sich vergegenwärtigen, dass er seinen eigenen nicht gelebten Anteilen begegnet.** Hört
der Betroffene auf, andere Menschen sowie äußere Umstände für sein
Schicksal verantwortlich zu machen, hat er den ersten Schritt in Richtung

eines reifen Umgangs mit dem Dasein getan. Die Welt ist nur Erfüllungsgehilfe seiner unbewussten Anteile, die dann auf den unterschiedlichsten Manifestationsebenen entsprechend den jeweiligen Inhalten, die sich aus den Tierkreisthemen als Skala eines Kräftespiels bedingen, erlebt werden. Auf der Reise durch die Gefühlsvarianten des Tierkreises treten ähnliche Themen zutage, wie man sie im mundanen Tierkreis angelegt findet.

Dieser lässt sich über ein Grobraster von vier Quadranten in vier zentrale Themenbereiche aufgliedern:

Der erste Quadrant enthält die Zeichen **Widder, Stier und Zwillinge**, er ist der stofflichen sichtbaren Welt zugeordnet, was auch für das **erste, zweite und dritte Haus** im Horoskop gilt.

Der zweite Quadrant dagegen mit den Zeichen **Krebs, Löwe und Jungfrau** entspricht dem Bereich des Seelischen. Analog gilt dies auch für **das vierte, das fünfte und das sechste Haus**. Die beiden ersten Quadranten enthalten subjektive Themen, die sich auf die persönlichen Belange der jeweiligen Individuen beziehen.

Dem dritten Quadranten mit den Zeichen **Waage, Skorpion und Schütze** und dementsprechend dem **siebten, achten und neunten Haus** des Horoskopes ordnet man die Inhalte der Ideenwelt und des kollektiven Unbewussten zu. Dieser Quadrant beinhaltet alle Themen, die der Mensch erst in den Abgründen seiner Psyche finden muss. Zuvor spürt er sie nur stellvertretend für den eigenen nicht bewussten Abgrund in den Niederungen der äußeren Welt und ist dazu berufen, sich über die äußere Ansprache nach innen zu bewegen, um Ähnlichkeiten in sich aufzuspüren, die sich in Erkenntnisse verwandeln können und die zum Wachstum der Persönlichkeit beitragen.

Mit dem vierten Quadranten und den darin enthaltenen Zeichen **Steinbock, Wassermann und Fische** sowie dem **zehnten, elften und zwölften Haus** des Horoskopes schließt sich der Kreis. Die Zeichen des letzten Quadranten sind im Gegensatz zu den Qualitäten der anderen Zeichen im hohen Maße entpersönlicht und beziehen ihre Energie aus übergeordneten kosmischen Bereichen, die mehr an ideellen und sozialen Themen orientiert sind. Hier treten die Ich-Belange vollkommen in den Hintergrund; es geht um die Annahme der Verantwortung für dem Menschen übertragene Bereiche, die vordergründig nicht dem Wachstum der subjektiven Egointentionen dienen. Aufgrund dieser Zuordnungen lässt sich beispielsweise erklären, weshalb die Gefühle von Menschen mit Mondständen in den Zeichen Widder, Stier und Zwillinge sowie den dazu entsprechenden Häusern eins, zwei und drei an den konkreten, rationalen Inhalten der Welt orientiert sind. Auch wenn diese Anbindung an die sichtbaren Bereiche der Welt für die Nativen im

Unbewussten liegt, erfahren sie im Leben eine Dynamik, die sie immer wieder in die Nähe der konkreten rationalen Ebenen schleust.

Diese Erfahrungsbereiche erzeugen im Einzelnen starke emotionale Regungen. Über diese werden die Nativen dann näher an die Themen gerückt, die sie nicht in sich selbst finden können. Für die Astrologie ist die Bereitschaft des Menschen, sich mit seinem Geburtsmuster ehrlich auseinander zu setzen das Wichtigste und Wesentlichste. Dies gilt in besonderem Maße, wenn es darauf ankommt, Facetten des verborgenen Selbstes zu entdecken, die man sich nicht eingestehen möchte. Aus diesem Grund neigen Klienten oft dazu, die Qualität einer astrologischen Horoskopdeutung daran zu messen, inwieweit sie sich in den Musterbeschreibungen wiederfinden können. Das Instrument, das man mit der Astrologie in der Hand hält, dient jedoch gerade dazu, die Bereiche aufzuspüren, die dem Menschen andernfalls verborgen bleiben. Die entsprechenden unbewussten Persönlichkeitsanteile nähren den Schattenbereich, der im Leben über Schicksalsschläge, Symptome und Begegnungen wieder zum Menschen zurückkehrt. Durch die hermetische Astrologie als philosophischem Mittler lernt der Mensch jene Teile, die ihm im Zerrspiegel seines Lebens als Teil seines Selbst begegnen, durch bewusste Konfrontation und Integration wieder zu befreien. Diese Bewusstseinsarbeit kann helfen, dem abgespaltenen Teil der Persönlichkeit im Innenraum wieder einen bewussten Platz einzuräumen und damit Leidensmomente zu entschärfen. In den folgenden Beschreibungen der verschiedenen Mondkombinationen werden einzelne mögliche Erlebensbereiche dargestellt, die in ihrer Symbolik Mythen des individuellen Mondthemas repräsentieren. Sie sind nicht als astrologisches Rezeptbuch gedacht, das die einzelnen „Zutaten" der Konstellationen auflistet, sondern die Darstellungen sind ähnlich geartete Erfahrungsbilder aus der Praxis, die im einen oder anderen Fall andere Varianten erfahren können, doch sollen sie die Phantasie beflügeln und dazu anregen, im Leben die verschiedenen Kulissen sehen zu können, vor denen ein immer währendes gleiches Drama aufgeführt wird.

Um die Erlebensstimmung differenziert und effektiv zu skizzieren, sollten Sie neben der **Stellung Ihres Mondes in einem entsprechenden Tierkreiszeichen** auch nach der **Hausposition Ihres Mondes** forschen, welche Ihnen eine zusätzliche Erlebensbühne zu offenbaren vermag (die Werte lassen sich aus einer einfachen grafischen Darstellung Ihres Geburtsmusters ermitteln). Auch mögliche Planetenaspekte runden das Stimmungsbild ab, aus dem sich Ihre ganz individuelle „Mond-Komposition" ergibt. Sie werden spüren, wenn Sie die erweiterten Mond-Kompositionen hinzufügen, dass sich die mögliche Eindimensionalität des Bildes zu Ihrem persönlichen Erfahrungsbild zusammenfügen wird.

Über die Beschreibung der einzelnen Bereiche, wie z. B. der allgemeinen
Anlage als **Stimmungsbild,** dem **Kindheitsmythos,** dem **Partnerschaftsmythos** und der **Symptomebene,** werden die verschiedenen symbolischen
Formen dargestellt, die im Sinne der hermetischen Astrologie dazu anregen
sollen, im Geschehen den Inhalt entdecken zu können. Denn im Kindheitsmythos erlebt man die Inhalte des eigenen Inneren in verzerrter Form durch
das Drama der Eltern. Die gleiche Ausdrucksform des Unbewussten findet
später im Partnerschaftsmythos ihren Ausdruck. Jene Ebenen sind im erweiterten Sinne symptomatischer Ausdruck der unbewussten Seeleninhalte, so
wie auch Symptome als Sprache des Unbewussten zu verstehen sind. Alle
Ebenen weisen mit ihren bindenden Aspekten darauf hin, dass es bedeutsam ist, sich mit den dahinter verborgenen Inhalten auseinander zu setzen.
Eine solche Umgangsweise vermag den Menschen aus den bestehenden leidhaften Bindungen zu lösen. Die Folge ist, dass wieder ein freier Fluss im
Leben entsteht. Dies bedeutet nicht, dass jeder Mensch mit einer bestimmten Mondkonstellation zwingend den beschriebenen Mythos erfahren muss,
sondern es geht darum, hinter den zugehörigen Bildern des eigenen
Lebensmythos die verborgene Lernerfahrung zu erkennen. Wenn man in
den Bildern den Sinn wieder zu entdecken lernt, erschließen sich die erlebten Räume in ganz anderer Form und das Leben erhält eine andere
Dimension, die es möglich macht, im Verbund mit den durchlittenen
Erfahrungen die entsprechenden Erkenntnisse aus ihnen zu ziehen. Ein
solcher Umgang besitzt für den Menschen stets einen befreienden
Charakter, denn aus einer solchen Sicht ist es möglich, Abstand zum
Erlebten zu gewinnen. Man erkennt, dass andere Menschen, mit denen man
schicksalhaft verwickelt war, nur Instanzen im großen eigenen Drama
waren, das unter kosmischen Gesetzmäßigkeiten auf irgendeine Weise zum
Erleben gebracht werden musste. So wird das Umfeld zum Diener des eigenen Unbewussten, was in der Konsequenz in die Eigenverantwortlichkeit
hineinführt. So ist die Sparte der **Bewusstwerdung** jenem befreienden Teil
gewidmet, den es im Inneren zu bewegen gilt. Dies sollte vollkommen wertfrei und fern von jeder moralischen, ethischen Bewertung geschehen, so
dass es möglich wird, jene Anteile Schritt für Schritt in das Bewusstsein zu
integrieren. **Meditationen,** die in Form von Phantasiereisen in innere Bilder
hineinführen, runden jenen integrativen Teil ab, denn wirkliche Erkenntnis
kann nur verankert werden, wenn das Erkannte auch gefühlt wird, erst
dann kann es seinen Platz im Spektrum des Bewusstseins einnehmen und
zur wirklichen Erweiterung beitragen: „**Einklang und Zufriedenheit mit
dem eigenen Leben liegen in der Annahmequalität der erlebten
Situationen begründet!**"

„Wahrlich keiner ist weise, der nicht das Dunkel kennt,
das unentrinnbar und leise von allem ihn trennt."
Hermann Hesse

Praxis der westlichen initiatischen Meditation

Will man sich den unbewussten Mond-Themen auf einer inneren Ebene zuwenden, so vermag einem die meditative Praxis dabei zu helfen. Sie führt jenseits von jeglicher philosophischer Ausrichtung in die Sphären der „Nachtseite des Lebens". Meditation ist das stimmigste Instrumentarium, welches den Verankerungsprozess der unbewussten seelischen Inhalte unterstützt. Dazu ist es als Erstes wichtig, die Fähigkeit zur Besinnung und Meditation zu schulen, bevor man sich weiteren Übungen zuwendet. Ganz gleich, welche Übungen für den Einzelnen geeignet erscheinen, es ist in diesem Sinne wesentlich, erste Grundlagen für den Weg nach innen zu legen. Anleitungen zu derartigen Übungen gibt es in Form von westlicher oder östlicher Literatur genügend, aber auch als konkrete Anleitung in bestehenden westlichen Mysterientraditionen. In der Folge finden Sie eine Anleitung, wie Sie den Weg in den Innenraum beschreiten können, und Anregungen, sich einen inneren Raum zu schaffen, der geeignet ist, die individuellen Mond-Themen in meditativer Form aufzusuchen. Das Einzige, was man für sich tun muss, ist, sich selbst zu überwinden, um überhaupt mit der Praxis zu beginnen.

Wer die Erfahrung gemacht hat, dass man mit regelmäßiger innerer Einkehr mehr „erreichen" kann als mit bloßem Ausruhen, der wird die Zeit der inneren Sammlung und Konzentration nicht mehr missen wollen und tauscht gerne diverse Fernsehdarbietungen oder Unterhaltungsprogramme, die den Menschen nur „unten halten" wollen, damit keine inspirierenden Tendenzen in ihm aufkommen (Unter-Haltung = unten halten) gegen die Chance eines inneren Wachstums ein. Die Kunst der inneren Sammlung schenkt dem Praktizierenden direkt jene zweite unerlässliche Voraussetzung, die ihm das Tor seiner inneren Seelenlandschaften aufschließt und ihn Stille und Gelassenheit erfahren lässt. Denn der beharrlich geübte Rhythmuswechsel von äußerer Zersplitterung (Tagseite) zu innerer Zentrierung (Nachtseite) trägt sehr bald spürbare Früchte. Allein das „Opfer", auf einen Teil der Zerstreuung zu verzichten, um dafür an sich selbst zu arbeiten, schafft eine Dynamik, die neue Energien mobilisiert. Man erfährt eine Bereicherung dadurch, dass man seine innere Stimme (Intuition) zu hören beginnt.

Das unmittelbare Ergebnis für diese Umorientierung liegt in einer gewaltigen Erleichterung, indem man Herr seiner Gedanken wird und somit auch weniger Manipulationsobjekt äußerer Umstände und Indoktrinierung. Der Mensch wird eigenständig im Denken und Fühlen und schließlich „Herr im eigenen Hause". Meditation ist die vornehmste Art, seinen Willen zu stärken, und eine erste Voraussetzung, um innere Zentrierung zu erreichen. Dieser konzentrierte Wille entsteht von selbst und ist sozusagen ein Ergebnis des Bemühens. Er wird zum bereitwilligen Diener, der sich auf jede Art von Tätigkeiten lenken lässt. Gleich, was man mit seinen entstandenen Fähigkeiten in der äußeren Welt bewerkstelligt, man ruht in seiner Mitte und vermag jederzeit in sich und in die innere Ruhe wieder zurückzukehren. Der Schlüssel liegt also hauptsächlich in der Überwindung der Trägheit, um den ersten Schritt in diese befreiende Richtung einzuschlagen. Auf jeden Fall ist es einen Versuch wert, will man die bestehenden Bedingungen im eigenen Leben verändern. Wie ist nun jener innere Weg gestaltet? Unter „Arbeit am seelischen Innenraum" versteht man unter anderem, durch Meditation für gewisse Zeiträume eine andere Sphäre als die des Tagesbewusstseins zu betreten, um sich der „inneren geistigen Dimension" zu öffnen. Damit erschließt man sich seine inneren Sinne, die mit dem Fortschreiten des Alters eine zunehmende Bedeutung erhalten. Mittels bestimmter Übungen und einer spezifischen Geisteshaltung erschafft man sich seinen inneren meditativen Raum als Träger des Bewusstseins, um mit diesem zum geistigen Ursprung zurückzukehren.

Es ist wichtig, sich stets zu vergegenwärtigen, dass der Mensch ein geistiges Wesen ist, denn häufig ist er sich dieses geistigen Ursprungs nicht bewusst, weil er sich mit der Welt des Körpers und des Stoffes identifiziert. Die Welt, aus dem das geistige Wesen kommt, ist dem Gros der Menschheit trotz ihrer Religionen nicht bekannt. Zudem ist dieser geistige Teil jenseits aller weltanschaulichen Dogmen und Philosophien angesiedelt. Er entspricht, auch wenn er einer metaphysischen Ebene entspringt, einem Teil von uns, der das Leben ausmacht. Das Herz, das im Körper schlägt, interessiert sich auch nicht für die weltanschaulichen Belange – es schlägt. Der Suchende, der hinter der Welt der Form noch etwas anderes ahnt und fühlt, steht bereits an der Schwelle zur Erfahrung der Transzendenz. Er braucht sich nur um einen Weg zu bemühen, der ihm die Tür zu den ihm bislang verborgenen Kammern öffnet. Der sicherste und kürzeste Weg liegt im Menschen selbst, keine fremde Instanz kann ihm den Weg ebnen. Jede Lehre kann immer nur Anleitung sein, sich um Ähnliches zu bemühen, aber jeder Mensch muss seine eigenen Erfahrungen sammeln. Der Weg nach innen führt durch die Arbeit an den feinstofflichen Sinnen zur Erweckung des inneren Menschen. Damit wird der Mensch Bürger *zweier Welten,* wie dies einst Gustav Meyrink formulierte, der inneren und der äußeren. Dies ist ein wichtiger Punkt, denn nur zu gerne flüchtet der Mensch in die innere Welt, weil er der materiellen Welt nicht gewachsen ist. Ein solcher Weg ist zum Scheitern verurteilt, denn er ist eher Flucht als ein stimmiger Weg. So wie der Mensch in seinen zwei Welten verwurzelt ist, sollte er die Verbindung beider Ebenen in sich vollziehen. Sein „geistiges Ich" ist an seinen physischen Körper gebunden und ebenso Träger des ätherischen Körpers, mit dem der Mensch bewusst nach seinem Ableben in die Welt des Geistes eintritt. Sein bewusstes Erwecken lässt ihn aber schon vorher jene Bereiche erschließen, die ihm später nicht mehr fremd sein werden.

Die Arbeit an der „Nachtseite des Lebens" führt jeden Suchenden zu der Erkenntnis, dass unser diesseitiges Leben im so genannten Wachbewusstsein nur ein kosmischer Traum ist. Diese Erkenntnis erschließt sich jedem Suchenden mit dem wirklichen Erwachen, insbesondere je mehr er sich mit der Symbolik der Welt und den in ihr offenbar werdenden Gesetzmäßigkeiten der hermetischen Philosophie beschäftigt, wie sie in der hermetischen Astrologie enthalten sind. Das Wissen um diesen Zusammenhang alleine genügt nicht, es muss vom Menschen erfahren und immer wieder erlebt werden, indem er die Mechanismen kennen lernt, die das Leben steuern, und er wird Schritt für Schritt feststellen, wie einfach sich durch Verhaltensweisen oder geistige Haltungen bestimmte Gesetzmäßigkeiten des Lebens auslösen lassen, so dass man den Eindruck hat, die Welt sei gläsern geworden.

Ganz nebenbei erlangt man mit der Arbeit an den inneren Räumen einen Zustand, der ein inneres Gleichmaß erfahren lässt, weil kaum noch etwas die innere Ruhe erschüttern kann. Im Inneren erlangt der Mensch jenen Frieden, der über das Verstehen hinausgeht, denn sein Bewusstsein hat einen Mittelpunkt gefunden. In diesem Mittelpunkt kann der Mensch verweilen, und damit ruht er in seiner Mitte. Auch wenn im äußeren Leben die größtmögliche Disharmonie herrscht, findet er in seinem Inneren einen Zufluchtsort fernab von aller Zerrissenheit.

Das ist das Geheimnis: Das Leben braucht einen Mittelpunkt, auf den der Mensch sich ausrichtet. **Nichts im Universum ist ohne Mittelpunkt!** In jeder lebenstragenden Manifestation - sei es ein Atom, die Zelle, ein Samenkorn oder unser Universum mit seinen Sonnen, um die sich alle Planeten einschließlich der Erde bewegen -, überall gibt es einen Mittelpunkt, ein Zentrum, um das alles kreist. Das geistige Zentrum des Menschen liegt in der Idee der Rückbindung. Seine Augen wenden sich nach innen, um alles in allem zu schauen, und seine Ohren hören auf die

Stimme der Stille, die er in seinem Herzen vernehmen kann. Beginnt man mit der Meditation, ist das Entscheidende die innere Haltung, mit der man sich ihr annähert. Sehr oft sind wir als Menschen vollends mit unseren Handlungen verhaftet. Die Energie, die man mit dem Denken und dem Wollen in eine Richtung zwingt, schafft einen Strom, der vom Menschen selbst gesteuert wird, weil man zwingend möchte, dass sich mit den Bemühungen Erfolge einstellen sollen. An Ergebnisse gebunden zu sein, ist aber genau jene hindernde Haltung, die es der Dynamik, die im Inneren des Menschen wirkt, unmöglich macht, sich in das Leben hinein zu bewegen.

Das ausgeprägte Bedürfnis nach Ergebnissen, die der leistungsorientierte Mensch mitbringt, ist das Fatale; es lässt den Menschen erstarren und schneidet ihn von allen kreativen Momenten in seinem Leben ab. Als Menschen sind wir heutzutage aus unserem Selbstverständnis heraus erst dann bereit zu handeln, wenn wir auch wissen, dass ein bestimmtes Ergebnis sichtbar werden wird. Unsere Handlungen sind damit nicht mehr wertfrei und absichtslos gegenüber dem Leben und seinen Manifestationen. Es scheint, als wollten wir aus allem ein entsprechendes Ergebnis herauspressen, selbst wenn dies ein immaterielles ist, das „Gelingen" heißt. Erst, wenn man gelernt hat, Dinge wertfrei in der gleichen Intensität auszuführen, als würden sie besonders vom Leben honoriert, können sich aus anderen Quellen Kräfte offenbaren, die den Menschen auf diesem Weg für seine Absichtslosigkeit belohnen. Wir haben es bei der Innenraumarbeit mit einem passiven Weg zu tun, deshalb kann man lediglich Vorraussetzungen schaffen, aber nicht Ergebnisse erzwingen. Dies gilt natürlich auch für die Meditationen zur Bewusstwerdung der unbewussten Inhalte des jeweiligen Mondenthemas.

Innerliches Loslassen und absichtsloses Handeln mit der gleichen Intensität, die wir meistens erst einbringen, wenn wir auch einen entsprechenden Nutzen zu haben glauben, sind das Geheimnis der Meditation. Sie ist an die Wertfreiheit und die freudige Bereitschaft zur absichtslosen Leistung gebunden. Vergleichbar ist dies mit dem Wesen der Mutterschaft. Auch eine Mutter gibt ihren Kindern wertfrei Liebe, Nahrung, Zuwendung, Wärme, ohne jedes Mal einen Dank erwarten zu können, denn Kinder fordern immerfort und denken nicht über die dahinter stehende Leistung nach. Mit der Zeit erreicht eine Mutter vielleicht jene Hingabe in ihren Handlungen, die fern von jedem subjektiven Anspruch ist. Irgendwann wird sie durch einen liebevollen Augenblick, eine Geste für ihre Bereitschaft, sich einzubringen, vom Kind „belohnt". In ähnlicher Form verhält es sich mit der Meditation. Inspirationen, Erkenntnisse, die sich aus einer inneren Arbeit einstellen, sind in gewisser Hinsicht an ernsthafte

Arbeit gebunden. Sie kommen nicht, wenn man sich hinsetzt und auf sie wartet. Die vollbrachte Leistung, das innere Ringen um Themen, die für jeden Menschen individuell anstehen, sind das Entscheidende. Sich auf ein Thema oder eine Sache mit allen Fasern des Bewusstseins einzulassen – aber nur der Sache wegen – schafft die rechte Haltung, um die Grundlage für mögliche Inspiration und inneres Wachstum zu legen. Wenn die untere Ordnung stimmt, dann kann sich die obere Ordnung ebenfalls einstellen. Inspiration und Erkenntnis sind in diesem Sinne als ein kosmischer Sahneklatsch zu verstehen, der aus dem Numinosen erfolgt, wenn alles andere stimmig und im Einklang ist.

Nur was aus diesen Quellen der rational nicht steuerbaren Ebene kommt, hat eine heilsame Wirkung im Leben des Menschen. Will man im Garten einen Krötenteich anlegen, ist es erforderlich, die entsprechenden Bedingungen zu schaffen – man füllt Wasser ein, pflanzt Seerosen –, doch Kröten siedeln sich stets von selbst an. Man kann sie zwar kaufen und in dem Teich auszusetzen versuchen, doch sie werden möglicherweise nicht bleiben, denn sie folgen einem Gesetz, das nicht vom Gutdünken des Menschen bestimmt wird. Also ist es bedeutsam, seinen Seelengarten genau so zu richten, aber frei von jeglicher Erwartung, was die Ergebnisse der Bemühungen anbetrifft! Lösen Sie sich vor allem aus Ihren Erfolgsbestrebungen und der Einstellung, dass der Weg und die Beschäftigung mit den Sinnfragen Ihnen das Paradies auf Erden bescheren werden. Die Welt ist dazu da, dass man an ihr wächst und nicht, dass man das, woran man zu wachsen vermag, versucht aus dem Leben zu drängen, um eindimensional „glücklich" zu sein.

Die Körpermeditation

Beginnt man mit den inneren Übungen, dann ist es sinnvoll, vor dem Betreten der inneren Räume eine Übung auszuführen, die den Körper ruhig werden lässt. Man kann nur von Gedanken oder Dingen frei werden, wenn man ihnen vorher Zuwendung geschenkt hat.

Indem man Aufmerksamkeit in jedes Körperteil lenkt, erhält der Körper die Zuwendung, die er braucht. Die Energie folgt der Ausrichtung des Bewusstseins und hat eine harmonisierende Wirkung. Durch diese Übung kann eine besondere Erfahrung gemacht werden; gemäß dem Prinzip der Konfrontation und Zuwendung gibt der Körper den Geist in dem Moment frei, wenn man ihm die entsprechende Aufmerksamkeit schenkt. Im Sinne der hermetischen Betrachtung gibt auch die Welt den Menschen erst dann frei, wenn er sich ihr freiwillig, ohne Widerstand und Ablehnung durch Arbeit und Zuwendung widmet.

Man begibt sich in Stille und beginnt von beiden Füßen aufsteigend Bewusstsein in jedes Körperteil zu lenken. Zuerst in die Füße, dann folgen die Unterschenkel bis zu den Knien, die Oberschenkel bis zu den Hüftgelenken, der Unterleib mit all seinen Organen, der Oberkörper bis hin zu den Schultern. Von dort aus verlagert sich das Bewusstsein in beide Hände, dann in die Unterarme bis zu den Ellenbogen, von dort in die Oberarme bis in die Schultern und anschließend aufsteigend über den Hals in den gesamten Kopfbereich bis zur Schädeldecke und den Haaren. Man durchdringt jeden Körperbereich, als wolle man ganz tief in das Innere des Körpers vordringen, bis in das Mark der Knochen und in die einzelnen Organe. Ist dies geschehen, stellt man noch einmal eine Verbindung zwischen den Füßen und dem Kopf her, um sich als energetisches Wesen wahrzunehmen. Die Zeit, die man dafür aufwendet, ist jedem für sich freigestellt, denn nicht die Dauer, sondern die Intensität der Konzentration ist entscheidend: Manche brauchen 10 andere 20 Minuten. Man wird nach einiger Übung spüren, dass es immer leichter fällt, und recht bald wird man die Erfahrung machen, dass man sich schwerelos und leicht fühlt.

Das Erschaffen eines inneren Raumes

Nachdem die entspannende Vorbereitung getroffen wurde, ist es bedeutsam, sich einen inneren Raum zu schaffen. Das Besondere an der Schaffung eines inneren Raumes ist, dass er mit der Zeit zu einer inneren Realität wird. Im Geiste gibt es keine Grenzen, und hier beginnen geistige Gebilde energetisch existent zu werden, wenn man sie mit genügend Dynamik erfüllt. Sie schaffen mit der Zeit in Ihrem Geiste ein reales Kraftfeld, welches Ihnen ermöglicht, sich selbst viel intensiver zu begegnen. Auch im Geiste bestehen ähnliche Gesetzmäßigkeiten, wie wir sie aus der äußeren materiellen Welt kennen. Es braucht im Inneren ebenso Formen und Strukturen, von denen man als Basis aus operieren kann. Viele Menschen machen bei der Meditation häufig die Erfahrung, dass sie sich unkonturiert fühlen und unkonzentriert in ihrer inneren Selbstbegegnung sind. Ein geschaffener Raum im Geist verleiht hingegen der inneren Selbstbegegnung eine viel intensivere Qualität. Je öfter Sie Ihren geschaffenen Raum innerlich betreten, desto intensiver wird

Sie die besondere Stimmung umfangen, und Sie vermögen sehr schnell an die Intensität vorangegangener Erfahrung anzuknüpfen.

Ihr innerer Raum kann kreativ nach Ihren Wünschen gestaltet werden. Wesentlich ist, dass sich an einer Seite des Raumes ein Tisch befindet, auf dem zwei Kerzen stehen, die links und rechts einen Spiegel säumen, der sich an der Wand befindet. Vor dem Tisch sollte sich ein Stuhl befinden, auf dem Sie Platz nehmen können, um sich im Spiegel zu betrachten. Dieser Spiegel der Selbstbetrachtung gibt im Widerschein Ihres Inneren den Blick frei auf vergangene durchlebte Situationen. Mittels des Spiegels vermögen Sie sich durch bedeutsame Erlebnisbereiche des Lebens zu bewegen und den darin entstandenen Gefühlen nachzuspüren. Sie können dem Spiegel Bewusstwerdungsfragen stellen, und Sie werden sich in den entsprechenden Situationen erleben.

Jedes Mal, wenn Sie vorher die Entspannung ausgeführt haben, können Sie Ihren inneren Raum betreten. Er sollte in einem gedämpften feierlichen Licht gehalten sein. Zuerst treten Sie vor den Tisch mit dem Spiegel und entzünden in dem Bewusstsein, Licht in Ihrem seelischen Innenraum zu entfachen, die beiden Kerzen vor dem Spiegel an. Dann nehmen Sie auf dem Stuhl vor Ihrem Tisch Platz. Betrachten Sie sich in dem Spiegel, und bitten Sie Ihre innere Seeleninstanz, dass sie Ihnen einen Einblick in Ihre inneren Gesetzmäßigkeiten gewähren möge. Nach einer gewissen Zeit können Sie sich in Situationen hineinbewegen, die Sie sich als Themenstellung mitgenommen haben. Es ist empfehlenswert, dort nie mehr als ein bis zwei Themen zu bearbeiten, denn es geht um die Qualität der Betrachtung, nicht um die Quantität. Anregungen und genauere Beschreibungen zu den Betrachtungen finden Sie im Anschluss Ihres individuellen Mond-Themas, in den Kapiteln „Meditative Integration". Jedes Mal, wenn Sie die Betrachtungen abgeschlossen haben, sollten Sie sich zuerst bei Ihrer inneren Seeleninstanz für die Erfahrungen bedanken, die Ihnen zuteil wurden. Dann erheben Sie sich wieder und löschen die Kerzen mittels eines Kerzenlöschers, denn zeremoniell ist es nicht ratsam, Kerzen mit dem Atem zu löschen. Verlassen Sie im Geiste Ihren Raum, und schließen Sie ihn wieder ab, denn es ist Ihr Innenraum, zu dem nur Sie Zutritt besitzen. Nehmen Sie sich abschließend wieder in Ihrem Körper wahr, spüren Sie sich in ihn hinein und kommen Sie in der Geschwindigkeit, die für Sie angenehm ist, in Ihr Tagesbewusstsein zurück. Nehmen Sie sich genügend Zeit. Nichts will überstürzt werden. Beginnen Sie zuerst, indem Sie einige Tage die Körpermeditation ausführen, damit Sie in einen ruhigen und entspannten Zustand gelangen. Errichten Sie, nachdem Ihnen der Einstieg zur Entspannung leicht fällt, in der Folge Ihren inneren Raum. Nehmen Sie sich auch dafür wieder einige Tage Zeit, um ihn innerlich in Ihrer Fantasie so schön herzurichten, dass er Ihnen gefällt. Ihrer Kreativität sind dabei keine Grenzen gesetzt. Beginnt er in der Fantasie langsam plastisch zu werden, dann entzünden Sie in der inneren Zeremonie die Kerzen und setzen sich vor den imaginativen Tisch mit dem Spiegel, signalisieren Sie Ihrem Inneren, dass Sie gerne eine Verbindung zu ihm herstellen und mit ihm zusammenarbeiten möchten. Dies sollte sehr gefühlvoll und wohlwollend geschehen. Sie werden sehen, dass alleine durch eine derartige Kontaktaufnahme sehr schöne innere Erfahrungen gemacht werden können.

Wenn Sie sich nun sicher in Ihrem inneren Raum fühlen und er Ihnen vertraut ist, sollten Sie beginnen, sich über die Fragen in entsprechende Lebenssituationen zu begeben. Im Verbund mit den in diesem Buch enthaltenen Meditationen zu den jeweiligen Mondthemen vermögen Sie auf meditative Art und Weise zentrale Themen Ihres Innersten zu bearbeiten. Zentrales Anliegen ist dabei in den Meditationen, besonders wenn bei Ihnen die Themen Ihres Mondprinzipes im Unbewussten liegen, diese für Sie erspürbar zu machen. Je mehr Sie sich mit den verborgenen Anteilen, die Sie häufig in den unterschiedlichsten Formen erfahren oder erlitten haben, in Verbindung bringen, vermögen diese zu Ihrer Heilwerdung beizutragen. Je mehr es Ihnen gelingt, Aspekte Ihrer inneren Realität, die in Ihrem Geburtsmuster ihren Ausdruck findet, authentisch fühlend selbst wahrzunehmen, erlösen Sie auf diesem Weg das Außen von dem Erfordernis, Sie mit Ihren unbewussten Seelenanteilen in Verbindung zu bringen.

Welche Gesetzmäßigkeit verbirgt sich dahinter? Welche Konsequenz vermag diese für Ihren eigenen Weg zu haben?

Ähnliches möge durch Ähnliches in Einklang gebracht werden

Analysiert man die menschliche Umgangsweise mit problematischen Themen, wird ersichtlich, dass das häufigste Bestreben stets das Vermeiden unangenehmer oder belastender Zustände ist. Beispielsweise werden gesundheitliche Probleme mit medikamentösen Keulen weggedrängt, ohne nach der „causa" zu forschen, oder leidet ein Mensch an depressiven Stimmungen, wird nach heiterer Ablenkung gesucht, um schleunigst der Tiefstimmung zu entrinnen. Das „Obenauf" und „Gut drauf" als Lebensmotto führt immer tiefer in die Sackgasse der Nichtkonfrontation, in der irrigen Hoffnung, sich auf diese Weise belastenden und schweren Erfahrungen entziehen zu können. Unter diesem Gesichtspunkt befindet sich ein Großteil der Menschen in ihrem Leben auf der Flucht vor jenen Anteilen, die aufgrund ihrer Dominanz Größeres bedeuten als eine willkürliche Störung der Betroffenen. Die abgelehnten Lebenssituationen entfalten nur deshalb eine zwingende Dominanz, weil sie Träger von Inhalten sind, die dem Betroffenen im Bewusstsein fehlen. Eine andere Art der Konfrontation läge in der Bereitschaft, sich zu öffnen, um den Themen entgegenzugehen, was zu überraschend anderen Lebensverläufen führen würde. Leider sind sich die meisten Menschen des heilenden Aspektes einer veränderten Umgangsweise nicht bewusst. **Denn in der Bereitschaft, nach den nicht bewussten eigenen Anteilen in den sich auslösenden Wandlungsprozessen zu forschen, ist ein viel tieferes Heil – die wahre Ganzwerdung – zu finden.** Viele Menschen sind daran gewöhnt, im Umgang mit den weltlichen Verläufen nach dem Prinzip von Ursache und Wirkung zu handeln. Sie weichen Hindernissen oder Gefahren, die sich ihnen in den Weg stellen aus, um eine vermeintliche Sicherheitsdistanz herzustellen. Dies mag für die kleinen Kausalbereiche gültig sein. Einem Auto, das auf einen zu rast, weicht man auch aus, um sein Leben zu schützen. Darüber hinaus gibt es aber ganz essenzielle Erlebensbereiche, die mit den kleinen alltäglichen Abläufen nicht zu vergleichen sind. Dies sind die großen Manifestationen im Leben, die im Verborgenen wirkend Lebensverläufe umgestalten und damit für den Betroffenen Botschaften zu Tage treten lassen. Sie sollen nicht die Fluchtinstinkte aktivieren, sondern auf einer tiefen Schicht des menschlichen Bewusstseins etwas bewirken, um dort losgelöst von der Betroffenheit über die Kausalzusammenhänge bearbeitet zu werden. Solchen Ansprachen sollte man nicht durch einfaches Weglaufen begegnen, denn über diesen Weg wird der Mensch mit Prinzipien in Verbindung gebracht, die in seinem Bewusstsein bis dorthin keinen Zugang gefunden hatten. **Vielmehr findet sich in der Bereitschaft, zu ergründen, ob die angenommenen Lebensintentionen mögliche Fehlhaltungen enthalten, die Entsprechung einer adäquaten Umgangsweise.**

Wendet man sich dergestalt dem Geschehen zu, dann erhalten die Verläufe stets eine Verwandlung, weil man sich suchend den verborgenen Inhalten widmet. Dies führt zu einem inneren Ausgleichsmoment, weil der Suchende das Fehlende in sich bewegt. Die bestehende Einseitigkeit wird ausgeglichen, da der Mensch aufgrund entpolarisierender kosmischer Gesetzmäßigkeiten durch die eindringenden Inhalte mit dem Fehlenden ergänzt wird. Die besorgte Frage „Was fehlt Dir denn?" lässt im Keim deutlich werden, dass ursprünglich einmal ein Wissen um diese Gesetzmäßigkeit bestanden hat, welches dem Menschen im Laufe der Zeit abhanden gekommen ist.

Es gibt in den funktionalen Bereichen der Welt eine Fülle von Beispielen, an denen deutlich wird, dass Probleme oder gar Symptome mit dem gleichen Prinzip der Entsprechung auf einer anderen Ebene behandelt werden. Leidet ein Mensch beispielsweise an nervösen Störungen wie Nerven- oder Muskelzuckungen, was einer Uranusthematik entspräche, so verschreibt der Mediziner ihm Magnesiumpräparate, die ebenfalls eine Zuordnung zur Uranusanalogie besitzen. Oder leidet ein Mensch an Schwermut, eine Manifestation des Saturn-Prinzipes, so wird ihm homöopathisch Plumbum (Blei) verabreicht, das ebenfalls in die Saturnanalogie gehört. Man bedient sich auch hier in der Verordnung eines Metalls mit erhöhtem Schweregrad, um damit der inneren Schwere mit Entsprechendem zu begegnen. Ein Krebsleiden, hinter dem sich ein Hinweis auf stagnierende Lebenszustände verbirgt, findet seine Analogie im Plutoprinzip, welches aus Angst vor Verwandlung mit Fixierungen auf das Grunderfordernis reagiert. Pluto als großer Transformator schleust zwingend in Verwandlungen hinein. Die Konsequenz eines solchen Leidens führt häufig zu vehementen Verwandlungen im Leben. Auch dieser Symptomatik begegnet man mit Behandlungsmethoden, die dem gleichen Prinzip der Krankheit entsprechen: Durch Bestrahlung (Pluto) wird auf einer konkreten Ebene das fehlende Thema eingebracht. Man antwortet stets auf der konkreten Ebene mit jenen Prinzipien, die dem Betroffenen fehlen und die ihren Ausdruck in der entsprechenden Symptomatik finden. Im Laufe der Erforschung von Behandlungsmethoden hat man festgestellt, dass bei bestimmten Symptomen ganz spezifische verordnete Mittel ihre entsprechende Wirkung ausübten. Solche Werte sind aus langjährigen Erfahrungen herausgefiltert und als Lerninhalte weitervermittelt worden. Besitzt man den analogen Schlüssel zu den Urprinzipien und zu der Symbolik der äußeren Formen der Welt, vermag man auf ganz andere Art und Weise hinter den Schleier solcher Zusammenhänge zu blicken. Im Gegensatz zur Vorgehensweise, die auf erworbenem Wissen und damit auf Erfahrungen anderer beruht, lässt sich aus der Kenntnis analoger Zusammenhänge auf jeder Ebene ganz gezielt die entsprechende Thematik formulieren. Durch das eigenständige Erkennen der Gesetzmäßigkeiten von analogem Geschehen handelt man stets aus gewachsener eigener Einsicht. Mit der Kenntnis der analogen Zusammenhänge der Welt der Manifestationen vermag man viel sicherer zu agieren, versteht aber auch, warum in vielerlei Situationen angewandte Maßnahmen wirkungslos bleiben.

In den zuvor beschriebenen Handlungsweisen verbirgt sich der aus der Homöopathie bekannte Grundsatz: *„Similia similibus curentur – Ähnliches möge durch Ähnliches geheilt werden"*, der nicht nur dort eine Gültigkeit besitzt, sondern der als Überschrift für eine zentrale Gesetzmäßigkeit steht, die eine besondere Rolle in der seelischen Aufarbeitung der in der Form verborgenen geistigen Inhalte besitzt. Im Sinne der hermetischen Philosophie sind die Grenzen nicht vom materiellen Weltbild gesteckt. Dieser Grundsatz endet nicht bei der Verabreichung eines homöopathischen Mittels, das auch nur Vermittler einer Idee ist, die sich nach Einnahme im menschlichen Organismus als Information auszubreiten beginnt. In gleicher Weise ist es möglich, sich dieses Prinzip auch in der Umgangsweise mit der Welt zu Eigen zu machen: Indem man sich mit den unbewussten Anteilen des eigenen Geburtsmusters und deren Lerninhalten aus eigenem Antrieb beschäftigt.

Einer der Gründe, weshalb der wissenschaftlich geprägte Mensch die Homöopathie als wirkungslos und unsinnig bezeichnet, ist die Unkenntnis der Mechanismen, die sich durch die verabreichten Mittelgaben auslösen. Man forscht stets auf der falschen Ebene, vergleichbar mit Ahnungslosen, die auf einer Wiese am Boden liegend Äpfel gefunden haben und nun daraus folgern, die Äpfel seien Früchte, die zwischen Gräsern wachsen. Wissenschaftler untersuchen homöopathische Mittel und forschen nach der materiellen Substanz, die in ihnen enthalten sein soll. Da die Mittel bei höherer Potenzierung sehr bald keine konkret nachweisbaren Substanzen mehr aufweisen, wird das Verfahren belächelt und als Spinnerei verworfen. Im gnädigsten Fall verweist man auf die Wirkungen des Placeboeffektes. Aber sind die wissenschaftlichen Schlussfolgerungen im Grunde nicht lächerlicher und gleichen diese nicht echten Eulenspiegeleien? Mit der wissenschaftlichen Logik könnte man ebenso gut versuchen, Gehirnflüssigkeit auf Gedanken zu untersuchen oder Gedanken mit Schmetterlingsnetzen zu fangen. Die Delution oder das Globuli ist in der Homöopathie nur materieller Träger der immateriellen Idee eines Prinzipes, die sich über die Einnahme als bisher fehlende Information in den subtilen Kanälen des menschlichen Organismus ausbreitet. Hier werden subtile Ideenimpulse in das feinstoffliche System des Organismus implantiert, welche die innere Resonanz verändern. Das ist vergleichbar mit den körpereigenen Reizleiterfunktionen, die im Organismus Informationen vermitteln.

Die homöopathische Vorgehensweise entspricht einer Initiation in die Idee der verabreichten Arznei. Jede Initiation (lat. *initium* – einen Anfang machen) öffnet Türen und hebt den Menschen auf eine neue Ebene, auf der er andere Erfahrungsbereiche durchlaufen kann. Man arbeitet damit an der Schaltstelle des Lebens, denn wirkliche Veränderungen entstehen immer nur von innen heraus, und nicht wenn man an äußeren Formen „herumdoktert", wie dies in der allopathischen Verfahrensweise üblich ist. Mit der Homöopathie liegt eine geniale Methode vor, mit der es gelungen ist, essenzielle Informationen an Trägersubstanzen zu binden, die dann ihre Wirkung auf einer feinstofflichen Ebene zeigen und den Menschen von innen heraus verändern. Ein System, mit dem auf einem stofflichen Weg Bewusstwerdungsimpulse induziert werden können.

Dies kann sich folgendermaßen vollziehen: Leidet beispielsweise ein Mensch an entzündlichen Prozessen, so lässt dies deutlich werden, dass in seinem Unbewussten ein aggressiver Anteil (Mars-Prinzip) schlummert, der ihm nicht zugänglich ist, so dass er auf der Symptomebene zu Tage tritt. Die Verabreichung eines homöopathischen Mittels in einer hohen Potenz würde dazu führen, dass das in den Stoff Gefallene sich wieder zurück in das Bewusstsein bewegt.

Der Homöopath ordnet in diesem Fall die Einnahme eines Phosphors oder eines Apis an, welche beide einen aggressiven Charakter aufweisen und somit der Marsanalogie zugeordnet werden. Diese bewirken, dass sich der Mensch nicht allzu lange nach der Einnahme in Situationen wiederfindet, die in ihm Aggressionen hervorrufen. Plötzlich findet er nur noch Anlässe, über die er sich aufregt, und in ihm wächst eine Wahrnehmung seiner Konfliktbereitschaft heran, zu der er zuvor nicht fähig war, die sich aber in seinem Symptom äußerte. Gleichzeitig mit dem Gewahrwerden der erhöhten Konfliktbereitschaft wird auf der anderen Seite sein Symptom, welches nur der Träger seiner unbewussten Aggression war, überflüssig und ein Heilwerdungsgeschehen vermag sich einzustellen.

Auf diese Art und Weise ist ein Verschiebungsprozess in Gang gekommen, der zwar nicht an die direkte Kausalität des homöopathischen Mittels gebunden war, sondern im Keim der Marsanalogie des Menschen wurde durch die Idee des Mittels ein Impuls gesetzt, der eine Verschiebung von der inneren Ebene zur Außenwelt bewirkte. Das Prinzip, an dem der Mensch „krankte", wurde somit nicht ausgeschaltet und verdrängt, sondern auf eine andere Ebene gehoben, auf der nun eine bewusste Bearbeitung und Konfrontation stattfinden kann.

Das Los des Homöopathen ist, dass er oftmals nicht direkt mit den Heilungsprozessen in Zusammenhang gebracht wird, obwohl er durch die gelungene Bestandsaufnahme und die Verabreichung des Mittels an dieser Initiation gewirkt hat. Der Patient beschreibt seinen Krankheitsverlauf dann so, dass er plötzlich in seinem Leben ziemlich involviert gewesen sei, er vor lauter Stress und Streitereien sein Symptom nicht mehr beachtet hätte, und nach einigen Wochen sei es dann von selbst weggegangen.

Die reine Symptombearbeitung wird in der Regel bei Menschen angewandt, die den metaphysischen Aspekt einer solchen Arbeit nicht kennen, weshalb die Großartigkeit eines solchen Prozesses im Dunklen verborgen bleibt. Trotzdem vermag das System beim Menschen, wenn auch von ihm nicht bewusst wahrgenommen, große Veränderungen zu bewirken. Die symptombezogene Inanspruchnahme von medizinischer oder therapeutischer Hilfe richtet sich an Menschen, die den Status eines Patienten haben (lat. patientis = erleiden, erdulden); Menschen, die in einem Abhängigkeitsverhältnis zum Arzt oder Therapeuten stehen, weil sie von Außenstehenden „machen lassen" und ihre Mitverantwortlichkeit an ihrem Zustand nicht kennen. Viele Patienten machen deshalb häufig ihren Arzt für den nicht rechtzeitig einsetzenden Genesungsprozess verantwortlich, wodurch sie signalisieren, dass ihnen ihr eigener Bezug zum Thema nicht bewusst ist, sie somit auch für sich keine Verantwortung übernehmen. Sie glauben, ihr Körper werde in ähnlicher Weise wie ihr Auto in die Werkstatt gebracht. Wenn die Ventile verschlissen sind, müssen neue her und dann läuft die Maschine wieder. Doch wehe, es wurde schlampig gearbeitet, dann wird reklamiert. Wer in diesem Anspruch mit sich umgeht, ist weit entfernt von dem Zusammenhang zwischen Körper, Geist und Seele und wird natürlich aufgrund seiner Unkenntnis auch weiter in Abhängigkeiten jedweder Form bleiben.

Welche Konsequenz besitzt die aufgezeigte Betrachtungsweise im Modell der Astrosophie?

Das Prinzip des „Similimum" vermag auch auf einer ganz anderen Ebene zu greifen und zwar dann, wenn der Mensch weder ausgeliefert und krank ist, noch der Hilfe eines Psychologen oder eines Therapeuten bedarf. Dies kann mittels der astrosophischen Bewusstwerdungsarbeit geschehen, denn diese hat nichts mit Heilung und Therapie zu tun und auch nichts mit konkreter Lebenshilfe. Die astrosophische Betrachtungsform, wie sie in dem Kapitel „Der Spiegel der Selbstbetrachtung" beschrieben wurde, ist ein Verbindungsglied zwischen dem Prozess des Lebens und dem Erkenntnisweg. Führen Sie dazu die entsprechenden Meditationen zu Ihrem Mondenprinzip aus. Die Fragen sind lediglich als Schlüssel gedacht, der Ihnen das Tor zu den verschiedenen Erlebensbereichen zu öffnen vermag. Lassen Sie die Situationen in Ihrem Inneren noch einmal entstehen, als würden Sie sie erneut erleben. Spüren Sie vor allem den Gefühlen hinterher, die der inneren Realität Ihres Mondenthemas entsprechen. Nehmen Sie sich stets nur ein bis zwei prägnante Situationen vor. Dabei sind die damit verbundenen Gefühle, wie immer sie geartet sind, wichtiger als die Bilder oder die Fülle an Begebenheiten.

Zusätzlich kann Ihnen die **Symbol-Imagination** dabei helfen, besonders wenn die Themen von Ihnen auf der Symptomebene erlebt werden, dass sich das Fehlende, langsam in Ihrem Bewusstsein entfaltet. Halten Sie es am besten so, dass Sie die Symbol-Imagination zu einer kontinuierlichen Meditation werden lassen, die Sie wie eine Art Traumreise in Ihrem Inneren ausführen. Geben Sie den dabei entstehenden Gefühlen und Wahrnehmungen genügend Raum, dass diese ihre Wirkung entfalten können.

Eine solche innere Hinwendung dient all jenen, die an einem befreienden Selbstgestaltungsprozess arbeiten, indem sie an sich wirken, um jene Aspekte in ihrem Leben zu Tage zu fördern, die nicht der Realität ihres Lebensmusters entsprechen. Sie führen die schönste und edelste Arbeit aus, die in alten Mysterienschulen als „Arbeit am rauen, unbehauenen Stein der Persönlichkeit" bezeichnet wurde. Hier setzt eine Arbeit ein, mit der der Mensch sukzessive Bewusstheit und in Folge dessen Struktur und Ordnung in die unterschiedlichsten Lebensbereiche bringt. Im Laufe der Zeit stellt er einen Einklang mit den Gesetzen der eigenen inneren Realität her und benutzt die Erlebensbereiche des Außens als Korrekturelement für die stetige Weggestaltung. Dies ist eine Arbeit für all jene, die freiwillig auf ihrem Weg bestrebt sind, in Einklang mit ihren eigenen Gesetzmäßigkeiten zu gelangen. Diese Arbeit hat in der Entwicklung der eigenen Potenziale einen sehr hohen Stellenwert, denn der Mensch nimmt die Verwandlung und Verantwortung selbst auf sich. Er arbeitet sozusagen im „Vorfeld" an den sonst oft zwingend einbrechenden Korrekturen des Schicksals, da er bestrebt ist, sich mit Bewusstheit seinem Leben zu widmen.

Wann immer ein derartiges Bestreben vorliegt, gestalten sich die Verläufe des Lebens ganz anders, weil der Mensch offen und kommunikationsbereit für die transformierenden Wachstumsprozesse ist. Er überantwortet dieses Geschehen nicht dem Schicksal, welches aufgrund des phlegmatischen Verweilens in unveränderten Einstellungen oder Lebenssituationen mit Transformationsprozessen in Aktion treten muss, um den Menschen aus seiner Statik zu befreien. Durch die Bereitschaft, das Fehlende zu integrieren und die bindenden Lebenssituationen zu ergründen, entsteht eine Dynamik, die einem Segeln mit dem Wind gleicht. Denn das Similiprinzip „greift" immer dann, wenn der Mensch bewusst mit den Anteilen in Verbindung tritt, die ihm im Bewusstsein fehlen. Dies geschieht dann nicht mehr ausgelöst durch eine Trägersubstanz, sondern aufgrund einer Bestandsaufnahme aus dem Geburtshoroskop und den verschiedenen Lebensmythen. Dadurch vermag man jene Anteile herauszufiltern, die dem Nativen unbewusst sind, und kann diese in Lernanteile ummünzen. Man fördert somit das in den Stoff des Lebens Versunkene wieder zurück in das

Bewusstsein. **Das Fehlende auf diesem Weg ins Bewusstsein zu heben, ist das Ziel der Arbeit am eigenen Geburtsmuster.** In diesem Sinne kann die Auseinandersetzung mit den verborgenen Themen, die in den jeweiligen Kapiteln des Monden-Prinzipes beschrieben sind, jene bereits skizzierte Mittlungsfunktion übernehmen. Voraussetzung ist, dass die Bearbeitung nach der Anleitung ausgeführt wird, wie sie im Kapitel *„Der Spiegel der Selbstbetrachtung"* beschrieben ist. Hier gelangt man auf eine weitere Ebene, die den Gesetzmäßigkeiten der geistigen Alchemie entspricht. Nun ist es nicht mehr eine materielle Trägersubstanz, die eine Information transportiert, sondern das eigene Bewusstsein. Eine Bestandsaufnahme der eigenen Mond-Themen führt dazu, dass man sensibel für Gesetzmäßigkeiten des inneren Seelenprinzipes wird. Insbesondere wenn man mit der Kenntnis der unbewussten Inhalte in das „alte Leben" zurückkehrt, um dort im Erleben eine stetige Bestandsaufnahme und Korrektur der Selbstbilder vorzunehmen. Auf diese Weise wird das Leben über die innere Selbstbegegnung hinaus zu einer Instanz, die wie ein steter Tropfen, der den Stein höhlt, Stück für Stück jene Anteile deutlich werden lässt, die dem Menschen im Bewusstsein fehlen. So wandelt sich das gesprochene Wort, das geschaute Bild im Spiegel der Selbstbetrachtung und die damit verbundene authentische Empfindung in Verbindung mit dem eigenen Lebensmythos zur Erkenntnis, die unauslöschlich zum Bestandteil des Bewusstseins wird.

Die in den Stoff gefallene Idee steigt als Similimum ins Bewusstsein auf.

Die zwölf Monden-Themen
als Ausdruck des Unbewussten

MOND IM ZEICHEN WIDDER
MOND IM ERSTEN HAUS

DIE MOND-MARS-THEMATIK

primäre Stimmung:	latente Erfahrung:
Mond im Zeichen Widder	Mars Opposition Mond
Mond in Haus 1	Tierkreiszeichen Widder in Haus 4
Mars in Haus 4	Tierkreiszeichen Krebs in Haus 1
Mars Konjunktion Mond	
Mars Quadrat Mond	

Stimmungsbild

Das Marsprinzip, das als herrschender Planet dem Tierkreiszeichen Widder zugeordnet ist, entspricht der dynamischen Energie des Lebens schlechthin. Das Tierkreiszeichen Widder ist das erste Zeichen im Tierkreis und liegt somit am Beginn des Jahreslaufes, womit es den Aufbruchsimpuls der Natur symbolisiert. Das Mars-Prinzip drückt sich individuell in jeder Ich-Intention aus. Hinter ihm verbirgt sich eine feurige, hochdynamische Kraft, die auf allen Ebenen bestrebt ist, sich Raum zu nehmen, um sich durchzusetzen.

In den Schöpfungsmythen entspricht Mars der Kraft von Geburtsprozessen, die etwas Neues in der Form initiieren. Die marsische Energie führt zu Neuanfängen, die immer weiter in die Polarität hineinzielen, um sich dort definieren und in einer Begrifflichkeit fassen zu können. Mars gilt damit in seiner polarisierenden Kraft als Impuls aller Manifestationen. Mit seiner spaltenden Dynamik und den daraus resultierenden Konsequenzen verstrickt sich die marsische Energie immer tiefer in der Form. Beim Menschen sind es die Willenskräfte, die nach Begrifflichkeit und Persönlichkeitsdefinition streben, um sich im sozialen Umfeld definieren zu können. Auf einer verborgenen und vom Intellekt kaum zu erreichenden Ebene walten tief im Untergrund des menschlichen Bewusstseins die bewahrenden Triebkräfte, welche nur eine einzige Ausrichtung haben, nämlich dass der Mensch sich mit seinem dynamischen Überlebenstrieb durchsetzt und das Recht auf seinen Lebensraum verteidigt. Diese Antriebskraft liegt in jedem Lebewesen tief verborgen. Man findet sie gleichfalls in der Natur, in den Wachstumskräften der Pflanzen, in den Flucht- und Instinktreaktionen der Tiere und in ihrem Überlebenskampf. Auch beim Menschen stammt dieser urmarsische Impuls aus den archaischen Lebensantrieben, die den Menschen zu mancherlei Handlungsweisen antreiben. Die marsische Dynamik im Menschen entspricht nicht der Absicht, durch intellektuelle Vorgänge Durchsetzungsstrategien zu ersinnen, sondern sie stammt aus jener verborgenen Dynamik, die das Überleben und die Durchsetzung des Menschen sichern soll.

Dies ist vergleichbar mit den Wachstumskräften, die im Frühling auf vielen Ebenen sichtbar werden. Alles drängt hinaus ins Leben, und der große Kampf der Behauptung beginnt. Im Schöpfungsmythos repräsentiert Mars das Prinzip der Spaltung und der polaren Auseinandersetzung, welches den Konflikt benötigt, um sich dadurch stets in neue Räume zu bewegen. Dem Tierkreiszeichen Widder und dem Mars als Urprinzip liegt eine dynamische leidenschaftlich-aggressive Energie zugrunde, die sich ihr Revier erobert und sich über die Ich-Behauptung durchsetzt. Dieser instinkthafte Impuls ist so stark und überdimensioniert, dass er sich, vergleichbar mit dem menschlichen Ur-Willen zu leben, über alle Widrigkeiten und Hindernisse hinwegsetzt, nur um sich im Lebensrecht zu behaupten. Mit dem Widerstand wächst auch die Kraft.

Jeder Neubeginn will mit Kraft und Durchsetzung errungen werden, so dass auch alle Kampfes- und Kriegssituationen dem Marsprinzip zugeordnet werden. In jedem Streit sowie in jeder Auseinandersetzung walten marsische Impulse und spalten den harmonischen Frieden in ein Zerwürfnis, aus dem man letztlich wieder zueinander finden kann. Auch wenn die marsischen Erfahrungen etwas Aufreibendes und Zerstörerisches besitzen, stellen sie jeweils die Chance für einen Neubeginn dar, aus dem sich Leben oder Lebendigkeit formiert. Ohne Mars gibt es kein Leben, ohne Dynamik existiert kein Wachstum, genauso wenig könnte der Mensch ohne Blut in seinen Adern, das dem Mars-Prinzip zugeordnet wird, existieren. In diesem ersten Tierkreisprinzip findet sich eine männlich-dynamische Kraft, die im Verbund mit der archetypisch-weiblichen Thematik des Mondes in eine Auseinandersetzung geführt wird. Es entsteht ein Ringen zwischen dem männlich-aktiven und dem weiblich-passiven Pol. Entspannung und Anspannung, Handlung und Rezeptivität finden sich in einer permanenten Auseinandersetzung, die man mit der Überschrift für das Stimmungsbild als Mond-Mars-Thematik bezeichnen kann. Der **primären Stimmung** dieser Mond-Verbindung entspricht der Mond im Tierkreiszeichen Widder sowie die Position des Mondes im ersten Haus des Geburtsmusters, da das erste Haus seine Entsprechung zum Marsprinzip hat. Auch mit dem Mars im vierten Haus des Horoskopes, das eine Entsprechung zum

Mondprinzip besitzt und im Verbund mit Mars das gleiche Stimmungsbild aufweist, entfacht sich das Stimmungsbild der Mond-Mars-Thematik. Ein weiteres vergleichbares Stimmungsbild findet seinen Ausdruck mit Aspekten, die zwischen Mond und Mars gebildet werden, besonders bei der Mond-Mars-Konjunktion, als auch bei der Quadratur beider Prinzipien. In der etwas abgeschwächteren Form der **latenten Erfahrung** findet die Mond-Mars-Thematik ihren Ausdruck mit dem Tierkreiszeichen Krebs im ersten Haus, dem Tierkreiszeichen Widder im vierten Haus als auch mit der Opposition zwischen Mond und Mars.

Menschen mit der Mond-Mars-Thematik sind von der Anlage her ihren leidenschaftlichen und aggressiven Triebimpulsen ausgeliefert. Das Wollen steht bei ihnen im Vordergrund und ist vergleichbar mit den Intentionen eines Kleinkindes, das sofort alles haben möchte, was es sieht, und diesem Verlangen zusätzlich lautstark Ausdruck verleiht. Getrieben von innerer Unruhe und Ungeduld, möchten sie sich in ihrem gesamten Bestreben in der Welt durchsetzen. Die meisten Situationen des Lebens vollziehen sich für sie viel zu langsam und zu schleppend. Ungeduldig versuchen sie, jegliches Hindernis aus dem Weg zu räumen, was jedoch Mechanismen auslösen kann, die wiederum auf Gegenwehr in ihrem Umfeld stoßen. Je aktiver das gesamte Geburtsmusters ist, desto mehr führt dies zu einem ständigen Anwachsen des inneren Drucks und dem Bedürfnis, sich auseinander zu setzen. Andere Menschen empfinden ihr Verhalten als bedrängend aggressiv, was den Nativen mit der Mond-Mars-Thematik nicht immer ganz bewusst ist. Dies kann auch in ganz subtilen Formen seinen Ausdruck finden, dass die Nativen, besonders die weiblichen, sehr nahe am „Wasser gebaut" haben, was bei anderen Menschen zur Beklommenheit führt. So sind die plötzlich hervorbrechenden Gefühle Ausdruck und Mittel, um sich damit, je intensiver sie zum Tragen kommen, zielsicher durchzusetzen. Tränen sind bei den Nativen sowohl unbewusst eine Waffe der Durchsetzung als auch ein Ausdruck von Wut, mit der die Gefühlswallungen des wässrigen Mondenprinzipes ihren gewaltigen Ausdruck finden. Für das Verständnis der marsischen Energien ist es bedeutsam zu erkennen, dass hinter dem dynamischen Durchsetzungsbestreben des marsischen Menschen keine bewusste Absicht oder gar Strategie vorliegt. Vielmehr entspricht die marsische Energie einer Instinktkraft, wie wir sie als archaische Kraft bei allen Wesen im Überlebenstrieb wiederfinden. Der Mensch handelt, um sich seinen entsprechenden Lebensraum zu sichern oder sein Revier zu bestreiten – als Ausdruck für das Bestreben, im Leben zu bestehen. Genauso wie es dem Grashalm gelingt, durch eine Asphaltdecke hindurchzudringen, oder den Pflanzen, sich nach dem Licht auszurichten, wird diese Kraft im

Menschen dazu führen, dass er für sich Bedingungen herstellt, die er zum (Über)leben braucht.

Je mehr passive Anteile im Geburtsmuster von Nativen mit der Mond-Mars-Thematik enthalten sind, desto stärker richtet sich die Energie gegen sie selbst, da sie kein Ventil dafür besitzen, mutig ihren inneren Dampf abzulassen. Aufgrund der reflektierenden Qualität des Mondes passieren alle äußeren Impulse den subjektiven Filter der Wahrnehmung. Deshalb nehmen die Nativen ihre eigenen Aggressionen nicht wahr, sondern halten diese für einen Bestandteil der Außenwelt. Im zwischenmenschlichen Kontakt wittern sie Missgunst und Revierkampf und haben das immerwährende Gefühl, ihre Mitmenschen wollten sie verdrängen oder ihnen die Grundlage zum Leben nehmen. Sie rüsten sich zur Gegenwehr und sind in einer permanenten Alarmbereitschaft, um dem dominanten Verhalten des Außens etwas entgegenzusetzen. Aus dieser Angst wird das Leben für sie zum ständigen Revierkampf, der jedoch nur von ihnen selbst geführt wird.

In diesem Klima der ewigen Alarmbereitschaft erleben die Nativen die Aufforderung, sich zu behaupten und ihr Terrain zu verteidigen. Diese Spannung dient als Motor, um immer neue Impulse zu erfahren, damit sie lernen, über den Durchsetzungskampf Kontakt zu ihrem ausgeprägtem Ich-Gefühl zu entwickeln, das ihnen nicht zugänglich ist. Durch die Reflexionsthematik des Mondes werden die Impulse der Umwelt aggressiv wahrgenommen und die Nativen entwickeln eine starke Abwehrbereitschaft im Sinne des Mottos: „Angriff ist die beste Verteidigung." Ihre Psyche befindet sich aufgrund der erhöhten Alarmbereitschaft vor den vermeintlichen Angriffen des Umfeldes in einem andauernden angespannten Zustand. Dies schafft einen latenten Bedrohungszustand, wie ihn andere Menschen nur aus Gefahrensituationen kennen.

Die Nativen sollten sich deshalb bewusst machen, dass die Energien der Gegenwehr und der Selbstbehauptung sich durchgesetzt haben und dadurch ihr unbewusstes Anliegen, sich zu behaupten, geweckt wurde. Aus diesem Grund ist es im Sinne der Bewusstwerdung nicht förderlich, wenn sie sich der Illusion hingeben, sie seien friedliche Naturen. Deshalb erleben viele Menschen mit der Mond-Mars-Thematik während ihres Lebens immer wieder Situationen, die sie in Revierkämpfe verwickeln, damit sie lernen, sich gegen ihr Umfeld zu behaupten.

Darüber hinaus sollten sie erkennen lernen, dass der Behauptungswunsch ein Keim ihres unbewussten Wesensanteils ist, der nur darauf wartet erweckt zu werden. Eine erhöhte Aggressionsdynamik aus der Umwelt entsteht nur dann, wenn sie sich ihres Behauptungsanspruches nicht ausreichend bewusst sind. Versucht man, den Sinn in dieser Mond-Thematik zu entdecken, dann könnte man unterstellen, dass die Nativen den Auftrag erhalten haben, sich zu ihrem Ich-Gefühl zu bekennen und einen besseren Zugang zu den eigenen Bedürfnissen zu entwickeln. Diese sind jedoch gut in ihrer Seele verborgen, und sie empfinden die innere Auseinandersetzung und Suche in der Seelenlandschaft als Schwäche und Ausgeliefertheit, denn dort geraten sie in Bereiche, in denen ihre Handlungs- und jegliche Steuerungsfähigkeit abhanden kommen.

In vielen Fällen isolieren sich die Nativen auf der Gefühlsebene, um andere nicht in ihre Karten schauen zu lassen, denn sie können es nicht ertragen, in Schwächesituationen unterlegen zu sein. Sich zu öffnen und dem Gegenüber ihre wahre Gemütsverfassung zu zeigen, bedeutet für sie gleichsam schwach zu sein – denn nur der Stärkere überlebt. Die Nähe von Gefühlen, insbesondere von Betroffenheit und Unterlegenheit, ist für sie schwer zu ertragen, so dass sie sich diese kaum eingestehen können. Dies macht sie in ihrem Muster einsam, und es scheint ihnen, als würden sie allein gegen die ganze Welt antreten. In einer Ritterrüstung von gestählter Härte verschanzen sie sich vor jeder Gefühlswallung. Schwäche, die sie an sich oder an anderen Menschen entdecken können, erfüllt sie mit Wut und Ablehnung. Wann immer sie angesprochen werden, um Hilfe, Trost und emotionale Zuwendung zu spenden, reagieren sie statt mit Einfühlungs-vermögen mit überraschender Aggression oder mit Aufmunterungssprüchen, um sich nicht einlassen zu müssen. Auch in dem Drang, zu helfen, findet die Mond-Mars-Thematik ihren Ausdruck. Als Arzt, Therapeut, Heilpraktiker oder auch in einem Bedürfnis, Bedingungen im sozialen Umfeld zu verbessern, wird die aktive Seite dieser Mond-Verbindung deutlich. Entscheidend ist die Dynamik, etwas tun zu müssen, um bestehende Situationen der Ausgelie-fertheit und des Leides zu verändern. Sie kehren damit die eigene Unfähigkeit, Passivität zu ertragen, in ein Helfersyndrom um. Denn in der Konfrontation mit der äußeren Situation beginnt das innere Programm bei ihnen zu resonieren, da sie an ihr eigenes Reizthema erinnert werden. Wenn sie anderen helfen und deren Zustand zu verbessern versuchen, hel-fen sie im Grunde genommen nur sich, denn sie bekämpfen am anderen die eigene Angst vor dem Ausgeliefertsein. Dieser Mechanismus erwächst aus der Unvereinbarkeit des Mondes mit dem Mars-Prinzip. Schon im munda-nen Tierkreis bilden die Zeichen Widder und das vom Mond regierte Zeichen Krebs ein Quadrat, was die Unvereinbarkeit dieser beiden Anteile beschreibt. Diese marsische Mondkonstellation besitzt deshalb einen ziem-lich zwiespältigen Teil, der im Konflikt zwischen dem männlichen Prinzip (Mars), das sich behaupten will, und dem weiblichen Teil (Mond), der sich passiv den Lebenssituationen ausliefern möchte, liegt. Immer wieder geraten die Betroffenen zwischen die beiden Antipoden von Ausgeliefertsein und Dynamik, die in ihnen Ablehnung gegen alles Schwache oder Weibliche schürt. Hierin liegt auch der Grund dafür, dass in ihnen selbst eine unbändige Wut heranwächst, sobald sie Menschen in Situationen des Ausgeliefertseins erleben. Ihr Bedürfnis, (bildlich gesprochen) auf den schwachen Teil noch „draufzuhauen", entsteht, da sie in ihrem Inneren zutiefst angerührt werden und ihren eigenen Gefühlen hilflos ausgeliefert sind. Die Hilflosigkeit nehmen sie als Schwäche wahr, und diese verwandelt sich für sie unerklärlich in Wut. Mit der dynamischen Emotion können sie besser umgehen als mit dem Umstand, an eine Empfindung ausgeliefert zu sein. Auch in Situationen des Angerührtseins neigen sie dazu, aggressiv auf die Zeugen ihrer Gefühle zu reagieren, bis hin zur ausrutschenden Hand, wenn der Erzeuger ihrer Gefühlsregung gerade in greifbarer Nähe steht. In solchen Situationen ist es dann nur der Behauptungsdrang und die Bekämpfung der eigenen Schwäche, die zu abwehrenden Reaktionen führen. Denn tief in ihrem Inneren verspüren sie die Ohnmacht (Mond = ohne Macht), die sie nicht zulassen können, weil synchron mit der Ohnmacht und dem Ausgeliefertsein der Kampfesinstinkt (Mars) geweckt wird.

Auf einer anderen Ebene liegt das Verhältnis der Nativen unter der Mond-Mars-Thematik zu Anspannung und Entspannung in einem ausgeprägten Konflikt. Für sie ist es schwer loszulassen. Befinden sie sich nach getanem Tagwerk zu Hause, dann sind sie in ständiger Aktion, da es für sie schwierig ist, einfach einmal still zu sitzen und nichts Produktives zu tun. Es ist durchaus möglich, dass sie beruflich stark von dem Bestreben erfüllt sind, Überleistung zu erbringen, die sie jedoch aufgrund ihrer passiven Mondkomponente energetisch auslaugt. Stellt sich beispielsweise am Abend oder an Wochenenden Müdigkeit ein, befinden sie sich in einem inneren Aufruhr, da sie sich schwerlich inaktiv annehmen können. Verweilen sie in Passivität, meldet sich in ihrem Inneren eine bewertende Instanz, die ständig beobachtet, was sie jetzt gerade tun und ob dies mit ihrem aktiven Persönlichkeitsempfinden konform geht. Das bedeutet, dass sie in Phasen der Erschöpfung sich selbst nicht annehmen können und sich unwert empfinden. Dies kann zu einem bedrohlichen Kreislauf heranwachsen: Je erschöpfter sie sind, desto mehr versuchen sie, aus sich das Letzte herauszuholen. Irgendwann fordert auch selbst der stärkste Organismus seinen Tribut ein, was zu Erkrankungen aus Überforderung führen kann. Die Nativen sind somit dazu berufen, in solchen Situationen ihr Verhältnis zu den ungesunden Bewertungen ihrer inaktiven Phasen zu klären, damit sie lernen, anders mit sich umzugehen, denn sehr schnell kann es geschehen, dass sie sich energetisch vollkommen überfordern. Sicher wird dies in der ersten Lebenshälfte nicht besonders ins Gewicht fallen. Doch ab einem Alter von ca. 42 Jahren werden die Nativen mit ihrer Energie haushalten müssen. Haben sie dies bis zu diesem Zeitpunkt nicht gelernt, kann das zu inneren Kämpfen und zur Depression über den energetischen Abfall führen.

Die Aufnahmefähigkeit der Menschen mit einer Mond-Mars-Thematik ist nicht sonderlich groß, denn der Urkonflikt dieser Konstellation spielt in den Bereich der Aufnahmequalität mit hinein. Der Mond symbolisiert die aufnehmende Kraft, die die Eindrücke und Erfahrungen von außen aufnimmt, der Mars hingegen als aktives, dynamisches Prinzip verwandelt die Aufnahmebereitschaft in eine Abwehr gegenüber allen Impulsen des Außens. Ihr inneres Gefüge ist mehr auf Energieabgabe als auf Aufnahme eingestellt. So sind die Nativen, was ihre Lern- und Aufnahmebereitschaft anbelangt, nicht offen für die Dinge, die von außen an sie herangetragen werden. In ihrem Verhalten reagieren sie besonders eigensinnig auf die Ansprache ihrer Mitmenschen, so dass der Eindruck entsteht, dass sie immer genau das Gegenteil von dem machen, was man von ihnen erwartet. Auch in Diskussionen sind sie in den meisten Fällen auf der Gegenseite – einfach um dem Gesagten etwas entgegenzusetzen, weil sie sich mit einem gemeinschaftlichen Einheitsgefühl nicht anfreunden können. Die dynamische aktive Kraft ist so stark, dass sie bei der Anforderung, vom Außen etwas annehmen zu müssen, ständig in Abwehrstellung gehen. Dies führt dazu, dass die Betroffenen, die nicht bereit sind, Lernerfahrungen aus der Welt zu ziehen, sich unter großem Kraftaufwand allen Lernprozessen mühselig selbst annähern müssen. Wissen und weltanschauliche Rückschlüsse müssen sie sich Stück für Stück selbst erarbeiten. Auch hierüber gelangen sie in den Ur-Konflikt ihrer Mond-Mars-Konstellation, denn sie empfinden es als Schwäche, sich von anderen Menschen belehren zu lassen oder gar etwas von ihnen anzunehmen. Nur mit Widerwillen registrieren sie häufig, dass andere in ihren Aussagen Recht hatten, da sie nach langem Bemühen ebenso zu den gleichen Rückschlüssen gekommen sind. Doch selbst dann sind sie zumindest vor den anderen nicht bereit, ihre ablehnende Vorschnelligkeit einzugestehen, denn es entsteht bei ihnen der Eindruck, zum Nachgeben gezwungen zu werden, womit sie nach außen Schwäche signalisieren und das bekannte Aktivitätsprogramm „hochfährt". Dies gilt auch im weiteren Sinne für alle Zugeständnisse, die sie von anderen Menschen abgerungen bekommen, oder auch wenn es gilt, sich gemachte Fehler einzugestehen oder sich gar bei anderen Menschen entschuldigen zu müssen. Derartige „Niederlagen" werden meist nur sehr kurz und schnodderig mit großem Widerwillen ertragen. Die Ignoranz im eigenen Verhalten den anderen gegenüber wird von ihnen nicht wahrgenommen, da sie sich in

Betroffenheit schwer selbst reflektieren können. Selbstreflexion ist neben der jovischen Einsichtsfähigkeit an das mondige Element des Fühlens gebunden. Vielmehr überwiegt die Stimmung, dass der Kontakt mit anderen ihnen als eine ständige Behauptungssituation vorkommt, in der sie sich alleine durch das Leben kämpfen müssen. In der Begegnung mit ihren Mitmenschen schwanken die Nativen zwischen dem Bedürfnis nach Kontakt und Ansprache und der Distanz, da sie andere nicht an sich heranlassen wollen. In vielen Situationen wirkt ihr Verhalten eigenbrötlerisch, weil sie auf sich bezogen ihr ganz „privates Süppchen" kochen. Im zwischenmenschlichen Kontakt kann dadurch der Eindruck entstehen, dass sie nur das in Anspruch nehmen, was für sie Vorteile bringt. Bezogen auf das Erfordernis, das aus der marsischen Mond-Thematik entspringt, ist dieser Pol auch vollkommen legitim und ehrlich, denn gerade dies sollen die Nativen lernen zu sehen, indem sie sich so annehmen, wie sie sind. Vor allem sollen sie in vollem Maße zu ihrem Verhalten stehen, denn im Sinne einer gesellschaftsüblichen Moral macht die Auseinandersetzung mit dem Geburtsmuster keinen Sinn, denn moralische Werte sind stets an den Zeitgeist gebunden. Von Menschen geschaffene Werte korrespondieren nicht immer mit inneren Gesetzmäßigkeiten. Je weniger es ihnen bewusst ist, was sie alles im Leben für sich in Anspruch nehmen, desto mehr wird ihnen das Außen in Konflikten entgegentreten und ihnen im Zerrspiegel des Erlebens ihren nicht gesehenen Egoismus vorhalten. Dort erfährt ihr persönlicher Rahmen Einengung, damit sie aus diesem Konflikt lernen, die Dinge, die sie im tiefsten Inneren bewegen und die sie für ihr Seelenheil brauchen, auch vor sich bewusst formulieren zu können.

Kindheitsmythos

Häufig spielt sich das archetypische Drama der jungen Nativen mit einer Mond-Mars-Thematik im Kampf zwischen dem aktiven und dem passiven Pol bereits in der Kindheit ab. Der Vater nimmt dabei als klassischer Männlichkeitsrepräsentant (Mars-Prinzip) die Rolle ein, die das weibliche Element in Gestalt der Mutter (Mond-Repräsentant) dominiert. Doch auch in der umgekehrten Variante, in der die Mutter sich zum Kampf gegen das Männliche rüstet, um den eigenen Mann zu entmachten, kann die Mond-Mars-Thematik ihren Ausdruck finden. In der umgekehrten Form, in der der Mann als aktiver Pol in der Familie Mutter und Kind dominiert und die Frau seiner Dominanz nichts entgegenzusetzen weiß, werden alle Entscheidungen durch ihn getroffen, so dass die Mutter in die stille

Resignation hineingerät. In diesem Mythos, den die Nativen als betroffene Zeugen erleben, kann es die unterschiedlichsten Ausformungen bis hin zu einer Gewaltproblematik geben, über die die verborgene Schwäche des Mannes deutlich wird, der außer Gewalt keine anderen Argumente besitzt. Meist führen solche Verbindungen dazu, dass die Frau sich von ihm trennt und zur allein erziehenden Mutter wird, die sich mit dem Kind im Kampf gegen die Welt verbündet. Die andere Variante ist, dass die Frau sich als Monden-Repräsentant gegen den Mann erhebt und genau die Umkehrung der bereits beschriebenen Variante lebt. Trotzdem wird dahinter der Konflikt deutlich, der unter dieser Konstellation besteht und der in der Familiensituation das innere Drama der Nativen auf die Bühne des Erlebens zerrt.

Der Kindheitsmythos unter der Mond-Mars-Thematik lässt die Nativen bereits im pränatalen Zustand die Ablehnung der Mutter erfahren. In der konflikthaften Situation zwischen Vater und Mutter entsteht für die Mutter eine Stimmung, die sie vor die Wahl stellt, den Vater zu verlassen, um sich und das Kind alleine durchzubringen. Oft fällt diese Entscheidung schon vor dem Eingehen einer Beziehung, da die Mutter spürt, dass es unmöglich ist, mit dem Vater des Kindes zu leben. Die Mutter ist plötzlich und ungewollt schwanger geworden und entscheidet sich dafür, die Mutterrolle anzunehmen, um sich quasi mit dem Kind zu verbünden, indem sie sich mit ihm gegen die Welt zusammenrottet, um alleine ihren Lebenskampf zu bestehen. Im Stillen macht die Mutter das Kind für ihre schlechte Ausgangsposition verantwortlich und erlebt sich in einer Zerrissenheit. Einerseits bedauert sie ihre Position der Abhängigkeit durch das Kind, andererseits würde sie für nichts in der Welt ihre Unabhängigkeit wieder aufgeben. Dies hat zur Folge, dass ihre Gefühle dem Kind sowie dem Thema der Mutterschaft gegenüber sehr ambivalent sind. In der Zeit der bevorstehenden Mutterschaft fühlte sich die Mutter in die Ohnmacht und das Ausgeliefertsein gedrängt, was ihre innere Wut gegen ihre Unfreiheit im besonderen Maße verstärkt. Möglicherweise wurde die Mutter von ihrem Partner, dem sie unterlegen war, unterdrückt oder sie wurde gegen ihren Willen schwanger, was symbolisch ihren unbewussten inneren Konflikt zu Tage treten lässt, in dem das männlichen Prinzip das weibliche unterwirft.

Die Schwangerschaft kann auch dazu geführt haben, dass beim Partner eine erhöhe Aggressionsbereitschaft entstanden ist. Möglicherweise aus der Wut darüber, dass die Frau sich dem Mann gegenüber in ihrem Sexualverhalten veränderte. Aus der versagten sexuellen Bereitschaft wandelt sich die männliche Triebenergie in Gewalt und Hass. Der Konflikt kann sich in vielen Situationen derart steigern, dass die Frau sich vermehrten gewalttätigen Übergriffen seitens des Partners ausgeliefert sieht. Auch nach der Entbindung können Mutter und Kind Opfer des gewalttätigen Vaters gewesen sein, so lange bis sie sich mit ihrem Kind von ihrem Peiniger entfernt. Das Klima während der Kindheit wird in einem hohen Maße von der Spannung bestimmt sein, die die Mutter in sich trägt und an das Kind weitergibt. Unbewusst lässt sie ihre Wut und Aggression am Kind aus, weil der Vater nicht mehr anwesend ist und sie alleine ihren „Mann" stehen muss. Auch wenn die Betroffenen sich in der Kindheit in einer Erleidenssituation befanden, war es der eigene nicht gelebte Teil, der sich im Zerrspiegel des Erlebens über den Konflikt im Elternhaus bemerkbar machte.

Das erfahrene Drama findet auch im weiteren Verlauf des Lebens der Nativen seinen Ausdruck, indem sie selbst Wut (Mars) gegen Mutterrepräsentantinnen (Mond) oder Mondrepräsentanten verspüren. Selbst in einer halbwegs intakten Familiensituation besteht eine permanente Konflikt- und Streitproblematik. Die Kinder werden Zeugen von lautstarken Auseinandersetzungen zwischen den Eltern und wünschen sich nichts sehnlicher als ein friedliches Miteinander. Das Streitpotenzial kann sich auch verlagern, wenn es mehrere Kinder in der Familie gibt. Die Mutter wird ihren Konflikt auf die Jungen in der Familie weiterprojezieren und sich an Stelle des Vaters mit ihren Söhnen streiten. Es kann auch zu regelrechten „Lagerkämpfen" kommen, in denen sich die weiblichen Familienmitglieder gegen die männlichen zusammenrotten und die Nativen in dieser Vielschichtigkeit ihre eigene Polarisierung der inneren Kräfte in der Familie erleben. Mädchen unter dieser Mondverbindung erfahren durch die Familientradition von den Großmüttern und ihrer Mutter oft regelrechte Initiationen, indem man ihnen sehr früh einimpft, dass es wichtig ist, auf eigenen Füßen zu stehen, um nicht von einem Mann abhängig zu sein. Das negative Männerbild und die latent bestehende Feindschaft zum Mann werden weitergegeben und können als übermitteltes Programm im Inneren der Seele zu einer ausgeprägten Rastlosigkeit führen. Es werden von den Mädchen Männer- oder Erfolgsberufe angestrebt, um nicht in das Drama der Abhängigkeit zu geraten. Da der Mond für das „weiblichste" Element im Geburtsmuster der Frau steht, erfährt sie in der Kindheit den Impuls, männliche und weibliche Qualitäten in sich zu vereinen.

Umgekehrt erfahren männliche Jugendliche seitens ihrer Väter die frühe Herabsetzung des weiblichen Elementes. Spätestens zur Zeit der Pubertät der Kinder mit der Mond-Mars-Thematik gibt der Vater seine negativen Erfahrungen an seine Sprösslinge weiter, indem er vor den Frauen warnt. Früh erfahren die Jungen, dass der echte Mann nur als Macho eine Chance besitzt, um sich gegenüber den Frauen zu behaupten. Hier werden die

Impulse gesetzt, die dazu beitragen, dass Gefühle für das weibliche Element oder Gefühle generell verdrängt werden. Eine archaische Thematik wird offenbar, indem der Mann sich von seinen Gefühlen absondert und sich in seiner Welt zu behaupten versucht, in der die Frauen und somit das weibliche Prinzip keinen Zutritt besitzen.

In dieser Erfahrung wird sehr deutlich, dass die Seele des Menschen sich erst einmal ein Drama errichtet, welches sie in das genaue Gegenteil von dem hineinführt, was es zu erfahren gilt. Denn in der Folge wird der Mensch unter dieser Mond-Thematik lernen, dass es gerade darum geht, sich jenen verschütteten Anteil wieder zurückzuerobern und er, ganz gleich, ob Mann oder Frau, dazu berufen ist, in das verlorene Terrain der Seelenlandschaften wieder erste Schritte zu setzen.

Kinder unter dieser Konstellation besitzen einen ausgeprägten Willen, der zu vielfältigen Konflikten führt. So können sie die Anweisungen der Eltern nicht annehmen und werden stets bestrebt sein, sich über jede Erziehungsmaßnahme hinwegzusetzen. Dabei nutzen sie den Konflikt zwischen den Eltern aus, um sich jeweils dem stärkeren Konfliktpartner verbunden zu fühlen. Ist es der Mann, dann nehmen sie nichts von der Mutter an und versuchen sich mit dem Vater gegen die Mutter zu verbünden. Ist die Mutter die Stärkere in der Beziehung, dann ziehen sie mit der Mutter in den Kampf gegen den Vater. Generell besteht unter dieser Mond-Thematik bei Kindern die Tendenz, ihren Willen durchzusetzen und gegen jede Form von Anweisung zu agieren. Dies kann zu intensiven Machtkämpfen zwischen Eltern und Kind führen, bei denen letztlich das Kind unterlegen ist. Es leidet darunter, seinem Freiheitsbedürfnis nicht den entsprechenden Raum geben zu können, was in der Kindheit zu einer Fülle von körperlichen Symptomen beitragen kann, die sich bis in das Erwachsenenalter weiter fortsetzen können. Nägelbeißen z. B. gehört mit zum Ausdruck der unterdrückten Aggression, da die Kindheit generell von Nativen unter dieser Mond-Thematik als Unterdrückungssituation wahrgenommen wird. Häufig auftretende fiebrige Erkrankungen, die wesentlich vehementer verlaufen als bei anderen Kindern, sind Symbol für die immensen inneren Konflikte. In der Schule drückt sich die Überdynamik des Kindes darin aus, dass die Aufnahmebereitschaft nicht sehr groß ist. Dies sagt nichts über die Intelligenz des Kindes aus, nur vermag es sich nicht in sklavischen Situationen anzupassen. Wird es von Autoritäten unterdrückt, leitet es über Konflikte die Spannung an Schul- oder Spielkameraden weiter. Es gehört zu den Abenteurern, die sich im Spiel oder im selbstgewählten Feld zu verwirklichen vermögen. Das Kind braucht immer wieder Impulse und Herausforderungen, damit es spannend für es ist. Unter Druck geht bei ihm gar nichts. Unter dieser Mond-Verbindung finden wir das hyperaggressive Kind und den kleinen Ausreißer, der sich oft von zu Hause absetzt und als verloren gemeldet wird. Sobald es seitens der Eltern Grenzen gesetzt bekommt, beschließt es, von zu Hause fortzulaufen. Damit setzt es einerseits ein Signal, und andererseits wird damit sein unbändiger Durchsetzungs- und Handlungswille deutlich. Dies kann sogar schon im Vorschulalter geschehen. Das Kind macht sich beispielsweise vom Kindergarten auf und beschließt, zur Oma, die in der nächsten Stadt wohnt, zu laufen, weil es ihm zu Hause nicht mehr gefällt. Irgendwo wird das Kind, das keineswegs über seine Situation betroffen ist, von der Polizei aufgegriffen, der es sehr souverän verkündet, es habe beschlossen, von zu Hause wegzugehen.

Mit dem Mythos aus der Kindheit und den einhergehenden Konfliktsituationen sind die Nativen in die Nähe ihres Geburtsauftrages gerückt. Denn dieser lautet, sich nicht niederzulassen, sondern sich in der Welt der Polarität neu zurechtzufinden. Dafür ist es für sie bedeutsam, sich Auseinandersetzungen wieder zu stellen, denn tief in ihrem Inneren wollen die Nativen eigentlich nicht in diesem Ausmaß den ständigen Anforderungen der Welt begegnen. Dies ist nicht zu verwechseln mit einem Bedürfnis, vor der Welt zu flüchten, indem sie zu neuen Ufern aufbrechen, sondern es geht darum, eine bessere Form für sich zu finden. Auch wenn den Nativen im Kindheitsmythos der Geburtsauftrag im brutalen Zerrspiegel des Lebens begegnet, möchte die Erleidenssituation sie in eine höhere Verantwortlichkeit gegenüber dem Erlebten hineinschleusen. Für sie ist es deshalb von Bedeutung, sich den inneren Erfordernissen zu stellen und immer wieder Impulse aus den gefühlsmäßigen Grenzbereichen zuzulassen. Das erfahrene Leid ist der Motor, der zu den inneren Räumen führt, in denen es die eigene Konflikthaftigkeit mit der Welt zu sehen gilt.

Partnerschaftsmythos

Im partnerschaftlichen Bereich sind Native mit einer Mond-Mars-Thematik grundsätzlich Beziehungen gegenüber aufgeschlossen, so dass die zwischenmenschlichen Kontakte im Anfangsstadium auch meist sehr intensiv sind. Mit Begeisterung werden Beziehungen eingegangen, denn im marsischen Potenzial liegt die Anfangsenergie verborgen, die im Verbund mit dem Mond zu dem gefühlsmäßigen Bedürfnis führt, neue emotionale Begegnungen mit anderen Menschen zu haben. Sobald jedoch eine begonnene Beziehung aus der Anfangsphase heraus und das Feuer der Leidenschaft herabgebrannt ist, wandelt sich das Interesse der Nativen. Da mit einer gerade begonnenen Beziehung das marsische Thema der Eroberung und des Neubeginns eingelöst ist, lässt die intensive Anfangsspannung sehr rasch nach. Fast könnte man den Prozess des Abflauens mit dem Abbrennen eines Strohfeuers vergleichen, denn unter Mond-Mars geht es nicht darum, die Beziehungen zum Bestand zu machen und sie zu festigen, sondern der Prozess der fortwährenden emotionalen Erneuerung steht unter dieser Signatur im Vordergrund. Archetypisch entspricht die marsische Kraft dem Eroberer, der immer wieder Neuland betritt, also bildlich gesprochen eher dem Nomaden gleicht, anstatt ausdauernd Wurzeln zu schlagen. Alle weiteren Themen, die sich im Verlauf einer Beziehung einstellen, dass Beziehung von Geborgenheit und Hingabe an den oder die Partner/in lebt, lassen sich schwer mit dem marsischen Thema vereinbaren, denn dieser will erobern und intensive Erfahrungen machen, die in einer gewissen Selbstgesteuertheit zu sehen sind. Denn auf einer verborgenen Ebene ist es natürlich auch der Unabgängigkeitsdrang der Nativen, der sie stets weiter streben lässt, wenn sich ihre Beziehung in Richtung Einlassen und Hingabe entwickelt. Unabhängigkeit bedeutet aber auch, sich nicht vom Gefühl herunterziehen zu lassen, denn je tiefer es in ihren Beziehungen in das Gefühl hineingeht, desto mehr aktiviert sich der Drang, sich aus diesem Sog zu befreien, um Eigenständigkeit zu erreichen. Dies kann bis zur Aggression führen, so dass sich eine unerklärliche Wut gegenüber dem Menschen entwickelt, der Gefühle in einem hervorruft, als würden bei den Nativen die Alarmglocken läuten, die sie aufrufen, sich in Sicherheit vor der Abhängigkeit zu bringen.

Es lässt sich beobachten, dass in vielen Beziehungsverläufen der mondige Teil, der sich dadurch auszeichnet, dass man gemeinsam ein Nest bauen möchte, da man sich ganz dem anderen geöffnet und hingegeben hat, im Laufe der Zeit im stärkeren Maße in den Vordergrund tritt. Dies geht zu Lasten des erotischen spannungsgeladenen Anteils, denn die gemeinschaftliche Alltagsbewältigung führt zu einem Gewöhnungsaspekt. Die Beziehung erlebt einen Ebenenwandel von venusischer Qualität hin zur mondigen Qualität. Der Verlust des venusischen Teils und die Zunahme des lunaren Anteils lösen bei den Nativen – ob Mann oder Frau – stets Gegenwehr und Ablehnung aus. Dies kann sogar für beide Partner in einer Beziehung zu Überraschungen führen. Vielleicht hat man längere Zeit miteinander verbracht, hat viel gemeinsam unternommen, was dem marsischen Teil der Mond-Konstellation der Nativen nahekommt, der durch ständige Aktions- und Unternehmungsprogramme eingelöst wird, und man beschließt, aufgrund des guten Auskommens zusammenzuziehen. An dieser Stelle setzt nun ein vollkommener Ebenenwechsel der Beziehung ein. Mit dem Zusammenziehen und dem einhergehenden gemeinsamen Nestbau wechselt die Beziehungstruktur von der marsichen Ebene hin zur mondigen. Das bedeutet aber auch, dass ab diesem Punkt nicht mehr die marsische Energie „belegt" ist, sie ist sozusagen frei geworden und beginnt sich als vagabundierende Kraft in Konflikte zu verwandeln. Plötzlich gibt es jede Menge Zündstoff für Reibereien, die meist schon beim Umzug ihren Auftakt erfahren. Die Nativen mit der Mond-Mars-Thematik verstehen in solchen Situationen ihre Verhaltensweisen oftmals selbst nicht. Als wäre ein Schalter in ihnen umgelegt worden, beginnen sie sich zu verändern.

Wichtig ist für die Nativen in diesem Zusammenhang, sich bewusst zu machen, dass mit der heimisch gewordenen Beziehung ihr marsisches Potenzial aktiviert wurde, das in den Widerstand gegen das Mondige zieht. Je mehr ihnen dieses bewusst ist, desto eher können sie damit umgehen. Ihr Mond-Thema führt sie dahin, neue Erfahrungen im Gefühlsbereich zu machen, die sie natürlich auch in den Bereich hineinführen, in dem sie lernen, ihr Gemeinschaftsleben anders zu gestalten. Es ist die unbewusste Angst, in Abhängigkeit und damit in die Passivität zu geraten, was von ihnen als Ausgeliefertsein und letztlich als Schwäche empfunden wird. Wissen sie um die sich einstellende Gemütslage, können sie ganz bewusst damit umgehen, denn diese ist nicht an die Person gebunden, mit der sie eine Beziehung führen, sondern es ist eine Gesetzmäßigkeit, die stets dann zum Tragen kommt, wenn sie erste Schritte in ein seelenvolles Miteinander setzen. Hier jedoch sind sie berufen sich einzulassen, um Pionier in den Bereichen der Gefühle zu werden und die Aggression als eigene Angst zu verstehen und als Abwehr davor, mit den Gefühlen in Kontakt zu kommen. Die Aggression ist quasi das Fluchtprogramm vor dem Gefühl und der damit einhergehenden Hilflosigkeit. Mit ihrer Mond-Signatur sind sie dazu aufgerufen zu lernen, dass die wirkliche Stärke darin besteht, ihre Gefühle anzunehmen und sie zu leben, auch wenn es für sie bedeutet, in den Angstbereich der Passivität zu gelangen.

Die Mond-Mars-Verbindung im Geburtsmuster der Frau

Bei der Frau drückt sich diese Konstellation in einer Ablehnung gegen die weibliche Rolle aus. Alle ihre Bemühungen werden derart gestaltet sein, nur nicht der klassischen Rolle der Frau zu entsprechen. Große Konflikte bahnen sich an, wenn der Partner versucht, sie in ein gesellschaftlich traditionelles Modell hinein zu definieren. Im Verhalten ist sie äußerst dynamisch und aktiv, so dass sie stets versuchen wird, in einer Mann/Frau-Beziehung die Oberhand zu gewinnen. Die Männer werden von ihr aus der aktiven

Rolle gedrängt, damit die Frau ihren inneren Konflikt zwischen Mond-Mars nicht wahrnehmen muss. Ganz besonders gilt es zu beachten, dass bei ihr in dem Moment, in dem sie schwanger wird, das marsische Potenzial zum Tragen kommt. Vielleicht war das Zusammenleben mit einigen „klärenden" Konflikten zwischen Mann und Frau schön, doch im Moment der Schwangerschaft wird in ihr eine archaische Wut geweckt, die sich unbändig gegen den Erzeuger des Kindes richtet. Der Mann hat die Frau dadurch, dass er sie geschwängert hat, zur „Mondin" gemacht, und im selben Moment steht sie emotional in hellen Flammen. Dies hat nichts mit einem rationalen Gewahrwerdungsprozess zu tun, denn die marsische Aggression schaltet sich bereits im Moment der Befruchtung der Eizelle ein. Bis zu diesem Zeitpunkt hat die Frau nicht einmal realisiert, dass sie schwanger ist. Eine für sie unerklärliche Aggression macht sich in ihrem Inneren breit, wie sich dies in dem folgenden Fall darstellt:

Eine junge Frau lebte mit ihrem Partner zusammen, man schmiedete gemeinsame Zukunftspläne, in denen auch der Kinderwunsch enthalten war. Es kam der Tag, an dem ihr seitens des Frauenarztes die Schwangerschaft bestätigt wurde, und mit dieser Offenbarung ging ein vollkommener Stimmungswechsel in ihr vor. Unvorstellbare Aggression gegen ihren Partner stieg in ihr auf. Real hatte sich in seinem Verhalten ihr gegenüber nichts verändert. Alles an ihm begann ihren Unmut zu wecken. Sein Verhalten und seine Gegenwart weckten ihren Unmut, ihre Wut steigerte sich immer weiter, bis es zur Eskalation kam und sie die gemeinsame Wohnung kurz und klein schlug. Sie warf den Partner aus der Wohnung und trennte sich von ihm. Ihr Kind brachte sie alleine zur Welt und lebte einige Jahre als allein erziehende Mutter, ohne wieder eine Beziehung einzugehen.

Dies ist ein sich häufig ähnlich vollziehender Mythos, in dem es zur intensiven Bindung der Mutter zum Kind kommt, so als würde sie sich mit dem Kind gegen die Welt zusammenschweißen. Die häufig auftretende Trennung von dem Partner, der sie schwängerte, ist als archaischer Behauptungsakt gegenüber der vom Mann erfahrenen Unterwerfung zu verstehen. Insbesondere richtet sich dabei die Wut der Frau gegen den Erzeuger des Kindes, nicht gegen Männer generell. Obwohl sie Männern gegenüber ein abwartend misstrauisches Verhältnis hat, sucht sie sich den nach außen Stärke repräsentierenden Mann, der ihr innerlich jedoch nicht gewachsen ist. Hat sich die Frau vom Partner aufgrund der Schwangerschaft getrennt, kann sie eine durchaus harmonische Gemeinschaft mit einem Mann eingehen, der nicht der leibliche Vater ihres Kindes ist. In diesem Drama der Weiblichkeit werden derart instinktive Kräfte geweckt, die den

Urkonflikt zwischen dem Männlichen und dem Weiblichen offenbar werden lassen. Wie der „Geist aus der Flasche" entspringt ihrem Innersten ein heiliger Urzorn, der sehr destruktive Kräfte zu entwickeln vermag und der, wenn er einmal entfacht ist, sich auch nicht mehr beschwichtigen lässt. Dieser Zorn sollte unbedingt unter dieser Mond-Thematik bearbeitet werden, indem sich die Frau im Vorfeld mit ihrer Abwehr auseinander setzt. Nicht um sich dem Thema Mutterschaft zu entziehen, sondern damit sie sich in ihren verborgenen Vorbehalten kennen und annehmen lernt und damit sie von ihrem Abwehrverhalten nicht überrascht wird. Je größer die Kenntnis der inneren Themen ist, desto größer ist auch die Fähigkeit, mit diesen konstruktiv umzugehen. Selbst wenn der Mond-Mars-Konflikt nicht offen ausbricht, kann er eine Verschiebung auf die Symptomebene erfahren.

In einer anderen Begebenheit wiederholte sich bei einer Frau ein vergleichbares Trennungsszenario viermal hintereinander mit jeweils neu eingegangenen Beziehungen. Jedes Mal brach sie die Schwangerschaft ab, nachdem es zu dramatischen Handgreiflichkeiten kam. In der Phase ihrer Lebensmitte erkrankte sie an Brustkrebs und es wurden ihr beide Brüste amputiert. Sie beschrieb selbst, wie an diesem Punkt ihres Lebens ein Wandel vorging. Sinnbildlich war sie durch die Operation (Mars-Prinzip) zutiefst in ihrer Weiblichkeit verletzt, da sie konkret ihrer äußerlichen Weiblichkeitsmerkmale beraubt wurde. Jedoch ging es nicht nur um das Äußerliche, sondern um eine tiefe innerseelische Wunde. Ab diesem Zeitpunkt setzte ein Bedürfnis ein, ihre Weiblichkeit zu leben, und sie konnte sich dem weiblichen Element in ihr auf eine neue Art und Weise öffnen. Immer wieder stellte sie sich die Frage, ob die Erkrankung im Zusammenhang mit ihrem inneren Widerstand gegen ihre weibliche Rolle stand. Sie ging eine Beziehung mit einem Mann ein, dessen Frau bei einem Unfall ums Leben gekommen war und der drei Kinder mit in die Beziehung einbrachte. Die Kinder liebten die neue Partnerin sehr, und Schritt für Schritt war es ihr möglich, ihre weibliche Seite den Kindern und dem Partner gegenüber zu entwickeln und sich zu öffnen, was sie selbst mit ungläubigem Erstaunen realisierte und freudig genoss. Da die Kinder nicht ihre leiblichen waren, existierte eine gewisse Unabhängigkeit für sie, so dass es ihr möglich war, Präsenz zu leben, um so Erfahrungen im umsorgenden Abenteuer der Mutterschaft zu machen. Viele Frauen unter dieser Mond-Thematik erleben mit Verwunderung, da sie ihre Vorbehalte gegen das Thema der Mutterschaft kennen, dass sie die Kinder eines Partners gut annehmen können und oft sehr tiefe Verbindungen mit ihnen haben, so als wären es ihre eigenen.

Auch in der Sexualität kommt es bei der Frau zum Konflikt mit der Hingabe. Unbewusst möchte die Frau in der aktiven Rolle bleiben und ist nicht bereit, sich in der Sexualität dem Mann auszuliefern. Das Paradoxe ist, dass sie ein hohes Trieb- und Leidenschaftsniveau besitzt, jedoch während der Sexualität grenzwertige Gefühle erlebt. Sehr schnell können sich Lust und Leidenschaft in Aggression verwandeln, so dass sie im sexuellen Akt besonders in der Nähe des Orgasmus, der in Richtung des Loslassens und Geschehenlassens geht, die Kontrolle über sich verliert. Dies kann von Beißen und Kratzen in Gewalt umschlagen, wodurch sie und ihre Partner häufig große Betroffenheit erfahren. Der Mann versteht diese Dynamik nicht, kann sich sogar dadurch abgestoßen fühlen und sich zurückziehen. Oder die Frau versteht ihre innere Dynamik selbst nicht und beginnt sich vor ihrem eigenen sexuellen Potenzial zu fürchten. Die marsische Dynamik kann sich aber auch in einem Meer von Tränen ergießen, die Wut verwandelt sich in Trauer, was dann zu der gleichen Betroffenheit und dem Unverstand führt. Dies können Aspekte sein, aufgrund derer sie sich von der Sexualität zurückzieht und dabei eine starke Zerrissenheit zwischen ihren körperlichen Bedürfnissen und ihrer Angst vor sich und den unkontrollierbaren Emotionen erlebt. An solchen Punkten besteht die Gefahr, dass sich die nicht gelebte Leidenschaft auf die Symptomebene verschiebt: Kopfschmerz und Migräne, Magenschmerzen und starke Menstruationsbeschwerden sind meist das Ergebnis. Wichtig ist es deshalb, sich mit dem inneren Konflikt zu konfrontieren, er will gefühlt, wahrgenommen und als ein Bestandteil des Inneren angenommen werden. Nur durch die Annäherung an das Thema der Ablehnung der Weiblichkeit kann die marsische Energie in andere Bahnen gelenkt werden, die keine destruktiven Manifestationen mehr hervorrufen.

Die Mond-Mars-Verbindung im Geburtsmuster des Mannes

Männer unter der Mond-Mars-Thematik sind bestrebt, eine übersteigerte Männlichkeit nach außen zu leben. Ihr Lieblingsselbstbild ist der harte Kerl, der keine Gefühle zeigt, der übermenschliche Leistungen von sich fordert z. B. im sportlichen Wettkampf „Ironman" – dann hat man die offizielle Bestätigung, dass man ein stahlharter Kerl ist. Rastlosigkeit und der Drang, in ständiger Aktion zu sein, um jeder Form von Innehalten und Ruhe zu entgehen, die als Schwäche empfunden wird, treibt sie umher. Sie erleben sich in ständigen Revierkonflikten mit ihrem Umfeld, aus denen sie als Sieger hervorzugehen bestrebt sind. Das geringste Empfinden von Unterlegenheit lässt sie aggressiv überreagieren. Da sie sich nach außen mit einem Gefühlspanzer sichern, führt dies dazu, dass sie sich und ihr Umfeld seismografisch beobachten. Austeilen und beleidigtes Schmollen mit dem Beharren auf der eigenen Position sind die Merkmale dieser Mond-Thematik. Dies führt zu einem ausgeprägten Selbstbezug, so dass sie in ihrer permanenten Auseinandersetzung gefangen sind und ihnen ihr Selbstbezug nicht bewusst ist.

Auf den ersten Blick wirkt der Mann unter dieser Mond-Signatur auf Frauen attraktiv, da sie spontan und herzlich in ihrem Verhalten sind. Sie strahlen eine sinnliche Wärme aus, mit der sie bei den Frauen beim Wort genommen werden. Sehr schnell kann jedoch ihr Verhalten kippen und in das genaue Gegenteil umschlagen, denn unter dieser Mond-Thematik verbirgt sich der Macho, der im Verborgenen eigentlich ein Frauenhasser und -quäler ist. Dieser Drang, dominieren zu wollen, geschieht nicht aus wahrer Stärke heraus, sondern aus Schwäche. Es ist die verdrängte eigene weibliche Seite, die sie unbewusst an Frauen bekämpfen und die sie in Rage bringt. Dies geschieht nicht aus einer Absicht oder einer Strategie heraus, sondern es ist – wie auch bei der Frau – eine innere Motorik, die sie in bestimmte Verhaltensweisen dem Weiblichen gegenüber drängt und unter denen sie selbst im Stillen leiden. Zuwendung wird von ihrer Seite nicht bei Bedürftigkeit der Partnerin erfolgen, sondern nur solange gewährt, wie die Frau sich umwerben lässt und keine weiteren Ansprüche gestellt werden. Auf geäußerte Gefühle, besonders wenn sie damit unter Druck gesetzt werden, reagieren sie genervt und beginnen zusätzlich aggressiv auszuteilen, fast als wollten sie mit ihrem unerbittlichen Verhalten ein Exempel statuieren, welches heißt: „Mit Druck erreichst du bei mir gar nichts." Sie klagen Zuwendung ein und können stets genau benennen, was sie von der Frau erwarten. Erhalten sie nicht das Erwartete, dann werden sie so unzulänglich, dass ihr Verhalten der Trotzphase eines Kindes gleicht. Die Mechanismen beim Gründen eines gemeinsamen Hausstandes gleichen denen der Frau. Der Mann ist meist offensiver gegen gemeinsame Kinder eingestellt, doch gibt es auch bei ihm das Mysterium der emotionalen Veränderung, wenn sich das Thema der Vaterschaft anbahnt. Meist erhöht dies seinen Freiheitsdrang und führt dazu, dass er sich mehr und mehr der Zweisamkeit entzieht, um seine eigenen Wege zu gehen, wodurch sich die Frau verlassen vorkommt. Meist fliehen Männer unter dieser Mond-Thematik, während die schwangere Frau zu Hause alleine auf sich gestellt ist (beispielsweise in intensive Sportprogramme). Man entdeckt die Freude am Dauerlauf und hetzt abends durch Parks und Wälder, oder die Nativen fliehen in gesellige Männerrunden, in denen sie ihre Hobbys pflegen. Bei Ansprache reagieren sie mit Abwehr und Empörung.

Ein Mann mittleren Alters drängte seine Partnerin dazu, nachdem sie ihm freudig offenbarte, dass sie schwanger sei, mit ihm noch eine Weltreise anzutreten, um vor der großen Verantwortung der Elternschaft noch einmal die Freiheit voll auszukosten. Auf der Reise strapazierte er die Frau mit Gewaltmärschen in klimatischen und landschaftlichen Extremgebieten so über, dass sie nach einiger Zeit völlig entkräftet eine Fehlgeburt erlitt. Ihm war sein Verhalten ihr gegenüber nicht bewusst. Auf ihre Einwände und Mahnungen reagierte er nicht und trieb sie zu immer extremeren Tourenprogrammen mit Klettern und Reiten an, bis sie zusammenbrach. Ihre Fruchtwasserblase war geplatzt, und sie musste im Hubschrauber in eine Notfallklinik gebracht werden. Nach der Reise und ihrem Krankenhausaufenthalt trennte sich die Frau von ihm.

In einem anderen Fall litt eine Frau unter dem aggressiven Verhalten ihres Partners den gemeinsamen Kindern gegenüber. Es kam zu schweren Auseinandersetzungen zwischen beiden, da er in seinem Verhalten, besonders in der Zeit, in der die Kinder eine Dominanz entfalteten, äußerst aggressiv reagierte. Sein autoritäres Verhalten den Kindern gegenüber stand im krassen Gegensatz zu seinem sonstigen Verhalten. Einmal geriet die Tochter während eines gemeinsamen Urlaubes in eine Unfallsituation, in der sie fast ertrunken wäre, anstatt sie zu trösten, ohrfeigte er sie und machte ihr Vorhaltungen, warum sie sich nicht an seine Anweisungen gehalten habe. In solchen Begebenheiten äußert sich das Unvermögen, die eigene Betroffenheit zuzulassen. Nicht, dass die Nativen keine Gefühle haben, es ist ihre Angst, diese anderen gegenüber zuzulassen. Meist erleben sie nach derartigen Vorfällen intensive innere Konflikte und leiden an sich selbst. Dies jedoch geschieht im Stillen und wird nicht dem Umfeld gegenüber ausgedrückt.

In der Sexualität geht es den männlichen Nativen weniger um Verschmelzung, Erotik, Nähe und Geborgenheit, als um den triebhaften Anteil, der vielmehr die Befriedigung und den Abbau von Spannung sucht. Eine latente Gewaltproblematik spielt – wie bei der Frau auch – in diesen Bereich hinein. Der Mann wird sich nicht zwingend aus der Sexualität zurückziehen, sondern tendiert eher dazu, kurzfristige Affären zu leben, die auf reine Körperlichkeit ausgerichtet sind. Dies nimmt ihm den Konflikt seiner schwer verstehbaren Emotionalität, denn er ist bestrebt, die Gefühle vom Sex zu trennen, und umschifft damit sein inneres Drama, weshalb er unverbindliche sexuelle Kontakte vorzieht, oft mit Frauen, die als nicht wertig empfunden werden, und somit keine Gefahr besteht, in mögliche gefühlsmäßige Bindungen zu geraten. Im Verhalten der Männer unter der Mond-Mars-Thematik spiegelt sich die Wut über den Verlust ihrer Freiheit wider. Sie leiden unter ihrem Verhalten, denn es baut sich in ihnen eine ungeheure Spannung auf, da sie ihre eigenen Gefühle nicht zulassen können. In diesem Spannungsfeld sind sie gefangen und finden schwer einen Ausweg. So ist es wichtig, dass die Nativen sich ganz bewusst ihrem inneren Drama zuwenden. Nur die gemachten Erfahrungen mit ihrer Angst vor dem Thema Hingabe können sie aus ihrem inneren Dilemma hinausführen. Denn mit dieser Mond-Thematik sind sie dazu berufen, Pionier (Marsprinzip) in den inneren Seelenlandschaften (Mondprinzip) zu werden. So vermögen die Dramen und ihre Abgetrenntheit vom Gefühl, Türöffner für sie sein, um sich mit ihren inneren Themen auseinander zu setzen.

Symptome

Symptome weisen stets auf einen Konflikt hin, der zwar im unbewussten inneren Gefüge des Menschen angelegt ist, aber nicht oder noch nicht wahrgenommen wird, weil er auf die Ebene von Soma und Psyche abgerutscht ist. So sind es die vagabundierenden inneren Kräfte, die im Verborgenen ihr Unwesen treiben und dazu mahnen, wieder ins Bewusstsein gehoben zu werden. Der Magen als primärer Mondenrepräsentant reagiert unter dieser Mond-Thematik häufig mit Übersäuerung, was zu Sodbrennen führt, ein Symbol für die saure, innere Gemütsverfassung, die keinen Ausdruck findet. Die Übersäuerung stellt den Konflikt dar, der sich auf die Symptomebene verschoben hat und nun täglich anmahnt, wie sauer einem so manches aufstößt. Das besonders Situationen, die die Nativen in die Passivität und in Abhängigkeit hineinführen, sind Verursacher der saueren Gemütslage. Denn in ihrem Inneren gibt es einen ausgeprägten Befreiungsdrang, der gelebt und wahrgenommen werden will. Im Extremfall führt die Übersäuerung zum Geschwür und lässt den Zustand chronisch werden, der schmerzlich an den inneren Konflikt erinnert. Besonders die Schmerzen führen in gewisser Hinsicht in die Ehrlichkeit hinein, denn die Betroffenen werden mit der Zeit immer unleidlicher und übellauniger, man kann sagen, dass die Symptomatik ein Stück zur ehrlichen Offenbarung beiträgt. Der Schmerz im Magen drückt die Ablehnung des Weiblichen aus, denn die Nahrungsaufnahme ist ein „weiblicher" Akt. Jedes erneute Hineinnehmen von Nahrung ist nur unter großen Schmerzen möglich, womit der Körper signalisiert, dass er nicht bereit ist, weiterhin Zugeführtes aufzunehmen; im übertragenen Sinne ist es die Weigerung, sich länger bestimmten Situationen auszuliefern. Krankheitsverläufe, die aus der Verdrängung der inneren Wahrheit herrühren, erfahren unter dieser Mond-Konstellation stets eine aggressive Offenbarung. Dabei muss man differenzieren zwischen den Symptomen, die sich auf der psychischen Ebene und denen, die sich auf der physischen

Ebene ausdrücken. Entzündliches Geschehen steht aufgrund der marsischen Komponente dieser Mond-Thematik ganz im Vordergrund. Dies können als häufig auftretende Symptome Magenschleimhaut-, Nieren-, Blasen- oder Harnröhrenentzündungen sein. Lauter Symbole für die nicht wahrgenommene Leidenschaft oder Aggression in der Begegnung oder der Beziehung. Gerade die Blasenentzündung bei Frauen und die Harnröhrenentzündung bei Männern lassen deutlich werden, wie schmerzlich es ist, Gefühlen (Wasser bzw. Harn) ihren freien Lauf zu lassen. Bedeutsam wäre es in diesem Zusammenhang, sich mit dem Thema Abhängigkeit und Hingabe auseinander zu setzen, aber auch zu klären, wo möglicherweise aus der Angst vor dem verborgenen aggressiven Element das leidenschaftliche Potenzial gebremst wird. Auch Akne weist auf ein verborgenes aggressives Inneres hin, das aus dem Urgrund des Unbewussten durch eine Entzündung über die Haut in die Sichtbarkeit tritt. Sicher haben Hautaffektionen in dieser Art auch noch andere Bedeutungen, doch im Verbund mit der Mond-Mars-Thematik tritt die Ehrlichkeit des aggressiven Potenzials auf diesem Weg in die Offenbarung.

Spannungskopfschmerzen bis hin zur Migräne repräsentieren in gleicher Weise den inneren, nicht wahrgenommenen Unmut der Nativen. Dieser kann einerseits aus dem Aufruhr gegen bestehende Lebensbedingungen herrühren, aber auch als nicht gelebte Triebthematik, denn wie bereits beschrieben (vgl. Mond-Mars-Thematik Mann/Frau) gibt es bei den Nativen die innere Spannung zwischen dem starken Trieb und der Angst mit der damit verbundenen Aggression. Dies kann zu Orgasmusstörungen und in der Folge zu Migräne führen. Auch das unerwünschte Erröten ist eine Ausdrucksform dafür, dass marsische Gefühle zurückgehalten werden und das energetische Potenzial blockiert ist. Die Frau unter der Mond-Mars-Kombination erfährt ihren Kampf gegen das passive weibliche Element über Menstruationsbeschwerden. Der zyklisch wiederkehrende Schmerz gefolgt von Depression und aggressivem Unmut lässt ihren Konflikt gegenüber der weiblichen Rolle deutlich werden. Auch kann sich die Blutung derart verstärken, dass sie sich in ihrem Aktionsdrang in der Zeit ihrer Periode eingeschränkt sieht. In dieser Zeit sind Frauen unter dieser Mond-Signatur besonders reizbar, und auch das Konfliktpotenzial gegenüber Männern ist erheblich höher als sonst oder tritt gerade in dieser Zeit in die Sichtbarkeit.

Auf der psychischen Ebene kann sich die Mond-Mars-Thematik als permanente innere Unruhe manifestieren. Das Verhältnis zwischen Anspannung (Mars) und Entspannung (Mond) ist gestört. Die Nativen fühlen sich getrieben, ständig aktiv zu sein. Zu Hause können sie keinen Moment ruhig sitzen bleiben und sind immer in Aktion. Kaum haben sie sich eine halbe

Stunde hingesetzt, springen sie gereizt wieder auf, um Arbeiten in ihrem Haus oder der Wohnung auszuführen. Oder sie müssen wie getrieben in die Stadt gehen, um im zwischenmenschlichen Bereich irgendeinen Reiz zu erleben. In ruhigen Phasen und in Situationen, in denen ihre Aktivität gebremst ist, neigen sie zu Nägelkauen, oder sie biegen und ziehen an ihren Fingern herum, bis die Gelenke krachen.

In ihrer unausgewogenen inneren Stimmung zwischen Anspannung und Entspannung ist die Amplitude zwischen hoher Energetisierung und Erschöpfung sehr groß. Nach Phasen der Überdynamik fallen sie erschöpft in sich zusammen und können sich selbst in den Phasen der Erschöpfung nicht annehmen. Innerlich gibt es eine bewertende Instanz, die in der ständigen Selbstbeobachtung darüber richtet, ob sie sich in ihrer Inaktivität annehmen oder nicht. So sind auch die Erholungsphasen stressgeladen, da sie sich in ihrem Verhalten stets bewerten. In ihrer Aktivität sind sie ständig am Rande der Erschöpfung, so dass diese Zerrissenheit zwischen den beiden Polen in ein „Burn-out-Syndrom" hinein münden kann, denn irgendwann nimmt sich der passive mondige Pol zwanghaft die Aufmerksamkeit, die ihm in der übersteigerten Dynamik versagt blieb, und es kommt zum Zusammenbruch. Die Schwächesituation wird unumgänglich, was natürlich in den Drang mündet, weiterzumachen. Hier ist es für die Nativen extrem wichtig, nicht gegen die Schwäche anzukämpfen, indem sie sich selbst mit Unmut betrachten und ständig bewerten, wann es ihnen endlich wieder besser geht, damit sie weitermachen können wie eh und je. Die erlebte energetische Pattsituation ist als der ausgleichende Pol zu verstehen, den sie durch ihr ungezügeltes Verhalten selbst hervorgerufen haben. Mit ungeduldiger Abwehr gegenüber der notwendigen Ausgleichssituation blockieren sie den Genesungsprozess, denn ihre Gemütshaltung signalisiert nach innen die Nichtannahme des Zustandes, wodurch sich dieser verschlimmern muss.

Ein Mann mittleren Alters mit einer mehrfachen Mond-Mars-Thematik im Geburtsmuster (Widder-Aszendent mit Sonnenauftrag Krebs und Mond im Zeichen Widder sowie einem zusätzlichen Mond-Mars-Quadrat) erlebte einen derartigen Zusammenbruch mit Regenerationsblockade aufgrund seiner inneren Unmutshaltung. Er war als Fernfahrer tätig und absolvierte völlig unvernünftige Arbeitskraftakte. Fast Tag und Nacht war er auf Achse, wobei er am liebsten nachts unterwegs war. In seiner Lebensmitte erlebte er einen Zusammenbruch mit Hörsturz, den er innerhalb einer Woche überwunden zu haben glaubte. Je größer sein Bedürfnis wurde, seine Hinfälligkeit und Inaktivität bald überwinden zu können, desto dramatischer verschlimmerte sich seine physische Situation. Aus dem Krankenstand wurde eine Berufsunfähigkeit und als Konsequenz daraus die Frühverrentung. Seine Frau nahm ihre Arbeit wieder auf, und er rutschte in die Rolle des Hausmannes, gegen die er sich innerlich derart auflehnte, dass er einen Bandscheibenvorfall ohne körperliche Belastung erlitt. Sein seelischer Schmerz, das Leben einer Frau führen zu müssen, war so groß, dass sich mit dieser ablehnenden Haltung seine Symptome immer mehr verstärkten. Hier war es die völlige Inakzeptanz seines Zustandes mit dem Wunsch, endlich aus diesem ausbrechen zu können. Nur tiefe Ruhe und der langsame Weg durch Entspannungsübungen und Meditation, also der Weg nach innen, vermochten ihm seine innere Spannung zu nehmen.

Auch können konkrete Gewaltfantasien die Nativen plagen, vor denen sie sich selbst erschrecken, denn sie stehen im krassen Gegensatz zu ihrer bewussten Intention und ihren zwanghaft auftauchenden Visionen. Dies können blutige Zerstückelungsvisionen des Vorgesetzten oder des Partners sein, die in den Phasen der Wut auftauchen. Sicher werden sie nicht umgesetzt, aber die Nativen leiden unter ihnen, da sie sich nicht mit ihrer Stimmungslage decken. Die nicht zugelassene Aggression, als empfundene eigene Energie in ihrem Inneren, vermag sich auch in der Umkehrung in eine latente Bedrohungserwartung zu verwandeln. Native mit dieser Angstproblematik projizieren den eigenen unbewussten Anteil auf ein äußeres Möglichkeitenpotenzial. Gewalt- und Übergriffsprojektionen ersetzen die Konfrontation mit dem eigenen latenten Gewaltpotenzial. Bei starker Verdrängung kann es im Extremfall auch bis zu schizophrenen Spaltungssymptomen kommen. Entstehungsquelle ist hierbei der innere Kampf gegen das vermeintlich Brutale im eigenen Inneren, das bei Verdrängung immer weiter anwächst, bis die Nativen jenen Anteil in der Bewusstseinsstörung abkoppeln und unbewusst damit leben können. Diese Manifestation entsteht selten, sollte aber zum tieferen Verständnis für die mögliche Dramatik der Mond-Thematik hier ihre Erwähnung finden.

Lerninhalt

Alle beschriebenen äußeren Manifestationen sind sinnbildlich als Weigerung zu verstehen, sich selbst zu konfrontieren. Die wirkliche Stärke liegt bei der Mond-Mars-Thematik in der Annahme der Schwäche, um durch sie zur wahren Stärke zu finden. Das Missverhältnis will in Einklang gebracht werden, denn ganz gleich, an welchem Pol der Betroffenheit sich die Nativen befinden, es ist stets das Hin- und Hergerissensein im Kampf gegen die eigene passive Seite. Die Betroffenen sind dazu berufen, dem

Konflikt zwischen dem Männlichen und dem Weiblichen bewusst zu begegnen, indem sie sich wechselseitig in Situationen hineinbegeben, in denen sie beide Teile als Bestandteil ihrer inneren Realität wahrnehmen können. Sie erlösen sich von einer quälenden Zerrissenheit zwischen den beiden Elementen, wenn sie aufhören, sich nur mit einem Anteil zu identifizieren. Je bewusster sie ihre innere Thematik wahrzunehmen vermögen, desto eher weicht die ans Zwanghafte grenzende Energie aus ihrer Stimmung. Dazu gehört eine gute Selbstbeobachtung, in der es bedeutsam ist, den Mechanismen der inneren emotionalen Reaktionslage nachzuspüren. Sind sie in der Lage, sich dem Konflikt zu stellen, wächst in ihnen eine dritte, neue Qualität heran, die sie auf einer emotionalen Ebene neu werden lässt. Dies kommt einem andauernden Schöpfungsakt gleich, der stets aus der Vermählung des männlichen und des weiblichen Prinzips entsteht. Die Nativen mit dieser Mond-Signatur sind aufgerufen, sich dem Neuland der Gefühle zu stellen, damit sie die wahre Kraft in der subjektiven Betroffenheit finden lernen. Sind sie dazu bereit, lösen sich ihre Spannungen und sie erleben vollumfänglich einen Kraftzuwachs, weil sie aufgehört haben, gegen einen inneren Anteil ihrer Person zu kämpfen, denn wahre Stärke erfahren sie dort, wo sie sonst kämpfen zu müssen glaubten.

Der zutiefst weibliche Akt für Mann und Frau besteht im Einstieg in die inneren Seelenlandschaften, womit die Nativen unter dieser Mond-Thematik dazu berufen sind, Pionier in den Seelenlandschaften zu werden, um sich von außen nach innen zu wenden. Dies vermögen sie mit Traumreisen, Meditationen und dem geführten Einstieg in ihren seelischen Innenraum durch eine therapeutische Seelenarbeit. Hier erfahren sie Heilung auf der direkten Ebene. Hinter ihren inneren Vorgängen stehen Geburtsprozesse, die oft missverstanden werden. Denn die marsische Energie mag auf den ersten Blick destruktiv scheinen. Diese Mond-Konstellation bringt die unbewussten Verhaltensraster zum Vorschein. Diese Konstellation steht für die vielen kleinen Tode, die den Menschen immer wieder zwingen, vom Vertrauten Abschied zu nehmen und die Trümmer aus den verschiedenen Lebensbereichen beiseite zu räumen, weil diese dem Schicksalsverlauf im Wege stehen. Der Mensch hält aber gerne am Alten und Vertrauten fest und verdrängt oft seine wahre Natur, um nicht wirklich hinschauen zu müssen. Unter keiner Aspektierung liegen beide Möglichkeiten so nahe beieinander – die absolute Bewusstheit und Klarheit über die eigene Natur, gepaart mit der Bereitschaft zum entsprechenden Handeln und polar dazu die Neigung zum Verdrängen der eigenen Motivationen, bis hin zu einem völlig unbewussten Handlungsraster. Die Eigner sollten in erster Linie ihren ungebändigten Egoismus sehen lernen. Betroffenheit über sich selbst kann das

Fahrzeug sein, das sie in ihre inneren Welten führt. Hierzu sind sie unter der Mond-Mars-Thematik aufgefordert, nicht um den Selbstbezug auf diese Weise zu verstärken, sondern um den Zugang zu ihrem Inneren zu eröffnen. Je unbewusster sie sind, desto mehr werden sie stets auf sich selbst geworfen und verwickeln sich dort in ihren ungeklärten inneren Dramen. Haben sie aber Kenntnis über sich selbst erfahren und vermögen sie mit ihrem inneren Potenzial adäquat umzugehen, dann eröffnet sich ihnen das Erlebensfeld, das es ihnen möglich macht, mit anderen in einem Verbund zu leben. Hat man zu sich gefunden, ist es auch möglich, sich anderen zu öffnen. Die Überwindung der Angst, den eigenen Gefühlen zu begegnen und diese vor anderen zuzulassen, lässt sie zu wirklichen Helden werden, denn sie haben über die Annahme von Gefühl und Passivität zu ihrer wahren Stärke gefunden.

Meditative Integration

Wenden Sie sich, wie in den Kapiteln „Der innere Raum" und „Spiegel der Selbstbetrachtung" beschrieben, dem von Ihnen geschaffenen inneren Raum zu. Nachdem Sie die Entspannungsübung zur Einstimmung ausgeführt haben und sich vor Ihrem Spiegel sitzend wiederfinden, lassen Sie in Ihrem Spiegel der Selbstbetrachtung folgende Themen im Geist Revue passieren:

Meditation zu äußeren Lebensbegebenheiten

Habe ich in meinen Beziehungen ab einem bestimmten Punkt Aggression in mir verspürt? – Habe ich mich in meinen Partnerschaften abgewandt, als sie sich in Richtung eines gemeinschaftlichen Nestbaus bewegten? – Reagiere ich auf Abhängigkeit und Bindung mit Wut? – Ist mir bewusst, dass ich Bedürftigkeit anderer nur schwer annehmen kann? – Wie gehe ich mit meinen eigenen Gefühlen, besonders mit Liebe, Betroffenheit und Trauer um? – Kann ich Inaktivität und Entspannung zulassen? – Wie verhalte ich mich, wenn ich mich müde und schwach fühle? – Gelingt es mir nach Phasen der Anspannung loszulassen? – Wie ist mein Verhalten gegenüber Menschen, die bedürftig sind? – Kann ich sie in ihrer Bedürftigkeit lassen? Verspüre ich einen unbändigen Drang, ihren Zustand ändern zu müssen? – Bewerte ich schwache Menschen insgeheim?

Speziell für die Frau:

Wie ist mein Verhältnis zu meinem Frausein? – Wie ist mein Verhältnis zu meinem weiblichen Körper? – Was vollzog sich in meiner Gefühlswelt, als ich schwanger wurde? – Wie ist mein Verhalten gegenüber meinem Partner? – Wie reagiere ich auf die konventionelle Hausfrauenrolle? – Dominiere ich meinen Partner, oder werde ich dominiert? – Wie gehe ich mit den Zuwendungsbedürfnissen und den Gefühlen meiner Kinder um?

Speziell für den Mann:

Welches Verhältnis habe ich zu Frauen? – Wie reagiere ich auf weibliche Gefühlsäußerungen? – Wie gehe ich mit Frauen um, mit denen ich eine Beziehung habe? – Was vollzog sich in meiner Gefühlswelt, als ich Vater wurde?

Lassen Sie dazu individuelle Situationen und Erlebnisse im Spiegel der Selbstbetrachtung vor Ihnen entstehen. Es geht nicht darum, dass Sie sich bewerten und sich damit selbst schlecht machen, sondern dass Sie Ihren inneren Mechanismen näher kommen, die gerne verdrängt werden oder die einem nicht bewusst sind.

Nehmen Sie im Besonderen in der inneren Selbstbetrachtung Ihre Diskrepanz zwischen dem passiven und dem aktiven Pol wahr:

Ihre Abwehr gegen jede Ausgeliefertheit, gleich, in welchem Bereich, will erfühlt werden. Spüren Sie all jenen Empfindungen nach, die sich in den verschiedenen Lebenssituationen einstellten. Nehmen Sie sich Zeit, und lassen Sie verschiedene Situationen in der Selbstbetrachtung entstehen. Schauen Sie sich aber auch an, was Sie jeweils in Situationen für innere Konflikte hatten. Haben Sie an Ihrem Unvermögen gelitten, gefühlvoller und nachsichtiger sein zu können? Empfanden Sie, dass Sie sich in Ihrer inneren Verstocktheit selbst im Weg standen? Wären Sie in mancher Situation nicht gerne über Ihren Schatten gesprungen und haben sich im Nachhinein geärgert, dass Sie es nicht getan haben? Besonders, wenn es um Liebes- und Zuwendungsthemen ging? Wie lange haben Sie gekämpft, weil Sie sich mit Ihren Gefühlen keine Blöße geben wollten? Haben Sie sich öfters in Sackgassen manövriert, aus denen Sie nur schwer heraus fanden? Je mehr es Ihnen gelingt, den sich steigernden Mechanismus Ihrer eigenen Abwehr neu zu spüren, kann Ihnen im Verbund die Erkenntnis erwachsen, dass Ihre Abwehr zu Spannung und Verhärtung führt und Sie letztlich dadurch von Ihrer Lebendigkeit abgeschnitten werden. Empfinden Sie intensiv Ihre abwehrenden Reaktionsweisen; wenn es Ihnen dabei gelingt, die Abwehr als Schwäche zu erkennen, dann halten Sie den Schlüssel in der

Hand, der Ihnen die Türe aufschließt, die aus Ihrer Verstricktheit in Ihrem Verhalten hinausführt.

Nachdem Sie eine Reihe von Lebenssituationen aufgesucht haben, in denen Sie Ihren inneren Konflikt gespürt haben, ist es bedeutsam, andererseits Situationen aufzusuchen, in denen Sie sich einmal passiv annehmen konnten und in denen Sie sich in Beziehungen Gefühle eingestehen und auch einmal nachgeben konnten. Möglicherweise gab es darunter Erfahrungen, in denen Sie sich in Ihren Befürchtungen und Ängsten ad absurdum geführt haben und Sie fühlen konnten, wie Ihre innere Angespanntheit sich in ein prickelndes Wärmegefühl oder eine Erleichterung verwandelte. Gibt es solche Erfahrungen, in denen Sie sich durch Nachgeben in die rezeptive Richtung veränderten und Sie erstaunlich gelöst, heiter und berührt waren? Diese sind der Schlüssel, der Sie aus Ihrer inneren Anspannung befreit.

Versuchen Sie Ihrem Erstaunen nachzuspüren, dass Sie sich doch keinen Zacken aus Ihrer Krone gebrochen haben, sondern dass alles so gut war. Solche Erfahrungen sind als eine Gesetzmäßigkeit zu verstehen, die stets zum Tragen kommt, wenn Sie sich auf die vermeintlich „schwache" Seite begeben. Mit ihnen können Sie Zuversicht und Vertrauen erwerben, wenn Sie immer wieder empfindungsmäßig an sie anknüpfen. In der Folge können Sie aus dieser Gewissheit mehr solcher bereichernden Erfahrungen haben!

Meditation zu körperlichen Symptomen

Finden sich bei Ihnen Symptome aus den Mond-Mars-Signaturen wieder, dann lässt dies darauf schließen, dass Ihnen Ihr inneres Abwehrverhalten nicht bewusst ist. Gedanklich scheint für Sie alles in Ordnung zu sein, doch im Unbewussten tobt der Konflikt, der sich in den voran beschriebenen Stimmungsbildern offensiv darstellte. Der Konflikt hat sich mittels eines Symptoms nur auf eine andere Ebene verlagert. Deshalb gilt es, ihn auf die Ebene der Bewusstheit zu heben, damit Sie ihn durch immer währendes Aufsuchen und dem empfindungsmäßigen Nachspüren zu einer inneren Realität machen können. Liegt der Konflikt auf einer Symptomebene, dann überwiegt in diesem Fall die mondige rezeptive Seite, weshalb es in der Umkehrung bedeutsam ist, ihn nicht weiter zu verdrängen, sondern den Konflikt zuerst in die Bewusstheit zu heben, um mit ihm im zweiten Schritt in gleicher Weise zu verfahren wie in der offensiven Form. Es können sich wertvolle Erkenntnisse einstellen, wenn Sie den Zeitpunkt aufsuchen, an dem die Symptome sich zu manifestieren begannen. Lenken Sie dabei Ihre Aufmerksamkeit besonders auf die Menschen, die Sie zu diesem Zeitpunkt umgaben, oder auf die jeweilige Lebenssituation, denn sie sind stets in einem Zusammenhang solcher Entstehungen zu sehen.

Leiden Sie an den beschriebenen Entzündungen, insbesondere des Magens oder an einer Übersäuerung mit Sodbrennen, dann schauen Sie im Spiegel der Selbstbetrachtung genau jene Situationen an, in denen Sie zu harmoniesüchtig waren und sich klaglos in Abhängigkeiten begaben, die nicht Ihrer inneren Realität entsprachen. Spüren Sie die Spannung, die sich aufbaut, weil Sie z. B. in Beziehungen, Arbeitsverhältnissen usw. Ihre Eigenständigkeit aufgaben. Spüren Sie Ihrem nicht gelebten Freiheits- und Eigenständigkeitsdrang hinterher. Es ist stets die Spannung, die sich aufbaut zwischen dem Drang, selbstbestimmt leben zu wollen und sich doch auf eine angepasste Lebensweise einzulassen.

Weitere Fragen zur Erforschung Ihrer Symptome

Ist mir meine Abwehr von Gefühlen und Nähe bewusst? – Lebe ich mein sexuelles leidenschaftliches Potenzial? – Habe ich Angst vor meiner sexuellen Leidenschaft? – Kenne ich meine Angst vor Gefühlen? – Kenne ich meinen inneren Konflikt, mich meinen Kindern und der Familie hingeben zu müssen? – Ist mir (als Frau) der Konflikt mit meinem weiblichen Körper bewusst? – Weiß ich, dass ich mich während meiner Menstruation gegen die Abhängigkeit vom weiblichen Zyklus aufbäume? – Kenne ich (als Frau) mein Misstrauen und Konkurrenzempfinden gegenüber Männern? – Kenne ich (als Mann) meine gespaltene Ablehnung gegenüber Frauen? – Ist mir die Spannung zwischen sexueller Lust und Ablehnung von Gefühlen bewusst? – Ist mir bewusst, dass ich vor Ruhe und Selbstbegegnung fliehe? – Kenne ich meine inneren Bewertungen, wenn ich mich schwach und hinfällig fühle?

Nehmen Sie nicht zu viele Fragen in die Betrachtungen hinein. Lassen Sie sich Zeit dazu, denn diese Fragen wollen nicht über den Intellekt geklärt werden. Seien Sie in Ihren Betrachtungen wertfrei. Es braucht lediglich eine Wahrnehmung des Konfliktes, dem Sie in der Rückschau in Ihren inneren Bildern nachspüren sollten. Nehmen Sie sich ruhig Zeit dazu. Es reicht, wenn Sie zu einer Frage öfter die Situationen in sich Revue passieren lassen. Hier gilt die qualitative Empfindung mehr als die Menge der Bilder. Je mehr Sie sich in den Situationen im Spiegel der Selbstbetrachtung erleben und ganz intensiv Ihren Wahrnehmungen hinterher spüren, desto eher werden Sie sich ihrer Mechanismen bewusst. Nichts will mit Vehemenz erzwungen werden, sondern die Botschaften Ihres Inneren wollen sich ihnen offenbaren. Je mehr Sie Ihre gereizte Kampfesstimmung innerlich erfassen, aber auch die Angst sich einzulassen, desto leichter nähern Sie sich den Themen an, die durch Bewusstheit erlöst werden wollen.

Symbol-Imagination bei Symptommanifestationen

Lassen Sie in Ihrem Spiegel eine trockene heiße Wüstenlandschaft entstehen, in der Sie sich als Krieger auf dem Weg in eine Schlacht wahrnehmen. Nehmen Sie ganz real Ihre innere Angriffsbereitschaft wahr. Ziehen Sie in Ihren inneren Bildern in einen Kampf, den es für Sie auszufechten gilt. Dies können imaginäre Gegner sein, oder sie können die Gesichter Ihres Umfeldes tragen, denen Sie sich zu sehr anpassen. Nehmen Sie ganz real die Empfindungen wahr, die in Ihnen während Ihrer Kämpfe auftauchen. Haben Sie dabei keine moralischen Bedenken, denn es geht darum, Ihre verdrängte innere Realität wahrzunehmen. Fühlen Sie, wie Ihre Kampfeslust und der Drang, zu siegen, Sie innerlich durchpulsen.

Was immer Sie in Ihrem Inneren für Erfahrungen machen, bringen Sie diese mit der Qualität Ihres Mondenprinzipes in Verbindung. Auf einer tieferen Ebene waltet diese archaische Energie in Ihrem Inneren und will als Wahrnehmung zu Ihrer Erweiterung im Bewusstsein beitragen. Es geht nicht um ein äußeres Schlachtfeld, sondern nur um eine Metaebene, die Sie in Verbindung mit Ihrer inneren unbewussten Realität bringen kann. Lassen Sie die Empfindungen Ihrer freien Bildgestaltung als Simileprinzip in Ihrem seelischen Innenraum ihre Wirkung entfalten.

MOND IM ZEICHEN STIER
MOND IM ZWEITEN HAUS

DIE MOND-(ERD-)VENUS-THEMATIK

primäre Stimmung:	latente Erfahrung:
Mond im Zeichen Stier	Tierkreiszeichen Krebs in Haus 2
Mond in Haus 2	Tierkreiszeichen Stier in Haus 4

Stimmungsbild

Dem Tierkreiszeichen Stier wird das Urprinzip Venus in seiner erdigen Qualität als Herrscher zugeordnet. Die Venus ist in ihrem durchlässigen, luftigen Aspekt Herrscherin des Tierkreiszeichens Waage, und so gilt es zwischen diesen beiden Venusqualitäten zu unterscheiden. Es ist notwendig, die beiden Ausformungen des Venusprinzipes gesondert zu betrachten, einerseits als „Erd-Venus" und andererseits als „Luft-Venus"-Qualität. Somit werden beide Themenfelder in getrennten Kapiteln behandelt. Dieses Kapitel ist der Mond-(Erd)-Venus-Thematik gewidmet.

Zu den Eigenschaften der Venus gehört die Fähigkeit zu integrieren, verbunden mit dem tiefen seelischen Urwunsch nach Ausgleich und Versöhnung der Gegensätze, der allen Lebewesen zu Eigen ist. Das Prinzip der Venus lässt in ihrer erdigen Qualität im Menschen die Sehnsucht entstehen, sich über konkrete stoffliche Dinge, wie beispielsweise dem Horten von materiellen Werten und Statussymbolen, wertvoll zu fühlen. In ihrer luftigen Variante findet die Venus im zwischenmenschlichen Kontakt ihre Einlösung darin, dass der Mensch auf der Suche nach Ausgleich und Ergänzung mit anderen Menschen und damit mit ihren fremden Seelenpotenzialen in Kontakt tritt. Unbewusst rührt der Drang nach zwischenmenschlichem Kontakt daher, dass der Mensch intuitiv spürt, dass jedes Individuum in seinem Wesen etwas Fremdes trägt, das ihm in seinem inneren Seelengefüge als Eigenschaft fehlt. Durch die Nähe zum Du findet eine Annäherung an die seelischen Fremdanteile statt, die jeden Menschen in seinem inneren Wachstum zutiefst bereichern. Über den zwischenmenschlichen Kontakt sowie über die Sexualität versucht der Mensch, jene Brücke zu diesen ihm fehlenden Anteilen zu schlagen. Somit verkörpert die Venus eine Qualität, die auf zwei verschiedenen Ebenen Einlösung findet, nämlich in der vergleichbar stofflichen Variante im Zeichen Stier und im zweiten Haus eines jeden Geburtsmusters.

Die seelisch-geistige Komponente der Venus findet man hingegen im siebten Haus eines Horoskopes, das die gleichen Merkmale trägt wie das Tierkreiszeichen Waage. In beiden Fällen besitzt die Venus einen lebenserhaltenden Charakter, denn mit der konkreten Komponente nährt sich der Mensch am stofflich/mineralischen Reich und bleibt dadurch physisch am Leben. Die geistige Komponente der Venus hingegen sorgt für Beziehungen zu anderen Seelenpotenzialen, die den Menschen auf der feinstofflichen Ebene am Leben erhalten, denn ohne Austausch von Seelenpotenzialen würde er verkümmern und es würde kein Wachstum mehr stattfinden. Die Liebe, die man der Venus zurechnet, drängt über die Sexualität mit ihrem Gegenpol zu verschmelzen, und so entsteht aus dem sexuellen Kontakt zwischen Mann und Frau neues Leben.

Das Tierkreiszeichen Stier birgt die beschriebene irdene Venus-Komponente, welche an die konkreten Bedingungen innerhalb der materiellen Form gebunden ist. Stier, das auf den Widder folgende weibliche Zeichen im mundanen Tierkreis, birgt den ersten Impuls des Zeichen Widders, damit dieser in der Natur wie im Konkreten zu Wachstum und Aufstreben führen kann. Dazu braucht es gesicherte Bedingungen, in denen in Ruhe und Geduld etwas entstehen kann. Dies ist auch die Sehnsucht, die den Menschen mit dem Mond im Stier auszeichnet und die dem **primären Stimmungsbild** entspricht. Der Mond im Geburtsmuster symbolisiert jenen Bereich, in dem man Geborgenheit und Getragenheit erfährt, deshalb ist das Thema der Verwurzelung in konkreten Themenfeldern sehr bedeutsam. Der Mond sollte als Qualität verstanden werden, die einem seelischen Urwunsch entspricht, der es notwendig macht, sich in bestimmten Themenbereichen „häuslich" niederzulassen, um dort eine ausgleichende Verankerung zu finden. Je nach dem, wo der Mond im Verbund mit dem Tierkreiszeichen Stier in den Häusern des Geburtsmusters positioniert ist, lässt er deutlich werden, in welchem Bereich es sich zu verwurzeln gilt. Mit dieser Mond-Thematik führt der unbewusste Seelenwunsch in die Materie hinein, mit der es einen Verbund herzustellen gilt. Das innere System ist somit darauf ausgelegt, einen Ausgleich zu schaffen – eine Plattform, von der aus es möglich wird, bestimmte andere Aspekte des Geburtsmusters zu leben. Vergleichbar ist dies mit der eigenen Familie, die einst ebenso die Plattform für das junge Leben bildete, von der aus man Verhaltensstrukturen, Lebensmotivationen und Ziele entwickelte, die jeden Menschen auf seine Art und Weise geprägt haben. So ist der Mond im Geburtsmuster als ein Ausdruck jener Plattform zu verstehen, die, wenn sie bewusst angenommen wird, dem Menschen die

Möglichkeit gibt, sich zu entwickeln und zu wachsen. Auch der Mond im zweiten Haus besitzt eine analoge Entsprechung zur Stimmungsqualität des Mondes im Stier. Als latentes Stimmungsbild gilt es, das zweite Haus im Verbund mit dem Tierkreiszeichen Krebs und die Verbindung mit dem Tierkreiszeichen Stier im vierten Haus zu verstehen. Alle genannten Kombinationen lassen sich unter der Überschrift einer Mond-(Erd)-Venus-Thematik zusammenfassen.

Disharmonie und Zerwürfnis haben zur Folge, dass der Mensch aus seinen alten Standpunkten gelöst wird und sich in neuen, ungesicherten Zuständen reorientieren muss. Native mit der erdigen Mond-Venus-Thematik haben unbewusst das starke Verlangen, von der Welt angenommen zu werden, weshalb sie stets auf der Suche nach Annahme und Integration im zwischenmenschlichen Bereich sind. Im Gegensatz zu den Menschen mit der Mond-Mars-Thematik, die mit dem Gefühl leben, sich in der Welt behaupten und gegen die Widrigkeiten der äußeren Bedingungen ankämpfen zu müssen, gibt Mond-Venus das Bedürfnis, sich in einer starken Gemeinschaft zu verwurzeln. So sind es denn verbindende Themen, Interessen oder Zugehörigkeiten zu gesellschaftlichen Gruppierungen (das soziale Kastensystem), die den Nativen die gewünschte Geborgenheit vermitteln können.

Die Suche nach einem Ruhepol ist unter dieser erdig-venusischen Mond-Thematik sehr ausgeprägt. Die mondige Suche nach der Geborgenheit in gewohnten und Sicherheit spendenden Umfeldern zeichnet das Stimmungsbild aus. Insbesondere die damit einhergehende Schwere lässt die Nativen gegenüber Veränderungsmomenten sehr ablehnend sein. Verhältnisse, an die man sich gewöhnt hat, werden nur ungern verlassen, es braucht schon äußere Impulse, damit eine Bewegung entsteht. In ihrem natürlichen Aggregatzustand weist die Erde auch keine Eigendynamik auf, es braucht einen Erdrutsch oder ein Beben, damit sie in Bewegung gerät. So sind es innere Hürden und Angänge, bis die Nativen mit der Mond-(Erd)-Venus-Thematik neue Themen annehmen, denn die Schwerkraft des Lebens hält sie in ihren bekannten Gegebenheiten. Es kann sein, dass sie mit überwiegend luftigen oder feurigen Anteilen in ihrem Geburtsmuster die Schwerkraft mit Skepsis und Hinterfragung kaschieren, so dass sie stets irgendwelche Einwände oder Kritikpunkte in bestimmten Themenfeldern anbringen, die sie wieder legitimieren, an ihren alten Standpunkten festzuhalten.

Gleichzeitig verbunden mit dem Drang, sich an die Welt und insbesondere an andere Menschen und Gruppen zu ketten, geht die Unfähigkeit einher, von lieb gewonnenen Gewohnheiten, Lebensumständen oder auch von Menschen loszulassen. Denn alles, was der Mensch mit dieser erdigen Mond-Thematik einmal zu seinem Bestand gemacht hat, wird er so schnell nicht mehr loslassen wollen. Ganz gleich, ob dies Partnerbeziehungen, Freunde und Bekannte sind oder konkrete stoffliche Werte, der Mond-Venus-Typus bindet und hält an allem fest. Dies geschieht aus dem unbewussten Verwurzelungsdrang, der sich als ein inneres Programm immer dann aktiviert, wenn er in Lösesituationen hineingerät. Native mit der Mond-(Erd)-Venus-Thematik binden sich somit an materielle Sicherheitsbedingungen, weshalb sie häufig Angst vor Unsicherheit und materiellem Verlust haben. Dies muss nicht bewusst wahrgenommen werden, denn die Beweggründe, die aus dem innerseelischen Element hervordringen, sind nicht immer rational erklärbar. Zumindest erwächst daraus ein starkes Absicherungsbestreben, welches Motor für viele Handlungsweisen ist.

Materielle Bedürfnisse erfüllen bei den Nativen eine zweifache Funktion: Einerseits gibt es unbedingte Notwendigkeiten, Gegenstände für den täglichen Gebrauch zu besitzen, andererseits müssen die Dinge, welche die Nativen im Leben benötigen, zusätzlich einen Wert darstellen. Dieser steht oft im Vordergrund, denn auf einer Ebene dient die materielle Anbindung der Erhöhung des Eigenwertes mit dem Bedürfnis nach ständigem Wachstum. Dieser Anspruch lässt sie auf ihrer subjektiven Ebene zu vereinnahmenden Wesen werden, wobei man als Außenstehender nicht unterscheiden kann, ob die Eigner der Mond-(Erd)-Venus-Thematik aus egoistischen Gründen an allen Dingen festhalten oder aus einem reinen Schutzbedürfnis. Diese häufig hervortretende Selbstbezogenheit bringt ihnen bei anderen Menschen, die idealistischer in ihrer Wesensstruktur sind, keine großen Sympathien ein. Damit ihr Umfeld das Bedürfnis, festzuhalten, nicht wahrnimmt, verdrängen die Nativen ihre einnehmende Wesensqualität. Dabei kann der selbstische Anteil der Persönlichkeit bis zur Unkenntlichkeit verdrängt werden. Im Oberbewusstsein existieren dann zwar andere Definitionen und Selbstbilder, doch diese vermögen die wahre innere Realität nicht zu verdrängen, wie dies auch bei allen anderen unbewussten Themen der Fall ist. Je geringer also der Zugang zu der inneren Realität ist, desto stärker muss der verdrängte Teil über die äußere Welt wieder in den Nativen zum Klingen gebracht werden.

Dies kann dadurch geschehen, dass die Nativen mit der Mond-(Erd)-Venus-Thematik in der Außenwelt jene Auseinandersetzung erfahren, die ihnen zielgerichtet Situationen präsentiert, welche ihre nicht gesehene Wesensqualität zutage fördert. Dies könnte beispielsweise in der Form von existenziellen Mangel- oder materiellen Notsituationen geschehen. Auf diesem unerlösten Weg umkreisen die Betroffenen dann quasi vom Leben rezeptpflichtig verschrieben ihr verdrängtes Thema der materiellen Bindung. Im Sinne geistiger Gesetzmäßigkeiten ist es unerheblich, wie der

Mensch über das Leben an sein Muster herangeführt wird. Aus der Dynamik innerer Gesetzmäßigkeiten geschieht dies vollkommen wertfrei, denn in den Gesetzen der Zusammenhänge von Kosmos, Natur und Mensch ist stets alles frei von der menschlichen Bewertung. Entscheidend für die Einlösung der Aufträge zu den verschiedenen Lebensbühnen ist, dass dies überhaupt auf irgendeine Art und Weise geschieht.

Materielle Ängste und die daraus erfolgenden Sicherungsbedürfnisse sind der Pol des erdvenusischen Mondanteiles, welcher in einer Mangelsituation dafür Sorge trägt, dass die Verwurzelungsbemühungen gewährleistet sind. Das Bedürfnis, sich abzusichern, wird über die Angst oder eine konkrete Mangelsituation hervorgerufen. Dabei spielt es im Sinne geistiger Gesetzmäßigkeiten keine Rolle, ob man im Überfluss an die Materie gebunden ist oder durch eine Mangelsituation – beide Varianten sind Ausformungen eines Materialismus, der nur in unterschiedlicher Form seinen Ausdruck findet. Wer sich den ganzen Tag um Sicherheit und Auskommen sorgt oder aufgrund konkreter Bedingungen ständig um sein Auskommen bemüht ist, kreist permanent gedanklich um materielle Dinge. Er ist somit durch eine ständige Konzentration auf das Notwendige, das er zum Leben braucht, gebunden, womit er sich auf dem Minuspol der materiellen Achse befindet. Liegen bei den Nativen unter dieser Mond-Thematik materielle Mangelsituationen vor, dann wäre es für sie wichtig zu prüfen, wie ihr Verhältnis zu materiellen Dingen ist. Vor allem gilt es zu erkennen, dass es darum geht, sich zur materiellen Ausrichtung zu bekennen, denn dann erübrigt sich die Gesetzmäßigkeit, die über den Mangel den Menschen formulieren lässt, was er eigentlich alles benötigt. Auch körperliche Probleme lassen deutlich werden, dass ein sinnlicher Bezug zum Körper hergestellt werden will. Alle Bemühungen, es sich sprichwörtlich gut gehen zu lassen, verhelfen den Nativen in der Welt anzukommen. Gelingt dieser Erkenntnisschritt nicht, werden unerlöste Mangelsituationen und Störungen nicht eher aus dem Leben weichen, bis der Mensch verstanden hat, dass es nicht die äußeren Bedingungen sind, die ihn zu seinem Verhalten treiben, sondern dass es sein eigenes unbewusstes Monden-Thema ist, welches in verzerrter Form um Einlösung schreit und ihn deshalb bindet. Hier gilt es, die zwei Säulen der Erfahrungswelt der Mond-(Erd)-Venus-Thematik im Auge zu behalten und zu unterscheiden: Zwischen der Bindung an das Thema durch Probleme, die man als die Erleidensvariante der Erfahrung bezeichnen kann, und die Bindung durch unbewusste Verhaltensweisen. Beide Formen machen den Menschen unfrei und binden ihn.

Die Nativen brauchen in beiden Fällen Bewusstheit und Erkenntnis, damit sie jenseits aller Bindung den dritten Pol einnehmen können, der ihnen die Freiheit vermittelt, sich anderen Bereichen zuzuwenden. Da erdige Themen stets etwas mit dem Wert zu tun haben, finden sie auch in Bewertungen ihren Ausdruck. In jeder Bewertung oder Wertung liegt stets ein Abwägen begründet, in dem man Mitmenschen und äußere Gegebenheiten nach bestimmten Kriterien einsortiert. Dieses Abwägen und Sondieren macht ein Wertesystem erforderlich, welches versucht, die Welt, Menschen, Arbeits- und Lebensformen in ein Raster hineinzupressen, das Unterschiede und Zuordnungen möglich macht. Mit diesem Drang, der vor allem die eigene Zugehörigkeit und damit Sicherheit gewährleisten möchte, begegnen die Eigner einer Mond-(Erd)-Venus-Thematik ihrem Umfeld unter bestimmten Maßgaben. Dies macht die Nativen zu einem geschlossenen System, weil sie sich anderen Menschen nur dann öffnen, wenn diese dem subjektiven Wertig- keitsraster entsprechen. Die erdige Mond-Thematik symbolisiert das Bedürfnis nach gleicher Wertigkeit, die zu Zugehörigkeiten führt.

Hinter diesem Anspruch verbirgt sich der Wunsch nach einem sicheren Gemeinschaftsgefühl, welches sich im Verbund mit anderen entwickeln soll. Getreu dem Motto „wir gehören auch dazu", stellt dies die Basis für die Sicher- heit und die Geborgenheit im Kollektiv dar. So sind es besonders äußere Sym- bole, die die Verbindungen schaffen, deren Spektrum sehr vielfältig sein kann, Hauptsache man findet zusammen. Die Nativen benötigen solche Zugehörig- keitssymbole, denn innerlich sind sie sehr unsicher, was die Einschätzung ihres Umfeldes und anderer Menschen angeht. In vielen Fällen rücken die Symbole so stark in den Vordergrund, dass der eigentliche Keim eines Men- schen nicht gesehen wird und sie in die Falle der Täuschung hineinlaufen. Dabei verlässt man sich auf eine sehr unsichere Symbolebene, wodurch sich oft enttäuschende zwischenmenschliche Dramen abspielen, denn die Einschät- zung galt einer Äußerlichkeit, nicht jedoch dem Wesen eines Menschen.

Auf einer sozialen Ebene kann es beispielsweise die Zugehörigkeit zu einer politischen Partei sein, bis hin zu einer verbindenden elitär-kritischen Haltung (die Altachtundsechziger), die Verbindung mit der Gewerkschaft, einem Freizeit- oder Sportverein. Auf der Konsum- und Besitzebene sind es verbindende Werte, z. B. der Haus- und Grundbesitzerverein, der Jungunter- nehmer- oder Golfclub. Man findet zueinander über das Faible für die glei- chen Produkte, man trägt Jil Sander oder Brioni, schaut sich gegenseitig auf die Uhr oder die Schuhe und ist sich sicher, dass man dazugehört, und dann ist alles in Ordnung. Auch auf einer geistigen Ebene gibt es die verbindende Wertethematik, denn entscheidend ist das verbindende Anliegen, wobei das äußere Mittel vielmehr sekundär ist. Hier ist es dann die gleiche Philosophie, das gleiche Bewusstsein, das zur Zugehörigkeit beiträgt, oder man sitzt gemein- sam in der Stille auf Buchweizenkissen und genießt die gute Stimmung, weil man unter sich ist. Die vermeintliche Geistigkeit wird zu einem geistigen Materialismus, der sich stets an seinem Wertesystem entlarvt.

Wesentlich stärker als bei den anderen Mond-Verbindungen sind die Eigner der Mond-(Erd-)Venus-Thematik von der Akzeptanz des Umfeldes abhängig. Trotz der Suche nach Gleichheit findet sich in den vielfältigen Wertesystemen in ihrem Denken stets eine Spur von Diskriminierung anderer Menschen wieder, was häufig bei konservativen Gruppen zu beobachten ist, die Angst vor allem Unbekannten und vor Andersartigem haben. Wenn jedoch die Nativen eine gegenseitige Akzeptanz ihrer Mitmenschen fühlen, entsteht in ihnen ein Sicherheitsempfinden, als würde das Kollektiv sie tragen. Sie benötigen die soziale Akzeptanz ihres Umfeldes so dringend wie Wasser und Brot, weil es ihnen nicht möglich ist, den Wert aus sich selbst zu beziehen. Es braucht sozusagen den Umweg der Wertedefinition, damit sie sich wertig und sicher fühlen. Aus diesem Grund versuchen sie, ihre Lebensart und ihre Bedürfnisse immer mit anderen in Einklang zu bringen.

Der Blickwinkel der Menschen mit der Mond-(Erd)-Venus-Thematik ist deshalb sehr stark auf die Außenwelt gerichtet, da sie nach der Liebe und der Sympathie ihres Umfeldes suchen. In der Liebe durch die anderen finden sie den Teil der Akzeptanz und des Wohlwollens, der sie in der Annahme der eigenen Person bestärkt. Die Zuneigung der anderen verschafft ihnen die Legitimation, ihre Eigenliebe zu entdecken, die sie sich ohne Grund, aus rein egoistischen Motiven, nicht eingestehen möchten. Je unbewusster die Einstellung zu ihrer Eigenliebe ist und je mehr sie von den Nativen verdrängt wird, desto größer wird die Abhängigkeit zwischen ihnen und ihren Mitmenschen. In dieser Wechselbeziehung entsteht ein symbiotisches Verhältnis, welches sie sehr stark an die anderen bindet und sie aufgrund ihres übersteigerten Verlangens nach Bestätigung gleichzeitig hilflos an ihr Umfeld ausliefert. In solchen Situationen leiden sie unter ihrer Abhängigkeit und ihrer Hilflosigkeit und versuchen sporadisch zu entkommen. Der Schlüssel zu ihrer wahren Freiheit liegt allerdings nicht im bloßen Davonlaufen, sondern darin, sich zur Notwendigkeit der Eigenliebe zu bekennen. Für die Nativen ist es bedeutsam, hinter den Anbindungsbedürfnissen und dem Drang, sich symbiotisch an materielle Werte zu binden, die Angst als Motor zu verstehen. Setzen sie sich mit ihren Verlustängsten, auch jenseits von konkreten Situationen auseinander, vermögen sie sich einerseits dem Sinn ihrer unbewussten Bedürfnisse anzunähern, andererseits werden sie freier von ihren Zwängen und können sich dadurch selbst viel besser annehmen.

Kindheitsmythos

Mit der Mond-(Erd-)Venus-Thematik spielt die Familie eine besonders große Rolle. Sie stellt einen geschützten Verband dar, der sich in der Gruppensituation gegenüber dem Umfeld abschottet. Kinder unter dieser Mond-Thematik machen häufig die Erfahrung, dass die eigene Familie, die untereinander regen Austausch pflegt, zu einer Art kleinem Universum wird, das im Zentrum steht und sich völlig auf sich bezieht. Die äußere Welt, zu der alle anderen Menschen gehören, die keine Integration gefunden haben, wird misstrauisch beäugt, denn es könnte eine Gefahr von ihr ausgehen. Alles Fremde scheint erst einmal feindlich zu sein. Wie in jeder Gruppe existieren in der Familie gewisse Regeln, die, wenn sie nicht befolgt werden, zur Bestrafung und Ausgrenzung führen. So kann sich für die Kinder unter dieser Mond-Thematik ein stetiger Druck aufbauen, dem sie bis zur Pubertät erlegen sind und wodurch sie sich brav anpassen. Sie erleben den unbewussten erdigen, verwurzelten Teil ihres eigenen Inneren durch die Familiendynamik erst einmal als „Opfer". Omas, Opas, Tanten, Onkels, Cousins und Cousinen, Kinder und Kindeskinder stellen den Kosmos dar, um den sich alles dreht. Die Familie hält zusammen, fördert und unterstützt sich gegenseitig. Mit der Pubertät kann es sein, dass die Kinder mit dieser erdigen Mond-Thematik sich durch Rebellion und Abgrenzung der Familie zu entziehen beginnen. Das spezifische Merkmal dieser Mond-Thematik ist, dass die Nativen in einer solchen Situation nicht alleine beginnen sich zu individuieren, sondern sie wechseln nur das Lager in ein anderes Gemeinschaftsgefüge und führen im Grunde das gleiche Gemeinschaftswesen fort, das sie vorher in der Familie erlebt haben. Nur heißt das neue Umfeld dann Clique oder Freundeskreis. Sie benötigen diese Zusammenschlüsse sehr dringend, weil sie ihnen Kraft und Stärke vermitteln, denn es fällt ihnen schwer, sich als einzelne Persönlichkeit zu definieren. Die Gruppe mit ihren Anliegen fördert das Selbstbewusstsein der Nativen. Dies kann der Sport- oder Fußballverein sein, der Motorradclub oder auch die Zugehörigkeit zu einem elitären Jugendkreis, der mit ersten leichten Alkohol- und Drogenerfahrungen seine Überheblichkeit nach außen demonstriert. Man gluckt fabulierend zusammen, genießt die Gemeinschaft, wechselt nur schwerfällig die Szenenschauplätze oder trifft sich jahrelang an den gleichen Orten. Wer sich individuiert und nicht mehr in das Gemeinschaftsgefüge mit einstimmt, wird ausgeschlossen. Es können auch ganze Bewegungen sein, die zu einem Gefüge zusammenwachsen (Technoszene – one world one music); in solchen Szenen entwickelt sich eine gewisse geborgene Kuhstallatmosphäre, die sie im Zusammenschluss gegenüber den nicht

Dazugehörigen sicher werden lässt. Die frühere elterliche Begeisterung für Festzeltveranstaltungen wird ausgetauscht gegen den Dancefloor in U-Bahnschächten oder alten Fabriken. Nur schunkelt man nicht mehr seitwärts zu bierseligen Klängen, sondern zuckt ekstatisch zu den Beats, bis sich eine Tranceerfahrung einstellt, die alle (Gruppe = Stier) miteinander verbindet und ein gemeinschaftliches Zugehörigkeitsgefühl entsteht.

Unter dieser Mond-Verbindung nimmt die Mutter eine dominante Rolle ein. Zumindest ist sie in den frühen Jahren für Kinder unter dieser Mond-Thematik Sinnbild für Ernährung und Sicherheit. Dies kann auch zur Abgrenzung gegenüber dem Vater führen, der fast so feindlich oder wenig Sicherheit bietend wie die große Welt empfunden wird. In manchen Fällen zeichnet sich der Vater durch eine Schwäche aus. Möglicherweise ist er nicht besonders ehrgeizig oder er wird von der Mutter dominiert. Dies kann zu einer Ausgrenzung des Vaters führen, mit dem Anspruch, besser sein zu wollen als er. Die Kinder möchten es ihm beweisen, um ihn zu überwinden. Die Mutter stellt im Kindheitsmythos den Kontrast zum ausgegrenzten Vater dar, denn sie ist die eigentliche Repräsentantin der Mond-(Erd)-Venus-Thematik. Sie ist die starke urweibliche Frau, die von den Kindern als Schutz und Fels in der Brandung des Lebens wahrgenommen wird. Als ernährende Instanz vermittelt sie den Kindern mit ihren Kochkünsten, dass es wichtig ist, sich gut zu ernähren, denn Essen hält Leib und Seele zusammen. Dies kann bei den Kindern eine Gegenreaktion bewirken, dass sie von der Mutter nicht gemästet werden wollen, und sie entwickeln eine Abneigung gegen die Nahrungsaufnahme. Im späteren Leben werden häufig Umkehrerfahrungen gemacht, denn hinter dem Thema der Ernährung verbergen sich wesentliche Inhalte dieser Mond-Thematik, die symbolisch im Zusammenhang mit der Annahme der Welt zu sehen sind.

Die Mutter stellt aufgrund ihrer Erdverbundenheit mit ihrem ausgeprägten Pragmatismus den Ausgleich im Familiendrama her. Von ihr erhalten die Kinder die Weihen für das Leben. Sie werden von ihr instruiert, wie sie sich in der Zukunft in der Welt abzusichern haben. Trotz ihrer ausgleichenden Funktion entsteht somit eine Werteverschiebung zwischen dem männlichen (aktiven) und dem weiblichen (passiven) Prinzip. Das weibliche Prinzip, welches durch die Mutter verkörpert wird, beschreibt inhaltlich die Thematik der Weltenbezogenheit. Deutlich offenbart sich in dem Kindheitsmythos das Ungleichgewicht zwischen dem weltlichen und dem geistigen Pol. Bei vielen Menschen stellt diese Mond-Signatur einen Ausgleich dar, der notwendig ist. Es braucht die Bindung an die materielle und die körperliche Welt. Am Mythos der Kindheit zeigt sich den Betroffenen, dass ein Ungleichgewicht in ihrem Inneren besteht, welches ausgeglichen werden will. Dies sollten sie frei von jedem Schuldgefühl und jeder Wertigkeit betrachten können. Je mehr sie sich ihrer Weltenbindung bewusst sind, desto freier können sie in ihrem Leben werden.

Partnerschaftsmythos

Das Thema einer festen verbindlichen Partnerschaft spielt unter der Mond-(Erd-)Venus-Thematik eine zentrale Rolle. Erde strebt stets nach Sicherheiten, weshalb die Besiegelung durch Heirat jene Festigkeit vermittelt, die die Nativen in ihren Beziehungen anstreben. Selbst, wenn man sich vielleicht eine gewisse Zeit in einer unverbindlichen Form zusammenschließt, so stellt doch die Besiegelung durch eine Ehe eine gewisse Krönungssituation der Gemeinschaft dar und es entsteht ein größeres Zugehörigkeitsgefühl. Möglicherweise wird dies nicht so offen formuliert, doch ist es ein starkes Bedürfnis, aus dem für die Nativen ein hoher Sicherheitswert entspringt. Weiterhin ist die körperliche Präsenz des Partners sehr wichtig, denn die Nativen benötigen den direkten Nähebeweis, indem der oder die Partner/in wirklich gegenwärtig ist. Man sitzt zusammen auf einem Sofa und hält sich fest, um die Gegenwart des anderen als Liebesbeweis wahrzunehmen.

Die Partnerschaften der Nativen leben im Besonderen von dem Thema der Übereinstimmung und der Gemeinschaft, weshalb gemeinsame verbindende Interessen eine wichtige Voraussetzung darstellen. In Beziehungen unter dieser Mond-Verbindung wird das andersartige Element im Partner nicht als Herausforderung und Inspiration wahrgenommen, da die Angst, durch den anderen Menschen in Frage gestellt und damit verunsichert zu werden, sehr ausgeprägt ist. Meist ergeben sich die Beziehungen aus den bereits beschriebenen Gesellschaftsformen, die eine Voraussetzung darstellen. Man lernt sich in der verbindenden Gruppe kennen, wobei die ausgesandten Signale wie die Statussymbole, mit denen sich ein Mensch umgibt, die Voraussetzung für ein beginnendes Interesse schaffen. Auf verborgene Weise erhält unter dieser Mond-Thematik das sonst wertfreie Element der Liebe einen kausalen Grund. Dieser wird natürlich nicht rational aus einer Strategie entwickelt, doch öffnet man sich nur mit der Wahrnehmung der entsprechenden verbindenden Gleichheitssymbole. Unbewusst ist damit die Liebe in eine Kausalität hineingeraten, die stets die Voraussetzung der Anfangsenergie darstellt, in dem die Nativen plötzlich einem Menschen zugetan sind. In der Folge beginnen sich die Gefühle zu vertiefen, stets gehalten von den gemeinsam verbindenden Elementen. So entstehen mit der Zeit

Beziehungs-, Interessen- und Arbeitsgemeinschaften, die sich immer tiefer in ihre Themen verstricken und erdig zusammenschweißen. Die Anschaffungen, die man gemeinsam tätigt, um eine Wohnung zu gestalten, oder der gemeinsame Hausbau nehmen eine zentrale Rolle ein. Das kann über Jahre hinweg ein tragendes Element sein. Man wälzt gemeinsam Kataloge und pilgert durch Möbel- und Einrichtungshäuser. Dies kann ausgeprägte perfektionistische Züge bekommen, so dass regelrechte Strategieprogramme darüber entwickelt werden, was in bestimmten Zimmern oder generell in das Haus an Möbelstücken und Dekorationsobjekten noch hineingehört.

Ein Paar (beide mit Mond im Stier im Geburtsmuster) hatte sich eine alte Wassermühle gekauft, die jahrzehntelang gemeinsam restauriert wurde. Stunde um Stunde beriet man in jedem freien Moment, was man noch im Haus verwirklichen könnte. Aus dem gemeinsamen Domizil entwickelte sich eine echte Lebensaufgabe. Der angeschaffte Hausrat der Nativen füllte Schränke und Speicher, und die Konsumfeste fanden kein Ende. Ist eine Ebene gemeistert, wird die nächste angegangen, damit keine Langeweile aufkommt, so sind es dann die Kinder, die in der Folge ein zentrales Element einnehmen. Spezifisch ist unter dieser Mond-Thematik, dass es ganz konkrete Themen sind, die die Nativen immer tiefer in die Welt hineinziehen. Häufig erleiden die Verläufe der Partnerschaften in dem Moment einen Bruch, wenn alles gemeistert ist. Die Kinder sind groß geworden, das Haus ist fertig, es gibt nichts mehr, was zur Intensivierung der Verbindung beitragen kann, außer, dass das Erreichte bewahrt und gepflegt wird, so dass es in der Folge auf eine Trennung zuläuft.

Die Besonderheit ist, dass man sich erst dann löst, wenn sich eine andere Partnerschaft anbahnt. Eine Trennung ohne eine Sicherheitsperspektive wäre bei den Nativen ein Sprung ins Ungewisse, der nur über absolut unerträgliche Verhältnisse möglich würde. Solange dies nicht der Fall ist, verharren sie lieber unzufrieden in der gewohnten Umgebung. Mit einer neuen Beziehung entsteht eine neue Perspektive, man erhält wieder die Gelegenheit, sich über längere Zeiträume um den Nestbau zu kümmern. Ist es zu einer Scheidung gekommen, stellt sich meist der mühselige Teil ein, dass die langjährig errichtete Beziehung auseinander dividiert wird. Das kann zu recht dramatischen Materialteilungsschlachten führen. Den Nativen fällt es meist schwer, sich von den lieb gewonnen Gegenständen zu trennen. Da mit der Mond-(Erd-)Venus-Thematik Gefühle an die Materie gebunden werden, hängen an jedem Teil Erinnerungen und ganze Begebenheiten fest, die sich beim In-die-Hand-Nehmen vor dem geistigen Auge abspulen. So fällt es schwer, von diesen Dingen zu lassen, weil man sich mit jedem Stück von gemachten Erfahrungen trennen muss, die nur mittels des konkreten

Gegenstandes wieder ins Bewusstsein steigen. Je nach dem, wie stark die aktiven fordernden Teile im Geburtsmuster der Nativen sind, kann dies zu intensiven Kämpfen mit dem Bestreben führen, alles für sich zu beanspruchen. Oft schalten sich die Eltern mit in die Konflikte ein und bestärken die Betroffenen darin, die materiellen Überreste der Beziehung auf jeden Fall für sich zu beanspruchen: „Hol' raus, was du kriegen kannst!" Besonders wenn die Nativen in ihrer Zwanghaftigkeit gefangen sind, in der sie ganz real seelische Schmerzen erleiden, die im Laufe der Zeit angesammelten Besitztümer nicht loslassen zu können, ist es wichtig für sie, sich mit der Wurzel dieses unbewusst exzessiven Dranges auseinander zu setzen. Es ist die eigene Angst, die Sicherheit und damit die Selbstverwirklichungsplattform zu verlieren. Wenn sie sich innerlich die Erlaubnis zur Verwurzelung geben und wissen, wie stark ihr Sicherungsbestreben ist, brauchen sie nicht Opfer ihres zwanghaften Festhaltens zu werden.

Auch die Gefühle der Nativen besitzen einen gewissen vereinnahmenden Charakter. Unbewusst besteht innerlich eine klare Forderung darüber, was der jeweilige Mensch in der Beziehung an Zuwendung zu geben hat. Wichtig ist für die Nativen, dass sie sich bewusst machen, dass sie eher auf der nehmenden Seite sind, selbst wenn sie das Gefühl haben, dass sie sich in der Beziehung emotional verausgaben. Fließen die Gefühle der Partner etwas spärlicher, dann sind es wenigstens die Geschenke, die diese ersetzen sollen. Wobei sie innerlich genau registrieren, was ihnen seitens ihrer Partner dargebracht worden ist. Die Kenntnis darüber, wann ihnen zu welchen Anlässen etwas geschenkt wurde, ist oft verblüffend. Auch umgekehrt wissen sie sehr genau, was sie verschenkt haben. In vielen Fällen beginnen die Nativen, sollten Geschenke ausbleiben, auch zu zweifeln, ob die Aufmerksamkeiten, die ihnen nicht mehr entgegengebracht werden, etwas mit dem Ausbleiben des Gefühls ihres Partners oder ihrer Partnerin zu tun haben. Hier ist es wichtig, sich diesen materiellen Bezug zu vergegenwärtigen, denn in dem Moment, in dem sie in der Partnerschaft aufzurechnen beginnen, was ihnen seitens des Partners versagt bleibt, sind sie zwar nur auf der Aufrechnungsseite, aber damit im erdigen Element angekommen, denn Liebe und Zuwendung folgen wertfreien Gesetzen.

Bestehen bei den Nativen Selbstbilder, die nicht in Einklang mit der erdigen inneren Realität sind, kann das dazu führen, dass ihnen in ihren Beziehungen die Gefühle versagt werden. Sie werden praktisch Opfer ihrer unbewussten vereinnahmenden Thematik und erleben durch die Mangelsituation ihr unbewusstes aufrechnendes Element. Es beginnt eine innere Auseinandersetzung, die einer Bestandsaufnahme gleicht, womit in der Situation die fehlende Wertfreiheit der Gefühle in den Zerrspiegel des

Lebens gerückt wird. Auf diese Weise landen die Betroffenen, wenn auch leidvoll, in dem Teil ihrer inneren Realität, der ganz klare Forderungen stellt. Je mehr die Nativen bereit sind, ihre verdrängten Bedürfnisse bewusst anzunehmen, desto eher ist die äußere Welt nicht mehr in der Position, Bewusstheit über die verborgenen Anteile des Inneren hervorbringen zu müssen, und sie können andere Erfahrungen machen.

Sexualität spielt bei den Nativen eine große Rolle, denn sie haben einen stark ausgeprägten sinnlichen Bezug zum Körper. Alles, was in angenehmer, gemütlicher Umgebung lustvoll inspiriert, ist für sie bedeutsam. Genuss, Hautkontakt und Nähe sind unbedingt wichtig für sie, oftmals wichtiger als der sexuelle Akt selbst. Auch in der Sexualität kommt diese Komponente stark zum Tragen, denn Menschen mit dieser Mond-Signatur sind von der Veranlagung her sehr sinnliche Menschen, für die das Bedürfnis nach körperlicher Nähe und Zuwendung einem Lebenselixier gleichkommt. Mit der Zeit kommt es jedoch in den Beziehungen zu einer Veränderung der Sexualität. Das Gewöhnungselement beginnt, besonders bei intensiven zeitraubenden, gemeinschaftlichen materiellen Projekten, zu überwiegen. Meist stellt diese Veränderung keine Beeinträchtigung der Beziehung dar, da die Nativen das Gefühl der Zugehörigkeit mehr wertschätzen als die körperliche Erfüllung. Trotz ihres Stabilitätsbedürfnisses neigen sie dazu, andere Beziehungen einzugehen. Das Bedürfnis stellt sich dann ein, wenn die bestehenden Bedingungen keine neuen Impulse mehr hervorbringen und man nur noch das Erreichte verwaltet und pflegt. Das ökonomische Element spielt dabei eine große Rolle, und weil dies für sie so bedeutsam ist, verweilen sie häufig, wenn auch unzufrieden, in ihren Beziehungen und wenden sich anderen Partnern zu, um für sich das Maximum aus einer Sicherheits- und Lustbeziehung zu verwirklichen. Meist werden die Zweitbeziehungen nicht öffentlich gemacht, diese bekommen jedoch fast einen kontinuierlich stabilen Rahmen, indem die Beziehung über viele Jahre aufrechterhalten wird, ohne dass das Umfeld etwas bemerkt. Oft entstehen aus solchen Beziehungen fliegende Wechsel, wenn man lange genug mit einem anderen Partner eine geheime Beziehung geführt hat, kann es möglich sein, dass sich die Nativen aus der Erstbeziehung lösen, um in die Zweitbeziehung hinüberzuwechseln. So werden die Übergänge nahtlos verwirklicht.

Die Mond-(Erd-)Venus-Verbindung im Geburtsmuster der Frau

Diese Mond-Signatur führt die Frau in eine Rolle, in der sie auf der entsprechenden Ebene dazu berufen ist, sich auf die Verwurzelung in der Materie und das Entdecken des sinnlichen Elementes einzulassen. Der archaische Seelenauftrag will eine innere Erfüllung, deshalb wird sie sich von ihrem Inneren dazu gedrängt fühlen, sich im Leben zu verwurzeln. Materielle Sicherheitsbedingungen spielen dabei eine sehr große Rolle. Da der Mond im Geburtsmuster Ausdruck für die Art der Gefühle ist, lässt sich anhand dieser Mond-Thematik folgern, dass sich Gefühle stets im Verbund mit konkreten Voraussetzungen zu entwickeln beginnen. Man kann daraus folgern, dass die Liebe somit einen Grund erhält, der stets auf „erdigen" Verbindungen fußt. Sicher ist dies nichts, was in der Ratio im Sinne einer Strategie von statten geht, sondern es ist ein unbewusster Mechanismus. Die Flügel des Liebesschmetterlings beginnen zu vibrieren, angeregt durch die Signale aus dem Zugehörigkeitssystem, sei dies eine weltanschauliche Gleichheit oder seien es materielle Impulse, die über Statussymbole empfangen werden. Bedeutsam ist, dass aus diesen Signalen eine Sicherheit empfunden wird, die das Gefühl entstehen lässt: „Mit diesem Menschen kann ich mir ein Zusammenleben vorstellen." Die Liebe, die ein wertfreies Element ist, erhält somit einen konkreten Beweggrund. Gefühle beginnen sich unter der archaischen Vorraussetzung zu entwickeln, dass der Mensch, mit dem eine Beziehung eingegangen wird, auch in der Lage sein soll, die Sicherheitsgrundbedingungen für die Gemeinsamkeit zu erfüllen. Eine Beziehung wird nicht mit einem Menschen eingegangen oder besser gesagt, Gefühle entflammen sich erst gar nicht bei Menschen, die nicht in das Raster des bestehenden Wertesystems hineinpassen selbst wenn das Wesen eines Menschen noch so faszinierend ist, sind die Zugehörigkeitsbedingungen nicht erfüllt, kommt es auch nicht zur Öffnung.

Ganz wichtig ist, sich noch einmal zu vergegenwärtigen, dass dies nicht aus einer rationalen Absicht oder Taktik heraus geschieht! Hierbei handelt es sich vielmehr um ein archaisches Programm aus grauen Vorzeiten des Menschseins, das nötig war, um im Überlebenskampf die Gruppe und somit den Weiterbestand der Gemeinschaft zu sichern. Dieses Programm reicht trotz aller Kultur und Absicherung in die Seele hinein und wirkt sich im Inneren als latente Angst und Unsicherheit aus. Die Gefühle, die beim Eingehen von Partnerschaften empfunden werden, sind ganz authentisch und reichen von Verzückung bis zur Ekstase, wenn das selektierende Werteprogramm die partnerschaftlichen Voraussetzungen als geeignet erkennt. Sind die Öffnungsbedingungen erfüllt, wird das intensive Bedürfnis nach Nähe sowie das Reich der Sinne und Sekrete intensiv in allen Facetten ausgekostet. Der Mensch, dem die Liebe gilt, wird durch die Liebe und das gemeinsame Erleben leidenschaftlich in eine immer tiefere Verstrickung hineingezogen, die irgendwann in den gemeinsamen Nestbau mündet, aus dem Kinder hervorgehen. Der Motor und innere Antrieb ist hierbei die Verwurzelungsintention, dem ein ungeheurer Zauber des Zusammenseins vorweg zu gehen vermag. Die Erdmutter erwacht in der Frau.

So ist der unbewusste Wunsch, das Leben mit Nachkommen weiter zu erhalten, sehr stark in der Frau ausgeprägt und wirkt sich insbesondere auf die Intensität der Triebhaftigkeit aus. Meist ist der weibliche Organismus hinsichtlich der Fruchtbarkeit sehr sensibel, so dass Frauen mit der Mond-(Erd) Venus-Thematik sehr leicht empfangen können, und die Schwangerschaften vollziehen sich so, dass die Frau sich wohl fühlt, weil sie mit der mondigen Verwurzelungsthematik in Einklang ist. Häufig zielt der Wunsch dahin, mehrere Kinder zu haben, denn das Innere drängt darauf, Sicherheit aus einer Gruppe von Menschen zu ziehen. Die Phasen zwischen den Schwangerschaften vermögen dann so ekstatisch zu sein, wie dies in der Anfangsphase des Zusammenfindens gewesen war. In solchen Zeiten können sich Liebe und Leidenschaft zu ungeahnten Höhen emporsteigern und Beziehungen, die schon länger währten, erfahren eine Auffrischung. Hat sich die Familie in ihrem Bestand gebildet, richtet sich die Energie auf die Gemeinschaft und die Absicherung dieser. In vielen Fällen vermögen das Glück und die Erfüllung in der Gemeinschaft lange andauern. Kommt es jedoch zu Störungen in der Beziehung, die vom Mann verursacht werden, indem er sich einer anderen Frau zuwendet, dann schlägt das Verhalten der Frau in einen heiligen Urzorn um und der Mann wird dafür, dass er ihr und der Familiengemeinschaft die Grundlage der Sicherheit entzog, schwer bestraft. Es entsteht eine große Diskrepanz zum vorherigen verständnis- und liebevollen Verhalten, die beim Partner und beim Umfeld Erstaunen hervorrufen. Häufig können sich ausgeprägte Rosenkriege entwickeln, deren Motor aus der Angst der entzogenen Sicherheit gespeist ist. Meist führen die Ängste zu überzogenen Unterhaltsforderungen, weil das ganze Sicherheitsgefüge der Frau aus den Fugen geraten ist. Bedeutsam ist es deshalb für die Native, sich mit dem inneren Teil auseinander zu setzen, der sehr konkrete Sicherheitsbedingungen benötigt. Denn je weniger dieser wahrgenommen wird und man sich mit dem liebevollen idealistischen Anteil verbindet, der auch eine Realität ist, desto stärker wächst die Gefahr, dass sie das Leben über solche Situationen mit dem nicht gesehenen Materialismus in Verbindung bringen will. Hier braucht es die Erkenntnis, dass der unbewusste Motor die Sicherungsangst ist. Je klarer man sich selbst begegnet, desto eher schmilzt das Erfordernis des Lebens dahin, den Menschen mit seinen unbewussten Anteilen wieder rückzuverbinden.

Die Mond-(Erd-)Venus-Verbindung im Geburtsmuster des Mannes

Der Mann unter dieser Mond-Signatur sucht in der Frau, die als archetypischer Repräsentant seinem inneren weiblichen, mondigen Prinzip entspricht, eine Lebensgefährtin, bei der er ein emotionales Zuhause findet. Für ihn nimmt in der Beziehung das Geborgenheitselement eine herausragende Rolle ein, die es ihm nach den aufreibenden „Kämpfen" im Beruf und im weltlichen Getriebe möglich macht, seine emotionale Basis zu finden. Vom Wesen her wird er bestrebt sein, seine Partnerin zu binden und sie zu seinem Bestand zu machen. Frauen fühlen sich häufig von Männern mit dieser Mond-Thematik stark vereinnahmt und eifersüchtig überwacht. Unbewusst werden sie zu einer Art Besitz für den Mann, da sein Seelenheil von ihnen abhängt, denn er sucht in der Frau den ausgleichenden Pol, zu dem er gleich einem Fels in der Brandung zurückkehren kann. Dafür ist er bereit, ihr auch annehmbare Bedingungen herzustellen, die zum Bleiben einladen. Je dominanter und aktiver das Muster des Mannes ist, desto mehr tendiert er dazu, seine Partnerin zu unterdrücken. Er lebt seine Freiheit, die er nur deshalb leben kann, weil er weiß, dass er in seiner Frau einen gewissen Ausgangspunkt hat, von dem er sich fortbewegen und zu dem er wieder zurückkehren kann. Dies kann gerade in jungen Jahren dazu führen, dass der Mann nebenher Beziehungen mit anderen Frauen pflegt, mit denen er erotische Abenteuer erlebt. Meist geschieht dies im Geheimen, denn das unbewusste Anliegen ist, stets das Beste für sich in Anspruch zu nehmen, nicht aber dadurch die eigene Beziehung aufs Spiel zu setzen. Die eigene Frau ist zum Bestand gemacht und ihrer erotischen Reize möglichst entbunden worden, damit er ganz sicher sein kann, dass keine Gefahr besteht, sie könne von anderen Männern begehrt werden. Auch hier gilt es, sich gleichfalls (wie bei der Thematik der Frau beschrieben) zu vergegenwärtigen, dass dies nicht aus einer berechnenden Strategie heraus geschieht. Vielmehr ist es die unbewusste Angst, sie zu verlieren, weshalb er sie beispielsweise dazu motiviert, lieber bequeme Birkenstock-Sandalen als Stilettos zu tragen, sich die Haare abzuschneiden, weil dies so praktisch ist und sportlich aussieht, und sie obendrein dazu ermuntert, sich nicht zu schminken, weil die natürlichen Reize attraktiv genug seien. Damit unterbindet er bei seiner Frau die venusischen Signale, die von Nebenbuhlern aufgenommen werden könnten, und wiegt sich zu einem Teil in Sicherheit. Natürlich ist klar, dass es nicht die reinen Äußerlichkeiten sind, die einen Menschen reizvoll machen, doch gibt es offensichtliche Reizsignale, die nach außen signalisieren „ich will begehrt werden", und diese werden von ihm unterbunden. Das sexuelle Verlangen des Mannes schwächt sich häufig in Beziehungen ab, wobei von ihm mehr Wert auf das gemeinschaftliche

Bewältigen des Alltagsgeschehens gelegt wird. Gemütlichkeit und Freuden des gemeinsamen Genießens von Annehmlichkeiten stehen im Vordergrund. Selbst, wenn in Beziehungen verschiedene Elemente nicht mehr stimmig sind, wird keine eigene Aktivität zur Veränderung aufgebracht. Dies zeichnet Mann und Frau unter dieser Mond-Signatur aus, denn beide besitzen eine große Veränderungsschwäche und vermögen sich nur schwer zu überwinden, eine andere Richtung einzuschlagen. Im Verbund mit überwiegend passiven Elementen kann die Wandlungsschwäche zu tiefen Depressionen führen. Man ist mit der Lebenssituation unzufrieden, bringt es aber nicht fertig, sich nur einen Zentimeter von der Lebensposition weg zu bewegen. So bleibt es dann oft beim Hoffen auf irgendeine rettende Wandlungssituation von außen.

Mit der Mond-(Erd)-Venus-Thematik trägt der Mann eine latente Selbstwertproblematik in sich. Besonders im Vergleich mit anderen Männern spürt er einen gewissen Drang nach Akzeptanz und Wertschätzung, da er klare Grenzen abstecken möchte, um in der Gruppe der Männer einen besonderen Rang einzunehmen. Dies geschieht nicht auf laute Art und Weise, indem er in die Rolle des Alphawolfes schlüpft, um seine Konkurrenten mit Drohgebärden vom Platz zu jagen. Er meidet im Stillen Kontakte mit anderen Männern, denen er unterlegen zu sein glaubt. Vielmehr sucht er die Verbindung zu Gleichgesinnten, in deren Mitte er eine wohlbeachtete freundlich exponierte Rolle einzunehmen vermag.

Die eigene Werteproblematik, die Angst vor der Infragestellung ist häufig der Beweggrund, Beziehungen mit viel jüngeren Partnerinnen einzugehen. Einerseits vermag er mit seiner größeren Lebenserfahrung, die jüngere Frau zu formen und zu dirigieren, andererseits verschafft die Situation ihm eine gewisse Bewunderung seitens der Partnerin aufgrund von Erfolgen, die er bis zu diesem Zeitpunkt in seinem Leben zu verzeichnen hatte. Somit bleibt er zumindest für einen gewissen Zeitraum unantastbar, denn die Ironie des Schicksals ist oft, dass die Beziehungsdynamik kippt, weil die Frau intensiv hinter seine Fassade blickt. Meist entpuppt sie sich als belastbar und durchaus fähig, die Verantwortung in der Beziehung oder der entstandenen Familie selbstständig zu übernehmen.

Für den Mann ist es bedeutsam, sich mit seinem Selbstwert auseinander zu setzen, denn nach einer gewissen Zeit wird er spüren, dass dieser sich nicht vollends über konkrete Dinge herstellen lässt, weshalb er häufig Infragestellungen seiner Person erlebt. Wenn er sich bewusst macht, dass die materielle Bindung für ihn bedeutsam ist, aber auch gleichzeitig eine Verwirklichungsplattform darstellt, auf der er sich mit sich selbst und seinen inneren Werten auseinander setzen kann, nähert er sich dem Bereich an, in dem es ihm möglich wird loszulassen, um Vertrauen in die ihn umgebende

Schöpfung zu entwickeln. Auch sei gesagt, dass Einbrüche und Verluste bei den Nativen im Leben stets dann von statten gehen, wenn sie keinen Bezug zur erdverbundenen Seite haben. Ihr Verhalten ist zwar erdverbunden, jedoch wurde der materialistische Anteil mit einem Idealbild verdrängt. Dies gilt es zu überwinden, um befreit sich selbst leben zu können.

Symptome

Symptommanifestationen sind stets der Ausdruck dafür, dass die Themen bestimmter Lebensbereiche in das Schattenreich der Seele gefallen sind und nun im Dunkel des Unbewussten ihr Unwesen zu treiben beginnen. Dabei ist es das Ziel der Themen, durch Bewusstheit und Annahme im inneren Gefüge integriert zu werden. Es geht um die tiefe Integration der Inhalte, die erst über den Intellekt wahrgenommen werden, um ihnen einen Platz in den inneren Empfindungen einzuräumen, die deshalb so bedeutsam sind, weil nur die gefühlte Anbindung an ein verborgenes Thema zur Einswerdung mit diesem und damit zur Heilwerdung führen kann. Das Konkrete besteht damit in der gefühlsmäßigen Anbindung. Die Symptome unter dieser Mond-(Erd)-Venus-Thematik führen in die Bereiche hinein, welche die Betroffenen dazu auffordern, sich entweder vermehrt mit der stofflich kör-perlichen Welt auseinander zu setzen oder die eigene unbewusste stoffliche Seite anzuerkennen. Neben den spezifischen Symptomen fordert der Körper generell die Zuwendung der Nativen ein, wenn sie sich nicht der sinnlichen Welt öffnen. So lässt sich darauf schließen, wenn der Körper kleinere Symptome ständig in wechselnder Folge produziert, dass dies ein Hinweis darauf ist, sich generell mit dem Thema der Körperlichkeit zu beschäftigen, indem man sich vermehrt den sinnlichen Freuden widmet. Der Körper beginnt mit Symptomen Aufmerksamkeit auf sich zu lenken, so dass sich die Betroffenen in der Erleidensform dem vernachlässigten Körper zuwenden müssen, dessen Grundbedürfnisse sie lange verdrängt haben. Symbolisch erfahren sie über diesen Weg die Rückkehr des körperlich-sinn-lich orientierten Teils, der nun offenbar geworden nicht die Zuwendung erhalten hat, die ihm eigentlich gebührte. Die Mond-(Erd)-Venus-Thematik besitzt eine starke Anbindung zur Sinnenlust, wobei die Themen sämtlicher sinnlicher Annehmlichkeiten wie dem Verwöhnen des Körpers, dem man mit Wohlfühlprogrammen liebevolle Aufmerksamkeit schenkt, bis hin zur Sexualität eine große Rolle spielen. Weiterhin nimmt die Nahrung einen zentralen Stellenwert ein, die neben den Genussfreuden das Mittel ist, das den Menschen gesund und am Leben erhält. All diesen Bereichen sollte genügend Raum gegeben werden, und zwar ganz bewusst. Dies macht den Unterschied zwischen der ablehnenden und der an zwanghafte Bedürfnisse gebundenen Seite aus.

Die ganz spezifischen Symptome dieser Mond-Thematik sind in Verdauungsproblemen zu finden, wie dem Gas-Kotbauch (Röhmheld). Er signalisiert die Trägheit in der Auseinandersetzung mit der Welt und dem schmerzlichen Druck, der durch die Lebenserfordernisse nicht wahrgenommen wird. Äußerlich scheint bei den Nativen alles in einer gewissen Dynamik zu laufen, doch der Körper signalisiert mit der Trägheit des Verdauungsprozesses, dass die Dynamik des Lebens viel gemächlicher von statten gehen möchte, als es das dynamische Treiben zulässt. Die Stoffwechselträgheit liegt hier in einem ähnlich direkten Bereich angesiedelt, denn durch sie wird offenbar, dass die innere Verbrennung als Sinnbild für die Verarbeitung der äußeren Eindrücke, nicht genügend aktiviert ist. Der Körper lässt deutlich werden, dass die Aufnahme von weltlichen Eindrücken nicht mit dem Feuer der Begeisterung erfüllt ist, was in der Folge zu einer Gewichtszunahme führt. Figurprobleme durch Fettleibigkeit lassen den Körper schwer werden, und die Betroffenen beginnen, die Schwerkraft förmlich zu spüren, die sie in ihrer Beweglichkeit und der Lust, sich zu bewegen, beeinträchtigt. Bei stetiger Gewichtszunahme gelangen die Nativen mehr und mehr in den Bereich hinein, der sie lieber gemütlich irgendwo sitzen lässt als sich große Aktionen vorzunehmen – womit sie der Ehrlichkeit ihrer inneren Mondenrealität etwas näher gerückt sind. In diesem Fall wäre es wichtig, sich mit dem inneren Teil auseinander zu setzen, der mit Ruhe und Bedacht dem Leben begegnen will, denn der Mond stellt den Teil dar, der in einem je nach Zeichen spezifischen Feld seine Erfüllung findet. Bei der Mond-(Erd)-Venus-Thematik ist es das Ankommen und die Verwurzelung in der Welt. Denn es können sich im Geburtsmusters eines Menschen aktive bewegliche Elemente in einer Dominanz befinden, so dass der Mond praktisch zum Verwurzelungselement wird, das den Nativen signalisiert, einmal anzukommen, getreu dem Sprichwort: „In der Ruhe liegt die Kraft."

Eine weitere Ausformung des Elementes Ruhe liegt in der Antriebsschwäche. Je mehr die Nativen sich in die Vielfalt hektischer Programme hineinbegeben, desto eher kommt es zu einer Antriebsschwäche. Dies kann durch eine Kreislaufschwäche hervorgerufen werden, einen zu niedrigen Blutdruck, der die Nativen mit einer bleiernen Müdigkeit überzieht, so dass sie sich nichts sehnlicher als Ruhe wünschen, um sich zu regenerieren. Meist treten die Erscheinung und die Ruhebedürftigkeit während aktiver Phasen auf. Man ist gerade in der Stadt, hat sich ein Einkaufs- oder Erledigungsprogramm vorgenommen oder ist in der Natur bei einer Wanderung, dann meldet sich schon bald die Müdigkeit und mahnt die Betroffenen, ein Straßencafé oder einen Biergarten anzusteuern. So werden die Tage zu ungewollten Etappenläufen, so dass man zwar nicht alles, was man sich vorgenommen hatte, geschafft hat, aber zumindest einen kleinen Teil.

Hier ist es bedeutsam, sich nicht unter Druck zu setzen, denn oft vermögen sich die Nativen in ihrer verlangsamten Leistungsform nicht anzunehmen und fangen an, sich zu bewerten, was dann allerdings zur Folge hat, dass die Schwere und die Müdigkeit nur noch zunehmen. Hier wäre es bedeutsam, sich ganz bewusst mit einer anderen Persönlichkeitsdefinition auseinander zu setzen, sich bewusst zu machen, dass Ruhe und Erholung ein wesentliches regeneratives Element dieser Mond-Thematik darstellen. Auch die Schilddrüse, die als Taktgeber des Lebens der Erd-Venus-Thematik zugeordnet ist, trägt in hohem Maße zur Regulation der Lebensdynamik bei. So ist es die Unterfunktion der Schilddrüse, die zu einer ähnlichen Antriebsschwäche führen kann, wie voran beschrieben. Die Schilddrüse als wichtiges Steuerungselement des Organismus ist eng mit dem Stoffwechsel verbunden. Weist sie eine Unterfunktion auf, dann ist sie als Bremse zu verstehen, die den Menschen mahnt, einen Takt langsamer in seinem Leben zu agieren und eine größere Annahmequalität für die sinnlichen Bereiche des Lebens zu entwickeln. Das Interesse, das sich möglicherweise mittels des intellektgesteuerten Bewusstseins auf die Vielfalt des Lebens ausrichtet, ist bei weitem nicht so groß, wie es den Nativen scheint. Es geht vermehrt um die Auseinandersetzung mit den eigenen Belangen, die möglicherweise durch zu viele Außenaktivitäten in den Hintergrund gedrängt werden. Denn die Nativen sind aufgefordert, in ihrem Inneren einen Ruhepol zu finden.

Das Thema der Nahrungsaufnahme hat einen direkten Bezug zur Mond-(Erd)-Venus-Thematik. Die Nahrung ist dem erdigen Venusbereich zugeordnet, und der Mond repräsentiert sinnbildlich die Aufnahme dieser. So spielt das Essen bei den Nativen eine große Rolle. Es gibt das Gefühl der Verbundenheit in Gesellschaft mit anderen. Es stimmt zufrieden und wohlgelaunt, wenn man sich satt gegessen hat, und es trägt zur Energetisierung bei. Liegt bei den Nativen eine Ablehnung gegen die Nahrungsaufnahme vor, da möglicherweise andere Elemente im Geburtsmuster weniger Bedürfnis zur Nahrungsaufnahme aufweisen, dann kommt es zu „Schaukelprozessen" im Essverhalten. Einerseits versucht man sich zu reduzieren, andererseits nimmt der Hunger immens zu und fordert seinen Tribut, der in einer solchen Zerrissenheit zwischen Versagen und Völlerei zu zwanghaften Essensentgleisungen führen kann.

Hier ist es für die Nativen bedeutsam, sich bewusst eine wohlgesteuerte Kontinuität aufzubauen, indem sie lernen, in Maßen, aber kontinuierlich

Nahrung zu sich zu nehmen und diese vor allem zu genießen, damit es nicht zu Entgleisungen kommt, unter denen sie dann leiden. Die 25. Diätform relativiert sich meist nach zweiwöchigem Darben durch die Integration von übermäßiger Nahrung oder Süßigkeiten. Meist sind die Effekte, die man sich mühselig abgerungen hat, zum Leidwesen der Betroffenen mit einer einzigen Entgleisung wieder zunichte gemacht worden, weshalb es wichtig ist, sich intensiv mit dem Thema Ernährung auseinander zu setzen. Dabei ist es nicht unerheblich, ob man wirkliche Lebensmittel zu sich nimmt oder denaturierte Nahrungsmittel, die nur stopfen, jedoch keinen kraft- und energiespendenden Charakter haben. Für die Betroffenen wäre es sinnvoll, sich zu dem Thema mit einschlägiger Literatur zu beschäftigen, und empfehlenswert, sich einem kontinuierlichen genussvollen Nahrungsprogramm hinzugeben, als in leidvolle Bewegungen zwischen Darben und Völlerei zerrissen zu sein. Auch in dieser Thematik wird deutlich, dass die Mond-Signatur sich über den Problembereich Nahrung wieder die Zuwendung einholt, die ihr sonst nicht freiwillig entgegengebracht wird. Wer sich leidhaft aufgrund körperlicher Probleme mit Diätmaßnahmen auseinander setzen muss, weil die Nahrung unreflektiert eingenommen wird, erhält auf diesem Weg den Hinweis, sich mit dem Thema der Ernährung auseinander zu setzen, weil er sonst nicht dazu bereit wäre.

Lerninhalt

Für die Nativen ist es bedeutsam, sich mit ihren unbewussten Sicherungsintentionen auseinander zu setzen. Es braucht dazu eine Wertefreiheit, denn es geht nicht um gesellschaftliche Wertungen, sondern die Mond-Thematik im Geburtsmuster weist darauf hin, wo es Wurzeln zu schlagen gilt. Dieses Erfordernis ist meist als eine Antwort zu verstehen, die einen Ausgleich zwischen unterschiedlichen Polen schafft. Beispielsweise kann in einem Geburtsmuster eine weltanschaulich philosophische Sehnsucht existieren, die sich aber nicht zu entfalten vermag, wenn die Nativen stets auf dem direkten Wege ihr Thema zu realisieren versuchen. Erst die Hinwendung zu der stofflichen Seite ihrer inneren Natur vermag ihnen durch Anbindung und Halt jenen Raum zu eröffnen, der es ihnen möglich werden lässt, das Ersehnte zu erreichen. Dazu braucht es den Umweg über die Anbindungsthematik an die Welt: Wie ein Baum, der aufgrund seiner tiefen Verwurzelung in der Erde in der Lage ist, mit seiner Krone hoch emporzuwachsen und so den Stürmen und Unwettern standzuhalten vermag, verhält es sich im übertragbaren Sinne bei den Nativen unter dieser Mond-Thematik. Am Beispiel einer jungen Frau wird die Chance des Verwurzelungselementes deutlich:

Das Geburtsmuster der jungen Frau wies eine sehr entrückte neptunische Seite auf (Aszendent Fische, Sonne im Skorpion mit einer Neptun-Konjunktion auf der Skorpion-Sonne. Der Mond war im Stier im zweiten Haus positioniert). Sie trug eine große Sehnsucht nach einer ideellen Welt in sich, war hoch intelligent, gleichzeitig intuitiv und dabei sehr kreativ und literarisch orientiert. Sie verbrachte mehr Zeit in ihren Tagträumen und in ihren Fantasiewelten als in der Realität, was zu massiven materiellen Problemen und in der Folge zu existenziellen Ängsten führte. Sie hatte Literaturwissenschaften studiert, verdiente ihren Lebensunterhalt mit Aushilfsbürojobs, die sie bereits im Studium ausgeführt hatte. Sie hegte große Ängste vor partnerschaftlicher Bindung und vor allem davor, dass sie schwanger werden würde. Eines Tages wurde sie schwanger, was sie in eine tiefe Krise stürzte, in der sie zwischen Schwangerschaftsabbruch und Suizidideen schwankte. Sie konnte sich weder vorstellen, der Rolle als Mutter noch einer Familiengemeinschaft gewachsen zu sein. Hier war es bedeutsam, ihr zu vermitteln, dass gerade ihr Stier-Mond im zweiten Haus jener Anker sein konnte, der ihrem Leben Festigkeit zu geben vermochte, und dass es keinesfalls zu einem Absturz ins Chaos kommen müsste, da die Angst nur in ihrer Vorstellung begründet war. Sie beschloss, die Schwangerschaft anzunehmen, und mit ihrem inneren Entscheid wuchs ihr eine nie gekannte Kraft zu. Sie verwandelte sich von einem ätherisch-durchsichtigen Wesen zu einer kraftvollen Frau mit energiedurchfluteter Haut und roten Wangen. Ihr Leben stellte sich vollkommen um, ihre ganze Entrücktheit schwand, und sie konnte in der Folge ihre geistigen Interessen in fruchtbarer Form verwirklichen, so dass es ihr sogar möglich war, Familie, den neuen Beruf als Kulturjournalistin und ihre geistigen Interessen zu leben.

Hier wird die tragende Kraft der Erdverbundenheit sichtbar. Die Verwirklichung der biologischen Mutterschaft aktivierte die Kräfte ihres Mondprinzipes, die zuvor in ihr ruhten, jedoch aktiv nicht zum Tragen kamen. So geht es unter dieser Mond-Verbindung darum, Vertrauen in die Welt und in die Materie zu entwickeln. Darüber hinaus ist es bedeutsam, sich mit den überkompensatorischen materiellen Zwängen auseinander zu setzen, indem man genau erkennt, warum bestimmte Handlungsweisen in Richtung Festhalten und Vereinnahmen hineinführen, nämlich aus der Angst und dem Misstrauen gegenüber der materiellen Welt. Wenn die unbewusste Dynamik erkannt ist, die die Betroffenen treibt, wird es ihnen möglich, Vertrauen in die Materie und in die körperliche Welt zu entwickeln. Je bewusster das Thema erkannt und angenommen wird, desto eher wird es den Nativen möglich, sich mit sich und ihrem Inneren auseinander zu setzen und sich anzunehmen. Die Materie ist fortan nicht mehr das Hinderungselement, in dem sie sich verstricken, weil sie ihr freiwillig die Zuwendung geben, die ihr gebührt.

So wie es in der Bedürfnispyramide nach Maslow definiert ist, schaffen materielle gesättigte Grundvoraussetzungen die Möglichkeit, sich mit der Psyche auseinander zu setzen. Der Lebensweg führt die Nativen über die Materie zur eigenen Seele – denn Geist/Seele und Stoff schließen sich nicht aus, wenn die Materie in den Dienst der eigenen Entwicklung gestellt wird. Genauso wie der Körper als stofflicher Träger Geist und Seele beherbergt, verhält es sich auch mit der Welt. Vergleichbar dem Körper, der als Tempel der Selbstverwirklichung dienen kann, kann auch die Welt in den Dienst der inneren Entwicklung gestellt werden. Voraussetzung ist natürlich, dass man jene beiden Pole miteinander verbindet. Auch die Natur oder der Bezug zu den Entwicklungspraktiken der archaischen Völker vermag zum Vergeistigungselement der Nativen werden. Naturerlebnisse können zu inspirierenden Erlebnissen werden.

Erst die Erkenntnis ihres durch das Unbewusste gebundenen und weltverhafteten Teiles führt für sie zu einer Befreiung. Wenn aber die Nativen der Meinung sind, sie seien frei von allen materiellen Bedürfnissen, entsteht in ihrem Leben eine Dynamik, die sie immer tiefer in den „Sog" der Materie hineinzieht, bis sie eins mit dem Thema geworden sind. Die Erkenntnis dieses Mechanismus ist unter dieser Mond-Thematik ein Schlüssel für den Umgang mit der Welt. Der Mensch hat nur dann die Möglichkeit, sich zu befreien, wenn er beginnt, nach seiner eigenen Wahrheit zu suchen und in aller Ehrlichkeit zu dem zu werden, was er wahrhaftig in sich entdeckt.

Für die Betroffenen ist es aus diesem Grund von großer Bedeutung, den eigenen Bedürfnissen ins Auge zu schauen. Sie sollten lernen, sich einzugestehen, was sie für ihr Seelenheil dringend benötigen und welche Forderungen und Bedingungen sie an das Leben und ihre Mitmenschen stellen, um sich getragen zu fühlen. Je mehr sie lernen, sich in konsequenter Form anzuschauen, frei von allen gesellschaftlichen Bewertungen und moralischen Normen, desto unverkrampfter und befreiter ist es ihnen möglich, ihr Leben zu leben. Die Welt kann so für sie zu einem Befreiungselement werden, weil sie ihre Gebundenheit akzeptieren. Zwanghafte Bindungen an Werte lösen sich, und es wird möglich zu erkennen, dass Geist und Materie sich nicht ausschließen, sondern dass die Materie die Kontaktstelle zum Metaphysischen ist.

Meditative Integration

Suchen Sie, wie in den Kapiteln „Der innere Raum" und „Spiegel der Selbstbetrachtung" beschrieben, den von Ihnen geschaffenen inneren Raum auf. Nachdem Sie die Entspannungsübung zur Einstimmung ausgeführt haben und in den auf dem Tisch vor Ihnen stehenden Spiegel der Selbstbetrachtung blicken, können Sie sich folgende Fragen im Geist stellen und in Ihrem Spiegel vor sich die Bilder und die daran gebundenen Gefühle der dazu gehörigen Situationen Revue passieren lassen:

Meditation zu äußeren Lebensbegebenheiten

Ist mir bewusst, dass Menschen nur meine Zuwendung bekommen, die meinem inneren Wertesystem entsprechen? – Kenne ich die Bedeutung, die Sicherheit und materielle Werte für mich einnehmen? – Ist mir bewusst, dass ich andere Menschen bewerte? – Sind mir die Betrachtungen, die ich anstelle, bewusst, wenn ich eine Beziehung mit einem Menschen eingehe? – Kenne ich meine Abneigung gegen Unbekanntes? – Erlebe ich meinen Materialismus auf der Mangelseite? – Muss ich mich täglich mit materiellen Problemen auseinander setzen? – Denke ich öfters darüber nach, was andere besitzen und was ich mir nicht leisten kann? – Bin ich überaktiv? – Habe ich Zugang zu meiner Trägheit? – Kenne ich meine Abneigung gegen Veränderung? – Warte ich darauf, dass sich Lebensbedingungen von selbst ändern? – Lehne ich meinen Körper ab? – Lebe ich meine Sinnlichkeit?

Lassen Sie zu Ihren Fragen Ihre individuellen Erlebnisse im Spiegel der Selbstbetrachtung vor Ihnen entstehen. Suchen Sie besonders jenen Teil in der inneren Gewahrwerdung auf, der Sie zum Opfer Ihrer Sicherungsmechanismen werden ließ. Spüren Sie dem exzessiven Drang nach, der Sie stets dazu treibt, konkrete Formen für sich zu gestalten, in denen Sie sich abgesichert fühlen. Spüren Sie, wenn es Ihnen möglich ist, dass hinter jedem Ziel, etwas erreichen oder materielle Werte anhäufen zu wollen, die Angst der Motor ist, der Sie treibt. Dies lässt sich gut an Situationen vollziehen, in denen Sie glaubten, eine Chance zu verpassen und Sie das Gefühl hatten, zu kurz zu kommen. Dem vereinnahmenden Teil in Ihnen, der im Stillen fast selbstverständlich und unentdeckt waltet, gilt es Ihre Aufmerksamkeit zu schenken. Lassen Sie sich aber nicht zu Bewertungen über die inneren Mechanismen hinreißen – denn darum geht es nicht. Es geht auch nicht darum, anders zu werden, sondern nur ganz selbstverständlich jenen Teil der verborgenen Realität zu empfinden und ihn einzuladen, in Ihrem Inneren Platz zu nehmen.

Je mehr Sie diesem inneren Mechanismus der Selbstsicherung näher kommen, desto zielsicherer gelangen Sie an die Entstehungsquelle von Situationen, die Ihnen durch Mangel oder Verluste jene Bestandsaufnahme abverlangen, die im Ergebnis deutlich werden lässt, was Sie alles benötigen. Das Leben zwingt Sie praktisch in solchen Erlebensbereichen, sich Teile der inneren Realität einzugestehen. Deshalb ist es bedeutsam, das Bedürfnis, das nach Absicherung schreit, ganz real im Inneren zu spüren, denn es will in die Persönlichkeitsidentifikation als erweiterndes Element integriert werden. Es ist nicht ratsam, sich etwas über die verborgenen Beweggründe vorzumachen. Dies entfacht nur Energien, die sich letztlich gegen Sie selbst richten, weil Sie nicht in Einklang mit der seelischen Wahrheit sind. Innere Ausgeglichenheit und Ruhe stellen sich ein, wenn Sie den Anteilen, die zu Ihnen gehören, im Bewusstsein liebevoll einen Platz einrichten, an dem sie ihre Existenzberechtigung haben dürfen. Dies ist etwas ganz Intimes, das nicht dem Umfeld mitgeteilt werden muss, sondern nur Sie selbst betrifft.

Nachdem Sie eine Reihe von Lebenssituationen aufgesucht haben, in denen Sie Ihre materiellen Bedürfnisse und Ihr Sicherheitsbestreben gespürt haben, ist es andererseits bedeutsam, Situationen aufzusuchen, in denen Sie sich in Ihrem Sosein annehmen konnten. Vielleicht gibt es Situationen, in denen Sie ohne schlechtes Gewissen Dinge für sich beansprucht haben, die für Sie bedeutungsvoll waren oder einfach, ohne sich zu bewerten, genießen und annehmen konnten. Dann ist es sinnvoll, diesen in gleicher Weise intensiv nachzuspüren, damit Sie jene Zufriedenheit wahrnehmen können, die sich einstellt, wenn Sie authentisch und nicht bestrebt sind, Anteile Ihres Inneren zu kaschieren. Wenn Sie möchten, können Sie in der Folge aus dieser Gewissheit mehr solcher bereichernden Erfahrungen haben!

Meditation zu körperlichen Symptomen

Finden sich bei Ihnen Symptome aus der Mond-(Erd)-Venus-Signatur wieder, dann lässt dies darauf schließen, dass Ihnen Ihr inneres Verwurzelungsbedürfnis und der Verwurzelungsdrang in der Körperlichkeit nicht bewusst ist. Gedanklich identifizieren Sie sich mit Selbstbildern, die nicht zur seelischen Mondenrealität passen. Der Konflikt hat sich mittels der Symptome auf die Ebene des Unbewussten verlagert. Deshalb gilt es, sie auf die Ebene der Bewusstheit zu heben, damit Sie sie durch immer währendes Aufsuchen und dem empfindungsmäßigen Nachspüren zu einer inneren Realität machen können. Es können sich zwecks Ortung wertvolle Erkenntnisse einstellen, wenn Sie den Zeitpunkt aufsuchen, an dem die Symptome sich zu manifestieren begannen. Lenken Sie dabei besonders Ihre Aufmerksamkeit auf die Menschen, die Sie zu diesem Zeitpunkt umgaben, oder auf die jeweilige Lebenssituation, denn sie sind stets in einem Zusammenhang solcher Entstehungen zu sehen.

Leiden Sie an kleineren Symptomen, die sporadisch auftauchen und nach kurzer Zeit, nachdem Sie ihnen Aufmerksamkeit geschenkt haben, wieder verschwinden, dann schauen Sie sich im Spiegel der Selbstbetrachtung Situationen an, in denen es um die Ablehnung der Thematik Körperlichkeit geht – Sie Ihrem Körper nicht die Liebe und die Aufmerksamkeit gaben, die er benötigte, und erst durch die Symptome an seine Existenz erinnert wurden. Spüren Sie Ihrem Unmut nach, sich um Ihren Körper kümmern zu müssen. In gleicher Weise können Sie auch mit den spezifischen Symptommanifestationen verfahren. Die in der Folge aufgeführten Fragestellungen sind auf diese abgestimmt.

Weitere Fragen, die Sie sich zu Symptomen stellen können

Kenne ich meine Trägheit in der Auseinandersetzung mit der Welt? – Kompensiere ich meine Schwerfälligkeit mit Aktivität über? – Ist mir bewusst, dass ich immer um die gleichen Themen kreise? – Kenne ich die Grenzen meiner Leistungsfähigkeit? – Lasse ich mir genügend Raum für Entspannung und Gemütlichkeit? – Bin ich rastlos und in ständiger Aktivität? – Halte ich an einer Partnerschaft aus Sicherheitsbedürfnissen fest? – Ändere ich mein Leben deshalb nicht, weil ich Angst habe, alles zu verlieren? – Verzichte ich auf mein Seelenheil und mein Glück zugunsten materieller Bedürfnisse? – Habe ich einen liebevollen Bezug zu meinem Körper? – Kann ich meinen Körper so annehmen, wie er ist? – Gebe ich meinen erotischen Bedürfnissen genügend Raum? – Habe ich bestimmte Idealbilder, wie ich glaube aussehen zu müssen? – Ist mir mein Essverhalten bewusst? – Esse ich nur, um satt zu sein, weil mir das Völlegefühl den Eindruck der Zufriedenheit vermittelt? – Bereite ich selbst nur mit Widerwillen wertvolle Speisen zu?

Nehmen Sie nicht zu viele Fragen in die Betrachtungen mit hinein. Lassen Sie sich Zeit dazu, denn diese Fragen wollen nicht über den Intellekt geklärt werden. Seien Sie in Ihren Betrachtungen wertfrei. Es braucht lediglich eine Wahrnehmung, ein Fühlen des Ringens zwischen Ihrem Selbstbild und der eigentlichen Thematik. Es hat keinen Sinn, wenn Sie die Themen im Schnelldurchlauf abhandeln. Gehen Sie ruhig öfter in jeweils andere Situationen hinein, die in Ihnen aufsteigen. Die qualitative Empfindung ist mehr wert als die quantitative Menge der Bilder. Je öfter Sie sich in den Situationen im

Spiegel der Selbstbetrachtung erleben und ganz intensiv durch die entstehenden Erkenntnisse Ihren Wahrnehmungen hinterher spüren, desto eher werden Sie sich ihrer Mechanismen bewusst. Nichts will mit Vehemenz erzwungen werden, sondern die Botschaften Ihres Inneren wollen sich Ihnen offenbaren. Wenn Sie Ihre Erkenntnisse niederschreiben wollen, ist dies sehr gut. Denn es hilft Ihnen, sich auch später mit den Themen zu beschäftigen.

Symbol-Imagination bei Symptommanifestationen

Lassen Sie in Ihrem Spiegel eine saftige grüne Landschaft entstehen, auf der sich ein Haus, eine Burg oder ein Schloss befindet. Um dieses Haus befindet sich eine große Mauer, die das Terrain um das Haus gegenüber Eindringlingen schützt. Das Häuserbild, das Ihnen gefällt, ist das richtige für Sie. Nehmen Sie sich in diesem Haus wahr, richten Sie dieses Haus in den schönsten Ausformungen ein, die für Sie Ausdruck Ihres Wohlbefindens sind. Gönnen Sie der Küche, der Speisekammer, dem Bad und dem Schlafzimmer Ihre ganze Aufmerksamkeit. Lassen Sie sich in diesem Haus verwöhnen, und geben Sie sich den Sinnenfreuden hin. Sie können Ihr inneres Haus mit imaginären Personen teilen. Leben Sie mit ihnen Ihre ganze Sinnlichkeit und Lust aus. Bedeutsam ist, dass die Wahrnehmungen in Ihren Fantasien auch von Ihnen empfunden werden. Nehmen Sie ganz real die Empfindungen wahr, die in Ihnen während Ihrer Erlebnisse auftauchen. Haben Sie dabei keine Scheu, Überfluss und Völlerei zu leben, denn es geht darum, Ihre verdrängte innere Realität wahrzunehmen und auf dieser inneren Ebene erst einmal zuzulassen. Fühlen Sie, wie die Begeisterung an der Pracht und Ihre sinnlichen Vergnügen für Sie bedeutsam sein können und wie Sie beginnen, sich mehr und mehr wohl zu fühlen. Lassen Sie den Empfindungen dabei Raum, denn das ist das Wichtigste. Besonders, wenn Sie in Ihrem diesseitigen Leben Vorbehalte gegen Sinnenfreuden, Körperlichkeit und materielle Werte haben, lassen Sie den abwehrenden Gefühlen Raum, ohne sie zu verdrängen. Was immer Sie in Ihrem Inneren für Erfahrungen machen, spüren Sie Ihren Zwiespalt, dass Sie sich in Ihrem täglichen Leben Dinge versagen, die eigentlich gut für Sie wären. Machen Sie sich bewusst, dass, wenn Sie ganz in die weltlichen Bedingungen hineingehen und der Welt all die Aufmerksamkeit geben, die sie braucht, sich Ihnen ein Raum auftun wird, der Ihnen die Verwirklichungen zuteil werden lässt, um die Sie sich sonst bemüht haben. Lassen Sie die Empfindungen in Ihrer freien Bildgestaltung als Simileprinzip in Ihrem Inneren ihre Wirkung entfalten, und nehmen Sie vor allem das Zulassen Ihres Einverständnisses der Erlebnisse in Ihrem imaginären Haus mit in Ihr tägliches Leben hinein.

MOND IM ZEICHEN ZWILLINGE
MOND IM DRITTEN HAUS

DIE MOND-(LUFT)-MERKUR-THEMATIK

primäre Stimmung:
Mond im Zeichen Zwillinge
Mond in Haus 3
Merkur in Haus 4
Mond Konjunktion Merkur
Mond Quadrat Merkur

latente Erfahrung:
Mond Opposition Merkur
Tierkreiszeichen Zwillinge in Haus 4
Tierkreiszeichen Krebs in Haus 3

Stimmungsbild

Dem Tierkreiszeichen Zwillinge wird das Urprinzip Merkur in seiner luftigen Qualität als Herrscher zugeordnet, analog gehören dazu die Themenbereiche der Kommunikation, alle weltlichen Funktionen, der Intellekt, die innere sowie die äußere Beweglichkeit, die Atmung und die fünf Sinne als Kontaktstellen zur Welt. Seine mystische Ursprungsbedeutung entspricht der Fähigkeit, zwischen Mikrokosmos und Makrokosmos, also zwischen oben und unten, zu vermitteln. In der Mythologie ist Merkur der Mittler zwischen den Göttern und dem Menschen, was im übertragenen Sinn als symbolischer Ausdruck der geistigen Kommunikation zwischen dem Bewussten und dem Unbewussten zu verstehen ist. Merkur repräsentiert damit das Prinzip der Lebendigkeit, da er zwischen den Ebenen polar vermittelt. Beispielsweise ist die Atmung die erste elementare Polaritätserfahrung des Menschen, die er bei seiner Geburt mit dem Einsetzen des Atemstroms macht. Die Atmung bindet den Menschen an die Polarität. Zusätzlich wird der Mensch durch das Erfordernis der Sauerstoffaufnahme an die Welt gebunden, die wiederum alle Wesen gleichfalls mit dem großen Luftozean verbindet.

Das Urprinzip Merkur herrscht in zwei Tierkreiszeichen: Zum einen in den Zwillingen, welches einer luftigen Qualität entspricht und damit der beschriebenen lebendigen äußeren Funktionalität zugeordnet wird, zum anderen herrscht er im Zeichen der Jungfrau, dem in dieser Verbindung eine tiefgründige erdige Qualität zugeordnet wird. Die Energie des Jungfrauprinzipes führt im Menschen dazu, dass Dinge bis auf ihren letzten Kern ergründet und erforscht werden. Sie führt zu Analysen und blickt aufgrund der erdigen

Energie reflektierend zurück, während die Zwillings-Merkurqualität den heiteren, neugierigen äußeren Teil des Lebens abdeckt, der in die Zukunft orientiert ist. Die Energie des Zwillingsprinzipes ist luftig-beweglich und männlich-neutral. Zwillinge schließt den ersten Quadranten des Tierkreises ab, der für die Beschaffenheit der materiellen Welt steht, Zwillinge symbolisiert die lebendige Austauschfunktion, die notwendig ist, um über das große Miteinander das Leben zu erhalten. Man denke beispielsweise an die ineinander greifenden Funktionen in der Welt, die wie ein großes Räderwerk das Rad des Lebens erhalten. Handel und Austausch, Arbeit und Konsum befruchten sich gegenseitig, schaffen Arbeitsplätze und Auskommen, womit die Funktionalität des Lebens gewährleistet ist. Würde diese fehlen, käme es zum Erliegen des Lebens, in gleicher Weise wie der menschliche Organismus ohne Lungentätigkeit und damit ohne Sauerstoffversorgung des Gehirns absterben würde.

Somit zielt die merkurische Energie in erster Linie in die Lebendigkeit hinein. Im Verbund mit dem Mond gilt die unbewusste Verwurzelung den unterschiedlichen Erfahrungswelten des Gefühls und des Intellektes. Einerseits sind Gefühle nicht fass- und steuerbar, andererseits möchte der Verstand die Gefühle unter seine Kontrolle bringen, um sie in eine steuerbare Dimension hineinzubewegen. Die Mondensphäre hat ihre Entsprechung in der Nachtseite des Bewusstseins und die Merkursphäre in der Tagseite, woraus sich eine vollkommen unterschiedliche Dimensionalität ergibt. So wie in der Natur der Wind das Wasser zu Wellenbewegungen veranlasst, veranlasst der Intellekt das Gemüt des Menschen zu ewig neuen Gefühlswallungen. Der Sinn dieser Erfahrung will die Nativen unter dieser Mond-Signatur, die man als Mond-(Luft)-Merkur-Thematik bezeichnen kann, in einen intensiven Kontakt mit der Welt der Gefühle hineinschleusen. Es entsteht eine Bewegtheit von innen heraus, die die Nativen in die unterschiedlichsten Erfahrungswelten hineinführt, die ständig wechseln und damit jenseits aller Ruhe und Stagnation liegen. Diese Erfahrungswelt wird im **primären Stimmungsbild** durch den Mond im Zeichen Zwillinge dokumentiert sowie durch den Mond im dritten Haus, welches wiederum eine Entsprechung zum Zwillingsprinzip besitzt. Das gleiche Stimmungsbild leitet sich auch durch das Quadrat und die Konjunktion zwischen Mond und Merkur ab. Die **latente Erfahrung** der Mond-(Luft)-Merkur-Thematik wird mittels des Tierkreiszeichens Krebs im dritten Haus (= Merkurentsprechung), dem Tierkreiszeichen Zwillinge im vierten Haus (= Mondentsprechung) und der Opposition von Mond und Merkur dokumentiert.

Durch die Vielfalt der äußeren Dinge und die interessanten Impulse aus der Welt besteht für die Eigner einer Mond-(Luft)-Merkur-Thematik keine Notwendigkeit, sich aufgrund der Fülle an neuen Themen wirklich tief und ernst einzulassen. Deshalb sind Native mit dieser Mondstellung ausgesprochen rastlose und unruhige Zeitgenossen. Im Vergleich zu Menschen mit dem Mond im Zeichen Stier, die in allen Situationen des Lebens versuchen, anzukommen und Fuß zu fassen, verursacht Mond in den Zwillingen das Bedürfnis, sich an nichts zu ketten und zu binden, sondern frei von allen Belangen in der Welt zu agieren. Gerade jede gefühlsmäßige Tiefe oder jede Form von Enge erzeugen bei Nativen mit dieser Mond-Thematik eine Dynamik, welche die Rastlosigkeit steigert, je mehr sie sich angebunden fühlen. Denn im Verbund mit Merkur gerät der Mond mit einer Energie in Berührung, die nicht seinem eigentlichen Naturell entspricht. Der Mond ist der herrschende Planet im Zeichen Krebs, und mit dieser ursprünglichen Zugehörigkeit entspringt sein Wesen den tiefen gefühlsmäßigen Eigenschaften des Wasserelementes. Im Wasser ist zwar subtil Sauerstoff vorhanden, aber Wasser und Luft können selbst in der Natur keine dauerhafte Verbindung eingehen. Die Luft besitzt die Eigenschaft, im Wasser aufzusteigen und mit hoher Dynamik wieder an die Oberfläche zu drängen. Das Bild von aufsteigenden Luftblasen im Wasser stellt symbolisch dar, was unter der Mond-(Luft)-Merkur-Thematik auf der Gefühlsebene abläuft. Immer, wenn die Eigner mit dieser Mondstellung in Situationen geraten, die sie in die Nähe von tiefen Gefühlen bringen, beginnen sie sich, mit luftigen Aktionen wie erhöhten rationalen Denkprozessen oder durch vielfältige äußerliche Handlungen panikartig zu entziehen. In ihnen entsteht eine hilflose Beklommenheit, da sie fürchten, Gefühle könnten sie wie ein Strudel in die Nähe unerklärlicher Ebenen hinabziehen. Jede Form von Tiefe oder von unkontrollierten Emotionen weckt in den Nativen den Wunsch, sich von dem verunsichernden unerklärlichen Zustand zu entfernen. Auch die eigenen Gefühle schaffen in ihrem Innenraum ein ähnliches gespanntes Empfinden. Bei den Betroffenen herrscht eine Gespaltenheit zwischen dem Intellekt und den Gefühlen vor, weshalb sie in vielen Bereichen des Lebens immer wieder mit Kopf und Bauch in Konflikt geraten.

Die Nativen versuchen, den Ursprung der Gefühle zu ergründen, oder fühlen sich in ihrem Denken durch ihre Gefühle beeinträchtigt, weil sie in emotional geladenen Situationen nicht in der Lage sind, ihrem Denken eine neue Richtung zu geben, wodurch Rastlosigkeit und Unruhe entstehen. Eigene Gefühle und Emotionen versetzen sie in eine krisenähnliche Unruhe. Sie fürchten, aus der Sicherheit der Rationalität gerissen zu werden. Oftmals führen auch gefühlsmäßige Aufwallungen dazu, dass sie nicht in der Lage sind, klare Gedanken zu fassen. Sie stecken wie eine Schallplatte, die einen Sprung hat, in ihren gleichgearteten Gedanken fest. Um dieser Krise zu entgehen, kompensieren die Nativen ihre Betroffenheit mit intensivem Redezwang. Im Verbund mit anderen Menschen scheint der Strom der Worte kein Ende nehmen zu wollen, was bei vielen Menschen auch zu Abwehr-reaktionen führt, da sie hinter der Fülle an Worten die verzweifelte Bemühung spüren, Gefühle zu verdrängen. Auch für die eigenen Gefühle suchen die Nativen stets nach Erklärungen; jede innere Regung, die nicht rationalisiert werden kann, erweckt in ihnen das Bedürfnis nach schlüssigen Erklärungen.

Häufig ist der Mensch dem Trugschluss unterlegen, dass er statt zu füh-len, denkt, dass er fühlt. So wird der Verstand zum Auslöser von Gefühls-reaktionen, die durch die Ursprungsinstanz des Egos bewegt wird. Auf diese Weise schaffen sie sich eine Ebene, auf der ihre überbetonte Intellektualität auch weiterhin ihrem rationalen Verhalten die Oberhand verschafft. So ver-suchen sie, dem undefinierbaren Chaos zu entgehen, das sich für sie hinter den Gefühlen verbirgt. Die rationale Ebene wird für die Nativen zum geeig-neten Fluchtpunkt vor den Gefühlen, die sie verunsichern, weil sie mit ihnen nicht umgehen können, denn Gefühle lassen sich rational nicht steuern. Sie fliehen vor der Ausgeliefertheit, die sie hilflos in ein inneres Chaos stürzen könnte. Deshalb erhalten alle funktionalen sowie intellektuellen Abläufe eine erhebliche Übersteigerung. Denkprozesse erfahren unter dieser Konstellation eine Form der Dauerhaftigkeit, so dass die Betroffenen es kaum schaffen, aus ihren Gedankenmodellen auszusteigen, geschweige denn Ruhe vor ihren eige-nen gedanklichen Prozessen zu finden. Die Nativen wollen immer alles ganz genau wissen und versuchen, die Aspekte des Lebens, alle Ideen und weltan-schaulichen Modelle in ihrer Tiefe zu ergründen. Häufig jedoch werden sie Opfer ihrer eigenen intellektuellen Übersteigerung. Sie schaffen es aufgrund ihrer zirkulären gedanklichen Prozesse nicht, zum eigentlichen Kern der Dinge vorzustoßen. Oder sie stehen sich selbst im Wege, weil sie vor lauter Abwägen zu keinerlei Umsetzung kommen. Hinter den unaufhörlichen Denk-prozessen verbirgt sich eine tief sitzende Angst vor dem Kontakt mit den ver-wandelnden Aspekten des Unbewussten, dessen Vorboten die Gefühle sind.

Wer Gefühle zulässt, kann beispielsweise nicht skrupellos handeln. Ein Manager, der unter Tränen an die Notwendigkeit denkt, Mitarbeiter zu ent-lassen, um Umsatzrückgänge auszugleichen, ist in seiner Handlungsfähig-keit gebremst. Unter diesem Gesichtspunkt kann das Gefühl dem Menschen einen Strich durch seine rationalen Erwägungen machen, weshalb es von den Eignern dieser Mond-Signatur vehement verdrängt wird. Das kann dazu führen, dass je vehementer der Verdrängungsakt ausfällt, die Nativen vollkommen automatisiert handeln, da sie sich dadurch in Sicherheit wäh-nen. Eine Hinterfragung ihrer Ausführungen findet nicht statt, denn sie versuchen, sich innerlich davon zu überzeugen, dass allein diese Form des Agierens der erforderlichen Lebensstrategie entspricht.

Die Nativen unterliegen sehr leicht dem Trug der Welt mit all ihren Erfordernissen und interessanten Aspekten, so dass sie in deren äußeren Hülle stecken bleiben, anstatt zum Wesen hinter den Dingen vorzustoßen. Auch in dieser Mond-Thematik regiert eine Angst vor den irrationalen Aspekten ihrer Psyche. Die Betroffen kennen unbewusst ihr Verdrängungsbedürfnis, sind jedoch nicht bereit, sich der gefühlvollen Seite auszuliefern, weil sie fürchten, in der Konfrontation mit ihrem Unbewussten die Erfahrungen nicht intellektuell verarbeiten zu können. Tiefe traumatische Erfahrungen, die aus dem Geburtsprozess oder der frühen Kindheit herrühren, tragen dazu bei, dass ein genereller Filter vor die Gefühlswelt gelegt wird, um nicht in den Bereich der Ursprungserfahrung zu gelangen. Diese können aus einer empfundenen Enge im Geburtskanal oder einer Erstickungserfahrung während des Geburtsprozesses herrühren, so dass sich mit dem Hineingelangen in die Welt bzw. in das Leben Erfahrungen verbanden, die Betroffenheit auslösten.

Diese Betroffenheit steht, so betrachtet, als Überschrift vor der ersten Lebenserfahrung, so dass eine latente Angst besteht, mit diesen Gefühlen nochmals in Kontakt zu kommen. Dies können auch emotionale Übergriffe gewesen sein, die das Kleinkind beeinträchtigt und Angst in ihm verursacht und so zu einer Verdrängung der Gefühle beigetragen haben. Sicher ist es nicht die Kausalsituation alleine, denn eine solche Erfahrung ist schon bereits vorher in der Seele angelegt, so dass sie sich ein Umfeld schafft, um mit diesen Aspekten noch einmal in Berührung zu kommen, damit sie angeschaut, bearbeitet und damit erlöst werden können. Was immer also zu der Beeinträchtigung beigetragen hat, hier findet sich die Wurzel, durch die man das Verhalten der Nativen verstehen kann. Die Verdrängung, die vonstatten geht, richtet sich somit gegen jede Form des Gefühls, denn im Unbewussten existiert nicht die Differenziertheit, wie wir sie aus dem Denken kennen. Es wirkt das Programm, dass Gefühle etwas Bedrohliches zu Tage treten lassen, so dass jegliche Form des Gefühls, sei es Freude, Leid, Trauer, Wut, Enttäuschung usw. zu dem inneren Aufruhr beitragen und damit letztlich durch die rationale Seite überlagert werden. Im Verbund mit anderen Menschen lassen die Nativen ihren Intellekt in den Vordergrund treten, denn sie sind bemüht, Gefühle anderer von sich fern zu halten, oder sie intellektualisieren die Gefühle ihrer Mitmenschen, indem sie versuchen, für leidhafte Erfahrungen Erklärungen zu finden, die es ihnen wieder möglich machen, ihre Wahrnehmungen zu katalogisieren.

In der hohen Form der Überkompensation versuchen sie von vornherein, gefühlsmäßige Begegnungen zu verhindern, sie entfachen z. B. in Begegnungen mit anderen Menschen eine hohe Dynamik, indem sie diese ständig herausfordern. Alles wird in Frage gestellt und gerät sofort auf den Prüfstein ihrer Kritik. Mit Worten und skeptischem Verhalten versuchen sie, eine rationale Kontrolle auszuüben, doch ihr Verhalten entspricht immer dem gleichen Raster und ist von daher leicht durchschaubar. Würde man versuchen, ihre Denkmuster grafisch darzustellen, strebt dieses nicht geradlinig auf einen bestimmten Punkt zu, sondern es beschreibt kreisförmige Bewegungen. Damit erreicht ihr Denken zwar eine hohe Konsequenz, doch führt es nicht auf eine neue Ebene, sondern umkreist die Themen stets nur intensiv, so lange bis gewährleistet ist, sich an den Ursprungsort zurückbegeben zu können.

Ihre Hyperaktivität führt dazu, dass sie zwar voll im Bewusstsein ihrer geistig geschulten Kräfte zu agieren glauben, doch ist ihr Handeln ein immer währendes Ausführen von Tätigkeiten, die sich im Verlauf ihres Lebens als standhaft erwiesen haben. Ihrem Denken und Handeln liegt ein gewisser Automatismus zugrunde, da beide als Ausschluselement gegenüber der Nachtseite ihres Bewusstseins fungieren. Kommunikationsformen, die einmal erfolgreich waren, werden auch weiter von ihnen benutzt – es ist die immer gleiche Art zu fragen, um Themen zu beleuchten und sich diesen anzunähern. Sie fahren immer denselben Weg zur Arbeit, verlassen das Haus in der gewohnten Reihenfolge und neigen dazu, ihre Handlungsweisen zu ritualisieren. Ein Relikt aus der Kindheit, denn sie wurden von ihren Eltern in bestimmten Verhaltensformen wie dem Ausführen von Alltagsritualen dressiert. Zu Weihnachten und zum Geburtstag schreibt man den Bekannten Karten, man schmückt Adventskränze und den Weihnachtsbaum, man fühlt sich berührt, weil Weihnachten ist, sonntags besucht man Oma und Opa, zum Geburtstag schenkt man sich etwas und gratuliert sich, man freut sich, weil man Geburtstag hat, samstags wird der Rasen gemäht, das Auto gewaschen usw. In der Kindheit passten sie sich dieser Struktur an, weil sie glaubten, das gehöre zum Leben dazu. Aus dem Glauben, dass derartige Verhaltensformen sein müssen, haben sie diese Eigenart übernommen, sie haben zwar ihre eigenen geschaffen, die aber ewig in der gleichen Form ausgeführt werden. Ihre eingefahrenen Handlungen lassen in den jeweiligen Formen keinen Spielraum für Spontaneität. Der gefeierte Anlass soll im Inneren wie auf Knopfdruck auch die passende Empfindung hervorrufen. Echte Freude und Berührung verkümmern in einem vorgegebenen Rahmen, weil sie dort steuerbar sind.

Eine weiteres Beispiel: Haben die Nativen ihrem oder ihrer Partner/in mit einem Brief mit selbstgemalten Herzen oder kleinen Mäuschen eine Freude gemacht, so wird das einmalige Erfolgserlebnis „Folgen" für die weitere Zukunft haben: Die oder der Auserwählte wird jede Woche Briefe in gleicher Aufmachung und mit den gleichen Inhalten erhalten. Dies gilt auch für alle folgenden Partner, sie werden ebenso angesprochen, trotz ihrer sicherlich anders gearteten Individualität. An einer ganz bestimmten Stelle ihres Lebens findet keine Hinterfragung der Handlungsweisen mehr statt, sie erfolgen einfach, ohne dass sie die Starre in ihrem Handeln entdecken können. Das lässt sich natürlich auf alle Lebensbereiche ausdehnen, seien es nun Arbeitsbedingungen oder Lebensgewohnheiten, immer sind sie in ihren Handlungen zwar scheinbar sehr lebendig, doch in ihnen lebt keine echte Spontaneität. Wo immer das Gefühl ausgeschaltet wird, hat dies zur Folge, dass damit die Bewegtheit und die Lebendigkeit gleichfalls verloren gehen. Man denkt zwar, dass einem ein solches Leben Freude bereitet, fügt sich in die Formen hinein und freut sich an ihnen. Doch die Formen waren vor der Freude da, und nun denkt man sich die Freude in die Formen hinein, weil die Anlässe ähnliche Effekte bei anderen hervorrufen. Sehr subtil wird hinter diesen Bedürfnissen die eigentliche Mangelsituation deutlich. Denn das Handeln entsteht nicht aus sich selbst heraus, sondern es folgt einer Spur, die gelegt worden ist. Auf einer anderen Ebene führt man Dinge aus, die auch in der Gesellschaft praktiziert werden. Weil sich tausende Menschen mit Inlineskates auf die Straße begeben, meinen die Nativen, sie müssten dies in gleicher Weise tun. Sie folgen dem Strom und denken, was anderen eine Freude bereitet, müsste auch ihnen in gleicher Weise Spaß bereiten. Das ist möglich, aber wesentlich ist, dass die rationale Entscheidung eine Folge ist, die nicht aus der eigenen inneren Lebendigkeit entspringt. Am Anfang steht also nicht der Impuls, sondern die Erwägung. Würde man umgekehrt aus Freude für sich etwas entwickeln, dann würde man mit dieser etwas tun, was man für sich selbst herausgefunden hat.

Unter dieser Mond-Signatur ist das Verhalten der Nativen im Verbund mit anderen Menschen neutral und unauffällig, sie versuchen, es ihren Mitmenschen Recht zu machen. Gerade in Bezug auf die eigene Meinung und deren Durchsetzung sind die Nativen sehr wankelmütig und bestrebt, ihr jeweiliges Gegenüber eher zu bestätigen als mit ihnen Auseinandersetzungen zu führen. Je länger und unreflektierter sie diesem Wesenszug Raum geben, desto mehr verlieren sie die Konturen ihrer eigenen Persönlichkeit und scheinen für andere Menschen ohne Standpunkt zu sein. Werden sie dabei in Konflikte zwischen unterschiedlichen Meinungsgruppen gezogen, verlieren sie aus dem Bestreben, es allen Recht machen zu wollen, ihre eigenen Bedürfnisse aus den Augen. Um Konflikte zu bewältigen, die sie nicht im Konkreten regeln konnten, retten sie sich auf die Schriftebene. Sie versenden Briefe und E-Mails an ihre Konfliktpartner oder vertrauen ihre Gefühle und Ansichten einer Computerdatei oder einem Tagebuch an – beide nehmen geduldig alles auf. Im Gegensatz zu Menschen mit beispielsweise Mond im Zeichen Stier, die an der Anerkennung ihrer Mitmenschen interessiert sind, bleiben die

Eigner der Mond-(Luft)-Merkur-Thematik gerne im Hintergrund und legen nicht so großen Wert auf die Würdigung ihrer Person. Im Gespräch mit anderen sind die Nativen allem Neuen sehr aufgeschlossen, um sich durch vielfältige Aktivitäten von sich selbst abzulenken. Die Sehnsucht nach neuen Impulsen kann als ein Weglaufen vor sich selbst gewertet werden. Sie fragen anderen Menschen Löcher in den Bauch, um ihren unstillbaren Informationshunger zu befriedigen. Überall sammeln sie Informationen, Allgemeinwissen, um ihrem Umfeld gegenüber keinen Bildungsnotstand zu offenbaren. Im Verhalten sind sie oftmals sehr formal und halten sich an gesellschaftliche Regeln und Normen. Dahinter liegt das Bedürfnis, zur Allgemeinheit zu gehören, da es ihnen ein wesentliches Bedürfnis ist, am Rad des Lebens mitzudrehen. Dieses Bedürfnis kann sich auch in einem unechten Rollenverhalten äußern, indem sie versuchen, ihrem Umfeld ihre Lieblingsrolle vorzuspielen, was im Verbund mit der Standpunktlosigkeit einer Ähnlichkeit zur Mond-(Luft)-Venus-Thematik hat. Nur ist es im Vergleich dazu nicht das Bestreben, geliebt zu werden, sondern mit anderen gut auszukommen, weil man nicht anecken möchte; die anderen könnten einem irgendwann noch einmal nützlich sein.

Interessiert nehmen die Nativen Anteil am Leid anderer oder deren Problemen, und da sie ihre Mitmenschen auf der intellektuellen Ebene verstehen können, glauben sie von sich, einfühlsame Wesen zu sein. Die Statements, die sie abgeben, bleiben deshalb auf einer theoretischen Ebene, so als würden sie eine Diagnose stellen, die durch die Beschreibung oder durch Wiederholungen das Leid lindern soll. Mit ihrem umfangreichen, angeeigneten Wissen können sie Probleme anderer zwar verstehen, aber sie haben sie nicht empfunden. Sie reden sich Empfindungen ein und schaffen dadurch einen Sicherheitsrahmen, der für sie intellektuell kontrollierbar bleibt. Besonders kommen ihnen dabei philosophische Systeme oder psychologische Studien entgegen, mit denen sie sich Erklärungsmodelle schaffen, ohne je berührt zu werden.

Je stärker die Nativen sich auf ihre rationale Seite gerettet haben, ohne zu spüren, dass sie einen intensiven Gefühlsausschluss praktizieren, desto eher gelangen sie in einen Bereich von unerklärlichen Stimmungen, die sie mahnen, sich vermehrt mit sich selbst auseinander zu setzen. So können äußere Begebenheiten dazu beitragen, dass sie intensiv in die Bereiche des Gefühls hineingezogen werden, ohne jedoch die Chance zu haben, sich gegen diese zu wehren. Hier ist es wichtig, gerade wenn die Nativen häufig Situationen erleben, die sie betroffen machen, dass sie sich durch ihre Betroffenheit nicht weiter einreden, Gefühle zu haben, sondern dass es gerade umgekehrt bedeutsam ist, sich zu vergegenwärtigen, dass sie Angst vor Gefühlen haben.

Mit jedem Bestreben, selbst eine Tiefe erreichen zu wollen, steigert sich die Gegenbewegung, die sie aus den Tiefen hinauszieht. Dies führt dazu, dass sie mehr und mehr verzweifeln, da sie etwas erreichen wollen, was nicht ihren Anlagen entspricht. Sie sollten nicht in die Abgründe tiefer Emotionen und Gefühle hinabsteigen, um dort zu bleiben, sondern sie sollten ihre Angst vor der Tiefe erkennen. Mit ihrem Verstand können sie das Unfassbare an die Oberfläche transportieren, um es dort begreifbar zu machen, ohne es gleich wieder zu klassifizieren. Jede Bemühung, Gefühle zu ergründen oder sie zu erklären, rührt doch nur aus der Angst heraus, dem Gefühl ausgeliefert zu sein, denn die Bewertung schafft nur ein Behelf in gewohnter Manier, alles zu katalogisieren, ohne es wirklich echt zu verwerten.

Kindheitsmythos

Die Kindheit der Nativen ist oft gezeichnet von einem massiven Bruch zwischen dem Denken und dem Fühlen. Es fehlte an Geborgenheit und Wärme, weil die Eltern unfähig waren, ihre Gefühle zu zeigen, oder sie hatten keine Zeit, dem Kind Liebe zu geben. Das Kind wird möglicherweise in eine Situation hineingeboren, in der die Eltern sich noch nicht so sicher waren, eine Familie zu gründen, oder sie waren noch sehr jung, nicht verheiratet und hatten auch nicht vor, wegen einer Schwangerschaft zu heiraten. Die Gemeinschaft mutet damit in der ersten Zeit etwas provisorisch bewegt an. Es kann auch sein, dass zwischen den Eltern erhebliche Altersunterschiede bestehen oder ein Partner Kinder aus der ersten Ehe mit in die Beziehung einbringt, die genau so alt sind wie die neue Liebe. Daraus entsteht eine bewegte Familiensituation, die in unendliche Verzweigungen hineinführt und das Kind als eine unauffällige Randerscheinung mit aufwachsen lässt. Selbst, wenn die Gemeinschaft der Eltern in einem konventionellen Rahmen stattfindet, ist es das Spezifikum, dass stets funktional sachliche Themen in der Familie im Vordergrund stehen. Die ganze Aufmerksamkeit kreist darum, den Alltag mit all seinen Anforderungen zu bewältigen. Die Mutter ist bestrebt, den Haushalt zweckmäßig und besonders rationell zu gestalten. Alles muss wenig zeitaufwändig vonstatten gehen. Das Kind wird früh abgestillt und schnell an Industriekost aus dem Supermarktregal gewöhnt, damit die Mutter möglichst wenig Aufwand mit ihm hat. Es kann sein, dass die Mutter einen übertriebenen Reinlichkeitsdrang hat und das Kind in einem antiseptischen Klima aufwächst. Es fehlt der Raum für eine kuschelige Atmosphäre, die dem Kind Zuwendung vermittelt. Statt dessen wird dem Kind sehr früh vermittelt, wie es sich an die Ordnung halten kann und dass es sein Zimmer sowie die Spielecke schön aufzuräumen hat. Oder dass es seinen Teller immer brav leer essen muss, bevor es wieder spielen darf. So ist das Kind schon sehr früh mit den Funktionen in der Familie betraut, es erhält kleine Aufgabenbereiche, was eigentlich in Ordnung wäre, um die Verantwortung und Selbstständigkeit des Kindes zu erhöhen. Doch hier ist das Anliegen vielmehr die schnelle übersichtliche Gestaltung des Familienlebens. Das Kind soll keinen Aufwand machen, damit die Eltern Zeit für ihre funktionalen Dinge und persönlichen Interessen haben. Die Eltern kreisen um ihre eigenen Themen, entweder aus einer Notwendigkeit, weil sie berufstätig sind und sich das Klima aus notwendigen Erfordernissen ergibt oder in der anderen Variante, weil die Eltern kein großes Interesse an den Kindern haben, da sie gerne ihren eigenen Interessen nachgehen möchten und sie die Kinder dabei als Störfaktoren empfinden. Was letztlich kausal zu dem Klima führt, ist sekundär, wesentlich ist, dass das Kind nicht im Zentrum steht und nur Beachtung geschenkt bekommt, wenn es zur Erleichterung des Haushaltes beiträgt oder wenn es die Inhalte, die man ihm zu vermitteln versucht, übernimmt. Auch wird es früh zum Lernen erzogen und erfährt erst dann Beachtung, wenn es mit guten Noten nach Hause kommt und die Eltern mit den Leistungen des Kindes prahlen können.

Das Kind erlebt das Zusammenleben mit den Eltern als Konflikt: Einerseits hinterfragt es alle Motivationen seines Umfeldes, doch gleichzeitig ist es aufgrund seiner kindlichen Schwäche nicht in der Lage, den Unmut über die sinnlosen und wenig Gemeinschaftssinn vermittelnden Handlungen zu äußern. Es spürt in der Familie eine hohe Dynamik, so als wäre diese durch ihr unermüdliches Schaffen darum bemüht, nur nicht nachzudenken oder sich gar gegenseitig Beachtung zu schenken. Die zwanghafte Dynamik erreicht auch das Kind, denn es ist durch den familiären Druck aufgefordert, Handlungen auszuführen, hinter denen es nicht steht. Früh entsteht ein neurotisches Verhalten, das Kind redet ungeheuer viel, so viel, dass man hinter seinem permanenten Wortschwall das Bedürfnis nach Zuwendung und Angstgefühle vermuten kann. Oder es verhält sich affektiert, gekünstelt und verbirgt hinter seinem Rollenverhalten sein wahres Inneres. Die Eltern vermitteln dem Kind, das eigentlich seinen kreativen Spieltrieb entwickeln sollte, Ordnung. Sie schicken es zum Einkaufen, wobei es zuerst Freude über die Verantwortung empfindet, die aber sehr schnell in Unmut umschlägt, da es sich bald um ein Pflichtprogramm handelt. Es fühlt, dass es nicht um seiner selbst willen geliebt wird, sondern dass es für die Eltern ein nützlicher Handlanger sein soll. Nicht dass die Eltern etwa streng zum Kind sind, ihr Verhalten ist meist freundlich, man spielt ihm Begeisterung und Beachtung vor, um es geneigt zu machen, so dass die Eltern ihm eigentlich etwas vorgaukeln. Mit verstellter Stimme (Babysprache) wird mit dem Kind geredet, wobei eine Kluft zwischen dem Anliegen und den Äußerungen der Eltern besteht. Das Kind spürt intuitiv mit der einhergehenden mangelnden Zuwendung, dass sich die Eltern ihm gegenüber verstellen. An solchen zentralen Gewahrwerdungspunkten reagiert es mit psychosomatischen Störungen. Atembeschwerden, Krupphusten oder Bettnässen sind die typischen Symptome, die den Unmut offenbaren und die Zuwendung auf das Kind lenken sollen. Symbolisch bestraft es die Mutter für die unliebsame Abrichtung. Atemnot und Husten zeigen die innere Beklommenheit und die Aggression, die verdrängt wird und sich im Symptom des Hustens manifestiert. Mit dem unkontrollierten Wasserfluss während des nächtlichen Bettnässens lässt es seinen verdrängten Gefühlen freien Lauf. In dieser unerlösten Form werden – symbolisch betrachtet – die Gefühle sichtbar, die allerdings dem alltäglichen Geschehen mit den Säuberungsmaßnahmen wieder zum Opfer fallen.

Unter dieser Mond-Signatur findet man auch das typische „Schlüsselkind". Es lernt sehr früh, alleine zurechtzukommen, weil beide Eltern berufstätig sind. Das Kind wird zwischen verschiedenen Aufsichtsinstanzen, wie Schwiegereltern, Oma und Opa, Schülern, die sich durch das Aufpassen das Taschengeld aufbessern, hin- und hergeschoben. Oder das Fernsehen übernimmt die Rolle des Kindermädchens, welches dann später vom Computer abgelöst wird. Aufgrund der mangelnden Zeit der Eltern ist das Kind sich selbst überlassen. Die Eltern entschuldigen ihr Verhalten damit, dass sie so viel arbeiten, damit es der Familie und besonders dem Kind gut geht und man sich somit Extras und Urlaub leisten kann. Manchmal wird auch dem Kind der Eindruck vermittelt, dass die Eltern nur wegen ihm so hart arbeiten müssen. Damit signalisieren sie dem Kind, dass es vernünftig sein soll und keine Ansprüche zu stellen hat. Das Kind kompensiert in diesem Klima der fehlenden Liebe und der Geborgenheit (Mond) mit Vernunft (Merkur) über und ist bald selbst der Meinung, dass es ein nützliches Glied in der Familie sein sollte und es seinen Teil beizutragen habe. Das Kind übernimmt, damit es den Schmerz der mangelnden Zuwendung nicht spürt, die Argumente der Eltern und versucht, sich durch Verdrängung der emotionalen Mangelsituation in den bestehenden Rahmen widerstandslos einzufügen. Seine Verdrängungsmechanismen führen es in einen überdimensionierten Wissenshunger. Neugierde, Aufnahmebereitschaft und Informationsbedürfnis überdecken das Gefühl von Einsamkeit und fehlender Geborgenheit.

Die Kombination Mond-(Luft)-Merkur wird von dem Konflikt zwischen Gefühl und Intellekt, zwischen Geborgenheit und Lebensfunktionalität beherrscht. Das Kind wird damit, zuerst unbemerkt, zum fremdbestimmten Werkzeug der Eltern, es wird zu Verhaltensformen genötigt, die ihm den Ausgleich zwischen den Wünschen des Familienverbandes und seinem inneren Naturell ermöglichen. Dabei überwiegt die intellektuelle Bildung, weil diese das Ansehen und den Status erhöht. Die schulischen Anforderungen oder der elterliche Auftrag, ein wissenschaftliches Studium zu absolvieren, stürzen die betroffenen Kinder in eine überproportionale Anspannung. Mögen sie sich anfangs noch dagegen auflehnen, so verinnerlichen sie nach einiger Zeit den Druck und übersteigern ihn so sehr, weil sie gelernt haben, sich angepasst in die Rolle einzufügen, die ihnen zugedacht wurde. Einerseits erleben die Kinder bei ihren Eltern ein Verhalten, welches ihre eigene Kritik hervorruft, da sie sich nicht damit identifizieren können. Andererseits verdeutlicht der erfahrene Zwang einer äußeren Autorität, sich beweglich in die Anforderungen des Lebens einzufügen. Das Kind wird durch die Eltern zu einer Leistungs- und Funktionsgröße degradiert, so dass es in seinem Gefühlsleben von den Eltern überhaupt nicht erfasst wird. Auch im späteren Leben trägt dieses Programm noch seine Früchte, denn die Nativen tauschen lediglich das Funktionieren für das Elternhaus in ein Funktionieren für die Gesellschaft mit ihren Ritualen aus. Die faktische Bewältigung des Lebens überlagert somit alle inneren Bereiche. Selbst nach vielen Jahren ist es oft so, dass Eltern und Kind sich vollkommen fremd sind. Keiner weiß, was der andere fühlt und was ihn bewegt. Man weiß zwar, was man gerade für Ziele erreicht hat, vielleicht was man sich angeschafft hat, was man isst, wie man die Probleme im Haushalt regelt, doch ist das Verhältnis zu den Eltern nicht unbedingt tiefer als zu den Berufskollegen. Man hat viel miteinander gesprochen, aber man ist sich fremd geblieben.

Im Zerrspiegel des Erlebens erfahren die Nativen in ihrer Kindheit durch die emotionale Mangelsituation etwas über ihr eigenes Unvermögen, tiefe Gefühle zu empfinden. Auch wenn dies eine schmerzliche Erkenntnis ist, sollten die Nativen verstehen lernen, dass die Symbolik der Kindheit ihnen signalisiert, dass sie nicht bereit sind, tiefe Gefühle zuzulassen, denn unbewusst verunsichern sie Gefühle in ihrem Selbstverständnis. Die Rolle des Opfers, die sie aus der mangelnden Zuwendung in der Kindheit erlebt haben, sollte sie nicht dazu verleiten, die Verantwortung für jene Thematik abzulehnen, die eigentlich in ihrem Inneren angelegt ist. Sind sie jedoch bereit, ihre eigene Distanz gegenüber Gefühlen zu erkennen, schaffen sie durch die Erkenntnis eine neue Basis, die die Resonanz, gefühlsmäßige Mangelsituationen erleben zu müssen, schwinden lässt. Durch den Bewusstwerdungsschritt wird dem Leben die Aufgabe abgenommen, sie im Zerrspiegel des Erlebens mit dem eigenen Thema in Verbindung zu bringen.

Partnerschaftsmythos

In der Partnerschaft entwickelt sich ein vergleichbarer Konflikt, wie ihn die Nativen in der Kindheit erfahren haben. Nur wird in dieser Form deutlich, dass das Klima, welches sie einst in der Erleidensform erlebten, Teilbestand ihres Inneren ist, der in ihrer Partnerschaft offensichtlich zu werden beginnt. Gehen die Nativen eine Beziehung ein, kommt es nach einer Anfangsphase der Euphorie und der Leidenschaft zu einer deutlichen Veränderung. Sehr bald wandelt sich das Beziehungsklima, in dem Freude und Begeisterung waltet, in eine gleichförmige Gemeinschaft, die sich an Sachthemen orientiert. Mit dem Aufkommen von Vertrautheit und dem sich Näherkommen schrillen bei den Nativen die Alarmglocken, denn hier droht die Beziehung durch die sich einstellende Gefühlstiefe einen beängstigenden Charakter zu bekommen. Sprach man am Anfang über gemachte Erfahrungen und Gefühle, beginnen die Nativen sich mit ihren Partnern nur noch über Tagesgeschehen, Politik und andere Menschen auszutauschen, um die bedrohliche Nähe dadurch auszugleichen. Die Nativen suchen nunmehr das unverbindliche intellektuelle Gespräch und den Austausch mit ihren Partnern, um sich nicht auf das gefährliche Eis von nicht steuerbaren Gefühlen und Leidenschaften zu bewegen. Besonders erweckt es ihren Widerstand, wenn sie von ihren Partnern durchschaut und analysiert werden und sich zudem ein Verhalten einstellt, durch Druck verändernd auf sie einzuwirken. Solche gefährlichen Schlünde öffnen sich natürlich durch die Vertrautheit und die Nähe. Der Partner vermag dadurch seelisch in sie vorzudringen, weshalb sie bemüht sind, dies auszuschließen.

Gemeinsamen Unternehmungen räumen sie die größere Priorität ein als Intimität und seelischer Nähe. Das sinnliche Empfinden ist bei ihnen nicht ausgeprägt, da es die Zerrissenheit von Kopf und Bauch sichtbar macht und sie sich deswegen unzulänglich vorkommen. Partnerschaftlicher Zusammenhalt entsteht primär aus gemeinschaftlichen Aktivitäten, man geht gemeinsam einkaufen, schaut sich die Auslagen der Geschäfte an, interessiert sich für Technik und Computer, man fährt gemeinsam Rad, betreibt Leistungssportarten wie Marathonlauf oder Extremklettern. Weniger der Wunsch nach Fitness oder Abnehmen, sondern die Funktion und die Bewegung draußen, die von den inneren Räumen ablenken sollen, sind ihnen wichtig. Für die Partner der Nativen kann die rationale Form der Beziehung ohne besondere Romantik eine Enttäuschung hervorrufen. Die Gemeinschaft und vor allem deren Intensität wird in Frage gestellt. Es entsteht bei den Partnern der Eindruck, dass die Nativen sich nicht wirklich um den Erhalt der Zweisamkeit bemühen, da das emotionale Engagement nicht ausgeprägt ist. Dies führt zu Auseinandersetzungen, die die Nativen wiederum in die Nähe ihrer Gefühle bringen und zusätzlich in ihnen eine ablehnende Dynamik entfachen. Die Kernproblematik wird nun bedrängend groß. Trotz ihrer Liebesbeteuerungen und dem Erstaunen darüber, dass die Partner die Intensität der Zweisamkeit kritisieren, können sie selbst nicht die Wurzel des Unmutes ergründen. Aufgrund ihrer Unbewusstheit über ihr Verhalten sehen sie keine Veränderungsmöglichkeit. Es mangelt an der Selbstanalyse, denn gerade in emotionalen Grenzsituationen kommt es durch die aufgewühlten Gefühle zu einer Blockade im Denken. Um dem Drama zu entgehen, führen derartige Krisen oft zur Trennung. Wenn der emotionale Druck auf der anderen Seite groß wird, verlassen sie fluchtartig die Beziehung. Alles, was sie im Dialog nicht zu klären vermochten, wird fortan nur noch über das Telefon oder in schriftlicher Form dargelegt. Besonders nach Enttäuschungen, die sie mit der Intensität von Gefühlen in Verbindung brachten, neigen sie dazu, danach Beziehungen einzugehen, die einen lockeren Charakter haben. Sie sträuben sich innerlich dagegen, nochmal eine Beziehung einzugehen, in der man zusammenlebt, um den möglichen Konflikten aus dem Wege zu gehen. Stattdessen trifft man sich tageweise miteinander, führt eine Wochenendbeziehung und beschränkt die Zweisamkeit auf gemeinsame Aktivitäten und Urlaubsfahrten.

In einer anderen Variante fühlen sie sich zu Partnern hingezogen, die von ihrem Wesen und den Interessen so unterschiedlich sind, dass innerlich keine Gemeinsamkeit entsteht. Meist sind dies sehr individualistische Partner, die in ihrem Selbstbezug gefangen sind und die außer, dass man sie in ihrem Sosein akzeptiert, keine großen Ansprüche an die Beziehung stellen. Man lebt neben dem anderen her, und im Grunde ist jeder für sich alleine. Solche Beziehungen können durchaus sehr lange währen, denn es mangelt den Nativen nicht an der Verbindlichkeit, sondern an der Fähigkeit, tiefe Gefühle zuzulassen. Der Konflikt wird mit sehr emotionalen Menschen intensiv, die in ihrem subjektiven Empfinden die permanente Aufmerksamkeit und das Eingehen auf ihre Gefühle fordern. Dies führt zu dem Bestreben, eine Beziehung zu führen, die einen freundschaftlichen Charakter hat, in der kein Raum für echte Leidenschaftlichkeit ist. Die Chance, die sich hinter dem von Fluchtinstinkten geprägten Verhalten bieten würde, wäre die Erkenntnis der eigenen Unstetigkeit, um dadurch der Angst zu entgehen sowie die Überwindung der Angst. Hier ist es für die Nativen wichtig zu lernen, sich in Dialogform den Gefühlen anzunähern, um die eigenen seelischen Tiefen zu ergründen, die das rationale Denken überschreiten. Nur so ist es möglich, sich den verborgenen Aspekten ihrer Psyche zu stellen. Die Fähigkeit ist in ihnen angelegt, nur gilt es den Mut und die Bereitschaft dazu zu entwickeln, sich diesem Bereich anzunähern.

In der Partnerschaft nimmt die sinnliche, erotische Komponente eine untergeordnete Rolle ein, alles ist auf das Praktische ausgerichtet. Lieber fallen die Nativen abends nach einem ermattenden Jogging mit Sweatshirt und Kapuze ins Bett (um gleich morgens um fünf Uhr wieder unter der kalten Dusche zu stehen) als in die Arme eines Partners, der aufgrund seiner Fremdheit ihren Schattenanteil repräsentiert. Der Wecker wird an Wochenenden auf die gleiche Zeit wie in der Woche gestellt. Es könnte sonst eine Verschiebung im funktionalen Ablauf des Lebens eintreten und sich Situationen der Nähe ergeben.

Das Empfinden ist neutral; es mangelt an Empathie und Leidenschaft. Küsse und Streicheln besitzen einen mechanischen Charakter, den sich die Nativen aus der Erfahrung angeeignet haben, um damit bei den Partnern eine Wirkung zu erzielen. Dies geschieht aber nicht von innen heraus, sondern als ob man beim Computer durch Anklicken ein Programm hochfahren möchte. Deshalb vermögen sie sich auch nicht darauf einzulassen, was der Mensch, mit dem sie ihre Zweisamkeit teilen, gerade an Zuwendung braucht. Sie knüpfen an Erfahrungen, die sie gemacht haben, an, sind aber nicht wirklich von innen heraus beseelt. Dies geschieht, weil ihre Triebe und Instinkte nicht an der Ratio vorbeikommen und von dieser gefiltert werden. Es fehlt ein echter Bezug zur Körperlichkeit; ein Mensch mit einer Mond-(Luft)-Merkur-Kombination sieht seinen Körper funktional, nicht jedoch als ein sinnliches Potenzial an. Probleme entstehen meist im Vergleich zu anderen Menschen oder auch durch Vorwürfe des Partners, die von ihren Erfahrungen mit anderen Partnern berichten. Dies baut bei den Nativen einen zusätzlichen Leistungsstress auf, der die Sexualität zum Problem werden lassen kann. Entweder ziehen sie sich innerlich vom Thema zurück, beginnen mit den verschiedensten Therapien oder versuchen durch die Einnahme von stimulierenden Mitteln, das Thema Körperlichkeit funktional zu bewältigen. Die Sexualität wird auf das Experimentierfeld der Intellektualität gezogen, indem sie darüber lesen, sich Filme anschauen und darüber diskutieren. Sie beginnen, alles Mögliche auszuprobieren, suchen Erlebnisse gleichgeschlechtlicher Sexualität oder fühlen sich zu sadomasochistischen Praktiken hingezogen, bis hin zur kindlichen Sexualität, die sie noch einmal Entdeckerfreuden genießen lässt.

Auf diese vielfältige Weise versuchen sie, ihre wirklichen Bedürfnisse zu ergründen, was sich allerdings schwierig gestaltet, da sie sich auf keiner Ebene wirklich tief berühren lassen. Unbemerkt geraten sie dadurch tiefer in das Feld der bestehenden Problematik, denn damit wird die Angst nicht realisiert, die darin besteht, sich innerlich fallen zu lassen. Lieber bleiben sie weiter auf der Funktionsebene, probieren „Liebestechniken" aus, die dann wirklich eins zu eins nachgestellt werden, ohne aber tiefer von diesen berührt zu werden, fast als würden sie ein paar neue Kleidungsstücke anprobieren. Damit gelingt es ihnen wieder, die eigentliche Angst vor Nähe und Tiefe auszublenden. Je größer die Anspannung ist und sie seitens des Partners Druck bekommen, desto eher kann dies psychosomatische Reaktionen wie z. B. Kopfschmerz und Migräne auslösen. Der nicht gelebte Trieb und der damit verbundene Aufruhr verlagern sich auf die Ebene des Schmerzes und lenken, solange man der Funktionalität die erste Priorität einräumt, vom eigentlich bestehenden Problem ab.

Die Mond-(Erd)-Merkur-Verbindung im Geburtsmuster der Frau

Die Frau mit dieser Mond-Thematik im Geburtsmuster hegt die Sehnsucht nach einer freundschaftlich fröhlichen Gemeinschaft mit ihrem Partner. Sie ist für den Mann die Kameradin, mit der man Pferde stehlen kann. Da sie als Frau in ihrer Geschlechterrolle mit dem Mondanteil verbunden ist, kommt das merkurische Element bei ihr stärker zum Tragen. Vom Wesen her ist sie sehr beweglich und nicht unbedingt bereit, verbindliche Beziehungen einzugehen, die zu einer Institution wie einer Ehe werden. Dies heißt nicht, dass sie sich nicht binden möchte. Vielmehr ist sie bestrebt, ihre Freiheit zu leben, um nicht in die Statik und Unbewegtheit einer Beziehung gezogen zu werden. Führt sie eine Beziehung, dann ist der Wunsch, diese längerfristig zu gestalten, vorhanden. Ihre Beziehungen besitzen dann einen Charakter, der an ein Singleleben erinnert. Sie bringt ein gewisses Selbstverständnis in die Beziehung mit ein, mit dem sie ihren Partner in ihre eigenständigen Aktivitäten mit einbezieht, ohne sich zu vergewissern, ob bei ihm ein Interesse vorliegt. Zudem fühlt sie sich eher zu einem passiven wässrigen Mann hingezogen, der jenen lunaren Teil in sich trägt, den sie für sich ausgeklammert hat. Diesen lässt sie von ihm leben und fühlt sich ihm deshalb auch zugetan. Meist ist der Bezug zur Familie sehr ausgeprägt und es wird ein riesiges Verwandschaftspotenzial als Mitgift in die Beziehung mit eingebracht. Gemeinsame Aktivitäten mit der Familie sind für sie selbstverständlich, so dass der mitgeschleifte Partner sich möglicherweise vernachlässigt fühlt, denn aufgrund der vielfältigen Kontakte bleibt wenig Raum für Nähe und Zweisamkeit. Sie tauscht sich mit den Familienmitgliedern intensiver aus als mit ihm und trifft Entscheidungen, die der Partner nur am Rande erfährt. Tägliche Telefonate mit dem Reigen der nächsten Verwandten sind an der Tagesordnung. Meist kommt es zu Konflikten mit dem Partner. die sich aus der intensiven Familienbindung ergeben.

Unbewusst flieht sie auf diese Weise vor der Tiefe der Gefühle des wässrigen oder erdigen Partners, indem sie den Gemeinschaftssinn mit ihrem Umfeld übersteigert. Dies kann sich in gleicher Weise auch mit einem großen Freundeskreis vollziehen. Ständig gibt es Treffen und Programme mit Freundinnen, wodurch das partnerschaftliche Gemeinschaftsleben ins abgeschlagene Feld gerät. Vorwürfe, ihr seien ihre Freundinnen wichtiger als der Partner, wischt sie vom Tisch. Ihr ist diese Dynamik nicht bewusst, so dass der Konflikt durch den Partner an sie herangetragen wird, um erstaunt zu realisieren, dass es möglicherweise dem Partner an den vielfältigen Begegnungen gar nicht gelegen ist, sondern dass er nur aus Liebe zu ihr bereit war, seine Freizeit zu opfern. Hier ist es für die Frau wichtig, dem Partner entgegenzugehen und vor allem zu realisieren, dass sie es scheut, in die Stille zu gehen, um sich nicht selbst besinnen zu müssen. Für sie gilt es zu erkennen, dass sie ein Stück weit die weibliche Rolle ablehnt und bestrebt ist, sich den Freiraum mit ihren Aktivitäten zu erhalten. Ebenso kann ihr Organismus sie an die Ablehnung ihrer Weiblichkeit heranführen.

Probleme mit den Reproduktionsorganen wie der Gebärmutter sind ein häufiger Ausdruck der unbewussten Ablehnung. Das Problem, dass sich der gewünschte Nachwuchs nicht einstellt, wird auf der funktionalen Ebene z. B. durch eine künstliche Befruchtung zu lösen versucht. Rational lässt sich dies mit den Mitteln der heutigen Medizin bewerkstelligen. Doch sollte man sich nicht in die Täuschung begeben, dass durch funktionale Abhilfe das innere Problem gelöst ist. Vielmehr sollte sich die Frau bewusst machen, welcher Teil von ihr sich gegen eine Mutterschaft wehrt. Im eigenen Familienleben ist es wichtig, dass sie sich ganz bewusst hinterfragt und darüber wacht, ob sie nicht in die gleiche Dynamik gerät, unter der sie bereits als Kind im Elternhaus gelitten hat. Gefühle, die seitens des Partners geäußert werden, sollten zugelassen werden, indem sie lernt, mit ihm über seine Bedürfnisse zu sprechen. Das heißt auch, sich Zeit für den Partner oder die Kinder zu nehmen, um sich auf diese einzulassen. Sie sollte lernen, besser zuzuhören und vor allem das Gehörte einfach so stehen zu lassen, ohne gleich ein Patentrezept für die Probleme anderer zu finden. Der sich sofort einstellende Aktionsdrang ist auch nur ein Mittel, das die eigene Betroffenheit wieder wettmachen soll. Zwanghaft Ratschläge zu erteilen oder in Helferaktionen zu verfallen, kann signalisieren, dass man bewegende Situationen nicht zulassen kann und man bestrebt ist, durch Aktivität die eigene Hilflosigkeit zu übertünchen. Es ist wichtig, sich bewusst zu werden, dass es einen Teil gibt, der die weibliche Rolle ablehnt. Besonders die Arbeiten, die im Haushalt anfallen, unterliegen einer tiefen inneren Abwehr.

Hier ist es bedeutsam, einen Weg zu finden, um einen Ausgleich zu schaffen. Denn das bewusste Annehmen der häuslichen Rolle vermag wie ein Therapeutikum zu wirken. Dabei gilt es, nicht alles im Laufschritt zu bewältigen, sondern sich intensiv darauf einzulassen, sich genau dabei zu beobachten, damit die Vorbehalte und die Abwehrmechanismen zur Bewusstheit gelangen. Bleibt es bei dem übersteigerten Aktionismus, dann kann hinter den vielfältigen Programmen eine Traurigkeit hervorbrechen, deren Ursprung die Native nicht kennt, oder es droht in der Folge ein Bruch in der Beziehung, den sie nicht mehr zu bewältigen weiß, weil sie den Ursprung für die Entzweiung nicht wahrgenommen hat, da sie immer auf dem Sprung war und seelisch nicht zur Verarbeitung kam.

Die Mond-(Luft)-Merkur-Verbindung im Geburtsmuster des Mannes

Der Mann sucht unter dieser Mond-Signatur seine seelische Verwurzelung in der Frau. Damit delegiert auch er die Thematik des Mondenprinzipes an die Partnerin und verlagert seine Identifikation auf den merkurischen Teil. Sein Bestreben ist es, sich über die Frau einen Ruhepol zu schaffen, von dem aus er vollkommen eigenständig für sich zu agieren vermag. Deshalb strebt er eine Verbindung an, mit der er etwas Gemeinsames aufbauen kann. Für sich nimmt er in Anspruch, nach seinem Gusto beweglich und agil zu handeln. Er gehört ebenfalls zum Typus, der in ständiger Aktion ist. Möglicherweise lässt er seine Energien in ein gemeinsames Domizil hinein fließen, in dem er ständig am Basteln ist. Unbewusst steckt hinter seinem Aktionsdrang seine Ablehnung gegenüber zu viel Nähe. Deshalb schafft er sich immer neue Ziele, die ihn von der Selbstbegegnung sowie der Partnerschaft oder der Familie abhalten. Er neigt dazu, vieles für die Gemeinschaft in Bewegung zu setzen, aber wenn es auf ihn und seine Präsenz ankommt, ist er nicht erreichbar. Werden beispielsweise Arbeiten im Haus fällig, die er organisiert hat, ist er, wenn die Arbeiter anrücken, zum Leidwesen der Familie nie erreichbar. Nur vereinzelt vermag man seine Spur über das Mobiltelefon aufzunehmen, doch selten ist er konkret anzutreffen.

Ein junges Paar hatte sich ein kleines Haus gekauft und dieses umzubauen begonnen. Die Initiative ging hierbei vom Mann aus, der begeistert alles in die Wege geleitet hatte. Doch die eigentliche Arbeit mit den Handwerkern und den vielfältigen Entscheidungen, die zu treffen waren, überließ er seiner schwangeren Frau. Als Freiberufler wandte er sich intensiv seiner Arbeit zu und überließ ihr, die mittlerweile dem Nervenzusammenbruch nahe war, alle anfallenden Arbeiten. Die Beziehung bekam durch diese Situation tiefe Risse, denn die Frau fühlte sich von ihm vollkommen im Stich gelassen. Sie begann an seiner Verlässlichkeit zu zweifeln. Er selbst hatte eine solche Verständnissperre in dem sich steigernden Konflikt, dass er sich nicht in ihren Standpunkt hineinzuversetzen vermochte. Er unterstellte ihr Unwillen und Unlust für das gemeinsame Projekt. Doch was die Partnerin am meisten betroffen machte war, dass er emotional an der ganzen Gemeinschaftsaktion nicht beteiligt war. Sie vermochte bei ihm keinerlei innere Beteiligung zu spüren.

Für die Partnerinnen der Nativen, in deren Geburtsmuster meist wässrige oder erdige Anteile überwiegen, kann dies zu einer echten Herausforderung werden. Einerseits ist der passive Typus der Frau von der Agilität des Partners fasziniert, weil er so viel Dynamik entwickelt, dass sie keine Zeit mehr hat, ihren melancholischen Stimmungen nachzugehen. Doch wird seitens der Partnerinnen besonders das unterstützende Zuwendungselement und das Verständnis vermisst. Bei den Männern unter dieser Mond-Konstellation wird mit dem gemeinsamen Zusammenziehen oder „Nestbauaktivitäten" die merkurisch-luftige Energie geweckt. Meist zieht sie dies im verstärkten Maße in den Aktionismus, der einer Flucht vor der Gemeinsamkeit gleichzusetzen ist. Hier ist es für die männlichen Nativen wichtig, innezuhalten, um sich bewusst zu machen, dass ihre aktiven Fluchtinstinkte geweckt worden sind. Es ist wichtig, dass sie ihrem Umfeld Zuwendung geben, indem sie ganz bewusst lernen, sich einzulassen und den ihnen Nahestehenden Beachtung zu schenken. Da sie jedoch in ihren Aktionen so sehr gefangen sind, geschieht dies meist völlig unreflektiert. Sie sind sich nicht bewusst, was sie mit ihrem Umfeld veranstalten, weil sie immer dynamischer zu agieren beginnen, so wie ein Karussell, das sich immer schneller dreht, irgendwann nehmen die Fliehkräfte überhand, dass die Aufbauten, von den Fliehkräften gepackt, sich zu lösen beginnen.

Es gilt der inneren Überdrehung in dem Bewusstsein zu begegnen, dass es eine Angst in ihnen gibt, sich einer Situation der Enge nicht auszuliefern. Unbewusst erinnert sie die Beziehung an die Enge des Geburtskanals, in dem sie sich gefangen sahen. So raubt ihnen jede ähnliche Situation in Familie und Beziehung den Raum zur Entfaltung. Sie werden Opfer der Angst und ihrer Fluchtinstinkte, die sie unreflektiert irgendwann an Grenzen heranführen, denn es gilt sich genau jenem Teil zu öffnen, vor dem sie sich innerlich fürchten. So sollten sie Vertrauen entwickeln, dass genau der Teil, vor dem sie fliehen, zu ihrer Bereicherung beizutragen vermag.

Symptome

Unter der Mond-(Luft)-Merkur-Thematik künden Symptome von dem gefühlsmäßigen Aufruhr, der eine Verdrängung erfährt. Man denke stets an das Bild der aufsteigenden Luftblasen im Wasser oder an einen aufgewühlten Whirlpool oder an vergebliche Bemühungen, einen Ball unter Wasser zu drücken. In vergleichbarer Form sieht es unter dieser Mond-Signatur in den verborgenen Kammern der Gefühle aus, zu denen die Nativen sich den Zugang versperrt haben. Da dem Merkur die Atmung sowie die Nerven zugerechnet werden, finden sich in diesem Bereich die häufigsten Symptome wieder, die stets unmittelbar an die Psyche angegliedert sind. Die Atmung steht im direkten Bezug zur Seele, man denke z. B. daran, dass die Seele mit dem Einsetzen des ersten Atemzuges eine Verbindung mit dem Körper eingeht oder mit dem Aushauchen des letzten Luftstromes diesen wieder verlässt. Auch in Angstsituationen oder wenn der Mensch sich aufregt, beginnt die Atmung sich zu beschleunigen. Die Atmung ist somit das wichtigste Element, da sie mit der Mittlung des inneren so wie des äußeren Lebens zu tun hat.

Native unter dieser Mond-Signatur erfahren häufig Atembeklemmungen, haben Angst in engen Räumen oder wenn sie von anderen Menschen eingeengt werden. Die Ursache dieser inneren Beklemmungssituation ist ihnen nicht klar. Sie liegt in einem möglichen Trauma in der Geburtssituation verborgen und ist verbunden mit der Enge des Muttermundes (Mondprinzip). Oder sie rührt aus einer Erstickungserfahrung während des Geburtsprozesses her. Sinnbildlich spiegelt sich die Enge darin wider, die entsteht, wenn der Mensch mit einem ähnlichen Gefühl konfrontiert wird, denn dieses hat den gleichen analogen Bezug wie die anderen Situationen, die etwas mit der berührenden Kraft des Mondenprinzipes zu tun haben. Die Nativen sehnen sich danach, einmal richtig durchzuatmen, was ihnen aber nicht gelingt. Stattdessen kriecht Angst empor, die sie an das erstickende Trauma der Geburt heranführt. Somit liegt die Botschaft in der ersten Welterfahrung verborgen, dass das Leben etwas mit Enge zu tun hat, es Grenzen setzt und einen gefühlsmäßig berührt. Im Symptom zeigt sich die eigentliche Thematik, denn aufgrund der inneren Einengung erfahren die Betroffenen eine Situation, die ihnen zeigt, dass sie durch die eigenen Gefühle eine erdrückende Enge erfahren, die sie nicht zulassen.

Wo immer also Menschen zur Einschränkung beitragen oder Gefühle in ihnen hervorgerufen werden, aktiviert sich die Erinnerung an das verschüttete Trauma der Geburt. Auch innere Unruhe und Gefühle von Aufruhr gehören in den gleichen Bereich der Symptome, die etwas mit der Ablehnung von Gefühlen zu tun haben. Der Atem vermag den Betroffenen aus diesem Rad der Gebundenheit hinauszuhelfen. Jede Form von Atemarbeit oder Atemthcrapie vermag die Nativen in die Nähe einer Lösung ihrer inneren Blockaden zu führen. Besonders das Rebirthing oder das Psychoenergetische Atmen können dazu beitragen, sich durch die Enge des Geburtsprozesses hindurchzuatmen, um noch einmal in Kontakt mit der Angst zu gelangen, die aus dieser Erfahrung herrührt. Dies kann die Nativen befreien, so dass sie zu einer inneren Ruhe gelangen, denn durch nochmalige bewusste Konfrontation verlieren die inneren Abwehrmechanismen ihre Notwendigkeit. Die Symptome, unter denen sie möglicherweise leiden, sind letztlich nur eine Folge, deren Ursprung in dieser ersten Erfahrung zu sehen ist. Unaufhörliche Gedanken, die den Nativen durch das Gehirn rasen, sind somit nur Schutzfunktionen, die Gefühle ausklammern sollen. Auch zeitweilige motorische Störungen symbolisieren den unbewussten Wunsch der Seele, aus der Enge der vorgefertigten Lebensstrukturen auszubrechen.

Gleichfalls künden häufig auftretende Schlafstörungen sehr prägnant von der Abwehr gegenüber dem Eintauchen in die tieferen Schichten der Seele, da diese unbewusst immer mit der Eintrittserfahrung in das Leben in Zusammenhang gebracht werden. Die Nativen leiden unter Einschlafschwierigkeiten, wobei ihre Gedanken wie ein Rad unaufhörlich um irgendwelche äußeren Aktivitäten und Probleme kreisen. Durch Schäfchen zählen oder Visualisationen versuchen sie dann, der gedanklichen Dynamik zu entkommen, die sie oft stundenlang beschäftigt, bis sie erschöpft von der inneren Dynamik einschlafen. Die Schlafqualität ist trotzdem nicht so, dass sie in einen tiefen Schlaf eintauchen, sondern sie geraten in einen Zustand zwischen Wachbewusstsein und Tiefschlaf, in dem die kollektiven Bildinhalte verborgen sind. So kann es geschehen, dass sie nach ein bis zwei Stunden aus diesem Zwischenzustand hinaus katapultiert werden und jene unerklärliche Angst verspüren. Mit Herzklopfen liegen sie hellwach im Bett und vermögen nicht zu verstehen, was zu ihrer Verängstigung beigetragen hat.

Die Angst ist Ausdruck der inneren Abwehr vor den kollektiven Bildern, die in der Tiefschlafphase erfahren werden können, eine Angst, die aus den irrationalen Bildern und Träumen dieses Stadiums resultiert. Sie künden von der ewigen Wanderung der Seele vom Jenseits ins Diesseits und vom Diesseits ins Jenseits. Der Schlaf, auch der kleine Bruder des Todes genannt, gehört zur Nachtseite des Lebens und entspringt jenem Bereich, der jenseits der konkreten Welt liegt und somit dem merkurischen Prinzip fremd ist. Wachheit hingegen, die man polar zum Schlaf die große Schwester des Lebens nennen könnte, entspricht unter Mond-Merkur dem Zustand, in dem sich die Nativen vertraut und sicher fühlen. Meist flüchten sie wieder in ihre Gedankenwelt, versuchen zu ergründen, was zu ihren Ängsten beigetragen hat, und sofort gewinnt das Rationale wieder die Oberhand. Es ist verständlich, dass der Mensch aufgrund des Mangels an regenerierendem tiefen Schlaf nicht vollkommen entspannt ist. Müdigkeit und Kraftlosigkeit sind die Folge, aber vor allem eine ausgeprägte Nervenüberreizung. Sie äußert sich in innerer Unruhe und Zerrissenheitsgefühlen. Hektisch agieren die Nativen in ihrem Leben und zeichnen sich – vor allem zum Leidwesen des Umfeldes – durch einen intensiven Redezwang aus, der in einem nicht endenden Strom bestrebt ist, eine Geräuschkulisse über jede Stille zu legen, damit keine Emotion an die Oberfläche des Bewusstseins dringen kann.

Aus der Verdrängungsleistung der Ursprungserfahrung werden auch alle anderen Gefühle gleichfalls mit verdrängt, denn das Unterbewusstsein arbeitet nicht so differenziert wie der Intellekt, indem es nur bestimmte Erfahrungen unter Verschluss hält, sondern es verriegelt generell das Tor, das zu den Wassern der Seele führt. Somit bleibt den authentischen Äußerungen des Inneren nur der Weg über die Symptomebene. Bei Aggressionen ist es ein chronischer Reizhusten, der vom Widerstand gegen bestimmte Gegebenheiten kündet. Eine weitere Ausformung der damit einhergehenden Drucksituation sind Kopfschmerzen, die entweder aus einem verdrängten Triebgeschehen herrühren oder aus der Abkoppelung der Aggression. Auch die Sinne weisen unter dieser Mond-Signatur eine Symptombetroffenheit auf; insbesondere der Hörsinn. Meist haben Symptome in diesem Bereich verschiedene Manifestationsstufen, die sich zuerst in einer Überempfindlichkeit gegenüber Geräuschen manifestieren. Alltagsgeräusche stellen für die Nativen eine intensive Belastung dar, die im Zerrspiegel des Erlebens von der Übersteigerung des Tagesbewusstseins künden. Später wandelt sich die Empfindsamkeit in Ohrensausen bis hin zur Tinnituserkrankung um. Die intensive innere Geräuschkulisse mahnt die Nativen, mehr auf ihre innere Stimme zu hören, um somit eine Umkehr von der Tagseite auf die Nachtseite des Bewusstseins zu vollziehen. Alle anderen Sinneswahrnehmungen, insbesondere der Geruchssinn, sind sehr scharf und weisen eine Überempfindlichkeit auf.

Der Magen als primärer Repräsentant des Mondenprinzipes kann unter dieser Mond-Signatur mit einer nervösen Empfindlichkeit auf beeinträchtigende Gefühle überreagieren. Äußere Eindrücke schlagen den Nativen auf den Magen und lassen deutlich werden, dass das weiche dem Mondenprinzip zugehörige Organ an Stelle der Psyche reagiert. Auch eine Untersäuerung des Magens, die dazu beiträgt, dass die Nahrung nicht ausreichend verarbeitet wird, hat zur Folge, dass aus dem Gärungsprozess Gase entstehen. Diese führen zu Magendruck mit Magengrollen und Blähungen, die von dem inneren Aufruhr künden, der über die Ratio seine Verdrängung erfährt. Dahinter verbirgt sich die mangelnde Bereitschaft, sich nicht mit den Eindrücken des

Lebens auseinander zu setzen. Denn Nahrungsmittel besitzen eine symbolische Verbindung zu den lebenserhaltenden Eindrücken, die aus der Umwelt aufgenommen werden.

Alle Symptommanifestationen lassen sich auf die Wurzel der mangelnden Bereitschaft, sich mit dem Inneren auseinander zu setzen, zurückführen. So liegt die erste Priorität dieser Mond-Signatur darin, in Kontakt (Merkurprinzip) mit der Seele (Mondprinzip) zu kommen. Gefühle in ihrem unterschiedlichen Spektrum wollen geortet und zugelassen werden. Der Kontakt zu den Gefühlen lässt die Nativen wieder weicher werden, und viele Blockaden beginnen sich im Außen zu lösen. Es kann Ruhe ins Gemüt einkehren, so dass sie ein Stück von der Ruhelosigkeit verlieren. Je mehr sie sich dazu Räume schaffen, in denen sie Selbstbegegnung mit sich und intensive Begegnungen mit anderen zulassen, desto eher lernen sie, Schritt für Schritt dem ausgleichenden Element ihres Inneren zu begegnen.

Lerninhalt

Native unter dieser Mond-Signatur sollten in ihrem Ringen mit dem Leben erkennen lernen, dass sie sich mit ihrer übersteigerten Außenorientierung vor der verwandelnden Kraft ihres eigenen Inneren zu entziehen versuchen. Je stärker sie sich auf die äußeren Aspekte ihrer Welt konzentrieren, desto größer wird die Unruhe in ihnen oder in ihrem Leben, um ihnen zu signalisieren, dass die Priorität ihrer Aufmerksamkeit auf die falsche Ebene gerichtet ist.

Unter dieser Mond-Signatur gilt es, eine Verbindung (Merkurprinzip) mit dem seelischen Innenraum (Mondprinzip) herzustellen. Im Vordergrund sollte daher die gezielte Analyse ihrer eigenen Psyche stehen, die sie auch mit einer analytisch-therapeutischen Arbeit unterstützen können, damit sie sich wirklich zu begegnen lernen. Sie sind berufen zu erkennen, dass hinter ihrer Art, sich mit der Außenwelt auseinander zu setzen, immer nur ihre Definition steht, sich mit dem Denken zu identifizieren. Das Tagesbewusstsein des Menschen ist wie ein Spiegel, in dem sich alles reflektiert. Es nimmt nicht nur die äußeren Eindrücke auf, sondern es dringen auch die seelischen verborgenen Äußerungen zu ihm durch. Die Wahrnehmungsfähigkeit der Seele erstreckt sich ins Weite, und dort sammelt sie Impulse und Bilder, die daraufhin im Bewusstsein des Menschen geboren werden, oder sie öffnet die Schleusen und es dringen Empfindungen und Gedanken in das Bewusstsein, von denen der Mensch nicht weiß, woher sie kommen. Die Seele hat Wahrnehmungen, die der Mensch nicht sieht, und ahnt Dinge, die der Verstand nicht zu erklären weiß: Weshalb es förderlich ist, seinen inneren

Zusammenhängen näher zu kommen, um ihre Mechanismen zu ergründen. Um dies zu erfahren, muss der Mensch die Bereitschaft besitzen, sich den Bildern der Seele auszuliefern. Die Erfahrung der durchdringenden lösenden Seelenwasser ist notwendig, um die harte Schale, die Panzerung des Egos aufzuweichen, die sich mit der traumatischen Erfahrung der Geburt im Menschen aufgebaut hat. Die Panzerung des Wesens ist die große Verhinderin, da sie den Fluss vereitelt, der bewirkt, dass im Menschen wieder etwas in Bewegung geraten kann. Dazu kann – wie schon in den Symptombeschreibungen erwähnt – eine Arbeit mit dem Atem hilfreich sein, denn er ist jene zentrale Instanz, die eine Überwindung jener intellektuellen Schwelle zu bewerkstelligen vermag. Erst, wenn die Panzerung innerer Blockaden sich gelöst hat, wie dies bei einem Rebirthing geschehen kann, beginnt die Quelle des inneren Wesens wieder zu fließen und es entsteht Ruhe.

Um dieses Mysterium zu erfüllen, müssen erst die Bedingungen geschaffen sein, besonders wenn die Nativen sich ganz mit dem rationalen weltlichen Geschehen verbunden haben und keine Anbindung zu den Räumen der inneren Nachtseite des Lebens besteht. Sonst sind sie von ihrem rationalen Bewusstsein gefangen, denn erst die Anrührung, die aus dem Gefühl entspringt, vermag sie mit dem Teil zu verbinden, der befreiend auf ihre Blockade einwirkt. Doch auch für den Menschen, der einen geistigen Weg geht und womöglich aufgrund seiner gemachten Erkenntnisse zu weit von der inneren Seelenanbindung abgekommen ist und der sich in Konzepten und Philosophien verloren hat, braucht es jenen wässrigen Impuls der Seele, um die Verhärtung aufzulösen. Beide Male führt dieser innere Impuls wieder zur Weichheit des Fließens und damit zur Lebendigkeit, jener unverfälschten Spontaneität, die Kindern noch zu Eigen ist, die aber im Verlauf des späteren Lebens immer weiter verloren geht.

Jeder erlebt auf seiner Ebene die Entsprechung des Seelenprinzipes. Derjenige, dessen Ausrichtung zu sehr auf weltliche Bereiche gelenkt ist, erfährt dies durch die Gefühle, durch die Liebe, die Sehnsucht und insbesondere durch seine Kinder, die jenen Teil seines Unbewussten repräsentieren, mit dem es für ihn bedeutsam ist, sich über die Gefühle der Liebe und der Zuneigung in Verbindung zu bringen. Um überhaupt eine praktikable Selbstbegegnung zu ermöglichen, ist es erforderlich, innerlich zur Ruhe zu kommen. Diese Ruhe ist nicht die Ruhe eines gedankenlosen Herumsitzens oder der des Schlafes, sondern eine Ruhe, die ganz bewusst und willentlich hergestellt werden kann – eine meditative Ruhe. Sie gleicht einer Kerze, die windgeschützt, ohne zu flackern, brennt. Die bewusste Herstellung dieser Ruhe ist vonnöten, sonst ist es nicht möglich, sich im Innersten zu begegnen. Ein Bild lässt diesen Vorgang der Selbstbegegnung deutlich werden.

Steht man nächtlich unter Sternen bedecktem Himmel an einem See, so spiegelt sich das Firmament im Wasser wider und man vermag den Abglanz des Kosmos dort zu erblicken. Ist das Wasser (Mondprinzip) aber unruhig und vom Wind (Merkurprinzip) bewegt, sieht man nichts als die leicht schimmernde bewegte Oberfläche. Das Wasser hat eine Analogie zur Seele, da die Individualseele dem Tropfen aus dem allumfassenden Seelenozean gleicht. Auch in ihr vermag man erst dann das gesamte Spektrum des eigenen Inneren langsam zu erfassen, wenn es ganz ruhig im Inneren geworden ist. Das heißt aber nicht, dass diese Ruhe mit einem lethargischen Brüten oder einer egoistischen Weltentrücktheit zu vergleichen ist, sondern es ist ein Zustand, der einen Ausgleich schafft und den Menschen, der sich ganz bewusst aus der hohen Dynamik seines Alltags Zeit und Raum nimmt, etwas Besonderes zu geben vermag. Diese Ruhe ist eine bewusste Stille, die man herstellt, um im Inneren ein Gefühl der Rückverbindung hervorzurufen.

Die Bereitschaft zur inneren Hinwendung ist bereits die Erfüllung jenes grundlegenden Mysteriums der Rückverbindung, das unter dieser Mond-Signatur eine Notwendigkeit darstellt. Denn was der Kosmos im Großen ist, ist der seelische Innenraum des Menschen im Kleinen. Innenwelt und kosmische Welt stehen in direkter Verbindung. Was sich im Großen vollzieht, vollzieht sich auch im Kleinen, in der Seele des Menschen. Mit der Hinwendung an seine inneren Bilder wendet sich der Mensch einer speisenden Quelle zu, denn er findet in den mannigfaltigen Bildern der Seele jene Aspekte wieder, die ihm unbewusst sind, um sie mit seinem Intellekt im Tagesbewusstsein einzusortieren. Nur durch das Zusammenführen all jener Aspekte, die einem innerlich verborgen und fremd sind, vermag Einklang und Einheit mit den vielfältigen Aspekten des Wesens hergestellt zu werden.

Die erlöste Form dieser Konstellation führt also auf die Nachtseite des Bewusstseins, indem die Nativen lernen, dieser ihre Zuwendung zukommen zu lassen, ihre Gefühle anzunehmen, sie auszusprechen und zwar so, wie sie wahrgenommen werden, und nicht umgekehrt durch eine intellektuelle Interpretation. Der Atem vermag somit durch die gezielte Anwendung zum Psychopompos, zum Seelenführer, zu werden, der dabei hilft, die Nachtseite des Bewusstseins zu betreten. Darüber hinaus ist es für die Nativen hilfreich, sich aus den Wertungen zu lösen, die sie gerne aufbauen, sobald sie mit ihrem Gefühlsmanko in Verbindung kommen. Je mehr sie sich unter Druck setzen, um Gefühle zu haben, desto stärker wird genau das Umgekehrte entstehen, innere und äußere Zersplitterung nehmen zu. Der Atem jedoch ist jenes wertfreie Element, der die Erfahrung aus sich heraus entstehen lässt, dass man nichts zu erzwingen braucht, weil alles, was wichtig ist, von selbst entsteht. Die Nativen befinden sich in einer Situation, die einer

Psychotherapie ähnelt. In ihr findet man zwar keine objektive Wahrheit, aber zumindest Eigenschaften von einem selbst, denen man durch die bewusste Gewahrwerdung einen Raum geben kann. Vergleichbar ist dies mit dem kreativen Prozess, den Künstler mit ihren Werken erleben, die in ihrem Bewusstsein mehr und mehr Gestalt annehmen, bis sie eine Kontur erhalten, die vorher noch nicht vorhanden war. Mit dem Zusammenschluss von Intellekt und seelischer Hinwendung erfahren sie jenen Zustand, der sie innerlich neu erstehen lässt. In ihnen erwächst eine andere Lebendigkeit, die aus den unkonturierten Ebenen des Innenraumes geboren wird.

Meditative Integration

Begeben Sie sich, wie in den Kapiteln „Der innere Raum" und „Spiegel der Selbstbetrachtung" beschrieben, in den von Ihnen geschaffenen inneren Raum. Nachdem Sie die Entspannungsübung zur Einstimmung ausgeführt haben und Sie sich vor Ihrem Spiegel sitzend wiederfinden, lassen Sie im Spiegel der Selbstbetrachtung folgende Themen im Geist Revue passieren:

Meditation zu äußeren Lebensbegebenheiten

Wie verhalte ich mich in Situationen, in denen meine Gefühle geweckt werden? – Was spielt sich in Konfliktsituationen in meinem Inneren ab? – Sind mir meine Reaktionsweisen bewusst, wenn andere Menschen Zuwendung von mir fordern? – Befinde ich mich in ständiger Aktion? – Hetze ich von einer äußeren Aktion zur anderen ohne innezuhalten? – Kann ich anderen Menschen zuhören? – Unterbreche ich andere Menschen, während sie reden, um meine Kommentare abzugeben? – Neige ich dazu, alles zu analysieren und zu hinterfragen? – Ist mit bewusst, dass ich zu Automatismen neige, die ich unreflektiert ausführe? – Nehme ich mir Zeit für meine Partnerschaft? – Wie gehe ich mit Gefühlen um? – Kann ich Gefühle zulassen? – Wehre ich Vorwürfe, die mein überaktives Verhalten betreffen, einfach ab? – Bin ich mir bewusst, dass ich im Verbund mit Emotionen in meiner Partnerschaft nicht rational denken kann?

Lassen Sie zu Ihren Fragen die entsprechenden Situationen und Erlebnisse im Spiegel der Selbstbetrachtung vor Ihnen entstehen. Nehmen Sie im Besonderen in der inneren Selbstbetrachtung Ihre Diskrepanz zwischen Ihren Gefühlen und Ihrer rationalen Seite wahr. Der innere Aufruhr, der hervorbricht, wenn Sie in die Nähe von Gefühlen gelangen oder mit Menschen zusammen sind, die Gefühle bei Ihnen hervorrufen, will bewusst gemacht werden. Nehmen Sie sich die Muße und die Zeit, und lassen Sie vergangene Situationen vor Ihrem geistigen Auge im Spiegel Revue passieren. Kennen Sie die hektische Dynamik, die Sie ständig umgibt? Ist Ihnen bewusst, dass es trotz Ihrer Erschöpfung einen Teil in Ihnen gibt, der gar nicht zur Ruhe kommen will? Ist Ihnen bewusst, dass Sie Angst vor der Selbstbegegnung haben und Sie vor sich selbst weg laufen, selbst wenn Sie glauben, dass die Unruhe im Außen nichts mit Ihrem Inneren zu tun hat.

Je mehr es Ihnen gelingt, Ihrer Überaktivität nachzuspüren, und Sie erkennen, dass diese eigentlich ein Symptom ist, das Sie von sich selbst abhält, desto stärker nähern Sie sich jenem Teil an, der zu vielfältigen Konflikten und Auseinandersetzungen führt. Nachdem Sie eine Reihe von Lebenssituationen aufgesucht haben, in denen Sie Ihre Zerrissenheit gespürt haben, ist es bedeutsam, in der Umkehrung Situationen aufzusuchen, in denen Sie vertrauensvoll losgelassen haben oder Sie zur Ruhe gekommen sind, Sie Ihre Gefühle annehmen konnten oder sich Situationen von besonderer Nähe zwischen Ihnen und einem lieben Menschen an Ihrer Seite entwickelten. Möglicherweise waren dies Situationen, die sie euphorisch beseelt haben, und Sie fragten sich, wieso Sie nicht mehr Situationen bis zu diesem Zeitpunkt zugelassen haben. Wenn es solche Erfahrungen gibt, dann sind diese der Schlüssel, der Sie zu mehr Hingabe an Ihre Gefühle heranführen kann, so dass Sie erkennen können, dass der Aufruhr nur ein Alarmsignal ist. Wenn Sie sich selbst und Ihrem Inneren vertrauen, werden Sie erkennen, dass Sie mit den Wahrnehmungen, die Sie dort machen können, nicht verletzt, sondern bereichert werden.

Meditation zu körperlichen Symptomen

Finden sich bei Ihnen Symptome aus der Mond-(Luft)-Merkur-Signatur wieder, dann lässt dies darauf schließen, dass Ihnen die Dramatik Ihrer Gefühlsaufwallung und das Bedürfnis, diese zu verdrängen, nicht bewusst ist. Seitens Ihrer Selbstwahrnehmung scheint für Sie alles in Ordnung zu sein, doch im Verborgenen Ihres Inneren tobt der Konflikt, der sich in der Überdrehung im Umgang mit der Welt äußert. Der Konflikt hat sich über die Symptome nur auf eine andere Ebene verlagert, die Sie nicht mit Ihrem Inneren in Zusammenhang bringen. Deshalb gilt es, ihn in die Bewusstheit zu heben, damit Sie Ihren Zwiespalt und die Abwehr gegen Ihr Gefühl zu einer inneren Realität machen können. Es kann hilfreich sein, wenn Sie dem Zeitpunkt, den Menschen und den Orten, an denen Sie sich befanden, als die

Symptome erstmals zu Tage traten, Aufmerksamkeit schenken, denn sie dienten dazu, das Verborgene in die Sichtbarkeit zu heben. Leiden Sie beispielsweise an Atemstörungen, dann suchen Sie Lebenssituationen auf, in denen Sie mit Menschen zusammen waren, die Ihnen sehr nahe waren und Sie mit Ihren Gefühlen bedrängt haben. Oder wenn Sie unter Reizhusten leiden, dann suchen Sie Situationen auf, in denen Sie Ihre authentischen Gefühle verdrängt haben. Empfinden Sie Ihren Fluchtinstinkt gegenüber Nähe und Verbindlichkeit. Wenn es gelingt, jenen Teil in Ihnen zu entdecken, der bestrebt ist, die Tür zu Ihren inneren Welten verschlossen zu halten, nähern Sie sich dem zentralen Punkt an, den es zu entdecken gilt.

Weitere Fragen, die Sie sich bei Symptomen stellen können

Fliehe ich vor meinen Gefühlen? – Bin ich mir bewusst, dass ich gefühlsgebundene Forderungen ablehne, die an mich gestellt werden? – Gebe ich meinem Denken den Vorrang gegenüber den Gefühlen? – Erfahre ich häufig unerklärliche Unruhe und Aufruhr? – Mit welchen Menschen oder in welchen Situationen fühle ich mich besonders aufgewühlt? – Befinde ich mich in einer einengenden Lebenssituation? – Werde ich von meinem Partner/in zu Verbindlichkeit und Nähe gedrängt? – Habe ich eine Abneigung gegen nahen Körperkontakt? – Ist mir der Mechanismus bewusst, in welchen Lebenssituationen meine Gedanken von mir Besitz ergreifen? – Wie gehe ich mit Situationen der Stille um? – Nehme ich mir genügend Zeit für Selbstbegegnung?

Nehmen Sie nicht zu viele Fragen in die Betrachtungen mit hinein. Lassen Sie sich Zeit dazu, denn diese Fragen wollen nicht über den Intellekt geklärt werden. Seien Sie in Ihren Betrachtungen wertfrei. Es braucht lediglich eine Wahrnehmung der Abwehr gegenüber Ihren inneren Welten, der Sie in der Rückschau in Ihren inneren Bilder nachspüren sollten. Nehmen Sie sich vor allem Zeit dazu. Bearbeiten Sie mehrere Tage lang erstmal nur eine Frage. Wenn sich keine Bilder mehr einstellen, können Sie sich dem nächsten Themenfeld zuwenden. Je stärker Sie sich dem abwehrenden Element in Ihnen annähern, desto mehr nähern Sie sich auch dem Bereich an, der durch Bewusstheit erlöst werden will.

Symbol-Imagination bei Symptommanifestationen

Lassen Sie in Ihrem Spiegel eine Meeresszenerie entstehen. Sie befinden sich alleine auf einem großen Ozean und schwimmen auf der Oberfläche des Wassers. Haben Sie keine Angst, denn in diesem Ozean werden Sie nicht ertrinken oder Gefahren ausgesetzt sein, denn es ist Ihr innerer Ozean. Dort ist Ihnen die Fähigkeit gegeben, auf beiden Ebenen zu atmen und zu leben. Das Wasser ist vom Wind gepeitscht, und Sie befinden sich auf einem riesigen wogenden Tanz auf der Wasseroberfläche. Spüren Sie, wie der Sturm immer wilder tobt und Sie von einem Gipfel in das nächste Wellental geworfen werden. Erleben Sie, wie der Sturm das Wasser von der Oberfläche reißt und vor sich hertreibt. Spüren Sie sich ganz intensiv in diese Wahrnehmung hinein, denn es sind die Wellen Ihres Gemütes, die Sie so aufpeitschen wie der Wind das Wasser. Sie suchen nach einem Boot, das Sie sicher auf der Oberfläche tragen soll. Sie finden auch eines, doch das Boot ist den ständigen Angriffen des tobenden Wassers nicht gewachsen. Nehmen Sie ganz bewusst wahr, wie schwer es ist, in das Boot zu gelangen, wie Sie immer wieder von den Wellen herunter gerissen werden und wie schwer es ist, dort dem Sturm zu trotzen.

Tauchen Sie nun in das Wasser hinein, im Bewusstsein auch unter Wasser atmen zu können, ohne Schaden zu nehmen. Tauchen Sie immer weiter in die Tiefe des Ozeans hinein. Fühlen Sie dabei, was Sie für Wahrnehmungen haben. Haben Sie vielleicht Angst, vom Wasser erdrückt zu werden? Haben Sie Angst, in dieser Enge zu ersticken, weil der Druck in der Tiefe zunimmt? Möchten Sie wieder an die Oberfläche? Nehmen Sie alle aufsteigenden Gefühle wahr. Wenn Sie wieder an die Oberfläche möchten, dann tauchen Sie wieder auf. Dies können Sie ganz so halten, wie Sie wollen. Oben werden Sie feststellen, dass das Tosen immer heftiger wird und Sie erneut dem Wogen und Peitschen ausgesetzt sind. Tauchen Sie wieder unter, und versuchen Sie ganz in die Tiefe zu gelangen. Sie werden feststellen, dass je tiefer Sie gelangen, die Bewegungen immer geringer werden, bis Sie nur noch ein sanftes Wiegen fühlen und Sie eine tiefe Stille umgibt. Nehmen Sie beide Ebenen wahr; die Ruhe, wenn Sie ganz tief hinabtauchen, und die tosende Oberfläche, je weiter Sie auftauchen. Lassen Sie die beiden Ebenen Ihnen ihre Eindrücke vermitteln. Lassen Sie die beiden Ebenen auf sich wirken. Tauchen Sie, so oft Sie wollen, auf und wieder ab, und nehmen Sie nur die Unterschiedlichkeit dieser Erfahrung wahr. Nehmen Sie die Erfahrungen, die Sie dort machen können, in Ihr Bewusstsein auf. Vielleicht erkennen Sie Ähnlichkeiten zu dem wogenden Tanz auf den Wellen Ihres Lebens. Lassen Sie die sich einstellenden Erkenntnisse als Simile in Ihrem Inneren wirken, und nehmen Sie die Erfahrung mit in Ihr Leben hinein.

MOND IM ZEICHEN KREBS
MOND IM VIERTEN HAUS

DIE MOND-MOND-THEMATIK

primäre Stimmung:
Mond im Zeichen Krebs
Mond in Haus 4

latente Erfahrung:
Tierkreiszeichen Krebs in Haus 4

Stimmungsbild

Im Stimmungsbild der Mond-Mond-Thematik, das vom wässrigen, weiblichen Element der lunaren Kräfte geprägt ist, findet das gefühlsmäßige Ringen und Wirken seinen stärksten Ausdruck. Mythologisch betrachtet entspricht das Mondprinzip dem Wasser der Individualseele, die im Verhältnis zum allumfassenden Seeleprinzip wie der Tropfen zum Ozean steht. In seiner symbolischen Bedeutung spiegelt sich die Schöpfungsidee in der Allseele wider – so wie das Sonnenlicht vom Mond reflektiert wird.

In den Gesetzmäßigkeiten aller großen Schöpfungsgeschichten, z. B. in der Genesis und der Tabula Smaragdina, wird beschrieben, dass alle Schöpfungsideen und -bilder in der allumfassenden Seele verwahrt werden. Analog dazu trägt die Gebärmutter den Fötus, der dann in einem Wesen mit seiner Individualität seinen Ausdruck findet. Gleichfalls beginnen die Schöpfungsideen, nachdem sie in der allumfassenden Seele verwahrt wurden, in der materiellen Schöpfung ihre Ausformung anzunehmen. In der mikrokosmischen Schöpfung des Menschen verfügen die verborgenen Seeleninhalte, die unbewussten Kräfte der Individualseele, gleichfalls über eine zwingende Kraft zur Manifestation im Materiellen. Die unbewussten Themen spiegeln sich im Leben des Menschen stets in den äußeren Manifestationen und in den Bildern des Lebens wider, in gleicher Weise spiegeln sie sich auch in den inneren Bildern und Träumen des Menschen. Selene, die Mondgöttin, ist im Mythos die Göttin des Schlafes, der Träume und des Todes. Die Traumbilder wurzeln – jenseits aller konkreten Manifestationen – im Unbewussten und verkörpern jene Zugangsebenen zu den Bereichen des Bewusstseins, die dem Menschen in seinem rationalen Tagesbewusstsein nicht zugänglich sind. Dieser Zugang ist besonders bedeutsam, denn aus ihm folgt ein Entwicklungsprozess, der in einer sehr eindrucksvollen Analogie in den Wachstumsphasen eines Fötus (Mondprinzip) enthalten ist. In den zeitbedingten Wachstumsschritten sind alle Ausformungen des Lebens vom Einzellerstadium, dem Fischestadium, dem Reptil bis hin zum Säugetier zu finden. Da der Fötus eine direkte Analogie zum reinen Mondprinzip aufweist, wird durch ihn deutlich, dass auch im innerseelischen Entwicklungsprozess des Menschen jene Stadien der Ausprägung enthalten sind, in denen im Laufe des fortschreitenden Lebensprozesses die unbewussten Qualitäten der menschlichen Psyche im Licht der Bewusstheit zum Reifen geführt werden.

Ist der Mond im Tierkreiszeichen Krebs positioniert oder befindet er sich im vierten Haus des Geburtsmusters, lässt sich diese Konstellation mit der Überschrift einer Mond-Mond-Thematik beschreiben, hier findet die **primäre Stimmung** dieser Signatur ihren Ausdruck. Die **latente Erfahrung** wird gemacht, wenn sich das Tierkreiszeichen Krebs im vierten Haus befindet. Hier wirkt sich das Stimmungsbild in einer abgeschwächten Form aus. Im Tierkreiszeichen Krebs drückt sich die lunare Qualität in ihrer reinsten Form aus, denn in diesem Zeichen ist der Mond „zu Hause". Er ist der Herrscherplanet des Zeichens Krebs, das ein wässriges, passives, beeindruckbares, weibliches Thema symbolisiert. Im mundanen Tierkreis eröffnet das Zeichen Krebs den zweiten Quadranten, der dem Bereich des Seelischen zugeordnet ist. Der erste Quadrant, der symbolisch die sichtbare manifeste Welt der Formen mit ihren lebendigen Funktionen darstellt, erfährt mit dem Zeichen Zwillinge seinen Abschluss. Das Zeichen Krebs ist nach den ersten drei Stufenleitern Widder, Stier und Zwillinge im Tierkreis das erste wässrige Zeichen. Die im Zeichen Krebs waltende Energie ist subjektiv nach innen bezogen. Dies ist die notwendige Folge, der in den drei ersten Zeichen stattfindenden Veräußerlichung. Alle Erfahrungen, die ein Mensch mit der Mond-Thematik machen kann, führen deshalb zwingend in seinen Innenraum. Dazu verhelfen die innere Bewegtheit und die sich einstellenden Gefühle. Aufgrund der vorhandenen großen Beeindruckbarkeit findet hier die Entwicklung des Emotionalen statt.

Versucht man den Sinn zu ergründen, weshalb eine solche Mond-Thematik im Geburtsmuster eines Menschen besteht, dann geht es um notwendige Erfahrungen, welche die Nativen unter dieser Mond-Konstellation in einen Öffnungsprozess des Gefühls hineinführen möchten. Möglicherweise fehlt in der Gesamtheit des Geburtsmusters jener offene, berührbare Anteil, weil der Mensch von der Substanz seines Wesens zu rational und verschlossen ist. Im Sinne eines Wachstumsprozesses führt die Mond-Thematik zu einer gefühlsbedingten Öffnungserfahrung. So gestaltet, führt der von der Seele gesteuerte Lebensprozess zu vielfältigen Erfahrungen, die dazu beitragen, dass der Mensch sich aufgrund seiner empfindsamen Mondqualität nicht mehr zu verschließen vermag.

Unter dieser Mond-Thematik sind die Nativen intensiv ihren Gefühlen ausgeliefert, sie sind empfindsam und verletzlich. Der Mond im Geburtsmuster gibt darüber Auskunft, wie es um das Verhältnis des Menschen zu seinem Lebensumfeld bestellt ist; so sind Menschen unter dieser Mondkonstellation stets auf der Suche nach einem Geborgenheitsmoment in den Lebensbedingungen, das ihnen vordergründig scheinbar nicht vergönnt ist, weil die Welt als unerbittlich und verletzend wahrgenommen wird. Die täglichen Anforderungen, egal, wie sie geartet sind, werden von den Betroffenen subjektiv als hart wahrgenommen. Dazu tragen die Kontakte mit anderen Menschen bei, die ihnen über ihre Grenzen treten und sie dadurch gefühlsmäßig beeinträchtigen. Dies können unbedachte Äußerungen sein oder auch mangelnde Beachtung. Jegliches, was es auch sei, rührt die Nativen im innersten Keim an, und sie benötigen viel Zeit, um sich mit der Beeinträchtigung ihres Gefühls auseinander zu setzen. Aus diesem Grund folgt die Annährung an das Außen mit einer vorsichtigen Distanz. Sie fühlen sich zu Menschen hingezogen, die ihnen ein Stimmungsklima bieten, das frei von Verletzung und Anforderungen ist, in dem sie sich unbefangen und angenommen bewegen können. Sie sehnen sich ein familiäres Miteinander herbei, das geprägt ist von Nachsicht und einem vertrauensvollen Miteinander. Ist dies jedoch nicht gewährleistet, schaffen sich die Nativen durch ihr Verhalten und ihre Reaktionen auf andere eine Abgrenzung, damit ein Sicherheitsabstand besteht. Niemand darf ihnen über die Grenze treten oder erfahren, wie es wirklich in ihnen aussieht. Die sensible Innenwelt wird gegenüber der Außenwelt wie ein tiefgehütetes Geheimnis verschlossen. Damit man ihre Sensibilität nicht wahrnimmt, legen sie sich ein dynamisch, burschikoses Schutzverhalten zu. Hinter der äußerlich gewahrten Form wohnt jedoch das vernachlässigte, liebesbedürftige Kind, das nur darauf wartet, die Liebe und die Zuwendung anderer Menschen aufzusaugen wie ein Schwamm das Wasser.

Menschen mit dieser Mond-Signatur sind im besonderen Maße emotional und subjektiv. Aufgrund ihrer Empfindsamkeit sind sie vielmehr bei sich als bei anderen Menschen, da sie zu sehr mit ihrer Gefühlswelt beschäftigt sind. Das Mondprinzip entspricht von der Analogie her den Entwicklungsstufen des Kindseins; auch die Nativen sind analog zum Wesen eines Säuglings voll auf die eigenen Bedürfnisse ausgerichtet. In der ersten Phase des Lebens nimmt ein Säugling nur sich und seine Bedürfnisse wahr. Alles, was er für sein Seelenheil benötigt, ist für ihn essenziell. Fehlt es ihm an der nötigen Zuwendung, dann klagt er nachhaltig seine unerfüllten Bedürfnisse ein. Da ein Säugling sich nicht in seiner Bedürftigkeit zu artikulieren vermag, holt er sein Umfeld lautstark mit seinem Schreien und Weinen in die Pflicht. Unverholen werden die Gefühle ausgedrückt. Beim Erwachsenen unter dieser Mond-Thematik geschieht dies in ähnlicher Wiese durch emotionalen Druck, den sie an das Umfeld abgeben. So spüren die Menschen, die mit Eignern einer Mond-Mond-Thematik in engen zwischenmenschlichen Kontakten stehen, zwar, dass es häufig irgendeine Beeinträchtigung gibt, tappen jedoch dabei im Dunklen, weil die Nativen nicht artikulieren, was sie bedrückt. Die Menschen in ihrem Umfeld fühlen aufgrund der ständig erforderlichen Ergründung, was möglicherweise zu einer Verletzung beigetragen haben könnte, eine permanente Befangenheit.

Menschen mit dieser Mond-Signatur haben vorrangig Zugang zu ihren eigenen Bedürfnissen, wobei ihr Drang nach Erfüllung ihrer emotionalen Bedürftigkeit so groß ist, dass sie, wenn sie sich übergangen fühlen, aggressiv und verletzend reagieren, ohne es selbst zu merken, fast als wollten sie ihr Umfeld für ihre unzufriedene Gemütslage bestrafen. Der Drang nach Liebe und, stellvertretend für diese, nach Anerkennung ist deshalb sehr ausgeprägt. Dies führt dazu, dass sie öffentliche Anerkennung als Ersatz für Zuneigung anstreben, in dem sie sich intensiv um Erfolg bemühen. Hier lassen sich zwei zentrale Verhaltensformen beschreiben: Die passive Form, die durch die zur Schau gestellte Betroffenheit bestrebt ist, Aufmerksamkeit auf sich zu lenken. Je näher ihnen Menschen stehen, wie beispielsweise im Freundeskreis, Partnerschaft oder der Familie, desto mehr intensivieren sie den Druck im vertrauten Umfeld und lenken durch theatralische Szenarien die Aufmerksamkeit auf sich. In der aktiven Variante versuchen die Nativen, Liebe durch Überleistung und dem Streben nach Erfolg zu erhalten. Das Spezifische an beiden Verhaltensformen ist, dass die Mitmenschen in keinem Fall die gesteigerte Bedürftigkeit hinter ihrem Verhalten entdecken sollen.

Nichts ist für die Nativen schlimmer, als dass offenbar wird, wie bedürftig und verletzlich sie sind, denn dadurch würden sie in die Nähe ihrer Angst geraten, die darin wurzelt, von den anderen als schwach wahrgenommen und in der Folge in der Position des Schwachen überrollt zu werden. Ihre Angst entspringt letztlich der ungefestigten Struktur ihres Gemütes, welches eine starke emotionale Manipulierbarkeit zur Folge hat. Wie ein stark bewölkter Himmel können sonnige Phasen in wenigen Minuten in düstere Bewölkung umschlagen. Ihre labile Gemütswetterlage gibt ihnen zudem das Gefühl, schutzlos der Kälte dieser Welt ausgesetzt zu sein. Dies ist der Grund, weshalb sie bildhaft wie ein Igel, der sich bei Gefahr kugelt und seine Stacheln hochstellt, bei der geringsten Missstimmung einen Rückzug gegenüber anderen Menschen ausführen und in eine Abwehrstellung gehen.

Ihre unbewusste Lebensangst, in einer kalten Welt den Anforderungen nicht gewachsen zu sein, bindet sie an ihre rastlose Suche nach einer heilen Welt. Vergleichbar ist dies beispielsweise mit Erfahrungen von Kindern, die nach der ersten Schulklasse mit der Versetzung darunter leiden, dass der Zauber der Vorschule und der ersten Klassen auf Kosten von Lernstress in der Schule verloren geht. Zu Sankt Martin bastelte man gemeinsam Laternen und zog singend umher, zu Weihnachten bekam man Geschichten vorgelesen, zu Ostern wurden Mobiles aus ausgeblasenen Hühnereiern gebastelt, all diese Nettigkeiten weichen mit dem Heranwachsen einem Lernerfordernis, das auf den Ernst des Lebens vorbereitet. Mit der Zeit lässt der Zauber der Kindheit nach, den einst ein Dichter mit den Worten beschrieb: „Oh selig, oh selig, ein Kind noch zu sein", und sie sehen sich einer harten Realität gegenüber, der sie fürchten nicht gewachsen zu sein, weil ihr verletzliches Gemüt nicht genügend Streicheleinheiten und damit Nahrung bekommt.

Im übertragenen Sinne verhält es sich ähnlich mit den Erfahrungen des Lebens. Im Grunde genommen nimmt mit dem Erfordernis, für das eigene Leben sorgen zu müssen, die Intensität der sich steigernden Kälte zu. Weidwund nehmen die Nativen wie einst in der Kindheit auch das Leben als eine sich steigernde Verlusterfahrung von Nettigkeit und Zauber wahr. Um in einem derartigen Klima überstehen zu können, bauen sie um ihren weichen Keim ihres Gemütes vergleichbar mit einem Schalentier eine schützende Grenze auf. Innerlich verdurstet ihr weicher bedürftiger Anteil, so dass sie nur in Situationen, in denen sie sich ganz angenommen fühlen wie im Kreise von Menschen, die sie lieben, ihr Seelenheil finden. In diesen seltenen Fällen offenbaren sie ihrem Umfeld glücklich lachend all den Zauber ihrer kindlichen Innenwelt, die im Alltag so fest verschlossen ist wie die harte Schale einer Muschel. Dann lassen sie sich von ihren Gefühlen treiben, weil sie selig sind, sich von allen formellen Zwängen der äußeren Welt befreien zu können. All ihre nach außen gelebte Dynamik ist mit einem Male wie fortgeblasen.

Diese extreme Differenz zwischen dem vermittelten Bild und ihrem tatsächlichen Persönlichkeitskern erweckt den Eindruck, dass man es mit zwei verschiedenen Menschen zu tun hat. Der tagsüber nach Erfolg jagende Manager organisiert im engen Freundeskreis Partys, auf denen man „blinde Kuh" oder „Topfschlagen" spielt. Die souveräne Geschäftsfrau sitzt abends in ihrem Kuschelparadies und hört unter Tränen ihre Märchenplatten aus der Kinderzeit, während sie am Daumen lutscht. Oder die Nativen regredieren in ihrer Freizeit in ein trotziges Verhalten den Nahestehenden gegenüber, die außer einem Kopfschütteln und einem Schmollmund nichts aus ihnen hervorzulocken vermögen, weil sie gerade mal wieder betroffen sind, da ihnen irgendetwas missfiel. Die stark voneinander differierenden Anteile ihrer Persönlichkeit sind als Ausdruck der damit einhergehenden Spannung zu verstehen. Tagsüber versagen sie sich, ihre Gefühle zu offenbaren, und so kommt es in ihrer privaten Sphäre zu extremen Ausdrucksformen ihres seelenvollen Innenlebens, deren Opfer sie selbst werden. Sicher nicht immer in der erlösten Form, da sie als Ausgleich für die anstrengende Leistung, die sie im formellen Leben erbracht haben, zu heftigen überschäumenden Wogen des Gefühls beitragen.

Hier ist es für die Nativen bedeutsam, einen Vermittlungsakt im eigenen Leben herzustellen, denn sie sind dazu aufgefordert, mehr Vertrauen in das eigene Gefühl zu entwickeln. Es braucht den Mut, auch den Gefühlen in der Alltagswelt einen Platz einzuräumen. Erfahren die Nativen, dass sie von anderen bewusst verletzt werden oder sie aufgrund ihrer Sensibilität im Lebenskampf überrollt werden, ist dies ein Ausdruck dafür, dass sie nicht bereit sind, sich selbst den Raum für ein gefühlsbetontes Miteinander zu geben. Die Enttäuschungsmomente nehmen sie jedoch als Bestätigungselement ihrer Angst, das sie wiederum berechtigt, sich zu schützen – sie würden jedoch keine Verletzung erfahren, wenn sie ganz im Einklang mit ihrem bewegten Gemütsteil wären. Solange sie ihre Angst vor der Offenbarung dieses Teiles nicht kennen und sie sich in ihrer Schutzhaltung durch das Leben bewegen, wirft sie das Leben als kumulierte Kraft ihres eigenen Unbewussten immer wieder in Situationen hinein, die ihnen im Zerrspiegel des Erlebens die Wahrnehmung ihres ungeliebten inneren Teiles aufdrängt.

So ist es verständlich, dass die Nativen sich von sich selbst und damit vom Zugang zu Geborgenheit und Einklang im Leben abschneiden, wenn sie versuchen, ihre weiche Seite zu isolieren. Die Überkompensation ihrer Labilität zwingt sie in einen unsichtbaren und unerbittlichen Kampf gegen das Leben. Das Leben wird somit zu einer Behauptungssituation, die zu einer Entkräftung führt, weil sie sich von der bereichernden und speisenden Quelle ihres Inneren entfernt haben. Je stärker ihr Bestreben ist, den empfindsamen Kern ihrer Persona nicht offenbar werden zu lassen, nehmen Trauer und Depression zu. Deshalb ist es für die Nativen unter dieser Mond-Thematik sehr bedeutsam, sich zu ihrem bedürftigen verletzlichen Teil zu bekennen. Geschieht dies nicht, erleben sie eine fatale Dynamik, in der sie – anstatt angenommen und getragen zu werden – immer neue Situationen erleben, die sie in ihre Ohnmacht und Schwäche zurücktreiben.

Näher an der Themeneinlösung sind jene Eigner der Mond-Thematik, die sich nicht mehr mit Schutzhaltungen umgeben, sondern die ihrer inneren Entsprechung einen Ausdruck verleihen. Bedeutsam wäre für die Nativen, sich dahingehend zu prüfen, ob es in ihrem täglichen Erleben genügend Raum gibt, in dem sie ihre Gefühle leben können, besonders im Beruf. Auch die Arbeit mit Seelenthemen in einem therapeutischen Beruf oder die Arbeit mit Kindern sowie eine Tätigkeit in einem kreativen Bereich ließe genügend Raum entstehen, in dem sie nicht in ein allzu großes Spannungsgefüge hineingeraten, weil sie keine Ausdruckmöglichkeiten für ihre inneren Themen haben. Die Freiheit von gewissen gesellschaftlichen Zwängen und Reglementierungen ist für sie sehr wichtig. Autoritäre oder dominante Persönlichkeiten, denen sie gegenüber verantwortlich oder denen sie unterstellt sind, können zu einer besonderen Leidenserfahrung werden, denn in ihrem Inneren hegen sie ein Freiheitsideal, zumindest für sich selbst, das sie gerne verwirklichen möchten. Dies ist auch die Triebfeder für die Nativen, sich für soziale oder politische Themen einzusetzen. Im Besonderen um einen Abbau von gesellschaftlicher Reglementierung zu unterstützen und damit die Bedingungen für ihr Umfeld zu verbessern. Der Grönemeyer-Song „Gebt den Kindern alle Macht" kündet von den Anliegen der Nativen unter dieser Mond-Thematik. Die Wurzel ihrer Bemühung ist stets die Bestrebung, an Bedingungen zu arbeiten, die das Leben freundlich und ertragbar werden lassen. Ihre Handlungsweisen sind deshalb stark von ihren Emotionen geprägt. Je emotionaler sie aufgeladen sind, desto mehr fehlt es ihnen an Disziplin und Kritikfähigkeit am eigenen Verhalten. Ihre eigene Betroffenheit legitimiert sie in ihren Handlungen und gibt ihnen Recht, wobei sie jedoch sehr schnell in die Falle ihrer Subjektivität geraten können.

Die Subjektivität ist jener Anteil, der die Nativen unter dieser Mond-Thematik bindet. Ihre Reaktionen folgen stets ihrer empfindungsmäßigen Wahrnehmung gewisser Lebenssituationen. Da es ihnen an Objektivität mangelt, beziehen sie sehr leicht alles auf sich. So können die Nativen beispielsweise mit Liebe und Wärme überhäuft werden, ohne es zu würdigen, weil ihre Bedürfnisse, die für sie eine Rolle spielen, von den anderen unerkannt bleiben. Dies können für andere ganz belanglose Dinge sein. Man hat sich z. B. zu einer Wanderung aufgemacht, auf die sich der Mensch mit dieser Mond-Thematik schon lange gefreut hatte, und leider vergessen, genügend Proviant mitzunehmen, was in der Folge dazu führen kann, dass der ganze Tag verhagelt ist und in einem emotionalen Inferno endet. Oder der Arbeitsplatz sollte annehmlicher gestaltet werden, wurde aber ohne sie vorher zu fragen umgestaltet, so dass der Schreibtisch der Nativen in einer anderen Ecke des Zimmers zum Stehen kam, was von den Betroffenen wochenlang mit düsterer Stimmung quittiert wird, möglicherweise solange, bis der alte Zustand wiederhergestellt wurde. Selbst dann ist es möglicherweise nicht in Ordnung, weil man sie ungefragt übergangen hatte. So spüren die Nativen zwar die Zuwendungsbemühungen ihrer Mitmenschen, doch die Betroffenheit über ein mangelndes Einfühlungsvermögen wiegt schwerer als die Zuwendung der anderen.

Aufgrund ihrer seismografischen Empfindsamkeit beobachten sie sehr genau, was in bestehenden Situationen von ihren Mitmenschen nicht erfüllt wird, und befinden sich in der Position des ständigen Forderns. Vergleichbar mit Angestellten eines angeschlagenen Unternehmens, die in den Streik gehen und auf ihre Lohnforderungen pochen, ohne aber zu merken, dass ihre Forderungen den Todesstoß für ihren Arbeitgeber bedeuten könnte. In der gleichen emotionalen Aufladung kommt es bei ihnen zu einem Spagat zwischen der vorwurfsvollen Anklage ihrem Umfeld gegenüber, das nur egoistisch auf sich bezogen ist, und der Ironie, dass es ihnen überhaupt nicht auffällt, dass sie die Einzigen sind, die in zwischenmenschlichen Beziehungen das Recht besitzen zu fordern.

In dieser Ausdruckform spiegelt sich analog dazu die Selbstbezogenheit eines Säuglings wider, der vollends an seine eigene Bedürfnisbefriedigung gebunden ist und in diesem frühen Stadium sein Umfeld mit seinen Problemen nicht wahrzunehmen vermag. In ihrem verlangenden Selbstbezug liegt im Wesentlichen der Keim verborgen, der ihnen in vielen Situationen das heiß Ersehnte versagt. So wie jedes Kind einmal in seinem Leben erwachsen sein und selbst Kinder zur Welt bringen wird, geht es bei den Nativen um ein Wachstumsgeschehen, das sich von der Haltung, Forderungen an die Umwelt zu stellen (kindliche Erwartungshaltung), dahingehend verändert, sich bedingungslos den Bedürfnissen des Umfeldes zuzuwenden (erwachsene Haltung).

Mit der Position des Forderns befinden sich die Nativen in einer einseitigen Haltung, die nicht dem mit dem Mond-Thema verbunden Auftrag entspricht. Die Erwartung, nur mit Zuwendung zu reagieren, wenn man zuvor vom Umfeld Zuneigung erhalten hat, bringt die Betroffenen in einen sich immer weiter drehenden Teufelskreis der versagten Gefühle. Erst, wenn sie die innere Blockade durchbrechen und lernen, sich in einer wertfreien Form, frei von allen Bedingungen und Erwartungen dem Umfeld zuzuwenden, geraten Zuneigung und warmes Aufgenommensein in einen Fluss hinein und erst dann beginnen sich die Wogen der Gefühle langsam zu glätten.

Kindheitsmythos

Native unter dieser Mond-Thematik erfahren sehr früh in der Kindheit eine Dynamik, die sie tief in ihre Gefühlswelt verstrickt. Da das Kind sehr auf sich bezogen ist, wird es in der Kindheit die Erfahrung machen, dass seine Bedürfnisse nicht zu seiner Zufriedenheit erfüllt werden. Das Kind sehnt sich nach Zuwendung und Verständnis, wird aber seitens der Eltern erfahren, dass sie wesentlich gröber gestrickt sind als es selbst. Die Mutter begegnet den Gefühlsbeeinträchtigungen des Kindes mit Sachlichkeit und Unverstand. Die Mutter wird sehr schnell die Erfahrung machen, dass – egal, was sie für das Kind an Zuwendung bereithält –, es niemals genug ist

und das Kind in einem fort Forderungen stellt. Die Mutter hat beispielsweise eine große Geburtstagsfeier für das Kind organisiert, und da es sich
sehnlichst ein Fahrrad wünschte, bekam es dieses zu seinem Festtag
geschenkt. Das Kind hatte sich ein blaues Rad gewünscht, aber der Händler
konnte das gewünschte Model nur in grün besorgen. Die Farbabweichung
führt beim Kind zu einer solchen Enttäuschung, dass es den ganzen Tag und
die folgenden Tage vollkommen verstimmt ist und sich in eine solche
Trauerwolke zurückzieht, als hätte es in der Familie einen Todesfall gegeben. Es rührt das Fahrrad nicht an. Alles gute Zureden und alle Argumente
erreichen es nicht, und es empfindet so, als hätten die Eltern ihm seinen
Wunsch nicht erfüllt. In derartigen Situationen wird ihm nicht bewusst,
dass es beschenkt wurde; sondern das, was es bekam, zeugt lediglich von
dem Unvermögen der Eltern, seinen Herzenswunsch nicht richtig erfüllt zu
haben. Hier lassen sich alle beliebigen Varianten einsetzen.

Das Spezifische ist, dass Kleinigkeiten eine solche Verstimmung hervorrufen können, denen das Kind ausgeliefert ist und in die es sich völlig hinein-
steigert und emotional gehen lässt. Dabei ist die Bandbreite seiner Reaktionen
sehr weit gefächert. Sie reicht von Weinen, Schreien und ständiger Quengelei
bis hin zu Trotz- und Verweigerungssituationen. Bei den geringsten Anlässen
zieht es eine Schnute, setzt sich stundenlang stumm und trotzig mit gebro-
chenem Blick in eine Ecke und reagiert auf keine Ansprache aus dem Umfeld.
Dies kann dazu führen, dass die Mutter an ihre Belastbarkeitsgrenzen gerät
und nach einer gewissen Zeit, genervt vom Verhalten des Kindes, diesem mit
Strenge und Ärger über seinen permanenten Unmut begegnet. Subjektiv hat
das Kind den Eindruck, dass man es nicht versteht und niemand die wahren
Gefühle und Bedürfnisse erkennt, was dazu führt, dass es den Druck auf sein
Umfeld erhöht und später mit zunehmenden Alter nach den Verfehlungen des
Umfeldes zu suchen beginnt. Ganz real folgert es, dass es nicht die entspre-
chende Zuwendung erhalten hat, die Eltern es gar vernachlässigt haben und
es nicht geliebt wurde. Dabei ist es vollkommen relativ, was die Eltern dem
Kind wirklich an Zuwendung gegeben haben, es ist die subjektive Sicht des
Kindes. In dieser Ausformung wird sehr früh die Gemütslage der Nativen
sichtbar, die sich auch später in anderen Formen insbesondere auf der
Beziehungsebene ausprägen wird. Je emotionaler die Verbindungen zu anderen Menschen sind, desto emotionaler ist auch das Verhalten.

Wächst ein Kind mit dieser Mond-Thematik mit Geschwistern auf, dann
wird es durch sein Leidensverhalten versuchen, sich in den Vordergrund zu
spielen. Es zentriert mit seiner Emotionalität die gesamte Aufmerksamkeit
auf sich und kann sehr gut sein gesamtes Umfeld mit seiner Betroffenheit
im Griff haben. Die anderen treten in den Hintergrund, weil es mit seinen

Problemen die Aufmerksamkeit auf sich zu ziehen versucht. Im Extremfall, wenn sich plutonische Elemente im Geburtsmuster befinden, kann dies vom Krankheitsgewinn bis hin zur Suizidandrohung führen. Dieser wird dann zwar nicht ausgeführt, dient aber dem Zuwendungselement und dem Bedürfnis, Druck auf das Umfeld auszuüben. Im Ergebnis bleibt es bei einer Schuldzuweisung, denn das Umfeld ist verantwortlich, dass das Leben so unerträglich wurde und sich damit der Wunsch, aus dem Leben zu scheiden, steigerte.

Eine andere Erlebensvariante kann darin bestehen, dass es tatsächlich zu einer Situation kam, die beim Kind zu einer emotionalen Beeinträchtigung führte. Die Schwangerschaft der Mutter sowie die Geburt fanden in einer ungeklärten Situation statt. Möglicherweise hatten die Eltern ihre Beziehung wieder beendet und die Sorgepflicht war nicht ganz geklärt. So erlebt das Kind, dass es zwischen den Eltern hin- und hergeschoben wird und eigentlich nirgendwo richtig zu Hause ist. Es leidet an der desolaten Familiensituation. Völlig auf sich gestellt erlebt die Mutter ihre Schwangerschaft und leidet deshalb an Existenzängsten. Weil sie von ihrer eigenen Betroffenheit zu gefangen ist, kann sie dem Kind nicht genügend Zuwendung geben. Es mangelt an Geld, so dass die zusätzlichen Ausgaben für das Kind zu einer großen Belastung werden. Es kann auch sein, dass die Mutter ihrer Verantwortung nicht nachkommt und das Kind sich selbst überlässt. Abends geht sie tanzen und bringt wechselnde Partner mit nach Hause, so dass das Kind vermittelt bekommt, überflüssig zu sein. Das Kleinkind wird für sein Umfeld zu einer Belastung, es stört und wird immer dann, wenn es emotionale Forderungen stellt, weggestoßen. Omas, Opas und Tanten übernehmen die Versorgung des Kindes, denn es ist nicht klar, wer für es sorgen soll. Ihm fehlt die Fürsorge, es droht seelisch oder gar körperlich zu verwahrlosen. Weil es zu niemandem eine feste Bindung aufbauen kann, entwickelt es kein entsprechendes Urvertrauen dem Leben gegenüber, ist aber ständig auf der Suche nach Geborgenheit. Das kann dazu führen, dass das Kind zu Freunden oder zu Nachbarn im Umfeld einen Kontakt aufbaut, ständig sucht es die Nähe der von ihm ausgewählten Menschen, und man hat fast das Gefühl, dass es sich nach Aufmerksamkeit und Zuwendung verzehrt. Auch fehlender Hautkontakt und Streicheleinheiten lassen das Verlangen nach Zuwendung bei ihm anwachsen. Mehr und mehr beginnt es, die damit einhergehende Verletzlichkeit und Ausgeliefertheit zu spüren. In manchen Fällen flüchtet es ähnlich wie bei der Mond-Neptun-Thematik in eine Traum- und Fantasiewelt, in der es sich annehmbarere Bedingungen herstellt, um dort Verbindungen zu imaginären Persönlichkeiten zu pflegen, die ihm das vermitteln, was ihm in der Realität versagt bleibt. Mit diesem Schutzmechanismus stellt es für sich Bedingungen her, in denen es die Kälte der Realsituation nicht empfindet. Die erlittene Mangelsituation, die der Mensch mit der Mond-Thematik erfährt, stellt eine unerlöste Variante dieser Mond-Verbindung dar. Entbehrung und seelisches Leid führen zu einer gefühlsmäßigen Beeinträchtigung.

Hier gilt es zu erkennen, dass das Fehlende eine Dynamik entfacht, welche die Betroffenen öffnet und an ihre Gefühle heranführt. Da unter dieser Mond-Thematik Erfahrungen im Bereich des Gefühls gemacht werden wollen, ist es die reale Situation, die zur Aktivierung eines vielfältigen Gefühlsspektrums beiträgt. Die Gefühle beginnen eine vordergründige Rolle zu spielen, in manchen Fällen involvieren sie die Betroffenen so stark, dass es keinen Ausweg aus dem Strudel der Gefühle gibt, da sie durch immer neue Begebenheiten hervorgerufen werden. Die konkreten äußerlichen Situationen, ebenso wie die Varianten des Kindheitsmythos, sind unter diesem Gesichtspunkt eher sekundär anzusehen, denn sie sind das Mittel, das zu der Intensität des Fühlens führt.

In derartigen Erfahrungen liegt auch die Gefahr verborgen, dass die Nativen unter dieser Mond-Verbindung sich in der Folge gefühlsmäßig auf der nehmenden Seite befinden. Dies entspricht jedoch nicht dem mit dieser Mond-Thematik zu erfüllenden Erfordernis. Denn es geht darum, anderen Menschen die Zuwendung zukommen zu lassen und den Aufmerksamkeitsschwerpunkt von der Selbstbetrachtung auf das Umfeld der anderen Menschen zu verlagern.

Partnerschaftsmythos

Die erlebte Mangelsituation in der Kindheit führt bei den Nativen unter dieser Mond-Thematik dazu, dass die Erwartungshaltung, Zuwendung zu bekommen, in die Partnerschaft mit eingebracht wird. Tief verschüttet verbirgt sich in ihnen das leidende Kind, das in der aktiveren Situation als Erwachsener nun bestrebt ist, das herzustellen, was es aufgrund seines Kindheitsstatus nicht auf direktem Wege vehement einzuklagen vermochte. Ihre Beobachtung, inwiefern sie entsprechende Zuwendung durch die Partner erhalten, ist vergleichbar mit ihrem Verhalten in der Kindheit, jedoch ist auch als Erwachsener ihre objektive Wahrnehmungsfähigkeit durch ihre Gefühle getrübt. Bezeichnend ist, dass ihre sich schnell einstellende Betroffenheit, wenn sie sich z. B. verletzt oder nicht gewürdigt sehen, ihnen stets das Gefühl gibt, im Recht zu sein. Der Partner gerät in die Situation, sich einem Strafgericht gegenüber verantworten zu müssen. Dies geschieht auf einer subtilen Ebene, denn es ist stets die Betroffenheit, die nach außen ihren Ausdruck findet. Es wird von den Nativen nicht genau definiert, was jetzt gerade ihre Befindlichkeit beeinträchtigt. Auffällig wird nur die sich verdüsternde Stimmung, der dann eine Sprachlosigkeit folgt, so dass Partner oft stundenlang darum bemüht sein können, die Nativen zu fragen, was denn mit ihnen los ist. Diese verweigern dann die Auskunft oder entgegnen, dass nichts sei, und verstärken damit noch die Beklommenheit der Situation. Auf diese Weise schaffen die Nativen unbewusst ein Klima, in dem sie sich die Zuwendung erzwingen, denn die anderen grübeln und rätseln darüber, was sie möglicherweise falsch gemacht haben.

In dieser unerlösten Form erhalten sie jetzt die Zuwendung, auch wenn sie nur darin besteht, dass der nahestehende Mensch sich ständig mit ihren nicht definierten Stimmungen auseinander setzen muss: Wichtig ist es, sich an dieser Stelle zu vergegenwärtigen, dass das Verhalten der Nativen eine Ausformung des Unbewussten ist. Ihnen ist in keiner Weise bewusst, was sie für einen Druck auf ihr Umfeld ausüben, denn sie agieren in einem vollkommenen Selbstverständnis. Es fehlt wie beim Säugling die Wahrnehmung des Umfeldes, so dass sie mit sich und ihrer eigenen Bedürftigkeit zum Zentrum der Selbstausrichtung werden. Sie werden in gewisser Hinsicht Opfer ihrer eigenen Gefühle, die sehr wechselseitig sind wie das Verhalten eines Kindes. Ein Kind kann heiter und fröhlich sein, doch im Moment, in dem etwas nicht nach seinem Bedürfnis läuft, fängt es an zu weinen, dann hilft kein Reden und kein Trösten, es fließen Tränen und es ist völlig mit sich beschäftigt. Ähnlich ist es auch bei den Nativen unter dieser Mond-Thematik: Befinden sie sich in vertrauter Umgebung, in der sie sich wohl fühlen, ist ihr Verhalten oftmals ganz bezaubernd und gewinnend. Sie strahlen Fröhlichkeit und Heiterkeit auf ihr Umfeld aus, denn genauso, wie sie ihr Leid auszudrücken vermögen, ist es ihnen auch möglich, ihre Freude zu zeigen. Darin liegt auch die Diskrepanz für ihre Partner, denn viele Menschen, die mit den Nativen eine Beziehung eingehen, sind von dem Zauber, der von ihnen ausgeht, beeindruckt. Die Nativen versprühen Freude und Begeisterung, denn neben den unerlösten Verhaltensformen haben sie sich ihre kindliche Begeisterung und das Staunen über das Leben erhalten. In den Anfangsphasen von Beziehungen ist es oft so, dass sie aufgrund dessen, geliebt zu werden, in heller Begeisterung sind, dadurch dass das Kind in der Frau oder im Manne erweckt ist und die Partner mit ihnen Pferde stehlen können. Partner fühlen sich von ihrer Frische und ihrer Emotionalität angezogen, die jedoch in dem Moment einen Wechsel erfährt, wenn die Nativen spüren, dass die Aufmerksamkeit der Partner sich um minimalste Gradabweichungen verschiebt. Dies sind dann auch meist die immensen Stimmungswechsel in Beziehungen, die sich an dem Punkt einstellen, an dem eine gewisse Beziehungsroutine oder der graue

Alltag einkehrt. Hier beginnen die Nativen nun in vehementer Form darauf aufmerksam zu machen, was ihnen alles nicht mehr Recht ist. Das kann zu drastischen Ausdrucksformen ihres Unmutes führen. Beispielsweise besprühte eine junge Frau ihr anthrazitfarbenes Auto, das sie von ihrem Partner geschenkt bekommen hatte, in einer nächtlichen Aktion mit bunter Farbe, um damit zu dokumentieren, dass sie sich mehr Buntes in ihrem Leben mit ihm wünschte. Dies wurde aber nicht offensiv von ihr formuliert, sondern auf seine entsetzte Frage, warum sie dies getan habe, entgegnete sie, er solle einmal darüber nachdenken, was dies ausdrücken wolle. So durfte er viele Tage darüber rätseln, was der Sinn ihrer Aktion sein sollte, bis es zu einem Dialog kam. In vielen Fällen erfährt das Verhalten der Nativen eine sehr destruktive Form, die ihnen nicht bewusst ist, denn sie fühlen sich stets im Recht. Ihre hohen Erwartungen lassen sie dabei völlig vergessen, dass Liebe und Gemeinschaft von einem gegenseitigen Geben und Nehmen lebten, doch bei ihnen verkehrt sich dieses Prinzip in ein ständiges Nehmen.

Hier ist es wichtig für die Nativen, sich zu vergegenwärtigen, dass sie nicht objektiv, sondern in ihren Gefühlen gefangen sind, und dabei vollkommen vergessen haben, sich zu fragen, was sie in umgekehrter Form bereit sind, dem Menschen an ihrer Seite an Zuwendung zu geben. Sie sollten sich bewusst machen, dass sie mit zu hohen Erwartungen in jede Beziehung hineingehen. Der Partner trägt erst einmal keine Schuld für ihre innere Bedürftigkeit, er aktiviert lediglich sensitive Punkte ihrer unbewussten inneren Programme. Deshalb ist es erforderlich, eine Distanz zu sich selbst herzustellen, da die Nativen von ihren eigenen Gefühlen gefangen und unfähig sind, eine echte Einschätzung der erlebten Dramen vorzunehmen. Gelingt es ihnen nicht, diese Distanz herzustellen, befinden sie sich in ihrer Partnerschaft emotional auf der Ebene des Kindes, denn sie sind nicht bereit, auf einer erwachsenen Ebene dem anderen mit Reflexionsbereitschaft zu begegnen. Ihr Gefühl ist nicht wertfrei, denn die anderen müssen ihren Forderungen entsprechen, damit sie aus sich heraus Zuwendung entwickeln. Hier liegt auch der fatale Punkt der Anbindung. Denn wenn die Nativen dies nicht erkennen, geraten sie stets in die gleiche Sackgasse, in der sie ganz real leiden. Um dieses Hamsterrad des Leides zu durchbrechen, ist es bedeutsam, sich die Frage zu stellen, welche Position man selbst in dem erlebten Drama einnimmt. Das Paradoxe an ihrer Gefühlsbeeinträchtigung ist, dass sie zwar auf einer Seite Forderungen an den Partner stellen, es andererseits aber auch eine Dramatik auslöst, wenn sie zu viel von der Gegenseite erhalten. Unbewusst führt sie dies in Abhängigkeiten, die sie gleichfalls nicht ertragen können, weshalb sie den Partner für die erhaltene Zuwendung strafen, damit sie wieder frei sind. Übergroße Zuwendung macht die Nativen aggressiv, weil sie ihnen die

Unfähigkeit zu geben und somit ihre Schwäche vor Augen führt. Fast scheint es so, als könne man es den Nativen nie recht machen, als seien sie bildlich gesprochen ein „Fass ohne Boden".

Sehr oft tendieren die Nativen dazu, aus ihren Beziehungen auszubrechen. Besonders in Streitsituationen versichern sie ihren Partnern, dass sie sich von ihnen trennen werden, fast als wollten sie die anderen durch ihre Loslösung strafen wollen. Letztlich verbleiben sie in ihren Beziehungen, weil der Geborgenheitsverlust für sie dramatisch wäre. Scheinbar gewinnen sie aus ihrer Trennungsandrohung ihre Sicherheit wieder, die nur als Druckmittel eingesetzt wird. Der andere wird in die Rolle gedrängt, sie zum Bleiben aufzufordern, was sie als Zuwendungselement werten. Sie fühlen sich dadurch wertig, dass der Partner um sie buhlt und sie anfleht, doch nicht zu gehen. Auf diese Weise kann in lang anhaltenden Beziehungen eine Art Hassliebe entstehen, denn sie lieben den anderen dafür, dass er ihnen einen Teil der lange entbehrten Geborgenheit zurückgeben kann, andererseits empfinden sie eine Abneigung gegen ihn, für seine Mitwisserschaft, was ihre labile Gemütslage angeht und ihre Unfähigkeit, auf andere einzugehen.

Kommt es zur Auflösung der Beziehung, neigen sie dazu, sich an den Partner zu klammern, und erpressen ihn durch ihren Schmerz, als wollten sie ihm ein letztes Mal signalisieren: „Schau her, da siehst du in welches Leid du mich gestürzt hast." Oder sie schützen sich, indem sie ähnlich, wie sie dies im Berufsleben ausführen, in eine distanzierte kühle Rolle hineinschlüpfen, die über das innere Drama hinwegtäuschen soll.

In einer anderen Variante, die der erlösten Form dieser Mond-Thematik nahe kommt, gehen die Nativen Beziehungen ein, in denen sie die Rolle der oder des Stärkeren übernehmen. Hier besteht allerdings die Gefahr, den anderen zu dominieren, um so aus ihrer Abhängigkeit zu gelangen. Bedeutsam ist unter dieser Mond-Verbindung, andere Menschen zu stützen, ihnen Zuwendung zu geben und für sie Bedingungen herzustellen, in denen sie sich seelisch geborgen fühlen. Die Voraussetzung dazu ist die Selbstlosigkeit mit der Erkenntnis, dass es einen unbewussten Drang in ihrem Inneren gibt, Abhängigkeit und damit Schwäche zu entgehen.

Erst die Erkenntnis, dass sie sich Schwächere suchen, um in die Position der Stärke zu gelangen, lässt es möglich werden, dass ein wertfreies Klima entsteht, in dem sie sich dem anderen frei zuwenden, denn allein die Bewusstheit über die eigenen Motivationen schafft ihnen die Möglichkeit, in einen Zustand hineinzuwachsen, der Geben und Hingabe zu einem starken inneren Potenzial heranwachsen lässt.

Eigene Kinder sind unter dieser Mond-Konstellation ein bedeutsames Verwirklichungselement für ihre Wertfreiheit. So verhilft das Thema der Vater-

oder Mutterschaft dazu, sich von der eigenen Bedürftigkeit abzuwenden, um sich wertfrei einem anderen Menschen zuwenden zu können. Sehr oft kommt es unter dieser Mond-Thematik zum Zeitpunkt der Geburt eigener Kinder zu einem tief greifenden Moment der Wandlung und Heilung im eigenen Leben. Es besteht die Chance, das eigene Drama dadurch zu heilen, dass sie für andere da sind und die eigene Bedürftigkeit in den Hintergrund gerät. In dieser Situation kann ein Umkehrpunkt entstehen, so dass ihnen plötzlich alles, was sie an Forderungen gegenüber der Umwelt hatten, wertfrei gegeben wird.

Native mit dieser Mond-Thematik sind sehr sinnliche Menschen. So spielt die körperliche Nähe eine große Rolle, in der sie Geborgenheit zu erleben vermögen. Die Sexualität lässt sie für Momente die Nähe erfahren, die sie im äußeren Leben vermissen. So kann über die Sexualität eine gewisse Suchtbefriedigung stattfinden. Möglicherweise wird Sex als Liebesersatz gesucht, dies trifft besonders bei Nativen zu, die ein sehr aktives feuriges Geburtsmuster besitzen. Bei passiver wässriger Dominanz im Geburtsmuster ist der Sexualtrieb den Emotionen unterworfen, das bedeutet, dass die Empfindung in der Sexualität eine vordergründige Rolle einnimmt. Ist das Verhältnis von Wohlbefinden und Geborgenheit nicht im Einklang, dann erstickt diese Unstimmigkeit ihre triebhafte Natur, der Mensch an ihrer Seite wird durch den Entzug von Körperlichkeit für nicht erhaltene Zuwendung bestraft. Ihre Sensibilität ist so hoch, dass aufgrund von unbedachten Äußerungen in intimen Momenten ein abrupter Rückzug entstehen kann. Die Wechselseitigkeit der Stimmungen ist auch in diesem Bereich sehr ausgeprägt. So bedarf es innerhalb ihres Sexuallebens einer absolut harmonischen und stimmigen Situation, damit sie sich ganz öffnen können. Die Ungleichheit zwischen Geben und Nehmen tritt immer wieder zutage, denn sobald sie spüren, dass ihr Partner Forderungen an sie stellt, ziehen sie sich innerlich zurück. Der zentrale Lebenskonflikt – das Ringen zwischen gefühlsmäßigem Selbstbezug und der liebevollen Zuwendung an einen anderen Menschen – bedarf einer bewussten Auseinandersetzung.

Die Mond-Mond-Thematik im Geburtsmuster der Frau

Unter dieser Mond-Signatur fühlt sich die Frau zu Partnern mit gravierenden Altersunterschieden hingezogen. Entweder geht sie eine Beziehung mit einem erheblich jüngeren Partner oder mit einem älteren Partner ein. Fühlt sie sich eher zu jüngeren Männern hingezogen, dann liegt hinter diesem Bestreben das Bedürfnis nach Unabhängigkeit und Dominanz. In solchen Beziehungen kann sie einerseits, wenn es erhebliche Altersunterschiede sind, ihre emotionalen Forderungen zu einer Art dominanten Gesetz werden lassen, das sie in die Position rücken lässt, sich nicht gegen Partner mit einer größeren Lebenserfahrung behaupten zu müssen. In einer solchen Verbindung erlebt sie jedoch eine stärkere Zerrissenheit zwischen den Polen ihres Freiheitsbedürfnisses und ihrer Sehnsucht nach Zuwendung. In der Beziehung zu einem jüngeren Mann mangelt es ihr möglicherweise an der Sicherheit und der seelischen Geborgenheit, die für sie sehr bedeutsam sind. Allerdings erhält sie in einer solchen Beziehung die Möglichkeit, vorausgesetzt sie verwurzelt sich nicht in der Position derjenigen, die beständig Forderungen stellt, ihre wertfreie Zuwendungsqualität zu entwickeln. Da die Mond-Thematik stets etwas mit dem Thema der Jugendlichkeit zu tun hat, wird das Thema von einem jüngeren Partner abgedeckt und sie vermag dadurch, in die Position der Verantwortungsvollen zu wechseln.

In der Beziehung zu einem älteren Partner sucht die Frau häufig jenes Geborgenheitsthema noch einmal zu leben, was ihr im Elternhaus versagt war. Hier besteht die Gefahr, dass sie ganz in die Rolle des trotzigen Kindes gerät und ihre Macht beim älteren Partner durch Jugend und Attraktivität ausspielt und diese zum Bindungselement werden können, so dass sich daraus fatale Dramen entwickeln. In solchen Beziehungen vollzieht sich meist ein intensiver Individuationsprozess. In der Anfangsphase werden sie möglicherweise von Seiten des Partners dominiert, solange bis sie sich gegen ihn erheben und ihre eigene Verantwortlichkeit zu leben beginnen.

Eine junge Frau beispielsweise war eine Beziehung mit einem zwanzig Jahre älteren Partner eingegangen, die in der Folge einen recht dramatischen Verlauf erhielt. Sie hatte in der Jugend schwerwiegende gefühlsmäßige Entbehrungen hinnehmen müssen. Durch die Beziehung zu dem Partner, der sie abgöttisch verehrte, erhielt sie erstmals jene Geborgenheit, die sie bis zu diesem Zeitpunkt vermisst hatte. Sie war das Kind in der Beziehung, und er sah sich in der Rolle des versorgenden Vaters. Im Verlauf der Beziehung entwickelte sie eine derartig destruktive Dominanz, die schon fast an das Märchen vom Fischer und seiner Frau erinnert. Auf der Ebene der gefühlsmäßigen Zuwendung, der Ebene von Freiheit und Selbstverwirklichung, aber auch auf materieller Ebene schraubte sie ihre Forderungen immer höher. Fast als würde sie bewusst über die Unmäßigkeit ihres Verhaltens einen Bruch und damit ihren eigenen Erwachsenwerdungsprozess herbeiführen wollen. In aller Zuwendung und Pracht litt sie echte Qualen, die sie auch genau zu formulieren vermochte. Mit ihrer Schwangerschaft trat jener bezeichnende Wendepunkt in ihr Leben. Mit dem Wechsel von der Rolle des Kinderstatus hin zum Erwachsenenstatus wuchsen ihr Verantwortung und Souveränität zu, die auch die Lösung der Beziehung möglich werden ließ, um in Eigenverantwortlichkeit mit ihrem Kind zu leben. In der Folge veränderten sich die Bedingungen in ihrem Leben. Auch wenn sie vorher neben dem liebenden Partner alles Erdenkliche hatte, war es die eigene emotionale Leere, an der sie besonders litt. Für die Nativen ist es bedeutsam, zu erkennen, dass das Bedürfnis nach Zuwendung als ein innerer Spiegel zu verstehen ist: Denn die Wahrnehmungen, die sie im Verbund mit anderen Menschen haben, sind als Widerhall ihres eigenen Nichtgebens zu verstehen. Sie erleben im Zerrspiegel des Lebens nur sich selbst in ihrer mangelnden Bereitschaft zu geben.

Die Mond-Mond-Thematik im Geburtsmuster des Mannes

Den Mann führt diese Mond-Signatur in erweiternde Erfahrungen bezüglich seiner Männlichkeit hinein, denn sein Gefühlsleben ist in einem weiblichen Bereich angesiedelt. Seine Gefühle sind im archetypischen Verständnis vergleichbar mit denen von Frauen. Er ist empfindsam, verletzlich und häufig durch die Umwelt beeinträchtigt. Es ist bedeutsam, dass er seine Männlichkeitsthematik anders definiert, da es für ihn schwierig ist, sich in den üblichen gesellschaftlichen Rollenbildern wiederzufinden. Besonders zu helfen vermag ihm dabei, wenn er Wege findet, seine Sensibilität zu leben. Dies bedeutet z. B., dass er durchaus die Rolle des häuslichen Vaters, der eine Familie bekocht und umhegt, einnehmen kann. Eigene Kinder vermögen dem Mann den Zugang zu seiner weiblichen Seite zu öffnen, da sie sein Gefühl anregen und dieses damit innerlich in Fluss kommt. Die seelisch tragende Rolle kann sich dadurch entwickeln, dass er stets ein offenes Ohr für die Sorgen und Nöte der Familienmitglieder hat. Das käme der Verwirklichung des Mondenpotenzials nahe. Dazu braucht es sein inneres Einverständnis und die Bereitschaft, sich seinem Umfeld liebend zu öffnen.

Die Nativen spüren innerlich ihre Zerrissenheit zwischen dem Auftrag einer männlichen Rolle und ihrem weiblichen Empfinden und neigen im Extremfall dazu, mit Männlichkeit überzukompensieren. Dies kann bis zum Männlichkeitswahn ausufern, der bei vielen Männern unter dieser Mond-Thematik ihre Sensibilität und möglicherweise ihre latente Homosexualität kompensieren soll. Dies bedeutet nicht, dass jeder Mann unter dieser Mond-Thematik eine derartige Neigung mitbringt, doch weist die Konstellation auf ein bestehendes Potenzial hin, welches ihm den Raum verschaffen könnte, seine Empfindsamkeit in anderen Beziehungsformen zu leben. Die Beziehung zu einem Mann würde bei dieser Mond-Thematik die Spannung abbauen, die zwischen der gesellschaftlichen Rollendefinition und ihren verborgenen Gefühlen besteht.

Im Bereich der Körperlichkeit kann Sex für die Nativen zum Liebesersatz werden. Die Liebessehnsucht verwandelt sich in sexuelle Forderungen, die natürlich das seelische Manko nicht füllen können. Deshalb bleibt nach dem sexuellen Akt eine gewisse Leere und Melancholie zurück. Jedoch fühlen sie sich immer wieder zur Sexualität hingezogen. Finden sich im Geburtsmuster des Mannes weitere Planetenprinzipien wie Mars und Venus in weiblichen Tierkreiszeichen, dann kann dies in der Sexualität zur Folge haben, dass sie unter einer psychisch bedingten Impotenz leiden – Gefühle, Stimmungen sowie Selbstwertprobleme beeinträchtigen die Erektionsfähigkeit. Hier ist es für den Mann wichtig, sich Zeit zu lassen, um sich vor allem vom inneren Leistungsdruck zu befreien. Denn bei der wässrigen Mondkomponente geht es vermehrt um Sinnlichkeit und Nähe, deren Folge dann die Sexualität ist. Wird diese in den Vordergrund gerückt, erleben die Nativen durch die erigiele Schwäche ihre nicht gelebte Passivität, in die sie über diesen Weg ohnmächtig hineingeführt werden. Je mehr Druck und Stress sie sich dabei aufbauen, desto stärker wird dabei die Problematik.

Der Mann fühlt sich vermehrt zu jüngeren Frauen hingezogen, denn ältere Partnerinnen erinnern zu sehr an das Mutterbild, das bei ihm Ablehnung und Widerstand hervorruft, weil er damit in das Drama des nicht erfüllten Gefühls hineingerät. Ältere oder erfahrene Frauen rufen in ihnen Versagensängste hervor, weshalb sie lieber alleine bleiben würden als sich in einer solchen Beziehung dominieren zu lassen. Die junge Frau ist für ihn jene Brücke, die zu seinem gebenden Teil führt. Unbewusst ahnt er, dass die junge Frau ihn von seiner Gefangenheit im Selbstbezug zu befreien vermag. In manchen Fällen kommt es vor, dass der Mann neben seiner Partnerschaft heimlich Beziehungen mit ganz jungen Mädchen eingeht. Zu solchen Beziehungsformen fühlen sie sich besonders dann hingezogen, wenn sie in der Familie, ähnlich wie im Beruf, mit Dynamik überzukompensieren versuchen. Derartige Verbindungen sind als ein verzweifelter Ausweg in eine authentischere Welt zu verstehen, den sie natürlich in einer extremen Zerrissenheit zwischen Erfüllungsdrang und schlechtem Gewissen erleben. Hier wäre es bedeutsam, dass die Nativen sich vergegenwärtigen, dass sie in ihrem Leben nicht authentisch sind und es für sie wichtig ist, ihrer sensiblen Seite mehr Raum zu geben.

Je stärker der Mann in rationale Tätigkeiten eingebunden ist, in denen seine Empfindsamkeit nicht zum Tragen kommen kann, desto mehr gerät er in die Verkümmerung seines Gefühls hinein. Deshalb ist es für ihn bedeutsam, sich in beruflichen Feldern zu verwirklichen, die ihm eine Ausdrucksmöglichkeit für Kreativität und Gefühl geben. Eine Arbeit, die sich mit seelischen Bedürfnissen anderer Menschen beschäftigt oder in einem sozialen

Kontext, in dem die Bedürfnisse und Lebensbedingungen anderer im Vordergrund stehen, lassen ihm den Raum, authentisch zu seiner Mondqualität zu finden.

Symptome

Symptommanifestationen unter dieser Mond-Thematik sind stets ein Ausdruck dafür, dass sich die Betroffenen in einem Ringen um die Annahme ihrer mondigen Seite befinden. Das Symptom ist als Ausdruck einer im Bewusstsein nicht verwirklichten Einlösung ihres Monden-Themas zu verstehen. Der Körper trägt auf diese Weise zur Erfüllung bei, indem er die Leidensvariante des Themas übernimmt.

Besonders auffällig sind unter dieser Mond-Thematik Kreislaufbeschwerden, die zu Schwindel und Antriebsschwäche führen. Sie weisen die Nativen darauf hin, dass es nötig ist, sich mehr Zeit und Raum für Selbstbesinnung zu gönnen, denn der Körper führt über diesen Weg zu einem Innehalten im täglichen Stress. Gefühle und Beeinträchtigungen aus dem alltäglichen Miteinander wollen verarbeitet und nicht einfach übergangen werden. Auch die körperliche Tendenz bei Mann und Frau zu Wassereinlagerungen im Gewebe lässt darauf schließen, dass es in ihrem Bewusstsein einen Teil gibt, der die wässrige Gemütslage ablehnt.

Desgleichen haben die Nativen auch eine Tendenz zur Übergewichtigkeit. Der Körper mit seinen rundlichen Formen lässt die Weichheit des Inneren zutage treten, um eine Grenze gegenüber den verletzenden Eindrücken des Außens aufzubauen. Insbesondere geht es in beiden Fällen darum, dass Gefühle gegenüber dem Umfeld geäußert werden wollen. Der Mensch ist sich seiner Mondennatur nicht bewusst, weil er diese bis zur Unkenntlichkeit verdrängt hat.

Auch der Magen vermag unter dieser Mond-Konstellation besonders empfindlich zu reagieren. Er wird zu einem Stimmungsbarometer, das stellvertretend für den Menschen nun die Aufgabe übernimmt, intensiv auf die Eindrücke des Lebens (analog auf die Nahrung) zu reagieren. Meist treten Beeinträchtigungen des Magens auf, wenn die Nativen keinen Zugang zu ihrer Beeindruckbarkeit haben und sie der Welt mit ihren Eindrücken gegenüber eine Mauer aufgebaut haben. Bei Mann und Frau kommt es aufgrund ihrer sensiblen Stimmungslage zu Beeinträchtigungen in der Sexualität. Je nach dem, wie die Nativen in Einklang mit sich und dem Leben sind, ist es auch um ihre Sexualität bestimmt. Das Gefühl spielt stets eine große Rolle und ist auch eine wesentliche Voraussetzung für körperliche Zweisamkeit. So fällt es den Nativen eher schwer, mit einem Menschen Körperlichkeit zu leben, wenn keine Gefühle bestehen. Sex aus reiner Triebbefriedigung ist bei den Nativen schwer möglich, denn das Gefühl ist die Vorbedingung. Beim Mann liegt in der Latenz eine Neigung zur psychisch bedingten Impotenz vor. Es ist für ihn bedeutsam, sich mit seinen Ängsten hinsichtlich des Themas Weiblichkeit und Hingabe auseinander zu setzen. Auch gilt es für ihn zu prüfen, ob er aktivere Bilder und Vorstellungen von sich hat, die sich nicht mit seiner passiven Mond-Thematik decken, so dass er über die Potenzstörung in eine passivere Rolle gedrängt wird, als ihm lieb ist.

Auf einer psychischen Ebene spielen Stimmungsschwankungen eine sehr große Rolle. Genauso wie das Wasser als Naturelement eine Bewegtheit erfährt und ein Speicher von jeglicher Information ist, ist analog dazu das seelische Gemüt des Menschen gleichermaßen schwankend und aufnehmend. Das Gefühlsspektrum kann eines Tages sehr breit gefächert sein, so dass die Nativen ihren Stimmungen ausgeliefert sind. Dies kann sich bis zur Hysterie steigern, die besonders in psychischen Stresssituationen hervorgerufen wird. Die Betroffenen sind in solchen Situationen Opfer ihrer Panik und nicht mehr in der Lage, besonnen zu reagieren. Auch wirken sich ihre Stimmungen auf ihre Leistungsfähigkeit aus. Je größer die Spannung für die Betroffenen ist, desto mehr führt dies zu Unkonzentriertheit und Leistungsabfall bis zur völligen Verweigerung, so dass sie in beruflichen Stresssituation dazu neigen, Hals über Kopf alles hinzuschmeißen, um sich der Situation zu entziehen. Meist heilt die Zeit die Wunden oder die Wogen beginnen sich durch Abstand wieder zu glätten. In den meisten Fällen sind die Nativen nicht dialogbereit und es braucht Raum und Zeit, bis sie mit etwas Abstand die Situation anders betrachten können. Gerade in ihren starken Stimmungsbeeinträchtigungen wird deutlich, dass sie sich vom Zugang zu ihrem seelischen Innenraum abgekoppelt haben. Die Nativen werden förmlich zum Opfer ihrer Gefühle, die sie in rasender Schnelle wie ein Strudel hinabzuziehen vermögen. Dies ist immer ein Ausdruck dafür, dass zu wenig innere Hinwendung besteht und der natürliche Zugang zu den Gefühlen und ihrem seelischen Innenraum versperrt ist. Die Nativen sind von ihrer „Schutzrolle", die sie anderen Menschen gegenüber einnehmen, derart gefangen, dass sich das Innere sehr dynamisch die Zuwendung holt, die die Nativen angstvoll verschüttet haben. In anderen Umfeldern kann das Zulassen der sensiblen Seite einen kontinuierlichen Heilwerdungsprozess einleiten, bis die Nativen so viel Vertrauen in sich und ihre authentische Seite haben, dass sie diese nicht mehr verdrängen.

Lerninhalt

Unter dieser Mond-Thematik wird deutlich, dass es für die Nativen sehr wichtig ist, ihre weiche, bedürftige Seite anzunehmen. Einerseits gilt es zu erkennen, dass das Leben ihnen in den frühen Phasen den Zugang zu der Erfüllung subjektiver Bedürfnisse versperrt hat, damit sie eine Sensibilität für die Belange anderer Menschen zu entwickeln lernen. Die Gefahr, an ihren Nachholbedürfnissen „hängenzubleiben", versperrt ihnen die Entwicklung ihrer anderen Seite. Wenn die Nativen lernen, dass ihnen Zuwendung und innerer Friede zuwachsen, wenn sie sich vermehrt um die Bedürfnisse anderer bemühen, dann kann sich ihnen ein neues Erfahrungsspektrum eröffnen, um das sie sehr lange gerungen haben. Die mondige weibliche Seite besitzt stets zwei Ausdrucksformen, zum einen die des Kindes, zum anderen die des Erwachsenen. Bleiben sie jedoch in der fordernden Position verhaftet, dann gelangen sie nicht in die erlöste Form ihres Monden-Themas. So gilt es für die Nativen, sich in der Rückschau ihres Lebens bewusst zu machen, was sie in vielen Beziehungen zu anderen Menschen für eine Dynamik entfacht haben, um die Aufmerksamkeit und Zuwendung auf sich zu lenken. Ihre jeweilige Betroffenheit sollten sie als eine unbewusste Ausdrucksform ihres Inneren verstehen, das bestrebt ist, ihr Einfühlungsvermögen zu erhöhen. Verstehen sie diesen inneren seelischen Verwirklichungsdrang und lernen sie ganz bewusst, sich in ihrer Bewegtheit anzunehmen, dann erlangen sie eine Distanz zu den Verstrickungen mit anderen Menschen. Sie sind über diesen Weg in der Lage zu erkennen, dass sie nicht Opfer der Unachtsamkeit ihres Umfeldes, sondern sie vielmehr Opfer ihres eigenen Gefühls geworden sind. Deshalb ist es für die Nativen bedeutsam, sich selbst bei tiefster Betroffenheit und Verwicklung die Frage zu stellen, welche Verantwortung sie in zwischenmenschlichen Dramen haben, denn zu Verwicklungen gehören immer zwei. Aus einer geistigen Gesetzmäßigkeit heraus ist es nicht möglich, dass man stets auf der Seite des Rechtes ist, selbst wenn einem die gefühlsmäßige Betroffenheit scheinbar Recht gibt.

Deshalb brauchen die Nativen Abstand und Ruhe zur Selbstbegegnung. Sie sind dazu berufen, zur eigenen Seele zu finden und sich mit dem inneren Chaos ihrer Gefühle auseinander zu setzen, solange bis sie Zugang zu diesen und ein besseres Verständnis im Umgang mit ihnen erlangt haben. Setzen sie sich Schritt für Schritt mit ihrer inneren Bewegtheit auseinander, dann beginnen sich die Wogen zu glätten und ein Weg zeichnet sich ab, der die stürmischen Wogen ihres Innenraumes glättet. Darüber hinaus ist es für die Nativen gut, sich Zeiträume zu schaffen, in denen sie sich selbst begegnen können, dies kommt ihrer Leistungsfähigkeit und ihrem Wohlbefinden entgegen.

Auch benötigen sie einen verspielten Zauber im Zeittakt ihres Lebens, damit sie die vielfältigen Gefühle verarbeiten können. Leistungsorientierung und Abgrenzungen dem Außen gegenüber führen zur Erschöpfung. Es braucht genügend Raum, um ihren Tagträumen nachgehen zu können, damit sie in Einklang mit den jeweiligen Bedingungen leben können. Dazu ist es wichtig, sich in einem liebevollen Umfeld zu bewegen, das sich aus Familie und liebevollen Freunden rekrutiert. Auch Möglichkeiten, über die sich die Nativen selbst verwirklichen können, sind bedeutsam, denn der Mond in seiner reinsten Form besitzt seine Analogie zur gebärenden Seite. So wie die Mutter ein Kind auf die Welt bringt, vermögen auch die Nativen Potenziale ihres Inneren zu entwickeln und hervorzubringen. Dies können kleine Kunstwerke sein, die sie im Alltag schaffen, die das Leben um sie herum verschönern und das Herz erfreuen. Alle netten Ausdrucksformen, die anderen Menschen Freude bereiten, gehören mit in die Analogie dieser Mond-Thematik. Kinder sind für den Öffnungsprozess ein besonderer Schlüssel. Obwohl bei Mann und Frau Vorbehalte dem Thema Elternschaft gegenüber bestehen, da sie glauben, erst einmal sich selbst heilen zu müssen, bevor sie in der Lage sind, einem anderen Wesen ihre Zuwendung zukommen zu lassen, ist dies ein Trugschluss. Gerade über diesen Weg gelangen sie in die Nähe des Mysteriums der Loslösung von sich selbst. Was immer sie in diesem Verbund für Erfahrungen zu sammeln vermögen, sie werden in die Nähe dessen gerückt, was sie ihr Leben lang bestrebt waren, im Außen einzuklagen. Auch das Engagement für andere Menschen trägt die gleiche Entsprechung wie das Thema Elternschaft, nur dass sie sich um andere und deren Belange kümmern, – dies ist das zentrale Thema. Im weitesten Sinne lösen sie ihre Monden-Signatur dadurch ein, dass sie im sozialen Bereich tätig sind. Auch die direkte Arbeit mit Kindern in einem unterrichtenden Beruf oder in einer therapeutischen Tätigkeit schafft genügend Raum, ihre einfühlsame Seite zu leben.

Für den eigenen Entwicklungsweg ist es bedeutsam, sich auf eine Auseinandersetzung mit dem seelischen Innenraum einzulassen. Da der Mond dem Unbewussten zugeordnet wird, liegt hier das Erfordernis, sich mit dem eigenen Unbewussten auseinander zu setzen, besonders hoch angesiedelt. Denn in vielerlei Hinsicht werden die Nativen im Verlauf ihres Lebens von den stürmischen Wogen ihres Unbewussten eingeholt und sind letztlich Opfer dieser Dynamik. Je mehr sie an sich arbeiten, desto mehr vermögen sie eine Distanz zu sich selbst herzustellen, aus der heraus sie lernen können, ganz anders mit sich umzugehen. Haben sie einen Zugang zu ihrem Inneren gefunden, vermag sich ihre intuitive Seite zu entwickeln, die gleichfalls eine besondere Seite der Mond-Thematik darstellt. Die Intuition und die Fähigkeit, tiefe tranceartige Zustände zu erleben, wie sie von Schamanen der Naturvölker durchlebt werden, liegen in ihrem Inneren als Schatz verborgen. Je mehr sie sich mit ihrem Inneren auseinander setzen, desto eher erwecken sie jene Qualitäten, die ihnen fortan als wegbegleitende Instanzen zu helfen vermögen. Alle anderen Ausdrucksformen des Gefühls, wie beispielsweise der ausgeprägte sensible Selbstbezug, lassen in der Leidensvariante deutlich werden, dass die Seelenkräfte in den Nativen sehr stark zum Tragen kommen und dass es geeignete Umsetzungsmöglichkeiten braucht, ihnen einen anderen Raum zuzuweisen. So wie ein Kind, das durch die friedvollen Bedingungen seines Elternhauses die Möglichkeit erhält, sich zu entwickeln, sind auch die Nativen dazu berufen, ihrer Seele die Entwicklungsmöglichkeit zu bieten, damit sich Bedingungen einstellen können, die zu ihrem Wachstum beitragen.

Meditative Integration

Suchen Sie den in den Kapiteln „Der innere Raum" und „Spiegel der Selbstbetrachtung" beschriebenen von Ihnen geschaffenen inneren Raum auf. Nachdem Sie die Entspannungsübung zur Einstimmung ausgeführt haben und in den auf dem Tisch vor Ihnen stehenden Spiegel der Selbstbetrachtung blicken, können Sie sich folgende Fragen im Geist stellen und in Ihrem Spiegel vor sich die Bilder der dazugehörigen Situationen Revue passieren lassen:

Meditation zu äußeren Lebensbegebenheiten

Ist mir bewusst, wie empfindsam und verletzlich ich bin? – Kenne ich die Diskrepanz zwischen meinem wahren Gemütszustand und dem Bild, das ich nach außen verkörpere? – Ist mir bewusst, wie sehr ich meiner Kinderzeit nachtrauere? – Kenne ich meine Angst, dem Existenzkampf nicht gewachsen zu sein? – Weiß ich, dass ich Angst davor habe, von anderen überrollt zu werden? – Kenne ich meine Abneigung, anderen gegenüber Fehler eingestehen zu müssen? – Weiß ich, wie schwer es mir fällt, mich bei anderen zu entschuldigen? – Kenne ich meine Angst vor Abhängigkeiten? – Fühle ich mich verpflichtet, wenn ich von anderen Zuwendung bekomme? – Ist mir bewusst, dass ich andere für mein Wohlergehen verantwortlich mache? – Weiß ich, wie wenig nachsichtig ich dem Verhalten meiner Angehörigen gegenüber bin? – Ist mir bewusst, wie sehr ich das Verhalten anderer mir gegenüber bewerte? – Weiß ich, dass ich meine Sicht der Dinge zum Maßstab mache? – Ist mir bewusst, dass meine Gefühlsäußerungen andere Menschen in die Enge treiben? – Ist mir bewusst, dass ich durch mein emotionales Verhalten Macht auf mein Umfeld ausübe?

Lassen Sie zu Ihren Fragen und den daraus entstehenden Rückerinnerungen Ihre individuellen Erlebnisse vor Ihrem geistigen Auge im Spiegel der Selbstbetrachtung entstehen. Suchen Sie besonders jenen Teil in der inneren Gewahrwerdung auf, in dem Sie zum Opfer Ihrer bewegten Gefühle geworden sind. Spüren Sie der Intensität Ihres Selbstbezuges nach. Beobachten Sie sehr genau, wie wenig Sie aufgrund Ihrer Betroffenheit bereit waren, andere Menschen in ihrem Verhalten zu verstehen. Versuchen Sie hinter Ihrem Druck, den Sie auf Ihr Umfeld ausgelöst haben, Ihren Selbstbezug und die verborgene Sehnsucht nach Zuwendung zu spüren. Beobachten Sie einmal genau, wie Sie Ihre Betroffenheit dazu einsetzen, die Zuwendung zu erhalten, die Sie glaubten von den Menschen, die Ihnen etwas bedeuten, nicht zu bekommen. Vielleicht gelangen Sie an den Bereich, wo Sie in Ihrem Verhalten selbst gefangen waren. Fühlen Sie die Diskrepanz in sich, die sich dadurch aufbaut, dass Sie in Ihren Betrachtungen Recht behalten möchten, und Ihrer Angst und dem Unvermögen, Ihre Fehleinschätzung durch Entschuldigungen zu korrigieren.

In Ihrem Bewusstwerdungsprozess sollten Sie nichts vom Erkannten gegen sich verwenden. Lassen Sie sich aber nicht erneut von den alten Erlebnissen in Ihrer Sicht der Dinge bestärken, sondern unterstellen Sie sich im positiven Sinne, dass Sie mit Ihrer Sichtweise im Irrtum sind. In jeder Begebenheit gibt es immer mehrere Wahrheiten, es kommt nur darauf an, aus welcher Position man schaut. Da Sie zu sehr in Ihren Gefühlen verstrickt sind, fällt es Ihnen nicht leicht, eine Distanz zum Erlebten aufzubauen, aus der erst dann Einsicht und Erkenntnis zu folgen vermag. Nehmen Sie Ihre Bilder und Ihre aufsteigenden Gefühle als eine Chance des Wachstums an. Es geht nicht darum, sich durch die Fragen aufgedeckt zu fühlen, sondern darum, an den Mechanismus zu geraten, der genau das verhindert, was Sie sich von Kindheit an so sehr wünschten. Dazu braucht es die gefühlte Selbsterkenntnis, damit Sie das Raster der immer gleich gearteten Verhaltensweisen erkennen und es dadurch verändern. Gelassenheit und Ruhe stellen sich ein, wenn Sie den nach Anerkennung und Liebe schreienden Anteilen, die zu Ihnen gehören, liebevoll im Bewusstsein einen Platz einrichten, an dem sie ihre Existenzberechtigung haben dürfen.

Nachdem Sie eine Reihe von Lebenssituationen aufgesucht haben, in denen Sie Ihrer sensiblen und bedürftigen Seite hinterher gespürt haben, ist es bedeutsam, Situationen aufzusuchen, in denen Sie eine Distanz zu Ihren Bedürfnissen aufgebaut haben. Wo Sie sich selbstlos für andere oder für Themen eingesetzt haben, in denen Sie sich quasi selbst vergessen haben. Vielleicht vermögen Sie in diesen Situationen zu erkennen, dass Sie plötzlich ganz von selbst getragen wurden, der Strom des Lebens für Sie und nicht gegen Sie agierte. Wenn es solche Situationen gibt, dann spüren Sie intensiv in die damalige Zufriedenheit und die gefühlsmäßige Ruhe hinein. Dies war nicht rein zufällig damals so, sondern es waren die Auswirkungen einer inneren Gesetzmäßigkeit, die Sie so empfinden ließen. Dies wird sich jedes Mal erneut einstellen, wenn Sie eine Umkehr in Ihrem Selbstbezug vornehmen.

Meditation zu körperlichen Symptomen

Finden sich bei Ihnen Symptome aus der Mond-Signatur wieder, dann lässt dies darauf schließen, dass Ihnen Ihre lunare Seite in der Tragweite nicht bewusst ist. Sie haben sich Selbstbilder geschaffen, die nicht mit der inneren Realität Ihres Mondenprinzipes übereinstimmen und die über diese Manifestation in die Nähe einer anderen Realität heranführen möchten. Deshalb gilt es sie auf die Ebene der Bewusstheit zu heben, damit Sie sie durch immer währendes Aufsuchen und dem empfindungsmäßigen Nachspüren zu einer inneren Realität machen können. Versuchen Sie insbesondere zu ergründen, zu welchem Zeitpunkt die Symptome begannen und was Ihre Intention in der damaligen Lebensphase war. Stellen Sie die Zusammenhänge zu Partnerschaften, der Arbeits- und Familiensituation her, und versuchen Sie Ihren zu dieser Zeit bestehenden Leitbildern und Vorstellungen nachzuspüren.

Leiden Sie beispielsweise an Antriebsschwäche und Kreislaufstörungen, dann schauen Sie sich im Spiegel der Selbstbetrachtung an, wie sehr Sie bestrebt sind, Ihre dynamische Seite nach außen zu kehren. Leiden Sie an einer empfindlichen Magenstörung, dann spüren Sie Situationen nach, in denen Sie Gefühle von Betroffenheit einfach weggedrängt haben, ohne Rücksicht auf die Empfindsamkeit Ihres Inneren zu nehmen. In gleicher Weise können Sie auch mit Symptommanifestationen verfahren. Die in der Folge aufgeführten Fragestellungen sind auf diese abgestimmt.

Weitere Fragen, die Sie sich zu Symptomen stellen können

Ist mir bewusst, wie überaktiv ich bin, um mich meinen Stimmungen nicht auszuliefern? – Lasse ich mir genügend Zeit und Raum für Besinnung und Selbstbegegnung? – Lasse ich meine Weichheit und Beeindruckbarkeit zu? – Kann ich meine wahren Gefühle zeigen? – Benutze ich eine Schutzhaltung, die mir einen sicheren Raum verleihen soll? – Kann ich meine Passivität bedingungslos leben? – Zeige ich in Beziehungen meine Gefühle? – Ist es mir möglich, direkt das zu formulieren, was mich betroffen macht? – Habe ich

Angst davor, mein Bedürfnis nach Zuwendung zu formulieren? – Bin ich bereit, mich vorbehaltlos Menschen, die mir nahe stehen, zu öffnen?

Speziell für den Mann:
Gibt es ein aktives Idealbild, das ich von mir entworfen habe? – Kann ich einer Frau gegenüber meine sensible Seite zeigen? – Habe ich im Bereich der Sexualität einen Leistungsanspruch? – Lasse ich mir in der Sexualität genügend Zeit und Raum ohne irgendwelche Absichten und Ziele? – Ist mir bewusst, dass ich Sinnlichkeit und Zärtlichkeit abwerte, wenn sie nicht zu einer orgiastischen Erfüllung führen?

Für die Umgangsweise mit dem Spiegel der Selbstbetrachtung sollten Sie sich jeweils nur eine Frage vornehmen. Lassen Sie sich Zeit dazu, denn zu jeder Frage gibt es sicherlich eine Fülle von Lebenssituationen, die Sie sich auch über mehrere Tage anschauen können. Es geht nicht darum, die Themen intellektuell abzuhandeln, sondern um die damit verbundenen Gefühle, in die Sie intensiv hineinspüren sollten. Seien Sie vor allem sich selbst gegenüber wertfrei. Verwenden Sie alles, was Sie in sich wahrnehmen und erkennen können, stets nur für, aber niemals gegen sich. Ihre Selbstbetrachtung kommt dem Erfordernis entgegen, wenn Sie der Diskrepanz zwischen dem Teil, den Sie für sich glauben verkörpern zu wollen, und Ihrer inneren Realität näher kommen. Je öfter Sie sich in den Situationen im Spiegel der Selbstbetrachtung erleben und ganz intensiv mittels der entstehenden Erkenntnisse Ihren Wahrnehmungen hinterher spüren, desto mehr werden Sie sich ihrer Mechanismen bewusst. Nichts will erzwungen werden, sondern die Botschaften Ihres Inneren wollen sich Ihnen offenbaren. Wenn Sie Ihre Erkenntnisse niederschreiben wollen, ist dies sehr gut. Denn es hilft Ihnen auch später, sich mit den Themen zu beschäftigen.

Symbol-Imagination bei Symptommanifestationen

Begeben Sie sich auf eine Phantasiereise, in der Sie sich in der Rolle eines Muscheltieres wiederfinden, das sein Leben auf dem Meeresgrund führt. Nehmen Sie sich als ein Muscheltier wahr, das sich gegenüber der Außenwelt verschlossen hat und darüber wacht, nicht aus dieser Schutzposition zu geraten. Spüren Sie dabei, wie sich Ihre ganze Aufmerksamkeit nur auf die Verteidigung Ihrer verletzlichen Position konzentriert, wie Sie als Muscheltier jeden eindringenden verletzenden Gegenstand registrieren und sorgenvoll darüber wachen, dass es Ihnen in Ihrer Schale gut geht.

Nachdem Sie sich eine Weile in dieser inneren Haltung wahrgenommen und Ihren Gefühlen und Ihrer Verletzlichkeit nachgespürt haben, öffnen Sie nun langsam die Schale, die Sie sonst fest verschlossen haben, und verlassen Sie Ihre gesicherte Position. Spüren Sie, wie Sie ab dem Moment, wo Sie Ihre Schale zu öffnen beginnen, immer weiter wachsen, bis Sie die Statur erreicht haben, in der Sie sich sonst in Ihrem Leben wahrnehmen. Begeben Sie sich an Land und nehmen Sie die Welt in ihrer Helligkeit und mit allem, was sie enthält, wahr.

Nachdem Sie eine Weile am Ufer entlang gegangen sind, erreichen Sie ein Haus, in dem Sie Menschen vorfinden werden, die Ihre Hilfe benötigen. Was immer diese Menschen von Ihnen fordern, geben Sie ihnen all Ihre Zuwendung. Wenn es Ihre konkrete Hilfe ist, dann geben Sie ihnen Ihre konkrete Hilfe, wenn sie Trost und Zuwendung benötigen, dann geben Sie ihnen Ihre Zuwendung. Sie können mit diesen Menschen auch an andere Orte gehen, wo man Sie benötigt. Lassen Sie sich von den Menschen dorthin bringen, wo Sie gebraucht werden, und gehen Sie ganz in den Situationen auf. Fühlen Sie, dass Sie gebraucht werden. Lassen Sie sich ganz auf die Bedürfnisse dieser Menschen ein, solange bis Sie sich selbst vergessen.

Nehmen Sie ganz real die Empfindungen wahr, die sich in Ihnen bemerkbar machen, wenn Sie vollkommen selbstvergessen den anderen Menschen Ihre Zuwendung zukommen lassen. Vielleicht spüren Sie Ihre Grenzen, weil Sie das Gefühl haben, dass Sie zu viel Ablenkung von Ihren Bedürfnissen belastet, vielleicht spüren Sie aber auch eine gewisse Freude und Energetisierung, die sich in Ihnen zu formieren beginnt, während Sie die Menschen um sich herum glücklich machen. Fühlen Sie, wie entspannend und befriedigend es sein kann, wenn Sie sich einmal mit Ihrer Bedürftigkeit ganz vergessen. Lassen Sie das Gefühl auf sich wirken. Was immer Sie in Ihrer Innenwelt für Erfahrungen machen, spüren Sie Ihren Zwiespalt, der sich auch zwischen Ihren Bedürfnissen und denen der anderen Menschen auftun wird. Machen Sie sich bewusst, dass wenn Sie Ihre Zuwendung ganz den Bedürfnissen anderer Menschen zukommen lassen, sich Ihnen, ohne dass Sie es einklagen müssen, die Herzen der anderen Menschen öffnen werden und Ihnen die Zuwendung zuteil werden wird, die Sie sich immer ersehnt haben. Machen Sie sich bewusst, dass Geben und Nehmen stets in einem Gleichgewicht zu halten sind. Wenn Sie wertfrei geben, dann werden Sie auch wertfrei erhalten. Doch wenn Sie zu sehr auf sich bezogen sind, wird das Geben auf der anderen Seite sparsamer ausfallen. Lassen Sie die Empfindungen in Ihrer freien Bildgestaltung als Simileprinzip in Ihrem Inneren ihre Wirkung entfalten, und nehmen Sie vor allem jene Empfindung mit in Ihr tägliches Leben hinein, wie erfüllend schön es sein kann, von sich selbst befreit zu sein.

MOND IM ZEICHEN LÖWE
MOND IM FÜNFTEN HAUS

DIE MOND-SONNE-THEMATIK

primäre Stimmung:	latente Erfahrung:
Mond im Zeichen Löwe	Mond Konjunktion Sonne
Mond in Haus 5	Mond Quadrat Sonne
Tierkreiszeichen Krebs in Haus 5	Mond Opposition Sonne
	Tierkreiszeichen Löwe in Haus 4

Stimmungsbild

Im Tierkreisbild Löwe erlangt die Qualität des Mondes ihre stärkste Ausdrucksform. Krebs und Löwe gehören innerhalb des Tierkreises zu den subjektiven Zeichen. Das Subjektive, das im Zeichen Krebs in den Gefühlen verwahrt wird, findet mit dem Tierkreiszeichen Löwe seinen Ausdruck. Die Gefühle erhalten mit dem Zeichen Löwe eine Bewegung nach außen (lat. emovere), so dass man an dieser Stelle von der Entstehung der Emotionalität sprechen kann. Die Energie, die im Zeichen Löwe vorherrscht, dessen Herrscher die Sonne ist, ist feurig und damit dynamisch-männlich, was zu der Eigenschaft beiträgt, sichtbare Impulse aus sich hinaus zu emanieren. Jene dynamische Ausdrucksform, welche mit der Überschrift einer Mond-Sonne-Thematik bezeichnet werden kann, findet ihren Ausdruck in der **primären Stimmung** mit dem Mond im Tierkreiszeichen Löwen wieder. Die gleiche Dynamik drückt sich mit dem Mond im fünften Haus sowie dem Tierkreiszeichen Krebs im fünften Haus aus. Die **latente Ausdrucksform** der Mond-Sonne-Thematik wird dargestellt durch das Tierkreiszeichen Löwe im vierten Haus sowie durch die Konjunktion, das Quadrat und die Opposition von Sonne und Mond. In der latenten Form sind die Merkmale der Dynamik, wie z. B. bei Mond im Löwen, nicht so ausgeprägt. In der latenten Form ist das Ringen zwischen den passiven und aktiven Kräften dafür wesentlich ausgeprägter. Antrieb und Hemmung liegen in einem wechselseitigen Miteinander, was sehr wichtig für das Verständnis des Unterschiedes zur primären Energie ist.

Fragt man nach dem Sinn, weshalb in einem Geburtsmuster eine Mond-Sonne-Thematik vorliegt, so führt diese in eine intensive Auseinandersetzung mit dem Thema der Lebendigkeit und der Präsenz im Leben. Das dem Menschen nicht bewusste seelische Anliegen zielt darauf ab, im Leben einen entsprechenden Mittelpunkt einzunehmen. Es geht um die Bearbeitung des Themas des Selbstwertes und um schöpferische Ausdrucksformen. Unbewusst liegen diese dem Verhalten der Nativen unter dieser Mond-Thematik auch zugrunde, indem sie ständig bestrebt sind, sich selbst auf die Welt zu bringen. Solange aber die zu erreichende Mondqualität nicht bewusst wahrgenommen wird, kommt es wie auch bei den anderen Mond-Themen zu „unerlösten" Begebenheiten, die die Nativen in die Erleidensform ihrer Thematik hineinschleusen. Es folgen Infragestellungen des Umfeldes, die nach dem Warum des Verhaltens forschen und den Menschen über Widerstände und schicksalhafte Begebenheiten in ein Hinterfragungselement hineinführen, dessen Notwendigkeit er nicht kennt. Deshalb ist es für den eigenen Wachstumsprozess bedeutsam, sich ganz bewusst mit den verborgenen unbewussten Anteilen auseinander zu setzen.

Sonne und Mond stellen die Verbindung der archetypischen Kräfte des Männlichen und des Weiblichen dar – Sinnbild für Mutter und Vater. Gleichzeitig symbolisieren die Kräfte bei den Nativen einen inneren Konflikt zwischen den aktiven und den passiven Energien. Der Mond mit seiner aufnehmenden passiven Qualität erfährt unter der Sonne-Verbindung eine männliche Dynamik, die nicht empfängt, sondern Energie abgibt. Im Leben führt dies zu wechselseitigen Manifestationen. Es gibt das Bedürfnis, sich von Gefühlen zu befreien, um das Leben unbeeinträchtigt von diesen führen zu können, woraus eine Trennung von den seelischen Wurzeln entsteht, die in der Folge durch Begebenheiten des Lebens zur Gefühlsbeeinträchtigung der Nativen führt. Damit kommt die passive Seite wieder zu ihrem Recht. Die Bewegtheit dieser Konstellation führt in die Thematik der sinnbildlich alchemistischen Verschmelzung von Sonne und Mond. In diesem Sinn führt das zu dem Ergebnis, dass die Einheit über eine seelische Öffnung hergestellt und der Weg zur Ganzheit im eigenen Inneren gefunden wird.

Auch im Leben der Nativen geht es darum, eine Verbindung zwischen den unterschiedlichen Kräften im eigenen Inneren herzustellen. Dynamik und Einkehr sowie auf einer anderen Ebene schöpferischer Ausdruck und Selbstreflexion stellen das wichtigste Erfordernis dar. Hat dieser Prozess noch nicht stattgefunden, dann waltet im Verhalten der Nativen eine Dynamik, die darin mündet, sich in der reinen Lust an der eigenen Person zu verströmen. Natürlich gehören alle schöpferischen Prozesse hierher, denn schöpferisch sein bedeutet ebenso, dass der Mensch innere Bedürfnisse, die ihn bewegen, durch einen kreativen Akt in die Welt manifestiert. Die erste und dominanteste Ausdrucksform der Mond-Sonne-Verbindung ist jedoch die reine Selbstbehauptung, vergleichbar mit einem König, der es sich auf

Kosten seiner Volkes gut gehen lässt. Sie stellt die aktive selbstverströmende Form dieser Mond-Thematik dar. Die Nativen dominieren ihr Umfeld und benutzen dieses, um sich auf die Welt zu bringen.

Im Gegensatz zur primären Stimmung erfährt der Mensch in der latenten Form die Themen in der Umkehr, indem ihm Menschen begegnen, die mit ihrer Persönlichkeit das Umfeld dominieren. Sie erleben das, was sie im Inneren als Anlage in sich tragen, sozusagen als Zeuge oder Opfer eines Menschen, der ihnen gegenüber seine Dominanz entfaltet. Damit befinden sie sich auf der gleichen Themenachse, jedoch auf dem Minuspol des ausgelieferten Erfahrens. So lassen sich die aktiven, also primären Prinzipien dieser Mond-Thematik wie folgt beschreiben: Mit der Dynamik des Feuerelementes fällt die Selbstreflexion unter der Mond-Sonne-Thematik eher dürftig aus. Es ist nur zu menschlich, dass man die eigenen Empfindungen für das Maß der Dinge hält und voraussetzt, dass alle anderen die gleichen Wahrnehmungen und Gefühle haben. Aber die Nativen sind diesem Trugschluss vollständig erlegen. Er verleiht ihrem Verhalten seine besondere Dominanz. Sie versuchen, sich aus dem tiefen Selbstverständnis ihrer Person heraus durchzusetzen, und sind in ihrem Präsenz- und Machtanspruch kaum zu bremsen. Sie überfahren ihre Mitmenschen, ohne dass ihnen ihr Verhalten fragwürdig vorkommt. Genauso wie sie das Lebensrecht für sich als aller erstes Gesetz in Anspruch nehmen, drücken sie sich spontan in der Welt aus. In ihrem Selbstverständnis sind sie der Nabel der Welt und das Maß aller Dinge, denn der Stärkere hat in ihrem hohen Selbstverständnis Recht.

Menschen mit der Mond-Sonne-Thematik sind von ihrem Temperament her cholerisch, impulsiv und reizbar, so dass es bei ihnen häufig zu unwillkürlichen Emotionsausbrüchen kommen kann. Dies geschieht vollkommen spontan und ungeplant, so dass sie andere Menschen mit ihrer Impulsivität erschrecken und in die Enge treiben können. Sie reagieren ungeduldig, wenn sie anderen Menschen beispielsweise etwas erklären und diese sie nicht verstehen oder in ihren Augen Handlungen ausführen, die sie glauben besser machen zu können; all das lässt sie gereizt und ärgerlich reagieren. Ihr Unmut im Engagement für übergeordnete Dinge trägt stets die Aufladung einer persönlichen Betroffenheit, so als würden sie sich stets ganz mit ihrem Wesen in die Bresche schmeißen und als ging es um sie allein. Engagieren sie sich beispielsweise für politische Themen, dann sind ihre Ausführungen, wenn sie etwas verbessern oder kritisieren wollen, stets mit Aggression und Unmut aufgeladen. Es fehlt ihnen die objektive Distanz zu den Themen. Ihre Haltung zum Leben ist dadurch zwiespältig. So können sie in ihrem Selbstverständnis im hohen Maße von sich selbst überzeugt sein und in ihrer Mitte ruhen, andererseits wachen sie eifersüchtig darüber, dass niemand in ihrem Umfeld in eine Vormachtsstellung hineingelangt. Wie auch in der Mond-Mars-Thematik spielt das Thema Konkurrenz und Revieranspruch unter der Mond-Sonne-Thematik eine große Rolle. Denn alle feurigen Prinzipen stehen in einer gewissen Kampfessituation zu ihrem Umfeld. In ihrem Selbstverständnis waltet ein instinkthaftes Bewusstsein, dass dem Stärksten das Vorrecht gebührt, so wie in der Natur schwache Tiere in einem Rudelverhältnis in eine untergeordnete Position hineingelangen, in der Hackordnung ganz unten stehen oder sogar ausgestoßen werden. So fühlen sie sich nur mit Menschen in einem gewissen Verbund, wenn ihnen diese auf der gleichen Ebene begegnen; andere, die ihnen untergeordnet sind und ihnen nicht kompetent erscheinen, finden in ihren Augen keine Akzeptanz. Ähnlich wie bei der Mond-Mond-Thematik, ist dieses Empfinden ein rein subjektives, denn die Einschätzung und das Wertempfinden der Person finden aus einem tiefen Selbstverständnis statt, wobei es nicht gewährleistet ist, dass es objektiv auch tatsächlich so ist.

Ihre Ansichten und Erkenntnisse halten die Nativen für allgemeingültig, es kommt ihnen nicht in den Sinn, dass nicht nur sie, sondern auch andere Menschen Recht haben könnten. Das führt zu einem ausgeprägten Bestreben, es ihrem Umfeld beweisen zu wollen, um sich eine Vormachtsstellung zu sichern. Mit Ehrgeiz und hoher Dynamik versuchen sie, im Leben einen Platz einzunehmen. Dabei reicht ihnen die Vormachtsstellung alleine nicht aus, denn sie fiebern nach der Anerkennung und der Bewunderung ihres Umfeldes. Was immer sie in der Welt bestrebt sind zu bewerkstelligen, ihren Handlungen liegt die Wurzel des Ringens um Aufmerksamkeit zugrunde. Selbst, wenn sie sich für die Belange anderer einsetzen, verbirgt sich dahinter die unbewusste Dynamik, sich selbst damit beweisen zu wollen. Dass es möglich ist, etwas für andere zu tun, zeichnet sie vor sich selbst aus. Vergleichbar mit Menschen mit der Mond-Mond-Thematik wollen auch sie von ihrem Umfeld Anerkennung erhalten. Im Gegensatz zum lunaren Bestreben suchen sie nicht so sehr die Liebe der anderen; sie benötigen die Bestätigung und die Bewunderung ihrer Person. Bleibt die gewünschte Anerkennung jedoch aus, dann sorgen sie für großes Aufsehen, indem sie auf ihre Taten hinweisen. Aufgrund ihres Hungers nach Bestätigung sind sie in gewisser Hinsicht von anderen Menschen abhängig, denn die Egohaftigkeit lebt in einer Symbiose mit dem applaudierenden Umfeld. Ein paar schmeichelnde Worte und die Eigner der Mond-Sonne-Thematik strahlen vor Wohlwollen. Jeder Unmut lässt sich auf diese Weise bei ihnen sehr leicht beseitigen, so dass sie bei richtiger Behandlung durch Lob und Würdigung schnell wieder versöhnlich gestimmt sind. Somit ist der Kontakt zu anderen sehr einseitig geprägt. Sie fühlen sich nicht in die Bedürfnisse des Gegenübers ein, sondern gehen mit anderen Menschen so um wie mit einer Einwegflasche, die entsorgt wird, wenn sie ihren Dienst getan hat. Dies geschieht nicht aus einer geplanten Strategie, sondern es ergibt sich aus dem Moment heraus, da sie in allem sehr impulsiv handeln. Im Gegensatz zum Eigner der Mond-Mond-Thematik, der seismografisch jeden Impuls und jede Stimmung betroffen auf sich bezieht, besitzt der Mensch mit der Mond-Sonne-Thematik eine Dynamik, die permanent Energie von innen nach außen transportiert. Eindrücke des Außens perlen an ihm ab wie Wassertropfen auf dem frischpolierten Lack eines Autos. Damit sind die Nativen ein in sich geschlossenes System, da sie nur schwer beeindruckbar sind. Genauso wenig sind sie empfänglich für Stimmungen und Probleme ihrer Mitmenschen. Wenn ein anderer Mensch seine Befindlichkeit ihnen gegenüber nicht offen formuliert, nehmen sie diese nicht wahr. Seitens ihrer Mond-Thematik sind sie bildlich gesprochen keine Empfänger, sondern Sendestationen.

Betrachtet man die emotionale, nach außen gerichtete Bewegung symbolisch, dann versteht man, dass die Nativen wenig Zugang zu ihrem Unbewussten besitzen. Wie auch die anderen aktiven Mond-Kombinationen, die mit ihrer Dynamik nach außen streben, haben die Nativen Angst vor der Einkehr in ihr Inneres, besonders vor melancholischen Stimmungen. Um sich nicht selbst begegnen zu müssen, entfachen sie eine Überdynamik, mit der sie sich durch ständige Aktionsprogramme vor Einkehr und Selbstreflexion bewahren wollen. Hinter ihrer Dynamik verbirgt sich unbewusst die Angst vor dem Verlust des Selbstbildes und damit ihres Selbstwertes, was bei ihnen einem Verlust an Stärke und Macht gleich käme. Deshalb meiden sie die Selbsthinterfragung wie andere die Pestilenz. Native mit der primären aktiven Mond-Sonne-Thematik besitzen ein ausgesprochenes Unabhängigkeitsbedürfnis. Wo es anderen möglicherweise an Lebensenergie und Begeisterung mangelt, bringen sie diese im hohen Maße mit – sie sind den Herausforderungen des Existenzkampfes gewachsen, wobei sie sich durch eine hohe Lebensbezogenheit auszeichnen.

Je unbewusster die Nativen über ihre Verhaltensstruktur der Umwelt gegenüber sind, desto mehr erfahren sie Widerstände und Infragestellungen seitens ihres Umfeldes, die sie aber nicht nachvollziehen können. Da sie selbst stets mit ihren Handlungen in Einklang sind, verstehen sie nicht, wieso es möglich ist, dass ihnen Grenzen aufgezeigt werden. Ohne den Zugang zu ihren unbewussten Verhaltensstrukturen finden sie sich in der Rolle des betroffenen Opfers wieder. Dies sind meist Situationen, in denen sie sich falsch beurteilt und ihr Verhalten fehlinterpretiert sehen. Andere Menschen zeigen ihnen Grenzen auf, weil sie sich überrollt fühlen oder auch die verborgene Egointention hinter ihren Handlungen spüren, die den Nativen aber nicht bewusst ist.

Das Leben erscheint den Nativen in solchen Momenten als ungerecht und willkürlich, da sie in ihrer Dynamik gebremst werden. In solchen Momenten hilft es ihnen, nicht einfach weiter zu agieren wie bisher, sondern Selbstreflexion und die intensive Auseinandersetzung mit ihrem Inneren sind dabei erforderlich. Hier geht es im Besonderen um die unbewusste Wurzel ihrer Handlungen, die stets auf Anerkennung und freie Selbstdurchsetzung zielt. Meistens sind sie aber nicht bereit, sich zu verändern, wodurch mit ihrer Unbeweglichkeit auch die Frustration über das Erlebte wächst und sie in diesen Lebenssituationen sehr viel Energie verlieren. Beim Auftauchen von Widerständen sollten sich die Nativen zuallererst einmal selbst hinterfragen und die Möglichkeit einräumen, dass sie mit ihren Ansichten und Einschätzungen ihrer jeweiligen Lebenssituation möglicherweise einer Fehleinschätzung unterlegen sind. Genauer ausgedrückt, sollen die Nativen erkennen, dass sie mit ihrer Dominanz versuchen, sich zu stark durchzusetzen, sie damit aber in eine Sackgasse rennen.

In der **passiven Variante der latenten Mond-Sonne-Thematik** (und wenn wässrige Elemente im Geburtsmuster überwiegen) erfahren die Nativen eine Zerrissenheit zwischen den passiven Kräften auf der einen und den aktiven Kräften auf der anderen Seite. Hier wird die Thematik von den Betroffenen unter der Mond-Sonne-Thematik in einem Ringen zwischen Schwäche und Antrieb erlebt. Einerseits liegt in ihrem Bestreben eine Sehnsucht nach Anerkennung und Würdigung ihrer Person vor, doch bringen sie nicht die nötige Kraft auf, aufgrund einer ausgeprägten Trägheit, im Leben den entsprechenden Mittelpunkt einzunehmen. So leiden sie besonders darunter, dass sie mit ansehen müssen, wie andere Menschen vom Umfeld gefeiert und gewürdigt werden, sie aber als unbeachtete Instanz im Hintergrund zurückbleiben. Vielleicht mangelt es ihnen auch an Talenten und Einlösungsmöglichkeiten, um eine Mittelpunktsfunktion einzunehmen, und sie erleben dadurch schmerzlich ihre eigene Hilflosigkeit. Auch können ihnen äußere Begebenheiten durch Hemmnisse, Widerstände oder über schicksalhafte Vereitelungen Grenzen aufzeigen. Meist weckt dies ihren Zorn auf all jene, denen es gelungen ist, das zu verwirklichen, was ihnen versagt geblieben ist, wodurch bei den Nativen Neid und Missgunst entstehen.

Oder sie begeben sich in die Haltung der Kritikübenden, die andere Menschen analysieren und bestrebt sind, deren Egobedürfnisse aufzudecken. Weil die Nativen unbewusst das Bedürfnis nach Glanz und Gloria in sich tragen, verurteilen sie im Schatten des Erlebens die eigene nicht verwirklichte Seite. Es entsteht eine paradoxe Mischung aus einem starken Minderwertigkeitsgefühl und einem verborgenen Hochmut, gepaart mit dem Gefühl, lauter Unwürdigen dienen zu müssen. Man versucht, seinen

Mitmenschen gegenüber Recht zu haben, indem um kleine unwichtige Dinge herumdiskutiert wird und man sich im Verbund mit anderen Menschen wenig kooperativ zeigt. Dem Umfeld gegenüber wird eine arrogante Haltung zur Schau getragen, die es den anderen Menschen unmöglich macht, an die Nativen heranzukommen. Die Arroganz wird zum Ausdruck der von Selbstzweifeln geplagten, ungefestigten Persönlichkeit, die sich über das herablassende Verhalten einen Überlebensraum schafft. Eine häufig auftretende Verhaltensvariante von Menschen in Dienstleistungsberufen, wie z. B. Verkäuferinnen in Edelboutiquen, die ihr Klientel mit gerümpfter Nase vollkommen herablassend behandeln, weil die Kunden in ihren Augen sowieso das Letzte sind. Oder Sachbearbeiter, die ihre Kunden bis zur Weißglut quälen, weil diese ihnen eine belanglose Kunden- oder Auftragsnummer nicht nennen können. Oder im täglichen Straßenverkehr sind es diejenigen, die die anderen Verkehrsteilnehmer in ihrem Verhalten maßregeln. Der Hintermann auf der Autobahn, der durch sein provozierendes Verhalten den anderen signalisiert, die rechte Spur zu benutzen. In der unerlösten Variante ist die Mond-Sonne-Thematik die Wurzel von alltäglichen Machtspielen, die sich gegen Menschen richtet, die sozial oder wissensmäßig „unter" den Nativen mit dieser Mond-Thematik angesiedelt sind oder in einem kurzfristigen Abhängigkeitsverhältnis zu ihnen stehen.

Je mehr sie in ihrer Dynamik ihrem Umfeld begegnen und sich verzweifelt Raum zu verschaffen versuchen, desto schneller geraten sie in eine festgefahrene Position, die sich solange nicht verändert, bis die Nativen sich ihrem Umfeld zu öffnen beginnen. Vergleichbar ist das mit der Mond-Mond-Thematik, denn in der latenten Variante versuchen die Nativen, ihrem Umfeld eine Rolle vorzuspielen, die nicht authentisch ist. Ein gewisser Opportunismus verbirgt sich hinter dem Verhalten, das ein hohes Maß an verdrängter Aggression in sich birgt, ein Verhalten, wie es auf der politischen Bühne fast schon Alltagsgeschäft ist. Es gibt eine Kluft zwischen dem gelebten Rollenspiel und der labilen Persönlichkeit. Bei den Betroffenen ist es besonders der eigene Stolz, der sie daran hindert, weiterzukommen, weil sie anderen ihre Schwäche nicht eingestehen können und sie deshalb nicht um Rat oder Unterstützung bitten oder diese selbst bei bestehenden Angeboten ausschlagen. Für sie käme dies einer Kapitulation gleich. Selbst, wenn ihnen andere Menschen einmal geholfen haben, entfachen sie in der Folge gegenüber dem Helfer ein verachtendes Verhalten. Sie meiden ihn oder rächen sich gar an ihm, weil er ihnen geholfen und sie damit unbewusst dominiert hat. Dies führt zu Verhaltensformen, die für die Helfer oft unverständlich sind. Ein Sachbearbeiter erhielt beispielsweise von einer Kollegin Unterstützung, die ihm mit ihrem Fachwissen so sehr half, dass er in der Firma in eine

Führungsposition aufrückte. Eine seiner ersten Amtshandlungen war zu arrangieren, dass die Kollegin, mit deren Hilfe er in die Position aufgerückt war, aufgrund von Personaleinsparungen entlassen wurde. Die Helferin war Zeuge seiner Bedürftigkeit geworden und zog sich damit seine unbewusste Wut auf sich, denn dadurch stand er in einem unerträglichen Abhängigkeitsverhältnis zu ihr. Meist erleiden die Nativen mit solchen Verhaltensformen in der Folge auch Schiffbruch, nicht etwa weil es moralisch nicht in Ordnung war, sondern weil sie nicht bereit waren, sich in einem ehrlichen Lichte selbst zu reflektieren. Nur die Bereitschaft, sich seine Mankos einzugestehen und sich gegenüber der abhängigen Seite in der Persönlichkeit zu öffnen, lässt diese Abwärtsdynamik innehalten. So ist es nicht das Schicksal, das die Nativen beeinträchtigt, sondern sie sind es selbst. Unbedingte Voraussetzung ist somit die Bereitschaft, an sich zu arbeiten, sich zu hinterfragen, um sich unverblümt im Lichte der Ehrlichkeit zu betrachten, nötigenfalls auch mit unabhängiger Hilfe von außen, weil einem selbst der klare Blick für das eigene Sosein fehlt.

Kindheitsmythos

Sonne und Mond stehen als Symbol für den archetypischen Kampf des „Sich-lösens-von-der-Mutter" als erster erforderlicher Akt während der Geburt. Es ist das sinnbildliche Ringen, das in jedem Mann und in jeder Frau stattfindet, um sich mit dem aktiven Willen (Sonneprinzip) aus den Fängen des Instinktes (Mondprinzip) zu befreien. Dieses Drama offenbart sich vor allem in der Kindheit der Nativen. Vielleicht leben sie im Spannungsfeld zwischen den Eltern, weil es bei dieser Mond-Thematik (ähnlich wie bei der Mond-Mars-Thematik) ein Ringen zwischen den passiven und den aktiven Kräften im Menschen gibt, und so wird sich dieser Mythos auch im Elternhaus ausdrücken. Dies kann einerseits bedeuten, dass die Kinder Zeuge dieses Kampfes zwischen den Eltern werden und damit ihr eigenes Konfliktthema erleben, oder sie nehmen aktiv an diesem Kampf teil. Der Unterschied zur marsischen Thematik ist, dass dieser Kampf äußerlich keine aggressiven Züge aufweist, sondern ein Kampf der Egos ist, der sich zwischen den Eltern abspielt, ein Machtkampf der subtil lautet: „Wer dominiert wen?"

Dabei lässt sich nicht genau definieren, wem die Rolle des oder der Stärkeren gebührt. Es kann sein, dass die Mutter eine führende Rolle in der Familie einnimmt, weil ein Mond im Löwen auf eine dominante Mutterinstanz hinweist. Entscheidend für die Nativen unter der Mond-Sonne-Thematik ist, sich anhand des eigenen Kindheitsmythos zu vergegenwärtigen, wer bei ihnen in der Elternsituation die dominante Rolle eingenommen hat. Daraus vermögen sie zu schließen, welcher Teil in ihrem Inneren stärker ausgeprägt ist, denn das erlebte Elterndrama ist stets ein Ausdruck des inneren Kräftespiels im Menschen.

Hat der Vater den dominanten Part übernommen, dann sind es sinnbildlich die aktiven Kräfte der Nativen, die den passiven mondigen Teil in sich unterdrücken – die Durchsetzungsinstinkte sowie der rationale Teil dominieren das Gefühl. Nimmt umgekehrt die Mutter die dominante Rolle ein, dann sind es die passiven lunaren Kräfte, die den aktiven Teil im eigenen Inneren der Nativen dominieren, woraus man folgern kann, dass die passive phlegmatische Seite stärker im Inneren ausgeprägt ist als der aktive Durchsetzungsinstinkt. Beide Anteile jedoch wollen in der Folge bei den Nativen in Einklang gebracht werden.

Im Familienmythos ist es spezifisch, dass die Zuneigung des Kindes immer dem gegengeschlechtlichen Elternteil gewidmet ist. So will sich die lunare Seite der Tochter mit dem Vater verbinden und fühlt sich ihm näher als der Mutter, und umgekehrt fühlt sich die solare aktive Seite des Sohnes stärker zur Mutter hingezogen. Der jeweilige andere Elternteil wird als Konkurrenz zum geliebten Elternteil empfunden.

Meist nimmt der Vater die dominante Rolle in der Familie ein, da er das aktive Sonneprinzip repräsentiert, womit sich auch an ihm die Rivalitätsthemen entfachen. Die Konflikte, die hier entstehen, müssen keine marsisch offenen Konflikte sein, die sich in heftigen Macht- und Revierkämpfen mit Streitereien abspielen, sondern sie finden ihren Ausdruck darin, den Vater durch Leistungswillen zu überwinden. Zuerst will das Kind so sein wie der Vater, um ihn dann zu überrunden. Das drückt sich in kleinen Dingen aus, in dem beispielsweise das Kind den Vater zu belehren versucht und Versäumnisse von ihm anklagt: „Papa hat sich vor dem Essen nicht die Finger gewaschen" oder „Papa war gestern gar nicht arbeiten, ich habe ihn in der Stadt gesehen". Im Grunde kleine, belanglose Dinge, die aber die unbewusste Intention des Kindes deutlich werden lassen, die Position des Vaters zu schwächen. Vordergründig fasst die Familie dieses Verhalten nicht als Rivalität auf. Generell ist es unter der Mond-Sonne-Signatur das Bestreben der Familie, eine gewisse Lebensqualität zu realisieren, die darauf abzielt, es sich auf allen Ebenen gut gehen zu lassen. Die Familie möchte eine ehrbare Rolle im gesellschaftlichen Umfeld einnehmen, und die Kinder sollen dabei einen aktiven Part übernehmen.

Die Eltern unterstützen das Kind, meist ist es ein Wunschkind oder ein Kind, mit dem man nicht mehr gerechnet hat, und die Eltern sind über die Schwangerschaft positiv überrascht. Die spätgebärende Mutter glaubte bis zu diesem Zeitpunkt, keine Kinder bekommen zu können, weil sich in früheren Lebensphasen der Kinderwunsch nicht realisieren ließ. Aus diesem Grund wird das Kind von den Eltern gefördert und erhält eine besondere Zuwendung. Auch von den übrigen Angehörigen wird es wohlwollend aufgenommen. Alle Hoffnungen ruhen auf der kleinen Prinzessin oder dem Prinzen, und es wird mit allen erdenklichen Mitteln verwöhnt. Jede Leistung wird mit Begeisterung belohnt, ohne dass Gegenleistungen erwartet werden. Das erste gesprochene Wort des Kindes wird mit „Ah..." und „Oh..." aufgenommen, so als handele es sich um den Ostersegen des Papstes. Allein seine Existenz reicht für die allgemeine Begeisterung aus. Alle Aufmerksamkeit konzentriert sich auf die Förderung des Kindes. Das Kind beginnt, es für selbstverständlich zu halten, und setzt voraus, dass sein Umfeld genau wie die Eltern über es in Verzückung gerät. Doch dieses Verhalten wird keineswegs von allen geteilt, denn was den Nativen in ihrem familiären Umfeld eine Sonderstellung verschafft, lässt sie im Kontakt mit anderen zum Außenseiter werden. Das Verhalten erweckt bei den anderen Kindern Neid und Missgunst, da sie die frühe Selbstbezogenheit des Kindes spüren, und es wird aufgrund dessen aus dem Verband der Kinder ausgestoßen.

Auch kann die Begeisterung der Eltern zu fatalen Spätfolgen führen, denn aus dem Gefühl des Selbstverständnisses heraus verringert sich die Bereitschaft, besondere Leistungen zu erbringen, weil der Antrieb dazu sehr gering ist. Zufriedenheit und Selbstgenügsamkeit sind selten ein Motor für eine hohe Leistungsorientierung. Das kann zur Folge haben, dass das Kind zwar eine Fülle an Chancen erhält, diese aber nicht ergreift, da es der Meinung ist, dass sich die erlebte Dynamik zwangsläufig auch im späteren Lebensverlauf so weiter vollziehen wird. Erst die Konflikte mit den Spielkameraden oder in der Schule wirken wie eine Art Schocksituation auf das Kind. Das kann verschiedene Auswirkungen haben, die sich auf die Entwicklung der Persönlichkeit gravierend auswirken. Einerseits ist das Kind betroffen, weil es sich in seinem Stolz getroffen fühlt; es zieht sich aus dem Umfeld der anderen Kinder zurück und beginnt fortan, sich selbst die Zuwendung zu geben, die es vom Umfeld nicht bekommt. Das Außen wirkt wie ein Motor, der durch die Hinwegnahme der Zuwendung entweder zu einem größeren Selbstbezug führt oder bei den Nativen eine Dynamik entfacht, die darauf abzielt, mehr Beachtung und Würdigung durch das Umfeld zu erhalten. Hier ist entscheidend, welche anderen Faktoren im Geburtsmuster vorliegen; überwiegen wässrige Anteile oder passive Aspekte, vermögen diese zu der Erleidensvariante des Musters beizutragen, so dass sich die Nativen über längere Zeit von der erfahrenen Verletzung nicht erholen, bis es zu einer möglichen Aufbausituation der Persönlichkeit kommt. In der aktiven Variante wird der Einzelkämpferstatus in der Vordergrund rücken, man benötigt das Umfeld für seine Belange, im Sinne von Selbstverwirklichung und Würdigung, aber innerlich besteht eine gewisse Distanz, weil man sich selbst viel näher ist als anderen.

Partnerschaftsmythos

In Bezug auf die Partnerschaft spielen Dominanz und Unterwerfung unter der Mond-Sonne-Thematik eine vordergründige Rolle. Die Nativen sind von sich sehr eingenommen und leben in dem Selbstverständnis, das absolute Nonplusultra zu verkörpern. Der Mensch mit dieser Mond-Thematik ist der klassische Eroberer, weil er Selbstsicherheit und Mut ausstrahlt, so dass sich daraus in den ersten Kontakten eine charismatische Wirkung auf andere Menschen ergibt. Alle Handlungen und zwischenmenschlichen Kontakte sind eigentlich nur die Folie, auf der das Bedürfnis, andere zu besiegen und zu unterwerfen, ausgelebt wird. Die Nativen sind nicht daran interessiert, mit anderen Menschen eine echte emotionale Bindung einzugehen oder gar eins mit ihnen zu werden. Sie bemühen sich durchaus um die Belange eines anderen – solange sie noch um seine Gunst werben müssen. Selbst die Liebe wird zu einem aufbauenden Element, denn in der Phase des ersten Zusammenkommens gibt es zwischen Partnern viel Schmeichelei und Bewunderung. Dies ist genau der Reiz, der sie bewegt, eine Beziehung einzugehen. Sie sind verliebt in die Liebe mit all ihrem Zauber, die sie dem Menschen entgegenbringt, dem sie gilt. Damit finden sie ihre Bestätigung, sie lieben den anderen Menschen, weil er sie oder ihn liebt, doch ihr Interesse lässt schlagartig nach, wenn sie sich der Zuwendung gewiss sein können oder wenn Infragestellungen und Konflikte aufkommen. Spätestens ab diesem Punkt verfolgen sie unerbittlich ihre eigenen Ziele. Nun zeigt sich, dass sie in Beziehungen einzig von sich selbst erfüllt sind, sie gestatten sich selbstverständlich jeden erdenklichen Freiraum, den sie ihren Partnern niemals einräumen würden. Sie messen mit zweierlei Maß und erwarten vom Partner mehr, als sie zu geben bereit sind. Besonders empfindlich reagieren sie auf Versuche des Partners, sich ihnen gegenüber zu behaupten. Sie sind betroffen und beleidigt und setzen alles daran, den anderen in seine Schranken zu verweisen. Gelingt dies nicht, dann ziehen sie sich zurück und empfinden sich als Opfer der Situation. Um ihre Beziehungen interessant zu gestalten, brauchen sie ständige Anreize und Spannungen. Aus diesem Grund suchen sie sich Partner, die für sie eine Herausforderung darstellen und an denen sie sich messen können. Sie fühlen sich zu Menschen hingezogen, die einen in ihren Rahmenbedingungen besonderen gesellschaftlichen Stellenwert einnehmen, und versuchen, sich in die Nähe von ihnen zu bringen. Mit jeder Eroberung, die ihnen dabei gelingt, wächst ihr eigenes Werteempfinden und sie empfinden die entgegengebrachte Zuneigung als eine Bestätigung ihrer Person. Manchmal gelten solche Beziehungen auch als „Eintrittskarte" für gesellschaftliche Ebenen, die ihnen sonst verschlossen sind. Dies bringt sie zwar in den Konflikt, dass sie von einem stärkeren Partner nicht ewig die Bewunderung entgegengebracht bekommen, die sie sich erhoffen, denn irgendwann wird das unter ihrem Verhalten liegende Raster offenbar. Treffen sie auf Menschen mit gleichen Anlagen im Geburtsmuster wie z. B. der Mond-Sonne-Thematik, kann eine gewisse Akzeptanz zwischen den beiden entstehen, da sie sich im anderen mit ihren Verhaltensweisen wiederfinden und sie gegenseitig in ihrem Rahmen verhältnismäßig berechenbar werden. Zwar brauchen sie in gleichartigen Beziehungen derartige Reibungsflächen, wenn sie ihren Partner akzeptieren sollen, doch führt dies zu vehementen Konflikten, die man als Kampf der Giganten bezeichnen könnte.

Leben sie mit einem schwächeren Partner zusammen, dann verachten sie ihn auf einer tieferen Ebene und doch benutzen sie ihn, um die tägliche Selbstbestätigung zu erhalten. In solchen Beziehungen werden die eigenen Leistungen gerne herausgestellt, was die Lampe der Bewunderung des Partners am Brennen halten soll, und man könnte sagen, dass es für die Nativen schon Engagement genug ist, dass sie in der Beziehung verweilen. Oft sind dies Beziehungen, die so geführt werden, als wären sie eine Übergangsstation für einen begrenzten Zeitraum, solange bis sich eine geeignete Beziehung einstellt. Häufig dient der Partner auch dazu, den Rücken für die eigene Karriere frei zu halten. Ohne dass es ihnen auffällt, müht sich der Partner darum, sie zu unterstützen. Oft kommt es dann in dem Moment zu Trennungen, in dem die Karriere zu einem Selbstläufer geworden ist. Mit einem Mal scheint die Jahrzehnte lange Bemühung des Menschen an der Seite überhaupt nicht stattgefunden zu haben. Um sich dies nicht eingestehen zu müssen, werden Konflikte, die in diese Richtung zielen, sofort vom Tisch gewischt oder aber die Gesprächsebene wird abgebrochen, so dass nur noch die Anwälte das Wort haben.

Beispielsweise heiratete ein Mann aus sozial schwachen Verhältnissen eine Frau, die ihn bewunderte. Sie war durch ihre Familie begütert und förderte ihn, wo es nur ging. Auf ihr Drängen schulte er von seinem handwerklichen Betätigungsfeld noch einmal um und wurde auf dem zweiten Bildungsweg Betriebswirt. Von dort aus begann sein Aufstieg in einem Unternehmen, der ihn nach einigen Jahren in eine Führungsposition brachte. Keiner wusste, dass er so starke Selbstzweifel an sich hegte, dass er jedes Mal, wenn er eine Sprosse weiter auf der Karriereleiter stieg, Angst hatte zu scheitern und sich vor dem Schritt fürchtete. Seine Frau jedoch motivierte ihn mit Lob und Zusprache, seinen Weg zu machen. Mit der Zeit und zunehmendem Erfolg wurde sein Verhalten zu Hause immer despotischer. Wegen geringster Kleinigkeiten schrie er seine Frau an und veranstaltete „divaartige" Szenarien zu Hause, wenn Lebensmittel im Kühlschrank fehlten oder Hemden von ihm nicht gebügelt waren, und bezichtigte seine Frau der Unfähigkeit, einen Haushalt zu führen. Er schämte sich, mit seiner Frau in der Öffentlichkeit gesehen zu werden, und untergrub ihren Selbstwert so stark, bis sie in eine Nervenheilanstalt eingeliefert wurde. Es folgten verschiedene Suizidversuche ihrerseits, worauf er sich mit dem Argument von ihr trennte, eine solche Beziehung würde ein schlechtes Licht auf seine Führungsposition werfen. Die gemeinsamen Güter hatte er soweit überschreiben lassen, dass seine Frau mittellos ausging. In dieser Verbindung hatte der Mann einen Krebsaszendenten, einen Mond im Löwen mit gleichzeitiger Löwe-Sonne in Konjunktion mit dem Mond, somit trat besonders die Verdrängung der Schwäche zu Tage. Die Frau als Helferinstanz an seiner Seite wurde zum verhassten Kenntnisträger seiner Schwäche, und um vor sich selbst bestehen zu können, erniedrigte er sie so, bis er es für einen Gnadenakt seinerseits hielt, dass er eine Beziehung mit ihr führte. (Um der Gefahr der Projektion in dieser sehr dramatischen Beziehung vorzubeugen, sei gesagt, dass die Frau einen unbewussten machtvollen Anteil besaß, den sie über ihren Partner gespiegelt bekam.)

In vielen Beziehungen unter dieser Mond-Signatur kommt dieses Syndrom des bestraften Helfers zum Tragen, wobei es auch der Fall sein kann, dass eine Frau die dominierende Rolle einnimmt. Dann ist es die erfolgreiche Frau, in deren Schatten sich ein Mann befindet, der weniger erfolgreich ist. Derartige Beziehungen erfahren meist ihren Bruch, wenn das mangelnde emotionale Engagement des Partners mit der Mond-Sonne-Thematik offenbar wird. Man hat viele Jahre miteinander verbracht und gemeinsam etwas aufgebaut, bis es zu einer Art Erwachen kommt, in dem deutlich wird, dass die Nativen keinen Fingerschlag für die Gemeinschaft gerührt haben, außer dass sie für das Familieneinkommen sorgten. Sicher kommt die Mann/Frau-Variante häufiger vor (Firstlady-Syndrom). Die Frau stellt fest, dass sie alles auf ihren Schultern getragen hat, sie ihn aufgebaut hat und der Mann sich für nichts und niemanden in der Familie interessiert, frei nach dem Motto: „Alle für einen und einer für keinen."

Vom Grunde her sind die Nativen unter der Mond-Sonne-Thematik leidenschaftliche Naturen, allerdings trägt die Sexualität eine ähnliche Signatur wie ihr sonstiges Verhalten. Man will sich in der Sexualität beweisen und gut sein. Ein gegenseitiges Verschmelzen tritt dabei in den Hintergrund, da die Nativen der triebhaften Komponente der Sexualität zugetan sind. Sie gehen auch hier ganz selbstverständlich davon aus, dass ihre Erfüllung auch die des Partners ist, und erliegen damit dem Trug der gesteigerten Selbstüberschätzung. Häufig spielt die Frau über Jahre hinweg dem Partner eine sexuelle Erfülltheit vor, und er sonnt sich in dem Bild, der größte Liebhaber zu sein. Kommt es zur Kritik, dann zieht er sich im sexuellen Bereich zurück oder geht Beziehungen mit anderen Partnern ein, aus denen wieder eine Selbstbestätigung gezogen wird.

Sicher gibt es auch bei den Nativen eine gewisse innere Leere, Unzufriedenheit und Depression, wenn sie realisieren, dass ihre eingeschlagene Dynamik nicht zu den Ergebnissen führt, die sie anstreben. In der Übersteigerung der aktiven Seite versuchen sie, diesem Element zu entgehen, da sie sonst in eine Hinterfragung der Person gelangen würden. Hier findet sich in der Umkehr und Selbsthinterfragung, auch wenn es mit Abwehr und Angst behaftet ist, das heilende Moment. Die seelische Verkümmerung nimmt mit den Jahren immer weiter zu, und das biologische Altern ist es, das die Nativen aus der Dynamik herausholt. Dies kann in vielen Fällen, wenn nicht vorher eine Bereitschaft der Selbstbegegnung stattgefunden hat, sehr schmerzlich werden. Denn unter der Mond-Sonne-Verbindung liegt der erlösende Pol in der mondigen Komponente der inneren Einkehr: Einerseits ist sie Angst beladen, andererseits ist sie das befreiende Element, das viele Spannungen im Inneren wie im Außen auflöst.

Die Mond-Sonne-Thematik im Geburtsmuster der Frau

Bei der Frau führt diese Mond-Signatur in eine Auseinandersetzung mit ihrer weiblichen Rolle. Schon in der Kindheit empfindet sie eine Konkurrenzsituation zu ihrer Mutter, was darauf schließen lässt, dass sinnbildlich ein verborgener Konflikt mit ihrer eigenen Weiblichkeit seinen Ausdruck findet. Sie fühlte sich zum Vater hingezogen, dieser konnte aber nicht alleine von ihr besessen werden, da die Mutter dazwischen stand. Dieser Konflikt erfährt eine Übertragung in ihre partnerschaftlichen Beziehungen. Dies kann verschiedene Auswirkungen haben: Weil sie durch ihre Mond-Thematik eine aktive weibliche Rolle einnimmt, entspricht sie der dominanten Frau, die aus der Schmach heraus, den Vater mit der Mutter teilen zu müssen, ihren männlichen Partner stellvertretend für den Vater zu ihrem „festen Bestand" macht. Sie will über ihn verfügen; da sie in der Kindheit den Vater nicht dominieren konnte, dominiert sie dafür ihren Partner und rächt sich somit stellvertretend an ihm. Eifersüchtig wacht sie über ihren Partner, um ihn nicht mit anderen teilen zu müssen. Der Mann wird von ihr besonders in gravierenden

Entscheidungen über die gemeinsame Zukunftsgestaltung der Beziehung übergangen. Er ist praktisch nur das ausführende Organ ihrer Entscheidungen, wodurch er an ihrer Seite zum „Männchen" verkümmert. Ist es ihr gelungen, jene dominante Rolle einzunehmen, dann zielt sie durchaus in die Verwirklichung einer Familienidylle hinein. Der Wunsch, viele Kinder zu gebären, ist Ausdruck ihres schöpferischen Potenzials, das sie für sich selbst entscheidend in die Hand nimmt. Dabei hat sie durchaus das Potenzial zu einer Supermutter, die ihre Kinder pflegt, sie beschützt und sie liebend dominiert. Der Mann wird jedoch auch in Erziehungsfragen nicht sonderlich ernst genommen und hat sich ihren Entscheidungen zu fügen. Oft wird dies von den Kindern wahrgenommen, die, wenn der Vater in Abwesenheit der Mutter zu diversen erzieherischen Maßnahmen tendiert, diese mit dem Rückhalt der Mutter zu untergraben versuchen.

Die Organisation und das Arrangement des Haushaltes gibt die Frau mit der Mond-Sonne-Thematik nicht gerne aus ihren Händen, da sie keine Lust hat, lange über ihre Entscheidungen zu diskutieren, weil sie dadurch empfindungsmäßig in eine passive Rolle hineingerät. Auch hier gilt es, sich zu vergegenwärtigen, dass dies nicht aus einer geplanten Strategie folgt. Die Frau setzt einfach voraus, dass das, was ihr am Herzen liegt, gleichfalls der Wunsch des Partners ist, der dann dynamisch realisiert wird. Ist der Partner von seinen Geburtsanlagen her passiv gelagert, kann es sein, dass er jahrelang seiner Frau folgt, ohne seine Bedürfnisse zu äußern. Oft findet man in früheren Generationen recht ungleiche Paare vor, die schon optisch auffallen. Sie als Trägerin der Mond-Sonne-Thematik in Pelz oder feines Tuch gehüllt beim Spaziergang, und er trottet in steingrauer Windjacke und ausgebeulten Hosen nebenher. Die Frau unter dieser Mond-Thematik neigt in gleicher Weise wie der Mann dazu, Vorteile für sich in Anspruch zu nehmen, die sie z. B. gerne beim Shopping auslebt. Aus den reichhaltigen Konsumorgien fallen dann für ihn mindestens ein Paar Socken ab.

In Beziehungskonflikten, in denen der Partner aufbegehrt, wird offenbar, dass er sich übergangen fühlt, was sie nicht annehmen kann, da sie alles nur zum Besten für die Gemeinschaft gemacht hat. Bei der Frau liegt keine große Konflikt- und Kompromissbereitschaft vor, weil diese als Schwäche und Unterlegenheit empfunden wird. Kommt es jedoch zu Konflikten, reagiert sie rigoros und droht bei Beschwerden des Mannes häufig den Ernstfall der Trennung an. Bei Frauen unter der Mond-Sonne-Thematik ist die Zerrissenheit zwischen Aktivität und Passivität besonders groß, so dass der passive Anteil der Hingabe und der Annahmequalität sehr verdrängt wird. Diese Dynamik kommt besonders zum Tragen, wenn sie häufiger Beziehungen mit starken Partnern eingegangen ist, diese erscheinen ihnen attraktiv, jedoch wird gleichzeitig damit eine große Problematik aufgeworfen, nämlich die, wer das Sagen hat.

Hat sie in Beziehungen häufiger Erfahrungen machen müssen, in denen der Mann sich nicht dominieren ließ, bleibt sie nach wiederholten Versuchen lieber alleine, um ein Leben fern aller Rollenverteilung zu leben, in dem sie allerdings keine Erfüllung findet. Oft führt bei der Frau die Abkehr vom Mann in eine Beziehung zu einer Frau, die ihr mehr Raum lässt, sich in ihrer aktiven Rolle zu finden. Die Mond-Sonne-Thematik lässt auf eine bisexuelle Neigung schließen, denn in dieser Mond-Thematik sind beide Potenziale vorhanden. Meist kommen solche Umorientierungen erst nach einer Fülle von schmerzlichen Konflikten mit Männern zustande. Oft folgt auch aus der Abkehr von Beziehungen zu Männern der Entschluss zu einem erhöhten beruflichen Engagement oder einer besonderen Karriere; dieser lässt im Verborgenen den Schmerz einer nicht verwirklichten Partnerbeziehung weiterhin schwelen, der in stillen Momenten zu Tage tritt. Die Flucht aus einem Themenfeld trägt nicht zur Lösung des schwelenden inneren Konfliktes bei. Er bleibt weiter bestehen und kann sich sogar auf die Kontaktebene im zwischenmenschlichen Bereich verlagern. Im Beruf tritt die Frau mit Männern in Konkurrenz, denn es ist ihre innere Dynamik, die immer wieder zu Revierkämpfen führt. Hier ist es für sie besonders bedeutsam zu erkennen, dass die Rücknahme von Energie und Selbstdurchsetzung für sie sehr wichtig ist. Auch ihr Stolz, in Konflikten nicht klein beizugeben, versagt ihr in vielerlei Hinsicht einen wirklichen Glückszugang. So gilt es für die Frau, jenen Vermittlungsakt zwischen Aktivität und Hingabe in sich zu vollbringen. Am besten gelingt dies in einer Familiensituation mit Kindern, die unter dieser Mond-Sonne-Thematik auch ein echtes Anliegen sind. Oft wird der Kinderwunsch erst spät realisiert, weil der Selbstfindungsprozess Zeit braucht, denn je jünger die Frau ist, desto uneinsichtiger ist sie. Erst genügend Konfliktstoff und davongetragene seelische Wunden verwandeln ihren Stolz in eine nachsichtige Reflexionsbereitschaft.

Die Mond-Sonne-Thematik im Geburtsmuster des Mannes

Beim Mann führt diese Mond-Signatur in verstärkter Form in das Ringen zwischen dem aktiven und passiven Pol hinein. Gemäß seines Rollenauftrages identifiziert er sich, sofern er viele aktive Anteile in seinem Geburtsmuster trägt und damit zum Stimmungsbild der primären Mond-Sonne-Thematik gehört, mit dem Ideal des dynamischen mittelpunktsorientierten Mannes. Da er sich in der Kindheit gefühlsmäßig intensiv mit der Mutter verband und er den Vater als Konkurrent in der Beziehung zur Mutter empfand, fühlt er sich in der späteren Wahl seiner Partnerin unbewusst zu Frauen hingezogen, die dem Mutterbild entsprechen.

Nicht, dass er in der Frau die Mutter sucht, die ihm die Zuwendung gibt, sondern er nimmt den väterlichen Platz ein, der ihm in der Kindheit in seiner Beziehung zur Mutter versagt war. Der Mann übernimmt damit das Rollenverhalten des Vaters und im übertragenen Sinn führt er unbewusst eine Beziehung mit seiner Mutter. Dies wird rational nicht wahrgenommen, doch wirkt sich dies im Besonderen in seinem Sexualverhalten aus – denn mit der Mutter schläft man nicht. Er gestaltet sein Beziehungsleben so, dass er für die Gemeinschaft alles organisiert, richtet und gute Bedingungen herstellt, doch die venusisch-erotische Seite kann dabei auf der Strecke bleiben. An deren Stelle tritt das Streben nach Erfolg und Selbstverwirklichung, und es wird das einstige Familienleben seiner Kindheit weiter fortgesetzt. Das kann sich in der Form ausdrücken, dass er glaubt, seinem Umfeld genügend Zuwendung zukommen lassen, wenn er seiner sachlichen Rolle als Versorger nachkommt. Oft wird nach einigen Jahren deutlich, dass weder die Partnerin noch seine Kinder emotional Zuspruch erhalten haben. Er hat sich innerlich nicht beteiligt, da er seine Emotionalität in seine Sorgepflicht hat einfließen lassen, die dann aber in direkter Form durch Zuwendung keinen weiteren Ausdruck mehr erhält und in Vergessenheit gerät. Anstelle dessen setzt sich ein intensiver Drang nach Selbstverwirklichung durch, wobei seine beruflichen und seine persönlichen Interessen im Vordergrund stehen. Damit wird er selbst zum Mittelpunkt, den er ganz selbstverständlich für sich einnimmt. Hier kommen dann die bereits im Partnerschaftskapitel definierten Verhaltensformen zum Tragen, die mit der Überschrift zu betiteln sind: „Die Frau an der Seite" oder „im Schatten eines aktiven, erfolgreichen und selbstbezogenen Mannes".

Überwiegt beim Mann die lunare Seite, die dem latenten Stimmungsbild zugeordnet ist, überwiegt der passive Teil dieser Mond-Thematik. Dies kann in seiner Psyche zu einer Verwirrung zwischen dem männlichen und dem weiblichen Anteil führen. Emotional engagiert er sich dort, wo es nicht notwendig ist, und wenn es notwendig ist, sich einzubringen, fehlt ihm die Dynamik. Die Desorientierung zwischen Antrieb und Phlegma ist beim Mann stärker ausgeprägt als bei der Frau, weil die Frau mit ihrer Geschlechterrolle schon den lunaren Teil in sich trägt. Der Mann hingegen trägt aus seiner Geschlechtsprägung den aktiv-solaren Anteil (Sonneprinzip) in sich, so dass der passiv-lunare Teil (Mondprinzip) ihn überrollt und er sich ihm gegenüber ausgeliefert fühlt. Besonders dann, wenn er in die Pflicht der tragenden Männerrolle genommen wird, mangelt es ihm energetisch an der Durchsetzung. Er wird sich zu einer dominanten dynamischen Frau hingezogen fühlen, weil der Mond dem inneren Frauenbild entspricht, wodurch ein Konflikt in ihm hervorgerufen wird. Einerseits möchte er selbst gerne den Mittelpunkt einnehmen, andererseits hat er einen schweren Stand im Umgang mit seiner Partnerin. In der passiven Ausformung der Mond-Sonne-Thematik kommt es in der Folge zu einem Rückzug aus seinen Beziehungen. In manchen Fällen, wenn z. B. uranische Anteile im Geburtsmuster vorliegen, kann dies wie auch bei der Frau zu einer Umorientierung im Partnerschaftsverhalten führen. Der Mann strebt gleichgeschlechtliche Beziehungen an, wobei es sich auch bei ihm eher um eine bisexuelle Neigung handelt. Für das Umfeld ist es unverständlich, dass ein Familienvater sich von Frau und Kind trennt, um eine Beziehung mit einem Mann zu führen. Unbewusst schließt er damit den Konflikt mit den dominanten weiblichen Anteilen aus, der als archetypisches Bild in seinem Geburtsmuster angelegt ist. Das ist eine Flucht vor dem dominierenden weiblichen Element in seinem Leben und auf der anderen Seite eine Verwirklichungsebene seiner weiblichen Seite, als Mann anders leben zu können.

Auch für den Mann ist es sehr bedeutsam, sich den Zugang zu seinen Seelenwelten zu eröffnen. Das Bestreben, in Überdynamik nur sich selbst leben zu wollen, schneidet die Nativen unter dieser Mond-Signatur von den Wurzeln ihrer Lebendigkeit ab. Deshalb ist es für sie sehr bedeutsam, ihr Mutter- bzw. Vaterdrama der Kindheit aufzuarbeiten, damit eine Wertfreiheit in Beziehungen entsteht, aus der sie authentischer hervorgehen können. Die Nativen erkennen so, dass sie unbewusst nicht die eigenen Bedürfnisse leben, sondern nur die Wiederholung des Elternmythos. Darüber hinaus sollten sie sich durch Selbstreflexion, Erfahrungen im Bereich des Empfindens und durch das Schaffen von Ausdrucksformen für ihre Gefühle weiteren Zugang zu den inneren Welten verschaffen. Welche Therapien und Selbsterfahrungen sie auch durchführen, auf jeden Fall sollten sie sie mehr mit ihrem empfindsamen Teil verbinden, damit sich die Spannung und die damit einhergehenden Probleme aus der verdrängten Überdynamik in ein harmonisches Erleben verwandeln können.

Symptome

Auf der körperlichen Ebene drückt sich das Ringen zwischen dem passiven Anteil (Mondprinzip) und dem aktiven Anteil (Sonneprinzip) in starken Blutdruckschwankungen aus. Dadurch wird das Wohlbefinden gestört und es kommt zu wechselseitigen Phasen von überdynamischen und phlegmatischen Stimmungen. Auch hier nimmt der Körper das im Unbewussten liegende Ringen zwischen den beiden Anteilen auf und lässt es über das Symptom offenbar werden. Die Betroffenen sind durch solche Symptommanifestationen aufgefordert, sich um die Vermittlung zwischen Außenorientierung und Inwendigkeit zu bemühen. Häufiges Auftreten von Müdigkeit und Schwäche ruft sie auf, sich mehr mit dem Gefühl auseinander zu setzen. Bei überwiegenden Phasen des Hochdruckes gilt es danach zu forschen, wo das Wollen und Agieren bei ihnen im Schatten liegen, möglicherweise haben sie sich zu sehr angepasst und besitzen keinen Zugang zu der daraus entstehenden Drucksituation. Auch die völlige Erschöpfung, die die Nativen häufig erfahren, lässt deutlich werden, dass sie sich nicht den Raum für Besinnung und Einkehr geben, der auch unter dieser Mond-Thematik für sie sehr bedeutsam ist.

In das gleiche Themenspektrum gehört als Symptomausdruck die Magenschleimhautentzündung. Der Magen, der dem Mondprinzip zugeordnet wird, weist mit entzündlichen Prozessen darauf hin, dass es im Inneren ein größeres Konflikt- und Eigenständigkeitspotenzial gibt, als es der Mensch in Anpassungssituationen in sich wahrzunehmen vermag. Hier weist das Symptom auf eine Unterdrückungssituation im Beruf, aber vor allem in der Beziehung oder der Familie hin. Auch Wassereinlagerungen im Gewebe deuten an, dass das wässrige Element (Mondprinzip) im Bewusstsein des Menschen nicht genügend zum Tragen kommt. Stellvertretend für diesen Mangel übernimmt der Körper nun die Funktion des Festhaltens am Wasser (Gefühl), woraus sich folgern lässt, dass der Mensch mit dieser Symptomatik vermehrt seinem Willen folgt und nicht seinem Gefühl, das heißt, es findet keine Reflexion seiner Gefühle und der Persönlichkeit statt, denn Selbsthinterfragung ist ein Akt, der etwas mit Innehalten und Besinnen zu tun hat. Das Ungleichgewicht zwischen Fühlen und eigenem Wollen will in Einklang gebracht werden. Vor allem auch indem die Nativen lernen, ihrer Intuition zu vertrauen, die sich als innere Stimme bei ihnen öfters meldet und sehr präsent sein kann, jedoch gerne verdrängt wird, um dem eigenen Anspruch und Ermessen Raum zu geben.

Starke Übergewichtigkeit kann bei Mann und Frau unter dieser Mond-Thematik ein Ausdruck dafür sein, dass die Betroffenen möglicherweise keine besonders gewichtige Rolle in ihrem Leben einnehmen, wie es schon im Wort deutlich wird, das Innere jedoch einen größeren Drang nach Gewichtigkeit besitzt, als es den Nativen bewusst ist. Der Körper nimmt durch seine Kontur und sein Gewicht einen Zuwachs an, an dem man nicht vorbeischauen kann, womit den Betroffenen in diesem Sinne eine Beachtung geschenkt wird, um die sie sich, weil sie an sich selbst zweifelten, auf anderen Ebenen nicht bemüht haben.

Bei Frauen kommt es als Ausdruck des Ringens um das Thema Weiblichkeit und Hingabe zu Unregelmäßigkeiten in ihrem Menstruationszyklus. Der Rhythmus, der über den Körper in die Annahme der Weiblichkeit führt, ist gestört. Das bedeutet im übertragenen Sinne, dass die Frau sich ihres Zwiespaltes im Umgang mit Aktivität und Hingabe nicht bewusst ist. Gleichzeitig führt die Zeit während der Menstruation zu depressiven Verstimmungen, die Trauer über das biologisch bedingte Weiblichkeitselement tritt zu Tage und erinnert an den passiven weiblichen Teil. Denn der Körper verpflichtet in monatlicher Regelmäßigkeit die Frau zur Annahme der Weiblichkeit, womit sie in gewisser Hinsicht dem biologischen Rhythmus ohnmächtig ausgeliefert ist. Für die Frau ist es bedeutsam, sich dieses Ringens bewusst zu werden und sich zu vergegenwärtigen, dass es in ihr einen Teil gibt, der nicht besonders hingebungsvoll ist, der sich gegen eine klassische weibliche Rolle in Partnerschaften wehrt und innerlich mehr darunter leidet, in Beziehungen dominiert zu werden, als es ihr bewusst ist.

Psychisch kommt es unter dieser Mond-Thematik oft zu Stimmungen von Unzufriedenheit und Trauer, denen die Nativen ausgeliefert sind. Kausal vermögen sie keinen Grund auszumachen, so dass die sich aufdrängenden Gefühle als Ausdruck des Unbewussten zu verstehen sind, welches sie bewegen möchte, auf die Suche nach der verborgenen Wurzel ihrer Stimmung zu gehen. Besonders tritt dies auf, wenn die Nativen sich im Leben in einer Position befinden, die ihnen keinen Selbstverwirklichungsraum lässt. Sie sind auf einer verborgenen Ebene traurig darüber, dass sie keine Bedeutsamkeit im Leben besitzen und damit der Drang nach Beachtung und Bewunderung seitens ihrer Mond-Konstellation nicht eingelöst ist. Dies kann einhergehen mit einem Mangel an Selbstvertrauen, der mit zunehmenden Alter eine Steigerung erfährt. Das wird durch distanziertes und arrogantes Verhalten überkompensiert. Oft übertragen sie die Leistungserwartung, die sie selbst nicht bereit sind zu erfüllen, auf andere, indem sie diese verächtlich bewerten. Kritik fällt den Nativen oft leichter als die Fähigkeit, sich selbst aufzuraffen und es besser zu machen. Mit diesem Verhalten befinden sie sich jedoch in einer Sackgasse, aus der sie schwer herausfinden, es sei denn, sie streben in ihrem Verhalten dem Umfeld gegenüber eine echte Kehrtwende an. So entspricht es auch dem inneren Monden-Thema, wenn die Nativen bewusst an sich arbeiten, um jene Mittelpunktsthematik einzunehmen. Nur liegt der Weg nicht dort angesiedelt, allein dem Bedürfnis nach Beachtung zu folgen, sondern es braucht dabei einen anderen Umgang mit sich, der vor allem etwas mit einer gefühlsbetonten Öffnung und Einkehr zu tun hat.

Lerninhalt

Native mit der Mond-Sonne-Thematik haben eine ähnliche Lernerfahrung zu bewältigen wie die Eigner mit der Mond-Mond-Thematik. Denn auch sie sind aufgrund ihrer hohen Subjektivität gefordert, ihrem Bedürfnis nach Egopräsenz eine andere Ebene zu geben. Wenn es für die Betroffenen unter der Mond-Mond-Thematik bedeutet, sich hingebungsvoll und sorgend (Mutterprinzip) dem Leben zu widmen, dann bedeutet es sowohl für die männlichen als auch für die weiblichen Nativen mit der Mond-Sonne-Thematik im Geburtsmuster, auf Macht- und Behauptungsthemen zugunsten des Prinzips von echter tragender Väterlichkeit zu verzichten. Die vielen Widerstände und Infragestellungen, die besonders dann auftreten, wenn die Nativen keinen Zugang zur Selbstreflexion haben, deuten an, dass es darum geht, innezuhalten und einen anderen Kurs einzuschlagen. Keineswegs sind die Nativen einer Willkür des Lebens ausgeliefert, sondern es erreichen sie über die schicksalhaften Begebenheiten des Lebens Signale, die sie in ihrer immer gleich gearteten Dynamik zu einer Umorientierung aufzurufen versuchen. Dabei ist das Streben nach Macht und Mittelpunktsorientierung unter dieser Mond-Signatur verständlich, jedoch geht es vielmehr darum, die eigene Stärke anderen Menschen zur Verfügung zu stellen. Ihre hohe Selbstsicherheit ist eine wunderbare Vorraussetzung dafür, diese anderen Menschen zugute kommen zu lassen, nicht aber um über sie zu herrschen. Die Nativen sollten sich darüber bewusst werden, dass sie beide Qualitäten, nämlich Vater und Mutter, im inneren Gefüge der Geburtsanlage tragen und auch dazu berufen sind, die Qualität in einem Miteinander zu verbinden, sie jedoch nicht, wie dies so oft geschieht, in einer Übersteigerung gegeneinander auszuspielen. Erst, wenn sie gelernt haben, wertfrei mit anderen Menschen zu teilen, ohne auf Applaus und Beachtung erpicht zu sein, sondern indem sie lediglich eine stille Befriedigung daraus ziehen, dass es ihnen gegeben ist, andere Menschen von ihrer Kraft profitieren zu lassen, dann erreichen sie die unangefochtene Stärke, nach der sie sich sehnen. Dies gilt besonders für die starken Naturen unter der primären Mond-Sonne-Thematik.

Den passiveren Nativen, die ihre Thematik in der Erleidensform durch Mangel an Erfolg und Verantwortung erfahren, gilt diese Haltung als Schlüsselerkenntnis. Ihr Weg zur Beachtung führt über das Teilen, indem sie lernen, geduldig auf andere einzugehen, um auf diesem Weg zu einer Souveränität zu gelangen, die sich ganz natürlich zu entwickeln beginnt, wenn sie ihre einsichtige, weltoffene Seite fördern. Sicher wird es immer wieder Verletzungen geben, doch gilt es, ein Urvertrauen zu entwickeln, dass sie nichts dazu beitragen müssen, beachtet zu werden. Wenn sie anderen Menschen ihre Beachtung und Zuwendung schenken, werden sie jene Achtung gezollt bekommen, die sie durch autoritäres oder überhebliches Verhalten versucht haben auf sich zu ziehen. Bei der passiven Mond-Sonne-Thematik führt die Bereitschaft, sich anderen Menschen gegenüber zu öffnen, zu Stärke und Anerkennung, wohingegen die aktive Ausformung der Mond-Sonne-Thematik durch Selbsthinterfragung und Reflexion den Erfolg und die Kontinuität in ihrer Handlungsweise erfährt, die sie schon lange angestrebt hat.

Ziel ist die Verbindung zwischen den gegenseitigen Kräften, den passiv-lunaren und den aktiv-solaren, in sich selbst herzustellen, um aus den extremen Gegensatzbewegungen zu einem dritten neutralen Punkt zu gelangen. Ein analoges Beispiel dazu ist das Kind als ein Produkt der Verbindung zwischen Mann und Frau, das symbolisch den dritten ausgleichenden Punkt in diesem Kräftespiel repräsentiert. Auf einer tiefen Ebene geht es bei den Nativen um die Verbindung zwischen Geist und Seele, auf dass sich der Mensch bewusst seinem inneren Wesen öffnet und hingibt, um so die Einheit in sich herzustellen. Dazu braucht es eine verstärkte Annahme des Gefühls, auch wenn man von persönlichen Zielen und Erfolgsbestrebungen geleitet ist; es ist das wohlwollende Teilen mit dem Umfeld, das einen weiterbringt, nicht der Einzelkampf, der auf dem Weg zum Erfolg mit den Leichen derer gepflastert ist, die man auf dem Weg nach oben aus dem Weg geräumt hat, sondern die wahre Krönung besteht darin, dass man andere fördert und am eigenen Erfolg teilhaben lässt; denn ohne das Umfeld wäre es manchem nicht möglich gewesen, seine Position zu erreichen. Durch die Erkenntnis, dass nur das soziale Miteinander eine Verbindung und eine Einheit darstellt, wird sich die Dynamik im Leben der Nativen umkehren. So wie Kinder einem guten Vater vertrauen, ihn lieben und ihm alle erdenkliche Zuwendung zukommen lassen, verwandeln sich auch die mitmenschlichen Reaktionsweisen im Umfeld der Nativen, wenn sie den anderen Menschen ihre Zuwendung geben. Die Fähigkeit, ganz bei sich zu sein, die den Trägern dieser Mond-Signatur gegeben ist, schafft die wesentliche Voraussetzung, den anderen auch wirklich begegnen zu können. Also ist es wichtig, die eigene Präsenz und das gegebene hohe Selbstverständnis dazu zu nutzen, um echte Beziehungen zu anderen herzustellen. Dann brauchen die Nativen nicht zu fürchten, dass ihnen irgendjemand im Umfeld den Rang streitig macht, denn die wahre solare Autorität wird von den Mitmenschen instinktiv erkannt, wenn sie spüren, dass man authentisch und wohlwollend ihnen gegenüber ist. So wie sich hinter dem lunaren weiblichen Element die Güte, die Wärme, die Geborgenheit und Gnade verbergen, verbergen sich hinter dem solaren männlichen Prinzip der Schutz, die Führung, die Strenge und die Stärke. Diese Prinzipien gilt es wohlfeil miteinander zu vereinen, damit eine dritte Kraft im Inneren entstehen kann, die zur tragenden Säule für die Nativen wird.

Meditative Integration

Suchen Sie, wie in den Kapiteln „Der innere Raum" und „Spiegel der Selbstbetrachtung" beschrieben, den von Ihnen geschaffenen inneren Raum auf. Nachdem Sie die Entspannungsübung zur Einstimmung ausgeführt haben und in den auf dem Tisch vor Ihnen stehenden Spiegel der Selbstbetrachtung blicken, können Sie sich folgende Fragen im Geiste stellen und in Ihrem Spiegel vor sich die Bilder der dazugehörigen Situationen Revue passieren lassen. Lassen Sie die dabei entstehenden Gefühle auf sich wirken:

Meditation zu äußeren Lebensbegebenheiten

Ist mir bewusst, wie sehr ich Anerkennung benötige? – Kenne ich meine Neigung, mich nur mit Menschen zu umgeben, die mir gebührend Achtung und Bewunderung zollen? – Ist mir bewusst, dass ich Menschen für meine Belange benutze? – Weiß ich um meine ausgeprägte Selbstliebe? – Habe ich mich schon einmal gefragt, ob ich mich in vielen Dingen überschätze? – Kenne ich den Teil von mir, der Angst hat, sich Fehler einzugestehen? – Werde ich in den Momenten unsicher, in denen ich erkennen muss, dass ich Leistungs- und Wissensgrenzen habe? – Weiß ich, dass ich eine Aggression auf Menschen habe, die mir Unterstützung und Förderung haben zukommen lassen? – Bin ich mir bewusst, wie selbstverständlich ich Bemühungen und Handreichungen anderer Menschen für mich nehme? – Kenne ich den Teil, der andere geringschätzt, weil sie mir einen Dienst erwiesen haben? – Weiß ich um meine Geringschätzung gegenüber schwächeren und benachteiligten Menschen? – Ist mir bewusst, wie dynamisch und aktiv ich bin? – Ist mir bewusst, dass ich andere Menschen und ihre Anliegen nicht kenne? – Bin ich bereit, anderen wertfrei meine Aufmerksamkeit zu schenken? – Kann ich anderen absichtslos meine Hilfe zukommen lassen?

Lassen Sie zu Ihren Fragen und den daraus entstehenden Rückerinnerungen Ihre individuellen Erkenntnisse im Spiegel der Selbstbetrachtung vor Ihnen entstehen. Suchen Sie besonders jenen Teil in der inneren Gewahrwerdung auf, in dem Sie gefangen von Ihrer Eigendynamik waren. Spüren Sie, wie Sie sich selbst zum Zentrum Ihrer Aufmerksamkeit machen. Beobachten Sie sehr genau, wie viel Energie Sie darauf verwenden, Ihre Ziele durchzusetzen und möglicherweise andere Menschen nur als Ihr Werkzeug zu benutzen. Fragen Sie sich vor allem, ob Sie bereit sind, anderen Menschen Ihre Zuwendung zukommen zu lassen. Vielleicht gelingt es Ihnen, ohne sich betroffen zu fühlen, zu sehen, dass Sie sich selbst zum Mittelpunkt Ihres Lebens gemacht haben. In dieser Gefangenheit liegt die Wurzel für viele Konflikte, die Sie im Außen erleben. Besonders wenn Sie von anderen verstoßen werden oder man Ihnen keine Zuwendung gibt.

Die Bewusstwerdung sollten Sie nicht dazu nutzen, fortan im Umfeld den Anschein zu erwecken, dass Sie auf Ihren Machtanspruch verzichten. Vielmehr sollte sie Ihnen dazu dienen, dass Sie den nächsten Schritt auf Ihrem Weg machen können, indem Sie sich selbst, Ihre Stärke und Ihre Souveränität den Mitmenschen zur Verfügung stellen. Nur wer bei sich ist, kann auch anderen etwas geben. Diese Stufe haben Sie bereits erreicht, und es ist auch in Ordnung so, nun gilt es, zu einem Miteinander zu finden. Echte Befriedigung entsteht dort, wo man anderen Menschen seine Zuwendung geben kann. Ein echter Königsstatus benötigt keine weitere Aufwertung mehr, sondern vermag aus seiner angestammten Rolle auf andere zuzugehen. Sie werden merken, dass die Unzufriedenheit, die Sie vielleicht spürten, weil Sie Ihre anvisierten Ziele noch nicht erreicht zu haben glaubten, eine Unzufriedenheit ist, die aus den nicht verwirklichten Seelenanliegen resultiert. Die Unzufriedenheit wird sich in den fixierten, immer gleichen Zielorientierungen nicht lösen, sondern nur in der Umkehr, durch die Abwendung von der Egozentrierung.

Nachdem Sie eine Reihe von Lebenssituationen aufgesucht haben, in denen Sie Ihrer dynamischen, auf sich bezogenen Seite empfindend begegnet sind, ist es bedeutsam, Situationen aufzusuchen, in denen Sie geteilt und gegeben haben. Vielleicht waren es Notsituationen, in denen Sie dazu aufgefordert wurden, einen anderen Kurs einzuschlagen, und wo die Aufmerksamkeit auf die Bedürftigkeit anderer so hoch war, dass Sie sich für gewisse Zeiten von sich selbst abwenden mussten.

Gab es solche Situationen in Ihrem Leben, dann versetzen Sie sich noch einmal ganz in die Stimmung zurück. Vielleicht fühlten Sie trotz Belastung eine heitere Zufriedenheit. Vielleicht waren Sie auch über sich selbst verwundert oder Sie fühlten, wie Ihnen von denen, die Ihre Hilfe bekamen, tiefe Sympathie und Liebe entgegengebracht wurde. Wenn es solche Erlebnisse in Ihrem Leben gab, dann fühlen Sie noch einmal ganz intensiv in Ihre damaligen Empfindungen hinein. Auch das Ringen zwischen Abwendung und doch in Aktion treten hat eine Berechtigung, denn es zeigt Ihnen Ihren Zwiespalt, der aber im Ergebnis zu den Begebenheiten geführt hat, die Sie glücklich machten. So vermag es sich auch in der Folge gestalten, wenn Sie mehr und mehr den anderen Teil entwickeln. Dazu brauchen Sie aber nicht hektisch auf die Suche zu gehen, wo Sie sich einbringen können, sondern beobachten Sie gut, wo es Ansprachen über das Leben gibt, die Sie dazu berufen, in Aktion zu treten.

Meditation zu körperlichen Symptomen

Finden sich bei Ihnen Symptome aus der Mond-Sonne-Signatur wieder, dann lässt dies darauf schließen, dass Ihre solare zentrumsorientierte Seite im Schatten der Unbewusstheit verborgen liegt. Sie haben die Qualität Ihrer inneren Dynamik nicht entsprechend entfaltet, die Ihnen nun über die körperlichen Symptome begegnet. Deshalb gilt es, diese auf die Ebene der Bewusstheit zu heben, damit Sie sich den Themen durch vermehrte Bewusstwerdung annähern können. Wie auch bei den anderen Kombinationen ist der Zeitpunkt, wann sie erstmals auftraten, in welcher Lebensphase und mit welchen Menschen sehr wichtig, denn damit können Sie die Manifestationen des Unbewussten sehr gut ergründen.

Leiden Sie beispielsweise an Antriebsschwäche und Kreislaufstörungen, dann schauen Sie sich im Spiegel der Selbstbetrachtung an, wie sehr Sie bestrebt sind, Ihre dynamische Seite nach außen zu kehren. Oder wenn Sie an einer empfindlichen Magenstörung leiden, dann spüren Sie Situationen nach, in denen Sie Gefühle von Betroffenheit einfach weggedrängt haben, ohne Rücksicht auf die Empfindsamkeit Ihres Inneren zu nehmen. In gleicher Weise können Sie auch mit den spezifischen Symptommanifestationen Ihrer Mond-Sonne-Signatur verfahren. Die in der Folge aufgeführten Fragestellungen sind auf diese abgestimmt.

Weitere Fragen, die Sie sich zu Symptomen stellen können

Ist mir bewusst, wie sehr ich mich durchsetzen möchte? – Kenne ich meine Diskrepanz zwischen meinem Willen und den zu leistenden Pflichten? – Kenne ich die Spannung zwischen Fühlen und Wollen? – Lasse ich mir genügend Zeit für Entspannung? – Habe ich ein ausgeprägtes Leistungsbild? – Passe ich mich zu sehr in Beziehungen an? – Lebe ich Aggression und

Widerstand? – Kann ich meine Gefühle zulassen? – Bin ich mir über mein Streben nach Bedeutung bewusst? – Gebe ich mich zu stark meiner Antriebsschwäche hin? – Zeige ich in Beziehungen meine Gefühle? – Ist es mir möglich, meinen verletzten Stolz zu überwinden? – Kenne ich meine arrogante Schutzhaltung gegenüber anderen Menschen? – Kenne ich die Diskrepanz zwischen dem Anschein, den ich beim Umfeld erwecke und meiner wahren Persönlichkeitsempfindung? – Bin ich bereit, mich authentisch gegenüber meinem Umfeld zu geben? – Kann ich Hilfe von anderen Menschen annehmen? – Bin ich bereit, anderen Menschen meine Aufmerksamkeit zu schenken?

Speziell für die Frau:

Passe ich mich zu sehr in meiner Beziehung an? – Bin ich mit meiner weiblichen Rolle einverstanden? – Kenne ich den Konflikt mit meiner biologischen Frauenrolle? – Ist mir mein Unabhängigkeitsdrang bewusst? – Weiß ich, dass ich in einer Hausfrauenrolle in meiner Persönlichkeitsentwicklung unterfordert bin?

Nehmen Sie jeweils nur eine Frage in die Selbstbetrachtung hinein. Lassen Sie sich Zeit, denn jede Frage kann Ihnen eine Fülle von Lebenssituationen offenbaren, die Sie sich auch über einen längeren Zeitraum anschauen können. Handeln Sie die Bilder nicht intellektuell ab, sondern spüren Sie sich in die Gefühle hinein, die mit den Situationen verknüpft sind. Seien Sie vor allem sich selbst gegenüber wertungsfrei. Verwenden Sie alles, was Sie in sich wahrnehmen und erkennen können, stets nur für sich, aber niemals gegen sich. Ihre Selbstbetrachtung fördert das Aufspüren der Diskrepanz zwischen dem von Ihnen gestalteten Selbstbild und der inneren Wirklichkeit. Werden Sie sich der Mechanismen bewusst, indem Sie sich öfter in diesen Situationen im Spiegel der Selbstbetrachtung erleben und ganz intensiv mittels der beim Lesen entstehenden Erkenntnisse Ihren Wahrnehmungen hinterher spüren. Nichts will erzwungen werden, sondern die Botschaften Ihres Inneren wollen sich Ihnen offenbaren. Es kann helfen, die Erkenntnisse aufzuschreiben, so können Sie diese später immer wieder zur Hand nehmen und daran Ihre Veränderung bemerken.

Symbol-Imagination bei Symptommanifestationen

Begeben Sie sich in Ihrer Fantasie in eine schöne Landschaft, in der Sie intensiv die wohlige Qualität der strahlenden Sonne wahrnehmen können. Nehmen Sie eine Zeit lang die wohlige Wärme der Sonne wahr, und fühlen

Sie, wie gut es tut, sich bescheinen zu lassen. Nach einer gewissen Zeit stellen Sie sich vor, dass Sie eins mit der Sonne werden und Sie nun selbst die Sonne sind, die ihre Strahlen aussendet und damit Lebenskraft und Energie verströmt. Nehmen Sie sich selbst als die verströmende Kraft wahr, die allen Lebewesen ihre Energie zukommen lässt. Wenn Sie sich einige Zeit so wahrgenommen haben, dann können Sie sich auch in direkte Lebenssituationen hineinbegeben und anderen Menschen heilbringende Strahlen zukommen lassen. Werden Sie zum bescheinenden Element Ihres Umfeldes, indem Sie imaginativ Menschen, die Hilfe brauchen, Ihre Zuwendung durch Ihre energetischen Strahlen senden. Dies können Sie auch auf ganz konkrete Situationen Ihres Lebens übertragen, auf Menschen, die mit Ihnen gemeinsam arbeiten, oder Menschen, die Sie in Not- oder Leidsituationen beobachtet haben. Gewöhnen Sie sich an das Gefühl, eine Leben und Kraft spendende Instanz zu sein. Fühlen Sie dabei in sich hinein, wie gut es Ihnen tun kann, sich wertfrei und selbstlos ins Umfeld zu verströmen. Nehmen Sie ganz real die Empfindungen wahr, die sich in Ihnen bemerkbar machen, wenn Sie sich öffnen und andere Menschen bestrahlen. Vielleicht spüren Sie die Diskrepanz zwischen dem sich zurückhaltenden und auf sich bezogenen Teil in Ihrem Alltagsleben. Möglicherweise vermögen Sie auch den Krampf und die Blockade zu spüren, die sich ergibt, wenn Sie sich mit Ihrer gebenden Qualität zurückhalten. Machen Sie sich bewusst, dass Sie sich selbst vom energetischen Strom des Lebens abschneiden, wenn Sie sparsam mit Ihrer Zuwendung sind. Fühlen Sie, wie ein energetischer Kreislauf in Ihnen entsteht, wenn Sie sich so reichhaltig in Ihrer Zuwendung verströmen, wie dies auch die Sonne mit ihren Strahlen bewerkstelligt.

Was immer Sie in Ihrem Inneren für Erfahrungen machen, spüren Sie den Zwiespalt zwischen Ihren Bedürfnissen und denen der anderen Menschen. Machen Sie sich bewusst, dass Sie in dem Moment, in dem Sie Ihre Zuwendung und Ihre tragende Kraft anderen Menschen zukommen lassen, jene Beachtung geschenkt bekommen, die Sie vorher krampfhaft auf sich zu ziehen versucht haben. Machen Sie sich bewusst, dass Ihr Geben auf anderen Wegen dazu führen wird, dass alles, was Sie ausstrahlen, wie durch einen Reflektor zu Ihnen zurück gelangen wird. In diesem Bewusstsein können Sie sich ganz entspannen und dem Energiefluss des Lebens vertrauen. Lassen Sie die Empfindungen als Simileprinzip in Ihrem Inneren ihre Wirkung entfalten, während Sie sich als Sonne verströmen. Nehmen Sie wahr, wie erfüllend und befriedigend es sein kann, zum Kraftzentrum für andere zu werden, und integrieren Sie diese Empfindung in Ihr tägliches Leben

MOND IM ZEICHEN JUNGFRAU
MOND IM SECHSTEN HAUS

DIE MOND-(ERD)-MERKUR-THEMATIK

primäre Stimmung:	latente Erfahrung:
Mond im Zeichen Jungfrau	Tierkreiszeichen Krebs in Haus 6
Mond in Haus 6	Tierkreiszeichen Jungfrau in Haus 4

Stimmungsbild

Dem Tierkreiszeichen Jungfrau wird als Urprinzip der Merkur in seiner erdigen Qualität als Herrscher zugeordnet. Der Planet Merkur herrscht sowohl im Zeichen Zwillinge als auch im Zeichen Jungfrau, deshalb ist es zum besseren Verständnis sinnvoll, die unterschiedlichen Themen der beiden Merkur-Zuordnungen genau zu differenzieren, nämlich unter dem Gesichtspunkt der luftigen Qualität des Zeichens Zwillinge und der erdigen Qualität des Zeichens Jungfrau. Man kann die Qualitäten zur prägnanteren Unterscheidung einerseits als „Luft-Merkur" und andererseits als „Erd-Merkur" bezeichnen. Dieses Kapitel ist der Mond-(Erd)-Merkur-Thematik gewidmet.

Merkur im Zeichen Zwillinge findet seine Einlösung in den Bereichen des Austausches, der Funktion sowie der Ansammlung und Katalogisierung von Wissen. Die Merkurqualität aus den Zwillingen besitzt eine unverbindliche, spielerisch-leichte Komponente, die nicht zwingend daran interessiert ist, konsequente, tiefschürfende Ergebnisse zu erzielen. Vor allem zählt die lebendig-neutrale Beweglichkeit, während zweckorientierte Ergebnisse aus den Handlungen in den Hintergrund rücken. Im Gegensatz dazu besitzt Merkur eine bemerkenswerte Tiefe, wenn er im Zeichen Jungfrau herrscht. Zwar geht es auch hier um die Auseinandersetzung mit weltlichen Funktionen, doch wird diese in einer äußerst kritischen Form geführt. So zielt die Qualität des erdigen Merkurs im Zeichen Jungfrau in die Richtung von Bewusstwerdungsprozessen, die aus Reflexion entstehen.

Nach den Themeninhalten des Tierkreiszeichens Krebs und des Zeichens Löwe, denen man die subjektivsten Bedürfnisse innerhalb des mundanen Tierkreises zuordnen kann, beendet das Zeichen Jungfrau die unbewusste Selbstbezogenheit, die zuvor noch frei ihren Ausdruck finden konnte. Da der Mond im Geburtsmuster jenen Bereich symbolisiert, in dem man

Geborgenheit und Getragenheit erfährt, ist mit dieser Mond-Thematik die analytische Auseinandersetzung mit den verborgenen innerseelischen Zusammenhängen sehr bedeutsam. Der Mond als Ausdruck eines unbewussten seelischen Urwunsches führt mit dieser Mond-Signatur in die verborgenen Kammern der Seele, wobei es darum geht, innere Mechanismen aufzuspüren und deren Wirkung auf das Verhalten und die Lebensverläufe zu erkennen. Dieser verborgene Urwunsch findet als **primäres Stimmungsbild** seinen Ausdruck über den Mond im Zeichen der Jungfrau sowie durch den Mond im sechsten Haus. Als **latente Erfahrung** gilt es das sechste Haus im Verbund mit dem Tierkreiszeichen Krebs und die Verbindung mit dem Tierkreiszeichen Jungfrau im vierten Haus zu verstehen. Alle zusammen lassen sich unter der Überschrift einer Mond-(Erd)-Merkur-Thematik zusammenfassen.

Der freie und ungehemmte Gefühlsausdruck des Mondes fällt unter dieser Signatur beinahe vollständig einer Reduktion zum Opfer, und der ungehinderte Gefühlsstrom wird zu einem gut kontrollierbaren Rinnsal. Die Ursache für diesen Prozess liegt in der erdigen, weiblich-passiven Energie, die für diese Mond-Signatur charakteristisch ist. Analog zur materiellen Ebene sind die fließenden Gefühle des Mondprinzipes in einem erdigen Stimmungsklima geschlossen und unbewegt. Herzlichkeit und Offenheit weichen einer kalkulierten beobachtenden Reduktion, ein mutiges, optimistisches Lebensgefühl wird zu misstrauischen, von Ängsten geprägten Ahnungen. Dies hat zur Folge, dass das Leben schon im Vorfeld überwacht und in seinem Fluss kontrolliert wird. Nichts darf sich außerhalb des persönlichen Zugriffs gestalten, sonst macht sich eine diffuse Lebensangst breit. Was aus dem ureigensten Bedürfnis der Mond-(Erd)-Merkur-Thematik bewahrt, geordnet und kontrolliert werden will, geschieht aus der latent-unbewussten Ahnung, dass innerhalb der materiellen Form nichts absoluten Bestand hat, sondern aufgrund der Angebundenheit an die Bedingungen von Raum und Zeit der Vergänglichkeit unterworfen ist. Unter dieser Mond-Signatur manifestiert sich das uralte Bedürfnis des Menschen, im Leben selbst die Steuerung zu übernehmen, weil er nicht bereit ist zu akzeptieren, dass in seinem Leben noch andere Kräfte walten, die weitaus mächtiger sind als er, und diese sich außerhalb seines eigenen Zugriffes befinden. Dies führt zu dem Bedürfnis, alles zu durchleuchten, um damit alle Eventualitäten und nicht kalkulierbaren Kräfte aus dem Leben auszuschließen. In einer solchen Dynamik dreht sich jedes Individuum im Kreise, weil dieser Weg zu keinem echten Ergebnis führt. Dies lässt sich schon daran erkennen, dass bei den Nativen der latente Argwohn nicht nachlässt. Im Gegenteil, sobald sie einen Missstand beseitigt haben, beruhigen sie sich keineswegs, sondern projizieren bei nächster Gelegenheit alle Hinterfragungen und Ängste in gleicher Intensität auf neue Umstände, oder es halten genau jene Anteile im Leben Einzug, die man mit Vorsorge außen vor zu halten bestrebt war. Ihr Misstrauen ist Ausdruck eines inneren Zustandes, welcher seine eigentliche Einlösung durch die Konfrontation mit dem Unbewussten nicht gefunden hat.

Um die Gesetze des Unbewussten besser verstehen zu können, gilt es Folgendes zu erkennen: In den verborgenen Kammern des menschlichen Unbewussten bestehen Verbindungen zur Kollektivseele. In dieser sind alle Eigenarten und Wesenszüge aller menschlichen Individuen enthalten, die jenseits aller gesellschaftlichen Moral und Norm zu sehen sind. Zu den unterschiedlichsten Prinzipien, die beispielsweise Macht, Aggression, Wandlungsbestreben, Unangepasstheit heißen können, besitzt der Mensch eine innere Resonanz, denn so wie in der Schöpfung alle Prinzipien enthalten sind, schlummern diese auch in den verborgenen Kammern der Seele. Ganz individuell können die verborgenen Anteile, die jeweils ins Bewusstsein gehoben werden wollen, möglicherweise mit den subjektiv geschaffenen Selbstbildern kollidieren, da der Mensch Abschied von lieb gewonnenen Definitionen nehmen müsste. Deshalb bemüht er sich unbewusst, diese in seinem Urgrund schlummernden Anteile gut unter Verschluss zu halten. Nur die bestehende Resonanz zu der verborgenen inneren Realität verleitet den Menschen dazu, das unbewusst wahrgenommene Resonanzthema angstvoll auf andere Menschen oder auf mögliche Schicksalsverläufe zu projizieren. Die Kontroll- und Sicherungsbedürfnisse sind somit Reaktionen auf das im Inneren schlummernde Potenzial. Mit der Angst ist auch der Zugang zum eigenen Unbewussten versperrt, mehr noch sogar: Man erkennt keinen Zusammenhang zwischen den Anteilen, die einem über die Außenwelt entgegentreten, und sich selbst. So erleben die Nativen ihre Anteile in der Rolle des Opfers. Dies ist für sie jedenfalls annehmbar, da sie sich in Unschuld wägen können. Die Entscheidung für diese Rolle gibt den Nativen gleichzeitig mehrere Möglichkeiten in die Hand. Sie können sich komplett aus allen Handlungen herausnehmen, keinerlei Aktivität mehr entfalten und dem vermeintlichen Unglück gelähmt und ohnmächtig entgegensehen. Gleichzeitig verweigern sie mit der angenommenen Opferrolle jede Aufforderung zur Einsicht oder Erkenntnis, denn aus dem Status der Betroffenheit braucht das Opfer in keiner Weise erkennend zu werden. Von der Verantwortung befreit, vermögen sich die Nativen auf eine kalkulierbare Position zurückzuziehen. Alle Schuldzuweisungen werden auf die anderen abgewälzt.

Unter kausalen Gesichtspunkten mögen die Nativen mit ihren Schuldzuweisungen Recht haben. So werden beispielsweise Umweltbelastungen durch feststellbare Verursacher ausgelöst. Hinter Kriegen stehen die wirtschaftlichen Interessen von Politik und Kapital. Die Eltern haben dazu beigetragen, dass man bestimmte Eigenschaften entwickelte, die eigene Kariere wurde durch die Sabotage von Lehrern vereitelt usw. Für jeden Schicksalsschlag lassen sich Schuldige finden, die Verursacher für das Geschehene sind. Das Opfer ist also ausschließlich in der Situation der Betroffenheit, aus der heraus es sich die Frage nicht stellt, warum denn gerade ihm ganz spezifische Themen begegnen müssen. Die Nativen geraten gerade deshalb in derartige „Schicksalszwänge", weil sie in hohem Maße eine Resonanz zum Geschehen besitzen. Diese Resonanz erklärt sich aus der inneren Verwandtschaft zu bestimmten Erfahrensbereichen, die auf der unbewussten Seite, sprich auf der „Nachtseite des Bewusstseins", zu finden sind. Die Manifestationen entstehen besonders dann, wenn der Mensch sich vom Intellekt geprägte Selbstbilder schafft, die nichts mit seiner inneren Realität zu tun haben. Das äußere Erleben führt den Betroffenen im Zerrspiegel des Erlebens in die Nähe der im Verborgenen liegenden Anteile.

Wird dies erkannt und sucht man vielmehr nach den Resonanzen in den eigenen unbewussten Anteilen der Seele, kann dies der Ausweg aus der Gefangenschaft der Projektionen sein. Dies verlangt aber vor allem, dass die Betroffenen bereit sein müssen, sich aus der Rolle des Opfers zu lösen, um die Schuld nicht länger anderen zuzuweisen. Sie sind aufgefordert, ihre „Bequemlichkeit" aufzugeben und selbst die Verantwortung für ihr Schicksal zu übernehmen, auch wenn das Leben auf den ersten Blick dadurch nicht einfacher wird. Aufgrund ihrer Bindung an Ängste, die sich auf das konkrete Leben beziehen, sind Menschen mit der Mond-(Erd)-Merkur-Thematik in hohem Maße von der Welt und den äußeren Umständen abhängig. Wie bei allen Erdthemen empfinden sie das Leben als eine Belastung. Ähnlich wie bei der Mond-(Erd)-Venus-Thematik, wo materielle Ängste eine große Rolle spielen, sind bei der Mond-(Erd)-Merkur-Thematik allgemeine Ängste zu finden, wie z. B. die Angst vor Katastrophen, vor einer zunehmenden Umweltverschmutzung, vor materiellen Nöten oder auch vor Epidemien. Doch es sind auf einer tieferen Ebene die unbewussten Ängste, die den Menschen unter dieser Mond-Thematik dazu treiben, ihre undefinierbaren Befürchtungen auf konkrete Bereiche zu projizieren. Immer ist es das scheinbar dunkle Abgründige, das für sie nicht ergründbar ist und ihnen solche Angst einflößt. Vergleichbar dem Menschen mit der Mond-(Erd)-Venus-Thematik, der über die Bindung an die körperliche Welt dazu aufgefordert ist, sich der Auseinandersetzung mit der konkreten Materie zu stellen, ist der Mensch mit der Mond-(Erd)-Merkur-Thematik aufgefordert, sich mit dem verdrängten Unbewussten auseinander zu setzen, um den wahren Kern seines Wesens zu erforschen und damit der Wurzel seiner ängstlichen Umtriebigkeit näher zu kommen. Die vorhandene Angstenergie möchte in eine andere Richtung gelenkt werden, und zwar von der äußeren angstbehafteten Ebene auf eine innere, indem der Mensch sich mit seinen verborgenen seelischen Themen auseinander zu setzen beginnt. Dabei sollten die Nativen sich selbst in die Dynamik ihrer Untersuchungen einbeziehen, denn sie projizieren unbewusste eigene Intentionen auf das Außen. Beispielsweise kann hinter der Angst eines Menschen, seinen Partner zu verlieren, der unbewusste Drang verborgen liegen, sich eigentlich von ihm lösen zu wollen, aus der Angst vor den Konsequenzen einer Trennung wird der Schritt jedoch nicht vollzogen. Die Erkenntnis der eigentlichen Wurzel der Angst wird erst durch eine intensive Auseinandersetzung mit dem Unbewussten in Form einer Innenraumarbeit deutlich.

Das bedeutet, dass die Kritik und die Fähigkeit der analytischen Auseinandersetzung, die die Nativen besitzen und mit der sie anderen Menschen sowie dem sozialen Umfeld begegnen, anders verwandt werden möchten. Die Fähigkeit, die den Nativen mitgegeben ist und die für andere Menschen einen unangenehmen Charakter bekommen kann, ist ein wertvolles Werkzeug, das auf die eigenen verborgenen Schichten der Seele im Sinne einer Selbstanalyse angewandt werden will. In jeder anderen Form führt diese Qualität in eine Sackgasse, denn jeder Kritiker ist mit seiner unbewussten Art, sich mit Schuldzuweisungen der Welt anzunähern, erst einmal fein heraus. Er wird dankbar von der Masse gefördert und kann sein dumpfes Projektionswerk unter kollektivem Beifall ungestört weiter treiben. In der üblichen Umgangsweise der Welt ist es gang und gäbe, von kausalen Zusammenhängen auszugehen. Mit der Soziologie hat man das Projektionsbedürfnis auch noch zur Wissenschaft erhoben. Doch in dieser „sozialkritischen" Form liegt eine gewisse Ironie des Schicksals, denn die Nativen geraten mit ihrem Drang, die Schuld außerhalb ihrer selbst zu sehen, immer tiefer in den Sumpf der Projektionen. Im Ergebnis weist ihre Lebensgestaltung keinerlei Lebendigkeit mehr auf. Ihre Form der kritischen Auseinandersetzung lässt keinen anderen Blickwinkel zu, da ein solcher ihre gesamte Weltanschauung und Lebensführung in Frage stellen würde; um keine Krise zu riskieren, übersteigern sie angstvoll den Tenor ihres Lebens. Unter dieser Konstellation sind die Grenzen zwischen Kritik, Angst und Psychose sehr dünn. Die Ängste der Nativen sind nicht immer an konkrete Themen gebunden, oft lassen sich diese gar nicht genau definieren. Sie glauben zwar, dass die Außenwelt ihre inneren Zustände beeinflusst und hervorruft, doch verhält es sich genau umgekehrt.

Wenn beispielsweise ein Mensch unter dieser Mond-Signatur keinen Zugang zu dem verborgenen Bedürfnis besitzt, sich von allem Ballast der Materie zu befreien, kann es sein, dass er dies, weil eine Gespaltenheit zwischen seinem Sicherheitsbedürfnis einerseits und andererseits seinem Lösebedürfnis vorliegt, als Angst vor Einbruch und Diebstahl wahrnimmt. Dies kann sich in eine derartige Höhe steigern, dass er seine Wohnung zu einer uneinnehmbaren Festung ausbaut und sie mit Sicherheitsschlössern, Bewegungsmeldern und Alarmanlagen ausrüstet. Er hat somit seinem unbewussten Bestreben, frei von aller Belastung sein zu wollen, eine konkrete Sicherungsmaßnahme entgegengesetzt. Damit erfahren die lunaren Kräfte des Unbewussten eine vehemente Verdrängung. In der Folge mag dies dazu führen, dass gerade weil das Bedürfnis so groß war, in einem unbewachten Augenblick jener Einbruch in das Anwesen erfolgt, den die Nativen verhindern wollten. Dies gleicht einer gewissen Ironie des Schicksals, denn die Nativen haben gerade durch ihre erhebliche Verdrängungsleistung ihres wahren Bedürfnisses zu einer Verstärkung der „erleichternden Kräfte" beigetragen. Unter einem solchen Gesichtspunkt liegt die eigentliche „Sicherheit" darin, herauszufinden, was der Beweggrund für viele Handlungen ist.

Die Nativen besitzen eine besondere Affinität zu den vermeintlichen Krisen der Welt, doch sie projizieren nur das eigene Unbewusste auf andere, da es für sie nicht greifbar ist. Fühlt ein Mensch sich von äußeren Themen angesprochen, dann besteht eine Resonanz und somit eine Verwandtschaft zum Geschauten. Denn bestünde sie nicht, würden ihn spezifische Bedingungen nicht anrühren. Hierin wird ein besonderes Spezifikum der Mond-(Erd)-Merkur-Thematik deutlich, denn es liegt eine starke Zerrissenheit zwischen dem Denken und dem Fühlen vor. Da das Fühlen jener angstvollen Seite entspricht, wird das Denken in die Abwehr und in die Prävention gelenkt. Somit sind die Nativen in einem Hamsterrad eingesperrt, das sich, von den Gefühlen und den daraus erwachsenden Kontroll- und Aussteuerungsbedürfnissen genährt, dreht.

Menschen mit der Mond-(Erd)-Merkur-Thematik bewegen sich in ihrem Gesamtverhalten vorsichtig durch das Leben. Auf ihre Mitmenschen machen sie deshalb einen unsicheren Eindruck, aus dem aber nicht offenbar wird, worin ihre Verunsicherung liegt, denn die Gefühle bleiben bei dem erdigen Mondprinzip unter Verschluss. Im zwischenmenschlichen Bereich sind sie die stillen Beobachter, wobei man nie genau weiß, was in ihnen vorgeht. Desgleichen ziehen die Nativen im Leben die Vernunft dem Abenteuer vor, stets haben sie sich selbst unter Kontrolle und wachen darüber, dass alles in seinen geregelten Bahnen läuft. Der einmal eingeschlagene Weg wird nicht mehr verändert, es muss schon eine höhere Instanz mit einem Schicksalsschlag aufwarten, damit Bewegung in ihr Leben kommt. Auch wenn ein überschaubarer Lebensweg keine besonderen Höhepunkte aufweist, ist es doch das Kontrollbedürfnis der Nativen, das dadurch befriedigt wird, denn sie wissen genau, wohin sich ihr Lebensweg bewegen soll. Es sind die kleinen Freuden in ihrem Leben, die zur Erbauung beitragen sollen. In ihrem Anspruchsdenken sind die Nativen bescheiden, weshalb sie beispielsweise im Beruf das sichere Auskommen einer aufreibenden Jagd nach dem Erfolg vorziehen. In Bezug auf die Sicherung ihrer Existenz sind die Nativen berechnend. Hier wirkt sich das Kontrollbedürfnis am Stärksten aus. Sie benötigen einen bestimmten Sicherheitsrahmen, in dem sie sich wohl fühlen können, was sich in einer gewissen Notgroschen-Mentalität widerspiegelt. So leidet auch ihre freie Genussfähigkeit aus dem latenten Gefühl heraus, dass ihnen solches nicht zusteht. Häufig vergraben sie sich in Arbeit, weil sie sich innerlich getrieben fühlen und nützlich sein wollen, verdrängen damit jedoch die eigenen Bedürfnisse bis zur Unkenntlichkeit. Sie fügen sich in einen Rahmen von selbst geschaffenen Zwängen und Erfordernissen, so dass der Eindruck entsteht, sie wollten irgendetwas durch ihr Verhalten ausgleichen. Anderen gelingt es selten sie von ihrer irrationalen Dynamik abzuhalten. Dabei tendieren sie dazu, ihren Arbeitszwang auf andere Menschen zu übertragen, indem sie ihnen ein schlechtes Gewissen suggerieren, sobald sie nicht ebenfalls in geschäftige Aktionen verstrickt sind. Urlaub und Regeneration vom Alltag nehmen sie selten in Anspruch. Entweder sind es materielle Erwägungen, weil ihnen ein Urlaub zu teuer scheint, oder es ist ihr schlechtes Gewissen, dass sie sich keine Auszeit gönnen. Das Besondere ist, dass die Nativen keine emotionalen Argumente anbringen, sondern stets konkrete Gründe für ihre Entscheidungen anführen. Auch zu Hause neigen sie zu intensiven Sparmaßnahmen; alles scheint einem intensiven Reduzierungsdrang zu unterliegen. Das Bedürfnis, alles aufzubewahren, weil man es noch einmal verwerten könnte, ist sehr ausgeprägt. Das eigene Unvermögen, loszulassen, wird als zwingendes Erfordernis auf andere übertragen. Je nach dem, wie die Gesamtprägung ihres Geburtsmusters ist, bleibt es bei passiven Anteilen bei einem stillen Vorwurf, der dem Umfeld durch Blicke oder verhaltene Gemütslagen demonstriert wird, wohingegen Native mit aktiven Anteilen im Geburtsmuster zu Höchstformen auflaufen, indem sie mit erzieherischen Maßnahmen andere zu reglementieren versuchen. Generell gibt ihnen auch hier ihr eigenes Gefühl Recht und legitimiert sie von innen heraus. Auf vielen Ebenen leben sie reduziert, in ihrer Seele scheint nichts zu fließen, und sollten sie einmal über die Stränge geschlagen haben, dann werden sie lange Zeit von einem schlechten Gewissen geplagt.

So ist das Bedürfnis nach Anerkennung nicht auf die eigene Person gerichtet, sondern die geleistete Arbeit soll von den anderen honoriert werden. An diesem Punkt sind die Nativen besonders leicht manipulierbar, denn nichts beflügelt sie mehr als eine kleine Anerkennung ihrer Leistungen, die von anderer oder höherer „Stelle" an sie ergeht. Die Nativen haben Angst, ihren Gefühlen freien Lauf zu lassen, und verschließen sich, was zur Folge hat, dass sie immer gehemmter und kraftloser werden. Da mit dem Gefühl die innere Wirklichkeit an die Oberfläche des Tagesbewusstseins geschwemmt wird, liegt ein Großteil ihres Bestrebens darin, Kontrolle über die Gefühle auszuüben. Sie versuchen, die nicht gelebten Gefühle über intellektuelle Betätigungen zu leben, indem sie Gefühle an konkrete Dinge zu binden versuchen. Ein religiöses oder spirituelles Weltbild ersetzt dann die subjektiven Gefühle. Auch wenn sie sonst vollkommen verschlossen sind, steigern sie sich damit in die Höhe und leben, ohne es zu merken, die Kontrolle ihrer Gefühle. Gleich, was es für Themen sind, verkümmert dahinter die eigene Seele wie ein Gefangener in einem Kerker, der hin und wieder eine Mahlzeit zugeschoben bekommt, weil der authentische Ausdruck versperrt ist. Auf einer anderen Ebene sind sie besonders von Literatur oder Filmen angetan, die Gefühle in ihnen hervorrufen. Diese werden dann über den Intellekt angerührt, woraus die Illusion entsteht, dass sie in solchen Momenten fühlen, obwohl sie nur denken, dass sie fühlen. Solange sie nicht persönlich verwickelt sind, lassen sie Gefühle zu, denn in dieser Form ist es ihnen möglich, diese zu steuern, und sie brauchen nicht zu fürchten, dass ihnen ihre Emotionalität aus dem Ruder läuft. Oder sie verzehren sich nach Menschen, die unerreichbar sind, Vorbilder, an die sie sich geistig binden, ohne dass je eine echte Begegnung die Nativen in unvorhergesehene Gefühle stürzen könnte. Auch hier bleibt das Gefühl in einem kontrollierbaren Rahmen, weil sie es selbst zu steuern vermögen.

Die im Zusammenhang mit der Geburt entstandenen Schuldgefühle werden von den Nativen durch den Dienst am Nächsten kompensiert. Der Motor ist dabei das latente Bedürfnis, sich nützlich zu machen, weil sie als Kind die Erfahrung machen mussten, dass sie durch ihre Geburt zur Vereitelung elterlicher Lebensziele beitrugen. Ihre Hilfe und ihr soziales Engagement geschehen nicht aus einer Öffnung und einem Gefühl der Nähe für andere, vielmehr nehmen sie sich separiert wahr und handeln wie aus einem Automatismus heraus. Ihre innere Haltung ist dabei wie in anderen Lebenssituationen passiv und beobachtend. Sie verlieren viel Kraft, weil ihnen nicht bewusst ist, weshalb sie sich zu besonderen Dienstleistungen wie selbstverständlich hingezogen fühlen.

Oft haben sie das Gefühl, als Beobachter neben den Situationen zu stehen und alles im Detail wahrzunehmen. Dabei fallen ihnen an anderen Menschen alle Schwachstellen und Fehler auf, doch sie haben die eigenen Äußerungen zu unterdrücken gelernt, denn subjektive Belange und eigenmächtige Bedürfnisse anderer Menschen sind ihnen zuwider. In Gesprächen entziehen sie sich, wenn ihnen ihr Gegenüber zu persönlich oder gar zu ausgelassen wird, denn für sie ist es wichtig, mit klar umrissenen, sachlichen Strukturen zu leben. Fehlen ihnen diese, dann geraten sie in die Nähe des Chaos und haben das Gefühl, der Boden würde unter ihren Füßen weggleiten. Dies ist auch der Grund, warum in ihrem Leben der Ordnungssinn so ausgeprägt ist. Hinter diesem Bedürfnis wird deutlich, dass nichts in unvorhergesehener Form geschehen darf. Selbst für ihre Gefühle schaffen sie dann übergeordnete Rahmen in Verbund mit Themen, die es ihnen ermöglichen, geordnet und gesellschaftlich akzeptiert zu agieren. Künstlerische Ausdruckformen verschaffen ihnen ein Ventil, mit dem sie das ausdrücken, was ihnen im persönlichen Bereich nicht möglich ist. Hinter all ihren Ausdruckformen liegen die gebremsten, kontrollierten Gefühle. Solange es ihnen gelingt, diese zurückzuhalten, fühlen sie sich sicher, weshalb es für die Nativen bedeutsam ist, nach der Triebfeder und den dahinterliegenden Gefühlen zu forschen. Der Konflikt oder die Spannung, die bei den Nativen besteht, resultiert aus der Zerrissenheit zwischen dem intellektuell geschaffenen Selbstbild und der inneren Realität. Deshalb ist es bedeutsam, die bestehenden analytischen Fähigkeiten auf die verborgenen Schichten ihres Wesens umzuleiten, indem sie lernen, sich schichtweise von ihren Kontrollbedürfnissen zu befreien. Reisen in die eigene Innenwelt sind für die Nativen besonders geeignet, denn auf einer unverbindlichen Ebene der inneren Bilder vermögen sie sich fühlend in anderen Identifikationen wahrzunehmen. Doch auch hier ist es bedeutsam, sich stets zu hinterfragen, denn selbst in einer solchen Arbeit neigen die Nativen dazu, sich bevorzugt auf einer kontrollierten Ebene der Fabelwesen und in heiligen Tempelhallen zu verspielen, als ihren verborgenen Abgründen zu begegnen. Gelingt es jedoch, sich jenseits des gesteigerten Kontrollbedürfnisses wahrzunehmen, hat dies zur Folge, dass das Leben sie nicht mehr in ihren übersteigerten Bemühungen, vor der inneren Wahrheit zu fliehen, ad absurdum führt.

Kindheitsmythos

Die Kindheit der Nativen steht unter dem Thema der Kontrolle und der Reduzierung als Ausdruck der in ihrem Inneren existierenden unbewussten Enge. Im Spiegel des Erlebens sind es zuerst die Eltern, die durch die Ankunft des Kindes im eigenen Leben lernen müssen, sich zu reduzieren. Das Thema des Jungfrauprinzipes führt in die Bereiche der Anpassung an bestehende Pflichten hinein; so kann die Schwangerschaft der Mutter dazu geführt haben, dass die Eltern sich in ihrem Leben umorientieren mussten. Vielleicht hatten die Eltern noch andere Interessen, die sie gerne verwirklichen wollten, oder das Thema Elternschaft stand zwar an, war aber erst zu einem späteren Zeitpunkt geplant. Möglicherweise hatten die Eltern vor, erst im Berufsleben eine sichere Basis zu schaffen, oder sie wollten erst ein gemeinsames Heim erwirtschaften oder bauen, so dass ihnen durch die Ankunft des Kindes ein Strich durch die Rechnung gemacht wurde. Damit geriet die gesamte Lebensplanung der Eltern aus den Fugen, was für sie bedeutete, sich auf die neue Situation improvisierend einstellen zu müssen. Es liegt keine generelle Ablehnung gegen Kinder vor, sondern – um es genau zu definieren – diese resultiert aus dem unpassenden Moment. Die Eltern wollten erst den entsprechenden Rahmen schaffen und die nötige Vorsorge betreiben, damit sie sicher sein konnten, der Situation gewachsen zu sein. Mit der Vereitelung der Lebensplanung gehen Ängste einher, der Situation nicht gewachsen zu sein, weil die finanzielle oder berufliche Sicherheit zu diesem Zeitpunkt fehlte. Für das Kind im pränatalen Zustand formiert sich daraus die Botschaft, als störendes Element auf die Welt gekommen zu sein. Eine Erfahrung, die sich, kausal betrachtet, auf das weitere Verhalten des Kindes auswirken wird, da es in der Folge bestrebt ist, sich nützlich zu machen, um dadurch seine Daseinsberechtigung entweder vor sich selbst zu legitimieren oder um als nützliches Mitglied der Gesellschaft durch Verantwortungsübernahme einen Platz einzunehmen.

Oftmals vollzieht sich der Geburtsprozess des Kindes sehr mühselig. In jedem Geburtsprozess ist im Kleinen die Symbolik des Lebens enthalten, somit wird deutlich, dass auch der spätere Lebensverlauf einem zähen Ringen unterworfen ist. Meist ist es so, wenn das Kind das Erstgeborene ist, dass die Mutter aus dieser Erfahrung heraus keine zweite Schwangerschaft wünscht. Die Geburt kann zur erheblichen Schwächung der Mutter beigetragen haben, die zu einer auffälligen psychischen Veränderung bei ihr führte. War sie vom Wesen bis zu diesem Zeitpunkt dynamisch und zuversichtlich, weicht ihr früheres Verhalten einer Kraftlosigkeit, aus der viele Ängste und Sorgen hervorgehen. Häufig ist das ein Ergebnis der körperlichen Verletzungen, die sie bei der Geburt durch einen Kaiserschnitt oder einen Dammriss erlitten hat, wobei die Energieverläufe des weiblichen Organismus so stark beschädigt wurden, dass sich mit der einhergehenden Entkräftung eine auffällige Persönlichkeitsveränderung einstellt. Aus diesem beeinträchtigten Klima wächst ein ebenso ängstliches Kind hervor, das still und unauffällig bestrebt ist, es den Eltern recht zu machen. Brav und angepasst leistet es den Anordnungen der Eltern Folge und entwickelt keine Verhaltensauffälligkeiten.

Meist sind die Nativen als Kleinkinder im Umfeld anderer Menschen äußerst scheu. Im Beisein anderer dauert es sehr lange, bis sie irgendeine Äußerung von sich geben, wobei sie ihren Blick verschämt auf den Boden richten oder schnell davonlaufen, um sich zu verstecken. Genauso wird die Entwicklung einer eigenen Individualität durch das Kind verdrängt, so dass es keine Eigenheiten entwickelt; Gefühle und emotionale Äußerungen erfahren gleichfalls eine starke Kontrolle. Das verdrängte schlechte Gewissen der Mutter dem Kind gegenüber – aufgrund der frühen Ablehnung der Mutterschaft – wird von ihr mit einer auffälligen Akribie kompensiert, die in vielen Handlungen leicht psychotische Züge aufweisen kann. Beispielsweise ist sie im Übermaß darauf bedacht, dass das Kind die richtige Ernährung bekommt, dass es die richtige Pflege erhält oder dass es keinerlei Umweltbelastungen ausgesetzt ist. Die Besorgnis kann bei der Mutter soweit führen, dass der Gedanke, ihr Kind könnte im späteren Leben leidvollen Situationen ausgesetzt sein, sie in tiefe Depressionen versetzt. Die Trauer um eine bedrohte Umwelt und das Hineinwachsen des Kindes in eine absterbende Welt können zum Mittelpunkt ihres Lebens werden. Kausal gibt die Mutter damit die Lebensangst an das Kind weiter, zumal es im pränatalen Zustand den mannigfachen Ängsten der Mutter ausgeliefert ist. Die mütterlichen Anlagen wirken sich auf das Kind beschränkend aus, und seine Kindheit wird sich aus den beschriebenen Sicherheitsgründen ziemlich reglementiert vollziehen. Das Stimmungsklima ist zudem nicht herzlich liebevoll, sondern sachlich. Alles dient dem Nutzen und der Sorgepflicht, so dass das Kind zwar beste Pflege erhält, seelisch jedoch verkümmert, weil die Streicheleinheiten homöopathisch dosiert sind. Als Kind erleben die Nativen, dass das Leben sie dazu zwingt, sich anzupassen. Sie wachsen in einem Klima übersteigerter Vorsicht heran, merken zwar auf einer tieferen Ebene, dass etwas nicht in Ordnung ist, können aber die Fragen, die sich für sie dabei ergeben, nicht klar definieren. So fügen sie sich vorerst unkritisch in das Reglement und nähern sich mit der hier erlernten Vorsicht der Außenwelt. Gefühle oder Romantik haben in ihrer Art der Lebensplanung keinen Platz, da diese unwägbar sind und sie verunsichern. Innerlich versuchen sie zwar, aus dem „ererbten" Sicherheitsrahmen auszubrechen, aber die Zwänge sind zu intensiv, als dass ihnen dieser Ausbruch gelingen könnte. Der Wunsch bleibt, aber sie nehmen ihn in Form einer inneren Zerrissenheit wahr. Hier wird deutlich, dass es stets die eigene Resonanz ist, die im Zerrspiegel des Erlebens das in der seelischen Anlage verborgene eigene Thema in die Sichtbarkeit treten lässt.

Kinder unter dieser Mond-Signatur verfügen über eine außerordentliche Intelligenz, sie sind sich ihrer Handlungen voll bewusst, auch derer, die von ihren wahren Bedürfnissen abweichen. In vielen Situationen empfinden sie sich als Beobachter der eigenen Handlungen und stehen gleichsam neben sich, doch fehlt ihnen der Mut, sich anders zu verhalten. Im Klima der Prävention begegnen den Kindern im Zerrspiegel des elterlichen Erlebens die eigene Angst vor den Abgründen und dem Chaos. Auch im späteren Leben, wenn sie selbst einen Hausstand gründen, werden sie verzweifelt versuchen, alle Unwägbarkeiten auszuschließen. Damit nehmen sie sich die Chance, eine größere Lebendigkeit zu erfahren, obwohl sie sich diese sehnlichst wünschen, da sie sich innerlich geschlossen und unlebendig fühlen. Für sie ist die Erkenntnis wichtig, dass die Unwägbarkeit eines der höchsten Lebensprinzipien ist. So kann ihnen bewusst werden, dass sie in diesem Sinne eine Verdrängungsleistung begehen, mit dem Ziel, das eigentliche Leben auszuschließen, denn aus der Sicht geistiger Gesetzmäßigkeiten bedeutet Leben Unwägbarkeit, Unsicherheit und vor allem Wandel.

Partnerschaftsmythos

Innerhalb von Partnerschaften sind die Nativen geneigt, sich ganz den Bedingungen der Beziehung anzupassen. Das wirtschaftliche Kalkül spielt für sie in diesem Zusammenhang eine bedeutsamere Rolle als überschwängliche Gefühle. Sie benötigen, damit sie in Beziehung zu einem Menschen treten können, gewisse geordnete Bedingungen. Selbst, wenn es nicht die materielle Komponente ist, die zu einer Beziehung führt, dann ist es das Sicherheitsgefühl, das von einem Menschen beispielsweise durch Kompetenz und Bildung ausgestrahlt wird, genau jener Teil, der für ihre Beziehungsentscheidung zum Tragen kommt. Auch hier sind die Gefühle (wie bei den anderen erdigen Mond-Verbindungen) auf einen konkreten Grund zurückzuführen. Nur, wenn der Partner in der Lage ist, ihnen ein Gefühl jener Sicherheit zu vermitteln, die sie individuell benötigen, sind sie bereit, sich gefühlsmäßig zu öffnen. Häufig kommt es bei den Nativen zu wechselseitigen Beziehungserfahrungen, indem sie sich beispielsweise in einen Menschen verlieben und auch eine gewisse Zeit mit dem Menschen verbringen, der ihre Gefühle entfacht hat. Gleichzeitig tragen die Gefühle, denen gegenüber sie sich ausgeliefert sehen, zu einer tiefen Verunsicherung bei. Diese Verunsicherung wird zum Motor, den anderen Menschen analytisch zu durchleuchten, um Für und Wider bei ihm abzuwägen, solange bis sie einen vernünftigen Grund finden, mit dem sie ihren Rückzug legitimieren können. Zu dem Zeitpunkt, an dem die Partnerschaft durch eine gemeinsame Wohnung oder eine Hochzeit dingfest gemacht werden soll, folgen intensive Hinterfragungen, oder sie gehen gerade in der Entscheidungsphase eine andere Beziehung ein, in der sie für den anderen Menschen zwar Sympathie empfinden, jedoch keine überschwänglichen Gefühle, dennoch sehen sie die Rahmenbedingungen, die sie benötigen, gewährleistet. Die Entscheidung wird zugunsten einer Vernunftbeziehung gefällt, wodurch sie unbewusst auch eine Kontrolle ihrer Gefühle ausgeführt haben. Auch hier ist es bedeutsam, sich zu vergegenwärtigen, dass das innere Abwägen nicht aus einem kühlen, emotionslosen Kalkül entspringt. Die Angst und die Zerrissenheit zwischen aufwallenden Gefühlen und dem Bedürfnis, diese unter Kontrolle zu bringen, sind der Motor für ihre Beweggründe.

Vergleichbar mit dem elterlichen Leben werden auch ihre Verhaltensweisen von der Angst bestimmt, und eigene Bedürfnisse werden zugunsten eines Lebens in einem sicheren Rahmen zurückgestellt. In vielen Fällen spitzt die Angst ihr Verhalten wie einen Trichter zu, so dass sie immer geschlossener und unbeweglicher reagieren. Kleine Ziele werden anvisiert, die eine Basis für ein Leben in einem gesicherten Rahmen erschaffen sollen. Dabei sind sie äußerst genügsam und stets bestrebt, das Geld zusammenzuhalten.

Eine junge Frau heiratete einen sehr wohlhabenden Partner, der so begütert war, dass die Familie eigentlich bis in die Folgegenerationen nicht mehr hätte arbeiten müssen; trotzdem behielt sie ihren Lebensstil, den sie vor der Beziehung gepflegt hatte. Sie trug weiter ihre alten Jeans, solange bis sie verschlissen waren, und nötigte den Partner, es ihr nachzutun, dass dieser ganz betroffen über ihren Spardrang war. Im Stillen erinnerte er sich gerne an frühere Beziehungen, in denen er es sich unbeschwert hatte gut gehen lassen. Trotzdem empfand er ihr Verhalten sehr beruhigend, denn ihm schien der exzessive Sparwille seiner Frau ein Beweis zu sein, dass sie ihn nicht wegen seines Geldes geheiratet hatte. Dies ist auch das besondere Charakteristikum dieser Mondkonstellation, dass zwar Beziehungen unter materiellen Gesichtspunkten eingegangen werden, nicht aber um das Geld mit vollen Händen auszugeben, sondern um es weiter zu bewahren. Die unbewusste Folge eines solchen Beziehungsmodells ist eine einsetzende Arbeitswut sowie das Bedürfnis, sich nützlich zu machen, oder auch das Versagen jeglicher Annehmlichkeiten; das sind Verhaltensweisen, die die verborgene Sicherheitsmotivation für die Beziehung wieder ausgleichen sollen. Dem Partner gegenüber begegnen die Nativen verhalten und bremsen jede Intensität, statt äußerem Überschwang bevorzugen sie das konstante Gefühl innerer Verbundenheit. Ihre Gefühle sind eher nach innen gekehrt und finden kaum Ausdruck.

Bei den Nativen findet man selten ausgelassene Stimmungen, häufig dagegen ein verhaltenes Gebaren, das im Stillen grübelnd in den kleinen Dingen des Lebens Befriedigung findet. Die Bindungsbereitschaft der Nativen ist groß, da sie sich nur selten auf Abenteuer einlassen, denn stets sind es die Rahmenbedingungen, die stimmen müssen. Alles, was sich aus dem für sie steuerbaren Rahmen hinausbewegt, stellt eine Bedrohung dar. Vernunft ist deshalb die überwiegende Intention, denn sie schützt vor jeglichem romantischen Zauber. Wann immer sich Emotionen formieren und sich ihren Weg bahnen, sind die Nativen bestrebt, diese im Keim zu ersticken. Melancholische Stimmungen seitens ihrer Partner wecken ihre Zuneigung, allzu große Ausgelassenheit hingegen lässt sie immer spröder werden und führt zu dem Bedürfnis, den Partner zu demotivieren, damit sein Verhalten auf ein erträgliches Maß reduziert wird.

Unbewusst liegt in ihrer Psyche eine Abneigung gegenüber den seelischen Fremdanteilen eines anderen Menschen vor. Jede Beziehung bringt einen mit den Schattenanteilen des Partners in Verbindung, und es liegt den Nativen fern, sich durch Öffnung intensiv auf diese einzulassen.

Auch innerhalb der Sexualität dominiert das Thema der Angst, weshalb sie sich nicht gehen lassen können. Dies können unterschiedliche Gründe sein wie die Angst, den Boden unter den Füßen zu verlieren, die Angst vor Infektionen, vor Schwangerschaft usw. Jede Annäherung, die sie zulassen, führt sie ein Stück weiter in den Bereich der Angst hinein, so dass sie sich den damit einhergehenden Gefühlen nicht mehr gewachsen sehen. Sie kontrollieren deshalb ihre Sexualität, um auszuschließen, dass sie in die Bereiche der nicht steuerbaren Abgründe gelangen. Dies führt dazu, dass sie mit ihren eigenen Trieben im Konflikt liegen, sie zwar leidenschaftliche Bedürfnisse in sich tragen, jedoch Angst vor der eigenen Leidenschaft haben. So entsteht ein Gemisch, dass sie sich möglicherweise gehen lassen, um sich für das Gehenlassen wiederum zu bestrafen. Das Verhalten sich selbst gegenüber vermag aus dieser Mischung neurotische Züge zu erhalten. Stets sind es die aufwühlenden Gefühle, die die Nativen verunsichern und die sie durch ihren Intellekt in den Griff zu bekommen versuchen. Meist entscheiden sich die Nativen dafür, ihre sexuellen Aktivitäten einzustellen, oder sie wählen sich unbewusst genau den Partner, mit dem es nicht möglich, ist Leidenschaft zu leben. Die nicht gelebte Leidenschaft verlagert sich in der Folge auf die Symptomebene und drückt sich über Kopfschmerzen, Hautaffektionen und Blasenentzündungen aus. Über das Symptom kehrt das Erfordernis wieder zurück, sich mit dem Verdrängten auseinander zu setzen.

Die Mond-(Erd)-Merkur-Verbindung im Geburtsmuster der Frau

Bei der Frau unter dieser Mond-Thematik ist die Sehnsucht nach einer sicheren Partnerschaft sehr ausgeprägt. Bei ihr kommt die Diskrepanz zwischen dem Rationalen und dem Gefühl besonders zum Tragen.

Aufgrund der emotionalen Verschlossenheit und dem Überwiegen ihres rationalen Denkens fühlt sie sich innerlich zu einem romantischen, musischen Mann hingezogen. Er trägt jenen ergänzenden Teil in sich, der die Frau innerlich erwärmt und ihr den Zauber zu geben vermag, den sie nicht in sich selbst herstellen kann. Liebevoll ist sie ihm in seiner Hilflosigkeit zugetan, da es ihm schwer fällt, mit den konkreten weltlichen Erfordernissen klar zu kommen. Im Stillen bewundert und liebt sie ihn, ohne es jedoch in einem großen Überschwang kund zu tun. Kommt es zur Verdichtung in der Beziehung, die in der Konsequenz auf eine Lebensgemeinschaft oder Heirat zuläuft, entsteht in ihr die Angst vor einem ungesicherten Leben. In solchen Phasen wächst in ihr der Konflikt zwischen ihrem Liebes- und dem Sicherheitsbedürfnis. Die rationale Entscheidung führt häufig zur Lösung von der Liebesbeziehung und mündet in eine Beziehung, in der Sympathie und Sicherheit die Basis darstellen. Die Umorientierungen, die zu derartigen Verbindungen führen, finden meist sehr abrupt statt, so als wollte sie sich die Liebe aus dem Herzen reißen. Jeglicher Kontakt zum verlassenen Geliebten wird gemieden, um nur nicht wieder schwach zu werden, in der Hoffnung, dass die Zeit alle Wunden heilt. In vielen Fällen weisen die dann eingegangenen Vernunftbeziehungen in ihrem Verlauf eine gewisse Ironie des Schicksals auf, indem es zu einem Wandel des Status des Ehepartners kommt. Es kann sein, dass der Partner mit der Zeit dem Alkohol, Drogen oder Tabletten zuzusprechen beginnt, oder er erkrankt und wird pflegebedürftig. In derartigen Verläufen ist das einst bestehende Sicherheitskonzept der Beziehung in Frage gestellt und es wandelt sich in ein Erfordernis, den Partner zu pflegen. An derartigen Wendepunkten bricht in vielen Fällen die Sehnsucht nach dem einstigen Liebespartner auf. Es werden leidenschaftliche Briefe geschrieben, die niemals den Weg zum Briefkasten finden, oder die bewegenden Gefühle werden einem wohlgehüteten Tagebuch anvertraut. Auch die Sexualität kommt an vergleichbaren Stationen zum Erliegen. Jede Körperlichkeit mit dem Partner wird gemieden, weil Ekel und Abscheu in ihnen aufkommen. Sehnen sie sich nach der Sexualität mit Partnern aus vergangenen Zeiten, bestrafen sie sich für die verwerflichen Sehnsüchte mit Arbeits- oder Putzorgien, um auf andere Gedanken zu kommen. Da die Mond-(Erd)-Merkur-Thematik sehr viel mit dem seelischen Dienst in Form von Hingabe an andere

Menschen zu tun hat, wandelt sich das Bedürfnis, gesichert zu sein, in ein zwanghaftes Erfordernis, Dienst zu leisten. Die sich einstellende Aufgabe wird auch meist angenommen, da ein latent schlechtes Gewissen vorliegt, die Beziehung nicht aus tiefer Liebe eingegangen zu sein. Der Dienst stellt eine Art Buße dar, weil sie nicht der Stimme des Herzens gefolgt sind. Liegt keine solche Dramatik vor, dann findet zumindest eine Selbstbestrafung statt, indem sie sich jeglichen Genuss versagen und viel Arbeit in das Haus oder, wenn der Partner beruflich selbstständig ist, in die gemeinsame Betätigung investieren. Der fehlende Zauber wird durch sachliche Themen ersetzt. Beispielsweise führte eine Frau über mehrere Jahre eine Beziehung mit einem jungen Bildhauer, der intensive Bühnenambitionen hatte und einige Jahre jünger war als sie. Ihrer Mutter war die Beziehung mit dem jungen Mann ein Dorn im Auge und sie wirkte auf ihre Tochter ein, sie müsse an ihre Zukunft denken, besonders wenn sie eine Familie gründen wolle, denn sie wäre, wenn sie noch ein Kind bekommen wolle, bereits zum bestehenden Zeitpunkt eine Spätgebärende. Die Mutter beschaffte der Tochter den „passenden" Mann, indem sie es geschickt einfädelte, die Tochter mit einem erheblich älteren wohlhabenden Industriemakler zu verkuppeln. In der Ablösephase von ihrer Liebesbeziehung spielten sich dramatische Szenen vor ihrem Haus ab. Der junge Mann stand Nacht um Nacht vor dem Haus und rief verzweifelt nach seiner Geliebten, da er mit ihr reden wollte, aber vergebens. Nach einigen Tagen fand ein Dialog anstelle mit seiner Geliebten mit Beamten des Ordnungsamtes statt, die ihn aufforderten, die Belästigungen der Familie einzustellen. Die Frau heiratete den rezeptpflichtig verschriebenen Mann, der jedoch nach einigen Jahren beim Bauen des gemeinsamen Eigenheims einen Schlaganfall erlitt, der ihn halbseitig lähmte. Sie gab ihren Beruf auf und absolvierte einen Kurs in Krankenpflege, um ihrem Mann die richtige Pflege angedeihen zu lassen.

Sicher muss ein Beziehungsverlauf nicht immer im Extrem münden, doch erfährt die Beziehung mit der Zeit eine deutliche Distanzierung. Man arbeitet zusammen sehr viel, die Frau achtet ihren Partner, doch erhält die innere Distanz einen deutlichen Ausdruck im Zusammenleben. Die Körperlichkeit, oft gepaart mit einem direktem Ekel gegenüber dem Partner, wird vollkommen ausgeklammert. Alles wird von der Frau rational belegbar dargestellt, in dem es dann heißt: „Ich kann seinen Geruch nicht ertragen, wenn er abends von einer Besprechung nach Hause kommt und ungeduscht ins Bett steigt", oder „wenn mein Mann mich berührt, erstarre ich innerlich und fühle mich wie gelähmt". Man begegnet sich ordentlich und verhalten, so dass mit der Zeit aus der Ehe eine Wohn- und Zweckgemeinschaft (im treffenden Juristendeutsch bezeichnet als Zugewinngemeinschaft) wird. In derartigen Abneigungen drückt sich die wahre Empfindung aus, die auch schon am Anfang der Beziehung bestand, nur war der Glaube, sich Gefühle (Mond) einreden zu können (Merkur), „die Liebe entwickelt sich in der Gemeinsamkeit", noch sehr optimistisch. Das Ergebnis führt zur seelischen Verkümmerung mit Depression und neurotischen Verhaltenszügen. Für die Frau unter dieser Mond-Signatur ist es deshalb sehr wichtig, sich frühzeitig mit ihren Ängsten auseinander zu setzen. Der Kontakt zu den Gefühlen will hergestellt werden und vor allem zu dem Bedürfnis, sich durch die Vernunft gegen diese zu wehren. Dabei vermag eine Familienaufarbeitung der erste Schritt sein, sich mit der Wurzel des eigenen Angstbereiches auseinander zu setzen, da das elterliche Drama der Angst und Anpassung an die bestehenden Umstände indirekt weitergeführt wird. Liegt dieser Bereich im Unbewussten, wird er in alle Entscheidungen hineinwirken und im Ergebnis zu psychischen Beeinträchtigungen führen, die über diesen Weg die Aufarbeitung des eigenen Inneren einklagen.

Die Mond-(Erd)-Merkur-Verbindung im Geburtsmuster des Mannes

Der Mann hegt wie die Frau unter dieser Mond-Signatur ein ähnliches Sicherungsbedürfnis. Nur sucht er dieses nicht in erster Linie in Beziehungen, sondern pflegt einen intensiven Kontakt zu seiner Familie, die einen großen Einfluss auf ihn ausübt. Eine häufig auftretende Variante im Beziehungsmuster ist, dass er für Frauen nur im „Doppelpack" zu haben ist, weil er im Anhang die Mutter oder gleich beide Eltern mitbringt. Er tendiert dazu, sichere Lebensmodelle zu schaffen, und ist auch bereit, einen hohen Preis dafür zu zahlen, der da heißt, dass er sich kaum aus dem Status des ewigen Sohnes zu lösen vermag. Beispielsweise hat er es sich in der Einliegerwohnung des Elternhauses gemütlich gemacht, in dem er seine Jugendmöbel mit praktischen Ausbauprogrammen aufgefrischt hat. Das Essen nimmt er bei Muttern ein und lässt auch seine Wäsche von ihr waschen. Geht er eine Beziehung ein, wird seine Partnerin mit Sicherheit echte Nebenbuhler haben, die größeren Einfluss auf ihn ausüben als sie selbst. Das Verhalten des Mannes entspricht dem aktiven Sicherungselement dieser Mond-Signatur, so dass er der Welt mit Spar- und Reduktionsprogrammen begegnet. Es wird schon früh versucht, Sicherheit durch Minimalismus und Reduktion zu erreichen. Die Entscheidungen fallen stets sachlich aus, um sich für den Tag X zu rüsten. In Beziehungen entwickelt sich sein pragmatisches Verhalten häufig zum Stein des Anstoßes. Es kommt zu Auseinandersetzungen, da die Partnerin gerne mit ihm alleine leben möchte, ohne dass sich seine Eltern in die Beziehung einmischen und ihnen ständig über die Grenzen treten.

Auch hier ist das Verhalten des Mannes sehr angepasst, denn die Macht der Mutter kommt bei ihm noch im mittleren Mannesalter zum Tragen. Beispielsweise gründete ein junges Paar seinen Hausstand in der ausgebauten Dachwohnung des Elternhauses, was zur Folge hatte, dass die Mutter sich im hohen Selbstverständnis in die Haushaltsführung des jungen Paares einmischte. Nachdem das erste Kind der beiden geboren war, maßregelte sie die junge Mutter bezüglich ihrer Erziehungsstrategie. Es kam zu erheblichen Spannungen zwischen der jungen Frau und der Familie ihres Mannes, weil sie sich gegenüber dieser nicht durchzusetzen vermochte. Durch den Partner erfuhr sie keine Rückendeckung, denn er bezog gegenüber seinen Eltern keine Stellung, ging tagsüber seiner Arbeit nach und wurde ansonsten kaum Zeuge der häuslichen Dramen. Auf das Drängen seiner Frau, doch in eine eigene Wohnung umzuziehen, führte er ihr jedes Mal die finanziellen Nachteile auf, die sie dadurch hätten. Kurzum, nach einigen Jahren war die Beziehung so zerrüttet, dass seine Frau mit dem Kind in eine andere Stadt zog und er wieder voll umfänglich in das elterliche Versorgungsprogramm integriert wurde.

Ähnlich wie beim Beziehungsmythos der Frau vollzieht sich auch beim Mann in seinen pragmatischen Strategien stets eine gewisse Ironie des Schicksals, indem seine Bestrebungen, etwas durch Sparwillen erreichen zu wollen, zur Distanzierung der Partnerin führen. Bestehen zudem bei einem Mann dynamisch-feurige Anteile im Geburtsmuster, wird das eigene Verhalten zum Gesetz erhoben und jeder, der dagegen verstößt, erfährt herbe Kritik. Beispielsweise hatte ein Paar ein Haus gebaut, das auf das Bestreben des Mannes mit einem Kachelofen versehen wurde. Er war derart fasziniert, dass es ihm möglich war, Heizkosten einzusparen, dass er in eine echte Goldgräberstimmung verfiel. In seiner Freizeit streifte er durch die Wälder und sammelte Bruchholz, welches er mit leuchtenden Augen im Kachelofen verfeuerte. Alle anderen Zimmer des Hauses durften nicht beheizt werden. Er machte seiner Frau schwere Vorhaltungen, wenn er sie dabei ertappte, dass sie sich hin und wieder mit klappernden Zähnen ein Zimmer mit der Zentralheizung erwärmte. Dieser Fakt führte zu ihrer Distanzierung, da sie ihn von dieser Seite, die sie zudem sehr befremdete, nicht kannte. Die Beziehung kühlte im wahrsten Sinne des Wortes ab, bis die Frau sich von ihm löste.

Hier lassen sich beliebig die unterschiedlichsten Marotten einsetzen: Der Benzinverbrauch des Autos wird via Fahrtenbuch ermittelt und kontrolliert, der Stromverbrauch in der Wohnung wird kontrolliert, so dass der Mann ständig hinter den Familienmitgliedern herschleicht, um Lichter zu löschen, es werden günstige Lebensmittel erstanden, die das Haltbarkeits-datum überschritten haben usw. Bezeichnend ist, dass die Nachhaltigkeit des Verhaltens sehr neurotische Züge erhält, welches psychisch mit viel Energie aufgeladen ist. Hier ist es stets die unbewusste Angst, die zum Motor der Eigenarten wird, dass es auch für den Mann bedeutsam ist, die Spur für sein irrationales Verhalten aufzunehmen, welches sich auf seine Partnerschaft stets destruktiv auswirkt.

Eine andere Variante dieser Mond-Signatur ist, dass der Mann sich zu Frauen hingezogen fühlt, die ihn in seinem Verhalten kritisieren und analy-sieren. Dies ist besonders der Fall, wenn der Mann selbst keinen Zugang zum Hinterfragungselement besitzt. Die Frau ist immer Sinnbild für das Seele-prinzip des Mannes, und so übernimmt sie anstatt seiner selbst den ana-lytischen Part in der Beziehung. Dies kann zu schweren Maßregelungen füh-ren, indem jede Handlung, die der Mann ausführt, analysiert und bewertet wird. Der Mann erfährt über die Partnerin eine Regredierung in den Kinderstatus, wobei die Frau in die Mutterrolle schlüpft, von der aus sie will-kürlich an ihm herum erzieht. Meist wird das Verhalten der Frau geduldet, hat aber zur Folge, dass der Mann unter der Mond-(Erd)-Merkur-Thematik an psychosomatischen Störungen leidet. Kopfschmerzen, Atembeschwerden oder auch Neurodermitis sind die Folge der verdrängten Aggression. Auch in dieser Variante ist es für den Mann bedeutsam zu verstehen, dass die Partnerin ihm als verlängerter Arm seines Unbewussten Druck macht. Die Frau als symbolische Instanz des verborgenen männlichen Seelenprinzipes drangsaliert ihn förmlich. Das ist ein bildhafter Ausdruck seiner Seelenkräfte, die über diesen Weg dem Mann signalisieren, dem Gefühl zu folgen sowie den Weg nach innen zu beschreiten, um die lunare Seite (Mond = Seeleprinzip) in sich zu entwickeln. Solche Situationen lassen sich nur in einer eigenen Arbeit mit dem Unbewussten bewältigen, indem man den Weg in die inneren Bilder beschreitet, denn jede kausale analytische Aus-einandersetzung, welches Verhalten der Frau konkret zu seiner Beein-trächtigung führt, findet nur auf einer Ebene statt, die vom eigentlichen Keim – der seelischen Einkehr – wegführt.

Symptome

Symptome unter der Mond-(Erd)-Merkur-Thematik weisen eindringlich auf das Erfordernis der Auseinandersetzung mit dem Unbewussten hin. So stehen unter dieser Mond-Verbindung besonders die psychosomatischen Störungen an erster Stelle. Die Basis der jeweiligen Symptomausformung ist in unbewussten Ängsten zu finden, die im Ergebnis zu zwanghaften Verhaltensformen führen, denn dieser Mondverbindung ist die Abwehr des Gefühls zu Eigen. Es folgen Reaktionen, die darauf abzielen, alle Empfindungen unter Kontrolle zu bringen oder mit funktionalen Handlungen zu überdecken.

Dem Merkurprinzip werden die Lunge sowie die Atemwege zugeordnet, somit kann es als sinnbildlicher Ausdruck einer inneren nicht wahrgenommenen konfliktgeladenen Auseinandersetzung zu Erkrankungen kommen, die in den Symptomkreis des Asthma hineinführen. Weiterhin sind Atembeschwerden oder Atemkrämpfe Ausdruck eines inneren Drangsales, dessen sich die Betroffenen nicht bewusst sind. Der Atem ist im übertragenen Sinn ein seelisches Bindungselement, man denke beispielsweise an den ersten Atemzug eines Neugeborenen, der die Seele an den Körper und somit an das Rad des Lebens anbindet. So wie der Atem (Merkurprinzip) mit der Seele (Mondprinzip) eng verbunden ist, kann umgekehrt der Atem auch ein Fahrzeug sein, das zu den innerseelischen Bereichen führt, indem über eine forcierte Atmung innere Bilder frei werden, die dem Menschen sonst nicht zugänglich sind. Hat ein Mensch Angst, dann stockt der Atem oder er beschleunigt sich. Alles mannigfache Ausdruckformen, die auf eine intensive Verbindung zwischen dem seelischen Element und der Atmung hinweisen. In diesem Sinne lassen sich unter dieser Mond-Signatur auftretende Symptome als Mangel einer seelischen Zuwendung deuten. Der Atem weist darauf hin, dass es darum geht, einem seelischen Erfordernis, das im Dunklen liegt, Aufmerksamkeit zu schenken. Es liegt nahe, sich in diesem Sinne in direkter Form mit den inneren seelischen Aspekten auseinander zu setzen, wobei eine Atemarbeit wie das psychoenergetische Atmen, Rebirthing oder andere therapeutische Atemsitzungen sehr empfehlenswert sind, denn sie entsprechen in direkter Form dem Erfordernis dieser Mond-Signatur. Es versteht sich, dass die Themen, die es dort zu betrachten gilt, jeweils ganz individuell sind, womit die Betroffenen dazu berufen sind, selbst auf die Suche zu gehen, welcher verborgene Schatz in ihrem Inneren gehoben werden will.

Nervliche wie auch gedankliche Überreizungen sind ein Ausdruck dafür, dass die Betroffenen sich im Kreise ihres Intellektes drehen. Die Folge ist ein Denken ohne Abriss, man bewegt sich im Hamsterrad ständiger Gedanken, die auch Einschlafstörungen verursachen. Das führt zur Erschöpfung, aus der wiederum Ängste entstehen, den Alltagserfordernissen nicht gewachsen zu sein. Auch Ohrensausen und eine Tinnituserkrankung können in diesem übersteigerten Formenkreis begründet liegen. Es wird deutlich, dass hier eine vielfältige Verkettung von Symptomen vorliegt. Hinter all diesen Symptomen liegt der Ausdruck verborgen, dass der Intellekt, also die Tagseite des Bewusstseins, eine Übersteigerung erfährt, weshalb es dringend notwendig ist, sich mit Meditationen, Traumreisen und Atemarbeit einen Ausgleich zu schaffen. Der Zugang zur körperlich-sinnlichen Welt fällt den Nativen schwer. Die Kontrolle, die die Nativen ausführen, wacht darüber, nicht in den Sog eines Triebgeschehens hineinzugelangen, deren Steuerung ihnen entgleisen könnte. Um dies zu verhindern, wird der Kontakt zum Körper unterbrochen, da er in eine Welt hineinführt, die bei den Nativen Angst verursacht. Mit dieser Abkoppelung vom Körper geht auch eine Triebhemmung einher, mit der die Sexualität ausgeklammert wird. Da die sexuellen Bedürfnisse damit nur verdrängt sind, verschieben sie sich auf eine Symptomebene. Es entstehen Kopfschmerzen, Hautausschläge und Hautrötungen sowie Blasenentzündungen und Harnwegreizungen. Die nicht gelebte Leidenschaft findet somit ihren Ausdruck über diese Symptome, so dass es für die Betroffenen bedeutsam ist, sich mit ihren verdrängten körperlichen Bedürfnissen und den damit verbundenen Ängsten auseinander zu setzen. Symptome werden unter dieser Mond-Signatur förmlich zum Wegweiser einer inneren Bestandsaufnahme. Deshalb ist eine reine Symptomunterdrückung ohne eine bewusste Bearbeitung der verborgenen Ursachen nicht sinnvoll, denn das führt nur zu Verschiebungen auf andere Ebenen. Was auf der einen Ebene „erfolgreich" weggedrückt wurde, taucht auf einer anderen Ebene als neues Symptom wieder auf.

Ein allergisches Geschehen kann beispielsweise einen aggressiven Drang verkörpern, der signalisiert, aus dem selbst errichteten Gefängnis auszubrechen. Rheumatische Beschwerden oder Arthrose sowie jede Form von Versteifung signalisieren, dass die Nativen nicht bereit sind, ihre alltäglichen Handlungen weiterhin auszuführen. Die Revolte ist ihnen in die Glieder gefahren, in ihnen drückt sich die unbewusste Verweigerung aus, weil sie zu angepasst gegenüber ihrer Umwelt sind. Auch im Bereich des Darmes und der Verdauung kommt es unter dieser Signatur zu häufigen Störungen. Denn im Darm werden die untergründigen Stoffe, die auf einer metaphorischen Ebene das Unbewusste symbolisieren, verarbeitet und ausgeschieden. Eine Darmträgheit signalisiert demnach, dass die Nativen mit ihrem Unbewussten nicht in Berührung kommen möchten, weil sie Angst davor haben, sich mit ihrer inneren Realität zu verbinden. Die umgekehrte Variante, die sich in der nervösen Darmfunktion widerspiegelt, signalisiert, dass die Nativen nicht loslassen können und die Funktion des Sich-Verflüssigens (flüssiges Element = Gefühl somit dem Mondprinzip zugeordnet) nun über die körperliche Ebene gesteuert wird. Ängste schlagen auf den Darm, was der Volksmund richtig beschreibt, indem er sagt, dass jemand „Schiss" hat.

Ebenso lässt sich die Zwangsneurose dieser Mond-Thematik zuordnen. Die Angst vor Ansteckung oder Unsauberkeit drückt die innerseelische Angst aus, mit dem dunklen Schattenanteil in Berührung zu kommen. Dies kann zu Waschzwängen oder Desinfektionsorgien führen, um sich vor Bakterien und damit vor „dunklen" Fremdanteilen anderer zu schützen. Hat ein Fremder die heimische Toilette benutzt, müssen sie diese umgehend desinfizieren, ebenso alle Türklinken und alles, was von der fremden Person berührt wurde. Im Laufe der Zeit werden die Zwänge immer unkontrollierter; die Nativen können keine konkreten Begründungen für ihre Handlungsweisen anführen, geschweige denn auf irgendwelche Erfahrungswerte zurückblicken. Entscheidend ist hierbei, dass es vollkommen irrationale Dinge sind, die die Nativen beeinträchtigen und sie dazu treiben, Gegenmaßnahmen zu treffen. Alles Irrationale ist der „Nachtseite des Bewusstseins" zugeordnet, woraus sich die mangelnde Zuwendung an den Innenraum erkennen lässt.

Gleichfalls symbolisieren unvermittelt, spontan auftretende Symptome eine Flucht aus ihrer angepassten Situation. In vielen Situationen sind die Eigner dieser Mondverbindung so intensiv von der Seite des Unbewussten gefangen, dass die Krankheit den einzigen Ausweg aus dem Dilemma der Angst und der Selbstlüge darstellt. Das Symptom drückt im Ergebnis immer den Teil aus, den die Nativen sich selbst nicht eingestehen. In der Rolle des Kranken sind die Nativen wieder in der Lage, die Opferrolle einzunehmen. Damit ist die Schuld für das Unbewusste an eine andere Instanz abgegeben worden. Diese Möglichkeit, die gleichzeitig die Möglichkeit des verdeckten Ausbruchs darstellt, weil es der einzige Ausweg ist, sich gesellschaftlich legitimiert zu entziehen, macht verständlich, dass die Nativen sich unbewusst gegen einen Heilungsprozess auflehnen, weil dieser ihnen den einzigen Weg aus der Angepasstheit vereiteln würde. Deshalb sollten sich die Betroffenen auch intensiv damit beschäftigen, wozu sie ihr Symptom benötigen. Der erste Schritt ist jedoch zu ergründen, was sich hinter ihren möglichen Symptomen verbirgt, um dann im zweiten Schritt zu prüfen, ob sie den Mut besitzen, im Konkreten ihre Themen zu klären.

Lerninhalt

Diese Mond-Thematik führt auf einer funktionalen Ebene, vergleichbar mit der Mond-Mond-Thematik und der Mond-Sonne-Thematik, zur Abkehr von den subjektiven Bedürfnissen. Unter der Mond-(Erd)-Merkur-Thematik sind es die persönlichen Sicherungsbestrebungen, die eine Verwandlung erfahren wollen, indem der Mensch mit seinen Potenzialen anders umzugehen lernt. Denn es gilt, anderen Menschen durch Dienst und Hingabe die entsprechende Hilfe und damit Zuwendung zukommen zu lassen. Die häufig gerade im partnerschaftlichen Bereich auftretenden Ebenenwechsel, indem die eigene Absicherung angestrebt wurde, sich jedoch in der Folge der Partner zum Zuwendungselement entwickelte, lässt deutlich werden, dass nicht der Selbstschutz gefragt ist, sondern das eigene Engagement. Der pflegebedürftige Partner oder ein Elternteil, was immer auch für konkrete Probleme vorliegen, repräsentieren ein Zuwendungserfordernis, das freiwillig von den Nativen nicht eingelöst wird. Deshalb kommt es auch zu den zwangsweisen Verordnungen des Lebens, aus denen sie einen Ruf erkennen sollten, der an sie ergangen ist. Dies kann jedoch auf einer freiwilligen Ebene geschehen, indem man seine Verantwortung erkennt und sich in vielschichtigen Themenfeldern nützlich macht oder auf einer professionellen beruflichen Ebene. Dabei steht die Dienstleistung im weitläufigen Sinne im Vordergrund. Dies kann in einem sozialen Themenfeld geschehen wie als Erzieher/in oder in einer Lehrtätigkeit. Auch in einer therapeutischen Arbeit ist diese Thematik bestens eingelöst, da sich die Nativen in direkter Form den Themen annehmen, die es auch im eigenen Leben zu bewältigen gilt. Voraussetzung ist jedoch die seelische Öffnung dem Umfeld gegenüber. Wenn schon eine gefühlsmäßige Öffnung im Verbund mit anderen schwer fällt, dann gilt es, wenigstens durch Intellekt und Handlung anderen eine Zuwendung zu geben.

Hinter vielen Manifestationen dieser Mond-Thematik wird die Zerrissenheit zwischen Intellekt und dem Gefühl sichtbar. In einer vertiefenden Form könnte man sagen, es wird die bestehende Diskrepanz zwischen der Tagseite des Bewusstseins und der Nachtseite, die dem Unbewussten zugeordnet ist, offenbar. Mit dieser Mondverbindung ist die Polarisierung zwischen den beiden Anteilen am stärksten ausgeprägt. Alle äußeren Präventiv- und Absicherungsmaßnahmen, die ergriffen werden, motiviert aus der subjektiven Angstbewältigung, führen am eigentlichen Keim der bestehenden Grundproblematik vorbei. Dies ist auch der Grund, weshalb viele Bemühungen der Nativen unter dieser Mond-Thematik, sinnbildlich gesprochen, jener im Mythos beschriebenen Hydra gleichen, deren Köpfe, sobald sie abgeschlagen wurden, gleich wieder nachwachsen. Dieser Mythos weist in direkter Form auf diese Problematik hin, denn stets wachsen die bekämpften Probleme in einer schier endlosen Dynamik nach, solange die Themen auf einer rationalen Ebene bekämpft werden. Das Merkurprinzip ist auf einer analogen Ebene allen Kontaktaufnahmen und den Austauschfunktionen zugeordnet. Im Verbund mit dem Mond gilt der

Kontakt den Gefühlen, also dem seelischen Element und somit dem Unbewussten, zu dem eine Verbindung hergestellt werden will.

Für die Nativen ist es deshalb von Bedeutung, sich bewusst zu machen, dass es vielmehr darum geht, die Quelle der Angst aufzusuchen, als sich von ihr in die Irre führen zu lassen. Denn jede nach außen projizierte Angst ist nur stellvertretend für etwas anzusehen, was tief im Verborgenen, im Inneren der Nativen liegt. Jede Angst, die an ein Thema geknüpft ist, lässt sich auf einen Grundnenner reduzieren, nämlich der Angst vor dem Tod, und somit der Angst vor dem Loslassen, um durch die Pforte zu den metaphysischen Gestaden zu gelangen. Sie sollten daher anerkennen, dass die Wurzel allen Übels einzig und allein in ihnen selbst liegt, denn der Zugang zu der metaphysischen Ebene führt über die Verbindung mit dem eigenen Wesen – wie es das Wort schon ausdrückt – zum Wesentlichen.

Dazu ist es für die Nativen notwendig, sich ihren Ängsten verantwortungsvoll zu stellen, indem sie dem Leben wertfrei und neutral begegnen. Denn ihre Ängste sind als ein Motor zu verstehen, der sie auf die Suche führen möchte. Die Seele sendet von der Nachtseite des Bewusstseins diffuse Angstgefühle, die auf der Tagseite des Bewusstseins wahrgenommen werden. Dahinter verbirgt sich das Bedürfnis der inneren Instanz, auf das Erfordernis der Einkehr aufmerksam zu machen.

Wie schon in der Einleitung beschrieben, ist die subjektive Erlebniswelt, die uns im alltäglichen Leben entgegentritt, unter dem Gesichtspunkt der hermetischen Philosophie geronnene Seelensubstanz eines jeden Individuums. Alles, was der Mensch erlebt oder was die Welt in seinem Inneren an Gefühlen hervorruft, ist Ausdruck eines bestehenden Resonanzverhältnisses. Seine Betroffenheit verleitet ihn zu der Annahme, er sei für sein Schicksal nicht verantwortlich, und somit sucht er die Schuld bei den anderen. Der Mensch hat sich in gleicher Weise wie vom eigenen Körper auch von der Verbindung zu den Inhalten, die hinter der Welt der Formen liegen, abgekoppelt. Dies hat zur Folge, dass seine Trennung von dem rückverbindenden Teil des Außens bewirkt, dass jener unbewusste Pol immer weiter anwächst und in seinem Leben verweilt, solange bis er gelernt hat, den Dialog vom Außen hin zur Selbstbetrachtung aufzunehmen. Dazu ist es erforderlich, dass der Mensch seine fixierte Weltbetrachtung aufgibt, denn nur so kann er lernen, im Fluss des Lebens die Ordnung der Ganzheit wieder zu entdecken. Eine ablehnende Haltung gegenüber der Auseinandersetzung mit sich selbst signalisiert damit gleichzeitig das Machtspiel des Egos, welches nicht loslassen will, weil es möglicherweise keinen anderen Ausweg sieht, als der inneren Dramatik Raum zu geben. Doch wenn die Nativen die Veränderungen im eigenen Leben zu sehen lernen, die aus der inneren Verantwortungsübernahme für alles Erlebte entstehen, dann durchbrechen sie jenen unendlichen Teufelskreis der immer wiederkehrenden angstbeladenen Situationen. Wenn sie sich in allen Abgründen und Tiefen zu sehen lernen, dann beginnen sie, sich dem Teil zu stellen, vor dem sie Angst haben. Somit kann Ruhe in ihre Psyche einkehren, denn ihnen begegnet nur Bekanntes – nämlich sie selbst.

Meditative Integration

Wenden Sie sich, wie in den Kapiteln „Der innere Raum" und „Spiegel der Selbstbetrachtung" beschrieben, dem von Ihnen geschaffenen inneren Raum zu. Nachdem Sie die Entspannungsübung zur Einstimmung ausgeführt haben und sich vor Ihrem Spiegel sitzend wiederfinden, lassen Sie in ihrem Spiegel der Selbstbetrachtung folgende Themen im Geist Revue passieren:

Meditation zu äußeren Lebensbegebenheiten

Habe ich Angst vor den Eventualitäten des Lebens? – Wie gehe ich mit meinen Ängsten um? – Versuche ich durch Aktivität und Prävention Kontrolle über das Leben zu erlangen? – Übe ich Kritik am Verhalten meiner Mitmenschen? – Neige ich dazu, mir Arbeitsprogramme zu schaffen, als wolle ich damit Buße tun? – Wie gehe ich mit meinen Gefühlen um? – Kann ich Gefühle zulassen? – Habe ich Angst, von anderen Menschen verletzt zu werden? – Diene ich anderen Menschen aus einem unerklärlichen, schlechten Gewissen? – Sind mir die Motivationen bewusst, aus denen ich eine Partnerschaft eingegangen bin? – Fühle ich mich in meiner Beziehung emotionslos und unlebendig? – Entwickele ich in meiner Beziehung zwanghafte Marotten?

Lassen Sie dazu individuelle Situationen und Erlebnisse im Spiegel der Selbstbetrachtung vor Ihnen entstehen, oder spüren Sie den Empfindungen nach, die mit den Situationen verbunden waren.

Nehmen Sie in der inneren Selbstbetrachtung im Besonderen die Diskrepanz zwischen Ihren Gefühlen und dem Bedürfnis, diese zu verdrängen, wahr. Ihre Kontroll- und Sicherungsbedürfnisse gegen jede Eventualität des Lebens wollen erfüllt werden. Spüren Sie all jenen Empfindungen nach, die sich in den verschiedenen Lebenssituationen einstellten. Nehmen Sie sich Zeit, und lassen Sie verschiedene Situationen in der Selbstbetrachtung entstehen. Schauen Sie sich aber auch an, was Sie jeweils in diese Situationen für innere Konflikte hatten. Kennen Sie diesen angstvoll geladenen Teil, aus dem heraus Sie versuchen, alles unter Kontrolle zu bringen? Ist Ihnen Ihr hohes inneres Anspannungsmoment bewusst? Haben Sie sich danach gesehnt, einfach einmal loszulassen?

Je mehr es Ihnen gelingt, Ihrem angstvollen Teil nachzuspüren, der überall die Kontrolle behalten möchte und in alles einzugreifen versucht, nähern Sie sich jenem Teil an, der Sie häufig in Ihren Bemühungen ad absurdum führt. Nachdem Sie eine Reihe von Lebenssituationen aufgesucht haben, in denen Sie Ihren inneren Konflikt gespürt haben, ist es bedeutsam, andererseits Situationen aufzusuchen, in denen Sie vertrauensvoll losgelassen haben oder Sie der Stimme Ihres Herzens gefolgt sind. Möglicherweise gab es darunter Erfahrungen, die zu der Feststellung führten, dass Ihre Ängste und Befürchtungen unbegründet waren. Vielleicht fühlten Sie auch, dass Sie ausgesprochen ungerecht dem Leben oder anderen Menschen gegenüber waren, weil es doch ganz anders gekommen war, als Sie es befürchtet hatten. Wenn es mehr solcher Erfahrungen gibt, dann sind diese als Schlüssel zu sehen, die Sie zu mehr Vertrauen und Hingabe an das Leben zu führen vermögen.

Meditation zu körperlichen Symptomen

Finden sich bei Ihnen Symptome aus der Mond-(Erd)-Merkur-Signatur wieder, dann lässt dies darauf schließen, dass Ihnen Ihr inneres Abwehrverhalten nicht bewusst ist. Gedanklich scheint für Sie alles in Ordnung zu sein, doch im Unbewussten tobt der Konflikt, der sich in den voran beschriebenen Stimmungsbildern offensiv darstellte. Der Konflikt hat sich mittels eines Symptoms nur auf eine andere Ebene verlagert. Deshalb gilt es, ihn auf die Ebene der Bewusstheit zu heben, damit Sie den Konflikt durch immer währendes Aufsuchen und dem empfindungsmäßigen Nachspüren zu einer inneren Realität machen können. Liegt der Konflikt auf einer Symptomebene, so überwiegt in diesem Fall die mondige Seite, weshalb es in der Umkehrung bedeutsam ist, ihn nicht weiter zu verdrängen, sondern den Konflikt zuerst in die Bewusstheit zu heben, um mit ihm im zweiten Schritt in gleicher Weise zu verfahren wie in der offensiven Form. Es können sich zwecks Ortung wertvolle Erkenntnisse einstellen, wenn Sie den Zeitpunkt aufsuchen, an dem die Symptome sich zu manifestieren begannen. Lenken Sie dabei besonders Ihre Aufmerksamkeit auf die Menschen, die Sie zu diesem Zeitpunkt umgaben, oder auf die jeweilige Lebenssituation, denn sie sind stets in einem Zusammenhang solcher Entstehungen zu sehen. Leiden Sie beispielsweise an Atemstörungen oder Gedankenüberreizung, dann suchen Sie Lebenssituationen auf, die Sie sich aus rationalen Erwägungen errichtet haben. Spüren Sie der Überdynamik nach, mit der Sie wie ein Anwalt für die Richtigkeit Ihrer Entscheidungen innere Plädoyers gehalten haben. Es ist stets die Kluft zwischen Ihrer wahren gefühlsbetonten Seite und Ihrer rational-sachlichen Entscheidung, die sich in Ihren Symptomen widerspiegelt. Gelingt es Ihnen, diese aufzuspüren, dann sind Sie Ihrem bindenden inneren Mechanismus sehr nahe.

Weitere Fragen, die Sie sich zu Ihren Symptomen stellen können

Habe ich zu einem bestimmten Zeitpunkt meine Gefühle zu verdrängen begonnen? – Versuche ich, rationale Erklärungen für meine Gefühle zu finden? – Gebe ich meinem Intellekt den Vorrang gegenüber Gefühlen? – Habe ich eine Abneigung meinem Körper gegenüber? – Was spielt sich in meinem Inneren während dem sexuellen Akt mit einem anderen Menschen ab? – Habe ich Angst vor meiner Leidenschaft? – Ist mir die Spannung zwischen sexueller Lust und Ablehnung von Gefühlen bewusst? – Passe ich mich klaglos an das alltägliche Geschehen an? – Passe ich mich in meiner Beziehung an, indem ich meine authentischen Gefühle verdränge? – Habe ich Angst vor Unreinheit und Ansteckung? – Ist mir bewusst, dass ich meine Symptome nicht aufgeben möchte? – Kann ich auf meine Symptome verzichten? – Was ist durch ein Symptom in meinem Leben anders geworden?

Nehmen Sie nicht zu viele Fragen in die Betrachtungen mit hinein. Lassen Sie sich Zeit dazu, denn diese Fragen wollen nicht über den Intellekt oder durch Grübeln geklärt werden. Seien Sie in Ihren Betrachtungen wertfrei. Es braucht lediglich eine Wahrnehmung des Konfliktes, dem Sie in der Rückschau in Ihren inneren Bildern nachspüren sollten. Nehmen Sie sich ruhig Zeit dazu. Es reicht, wenn Sie zu einer Frage öfter die Situationen in sich Revue passieren lassen. Hier gilt die qualitative Empfindung mehr als die quantitative Menge der Bilder. Je mehr Sie sich in den Situationen im Spiegel der Selbstbetrachtung erleben und ganz intensiv mit den entstehenden Erkenntnissen Ihren Wahrnehmungen hinterher spüren, werden Sie sich ihrer Mechanismen bewusst. Nichts will mit Vehemenz erzwungen werden, sondern die Botschaften Ihres Inneren wollen sich Ihnen offenbaren. Je mehr Sie Ihre angstvoll geprägten Kontrollbedürfnisse erkennen, desto eher nähern Sie sich dem Bereich an, der durch Bewusstheit erlöst werden möchte.

Symbol-Imagination bei Symptommanifestationen

Lassen Sie in Ihrem Spiegel ein enges rundes steinernes Verlies entstehen, in dessen Zentrum Sie als Mittelpunkt stehen. Nehmen Sie die Enge des Raumes und Ihre Eingeschlossenheit wahr. Seien Sie sich bewusst, dass dieses Verließ Ihre innere Enge repräsentiert, in der Sie eingekerkert sind. Fühlen Sie diese bedrückende Enge, die Sie sich selbst errichtet haben und an die Sie sich anpassen, weil Sie in der Enge eine Sicherheit zu finden glauben. Nach einiger Zeit der Wahrnehmung verlagern Sie Ihr Bewusstsein in die Region Ihres Bauchnabels. Atmen Sie langsam, gleichmäßig und rhythmisch ein und aus – wie ein Pendelatem, der statt durch Ihre Nase durch Ihren Nabel fließt.

Nach einer gewissen Zeit werden Sie verspüren, dass sich der Nabelbereich zu erwärmen beginnt. Fühlen Sie, dass in dieser Wärmeempfindung ein Gefühl der Zentriertheit entsteht und Sie über diesen Punkt mit Ihrer unauslöschlichen Lebensenergie verbunden sind. Kraft und Sicherheit gehen aus diesem Zentrum hervor. So wie die Nabelschnur uns mit der Mutter verband, verbindet Sie der Atemstrom mit der sich einstellenden Wärmeempfindung, mit dem Zentrum des Seins. Fühlen Sie diese Verbundenheit in sich. Nachdem Sie die Wärmeempfindung hergestellt haben, können Sie sehen, dass die Wände Ihres Verlieses sich langsam auszudehnen beginnen. Der Raum wird immer weiter, die Wände werden immer durchlässiger, und es entsteht eine unendliche Weite. Sie nehmen wahr, dass Sie eins mit dem Raum sind und die unendliche Weite in Ihnen ist. Dehnen Sie sich mit diesem Zentriertheitsgefühl immer weiter aus. Beobachten Sie aber auch, ob es Widerstände in Ihnen gegen diese Weite gibt. Wenn Sie sie wahrnehmen können, dann vermögen Sie ihren bremsenden kontrollierenden Teil in sich zu spüren, der gegen Ihre Entfaltung arbeitet. Sicherheit und Weite entstehen aus dem Zutrauen zu sich selbst. Vertrauen entsteht aus dem Gefühl der Zentriertheit in Ihrem Nabelzentrum. Nehmen Sie dieses Gefühl, dass es eine unauslöschliche Kraft in Ihrer eigenen Mitte gibt, mit in Ihr Leben hinein und Sie werden erfahren, dass Sie mehr und mehr Zutrauen zur tragenden Kraft Ihrer Existenz finden.

Empfehlung

Bei dieser Mondsignatur ist es empfehlenswert, die energetisierende Bauchnabelübung auch während des Tages auszuführen. Es ist erforderlich, auch außerhalb der Selbstbegegnung eine Basis zu erschaffen, von der aus Sie anders mit sich umgehen lernen.

Die Energieübung über das Bauchnabelzentrum schafft eine Zentrierung, die insbesondere notwendig ist, wenn es am Vertrauen in das Leben mangelt. In diesem Bereich ist die Ursprungsenergie des Lebens vorhanden, so dass dieses Energiezentrum in vielen Kulturen mit den unterschiedlichsten Bezeichnungen versehen wurde, wie z. B. Kraftzentrum, Hara oder Meer der Energie. Hat man seine Zentrierung durch Angst und Misstrauen verloren, ist dies als ein Signal des Lebens zu verstehen, sich vermehrt nach innen zu wenden. Nicht um einen Verdrängungsakt auszuführen, sondern um einen Aufbau von innen zu bewerkstelligen. Im Nabelzentrum liegt die Urkraft verborgen. Hier ist es möglich, sich durch Zentrierung in einen Zustand zu bewegen, der einen einerseits wie ein Fels in der Brandung erscheinen lässt, andererseits trägt diese Zentrierung im besonderen Maße dazu bei, dass man in der Mitte ruhend innere Arbeiten auszuführen vermag. Man lenkt dazu die Aufmerksamkeit in den Bereich ca. zwei cm unterhalb des Nabels und spürt sich in diesen hinein. Bilder von euphorischen Lebenssituationen vermögen einem dabei die Wahrnehmung zu intensivieren helfen und dadurch eine bessere Zentrierung zu erreichen. Auch dem Atemstrom zu folgen, so als würde man in den Nabelbereich hineinatmen, ist hilfreich, um in diesen Bereich hineinzuspüren. Dies sollte solange geschehen, bis sich eine Wärmeempfindung einstellt. Auch während des Tages ist es wichtig, sich auf diesen Punkt unterhalb des Nabels auszurichten. Dies kann in allen möglichen Situationen geschehen, z. B. während Sie spazieren gehen, in öffentlichen Verkehrsmitteln usw. In dem Moment, in dem man mehr im eigenen Zentrum ruht, kann man erst der Welt aus der entsprechenden Ruheposition begegnen.

MOND IM ZEICHEN WAAGE
MOND IM SIEBTEN HAUS

DIE MOND-(LUFT)-VENUS-THEMATIK

primäre Stimmung:
Mond im Zeichen Waage
Mond in Haus 7
Mond Quadrat Venus
Mond Opposition Venus
Mond Konjunktion Venus

latente Erfahrung:
Tierkreiszeichen Krebs in Haus 7
Tierkreiszeichen Waage in Haus 4

Stimmungsbild

Dem Tierkreiszeichen Waage wird das Urprinzip Venus in seiner luftigen
Qualität als Herrscherin zugeordnet. Die Venus regiert in ihrem erdigen
Aspekt auch im Zeichen Stier, deshalb ist es erforderlich, die unterschied-
lichen Qualitäten der beiden Tierkreiszeichen differenziert zu betrachten.
Die Venus im Zeichen Stier ist der stofflich-konkreten Welt zugeordnet, sie
entspricht einer erdigen Qualität und stellt damit die Wurzel des konkreten
Lebens dar. Dem Zeichen Stier werden körperliche Sinnlichkeit, Aufnahme
von Nahrung im Sinne der Lebenserhaltung und die materielle Welt als
Basis des Lebens zugeordnet. In der Schöpfung wiederum gedeihen auf dieser
Basis alle Pflanzen und Tiere, die sich zu einer großen Nahrungskette zusammenfügen und dazu beitragen, dass durch die Nahrungsaufnahme das
menschliche Leben erhalten wird. Somit ist das erdige Venusprinzip im
Konkreten für den Lebenserhalt zuständig. Im Unterschied dazu werden in
der luftigen Venuszuordnung anstatt Nahrung seelisch-geistige Anteile über
den zwischenmenschlichen Kontakt integriert. Denn im Themenbereich der
Waage geht es um Begegnung und Beziehung, die zur Folge haben, dass see-
lisch/geistige Fremdanteile subtil aufgenommen werden, denn jeder zwischenmenschliche Kontakt führt über den energetischen Austausch auch zum
Austausch der inneren Anteile. Auf einer konkreten Ebene führt eine
Beziehung über die gelebte Sexualität zu neuem Leben, welches durch die
Nachkommenschaft die Welt erhält. Beide Venus-Qualitäten dienen somit
dem Lebenserhalt.

Die im Zeichen Waage vorherrschende Energie ist luftig und männlich-neutral. Damit gehört Waage noch zu den bewegten Zeichen, deren Dynamik sich jedoch auf einer gedanklichen, strategischen Austauschebene vollzieht. Im Tierkreiszeichen Waage ist die Individualität aufgelöst. Hier bedingen sich Inhalte, die den Gegensatz zum gegenüberliegenden Zeichen Widder bilden, das den ersten Quadranten der Stofflichkeit eröffnet. Waage eröffnet den geistigen Quadranten, in dem alle Bilder und Vorstellungen enthalten sind. Im Zeichen des Widders formiert sich das Ich, im Tierkreiszeichen Waage das Du. Wenn Menschen mit einer Mondstellung in einem Zeichen aus dem ersten Quadranten (Widder, Stier, Zwillinge) in der Welt und in ihren Bedingungen eine Verwurzelung finden sollen, liegt der seelische Verbindungstenor für einen Menschen mit Mond in einem Zeichen aus dem dritten Quadranten (Waage, Skorpion, Schütze) in den geistigen Welten mit deren Vorstellungen und Bildern. Der Mond beschreibt das Selbstgefühl und damit den Verwurzelungs- und Persönlichkeitsdefinitionsgrad. Da dieser in den überpersönlichen Zeichen nicht greifbar ist, kommt es zu einem Ringen um die Individualität, so dass diese nicht aus einem tiefen Selbstverständnis heraus empfunden wird. Es liegt im Zeichen Waage eine latente und ausgeprägte Unsicherheit in der Selbstwahrnehmung vor, die zu dem Bedürfnis nach intensiver Selbstfindung führt. Erst über die Begegnung mit anderen Menschen entsteht jene Qualität der Identität, die die Nativen nicht in sich selbst finden können. Es mangelt an Eigenwert, und die Persönlichkeit weist keine gefestigte Struktur auf. Dieses Ringen findet seinen Ausdruck im **primären Stimmungsbild** mit dem Mond im Zeichen Waage sowie dem Mond im siebten Haus, das für den Begegnungsberich sowie für Beziehung steht. Auch das Quadrat, die Opposition und die Konjunktion zwischen Venus und Mond verkörpern eine Auseinandersetzung, die sich als Mond-(Luft)-Venus-Thematik bezeichnen lässt. Des weiteren drückt sich diese Mond-Thematik in der **latenten Erfahrung** über das Tierkreiszeichen Krebs im siebten Haus und dem Tierkreiszeichen Waage im vierten Haus aus.

Forscht man nach dem unbewussten Seelenwunsch, welcher eine Verwurzelung in einem spezifischen Themenfeld bewirkt, dann führt die Mond-(Luft)-Venus-Thematik in die Einswerdung mit den Fremdanteilen anderer Wesen hinein. Die innere Dynamik zielt auf eine Öffnung ab, die den Menschen in Begegnung und Beziehung zu einer erweiternden Wahrnehmung führt. Die Selbstfindung kann nur noch über einen echten Verbund mit anderen Menschen erfahren werden, denn diese erwecken in ihrem Wesen neue Resonanzen und lassen Eigenschaften hervortreten, die im Verborgenen schlummern. Dazu ist es erforderlich, die Individualität in den Hintergrund treten zu lassen, um so über das Beziehungselement eine Verwandlung zu erfahren. Native mit dieser Mond-Thematik sind dazu berufen, sich vom vielfältigen Spektrum anderer Wesensqualitäten berühren zu lassen. Es braucht eine geringe Selbstwahrnehmung, damit aus der Durchlässigkeit eine Berührbarkeit entstehen kann. Aus diesem Grund vermögen die Nativen sich alleine weder zu spüren noch wahrzunehmen. Verständlicherweise entsteht daraus ein Bestreben, die Persönlichkeit zu definieren. In diesem Bestreben wird besonders ihr Konflikt zwischen dem Denken und dem Fühlen deutlich. Einerseits haben sie klare gedankliche Vorstellungen, wie sie gerne sein oder was sie gerne in ihrer Persönlichkeitsverwirklichung realisieren möchten, andererseits fühlen sie innerlich keine Prägnanz in ihrem Wesen, so dass sie sich hin und her gerissen fühlen zwischen ihrem Bestreben, ihre Ziele erreichen zu wollen, und dem Mangel an innerer Dynamik, denn die errichtete Selbstdefinition zerrinnt ihnen wie Wasser in den Händen.

Die Erfahrung, ihre Vorstellungen nicht realisieren zu können und keine prägnante Identifikation zu finden, erzeugt bei ihnen Betroffenheit. Trotz des gespürten Mankos besitzen sie eine klare Vorstellung davon, wie sie gerne sein möchten. Im Stillen bewundern sie andere Menschen, die für sie einen Idolcharakter besitzen. Nur der Weg dorthin scheint ihnen versagt, denn sind sie gerade in die Nähe einer ihrer Definitionen gelangt, kommt es entweder, verursacht durch das Leben oder durch eine Selbsterkenntnis, dazu, dass sich die hergestellte Begrifflichkeit wieder relativiert. Je häufiger sich solche Umbrüche vollziehen, desto mehr führt dies zu einem verstärkten Anwachsen des Bedürfnisses nach Prägnanz. Es staut sich ein innerer Druck an, aus dem eine Fixierung anwächst. Daraus entstehen Zweifel und ein Wertemangel, was zur Folge hat, dass sich auch die Eigenliebe nicht entwickeln kann. Liebt der Mensch sich selbst nicht, vermag er auch anderen keine echte Liebe und Zuneigung zu geben. Aus dieser verzweifelten Suche nach der Identität versuchen die Nativen, Begegnungen mit anderen Menschen dazu zu benutzen, um sich und ihre Wertigkeit zu empfinden. Das Begegnungselement verliert unter einem solchen Bestreben seine echte Austauschqualität. Unbewusst übertragen sie damit einen Zwang auf die Umwelt, ihnen die Bestätigung zu geben, die sie selbst nicht in sich zu finden vermögen. Nur in der Begegnung mit anderen Menschen glauben sie, jene Definition zu erhalten, die sie dringend benötigen. Deshalb wächst das Begegnungselement zu einer Art Symbiose heran, von der sie abhängig sind und für die sie bereit sind, die letzten gespürten Anteile einer Individualität zu opfern. Mit Willfährigkeit und Harmoniestreben bemühen sie sich, mit anderen Menschen in Einklang zu gelangen, damit sie von diesen die Achtung und Akzeptanz entgegengebracht bekommen, die sie sich selbst nicht geben können. Diese Kräfte zehrende Willfährigkeit, es allen recht machen zu wollen, führt dazu, dass ihre Selbstachtung weiter sinkt. Sie versuchen dabei, liebenswert und charmant anderen Menschen zu begegnen, ohne sich aber wirklich gefühlsmäßig zu engagieren. Die Begegnung wird Mittel zum Zweck, aus dem die Illusion entsteht, dass sie wirklich in echter Begegnung mit anderen stehen, obwohl die anderen nur Mittel für die Selbstfindung sind. Jeder zwischenmenschliche Austausch lebt davon, dass aus der Bereitschaft, sich auf einen Menschen einzulassen, sich ihm zu öffnen, Energien kommuniziert werden. Es kommt jedoch zur energetischen Blockade, wenn kein echtes Interesse vorliegt. Je weniger sich die Nativen bewusst sind, dass es keinen wirklichen Austausch zwischen ihnen und den Menschen, die ihnen etwas bedeuten, gibt, desto eher kann das dazu beitragen, dass die anderen Menschen abweisend auf sie reagieren. Genau das, was sie innerlich bestrebt sind zu erreichen, nämlich Begegnungen, in denen sie ihre Anerkennung und Selbstachtung wiederfinden, findet nicht statt. Somit befinden sich die Nativen in der genauen Umkehrung ihres unbewussten seelischen Verwurzelungsbedürfnisses. Dieses möchte sie durch Öffnung und Durchlässigkeit mit den seelisch/geistigen Fremdanteilen anderer Menschen bereichern. Ihr Bestreben ist jedoch ein individualistisches, welches mit dem Drang nach Erhöhung des Selbstwertes genau in die entgegengesetzte Richtung strebt. Das Fatale daran ist, dass sie in Begegnungen ihre Persönlichkeit anderen Menschen opfern, um somit auf einen Zug aufzuspringen, der sie scheinbar an ihr ersehntes Ziel bringen soll. Unbewusst lösen sie mit diesem Bestreben einen Teil des zu verwirklichenden seelischen Erfordernisses ein, was aber nicht zum Tragen kommen kann, da das dahinter liegende Bedürfnis nach Erhöhung des Eigenwertes genau jenes Durchlässigkeitserfordernis wieder zunichte macht. Damit geraten die Nativen in einen Irrgarten, aus dem sie schwer herausfinden, weil ihnen nicht bewusst ist, dass sie es selbst sind, die sich den Zugang zu Zufriedenheit und Einklang mit der Persönlichkeit versperren.

Dies ist für die Nativen ein wichtiger Punkt, den es zu erkennen gilt. Zum einen, indem sie sich bewusst machen, dass sie Begegnungen unbewusst dazu benutzen, um über diesen Weg eine Art Selbstfindung zu betreiben, andererseits dass durch dieses unbewusste Bestreben kein echter Austausch stattfindet, denn Beziehung lebt stets von einem gegenseitigen Austausch (nicht nur mit Worten, sondern auch mit Energien), womit sie häufig Verletzung und Enttäuschung erfahren. Denn sie sind so gefangen von ihrem unbewussten Bestreben, dass sie die Kluft zwischen der dargestellten Persönlichkeit und der inneren Wahrheit nicht als Diskrepanz wahrnehmen können. Es ist ihnen so zu Eigen, dass sie nicht mehr merken, dass sie, ohne es zu wollen, ihrem Umfeld gegenüber unehrlich sind. Sie sehnen sich nach einer zwischenmenschlichen Harmonie, die sich in der Realität nicht verwirklichen lässt, da sie jedwede Aggression und Auflehnung vollkommen ausschließt. Trotzdem sind sie bestrebt, sich diese Illusion aufrechtzuerhalten, denn die größte Sehnsucht ist ein harmonischer Dauerzustand, den sie herzustellen begehren. Sie begegnen dabei dem Umfeld äußerst freundlich und entgegenkommend, schmeicheln anderen Menschen und gehen ihnen scheinbar entgegen. Doch zwischen den äußeren Verhaltensweisen und der Realität des Denkens liegt eine riesige Kluft, je nach dem, wie das gesamte Geburtsmuster geartet ist. Besonders bei dynamischen, leitbildorientierten Geburtsmustern baut sich die Kluft immer stärker auf, die zwischen ihrer Willensintention und dem Harmoniebedürfnis besteht. Selbst in Revier- oder Konfliktsituationen spielen sie den Menschen im Umfeld Harmonie vor, arbeiten jedoch im Hintergrund gegen sie. Besonders, wenn sie sich enttäuscht und demotiviert fühlen, kommt ihnen die Überdrehung dem Außen gegenüber zu Bewusstsein und sie fühlen sich erschöpft und ausgelaugt. Sie beginnen sich zu beobachten und erkennen die Doppelzüngigkeit in ihrem Verhalten, wofür sie sich wiederum verachten.

An solchen Stellen sind sie dem Grundkonflikt, der in ihnen besteht, sehr nahe. Dieser wird deutlich, wenn man sich die Kombination von Mond und Venus unter anderen Gesichtspunkten anschaut. Der Mond steht für das Gefühl sowie für das Bedürfnis, Liebe und Geborgenheit zu erfahren. Die Venus entspricht zwar auch dem Liebesprinzip, doch hier liegt die reizvolle Komponente im Vordergrund, die darauf abzielt, durch Verhalten und Signale die Aufmerksamkeit und das Begehren auf sich zu ziehen. Die Venusintention will durch das Verhalten geneigt machen und ist dafür bereit, alle Individualität zu opfern. Überträgt man nun die archetypischen Qualitäten dieser beiden Prinzipien auf das Verhalten des Menschen unter dieser Signatur, befinden sie sich in einem permanenten „Balzgehabe" ihrer Umwelt gegenüber, um Reize auszusenden, die zum Begehrtwerden führen. Als weitere Folge der Verbindung zwischen Mond und Venus liegt tief im Inneren eine Zerrissenheit zwischen dem Fühlen und dem vorstellungsgeprägten Denken vor. Die Grundintention der Nativen zielt jedoch auf die vorstellungsgeprägte Seite, weil sie ihnen viel greifbarer ist als das konturlose Fühlen, dem man sich hingeben muss und dem man sich gegenüber ausgeliefert fühlt. Dies führt zu einer intensiven Verdrängung des Gefühls. Da aber auch das Gefühl seine Berechtigung einklagt, kehrt es auf Umwegen über unerklärliche diffuse Stimmungen zu den Nativen zurück. Das Wechselbad zwischen der Sehnsucht nach Leichtigkeit und sich einstellender Melancholie kann sehr gegensätzlich empfunden werden. Solche Stimmungen stellen sich dann ein, wenn sie sich selbst durchschauen und sich in ihrer Dynamik gefangen sehen.

Derartige Gewahrwerdungen können zu einer völligen Umkehrung in ihrem Verhalten führen, was von den Menschen, die sie näher kennen, nicht verstanden wird. Es vollzieht sich ein Wechsel zwischen ihrer angepassten opportunistisch-servilen Seite hin zu einem kritischen Verhalten, das alles infrage stellt. Allerdings tritt diese Seite dort erst zu Tage, wo sie bereits im sozialen Gefüge Integration erfahren haben. Wenn sie sich eingebracht haben, findet eine Revolution von innen heraus statt. Durch eine auffällige Starrköpfigkeit in ihren Meinungen und Ansichten versuchen sie zu beweisen, dass sie durchaus individuelle und meinungsfähige Persönlichkeiten sind – obwohl ihr Selbstgefühl dem Fähnchen im Wind gleicht und sie ständig nach dem unbekannten inneren Gleichgewicht suchen. Dabei sind sie in einem derartigen Verhalten nur bis zu einem gewissen Grad nachhaltig, sobald ein echter Konflikt droht, lenken sie ein, um das Vorangegangene zu relativieren.

Kommt es zu Konflikten, in denen sie betroffen sind, leiden sie besonders unter ihrer Zerrissenheit, Aggression nicht adäquat ausdrücken zu können. Wenn es in Konflikten hart auf hart kommt, erfahren sie innerlich eine Art Lähmung, die einer Schreckstarre gleicht. Sie können sich nicht entsprechend ausdrücken, es fehlen ihnen die Worte oder sie stehen neben sich, fühlen ganz authentisch ihre Wut und erleben, dass ihre Reaktionen dem Umfeld gegenüber ganz anders ausfallen. Innerlich kochen sie, und äußerlich geben sie sich relativierend freundlich. Sobald sie eine Distanz zu der Situation haben, steigert sich der Aufruhr über ihr angepasstes Verhalten. In den schillerndsten Farben malen sie sich aus, wie sie eigentlich hätten reagieren wollen. Auch anderen Menschen gegenüber geben sie vor, sie hätten sich in solchen Situationen aufgebracht behauptet, oder sie drohen, dass sie dem Menschen, über den sie sich aufregen, mal so richtig die Meinung sagen. Kommt es jedoch zu einer Konfrontation, dann biegen sie innerlich zum Erstaunen ihres Umfeldes ab. Die Diskrepanz zwischen ihrer Konfliktandrohung und ihrem Verhalten wird deutlich.

Die Nativen besitzen eine ausgesprochen scharfe Beobachtungsgabe für die emotionalen Reaktionen ihres Umfeldes. Wie ein Seismograf haben sie die Fähigkeit, jede Stimmungslage ihres Gegenübers sofort aufzunehmen und darauf zu reagieren. Dies zeichnet sie mit einer außergewöhnlichen Kontaktfähigkeit aus; mit jedem ist es möglich, eine Verbindung herzustellen, denn auf der Klaviatur der Begegnungserfordernisse vermögen sie virtuos zu spielen. Häufig verfügen sie über einen sehr großen Bekannten- und Freundeskreis, den sie je nach Stimmung für sich nutzen, um sich dadurch aufzubauen. Auch bezogen auf das Leben ist der Drang sehr ausgeprägt, Außergewöhnliches zu erleben. Auch hier erleben sie aufgrund ihrer starken Vorstellungsgeprägtheit eine intensive Kluft zwischen ihren Idealen und der Wirklichkeit. Doch je stärker dieser Drang ausgeprägt ist, desto mehr führt das gerade dazu, dass sich diese nicht realisieren lassen oder ihnen nichts von ihren Vorstellungen bleibt. Das bereits in der Kindheit einsetzende Rationalwerden bewirkt, dass ihre Denkweise noch im Erwachsenenalter ihren kindlichen Idealen und Wunschvorstellungen entspricht. Sie haben es versäumt, diesen Teil zu seiner Zeit auszuleben, und zerreißen sich deswegen zwischen dem Thema, auf andere einzugehen, und den schmerzhaft unausgeprägten eigenen Bedürfnissen. Indem sie ihren Vorstellungen eines Lebens nach ihrem Gusto nachtrauern, entfernen sie sich von ihren eigentlichen Gefühlen und vereinsamen in einer Welt zwischen vielen Menschen.

Als Trost für die erlebten Enttäuschungen im grauen Alltag versuchen die Nativen, die aufgrund ihrer venusischen Prägung einen ausgesprochen guten Geschmack für Schönheit und Gestaltung besitzen, ihr Umfeld so zu gestalten, dass das Ambiente, in dem sie leben, den Trübsinn überstrahlen soll. Während ein Mensch beispielsweise mit Mond im vorangegangenen Zeichen Jungfrau sich an das Nützliche und Notwendige anpasst, wünschen sich Native mit der Mond-(Luft)-Venus-Thematik nichts sehnlicher als die Befreiung von der grauen Alltäglichkeit und der Profanität des Lebens. Ihre innere Grundstimmung ist eine Mischung aus Melancholie und der Sehnsucht nach einem besseren, annehmbareren Leben. Immer wieder erfahren sie in ihren Bemühungen, der Außenwelt ein Stück Vollkommenheit abzugewinnen, dass sie an die Grenzen des Möglichen stoßen. Dies führt dazu, dass sie eine tiefe Abneigung gegen das Leben aufbauen und in ihre Vorstellungs- und Fantasiewelt flüchten, womit sie sich den Weg zum realen Leben verbauen. So scheinen auch ihre Aktivitäten von einer ständigen Suche geprägt zu sein. Es wird viel begonnen und nach den ersten Desillusionierungen wieder eingestellt. Dies treibt sie in die Bereiche von Kunst, Literatur und Design, um sich damit eine annehmbarere Welt aufzubauen, in der sie für kurze Momente die Realität vergessen können. Das Bedürfnis, sich für Enttäuschungen schöne Dinge als Ausgleich zuzulegen, entspringt dieser Mond-Signatur. So sind die Einkaufsmeilen schon frühmorgens voll von Nativen, die ihre innere Sehnsucht nach Gefühl und Harmonie mit Frustkäufen zu befriedigen versuchen. Die Lust nach Schönem soll den Ausgleich für den mangelnden Selbstwert und den Mangel an echter erfahrener Liebe überdecken. Das Kaufen wird zur Befriedigung und kann auch zu einer Sucht werden, die dazu dient, ihre innere Zerrissenheit nicht zu spüren. Dieser gleiche Mechanismus vermag sich auch über die Essschiene auszudrücken. Anstelle der Frustkäufe ist es dann das Frustessen, dass sie zwanghaft in den mondigen aufnehmenden Bereich hineinführt, sie an Gewicht zunehmen und sich erneute Unzufriedenheit einstellt. Auch der gesamte Bereich des Persönlichkeitsdesigns ist dieser Mond-Signatur zugeordnet. Denn jenseits aller wirklichen Empfindung für sich selbst sind die Nativen geneigt, zumindest dem äußeren Anschein nach ein Bild zu entwikkeln, das sie der Umwelt präsentieren. Das es auch hier zu Unzufriedenheit und Melancholie kommt, ist nur verständlich, denn die Wunde der Nativen beginnt sich erst dann zu schließen, wenn sie sich dem eigenen Inneren hingeben und sich in das große Verwandlungswerk von Begegnung und Beziehung einfügen. Voraussetzung jedoch ist, dass sie sich vom Außen definieren lassen und nicht umgekehrt.

Kindheitsmythos

Kinder unter dieser Mond-Signatur erleben sehr früh den eigenen inneren Konflikt zwischen der mondigen Geborgenheit spendenden und der venusisch-erotischen Seite. Ein Konflikt, der sich symbolisch im Drama der elterlichen Beziehung offenbart. Mond und Venus repräsentieren zwei archetypisch-weibliche Prinzipien. Daraus lässt sich schließen, dass in erster Linie die Mutter die aktive Rolle im elterlichen Drama übernimmt. Aber auch seitens des Vaters vermag der Konflikt offenbar werden, dies vollzieht sich aber meist erst in der Pubertät des Kindes.

Oft manifestiert sich die Mond (Luft)-Venus-Thematik im Leben der Kinder durch die Intention der Mutter, sich aus ihrer Rolle zu befreien. Die Mutter erlebt einen Konflikt mit ihrer weiblichen Rolle, denn die zwei Seiten der Weiblichkeit haben ihren Ausdruck in der nährenden mondigen Qualität und der erotisch-sinnlichen Seite. Dieser Konflikt kann schon im pränatalen Zustand des Kindes offenbar geworden sein, indem die Mutter vielleicht häufige Beziehungen mit unterschiedlichen Partnern eingegangen ist. Die fröhlich-frivole Seite der Venus ließ sie das Spektrum der erotischen Beziehungen in ihrer ganzen Bandbreite erfahren. Natürlich sind die erotischen Abenteuer keine Basis, um eine Beziehung aufzubauen, aus der Geborgenheit und Gemeinschaftssinn entstehen können. So hatte sie Partner, die sie begehrten und auch liebten, die aber nicht geeignet waren, eine tragende Gemeinschaft mit ihr zu leben. Möglicherweise ging das Kind aus ihrer bewegten Phase hervor und sie begann in den ersten Monaten ihrer Schwangerschaft eine Beziehung, die ihr geeignet schien, eine Basis in ihrem Leben zu schaffen. Damit folgt die Mutter einer rationalen Entscheidung, die sie aber nicht mit dem Herzen gefällt hat. Die Beziehung mit dem Partner für ihre Lebensgemeinschaft ist somit nicht von glühender Leidenschaft geprägt, sondern von Sympathie und Achtung. In der ersten Phase der Zweisamkeit versucht die Mutter, den inneren Konflikt zu verdrängen. Möglicherweise überdauern ihre Gefühle für einen Partner aus der Sturm- und Drangzeit, dem sie im Stillen hinterher schmachtet. Das Kind nimmt sehr sensibel das innere Zerrissenheitselement der Mutter auf. Einerseits wird es von ihr geliebt, weil es sie an die Beziehung mit dem Traumpartner erinnert, andererseits erfährt es phasenweise ihre Ablehnung, da sich in der Mutter eine verdrängte Wut über ihre Lebenssituation aufgestaut hat. Diesen Cocktail von Gefühlen kann das Kind nicht leicht verarbeiten, es erlebt eine Verunsicherung, denn es vermag keine Kontinuität in den Gefühlen der Mutter wahrzunehmen.

Das Kind erinnert die Mutter stets daran, dass sie nicht bereit war, ihren wahren Gefühlen zu folgen. Es wird zum Symbol ihrer großen Lebenslüge und wächst deshalb in eine angespannte Befangenheit hinein. Es kann nicht ergründen, weshalb die Mutter ihm zwiespältig begegnet. So wird die Befangenheit zum Nährboden für das Schwanken zwischen unerfüllter Sehnsucht und grauer Realität.

In einem anderen Szenario kann es möglich sein, dass die Mutter den Partner wegen ihrer Schwangerschaft geheiratet hat. Es kam zu einer Schwangerschaft trotz Verhütungsmaßnahmen, womit über diesen Weg die mondige Seite in das Leben der Mutter einzieht. Jede Form der Verhütung ist eine Ausdrucksform für den bestehenden Konflikt der Mond-(Luft)-Venus-Thematik. Der Mensch ist bemüht, eine mögliche Schwangerschaft (Mondprinzip) auszuschließen, um die freie Sexualität (Venusprinzip) leben zu können. Durch die Pille wird eine künstliche Schwangerschaft (Mond) hervorgerufen, die es möglich werden lässt, Sexualität (Venus) zu leben. Oder die Spirale, die aus Kupfer (Venusprinzip) besteht, wird kurz vor dem Muttermund (Mondprinzip) implantiert, um durch die Oxidante Spermien unfruchtbar zu machen. Dieses Zusammenspiel lässt auf die Symbolik des Konfliktes schließen.

Die Mutter wollte sich zum Zeitpunkt der Schwangerschaft eventuell noch nicht auf eine Familiengründung festlegen, fühlt sich aber in der Situation gedrängt, ihre Freiheit zugunsten einer Beziehung aufzugeben, um die Nachteile des alleinerziehenden Status auszuschließen. Trotzdem nimmt mit der Mutterrolle ein schwelender Konflikt seinen Lauf. Während sie auf den Mutterstatus reduziert ist, fehlt ihr der begehrliche Teil und sie neigt dazu, andere Beziehungen einzugehen. Das Kind erlebt das Drama der Mutter als einen Geborgenheitsverlust, es fühlt die Ablehnung ihrerseits, weil sie es für den Verlust ihrer Freiheit unbewusst verantwortlich macht. Als emotionale

Überlebensstrategie entwickelt das Kind sehr bald seinen Intellekt, mit dem es bestrebt ist, Gefühle auszuklammern, um die Betroffenheit nicht noch zu verstärken. Steigert sich der Konflikt, kann es auch zu einer Trennung der Eltern kommen. Die Mutter geht eine Beziehung mit einem anderen Partner ein, und das Kind fühlt sich hin und her gestoßen zwischen der auseinander brechenden Familie und der Mutter, die ihre ganze Aufmerksamkeit ihrer neuen Liebe schenkt. Auch ist es möglich, dass das Kind vom neuen Partner der Mutter abgelehnt wird und es sich als drittes Rad am Wagen empfindet. Das ganze Drama, das sich bei Scheidungskindern vollzieht, ist somit im Stimmungklima dieser Mond-Signatur enthalten.

Selbst, wenn die hier offensiv gewordene Konfliktsituation der Mutter verdrängt wird und sich die Mutter aus Pflichtbewusstsein mit der Mutterrolle arrangiert, fühlt das Kind aufgrund seiner Sensibilität die verdrängte Spannung, die zu der gleichen Verunsicherung beiträgt, denn es erfährt nicht die volle Zuwendung.

Eine andere Variante der Kindheit kann sich in einer stillen Zweckgemeinschaft der Eltern abspielen. Sie lieben sich zwar nicht, aber die Alltagswelt hält genügend Aufgaben bereit, die sie gemeinsam ausführen können. Vielleicht hat man sich darauf geeinigt, dass man sich trennt, nachdem das Kind aus dem Haus ist, und ihre stille Vereinbarung wird dadurch nicht offenbar. Doch auf das Kind wirkt die elterliche Verbindung äußerst unsicher und instabil, denn es spürt, dass es keine echte innere Bindung ist, die die Eltern pflegen, sondern nur eine rein materielle. Daraus erwächst seine Angst, verlassen zu werden, denn die Basis der Familie ist empfindungsmäßig für das Kind instabil. Damit das Kind nicht hinter ihre Kulissen blickt, lässt sie unbewusst zwischen sich und dem Kind eine immer größer werdende Entfremdung zu.

Auch beim umgekehrten Fall, wenn der Vater sich von der Mutter abwendet, vermag das innere Drama der Kinder unter dieser Mond-Signatur seinen Ausdruck finden. Der Vater beginnt, sich schon während der Schwangerschaft von seiner Partnerin zurückzuziehen, denn mit der einhergehenden Mutterschaft erfährt er einen Venusverlust an seiner Frau. Intensiv beginnt er, die Mutter auf die mondige Rolle zu definieren, und fühlt sich außerhalb der Familie einer inspirierenden Muse zugetan. Es kann sein, dass der Vater über Jahre heimlich Beziehungen mit anderen Frauen führt und die Mutter in stiller Trauer latent ahnt, was sich hinter ihrem Rücken abspielt. Das Kind nimmt den Schmerz der Mutter wahr und erlebt in gleicher Weise – wie im umgekehrten Mythos – all den Geborgenheitsverlust, der aus einer zerrütteten Familiengemeinschaft hervorgeht. In vielen Fällen versucht das Kind, die Beziehung zwischen den Eltern zu kitten, denn es versteht nicht, was zu dem Gemeinschafts- und Harmonieverlust beigetragen hat.

Hier liegt auch häufig die Wurzel dafür verborgen, dass Kinder durch ihr entgegenkommendes Verhalten für sich zu werben versuchen. Dieses Verhaltensmuster setzt sich auch im Erwachsenenalter fort. Das Kind entwickelt dadurch sehr früh seine intellektuellen und sprachlichen Fähigkeiten, einerseits um über die rationale Ebene die Gefühle von Angst und Unsicherheit zu bewältigen, andererseits um auf diesem Weg als Mittler zwischen den Eltern wirken zu können. Dabei verdrängt es seine Individualität und seine Persönlichkeitsentwicklung. Für die Psyche des Kindes bedeutet dies, dass es sich mehr auf sein Umfeld konzentriert als auf seine eigenen Bedürfnisse. Über diesen Erleidensweg wird es fremdbestimmt, so dass die Umstände in der Außenwelt seine inneren Stimmungen dominieren. Somit sind die betroffenen Kinder unter dieser Mond-Signatur im hohem Maße unfrei und Spielball der Konflikte ihres Umfeldes. Sie versuchen, die Zuneigung, die ihnen in der Familie fehlt, bei anderen Menschen zu bekommen, und sind dafür bereit, ihre authentischen Gefühle zu verdrängen. Hier entsteht auch die seismografische Empfindsamkeit in Bezug auf die Emotionen der Umwelt. Kleinste Veränderungen lösen im Kind Alarmbereitschaft und Panik aus. Dies geht soweit, dass das Kind in bedrohlichen Situationen mit psychosomatischen Erkrankungen reagiert. Sie sollen die Aufmerksamkeit auf es lenken, da es innerlich verwaist ist. Beispielsweise will die Mutter mit ihrem neuen Partner abends ausgehen. Das Kind produziert eine Fieberattacke, so dass der Bereitschaftsarzt gerufen werden muss und das mütterliche Abendprogramm ins Wasser fällt. Auch Schul- und Lernstörungen sind Auswirkungen der inneren Zerrissenheit und Spannung, aber auch Trauer und Vereinsamung, die im späteren Leben in Hass und Ablehnung gegenüber den Eltern umschlagen kann. Im Zerrspiegel des Erlebens verbirgt sich für die betroffenen Nativen hinter diesem Kindheitsmythos die symbolische Botschaft, sich aufgrund dieser Extremsituation von der Subjektivität zu lösen und ihren Blick auf andere Bereiche als auf die eigene Person zu lenken. Das Leben zwingt die Nativen mit ihrem Bewusstsein in eine andere Richtung, um über diese leidhafte Erfahrung einen Wachstumsprozess anzuregen. Immer wieder ist es die Hingabe und die Annahme von bestehenden Lebenssituationen, die an die Nativen herangetragen werden und die ihnen im Zerrspiegel des Erlebens signalisieren, mit den bestehenden Situationen eine Beziehung einzugehen, die sie verwandelt. Deshalb ist es bedeutsam, Vertrauen und Annahmequalität zu entwickeln.

Partnerschaftsmythos

Innerhalb von Partnerschaften tritt das Zerrissenheitselement, das die Nativen in der Kindheit sinnbildlich über Vater und Mutter erfahren haben, bei ihnen selbst in Erscheinung. Obwohl sie tief in ihrem Inneren die Sehnsucht tragen, das Drama der Kindheit keinesfalls in ähnlicher Weise im eigenen Leben zu erfahren, landen sie unbewusst oft in vergleichbaren gespaltenen Situationen, unter denen sie bereits im Elternhaus gelitten haben. Der Auslösefaktor ist dabei ihr starker Drang, den eigenen Wert durch eine Partnerschaft zu erhöhen. Das unbewusste Bedürfnis, über die Partnerschaft zu einem Werteempfinden zu gelangen, ist sehr ausgeprägt.

In jüngeren Jahren ist möglicherweise das Aussehen des Menschen an ihrer Seite von großer Bedeutung, weil es den eigenen Wert erhöhen soll. Später ist es der Beruf, der Erfolg, die Bildung oder auch die Kreativität des Partners, die für sie eine Rolle spielen. Die Suche nach einem interessanten Menschen an ihrer Seite kann zur regelrechten Jagd werden. Dadurch sind sie in ihrem Partnerschaftsverhalten äußerst unstet, denn sie sind ständig auf dem Sprung. Sinkt der Selbstwert, erhöht sich der Drang, durch einen anderen Menschen das Selbstgefühl zu steigern. Innerlich sind sie dadurch sehr labil, denn sie nehmen weniger am Menschen und seinem Wesen selbst teil, als vielmehr an dessen äußerlichem Lebensstil und dem Status, den sie dadurch erfahren. Intensiv lassen sie sich dann auf das soziale Umfeld des Partners ein und werden mit den Gepflogenheiten dieses Umfeldes eins. Beziehungen bekommen mit einer solchen unbewussten Motivation keinen besonders langen Halt, denn nach einer gewissen Zeit werden die Erfahrungen mit dem Menschen, für den sie sich in der Anfangsphase begeisterten, zur Gewohnheit. Die Nativen verlieren dadurch an Selbstwert, und es entsteht eine Unzufriedenheit, woraus das latente Interesse erweckt wird, einem aufregenden interessanten Menschen zu begegnen. Im Vergleich mit den erdigen Mond-Kombinationen sind es weniger die materiellen Gesichtspunkte, die sie bewegen, sondern es ist der Mensch mit seinen Besonderheiten, die wertig empfunden werden und die sie Anziehung spüren lassen. Sie verlieben sich in die äußerlichen Formen eines Menschen oder die Rolle, die der Mensch innehat, weniger aber in sein Wesen. Beispielsweise ist das Verhalten vergleichbar mit den typischen Gepflogenheiten der „Promigesellschaft". Er oder sie schmücken sich mit dem Partner wie mit einer Rose im Knopfloch, nach dem Motto: „Sehen und gesehen werden." So wie man ein besonderes Outfit zu einer Gelegenheit trägt, ist es der Mensch an der eigenen Seite, der die Umwelt zum Staunen bringen soll. Oft ist es gerade das Wesen mit seinen Eigenarten, das sie vor dem

Menschen, mit dem sie zusammen sind, zurückschrecken lässt. Das erste flüchtige Verliebtsein entspricht der Intensität ihres Gefühls, dessen sie sich nicht ganz sicher sind: „Ich glaube, ich habe mich verliebt", jedoch trauen sie ihren Gefühlen nicht oder ängstigen sich vor ihnen. In Begegnungen mit Vertrauenspersonen heißt es dann: „Pass´ auf, wenn Gefühle ins Spiel kommen!"

In vielen Fällen bekommt das Partnerschaftsverhalten fast einen Sammelcharakter, als würden sie Menschen suchen, die ihnen in ihrer Sammlung noch fehlen und die wie Trophäen eingebracht werden. Tiefe Gefühle scheinen in ihrem Suchen eher ein Hindernis zu sein, vor dem sie zurückschrecken wie vor der Pestilenz. Es entsteht Betroffenheit, wenn sie sich verliebt haben, denn sie geraten über die tiefe Liebe in eine Abhängigkeit hinein, in der sie sich ausgeliefert fühlen. Ein Abenteuer, aus dem Liebe entsteht, lässt sie willfährig werden, und möglicherweise ahnen sie, dass sie damit, sollte sich der Mensch als nicht vorzeigewürdig erweisen, in eine Wertekrise gelangen. Leben sie in einer Beziehung, vermitteln sie durch ihr Verhalten dem Menschen an ihrer Seite keine besondere Sicherheit, denn je tiefer und bindender die Gefühle auf der anderen Seite sind, desto stärker wird ihr venusischer Drang nach anderen Erfahrungen, den sie als Zerrissenheit spüren. Damit geraten sie in Verzweifelung, denn auch hier liegt in ihrem Verhalten keine Strategie vor, vielmehr sind sie sich nie ganz sicher, ob sie mit dem richtigen Menschen zusammen sind. Sie versuchen, ihre Entscheidungen mit dem Kopf zu treffen, und hören dabei nicht auf ihr Gefühl. In einer Beziehung geht es jedoch um die gemeinsame Empfindung und die Vertrautheit, die sich zwischen Menschen aufbaut. Wenn die Nativen Gefühle für einen Menschen empfinden, ist es häufig so, dass sich trotzdem Unzufriedenheit breit macht, weil sie ihn nicht für vorzeigewürdig halten, sobald sie mit ihm in der Öffentlichkeit sind. Sie beginnen an ihren Gefühlen zu zweifeln, stellen die Beziehung in Frage oder strafen den Partner durch Aggression und Konflikte, die sie provozieren.

Dies führt zu Vereinsamung und Leere, weil die Nativen sich nicht wirklich öffnen und es ihnen an Hingabe mangelt. In diesem Konflikt sind sie regelrecht wie in einem Irrgarten gefangen, dessen Ausgang sie nicht kennen. Sie fühlen Unzufriedenheit, doch anstatt sich nach innen zu wenden und sich dem Gefühl hinzugeben, treibt es sie weiter in ihrer ewigen Suche. Auch in einer verbindenden Zweisamkeit fühlen sie sich bald gelangweilt, denn das heimische Zusammenleben lässt den Glanz oder die mangelnden Impulse in ihnen bewusst werden. Dies kann für den Menschen an ihrer Seite zu schmerzlichen Auseinandersetzungen führen. Die Partner empfinden tiefe Gefühle, sehen diese aber in ihrer Ernsthaftigkeit nicht erwidert und leiden unter dem Verhalten. Dies kann zu langwierigen Bemühungen der Partner führen, die Nativen zu halten oder sie für die Beziehung zu gewinnen. Die Nativen sind Opfer ihrer unbewussten inneren Dynamik und vermögen deshalb nicht, die Gründe für ihr Verhalten darzulegen. Um diesem Konflikt zu entgehen, wenden sie sich meist ohne Erklärungen oder Auseinandersetzung ab oder meiden gar das Gespräch. Wichtig ist für die Nativen, da sie leidhaft als Opfer an ihre innere Gespaltenheit gebunden sind, dass sie sich mit ihrer Werteproblematik auseinander setzen. Die Erkenntnis, dass niemand als Außenstehender in der Lage ist, ihnen den Wert zu vermitteln, den sie suchen, weil sie ihn in sich selbst nicht zu finden vermögen, lässt sie zumindest erst einmal innehalten. Denn alle Äußerlichkeiten sind nur wertloser Schall und Rauch, aus denen niemals ein echtes Glücksgefühl hervorgehen kann. Es bleibt nur Leere.

Auch in der Sexualität drückt sich die konflikthafte Spannung zwischen den Anteilen von Mond und Venus aus. Einerseits suchen sie in der Sexualität die lustvolle Seite, die ihnen sehr viel bedeutet, andererseits ist es auch das Bedürfnis nach seelischer Nähe, das sie als Sehnsuchtselement in sich spüren. Kommt es zum lustvollen Erleben, dann fehlt ihnen die innerliche Berührung, da nur der Trieb befriedigt wurde, nicht jedoch die Seele. Dies lässt sie die Sexualität nach einer gewissen Zeit als schal empfinden, weil sie auf einen sportlichen Akt der Körperlichkeit reduziert wurde, ohne die Erfahrung, dass sich in der körperlichen Vereinigung zwei geistige Wesen berühren und austauschen. Die Suche nach der sexuellen Erfüllung liegt nicht darin begründet, sich immer neuen Reizen eines erotischen Körpers auszuliefern, denn sie ist nur die stellvertretende Suche nach etwas, dass sich auf dieser Ebene nicht erfüllen lässt. Wenn sie in der Umkehrung vermehrt dem innigen Bedürfnis mehr Raum lassen, dann scheint es ihnen an dem lustvollen erotisierenden Teil zu fehlen. Gerade wenn sie in einer festen Beziehung leben, ist dies der Grund, um sich nebenbei auf sexuelle Abenteuer einzulassen.

Der Konflikt führt zu keiner Lösung, solange die Nativen sich nicht mit ihrem Inneren auseinander setzen und diesem signalisieren, dass es eine Bereitschaft in ihnen gibt, die scheinbar auseinander strebenden Anteile zu verbinden. Häufige Zerrissenheitsgefühle entspringen einem unbewussten Mechanismus, der sie in die Gewahrwerdung der Verbindung der beiden Anteile hineinführen möchte. Es ist somit notwendig, eine Verbindung der verschiedenen Persönlichkeitsanteile in sich selbst herzustellen. Gefühl und Intellekt sollten nicht gegeneinander arbeiten, sondern miteinander, damit sie lernen, dass die Vollkommenheit, die sie suchen, in der Welt nicht existieren kann. Nur im Bewusstsein können sie die Einheit finden, die sie in der Außenwelt herzustellen bestrebt sind und die sie sprunghaft umherirren lässt.

Die Mond-(Luft)-Venus-Verbindung im Geburtsmuster der Frau

Mit dieser Mond-Kombination erwächst eine differenzierte Erfahrung des Spektrums der Weiblichkeit – der gebärenden, tragenden und schützenden Seite, die dem lunaren Aspekt entspricht und der begehrenden erotischen Seite, die der venusischen Komponente der Weiblichkeit entspricht. Für die Frau können die Trennung und die differenzierte Betrachtung dieser beiden Anteile zu einem wichtigen Individuationsprozess führen, da sie in ihrer tradierten Rolle häufig einseitig definiert wird. Dies führt bei vielen Frauen zur Einschränkung ihres Lebensgefühls und häufig zu Resignation. Die Spannung wird für die Frau besonders groß, wenn sie sich nur mit einer Seite ihrer Mond-Verbindung identifiziert oder gar über die Partnerschaft in die Einseitigkeit gedrängt wird. Dies führt in der Rolle der erotischen-begehrenden Frau zu der Sehnsucht nach Geborgenheit und Getragenheit und auf der lunar-hingebungsvollen Seite zu Unzufriedenheit und dem Gefühl von Stagnation. Diese Auseinandersetzung kann auf vielen Ebenen ihren Ausdruck finden, zum einen auf der direkten körperlichen Ebene, indem die Frau einem gewissen Schönheitsideal (Venusprinzip) entsprechen möchte, wie man es auf Hochglanzmagazinen findet. Der Körper jedoch weist weiche rundliche Formen auf (Mondprinzip), die sich nicht mit dem angestrebten Ideal decken. Hieraus erwächst ein Konflikt in der Selbstannahme, der sich mit dem Drang, das Ideal erreichen zu wollen, zuspitzt, denn der Widerstand gegen einen Bestandteil dieser Mond-Signatur verstärkt die Dynamik gegensätzlicher Manifestationen. Beispielsweise trainiert die Frau exzessiv in einem Sportstudio, um störende Pfunde abzuarbeiten. Der Organismus jedoch speichert Wasser im Gewebe oder schickt jedes Gramm Fett auf Depot. Das ist als analoger Ausgleich für die mangelnde Annahmebereitschaft des mondigen Prinzipes zu sehen, da der Konflikt nur im Inneren bearbeitet werden kann und nicht auf einer funktional-konkreten Ebene. Diese Thematik kann auch über andere Lebensbereiche erlebt werden.

In der frühen Beziehungsphase wird sie vielleicht erfahren, dass Partner sie zwar erotisch begehren, es jedoch an der Bereitschaft mangelt, der Frau ein Gemeinschaftsgefühl und Geborgenheit zu vermitteln, und es ihr somit an dem tragenden Teil mangelt. Geht sie umgekehrt Beziehungen mit Partnern ein, die vermehrt das Geborgenheitselement in einer Beziehung suchen, dann wird sie sich nicht genügend begehrt fühlen und es fehlt ihr an der venusischen Seite. Möglicherweise kommt es auch jedes Mal dann zum Konflikt, wenn der Partner die Frau durch seine Erwartungshaltungen in die Nähe ihrer mondigen Rolle bringt: Zum Beispiel indem er den Anspruch stellt, dass sie ihn beköstigt, den Haushalt führt und die Kinder versorgt, er jedoch nur noch in bequemer Hauskleidung gemütlich herumsitzt und keine kulturellen Aktivitäten mehr mit ihr realisiert. In solchen Beziehungsmustern sind Ausbrüche oder Trennungen vorprogrammiert. Diese Tendenz verstärkt sich, sobald die Frau mit der Mond-(Luft)-Venus-Signatur eine Familie gegründet hat und sich Nachwuchs einstellt. Mit der Schwangerschaft kommt es zum vehementen Ausbruch der inneren Ablehnung. Dies beginnt mit den ersten Veränderungen des Körpers, die von der Frau unbewusst als Sterbeprozess ihrer Venus empfunden werden. Dies kann sogar dazu führen, dass sie fast zwanghaft, gerade während der Schwangerschaft, mit den ersten körperlichen Veränderungsanzeichen den Drang verspürt, andere Beziehungen einzugehen, so als gelte es noch etwas zu leben, was ihr durch die bevorstehende Mutterschaft vereitelt wird. Hat sie entbunden, dann ist allein durch hormonell-biologische Vorgänge der Tod der Venus besiegelt. Kinder von Frauen unter dieser Mond-Signatur können den inneren Verlust noch intensivieren, denn sie tendieren dazu, die Mutter in der Stillphase zur reinen Nahrungsbeschafferin zu degradieren. Mit unglaublicher Dominanz wachen sie über die Brüste der Frau als seien sie ihr Eigentum und verhalten sich äußerst fordernd. Jeder Zug Milch aus der Mutterbrust gleicht einem triumphalen Sieg des Kindes über die Venusqualität der Mutter. Dies führt gegenüber dem Kind zu Ablehnungsgefühlen. Doch mit der inneren Ablehnung wächst die Dominanz des Kindes kongruent mit. Manche Frau fällt, nachdem sie entbunden hat, in tiefe Depression und Resignation, unbewusst ist es die Trauer über den Verlust der Venusqualität, die zudem äußerlich dadurch dokumentiert wird, dass sie keinen Wert mehr auf schöne Kleidung legt, sich nicht mehr schminkt oder sich eine praktische Kurzhaarfrisur zulegt. Der Keim für einen schwelenden Konflikt ist gelegt, der durch eine Implosion zu einer Depression und in der Folge zur vollkommenen Wesensveränderung führt.

Hier ist es für die Frau ganz wichtig, sich intensiv mit der Zwiegespaltenheit auseinander zu setzen. Es gilt, ohne zwanghaft auszubrechen, die andere Seite zurückzuerobern und den Partner mit in die Verantwortung zu holen. Denn ähnlich wie bei der Mond-(Erd)-Venus-Thematik neigt der Partner unbewusst dazu, die Frau auf dem Mondstatus zu halten, da sie ihm in dieser Form „sicherer" scheint als in der für die Verbindung „gefährlichen" Venusrolle, mit der er ständig um den Verlust der Partnerin bangen muss, da sie aufgrund ihrer venusischen Reize zum Objekt der Begierde von anderen Männern wird.

In einer anderen Partnerschaftsvariante, in der die Frau verstärkt den venusischen Teil lebt, kann es sein, dass sie an der Seite eines vielbeschäftigten Partners intensiv den Mangel an Gefühlen und Zuwendung erlebt. Es kann sich eine Leereempfindung einstellen, gepaart mit dem intensiven Bedürfnis, die Leere mit Nahrungsaufnahme auszugleichen. So kann es zum klassischen Frustessen oder in einer anderen Variante zu Frustkäufen kommen, indem die Frau versucht, sich über die materielle Schiene die fehlende Zuwendung zu holen. Eine andere Form der Kompensation findet in den eigenen vier Wänden in exzessiven Verschönerungsaktionen des Heims statt. Das tägliche Shopping führt in Dekorations- und Einrichtungshäuser und wird zum zentralen, energetisch aufgeladenen Ausrichtungsthema. Trotzdem wird der innere Mangel an Zuwendung nicht ausgefüllt und es kommt hinter aller Aktivität zu Melancholie und Trauer. Äußerlich scheint es keinen Mangel zu geben, doch die sich nicht schließende Wunde der fehlenden Zuwendung und Aufmerksamkeit blutet ständig.

Für die Frau ist es deshalb von großer Bedeutung, sich intensiv mit den zwei Seiten ihrer Weiblichkeit auseinander zu setzen, bevor sie eine feste Bindung eingeht. Einmal indem sie lernt, den inneren Konflikt zu sehen, und zum anderen kann es für sie sehr hilfreich sein zu lernen, die beiden Seiten miteinander zu verbinden. Allein schon das Wissen, dass je einseitiger ihre Ausrichtung ist, ihr zwingend der andere Teil fehlen wird, lässt es ihr möglich werden, dem Geschehen mit etwas Distanz zu begegnen. Auch wenn sie Aggression auf den Partner empfindet, der ihr unbewusst eine Rolle unterschiebt, kann es hilfreich sein, sich zu vergegenwärtigen, dass dieser nur der Erfüllungsgehilfe für das im Verborgenen liegende Programm ist, welches durch ihn aktiviert wird. Ziel ist, die beiden Anteile der Weiblichkeit zu verbinden. Wenn es ihr nur so möglich ist, indem sie ihre unterschiedlichen Anteile ganz konkret in zwei Beziehungen lebt, erfordert dies, dass sie sich bewusst aus den gesellschaftlichen Schablonen herauslöst und im vollen Bewusstsein die Verantwortung für die Existenzberechtigung der beiden Anteile in sich übernimmt. Projektionen auf die Welt und auf den Partner durch aggressive Gegenwehr sind nur der Ausdruck, dass die beiden Prinzipien im Bewusstsein noch nicht zu einer verbindenden Ordnung geführt worden sind. In einem konkreten Lebensmodell sollte die Frau unter dieser Mond-Signatur nicht vergessen, dass es für sie vor allem wichtig ist, die Vermittlung beider Seiten in sich herzustellen, indem sie lernt, dass sich beide Seiten nicht ausschließen. Denn Mond und Venus sind zwei Prinzipien, die in intensive Gefühlserfahrungen hineinführen können. Es braucht dazu die Öffnung und das Zulassen von Gefühlen, denen es sich hinzugeben gilt.

Die Mond-(Luft)-Venus-Verbindung im Geburtsmuster des Mannes

Der Mann überträgt in besonderem Maße den Konflikt aus seiner Kindheit auf seine Partnerin. Intensiv machte er die Erfahrung, dass er im Leben der Mutter abgelehnt wurde, weil er aufgrund seiner Existenz zu der mütterlichen Zerrissenheit beigetragen hat. Einerseits weil sich die Mutter von seinem Vater abwand und in eine andere Beziehung strebte oder weil er ihre stille Trauer intensiv empfand, die gleichzeitig noch dazu beitrug, dass ihm die Gefühle entzogen wurden.

Dies führt dazu, dass er in seinen Beziehungen dazu neigt, Frauen intensiv an sich zu binden. Von tiefen Verlustängsten geplagt, wacht er eifersüchtig über seine Partnerin. Aus seiner inneren Neigung heraus ist er ein Mann, der sich im Verbund mit Frauen sehr wohl fühlt. Auch seine Ausstrahlung übt auf viele Frauen eine besonders anziehende Wirkung aus. Die Gesellschaft zu anderen Männern lehnt er ab, da sie ihm zu grobstofflich und zu wenig einfühlsam sind. Ein unbewusster Grund der Ablehnung des männlichen Prinzipes kann auch eine verdrängte Homosexualität sein, da die femininen Anteile in den Männern unter dieser Mond-Thematik sehr stark ausgeprägt sind. Vom Wesen her ist er der charmant-bindende Typus, der seine Frau auf Händen trägt und ihr die Welt zu Füßen legt. Die Grundvoraussetzung dafür ist aber ihre Verbindlichkeit und Treue. Kommt es zu Konkurrenzsituationen bricht aus ihm der Unmut über die traumatische Situation der Kindheit hervor. Dies kann beispielsweise dazu führen, dass er ausgesprochen bindend und machistisch auf kleinere Flirts seiner Partnerin reagiert und nach gewissen „Schockerfahrungen" sein Verhalten einen Wandel erfährt, welches aus der Verzweifelung heraus seine dominante Seite weckt.

Solche Auslöser können durch eine Schwangerschaft seiner Partnerin hervorgerufen werden. Denn auch für ihn stirbt in gewisser Hinsicht die venusische Seite seiner Frau, sobald die mondige Seite durch die Schwangerschaft aktiviert ist. Damit steht er in der Konkurrenz zum Kind, und das alte innere Programm beginnt zu resonieren. Der Mann kann ausgesprochen eifersüchtig auf das Kind reagieren, so dass es unbewusst seinen Unmut über die Vereitelung seiner Venusqualität zu spüren bekommt. Männer unter dieser Mond-Signatur können gerade während der Schwangerschaft sexuell ausgesprochen fordernd werden und ihre Partnerin regelrecht überstrapazieren.

Wenn sie entbunden hat, wird er bestrebt sein, mit ihr sehr bald wieder intim zu werden, als wolle er gegenüber dem Kind sein Recht einfordern. Verschließt sich jedoch die Partnerin ihm gegenüber, kann es sein, dass er, um den inneren Schmerz zu kompensieren, sich einer anderen Frau zuwendet, um mit ihr den Venusverlust auszugleichen. Dies vollzieht sich auch häufig, wenn das Gemeinschaftsleben nur noch um Familienangelegenheiten kreist, er neigt dazu, eine Beziehung mit einer heimlichen Geliebten einzugehen, womit für ihn scheinbar der Konflikt aus der Welt ist – was natürlich ein Trugschluss ist. Das Auffällige – besonders bei Männern im mittleren Alter – ist, dass sie weder auf die Familie (Mondprinzip) noch auf die Liebesbeziehung (Venusprinzip) verzichten möchten, was sinnbildlich dem Wunsch nach der Verbindung der beiden Seiten entspricht. Erst bei der Offenbarung des Doppellebens geraten sie entweder dadurch in ihre Zerrissenheit hinein, dass sie durch die Geliebte in einen Entscheidungsdruck geraten oder durch die Partnerin, die sich von ihm trennen will, indem sie ihm ein Ultimatum stellt. Es wird deutlich, dass das, was sich im äußeren Erleben manifestiert, im Inneren bewältigt werden will. Auch beim Mann wollen die beiden Seiten zusammengeführt werden, indem er eine intensive Beziehung zu seinen Gefühlen und seiner inneren Welt herstellt.

Häufig fühlt sich der Mann unter dieser Mond-Signatur zu älteren Frauen hingezogen. Dies ist ein besonderer Ausdruck für die unbewältigte Mutterbindung, die bei ihm besteht. Er verehrt seine Mutter im besonderen Maße, weil er ihr nie so nahe hat sein können oder ihre Liebe nie so intensiv erfahren hat, dass er ihr tief verbunden zugetan ist, so als wäre es sein Bedürfnis, ihre Liebe irgendwann einmal ganz für sich zu haben. Lebt die Mutter allein, dann können sich fast beziehungsähnliche Strukturen zwischen den beiden herstellen, er verlässt das Gemeinschaftsleben sehr spät und geht eine Beziehung mit einer Frau ein, die der Mutter sehr ähnlich ist. Sie erfüllt den versagten Liebesteil für ihn, indem er sich gerne von ihr umsorgen und versorgen lässt, stets aber von seiner Verlustangst getrieben ist. In einer solchen Beziehung kann die Sexualität in den Hintergrund treten, denn unbewusst führt der Mann eine Beziehung mit seiner Mutter, womit ein tief greifendes archaisches Tabu berührt wird, welches die Sexualität mit der Mutter ausschließt. Liegen aktive Anteile im Geburtsmuster des Mannes vor, dann ist die Sexualität weniger beeinträchtigt, sondern gleicht somit dem Sieg über die Konkurrenzsituation zwischen dem Vater oder dem Partner, mit dem er sich als Kind die Mutter hat teilen müssen.

Symptome

Symptome unter dieser Mond-Signatur mahnen die Betroffenen, sich mit jenen Themen auseinander zu setzen, die in den dunklen Kammern der Seele schlummern und von dort aus ihr Unwesen zu treiben beginnen. Auf der körperlichen Ebene treten in erster Linie Symptome auf, die auf den Mangel an Hingabe- und Austauschbereitschaft hinweisen, da die Nativen Begegnung nur dazu benutzen, um aus unbewusst-subjektiven Bedürfnissen mit sich selbst in Harmonie und Einklang zu kommen. Die zweite Kategorie, die sich vermehrt auf der psychischen Ebene, aber auch auf der körperlichen Ebene widerspiegelt, ist die Zerrissenheit zwischen dem freien, inspirierenden Beziehungsbedürfnis und der Sehnsucht nach Geborgenheit und Zugehörigkeit, die abgelehnt wird, weil sie zu Abhängigkeiten führt.

Mit der ersten Kategorie wird physisch deutlich, dass der Austausch von Gefühlen und von Energie im zwischenmenschlichen Bereich nicht wirklich stattfindet. Damit ist der gesamte Bereich, der etwas mit dem Austausch (Venus) von Flüssigkeiten (Mondprinzip) zu tun hat, betroffen. Es kommt zu Störungen im Bereich von Niere, Blase und den Harnwegen sowie in der Folge aus den damit einhergehenden Entgiftungsstörungen durch Niereninsuffizienz zu Hautproblemen.

Die Nieren haben einen besonderen Bezug zum Venusprinzip, sie sind ein paariges Organ und eine Filterinstanz auf der körperlichen Ebene, die eine entgiftende Funktion besitzt. Sie filtern durch ihre ausscheidende Funktion über den Harn die Giftstoffe aus dem Organismus heraus, was im übertragenen Sinne der Auseinandersetzung mit den Fremdanteilen in Beziehung und Begegnung zu anderen Menschen gleichzusetzen ist. Über die Funktionsstörung findet eine unbewusste Verweigerung ihren Ausdruck, mit den seelisch-geistigen Fremdanteilen anderer Menschen nicht in Austausch gehen zu wollen. Die Niere als paariges Austausch- und Filterorgan aufgenommener Flüssigkeiten signalisiert, dass die Gefühle, die aus der Begegnung entstehen, nicht verarbeitet und somit nicht integriert werden. Eine Funktionsstörung kommt einer unbewussten Weigerung gleich, sich mit fremdartigen Seelenpotenzialen anderer Menschen auseinander zu setzen und sich diesen nicht zu öffnen. Mangelnde Nierenfunktion zieht die fortschreitende Vergiftung des Körpers nach sich, der die Gifte über die Haut abzubauen versucht. Auf einer seelischen Ebene vergiftet der Mensch gleichfalls, solange er nicht bereit ist, in den Austausch mit anderen zu treten, um die seelischen Fremdanteile (Giftstoffe) aufzunehmen. Der Mensch vergiftet an sich selbst, da keine Bewegung in ihm vonstatten geht. Die mangelnde Nierentätigkeit führt zu schuppigen Ekzemen oder eitrigen

Furunkeln, die sichtbar eine aggressive Distanz zur Umwelt schaffen. Die Symptomatik durch die abschilfernde Haut zeigt den unbewussten Wunsch an, sich zu öffnen, um aus dem Gefängnis des mangelnden lebendigen Austausches auszubrechen. Es ist der Urwunsch der Seele, sich über die Begegnung in Verwandlung und damit in einheitsschaffende Situationen zu bringen. Die Furunkel signalisieren eine unbewusste Aggression und die Ablehnung, mit dem Umfeld in einen wirklichen Kontakt zu treten. Denn je entzündlicher und eitriger die Auswüchse sind, desto stärker wird das Drängen von innen nach außen, vergleichbar mit der Akne juvenilis, die bei Jugendlichen mit der aufkeimenden Leidenschaft entsteht und zugleich eine ästhetische Abwehr schafft, die vor zu engen verwandelnden Kontakten bewahrt. Harnwegs- und Blasenerkrankungen, die das Harnlassen besonders schmerzhaft werden lassen, deuten darauf hin, dass das Wasserelement (Gefühle) schmerzliche Empfindungen hervorruft und damit die unbewusste Abneigung der Nativen vor echten verwandelnden Gefühlen deutlich wird.

Innerhalb der Sexualität kann es bei Mann und Frau zu Störungen kommen, die sich darin äußern, dass eine Zerrissenheit zwischen Leidenschaft und körperlicher Nähe und Geborgenheitsbedürfnis besteht. Dies kann zu plötzlichen Stimmungsveränderungen in der Sexualität führen. Bezeichnend ist, dass während der Leidenschaft eine erstaunliche Distanz und emotionale Kälte besteht, die in das Bedürfnis, emotionale Zuwendung zu bekommen, umschlägt. Bei Mann und Frau besteht eine große Diskrepanz zwischen den beiden Polen: Der Heiligen (Mondprinzip) und der Hure (Venusprinzip), weshalb es für sie schwierig ist, sich einfach ihrem authentischen Empfinden hinzugeben, weil sie sich stets selbst sehr genau beobachten und damit im Intellekt sind.

In einer anderen Symptommanifestation findet diese Thematik auch ihren Ausdruck in Störungen des Wasserhaushaltes. Insbesondere die Wassereinlagerungen im Gewebe, auf eine Nierenfunktionsstörung hinweisend, deuten auf die Zerrissenheit zwischen dem lunaren und dem venusischen Prinzip hin. Je weniger der Mensch bereit ist, wirkliche Gefühle zuzulassen, desto mehr übernimmt der Körper stellvertretend diese Aufgabe, in dem er Wasser (Gefühl) bindet. Auch der Zugang zum eigenen Körper ist für die Nativen schwer. Insbesondere weil sie, gleich wie ihr Körper beschaffen ist, unzufrieden mit seinem Aussehen sind. Diese Thematik ist stark bei Frauen ausgeprägt, die ihren Konflikt zwischen den zwei Seiten der Weiblichkeit auf die Körperebene verschieben. Sind sie von der Veranlagung her eher schlank, dann bemängeln sie, dass es ihnen an den weiblichen Rundungen fehlt. Umgekehrt ist bei zu starker weiblicher

Ausprägung die Sehnsucht nach den Idealmaßen sehr groß. In beiden Fällen kann dies zu Störungen im Essverhalten führen. Besonders bei einem Mangel an Gefühlen und an sexueller Befriedigung wird häufig durch ein exzessives Suchtverhalten im Bereich von Essen und Trinken kompensiert. Der nächtliche Überfall auf die Gefriertruhe mit dem heimlichen Verzehr von Speiseeisbarren oder das Aufbrechen des Schokoladenschrankes sind einerseits Ausdruck einer fehlenden Zuwendung und andererseits Ausdruck eines nicht gelebten venusischen Triebes. Durch einen übertriebenen Süßigkeitenkonsum wird wirklich wertvolle Nahrungsaufnahme verdrängt, so dass viele Native unter dieser Mondverbindung dazu neigen, sich schlecht zu ernähren.

Im Extrem können Essstörungen entstehen, die zur Nahrungsverweigerung führen. Diese spiegeln den Konflikt zwischen dem erotischen Verlangen und der Unterdrückung wider. Die Nahrung ist der stofflichen Ebene des Venusprinzipes zugeordnet. Sie trägt durch Integration zum Erhalt des Organismus bei. Da die Nahrungsaufnahme eine zwingende Notwendigkeit besitzt, kann es hieraus zu einer inneren Drucksituation kommen, dass man nur Nahrung zu sich nimmt, wenn es wirklich notwendig ist, so dass über die Abwehr gegen die Nahrungsaufnahme die eigentliche Problematik einer Beziehungsverweigerung offenbar wird. Hat man jedoch Nahrung zu sich genommen, dann entsteht das Bedürfnis, durch Abführ- oder Reduktionsprogramme die Sünden wieder wettzumachen. In manchen Fällen kann dies auch zur Bulimie führen, die je nach Grundveranlagung in den zwanghaften Bereich hineinführt.

Störungen im Hormonhaushalt vermögen dazu beizutragen, dass es zu körperlichen Veränderungen und Gewichtszunahme kommt, diese stellen sich ein, wenn es innerlich eine Verweigerung des Hingabe betonten passiven Anteiles gibt und wenn das Bewusstsein sich zu sehr mit venusischen äußerlichen Lebensideen verbindet. Darüber hinaus können die Hormonstörungen zu psychischen Veränderungen beitragen. Der Mensch wird passiver und träge, und seine melancholischen Stimmungen führen ihn in die gefühlsschwangere Seite hinein, die auszuklammern er bestrebt war.

Neben den verschiedenen Tendenzen zum Suchtverhalten wie der Esssucht und der Kaufsucht kann auch eine latente Neigung zum Konsum von Alkohol und Drogen vorliegen. Sie dienen insbesondere dazu, der grauen Welt einen zarten Schleier überzuwerfen, der zur Erträglichkeit beitragen soll, und zwar immer, wenn sie durch das Erleben zur Hingabe an Lebenssituationen gezwungen werden und damit die Besonderheit oder die Schönheit im Leben vermisst wird. In der Umkehrung besteht eine Tendenz zu Designerdrogen, die zu einer erhöhten Aktivität beitragen, diese sollen einen Ausgleich zur passiven Seite schaffen, um damit das Leistungs- und Genussempfinden zu steigern. Besonders in der Sexualität wollen die Nativen sich damit in den Exzess steigern, um einen gefühlsmäßigen Ausschluss zu gewährleisten. Auf der psychischen Ebene finden sich Symptome ein, wenn eine intensive Ausklammerung des Gefühls bei den Nativen vorliegt. Sie werden zum Opfer ihrer eigenen Gefühle, je größer der Verdrängungsakt ist. Die Gefühle sind plötzlich nicht mehr kontrollierbar, wie unerklärliche, plötzliche aggressive Stimmungen, die aber gleich wieder bereut und relativiert werden, sowie Unruhe, Zerrissenheitsgefühle und depressive Stimmungen. Sie drücken aus, dass die rational-strategische Seite des Menschen die Oberhand gewonnen hat, so dass die Anteile des Unbewussten an die Oberfläche zu treten versuchen, um damit ein Stück von Authentizität sichtbar werden zu lassen. Die zurückgehaltene Wahrheit dringt schließlich in das Bewusstsein vor und verursacht dort jenen unerklärlichen Aufruhr, der häufig nicht in kausale Zusammenhänge mit den Menschen und den entsprechenden Situationen zu bringen ist. In der Übersteigerung liegt eine Tendenz zu hysterischem Verhalten vor, das im krassen Gegensatz zu der sonst so anpassungsbestrebten opportunistischen Seite dieser Mond-Signatur steht. Je intensiver die gefühlsbetonte Seite der Nativen verdrängt wird, desto eher führt dies zu einem Gefühl der inneren Leere und zu depressiven Stimmungen. Die Nativen sehnen sich nach Lebendigkeit und suchen zwanghaft Menschenansammlungen auf, um die drückende Abgestorbenheit der Gefühle nicht zu spüren. Den Betroffenen ist dabei nicht bewusst, dass sie selbst mit jeder Unterdrückung ihrer Empfindung den lebendigen Quell sprudelnder Gefühle zu einem Stausee haben werden lassen, so dass die Folge die Empfindung ist, dass nichts in ihnen fließt und damit jegliches Gefühl von Lebendigkeit verloren gegangen ist.

Lerninhalt

Für die Nativen unter der Mond-(Luft)-Venus-Thematik ist es bedeutsam, sich mit dem unbewussten Bedürfnis auseinander zu setzen, sich aufgrund des mangelnden Selbstwertes mit nicht authentischen Selbstbildern zu identifizieren, indem sie angeregt durch andere Menschen etwas zu leben versuchen, was nicht ihrer inneren Wahrheit entspricht. Es ist verständlich, dass bei einer unklaren Selbstwahrnehmung Leitbilder angenommen werden, aus denen man sich zu definieren versucht. Doch diese Versuche, ein bestimmtes Ideal herstellen zu wollen, können sehr schnell zu „Leid-Bildern" werden, denn sie wachsen drückend heran und nehmen einen einengenden

Charakter an. Auf diese Weise weicht jegliche Lebendigkeit aus dem Leben, die Handlungen verkümmern zu scheinlebendigen Automatismen, die in tranceartiger Dynamik ausgeführt werden. Die angenommenen Rollen beginnen, ihren Träger mit der Zeit auszuzehren und zu schwächen, so dass es für die Nativen wichtig ist, sich die Frage zu stellen, ob sie bereit sind, einen derartigen Preis für die Fixierungen auf ein Lebensideal zu zahlen. Der Mensch ist ein geistiges Wesen, das an die äußere Identifikation nicht gebunden ist. Besonders das Bedürfnis, sich über den Beruf, den Status und die Weltanschauungen zu definieren, treibt immer weiter in die Sackgasse der Äußerlichkeiten. Dadurch wird das Lebensgefühl unlebendig und traurig, denn die Seele weiß stets darum, ob man echt ist oder nicht, ihr vermag man nichts vorzuspielen, auch wenn dies vor der Welt gelingen mag. Die Konsequenz aus der Erkenntnis lautet für die Nativen, dass das Wesen eines jeden Menschen mit seinen authentischen Gefühlen im Mittelpunkt stehen sollte, denn es existiert jenseits aller Definitionen – es ist vollkommen frei. Erhält das Wesen der Nativen keinen Verwirklichungsraum und sperrt man es in starre Formen, beginnt es unweigerlich zu verkümmern.

Hier sollten sich die Nativen vergegenwärtigen, dass die Außenwelt nur dazu dient, das Innere zu entfalten, womit ihr nicht die erste Priorität zukommt. Das Leben ist eine Plattform für die Arbeit am eigenen Inneren, um Bewusstheit und Entfaltung der authentischen Persönlichkeit zu erreichen. Kommt es zu einer Prioritätenverschiebung, wie dies bei den Nativen unter dieser Mond-Signatur häufig der Fall ist, indem ihnen das äußere Leben wichtiger wird als das Entfalten der inneren Realität, wie immer diese gestaltet sein mag, ist das zwar realisierbar, aber es hat einen sehr hohen Preis, der mit Unzufriedenheit und Melancholie bezahlt wird. So lautet die Aufgabe, sich die Frage zu stellen, ob es sich lohnt, das innere Glück der Begrenzung eines äußeren Schein- oder Idealbildes zu opfern. Dabei ist es wichtig zu prüfen, wie weit man als Mensch in seinem Glückszugang von Äußerlichkeiten abhängig ist und wie viel subtile Macht andere über einen besitzen, indem man ihnen zu entsprechen versucht. Es geht bei dieser Mond-Signatur um den Löseakt von den Ich-Intentionen, die hier sehr subtil versteckt sind, nämlich in dem zwanghaften Bedürfnis, anderen Menschen nach dem Mund zu reden, es ihnen recht machen zu wollen, um so von ihnen angenommen zu werden und sich dadurch als Persönlichkeit gestärkt zu fühlen.

Nur im Bewusstsein können sie die Einheit finden, die sie in der Welt herzustellen bestrebt sind. Dort liegt die Quelle der Heilung ihrer Zerrissenheit verborgen. Die Spaltung entsteht in ihrem Leben allein durch das äußere Pendeln zwischen den verschiedenen Wesensanteilen und durch ihr Bedürfnis, Harmonie als Gradlinigkeit zu definieren.

Nicht die einseitige Definition der Persönlichkeit ist für die Nativen ein Lösungsweg, sondern die Erweiterung der eigenen Grenzen, um herauszufinden, welche Bereiche ihrer Persönlichkeit ihnen an bestimmten Stationen des Lebens verschlossen blieben. Das ist genau jene Lernerfahrung, die sie in ihrem Leben machen sollen. Wenn es ihnen gelingt, über das Fühlen und das Aufnehmen ihrer inneren Realität näher zu kommen, besonders wenn sie eine Verbindung zwischen ihren unterschiedlichen Wesenszügen geschaffen haben, erreichen sie die ersehnte Ruhe. Nicht die willentliche Veränderung, um mit anderen scheinbar thematisch eins zu sein, entspricht dem Erfordernis dieser Mond-Signatur, sondern der Kontakt zu Menschen generell, der allein aus dem Austausch neue Facetten der Persönlichkeit hervortreten lässt, die jenseits der bewussten Steuerung liegen.

So gilt es auch, die Liebeskraft und die Hingabe, die in dieser Mond-Signatur zwischen Venus und Mond in der Anlage sehr stark ausgeprägt sind, jedoch von den Nativen verdrängt werden, zu entwickeln. Sie steht im Vordergrund, denn sie ist die Kraft, die in einem jedem Lebewesen als Urwunsch nach der Einheit angelegt ist. Die Bereitschaft, sich der Liebe und damit einem anderen Wesen fernab von seinen gesellschaftlichen Rollen hinzugeben, lässt einen Strom entstehen, der zur Veränderung führt. Denn die Liebe besitzt einen zutiefst verändernden Charakter, sie bringt im Menschen neue Resonanzen hervor und lässt den Menschen wachsen. Dies geschieht aber jenseits des persönlichen Zugriffs, allein dadurch, dass die Liebe eine Verschmelzungskraft entfaltet. Wendet der Mensch sich bewusst dieser Wandlungskraft zu und ist er bereit, sich zu öffnen, legt er im Bewusstsein den Grundstein zu seiner Verwandlung. Diese wird ihn innerlich wachsen lassen, und er wird aus seiner veränderten Grundhaltung ganz neue und andere Erfahrungen machen, die ihn zu einer konstruktiven Verwandlung führen. Ein solcher Grundstein kann aber nur im Bewusstsein gelegt werden, da Veränderungen sich stets von innen nach außen vollziehen. Ein verändertes Bewusstsein schafft andere Resonanzen, die wiederum im Leben ganz neue Erfahrensbereiche anziehen. Davor haben die Nativen jedoch Angst, weil sie sich aufgrund ihrer inneren Unsicherheit ganz zu verlieren fürchten. Dies ist jedoch ein Trugschluss, den sie dadurch überwinden können, indem sie Vertrauen entwickeln und sich dem verwandelnden Mysterium der Liebe hingeben.

Wenn sie dies versuchen geschehen zu lassen, dann werden sie erkennen, dass sie sonst aus ihrem funktionalen Denken heraus bestrebt sind, ihr Leben und ihre Persönlichkeit immer nur im konkreten Äußeren zu verändern. Sie widmen sich bestimmten Themen oder ändern ihren Lebensstil in der Hoffnung, dass die angestrebten Ergebnisse sich einstellen, so als würde das Leben genauso funktionieren wie ein Computer, der auf Befehl die gewünschten Ergebnisse liefert. Sie versuchen äußerlich ihre Welt zu regeln, was dazu führt, dass das Bedürfnis, über diesen Weg ihrer Persönlichkeit näher zu kommen, sie ad absurdum führt, weil sich bald das bekannte Unsicherheitsgefühl wieder einstellen wird. Ein einfaches Beispiel aus dem partnerschaftlichen Bereich verdeutlicht, dass Themeninhalte sich nicht funktional verändern lassen. Ein Mensch (sie oder er) trennt sich vom Partner, da bestimmte Reizthemen am anderen die Beziehung unerträglich machen. Nach geraumer Zeit geht die Person eine neue Beziehung ein, in der Hoffnung, in dieser ganz neue Erfahrungen zu machen. In der ersten Zeit scheint alles in bester Ordnung zu sein, der Himmel hängt voller Geigen, doch allmählich beginnen ähnliche Themen im anderen sichtbar zu werden, die bereits in der vorherigen Beziehung zum Abbruch führten. Die neue Beziehung wird wieder in Frage gestellt und abgebrochen. Es folgt ein weiterer Versuch mit einer erneuten Bindung, die auch nur zur Folge hat, dass mit der Zeit die altbekannten Themen wieder auftauchen.

Mit Sicherheit ist den Nativen eine ähnliche Dynamik vertraut, als sie damit dem Hamsterrad der Themenwiederholung zu entkommen trachteten. Dies ist aber nicht möglich, denn solange man vor den Themen, die eine Partnerschaft an einen herantragen möchte, zu fliehen versucht, wird keine Veränderung dieser Wiederholungen möglich sein. Man bleibt weiterhin Zuschauer des eigenen Dramas, indem lediglich die Schauspieler ausgetauscht werden, doch die Handlung und das Thema des Stückes immer gleich bleiben. Deshalb ist es wichtig, sollten die Nativen wirkliche Veränderungen wünschen, sich nicht gegen die Themen, die ihnen über andere Menschen begegnen, zu wehren. Mit dem Widerstand richtet man seinen Kampf nur gegen die Ausdrucksformen des Unbewussten, die sich in immer neue Formen kleiden, solange bis sie durch einen Bewusstwerdungsprozess und die aufnehmende Kraft der Liebe sukzessive erlöst werden. Geschieht dies nicht, verschiebt man die nicht bearbeiteten Inhalte immer weiter auf neue Menschen und Situationen, weil sie nicht in einem selbst gelöst wurden.

Auch wenn die Nativen nach vielen Enttäuschungen alleine zu leben bestrebt sind, da sie erfahren haben, dass sich die Diskrepanz zwischen dem, was sie in anderen Menschen suchen, und dem, was sich in der Realität ergibt, nicht überwinden lässt, löst eine solche Entscheidung nicht die bestehende Grundproblematik. Der Mensch, der keine Beziehung eingeht, gleich, ob selbst gesteuert oder erlitten, hat letztlich Angst vor dem verborgenen Wesenskeim eines anderen Menschen und den Erfahrungen, die aus der Konfrontation mit diesem erwachsen, und damit Angst vor der einhergehenden Verwandlung. Hier wird der andere Mensch zum bedrohlichen, einbrechenden Element in die „aktive" Stagnation des Single-paradieses. Denn in gleicher Weise, wie aus der geschlechtlichen Verbindung von Mann und Frau als biologisches Resultat neues Leben entsteht, entsteht auch aus einer Partnerschaft und der damit einhergehenden verwandelnden Kraft auf einer geistigen Ebene Lebendigkeit und Wachstum. Der Single agiert in seinem zu Lebzeiten bestehenden Elysium der Einsamkeit nur auf der Stelle. Ihm fehlt der ergänzende Gegenpol, ohne den es keine Auseinandersetzung gibt, keine Spannung, keinen Widerstand – Argumente, die gerne für ein Singleleben angeführt werden.

Doch nur im Widerstand und in der Spannung können Reflexion, Wachstum und Erweiterung der Ich-Grenzen stattfinden. Eine schöne Analogie hierfür ist der elektrische Strom, dessen Kraftwirkung sich aus positiver und negativer Ladung bemerkbar macht. Mit der Zusammenführung zweier gegensätzlicher Pole wird eine Fülle von kreativen Anwendungen möglich! Wenn sie Harmonie als Ergänzung eines Teiles mit seinem polaren Gegenstück zu akzeptieren lernen, das durch Reibung eine Annäherung erfährt, dann schaffen sie die Basis für eine Erfahrung, nach der sie in ihrem Leben verzweifelt suchen.

Meditative Integration

Suchen Sie, wie in den Kapiteln „Der innere Raum" und „Spiegel der Selbstbetrachtung" beschrieben, den von Ihnen geschaffenen inneren Raum auf. Nachdem Sie die Entspannungsübung zur Einstimmung ausgeführt haben und in den auf dem Tisch vor Ihnen stehenden Spiegel der Selbstbetrachtung blicken, können Sie sich folgende Fragen im Geist stellen und in Ihrem Spiegel vor sich die Bilder der dazugehörigen Situationen Revue passieren lassen:

Meditation zu äußeren Lebensbegebenheiten

Wie verhalte ich mich in zwischenmenschlichen Kontakten? – Biedere ich mich anderen Menschen an, um von ihnen Achtung und Bestätigung geschenkt zu bekommen? – Bin ich authentisch? – Gibt es zwischen meinem Empfinden und meinem Verhalten eine Kluft? – Spiele ich anderen Menschen Entgegenkommen vor, um hinter ihrem Rücken gegen sie zu arbeiten? – Wie gehe ich mit meinen Gefühlen um? – Machen mich Gefühle hilflos? – Versuche ich, Gefühle durch Denken und Reden zu überdecken? – Bin ich bereit, mich bestehenden Lebenssituationen hinzugeben? – Fürchte ich, mich zu verlieben? – Wie gehe ich mit Beziehungen um? – Welche Motivation lässt mich Beziehungen eingehen? – Vermisse ich in meiner Partnerschaft kulturelle Aktivitäten und Erotik? – Vermisse ich Zuwendung und Geborgenheit?

Lassen Sie zu Ihren Fragen Ihre individuellen Erlebnisse im Spiegel der Selbstbetrachtung vor Ihnen entstehen. Suchen Sie besonders jenen Teil in der inneren Gewahrwerdung auf, der Sie zum Opfer Ihrer Anpassungsbedürfnisse werden ließ. Spüren Sie Ihrem Drang nach, in zwischenmenschlichen Kontakten von anderen angenommen und gewürdigt zu werden. Spüren Sie, wenn es Ihnen möglich ist, dass hinter Ihrem Harmoniebedürfnis Ihre verborgenen Ich-Kräfte walten, die Sie mit anderen eine Verbindung anstreben lässt, in der Sie sich wohl fühlen wollen. Besonders prägnant können Sie dies in Situationen nachvollziehen, in denen Sie Ihre authentischen Gefühle verdrängt haben, nur um in dem Moment von Ihrem Gegenüber bestätigt zu werden. Dies können Situationen sein, die sich aus kurzen Begegnungen ergaben oder auch indem Sie Beziehungen mit anderen eingingen. Nachdem Sie eine Reihe von Lebenssituationen aufgesucht haben, in denen Sie nicht authentisch waren und Ihre Sehnsucht nach Akzeptanz und Harmonie gespürt haben, können Sie Ihre individuellen Erfahrungen in Ihrem Inneren Revue passieren lassen.

Meditation zu körperlichen Symptomen

Finden sich bei Ihnen Symptome aus der Mond-(Luft)-Venus-Signatur wieder, dann lässt dies darauf schließen, dass Ihnen Ihr Kampf zwischen der äußeren Annahme Ihrer Person und der inneren Verweigerung von Hingabe nicht bewusst ist. Gedanklich glauben Sie, ganz eins zu sein, weil Sie im Laufe Ihres Lebens in Ihrem Verhalten eine Normalität sehen und nicht mehr bemerken, dass es nur Ihre Begegnungsstrategie ist, die Sie treibt. Die Symptome, insbesondere aus dem Nieren-, Blasen- und Harnleiterbereich, versuchen, die innere Realität offenbar zu machen. Deshalb gilt es, die Diskrepanz auf die Ebene der Bewusstheit zu heben, damit Sie sie durch immer währendes Aufsuchen und dem empfindungsmäßigen Nachspüren zu einer inneren Realität machen können. Hier sind auch der Zeitpunkt und die Menschen, die Sie zu dieser Zeit umgaben, von Bedeutung. Leiden Sie an den Veränderungen Ihres Körpers, dann spüren Sie der Gespaltenheit zwischen Gefühl und Intellekt nach. In gleicher Weise können Sie auch mit den spezifischen Symptommanifestationen verfahren. Die in der Folge aufgeführten Fragestellungen sind auf diese abgestimmt.

Weitere Fragen, die Sie sich zu Symptomen stellen können

Wie verhalte ich mich im Verbund mit anderen Menschen? – Bin ich authentisch oder spiele ich eine Rolle, die die Aufmerksamkeit und die Zuwendung eines anderen Menschen wecken soll? – Kann ich Aggression und echte Gefühle ausdrücken? – Ist mir bewusst, dass ich bestrebt bin, meine subjektiven Bedürfnisse hinter freundlichen Gesten zu verbergen? – Habe ich Angst davor, Gefühle auszudrücken? – Ist mit bewusst, dass ich in der Sexualität Angst habe, mich meinen emotionalen Bedürfnissen hinzugeben? – Lebe ich meine gefühlsbetonte Seite? – Bin ich bestrebt, ein Selbstbild, das mit meiner inneren Realität nichts zu tun hat, aufrechtzuerhalten? – Ist mir (als Frau) bewusst, dass ich meine anschmiegsame, hingabevolle Seite ablehne? – Ist mit bewusst, dass ich zwanghaft Nahrung zu mir nehmen muss, weil ich meine Gefühls- und Zuwendungsbedürfnisse nicht äußere? – Lebe ich meine sexuellen Bedürfnisse oder lebe ich diese über Nahrungsaufnahme? – Treibt es mich zum Kauf von schönen Dingen, wenn ich unglücklich bin? – Gebe ich meinem Intellekt die Oberhand?

Nehmen Sie nicht zu viele Fragen in die Betrachtungen hinein. Lassen Sie sich Zeit dazu, denn diese Fragen wollen nicht über den Intellekt geklärt werden. Seien Sie in Ihren Betrachtungen wertfrei. Es braucht lediglich eine Wahrnehmung, ein Fühlen des Ringens zwischen Ihrem Selbstbild und der eigentlichen Thematik. Lassen Sie sich Zeit in Ihren Betrachtungen. Es hat keinen Sinn, wenn Sie die Themen im Schnelldurchlauf abhandeln. Sondern gehen Sie ruhig öfter in jeweils andere Situationen hinein, die in Ihnen aufsteigen. Die qualitative Empfindung ist mehr wert als die quantitative Menge der Bilder. Je öfter Sie sich in den Situationen im Spiegel der Selbstbetrachtung erleben und ganz intensiv mit Ihren Erkenntnissen Ihren Wahrnehmungen hinterher spüren, desto eher werden Sie sich Ihrer Mechanismen bewusst. Nichts will mit Vehemenz erzwungen werden, sondern die Botschaften Ihres Inneren wollen sich Ihnen offenbaren. Wenn Sie Ihre Erkenntnisse niederschreiben wollen, ist dies sehr gut. Es wird Ihnen helfen, sich auch später mit den Themen zu beschäftigen.

Symbol-Imagination bei Symptommanifestationen

Lassen Sie in Ihrem Spiegel einen großen Saal entstehen, in dem Sie Menschen gegenüberstehen, ähnlich einer großen Tanzformation des 17. Jahrhunderts, wie sie in adeligen Kreisen praktiziert wurde. Schauen Sie sich die Menschen an, die sich in Zweierreihen gegenüberstehen, ihre unterschiedlichen Gesichter, in denen sich ihre Charaktere widerspiegeln. Während Musik spielt, bewegen sie sich aufeinander zu.

Es scheint, als tanzten die Menschen miteinander. Jedoch nicht, dass sie miteinander verschlungen tanzen, sondern sie stehen sich eine Zeit lang in einiger Entfernung gegenüber, dann gehen sie mit wiegenden Schritten aufeinander zu. Jedes Mal, wenn sie sich ganz nahe gegenüberstehen, heben sie ihre Hände über ihre Köpfe und berühren sich. Im Moment des Berührens scheint es, als würde die Kontur der Körper durchlässig werden und sie durch sich hindurchdringen – als gäbe es im anderen Körper keinen Widerstand zu überwinden. Dann gehen sie ein Stück weiter geradeaus durch ihr Gegenüber hindurch und entfernen sich wieder voneinander. Nachdem sie einige Schritte gegangen sind, drehen sie sich wieder auf der Stelle um und gehen erneut aufeinander zu. Beobachten Sie wie, mit jedem Male, wenn die Menschen sich berührend verharren und sich danach durchdringen, sich ihre Gesichtzüge verändern. Es scheint, als hätten die Wesensmerkmale der Person, mit der sie in Verbindung getreten waren, auf sie abgefärbt. Was sich in der äußeren Verbindung darstellt, ist aber nur die grobstoffliche Widerspiegelung eines inneren Prozesses. Wenn Sie eine Zeit lang diesen Tanz beobachtet haben, gehen Sie in die Tanzformation mit hinein. Empfinden Sie, wie Sie selbst immer durchlässiger werden und wie mit jeder Berührung eines anderen Menschen ein innerer Wesensanteil sich auf Sie überträgt. Spüren Sie, wie diese Übertragung Sie bereichert und Sie für Momente eins werden lässt. Sie brauchen gar nichts anderes zu tun, als Ihren inneren Widerstand zu lösen, um sich dieser Erfahrung hinzugeben. Lassen Sie sich vom inneren Wesen der anderen berühren, öffnen Sie sich innerlich. Spüren Sie aber auch die Grenzen, die sich möglicherweise innerlich auftun werden. Vielleicht haben Sie Angst, sich zu öffnen und sich zu verlieren. Nehmen Sie ganz bewusst Ihre inneren Regungen wahr. Lassen Sie dieses verändernde Mysterium auf sich wirken, und nehmen Sie die Empfindung mit in Ihr Leben hinein, indem Sie sich der verändernden Qualität jeder Begegnung öffnen und sich dabei Ihren Gefühlen hingeben.

MOND IM ZEICHEN SKORPION
MOND IM ACHTEN HAUS

DIE MOND-PLUTO-THEMATIK

primäre Stimmung:
Mond im Zeichen Skorpion
Mond in Haus 8
Pluto in Haus 4
Pluto Konjunktion Mond
Pluto Quadrat Mond

latente Erfahrung:
Tierkreiszeichen Krebs in Haus 8
Tierkreiszeichen Skorpion in Haus 4
Pluto Opposition Mond

Stimmungsbild

Pluto als Herrscher des Tierkreiszeichens Skorpion repräsentiert jene mächtige Thematik, die den Menschen zwingt, sich über seine Energien, Gedanken und Intentionen voll bewusst zu sein. Das Erfordernis lautet, sich dem Kern seiner wahren Natur zu stellen, und zwar in einer Folgerichtigkeit und Klarheit, die ihm nicht die geringste Möglichkeit lässt, das Bild von sich unscharf und beschönigend zu malen. Je unbewusster der Mensch ist und je weniger er bereit ist, sein Selbstbild immer neu zu definieren, desto mehr gerät er zwischen die plutonischen Mühlsteine, die ihn solange gefangen halten, bis er einen höheren Grad an Bewusstheit erreicht und aufgrund der immer wiederkehrenden, ähnlich gearteten Ereignisse lernt, Verantwortung für das Erlebte zu übernehmen. Hier wird der Mensch häufig Opfer seiner eigenen Energien, die ihn an jene Bereiche heranführen, die er aus seinem Leben heraushalten wollte. Die **primäre Stimmung** dieser Erfahrung ergibt sich neben dem Mond im Zeichen Skorpion mit dem Pluto im vierten Haus, welches eine Entsprechung zum Mondprinzip hat, oder mit dem Mond im achten Haus, welches einen plutonischen Charakter besitzt, als auch aus der Konjunktion und dem Quadrat zwischen Pluto und Mond. Die **latente Erfahrung** dieses Stimmungsbildes ergibt sich aus dem Tierkreiszeichen Skorpion im vierten Haus sowie dem Tierkreiszeichen Krebs im achten Haus sowie der Opposition von Pluto und Mond. Zusammenfassen lassen sich die Mond-Konstellationen unter dem Begriff einer Mond-Pluto-Thematik.

Die Qualität plutonischer Erfahrungen symbolisiert jene Instanz, die den Menschen im Laufe seines Lebens in Richtung Folgerichtigkeit drängt.

Metaphorisch entspricht das Prinzip, welches dem Zeichen Skorpion zugeordnet wird, innerhalb des Jahreslaufes der Phase des Monats November, in der die Natur ihren Niedergang findet und die Kräfte des äußeren Lebens sich in die Wurzeln des Urgrundes zurückziehen. Mit diesem äußeren Prozess des Werdens und Vergehens baut die Natur auf jenem regenerierenden zyklischen Geschehen auf. Ohne den herbstlichen Niedergang kann es nach einem harten Winter nicht wieder Frühling werden. Das Plutoprinzip stellt eine vergleichbare Thematik insbesondere im Verbund mit dem Mondprinzip dar. So lässt sich die Frage nach dem unbewussten Seelenwunsch unter der Mond-Pluto-Thematik dahingehend formulieren, dass der Mensch aufgefordert ist, zu den Wurzeln und Quellen des Urgrundes zurückzukehren. Es gilt, im Unbewussten Anker zu werfen und jenen Abstieg zu vollziehen, der notwendig ist, um ein – im geistigen Sinne – heiles Leben zu führen. Heil bedeutet hier, dass der Mensch sich um jene Anteile bemüht, die ihm zu seiner Ganzheit im Bewusstsein fehlen.

Alle plutonischen Themen richten sich gegen das unbewusste Leben, also gegen die Kräfte der Dunkelheit, die kein intensives Hinterfragen wünschen, sondern einfach so dahinleben möchten. Plutonische Kräfte transformieren dort, wo man das Spiel der Welt mit größter Überzeugung spielt und sich dabei gemütlich an den Busen von „Frau Welt" kuschelt. Pluto verhilft zum wirklichen Leben. Auch wenn der Mensch es nicht wahrhaben möchte, wirkliche Lebendigkeit besteht aus Stirb- und Werdeprozessen. Die Natur, der Tages- und der Jahreslauf sind in diesem Sinne seine besten Advokaten, sie künden von dieser Gesetzmäßigkeit und lassen den Menschen erkennen, dass das Leben aus zyklischen Phasen besteht. Nur aus dem Zyklus, der vom Leben bis zum Verwesen führt, ergibt sich die höchste Lebendigkeit. Der Mensch wird in den Sterbe- und Löseprozessen mit dem Wesentlichen konfrontiert. Verwesung trägt im Wortstamm das Wesentliche, das Wesen. So bringen alle plutonischen Vorgänge den Menschen zum Wesentlichen, womit der Mensch Stirb- und Werdeprozesse sowie intensivste transformatorische Prozesse erfährt. Oftmals treten diese, je jünger und unbewusster der Mensch ist, in besonders vehementer Form an ihn heran, wobei er sich als Opfer äußerer Umstände fühlt. In vielen Fällen fragen sich die Betroffenen, weshalb sie mit unschöner Regelmäßigkeit in scheinbar ähnliche leidhafte Situationen verstrickt werden. Wie ein roter Faden ziehen sich solche Erfahrungen durch ihr Leben hindurch. Zwar wechseln die Akteure, aber wie in einem schlechten Film spult sich das immer gleiche Lebensdrama ab. Lernt der Mensch in solchen Situationen die Botschaft des Erlebten zu erkennen und sich im Zerrspiegel des Lebens zu erblicken, so hält er den Schlüssel zu den regenerativen Prozessen seiner Existenz in der Hand.

Wenn er die Bereitschaft entwickelt, sich im Geschauten wiederzuentdecken, dann wandelt sich sein Leben und nimmt aufgrund seiner Bereitschaft, Selbstbilder und Fixierungen zu opfern, jenen transformierenden erneuernden Charakter an, in dem der Mensch die volle Regenerationsfähigkeit plutonischer Prozesse erfahren kann. Ist der Mensch bereit, sich zu verändern, dann entwickelt sich die Kraft zur völligen Neuwerdung und er durchläuft aufgrund seiner gewachsenen Erkenntnisfähigkeit jenen Prozess, den man „vom Sterben zum Werden" nennt.

Mit der Mond-Pluto-Thematik wird der Bereich des Subjektiven zur Quelle der Verwandlung, über die die Nativen in seelische Grenzbereiche geführt werden. In ihrem innersten Ur-Keim haben die Nativen ein intensives Bedürfnis nach menschlicher Nähe und tiefen Gefühlen.

Diese Mond-Verbindung symbolisiert ein hohes leidenschaftliches Potenzial. Der Mond besitzt eine zwingende Kraft zur Manifestation und im Verbund mit Pluto, jenem Prinzip der magischen Schöpfungskraft, erhalten die Gefühle, Wünsche und Sehnsüchte eine zwingende Dynamik, in die Realität hinein zu gelangen. Gleichzeitig besitzt auch die Gefühlsqualität im zwischenmenschlichen Bereich etwas zwingend, machtvoll Drängendes, so dass andere Menschen leicht das Gefühl vermittelt bekommen, von den Nativen gebunden zu werden und deren Vorstellungen entsprechen zu müssen. Ihre mentale Erwartungshaltung anderen Menschen gegenüber ist besonders kraftvoll, so als müssten diese den Trägern von Mond-Pluto im Geburtsmuster einen Dienst erweisen, indem sie das vollbringen, was sie gefühlsmäßig von ihnen erwarten. Die Nativen unter dieser Mondverbindung sind mit einem intensiven Machtbedürfnis ausgestattet. Sie wollen auf alles, was von außen auf sie zukommt, einwirken; sie können die Welt nicht in passiv-abwartender Haltung so hinnehmen, wie sie ist. Hier wird ein deutliches Hingabeproblem sichtbar, das von den Betroffenen selbst nicht wahrgenommen wird. Mit ihrem ausgeprägten Machtbedürfnis manipulieren sie alles in ihrem Leben unbewusst, um der eigenen Notwendigkeit zur Verwandlung zu entgehen. Die entscheidende Voraussetzung, die sie in das Leben mit einbringen, ist die Erfahrung der regenerativen Kraft von Wandlungsprozessen. Ihre hohe Regenerationsfähigkeit befähigt sie, durch Höhen und Tiefen des Lebens zu wandeln und wieder völlig neu aus ihnen hervorzugehen. Da sie sich als Außenseiter fühlen, ziehen sie sich zurück, um der profanen Oberflächlichkeit in Begegnungen zu entgehen. Oftmals erfahren die Nativen daraus den Widerstand ihres Umfeldes. Ihnen scheint es, als würden die Mitmenschen ihre Persönlichkeit falsch einschätzen. Sie wehren sich gegen die scheinbaren Unterstellungen, die man ihnen gegenüber äußert. Doch mit jeder Abwehr verpassen die Nativen eine wertvolle Chance zur

Selbstreflexion, denn für sie gilt es, sich über ihre Energien, Gefühle, Wünsche und Intentionen voll bewusst zu sein. Der Auftrag, der mit dieser Verbindung an die Nativen ergeht, ist: sich dem Kern ihrer wahren Natur zu stellen, und zwar in einer Folgerichtigkeit und Klarheit, die ihnen nicht die geringste Möglichkeit lässt, sich etwas über die eigenen Intentionen vorzumachen.

Ist der Mensch unter dieser Mond-Thematik nicht bereit, sich ständig zu hinterfragen und damit intensiv an seinen inneren Motivationen und somit an seiner Persönlichkeit zu arbeiten, verwandelt sich sein Leben in einen alchemistischen Transformationsofen der Gefühle. Das Leben führt in verwandelnde Situationen oder in Grenzbereiche, in denen er im Zerrspiegel des Erlebens mit sich selbst konfrontiert wird. Hier wird er häufig Opfer seiner eigenen Energien, die ihn an jene Bereiche heranführen, die er aus seinem Leben heraushalten wollte.

Native unter dieser Mond-Thematik neigen dazu, hohe Leitbilder und Vorstellungen zu kreieren, denen sie dann gerecht zu werden versuchen. Aus diesem Grund sind sie von einem hohen Leistungszwang beseelt, der sie zu rastlosen Naturen macht. Der Leistungszwang alleine besagt aber nicht, dass ihre Leistungen auch von Erfolg gekrönt sind. Es kann sein, dass dieser ausbleibt, um sie auf diese Weise von ihren Fixierungen zu entbinden. Dies macht die Betroffenen häufig zu zynischen, verbissenen Naturen. Selbst wenn ihre Lebensleistungen gut sind, sind sie unzufrieden, da sie hohe Ansprüche an sich stellen. Darüber hinaus besitzen Menschen mit dieser Mond-Thematik ein hohes kreatives Potenzial, welches als Fähigkeit zu verstehen ist, Ideale, Leitbilder oder konkrete Formen in einem kreativen oder künstlerischen Beruf, vergleichbar mit dem Prozess des Gebärens, auf die Welt zu bringen. Es ist auch besonders wichtig, dass sie sich Ventile schaffen, über die es ihnen möglich ist, etwas von innen nach außen in die Form zu stellen. Deshalb ist es auch wesentlich, dass sie sich Möglichkeiten erschaffen, in die das Potenzial hineinfließen kann. Auf diesem Wege schaffen sie sich Ebenen, in die sie ihre seelischen, gestalterischen Energien hineinfließen lassen können, da sich diese sonst als „vagabundierende" Kräfte auf die Menschen um sie herum richten – wo sie nicht hingehören, wenn kein Auftrag oder Bedürfnis des Umfeldes vorliegt, dass die Nativen gestalterisch in das Leben eines anderen eingreifen dürfen.

Im zwischenmenschlichen Bereich wollen sie alles ergründen, insbesondere die Handlungsmotivationen ihrer Mitmenschen: Innerlich suchen sie nach der seelischen Lauterkeit der anderen. Aufgrund ihres Zugangs zu den Inhalten der kollektiven Psyche vermuten sie im anderen natürlich alle menschlichen Abgründe und Niederungen – der eigene Abgrund scheint ihnen verborgen zu bleiben, denn er findet in ihrem Bewusstsein selten Platz, da sie unhinterfragt in ihren Selbstbildern ruhen. Wie für plutonische Themen spezifisch, herrscht in ihnen der Drang vor, andere Menschen zu Veränderung und Konsequenz anzuhalten. Unbewusst geschieht dies, um sich den eigentlichen, ihnen selbst geltenden erforderlichen Themen nicht stellen zu müssen. Dazu lässt sich eine Gleichung herleiten, die besagt: Je höher ihre emotionale Aufladung und ihr Missionsdrang sind, desto notwendiger ist es, dass sie sich mit dem von ihnen auf den Punkt gebrachten Thema selbst auseinander setzen. In diesem häufig vorkommenden Bedürfnis, an allen Selbst- und Leitbildern festzuhalten, findet der erhebliche Machtanspruch der Mond-Pluto-Thematik seine Ausdrucksform. Gleichzeitig stellt er das größte Problem unter dieser Mondkonstellation dar. Macht und Unerbittlichkeit spielen im Leben der Nativen eine große Rolle. Immer wieder werden sie damit konfrontiert, dass sie für ihre Vorstellungen und Überzeugungen ringen und kämpfen müssen. Dem Leben gegenüber nehmen sie eine unerbittliche Haltung ein. Denn nichts ist für sie schlimmer, als sich den verwandelnden und den regenerierenden Aspekten des Lebens stellen zu müssen, obzwar sie im Sinne ihres Geburtsauftrages in solchen Situationen ihr Heil finden würden. Doch es fällt ihnen schwer, die Fäden aus der Hand zu geben und sich dem Schicksal zu ergeben. Sie ahnen zwar, dass eben das für sie bedeuten würde, sich den verwandelnden Prozessen ihres Lebens zu stellen, doch dies kompensieren sie mit einer gehörigen Portion masochistischer Selbstzerstörungslust, um auf der Handlungsseite zu bleiben. In übersteigerter Form provozieren sie Situationen, die alles zuvor Aufgebaute wieder zerstören, um aus eigenen Gesichtspunkten neu beginnen zu können. Zumindest sind sie in solchen Fällen bis zuletzt immer der auslösende Faktor solcher Situationen, um die Handlungsfähigkeit nicht abgeben zu müssen. Durch ihre besondere Befähigung zum bildhaften und vorstellungsgeprägten Denken, das sie unbewusst mit reichlichen Gefühlen aufladen, vermögen sie in Lebensprozesse einzugreifen und Manifestationen hervorzurufen. Denn jede Vorstellung und jeder emotional-bildhaft geladene Gedanke wird sich mit zwingender Notwendigkeit manifestieren, sobald er von seinem Schöpfer losgelassen wird. Dies ist das Geheimnis jeder magischen Schöpfung, welche auf der Fähigkeit basiert, Vorstellungen und Gedankenprojektionen in den Raum zu stellen, um sich gleich wieder von ihnen zu lösen, damit sie in die Form gelangen können. Besitzt ein Mensch diese Fähigkeit und ist sich ihrer nicht bewusst, ist er kraft seiner plastischen Denkprozesse permanent schöpferisch. Die Eigner von Mond-Pluto können dies z. B. dann merken, wenn sie einige Tage zuvor intensiv an etwas Bestimmtes, mit Emotionen Aufgeladenes gedacht haben und sich dieses kurz danach in ihrem Leben manifestiert. Dies erfüllt sie mit Verwunderung, und in vielen Fällen ist es ihnen unheimlich. Mit einer solchen Fähigkeit besitzen die Eigner dieser Mondkombination eine machtvolle Gabe, die sie vor anderen Menschen auszeichnet. Gleichzeitig jedoch sind sie für das von ihnen Geschöpfte verantwortlich. Im Sinne geistiger Gesetzmäßigkeiten spricht man von der magischen Verantwortung. Dies reicht bis in das Kulturgut der Volksseele hinein. Man denke beispielsweise an die Oper *Der Freischütz*. Da heißt es in dem Ritual, das im Wald (Symbol für das Unbewusste) mit Salomon vollzogen wird: „Sechs Kugeln werden treffen, die siebte wird dich äffen, ha, ha, ha, ha." (Dialog endet mit einem diabolischen Gelächter.)

Je weniger aber die Nativen sich dessen bewusst sind, desto mehr müssen sie mit machtvollen Menschen oder Situationen in Kontakt kommen, damit sie das im Unbewussten liegende Thema über die Außenwelt wieder erreicht. Aus diesem Grund erleben sie sehr häufig Situationen, denen sie ohnmächtig ausgeliefert sind; eine Erfahrung, die nicht unter einem moralischen Aspekt zu sehen ist, sondern lediglich als Ausgleich für ihre machtvolle Anlage. Deshalb sind sie von Zeit zu Zeit unfähig zu handeln. Ohnmächtig müssen sie dann zusehen, wie das Leben seinen Verlauf nimmt, ohne in irgendeiner Form eingreifen zu können. Diese Grenzsituationen stellen sich aus der Unbewusstheit über das eigene Machtpotenzial ein. Denn der Mond entspricht einem wässrigen Ur-Prinzip, das den Menschen in Hingabe und Passivität hineinführt, um letztlich seine Verwandlung zu bewirken.

Die Nativen mit dieser Mond-Thematik haben den Auftrag erhalten, sich im Verlaufe ihres Lebens ganz konkret über den Bereich des Gefühls zu wandeln. In diesem Konflikt zwischen Idee und Wirklichkeit und letztlich der Hingabe an das Sein sind sie immer die Unterlegenen, da in letzter Konsequenz der Mensch dem Verlauf des Lebens ausgeliefert ist. Denn die plutonischen Kräfte fordern zu Verwandlung und Transformation auf, so dass sie im Verbund mit dem Mond die persönlichen, subjektiven Bedürfnisse transformieren.

Anders als es häufig bei Pluto-Verbindungen mit persönlichen Planetenprinzipien im Geburtsmuster ist, aus denen oft ein intensives Verdrängungswerk entsteht, um den eigentlichen Tiefen ihres verwandelnden Musters zu entgehen, gelingt es den Eignern von Mond-Pluto nicht, an dem selbsttäuschenden subjektiven Vorstellungswerk festzuhalten. Es ist ihnen nicht allzu lange möglich, die Verdrängung aufrechtzuerhalten. Der Wechsel zwischen Verwandlung und Hingabe zeigt sich wesentlich schneller, da sie grundsätzlich das Leben zu manipulieren versuchen, um dann im Anschluss ohnmächtiges Opfer der eigenen Manipulation zu werden. Entscheidend an dieser Verwandlung ist die jeweilige Nichtakzeptanz, die sie in die Tiefen eines seelischen Abgrundes stürzen lässt, um sich sogleich wieder an ihr Werk des Aufbaues zu begeben. Doch zuvor empfinden die Betroffenen eine tiefe Angst vor der Verwandlung. Wie bei allen anderen Pluto-Themen, versuchen die Nativen stets, den erreichten Status Quo aufrechtzuerhalten.

Kindheitsmythos

Der Kindheitsmythos unter der Mond-Pluto-Thematik führt durch intensive Phasen von extrem erfahrenen Gefühlen. Das Elternhaus wird mit seinem besonders intensiven mentalen Druck, den es auf das Kind ausübt, zur Wiege der Verwandlung. Große Erwartungshaltungen werden an das Kind herangetragen, dem familiären Rahmen zu entsprechen. Die Bandbreite zwischen den besten Intentionen für das Kind bis hin zum despotischen Druck, der ausgeübt wird, ist unter dieser Mond-Thematik sehr groß. Stets ist das Kind strengsten Anforderungen von Seiten seiner Eltern ausgesetzt. Der diesen hohen Ansprüchen entsprechende mentale Erwartungsdruck belastet das Kind sehr. Dabei geht es weniger um Leistungen oder statusgeprägte Themen, sondern um tiefe innere Bindung, absolute Treue und Nähe zum Elternhaus. Jede Handlung des Kindes wird an den Familienidealen geprüft, es muss bedingungslos und loyal zu den weltanschaulichen Themen und Vorstellungen seiner Eltern stehen. In allen Ausdrucksweisen hängt dieser Anspruch wie ein Damoklesschwert über dem Kind mit einer Mond-Pluto-Thematik. Kommt es zur Abweichung, dann droht ihm Strafe durch Liebesentzug. Kaum dass das Kind seinen eigenen Willen zu leben beginnt, wird es durch die Unklarheit verunsichert, ob es um seiner selbst willen oder wegen der Akzeptanz leitbildorientierter familiärer Erfordernisse geliebt wird. Die Eltern sind in ihrer überschwänglichen Liebe und Fürsorglichkeit bereit, für das Kind Opfer zu bringen. Beispielsweise geht die Mutter arbeiten, um dem Kind ein BWL-Studium zu finanzieren, damit es einen sicheren Beruf ausüben kann. Orientiert sich das Kind um, indem es Kunst studiert, oder entdeckt es ganz andere Neigungen an sich, dann heißt es: „Was habe ich alles für dich getan, bis zum Umfallen habe ich gearbeitet und wie würdigst du jetzt meine Mühe?!" Oder es wurde von den Eltern ein Haus gebaut mit einer speziellen Einliegerwohnung für das Kind, damit es dort „sorgenfrei" leben kann. Das zum jungen Erwachsenen herangereifte Kind verliebt sich und zieht in eine andere Stadt. Jedes Mal, wenn es mit der Mutter telefoniert, heißt es: „Vater hat wegen dir einen Bandscheibenvorfall gehabt, weil er sich beim Hausbau übernommen hat, und du gehst einfach fort!"(Die Eigner von Mond-Pluto im Geburtsmuster können an dieser Stelle ihren persönlichen

Mythos ergänzen.) Die erdrückende Erwartungshaltung nötigt das Kind unter dieser Mond-Thematik immer wieder zu Veränderungen, so dass es ihm schwer fällt, eine eigene Individualität zu entwickeln. Das kann soweit gehen, dass es sich gegen seinen Willen um Belange der Eltern kümmern muss, wobei die Mutter in diesem Szenario eine dominante Rolle einnimmt. Bezeichnend ist der auf mentaler Ebene ausgeübte Zwang, dem sich die Betroffenen nicht entziehen können.

Die Nativen erfahren ein erstickendes Elterndrama, das sie in die absolute Unselbstständigkeit zwingt, weil die Rolle, in die sie ihre Eltern hineinmanövrieren, nicht ihrem Wollen entspricht. Die Grundintention in der Kindheit der Nativen besteht darin, sich aus dem engen Rahmen des Elternhauses zu befreien. Aber trotz aller Widerstände fällt es den Betroffenen schwer, sich dessen übermächtigem Einfluss zu entziehen. Die Bindung zwischen Eltern und Kind besteht oft bis ins hohe Alter hinein und besitzt eine kaum aufzulösende, fast magisch-bindende, untergründige Intensität. Eine auf den ersten Blick harmlose Begebenheit verdeutlicht dies: Eine 85jährige Frau steht mit Altersgenossinnen auf dem Vorplatz eines Theaters und unterhält sich mit ihnen. Ihr 65jähriger Sohn nähert sich der Gruppe an, sie sieht ihn und sagt: „Ah, da kommt mein Kleiner." Ein symbolisch sehr bezeichnender Ausdruck dafür, dass die Kinder nie aus ihrem Status entlassen werden. Der energetische Austausch zwischen Eltern und Kind beraubt das Kind seiner Energien, es ist wie gelähmt und kann sich aufgrund seiner Kraftlosigkeit der Übergriffe seitens der Eltern nicht erwehren. In Momenten des Alleinseins überlegt es, wie die Ablösung von den Eltern gelingen könnte, doch dies glückt in den meisten Fällen nicht. Auch bei räumlicher Trennung bleibt der mentale Druck in möglicherweise veränderter Form bestehen: Die zuvor ausgeübte Macht versteckt sich dann hinter der Hilflosigkeit. Mit zunehmendem Alter verschieben die Eltern von Kindern mit der Mond-Pluto-Thematik ihre psychische Gewalt in Richtung von Krankheitsgewinn. Hinter dieser unerlösten, zwanghaften Form verbirgt sich der Mythos, der die Nativen auffordert, sich durch die Repräsentanten des Seeleprinzipes zu verwandeln. Gerade ihr Wandlungspotenzial ist, da die Fähigkeit zur Veränderung nicht besonders ausgeprägt ist, an die Begegnung gebunden. Der Zwang auf der Begegnungsseite, der unangenehme Übergriff, das unerbittliche Festhalten an den Ich-Intentionen mahnen im Schatten des Erlebens ihre verdrängte Bereitschaft zur Veränderung an, und sie sollten dem als unangenehm Empfundenen mehr Beachtung schenken, statt wie gehabt am Status quo festhalten zu wollen.

Auch kann unter dieser plutonischen Mond-Thematik das Kind mit seiner Geburt selbst zu einer Verwandlung in der Familie beigetragen haben, weil z. B. von der Mutter vorher das Thema der Mutterschaft abgelehnt wurde. Möglicherweise hatte sie schon verschiedentlich abgetrieben oder verschiedene Fehlgeburten erlitten, die über die körperliche Ebene signalisieren, dass die Rolle der Mutter unbewusst nicht angenommen wird. Das Besondere an der plutonischen Mond-Thematik der Frau ist aufgrund mangelnder Hingabefähigkeit, dass sie selbst bestimmen möchte, wann sie Mutter wird. Tief in dieser Abneigung gegen die Hingabe an ihr biologisches Frausein und damit an einen archaischen Hingabeauftrag verbirgt sich die Ablehnung gegen die Weitergabe des Lebens oder auch dagegen, über die Nachkommenschaft das Weltenwerk zu erhalten. Mit der erneuten Schwangerschaft vollzog sich in der Mutter ein Meinungswandel. Mit der Geburt und dem Heranwachsen ihres Kindes versucht die Mutter unbewusst gutzumachen, was sie zuvor an ablehnender Haltung zu diesem Thema in sich trug. Das Kind erhält eine überdimensionierte Zuneigung, über die es in die vollkommene Unselbstständigkeit geführt wird. Die Mutter überlagert es vollkommen, so dass dem Kind kein Raum für seine eigene Entwicklung bleibt; die Dominanz der Mutter wird zu einer Art Erstickungstrauma.

Die Nativen erfahren somit in der Rolle des Opfers jenen Anteil, den sie, ohne es bewusst zu beabsichtigen, im späteren Leben weitergeben werden. Um das Rad der Weitergabe dieses Mythos zu durchbrechen, sind sie berufen, jenen mächtigen Teil in den Tiefen der eigenen Seele zu finden. Neben der erfahrenen Einengung während der Kindheit ist unter dieser Signatur auch eine aggressive Verwirklichung möglich. Dies kann sich in dem Maße zeigen, dass die Elemente der familiären Anforderungen in einer wesentlich dominanteren Form vorgetragen werden, so dass Streit, Schikane und körperliche Züchtigung die Kindheit zu einem Inferno ausufern lassen. Allerdings steht immer das Befolgen der vorgegebenen elterlichen Leitbilder und Normen im Vordergrund. Jede Selbstbehauptung und Infragestellung wird zum Auslöser für Konflikte in der Kindheit. Der Druck wächst für die Betroffenen bis zur Unerträglichkeit, bis sie ausbrechen, um ihr eigenes Leben zu führen. Meist wird dieser Ausbruch von heftigen Streitereien begleitet, die nicht selten das Verhältnis in offenen Hass verwandeln. Der Konflikt bringt die Wahrheit über die unbewussten Gefühle der Erziehenden zum Vorschein und wird für die Betroffenen zum entscheidenden, längst überfälligen Abnabelungsanstoß.

Hinter der starken frühkindlichen Druckerfahrung verbirgt sich das zentrale Mysterium der Mond-Pluto-Verbindung. Durch den erlebten Druck, der eine eigene Entwicklung verhindert, wird der Mensch aufgefordert, sich aus seiner Individualität hinauszubewegen und seine subjektiven Belange zu verwandeln. Es benötigt Abstand, um hinter dem erlebten

Kindheitsmythos die übergeordnete Ansprache erkennen zu können, die schon früh an ihn erging. Darum traten der Druck und die Anforderungen der Erwachsenenwelt bereits im Kinderleben so intensiv an die Nativen heran. Vergleichbar ist diese frühe Ansprache, die individuell von den Betroffenen als Belastung und Leid wahrgenommen wird, mit der Ansprache einer höheren kosmischen Instanz, deren kleiner Abglanz im Lebensmythos erst einmal die Eltern sind. Im Sinne eines großen kosmischen Geschehens erfüllt die Welt lediglich eine Funktion, die die entsprechenden Inhalte über Erlebensformen an den Menschen heranträgt. Ziel der Ansprache unter der Mond-Pluto-Thematik ist die Erkenntnis, dass der Mensch von außen einen höheren Willen zum Verlassen der eigenen Bedürfnisse aufgezwungen bekommt, so dass er keine Chance hat, eine eigene Individualität zu entwickeln. Dies geschieht natürlich immer dann, wenn keine andere Einlösungsmöglichkeit gegeben ist. Lernt der Mensch im Verlauf seines Lebens, seine Individualität zu verwandeln, kann sich die regenerativere Form des Mythos entwickeln. Dann kann sich die erdrückende Komponente entspannen, weil der Mensch zum Teil der Aufforderung dieser Mondkonstellation nachgekommen ist. Die Mond-Pluto-Thematik lässt bereits im Kindheitsmythos deutlich werden, dass die Gefühle und das Miteinander mit Nahestehenden zum alchemistischen Schmelztiegel werden. Hinter allen Konflikten verbirgt sich die Aufforderung, sich zu verwandeln, vor allem aber auf die Suche zu gehen, wo im eigenen unbewussten Wasser der Seele der Ursprung für die Erlebensbereiche liegt. Der Mensch muss in schweren Wirren und Auseinandersetzungen mühevoll die Sprache des „Herrn der Unterwelt" enträtseln. Denn eigentlich ist es der nicht erkannte Machtanspruch, der sie dazu bringt, an allem festzuhalten. Aus kosmischer Sicht waltet eine weitaus weisere Instanz, die mit viel mehr Weitblick und Klarheit jene Schnitte im Leben ausführt, die dem Menschen zum Wachstum gereicht sind.

Das Vertrauen in das Wandlungsgeschehen, das über den Bereich der Gefühle hinausgeht, ist der Bereich, den sich die Eigner von Mond-Pluto erarbeiten sollen und wozu sie auch die Fähigkeiten besitzen: Denn hinter jedem Löseakt und jedem Niedergang steht die Neuwerdung. Hinter jedem äußeren Leben steht ein inneres, das von ihnen ergründet werden will. Erst, wenn sie erkannt haben, dass ihr Innerstes die Außenwelt beeinflusst, können konstruktive Lebensverläufe Gestalt annehmen und neues Wachstum entstehen, weil der innere Mensch geboren wurde.

Partnerschaftsmythos

Menschen mit einer Mond-Pluto-Thematik versuchen intensiv, ihre subjektiven Bedürfnisse durchzusetzen. Besonders im Verbund mit anderen liegt ihr unbewusstes Anliegen darin, sich in deren Seele einzuschleusen. In der Umkehrung geben sie, ohne es zu realisieren, genau das gleiche Drama weiter, welches sie in der Kindheit selbst erfahren haben. Dabei ist ihr Verhalten nicht so offensiv, dass man von Anfang an bemerken würde, worauf sie hinzielen. Mit kindlicher Nettigkeit versuchen sie, ihren Willen zu bekommen. Sollte das fehlschlagen, fallen ihre Forderungen schon nachdrücklicher aus. Die Nativen können hinter ihrem vordergründig freundlichen Verhalten nicht den absichtsvollen Teil entdecken, der den anderen über Nettsein und Hilfsbedürftigkeit in eine Beißhemmung bringen will, um dann den Machtanspruch im vollen Umfang anzubringen. Rücksichtslos und überfallartig stellen sie ihre Forderungen an andere, so dass diese entweder aus Liebe und Befangenheit dienlich sind oder sich überrumpelt fühlen und sie ihnen vor lauter Überraschung Zugeständnisse machen. Nur wer ihr Verhaltensraster durchschaut, ist in der Lage, ihnen etwas entgegenzusetzen. Reagieren die anderen Menschen auf das Verhalten der Nativen aggressiv, sind diese vollkommen erstaunt und wissen überhaupt nicht, warum sich diese in ihren Augen so unverhältnismäßig verhalten. Sie erkennen in ihrer eigenen Art nicht die klammheimliche Machtübernahme, die sich hinter einer freundlichen Fassade rücksichtslos nimmt, was sie benötigt. Ihr Bedürfnis, das Leben zu manipulieren, fordert einen hohen Preis, so dass die Nativen immer gleich mit den Konsequenzen ihrer Manipulationen konfrontiert werden. Sie kommen nicht in den vollen Genuss der Früchte ihrer Manipulation. Immer wieder verwandelt sich das soeben Erreichte in eine Fratze, hinter der der Dämon des eigenen unbewussten Machtanspruches lauert. Versuchen die Betroffenen beispielsweise, einen anderen Menschen zu erreichen, den sie besonders lieben, setzen sie beim anderen mental die entsprechenden zündenden Liebesimpulse. Das ist für sie nicht schwer, denn im Verbund mit der plutonischen Mondkomponente erhalten sie rasch Zugang zu den Seelen anderer. Intuitiv erspüren sie, womit sie den anderen Menschen innerlich erreichen. Sollte es zu einer Verbindung kommen, dann wird sich diese meist sehr schnell zu der gewünschten Partnerschaft mit den entsprechenden Voraussetzungen entwickeln.

In Partnerschaften kommt das Bindungselement von Menschen mit der Mond-Pluto-Thematik im besonderen Maße zum Tragen. Sie haben präzise Vorstellungen und suchen Menschen, die ihrem Idealbild entsprechen. Da sie sich auf einer tiefen seelischen Schicht innerlich leer und unvollkommen fühlen, dient die Partnerschaft primär dem Bedürfnis nach innerer Erfülltheit. Vergleichbar mit dem Zustand in der Natur im Zeitraum des Monats November, der eine öde Leere aufweist, entspricht auch die Gefühlsebene der Nativen dieser traurigen Abgestorbenheit.

Ohne einen anderen Menschen entsprechen auch ihre Gefühle einem Ödland, welches aus einem eigenen Impuls heraus schwer zu verändern ist. Sie spüren intuitiv, dass sie im Verbund mit einem Menschen in einer Art energetischen Symbiose der gefühlsmäßigen Leere entkommen können und ihnen die Partnerschaft über diese Abgestorbenheit hinwegzuhelfen vermag. Unbewusst suchen sie, jene Vollkommenheit oder auch Ergänzung durch einen anderen Menschen zu erfahren. Sie sind aber berufen, die Vollkommenheit durch das Eintauchen in die eigenen Seelenlandschaften in sich herzustellen.

Auf einer tieferen Ebene entspricht das Verlangen der Nativen dem kosmischen Grundbedürfnis nach Einheit. Deswegen können ihnen besonders Beziehungen nicht eng genug sein. Sie suchen ständige Nähe und Intensität, um im Laufe der Zeit mit dem anderen eins zu werden. Keinen Moment wollen sie den Menschen, den sie lieben, aus den Augen lassen, sie gestehen ihm keine eigene Entwicklung zu. Jedes Anzeichen, dass ihr Partner aus der Gemeinsamkeit ausschert, lässt sie noch mehr klammern. Sie wollen sich seiner Gefühle sicher sein. Dabei bemerken sie nicht, dass gerade ihre Bemühung um Bindung sie vom Partner entfremdet, weil diese sich eingeengt fühlen. Mit ohnmächtiger Wut und Trauer stehen sie – wieder und wieder – neben ihren Beziehungen. Sie hatten an Nähe geglaubt und nun entschwindet diese unaufhaltsam aufgrund der Bedürfnisse nach Eigenständigkeit des jeweiligen Partners wie ein Zug, der langsam aus dem Bahnhof rollt und in der Ferne verschwindet. Häufig gehen die Nativen immer wieder neue Beziehungen ein, um jenes Gefühl des Einswerdens mit einem anderen Menschen zu erleben. Die Anfangsbegeisterung, das erste Verliebtsein entspricht genau jener Intensität, nach der sie suchen. Sie wünschen sich sehnlichst, dass dieses Gefühl immer bleiben möge.

Innerhalb von festen Beziehungen erfahren die Nativen den verwandelnden Anteil besonders intensiv. In ihren Beziehungen haben die Nativen ganz konkrete Vorstellungen, wie die Liebesbeweise ihrer Partner sich zu gestalten haben, oder besser gesagt, sie hegen ihnen gegenüber eine Erwartungshaltung, so dass diese durch bestimmte Gesten oder andere Verhaltensweisen wichtige Sicherheitssignale auszusenden haben. Ihr Bedürfnis nach Nähe ist besonders groß, und für sie wäre es unvorstellbar, wenn ihr Partner nicht die Zweisamkeit mit ihnen teilen würde. Am liebsten möchten sie den anderen mit Haut und Haaren verschlingen, um die Nähe, die auf der stofflichen

Ebene kaum zu realisieren ist, zu intensivieren. Die Hingabe, mit der sie sich ihren Partnern zuwenden, ist sehr groß, doch besitzt sie die Eigenart, dass diese mit der Zeit von den Nativen mit der Mond-Pluto-Thematik so unselbstständig gemacht werden, dass sie das Gefühl haben, ohne den Partner nicht mehr existieren zu können. Aus der plutonischen Zuwendung entsteht für die Partner ein großer Erwartungsdruck, denn die Nativen erwarten von ihnen die gleiche Beziehungsintensität, ohne dies jemals zu verbalisieren. Daher wissen die Partner nicht, was von ihnen erwartet wird. So entsteht ein permanenter Druck, der mit der Zeit zur Befangenheit führt, aus Angst im Verhalten dem Partner gegenüber Fehler zu machen. Diese registrieren den geringsten Anschein eines Desinteresses so sensibel wie ein Seismograf und reagieren darauf mit Betroffenheit, Ablehnung oder Vorwürfen. Auf die Dauer wird die Intensität der Bindung für die Partner unerträglich. Es trifft genau das Gegenteil von dem ein, was die Nativen beabsichtigt haben – sie werden von ihren Partnern verlassen. Oder es kommt zum Eklat, wenn sich die Partner verändern und eine Eigendynamik entwickeln, so dass sie nicht mehr dem Bilde entsprechen, das für sie vorgefertigt wurde – und damit scheren sie aus der gemeinsamen Idee aus.

Ganz spezifisch unter dieser Mond-Thematik ist, dass die Beziehung nach einer gewissen Zeit eine Eigendynamik erfährt, die es den Nativen zunehmend schwerer macht, sie zu akzeptieren, weil sich ihre Partner verändern und sich in ihrem Empfinden damit scheinbar von ihnen abwenden. Dies kann sich dergestalt manifestieren, dass der Partner eigene Wege zu gehen beginnt, die nichts mit Abwendung von der Beziehung zu tun haben, nur weil man sich einem anderen Interessengebiet zuwendet, sich vielleicht weiterbildet, einen anderen Beruf ergreift und zeitlich mehr beansprucht ist. Es werden eifersüchtige Dramen aufgeführt, da sie spüren, dass ihre Partner nicht mehr voll in Bindung sind.

Der Druck, den die Nativen ausüben, führt bei den Partnern zum Gewahrwerdungsprozess über das Stimmungsklima, in dem sie sich befinden; es besitzt einen unangenehmen Charakter, der sie in einer ständigen Befangenheit leben lässt. Sie können keinen Schritt ausführen, ohne das dieser seitens der Nativen unkommentiert bleibt; ihr Drang, den Menschen an ihrer Seite nach ihrem Bilde zu formen, ist sehr ausgeprägt. Ihre Ausgeliefertheit gegen die sich entwickelnde Eigendynamik steigert sich solange, bis ihre energetischen Reserven erschöpft sind und sie die Beziehung nicht mehr aufrechterhalten können oder wollen. Gerade auf der Ebene der Gefühle ist es besonders schwer, die magisch-manipulierende Qualität Plutos erkennen zu können.

Auch wenn es schwer fällt, sollten sich die Nativen fragen, aus welcher

Dynamik ihre Beziehung lebt: Ist es die Liebe des anderen Menschen oder nur der ausgelegte Zauber der eigenen bindenden Kraft? Hat man die Liebe mit der eigenen Gefühlsintensität gar in den anderen Menschen „hinein geliebt"? Vor echten Gefühlen haben die magischen Fähigkeiten keinen Bestand, und dann sollten sie es aushalten können, dass die geliebte Person an ihrer Seite nach den eigenen Bedürfnissen lebt. Ist es jedoch nur das eigene Gefühl, das sie in den Partner implantieren, verändert sich die Partnerschaft und die Nativen erfahren am eigenen Leibe, wie der selbst herbeigeführte Zustand sie langsam Schritt für Schritt auszehrt, bis ihnen jede Kraft fehlt, den Zauber aufrechtzuerhalten und sie ausgelaugt in die Ehrlichkeit fallen. Jetzt vermögen sie zu erkennen, ob sie einen Menschen um seiner selbst willen lieben. Hinter allem manipulativen Verhalten, sei es bezogen auf die Verhältnisse des Lebens, sei es bezogen auf Partnerschaften, steckt die Angst vor der eigenen Verwandlung. Mit der Mond-Pluto-Thematik erhält zum einen das Unbewusste und somit auch das aus diesem resultierende Verhalten eine Übersteigerung, zum anderen bedeutet diese Konstellation für die Betroffenen, sich eine höhere Form der Bewusstheit zu erwerben, denn hinter dem Bedürfnis, auf alles einwirken zu wollen, verbirgt sich ein innerlich tief empfundenes seelisches Manko. Die Nativen versuchen, bestimmte, ihnen nicht greifbare oder fehlende Seelenqualitäten mit dem Bedürfnis nach Veränderung ins Leben zu gebären, als wäre es ihnen möglich, aus sich heraus Vollkommenheit zu produzieren. Doch gerade unter dieser Mondverbindung sollen die Betroffenen lernen, dass die Welt der Schmelztiegel ihrer Verwandlung ist und gerade sic in ihrer Unvollkommenheit dazu aufgefordert sind, das zu erkennen. In allen weiteren Schritten lautet der Auftrag unter dieser Mondverbindung, sich über sich selbst zu erheben und in einem bewussten und klaren Licht die unbewusste Dynamik erkennen zu lernen. Dann können die subjektiv aufgebauten Kulissen, die nicht die Stimmigkeit im persönlichen Mythos repräsentieren, langsam in sich zusammenstürzen.

Die Sexualität lässt bei Nativen aufgrund des starken Machtaspektes deutlich die Hingabe vermissen. Auch hier gehen die Nativen mit ihrer starken Erwartungshaltung auf die Partner zu, so dass sich Hingabe in einem freien Fluss nicht entwickeln kann. Vielmehr ist der gesamte sexuelle Bereich starken Kontrollmechanismen unterworfen, obwohl die Nativen einen übersteigerten Geschlechtstrieb besitzen, für diesen aber keine Einlösung finden. Der triebhafte Teil der Sexualität wird in den Hintergrund gedrängt, da die Nativen das Gefühl der Nähe und der Anbindung brauchen. Lieber leben sie einsam und zurückgezogen, solange sich das Leben nicht mit ihren Vorstellungen deckt. In der Sexualität versuchen sie, dieselbe Intensität zu erreichen. Der sexuelle Akt schafft ihnen die Möglichkeit, dem Partner auch auf der stofflichen Ebene nahezukommen. Aus diesem Grund sind sie sexuell besonders aktiv, häufig bis zur Zwanghaftigkeit. Dabei wird der Orgasmus für sie zum Mittel, mit dem sie ihre Individualität auflösen können, oftmals die einzige Möglichkeit, sich dem Thema der Hingabe und dem Loslassen anzunähern. Das Identitätsgefühl verliert sich in jenem kurzen Moment, so dass sie den erlösenden Zustand immer wieder anstreben. Darin zeigt sich die eigentliche Aufforderung, die an die Nativen ergangen ist. Im sexuellen Akt ist es ihnen möglich, jenen Teil zu leben, den sie in der Welt und im Verbund mit anderen Menschen gefordert sind einzulösen: Hingabe zu üben, indem sie eine Annahmequalität zu entwickeln lernen.

Die Mond-Pluto-Verbindung im Geburtsmuster der Frau

Die Frau unter dieser Mond-Thematik nimmt in ihren Partnerschaften eine recht dominante Position ein. Es bereitet ihr Schwierigkeiten, sich in einer hingebungsvoll-passiven Position in der Partnerschaft einzufinden. Sie wird entweder auf subtile Art und Weise oder auch sehr massiv versuchen, in ihren Beziehungen das Heft in der Hand zu halten. Je passiver der Partner ist, desto stärker kann sich das im Extrem darin ausdrücken, dass gleich, was der Partner auch macht, es stets korrigiert wird. Wie er sich kleidet, wie er sich bewegt, wie er sitzt, bestimmte Arbeiten im Haus ausführt. Nichts bleibt unkommentiert, und wenn es nicht genau dem entspricht, wie es die Mond-Pluto-Frau selbst ausführen würde, dann ist es nicht in Ordnung. Sehr leicht kann der Mann auf diese Weise zum „Hampelmann" degradiert werden, der sich entweder mit dieser Rolle abfindet und so in einen völligen Selbstwertverlust hineingerät, oder es kommt zum Akt der Erhebung und des Widerstandes, der aufgrund der Uneinsichtigkeit der Partnerin unweigerlich in den Konflikt bis hin zur Trennung führt. Hier ist es für die Frau bedeutsam, bewusst an der Reflexionsbereitschaft zu arbeiten, indem sie sich vergegenwärtigt, dass es vollkommen unmöglich sein kann, mit der eigenen Sicht der Dinge stets im Recht zu sein. Mond-Pluto will den Menschen in die Hinterfragung hineinführen.

In der Rolle als Frau und Mutter ist es bedeutsam, sich zu vergegenwärtigen, dass gerade der Widerstand gegen die Ausgeliefertheit an das biologische Frausein für sie eine Konfliktthematik bedeutet, die sich häufig in der Tendenz zum Schwangerschaftsabbruch widerspiegelt. Ganz spezifisch für diese Mond-Thematik ist, dass die Frau zwar Kinder mag und selbst eine Mutterschaft anstrebt, den Zeitpunkt jedoch selbst bestimmen möchte. So führt die ungewollte Schwangerschaft meist zu einem Schwangerschaftsabbruch. Unter dem Gesichtspunkt geistiger Gesetzmäßigkeiten ist das Prinzip der Mutterschaft nicht als funktionales Missgeschick in einer solchen Situation zu verstehen, sondern es bedeutet, dass sich dahinter eine Ansprache zur Übernahme der Mutterrolle befindet. Der Abbruch wird kausal sehr dynamisch motiviert mit der Beteuerung, dass sie die Mutterrolle gerne später übernehmen wolle, nur jetzt passe es gerade nicht. Sicher gibt es hier zwei Betrachtungsweisen; einerseits die kausale Sicht, aus der der Mensch die Möglichkeit besitzt, sich frei zu entscheiden, andererseits die analog-geistige, die nach dem Resonanzprinzip den Menschen in ein Erfahrungsfeld hineinführt, das es durch Annahme zu verwirklichen gilt. Häufig kommt es vor, dass Frauen unter dieser Mondverbindung, die in einer Beziehung leben, ihren Partner in Bezug auf die Entscheidung, einen Schwangerschaftsabbruch durchzuführen, nicht informieren und völlig eigenständig und selbstbestimmt ihre Aktion in Angriff nehmen. Meist vollzieht sich der Mythos dann so: Wenn die Frau glaubt, der rechte Zeitpunkt für ihre Mutterschaft sei gekommen, dann stellen sich Komplikationen ein. Entweder wird sie nicht schwanger oder es kann zu Fehlgeburten kommen. Derartige Komplikationen rühren aus dem Mangel an Hingabe und dem Drang, selbst über ihre Weiblichkeit bestimmen zu wollen, her. Diese Mond-Thematik will in der Konsequenz den Menschen mit dem Thema der Hingabe in Verbindung bringen. Hingabe besteht jedoch nicht darin, selbstbestimmt zu handeln und stets die Weichen im Leben aus eigenen Intentionen stellen zu wollen.

Der Grund, weshalb die Frau unter dieser Mondverbindung ihre Kinder mit Liebe und Zuneigung überhäuft, liegt in dem unbewusst latent schlechten Gewissen aufgrund der Abneigung gegen die Passivität ihrer weiblichen Rolle oder auch in einem früheren Schwangerschaftsabbruch, weshalb sie mit Überfürsorge am Kind wieder alles gutzumachen versucht. Die Übersteigerung der Fürsorge und der Zuwendung ist in ihrem selbstgesteuerten Akt mit so viel psychischer Energie aufgeladen, dass es zu mentalen Einengungen des Kindes kommt. Dies geschieht nicht aus böser Absicht, sondern aus einer Überfürsorge. Besonders bedeutsam ist es für Mütter mit Mond-Pluto zu wissen, dass ihre mächtigen Gefühle dem Kind den Lebensodem rauben, auch wenn sie noch so gut gemeint sind. Das Kind bekommt beispielsweise nur allerbeste Nahrung, wird auf eine besondere Schule geschickt und keine Minute aus den Augen gelassen. Es darf kaum einen Schritt alleine gehen, denn es könnte ihm etwas zustoßen. Auf diese Weise werden die Kinder quasi „krankgehütet". Sollte sich das Kind trotz der mütterlichen Bemühungen in eine andere Richtung entwickeln, weil es etwa keine Lust auf biodynamische Kost verspürt oder die anthroposophischen Eurythmie-Übungen gegen Techno-Musik austauscht, führt das zu Konsequenzen

– bis hin zum Bruch des Verhältnisses zwischen Mutter und Kind. Denn nichts ist unter der Mond-Pluto-Thematik so schlimm wie die individuelle Weiterentwicklung des Menschen über die Bande der verschlingenden Liebe hinaus, was einer Ablösung aus der Bindung gleichkommt. Die Mutter ist unbewusst nicht bereit, das Kind abzunabeln, sie bindet es vollkommen mit ihrer Sorge und Zuneigung. Das Fatale ist, dass sich hinter der Zuwendung nur die beste Absicht verbirgt.

Kinder von Müttern mit Mond-Pluto im Geburtsmuster leiden oft im Kleinkindalter an Hautaffektionen bis hin zu Neurodermitis oder Asthma, so dass hinter den Symptomen der Konflikt der versperrten Individuation deutlich wird. Die plutonische Mondenkraft dringt in die Seele des Kindes hinein, und es kommt zu einer verzerrten Wahrnehmung des Kindes. Je offener das Kind im Gefühlsbereich ist, desto stärker vermag die Mutter in es vorzudringen. Dies kann sich dann so darstellen, dass die Ängste der Mutter um das Kind, die Sorge, ob es die Zukunft meistern wird, vom Kind als eigener Zweifel oder Angst wahrgenommen wird und es zu einer Beeinträchtigung in der Lebensbewältigung kommt. Die Mutter sitzt möglicherweise sehnsüchtig zu Hause und denkt an ihr Kind: Wie mag es ihm gehen, kommt es in der Schule, im Leben, im neuen Beruf oder gesundheitlich zurecht. Dies kann in extremen Fällen einer Mond-Pluto-Thematik zu Psychosen bei den betroffenen Kindern führen.

Der Sohn einer Frau, die eine ausgeprägte Mond-Pluto-Thematik im Geburtsmuster hatte, wurde mehrfach angstgeplagt in die Psychiatrie eingeliefert, weil er sich so unfähig empfand, dass in der Folge sein ganzes Leben zusammenbrach. Das Studium wurde nicht vollendet, es bestanden Ängste, einen Beruf auszuführen, um dann letztlich als Mittvierziger von der Mutter zu Hause „liebevoll umsorgt" zu werden.

Deshalb ist es für die Nativen bedeutsam zu wissen, dass die Gefühle, wie immer sie auch geartet sein mögen, etwas anderes bewirken, als sie es sich vorzustellen vermögen. Die Eigner einer solchen Mond-Thematik können sich nicht erlauben, einfach so „vor sich hinzufühlen". Es ist also bedeutsam für die Frau, dass sie sich sehr bewusst beobachtet. Nicht um Kritik an sich zu üben, sondern in dem Wissen, dass vieles aufgrund ihrer eigenen Unbewusstheit geschieht. Das z. B. Krankheit bei ihrem Kind entstehen kann, weil sie es mental einengt, oder es zur Bedürftigkeit kommt, weil der unbewusste Drang, dem Kind noch mehr Zuwendung geben zu wollen, sehr ausgeprägt ist. Deshalb ist es bedeutsam, sich stets zu fragen, welchen Teil man selbst in dem erlebten Drama aktiviert, um damit den plutonischen Energien durch Bewusstheit und Erkenntnis ihre Macht zu nehmen. Dies kann aber nicht ohne den Intellekt geklärt werden, und es ist

deshalb so bedeutsam, die unbewussten seelischen Intentionen zu ergründen. Der Intellekt, mit dem sich viele Menschen vollumfänglich identifizieren, macht nur einen kleinen Bruchteil der Persönlichkeit aus. Die Macht
der verborgenen seelischen Intentionen ist dem gegenüber viel größer.

Die Mond-Pluto-Verbindung im Geburtsmuster des Mannes

Der Mann unter dieser Mond-Thematik wird sich zu einer Frau hingezogen
fühlen, die seine Mond-Pluto-Thematik erfüllt. Er wird einer dominanten
Frau den Raum geben, die ihn in die Grenzbereiche des Fühlens hineinführt. Denn als Lernaufgabe unter dieser Mond-Signatur hat er den Auftrag
erhalten, als Mann fühlend zu werden und sich seinem Innenraum zuzuwenden, um sich zu öffnen. Auch der Mann besitzt eine vergleichbare Kraft
wie die Frau, die besonders bei aktiven Anteilen im Geburtsmuster von ihm
ausgeht. Für ihn gilt es in gleicher Weise, den manipulativen unbewussten
Drang zu entdecken, mit dem er seinem Umfeld begegnet. Da jedoch der
Mond sein archetypisches Frauenbild repräsentiert, wird er häufiger das
Opfer seiner unbewussten lunaren Kraft. Dies führt ihn in Partnerschaften
hinein, in denen er bis hin zur sinnbildlichen Kastration dominiert wird,
indem er in der Beziehung seine männliche Rolle verliert und fortan am
Gängelband der Frau sein Dasein fristet. Auch wenn der Mann passiv in seiner Rolle verharrt, wird er damit in den Höllenofen der Gefühle geführt, die
ihn zwingen, seinem Innenraum Aufmerksamkeit zu spenden. Hier ist es
für den Mann bedeutsam zu verstehen, dass mögliche Probleme mit seiner
Frau oder generell mit Frauen, sinnbildlich gesprochen, ein Problem mit
seiner eigenen Seele repräsentieren. Die Frau verkörpert im Lebensmythos
des Mannes seinen innerseelischen Anteil. Die Aufmerksamkeit, die in
Konflikte und Auseinandersetzungen hineinfließt, ist genau die Energie, die
man seinem eigenen Innenraum zukommen lassen sollte – als Mann das
Mysterium des Fühlens zu ergründen, die inneren Welten mittels Meditationen zu erforschen, sich beispielsweise mit Familienaufarbeitung auseinander zu setzen und im besten Sinne die metaphysischen Räume zu betreten, um das Mysterium vom Sterben und Werden zu ergründen. Aber auch
das Schaffen von Ventilen, um den kreativen inneren Kräften Raum zu
geben, ist für ihn bedeutsam.

Natürlich geht es beim Mann unter dieser Mond-Verbindung darum,
seine Liebe und Zuwendung in Familie und Partnerschaft einfließen zu lassen,
so dass er für sich eine andere männliche Rolle zu entdecken vermag, in der
er die Fähigkeit entwickeln kann, Vater und Mutter in sich zu vereinen.

Vaterschaft in seiner aktiven, schützenden, kraftvollen Form zu verwirklichen und Mutterschaft, indem er trotz seines Gebundenseins im Lebenskampf jene Gefühle und Geborgenheit spendende Seite in sich entwickelt. Für den Mann gilt es genauso wie für die Frau, jenen bewussten Akt der inneren Hinwendung für sich zu vollziehen, und führt dazu, dass die Frauen an seiner Seite davon erlöst werden, ihn in den alchemistischen Ofen der seelischen Transformation zu führen.

Symptome

Findet das kreative Potenzial mit der Mond-Pluto-Thematik keine Einlösung, übernimmt die korporale Ebene die Rolle, die die Betroffenen nicht im Bewusstsein annehmen wollen. Verschiedene Krankheitssymptome treten auf, die sich in zwei Merkmalsgruppen zusammenfassen lassen: Die eine Symptomgruppe weist auf die unbewusst übergreifende Komponente des Menschen hin, die andere auf jene, die nicht in den Weltenteil eingebunden sein möchte.

Der unbewusst machtvolle Anteil erfährt seinen Ausdruck über Symptome, die in Richtung eines unkontrollierten Zellwachstums hineinzielen, denn dieser Signatur liegt ein hohes kreatives Potenzial zugrunde. Wucherungen und Geschwüre stellen jenes gestalterische Element dar, das möglicherweise im Leben keine Einlösung findet. Der Mond als fruchtbar gebärendes Prinzip erfährt im Verbund mit Pluto eine Übersteigerung. Neben dem biologischen Akt des Gebärens entspricht die Kreativität auf der konkreten Ebene dem Prinzip der Ausgestaltung. Diese kann im künstlerischen Schaffensprozess wie auch in kreativen Formen des Bastelns, Töpferns und Gestaltens ihren Ausdruck finden oder auch in der Fähigkeit, Ideen oder Ideale in eine Form hineinfließen zu lassen. Dazu gehören alle Berufe, die etwas mit Kreativität zu tun haben, wie Architekten, Werbefachleute und Fotodesigner, die Filmbranche usw.; diese geben den plutonischen Kräften Raum, die unter dieser Mond-Thematik Einlösung brauchen. Wesentlich ist, aus dem Inneren etwas hervorzubringen, um es in Formen hineinfließen zu lassen.

Handelt es sich bei dem Wachstumsgeschehen um ein unkontrolliert bösartiges, wie es in Tumoren seinen Ausdruck findet – Brust-, Gebärmutter- oder Magenkrebs –, dann lässt dies deutlich werden, dass die innere seelische Raumergreifung im Bewusstsein nicht präsent ist und sich über die Wucherungen ausdrückt. Die Symbolik eines unkontrollierten Wachstumsgeschehen verdeutlicht, dass es im betroffenen Organbereich des Mondprinzipes einen Anteil gibt, der über die Normalität des Organs hinauswächst. Die natürlichen Grenzen werden überschritten, der Organismus wird geschädigt und das kann möglicherweise zu einem tödlichen Ausgang führen. Sinnbildlich wird in dem Symptom der bereits beschriebene Aspekt des seelischen Übergriffes auf nahestehende Menschen oder am eigenen Kind deutlich, der immer aus besten Absichten heraus motiviert wird.

Die Symptome, die den Teil des verborgenen seelischen Aspektes des Menschen repräsentieren, der nicht mehr im Weltlichen eingebunden sein möchte, umfassen Störungen der Körperfunktionen, die symbolisch aufnehmen oder bergen sollen. Bei Frauen sind dies vor allem die Reproduktionsorgane, zu denen die Gebärmutter, die Eierstöcke und die Brüste gehören. Die hier auftretenden Krankheiten zeigen, dass die Nativen sich ihrer Ablehnung gegen das Leben und damit auch Leben weitergeben zu wollen, nicht bewusst sind. Das Thema der Hingabe an das weibliche Element liegt hier in der Problemzone, so dass einerseits, etwa bei der Eileiterschwangerschaft, etwas heranwächst, das eine intensive Zuwendung auf sich zieht, andererseits die Fähigkeit, zu gebären, eine Blockade erfährt. Auch die Unterleibsorgane können durch Störungen signalisieren, dass es im Unbewussten jenen Anteil gibt, der sich der passiven weiblichen Seite nicht ausliefern möchte. So können Gebärmutterprobleme durch Myome oder bösartige Tumore entstehen, die in der Folge eine Entfernung der Gebärmutter erforderlich werden lassen, so dass die Frau sich einer Unterleibsoperation unterziehen muss und sie in der Folge nicht mehr gebären kann. Sollte die Native Mutter geworden sein, kann sich die unbewusste Ablehnung darin manifestieren, dass sich die natürliche Nahrungsversorgung des Kindes problematisch gestaltet. Möglicherweise entzünden sich die Brustwarzen oder vereitern und die Mutter kann ihr Kind nicht stillen. Hier wird sichtbar, dass im Unbewussten der Mutter ein Teil existiert, der sich dem kindlich-fordernden Übergriff entzieht, der nicht bereit ist, sich vom ausgeprägten Besitzanspruch des Kindes binden zu lassen. Der Wechsel zum Nahrungsangebot aus den Regalen des Einzelhandels schafft zumindest Freiheit und biologische Abnabelung vom Kind.

Eine weitere sehr zentrale Symptommanifestation unter dieser Mond-Thematik ist im Bereich der Psyche zu finden. Hier kann es zu übersteigerten Ausdrucksformen der Macht kommen, die bis hin zum Größenwahn führen. Größenanspruch stellt sich insbesondere dann ein, wenn die Nativen in ihrem Leben wenig Widerstände entgegengesetzt bekommen. Kommt es einmal zu Konflikten, dann veranstalten sie oft ein geschickt gekonntes emotionales Szenario, dass die Reflexions- und Erkenntnisschwelle der Träger dieser Konstellation in weite Ferne rücken lässt. Besonders schwierig ist es für andere Menschen, sie mit ihren Einwänden zu erreichen, da die Nativen die Kunst beherrschen, Einwände oder Entgegnungen von sich abperlen zu lassen wie Wasser auf dem Lack eines frisch polierten Autos. Vielmehr begeben sie sich in die Rolle, Kritik an anderen Menschen zu üben, und neigen dabei zu Intoleranz, solange Handlungsweisen nicht in ihrem Stil ausgeführt werden. Häufig kreiden sie bei anderen Menschen deren Unreflektiertheit an – wobei es für die Nativen wichtig wäre, sich die Frage zu stellen, weshalb gerade sie diese Feststellung bei anderen Menschen machen.

Dem Mondenprinzip ist – wie bereits dargelegt – das Metall Silber zugeordnet, das in früheren Zeiten in Form einer polierten Platte als Spiegel diente. Ein Spiegel dient der konkreten Selbstbetrachtung – das Urprinzip Mond im Geburtsmuster als Bestandteil der Selbstreflexion. Silber besitzt die Eigenschaft, im Verbund mit dem im Eiweiß enthaltenen Schwefel anzulaufen, also eine Schwärzung zu erfahren, mit der die klare Spiegelfunktion des polierten Silbers sich zurückbildet. Das Eiweiß besitzt eine analoge Zuordnung zu den Ich-Kräften (Mars). Der schwärzende Schwefel entspricht den plutonisch fixierten gestalterischen Kräften.

Daraus kann man folgern, dass mit der Gefangenheit in den unbewussten plutonischen Kräften auch die Fähigkeit der Selbstreflexion verloren geht. Neurotische Störungen finden ebenfalls eine Zuordnung zu dieser Mond-Thematik. Sie können sich in extremer Launenhaftigkeit und sprunghaften Stimmungen ausdrücken, die das Spektrum „himmelhochjauchzend" bis „zu Tode betrübt" umfassen. Damit werden die Nativen zu Zeitgenossen, die das Umfeld stets mit Glaceehandschuhen anfassen muss, da ihr Verhalten kaum zu kalkulieren ist. Innerhalb von Minuten können aus einer Bemerkung oder einem Fakt, der ihnen missfällt, Gewitterwolken heraufziehen, die ihre Stimmung verdunkeln. Dann üben sie auf andere einen emotionalen Druck aus, der so stark sein kann, dass die Stimmung in einem Raum eine derartige Beklommenheit annimmt, dass sich andere Menschen betroffen und wie gelähmt fühlen. Je weniger innere Bearbeitung und seelische Bewusstwerdungsarbeit geleistet werden, desto stärker sind die Nativen unter dieser Mondverbindung den Gefühlen von Neid, Rache- und Streiteslust ausgeliefert. Dies gehört mit in das plutonische Erlebensfeld hinein, in dem die Nativen häufig Opfer ihrer im Unbewussten schwelenden Kräfte werden. Das Umfeld mit den anderen Menschen wird dann zum Auslöser ihrer verborgenen seelischen Abgründe, die den Betroffenen von äußeren Erfahrungen zu innerer Bearbeitung führen wollen.

Depressionen und gefühlsmäßige Höllenfahrten sind Ausdruck dafür, dass es für die Nativen bedeutsam ist, sich mit metaphysischen Themen auseinander zu setzen. Auch die Ergründung des Mysteriums des Todes stellt in diesem Zusammenhang ein zentrales Thema dar. Denn diese Mondverbindung will die Nativen mit der Nachtseite des Lebens auf sehr intensive Weise in Verbindung bringen. Doch vor dieser Auseinandersetzung besteht häufig eine große Angst. Ängste treten in den unterschiedlichsten Facetten bei den Nativen auf. Das Thema der Angst ist im Zeichen Skorpion und somit in den plutonischen Stimmungen angesiedelt, weshalb der Mensch mit einer solchen Mondstellung an den unterschiedlichsten Ängsten leidet. Ähnlich wie im Thema des Jungfrau-Mondes resultiert die plutonische Angst aus dem Zugang zu den Niederungen der kollektiven Psyche. Je unbewusster die Nativen sind, desto größer sind auch ihre Ängste. Kennen sie ihre eigenen Niederungen und Abgründe nicht, so sehen sie diese überall in der Welt, nur nicht in ihrem eigenen Inneren. Ihre unerkannten Abgründe führen sie fast zwanghaft im Verbund mit anderen Menschen in destruktive Bereiche, die im Ergebnis immer etwas anderes zu Tage treten lassen, als sie eigentlich geplant hatten. Doch die Ergebnisse ihrer unter guten Vorsätzen ausgeführten Taten sind näher an der Ehrlichkeit ihrer inneren Motivationen, die sie aufgrund ihrer Unbewusstheit noch nicht entdecken konnten. Diese Bereiche schauen sie aber nicht gerne an, geschweige denn, dass sie bereit wären, die Verantwortung dafür zu übernehmen. Es ließe sich vereinfacht sagen, dass die Ängste, die sie in ihrem Leben haben, Ängste sind, sich selbst zu begegnen. Dazu gehört auch die Angst vor dem Tod. Diese spielt im Leben der Nativen eine große Rolle. Die Angst vor dem Tod symbolisiert stellvertretend die Angst vor der Verwandlung. Denn der Tod als der große Transformator steht im Leben als die letzte große Verwandlungsinstanz vor den vielen kleinen Wandlungen im Leben.

Der Mensch mit der Mond-Pluto-Thematik ist dazu aufgefordert, sich mit sich selbst auseinander zu setzen. Seine Unbewusstheit erzeugt in ihm unerklärliche Schuldgefühle. Je unerlöster dieser Bereich ist und je mehr er bestrebt ist, die Vielschichtigkeit seines Innenraumes zu verdrängen, desto näher befindet er sich am Rande der Psychose, die auf diesem unerlösten Weg versucht, nicht gelebten Themen in der Psyche des Betroffenen Raum zu verschaffen. Der bewusstere Native wählt den Weg, der nach den Grundfragen des Seins zielt. Auf diesem Weg wird es den Betroffenen möglich, in anderer Form mit ihrer inneren Anlage umzugehen, die sowohl zu höheren als auch zu niederen Dingen fähig ist. Abgrund und Heiligkeit sind im Bereich des plutonischen Mondes Aspekte, die sich den Betroffenen immer wieder stellen. Einseitigkeit wird niemals die Lösung für das eigene Ringen sein. Doch im Leben will dieser Persönlichkeitsaspekt erst einmal erfahren werden. Dies zeigt sich dann darin, dass die Betroffenen immer wieder Extreme benötigen, in denen sie sich zu finden versuchen. Dazu braucht es Einsichtsfähigkeit und emotionale Distanz, die es sich stets ins Bewusstsein zu rufen gilt. Sicher sind Leidenschaft und Emotionalität Teile ihrer inneren Realität, aber wie es das Wort Leidenschaft so trefflich ausdrückt, schafft diese Leiden und damit Bindung. Nur die jovische Kraft der Erkenntnis und der Großzügigkeit besitzt die befreiende und erweiternde Möglichkeit, über sich selbst hinaus zu wachsen, indem man sich die Bindung an die Macht des Gefühls ins Bewusstsein ruft, um am immer wieder anlaufenden Spiegel der Seele Silberputz zu halten.

Lerninhalt

Hinter der Grundspannung des Lebens verbirgt sich die inhaltliche Symbolik, dass es für die Nativen darum geht, sich in ihrer Subjektivität zu verwandeln. Menschen unter dieser Mond-Thematik sind aufgefordert, die regenerative Kraft von Umwälzungsprozessen zu entdecken. Meist sind sie nicht bereit, die ganze Verwandlung eines Themas oder eines Bereiches zu durchlaufen, vielmehr wollen sie vorher aus den Lebenssituationen aussteigen und sich den Schmerz ersparen. Dies drückt sich in selbstzerstörerischen Handlungen aus, die natürlich in der Konsequenz in die Verwandlung führen. Da sich aber der von ihnen selbst initiierte Prozess am Ende gegen sie richtet, ist er nur eine extreme selbst gesteuerte Abkürzung, in der der seelische Urwunsch nach Zerstörung und Auferstehung seinen Ausdruck findet. Die Nativen sollten lernen, dass hinter jedem Festhalten an alten Fixierungen nur neue Niedergänge in ihr Leben einziehen werden, um sie in das wahre Mysterium des Lebens einzuführen. Um auferstehen zu können, muss zuvor der Niedergang erlebt werden.

Es ist das Thema des „okkulten Entwicklungsweges", das sich in verzerrter Form in ihrem Leben manifestiert. So verbirgt sich hinter den vielfältigen Stirb- und Werdeprozessen oder dem Schal-Werden von äußeren Lebenskonstrukten die Aufforderung, nach den Wurzeln der eigenen Existenz zu suchen, um zum Wesentlichen zu finden und in Einklang mit dem Mysterium des inneren Lebens zu kommen. Ihre Übergriffe im zwischenmenschlichen Bereich sind Ausdruck des Bedürfnisses nach Einheit und Verschmelzung. Doch die Nativen sollen erkennen lernen, dass nicht sie bestimmen, mit welchem Teil sie innerhalb ihres Lebens eine Verschmelzung eingehen. Der Sinn ihrer hohen und tiefen Erfahrungen ist, dass sie das Alte hinter sich lassen und emotional immer wieder neu geboren werden. Sie sind berufen, über die Ebene des Gefühls hinauszugehen, sich hinzugeben, um mit jedem Aspekt im Meer des Ganzen in Einklang zu kommen.

Ihre Mond-Konstellation heißt sie über die transformierende Form des Gefühls immer wieder neu zu werden, um sich aus der irrealen Welt der geistigen Vorstellungsinhalte zu lösen. Dazu muss die Bereitschaft vorhanden sein, den Schmerz einer Situation ertragen zu können, die sich außerhalb des unerbittlichen Steuerungsbedürfnisses bewegt, das Leben zu manipulieren. Dazu gehört das Wissen, dass das Leben gleichzeitig Sterben bedeutet, da sich der Mensch vom ersten Atemzug an unerbittlich auf das Sterben zubewegt. Die innere Bereitschaft, sich von geistigen Fixierungen und Leitbildern zu lösen, ist der erste Schritt, um zu spüren, dass sie stets wieder neu erstehen können. Diese Mond-Thematik birgt neben ihrem transformierenden Charakter die höchste regenerierende Kraft in sich. Durch Erkenntnis und innere Wandlungsbereitschaft vermögen sich selbst grenzwertige Situationen zu wandeln, so dass sie wie ein Phönix aus der Asche neu auferstehen. Nur wenn die Nativen ihre Kontrollbedürfnisse und Manipulationen zu opfern lernen, können sie über sich hinauswachsen. Denn unter Mond-Pluto heißt es, sich über die gemachten Grenzerfahrungen, über den kleinen bedürftigen Teil des Menschseins zu erheben, um auf diesem Weg vollends losgelöst von jedem Kontrollbedürfnis Sicherheit und Geborgenheit zu erfahren und sich in den immerwährenden zyklischen Transformationen vollkommen sicher zu fühlen.

Der Mensch mit dieser Mond-Thematik sollte vor allem lernen, sich selbst offen und ehrlich zu begegnen. Alle Vorstellungen und geschönten Selbstbilder sind im Sinne seines Geburtsauftrages nicht förderlich, denn es geht darum, sich von den subjektiven Belangen zu lösen, an denen er festhalten will. Je geringer der Zugang zu den eigenen Niederungen ist, desto schlechter ist auch ihre Ausstrahlung auf andere Menschen. Je heller und lichter sich ein Mensch mit der Mond-Pluto-Thematik empfindet, umso dunkler und unangenehmer wirkt er nach außen. Findet er Zugang zu seiner dunklen Seite, wandelt sich seine Ausstrahlung, die bei anderen Menschen Beklommenheit erweckt, und kehrt sich in das Gegenteil um. Sie werden vom unbewussten Lebenstrieb zu einer höheren Bewusstheit herangeführt, und um die Grenzen des Menschlichen überschreiten zu können, wird der Blick auf das Wesentliche geschärft. Die Nativen sind dazu berufen, ihre unbewusste Machtausübung zu erkennen und im Zuge dessen die persönlichen Absichten, die in der Machtausübung liegen, loszulassen. Die im Leben zyklisch auftretenden Krisen sind nichts anderes als der nach außen gekehrte plutonische Abgrund, dazu bestimmt, den Anstoß zur inneren Wandlung zu geben. Die Nativen sollten sich ins Bewusstsein rufen, dass für jede Entwicklung der Verfall notwendig ist. Er ist die Basis für einen gesunden Wachstumsprozess, deshalb ist es bedeutsam, den Widerstand gegen jede Veränderung aufzugegeben. Das Bewusstsein, dass Persönlichkeitsveränderungen zum Leben dazu gehören, ist hier besonders wichtig: Alte Formen wollen erneuert werden, Neues kann aber nur entstehen, wenn die alte Schlacke zerbröselt zurückbleibt. Deshalb ist es sehr wichtig, die Vergangenheit sowie alte Bindungen loszulassen. Für sie gilt es, die Gegenwart zu erfahren, in der sie ihre gesamten Vorstellungen und Fixierungen opfern, so dass sie neu geboren werden können, weil sie gelernt haben, über die Schwelle der Angst in die Wirklichkeit zu treten: Dann kann das Weltenwerk jene Verwandlungen an ihnen vornehmen, welche sie in unerbittlichen Kämpfen im Laufe ihres Lebens fernzuhalten bestrebt waren – auf dass sie lernen, aus der Asche ihrer Leitbilder und Vorstellungen neu zu werden.

Meditative Integration

Wenden Sie sich, wie in den Kapiteln „Der innere Raum" und „Spiegel der Selbstbetrachtung" beschrieben, dem von Ihnen geschaffenen inneren Raum zu. Nachdem Sie die Entspannungsübung zur Einstimmung ausgeführt haben und sich vor Ihrem Spiegel sitzend wiederfinden, lassen Sie in Ihrem Spiegel der Selbstbetrachtung folgende Fragen im Geist Revue passieren:

Meditation zu äußeren Lebensbegebenheiten

Ist mir bewusst, wie sehr ich bestrebt bin, dem Leben meinen Stempel aufzudrücken? – Bin ich dem Leben und anderen Menschen gegenüber unnachgiebig? – Habe ich den Eindruck, dass Menschen mich häufig falsch einschätzen? – Lebe ich in dem Bewusstsein, dass es stets die anderen sind, die ihre eigene Problematik auf mich projizieren? – Wie ist es um meine Wandlungsbereitschaft bestellt? – Erlebe ich häufig, dass sich meine Wünsche und Vorstellungen auf erstaunliche Art und Weise realisieren? – Haben sich die realisierten Manifestationen im Laufe der Zeit gegen mich gerichtet? – Erlebe ich häufig Situationen, denen ich ohnmächtig ausgeliefert bin? – Halte ich unermüdlich an meinen Leitbildern und Fixierungen fest? – Erlebe ich vermehrt Umbrüche über die äußere Welt? – Ist mir bewusst, dass ich Menschen an meiner Seite formen möchte wie eine Figur aus Lehm? – Welche Gefühle ruft es in mir hervor, wenn ein Mensch, den ich liebe sich eigenständig zu verändern beginnt? – Bin ich bereit, einen Menschen wertfrei zu lieben, oder ist meine Liebe an Bedingungen geknüpft?

Lassen Sie zu den Fragen Ihre individuellen Situationen und Erlebnisse im Spiegel der Selbstbetrachtung vor Ihnen entstehen, und spüren Sie den Empfindungen nach, die mit den Situationen verbunden waren.

Nehmen Sie in der inneren Selbstbetrachtung im Besonderen Ihren Drang wahr, selbst die schöpferische Instanz in Ihrem Leben zu sein. Spüren Sie dem Bedürfnis nach, das bestrebt ist, Kontrolle über Situationen oder Menschen auszuüben. Ist Ihnen bewusst, welche Szenarien Sie im Verbund mit anderen Menschen hervorrufen, nur um Recht zu haben und sich nicht verändern zu müssen? Lassen Sie besonders die Gefühle in Ihrem Inneren wirken, die hervorgerufen werden, wenn sich etwas außerhalb Ihres Zugriffes gestaltet. Ist Ihnen bewusst, wie schwer es Ihnen fällt, loszulassen und Hingabe gegenüber dem Leben zu üben? Nachdem Sie eine Reihe von Lebenssituationen aufgesucht haben, in denen Sie Ihre Unnachgiebigkeit gespürt haben, ist es bedeutsam, Situationen aufzusuchen, in denen Sie einmal Hingabe geübt haben und dem gestalterischen Verlauf des Lebens gefolgt sind. Möglicherweise gab es darunter Erfahrungen, die zu der Feststellung führten, dass auch die Hingabe Ihnen annehmbare Bedingungen zu schaffen vermochte. Vielleicht entstand ja auch die Sehnsucht in Ihnen, vermehrt loszulassen, weil die Erfahrungen gut und wohltuend für Sie waren. Wenn es mehr solcher Erfahrungen gibt, dann sind diese als Schlüssel zu sehen, die Sie zum Loslassen und zur Hingabe an das Leben zu führen vermögen.

Meditation zu körperlichen Symptomen

Finden sich bei Ihnen Symptome aus der Mond-Pluto-Signatur wieder, dann lässt dies darauf schließen, dass Sie einerseits kein Ventil für Ihre gestalterischen Kräfte haben und Ihnen andererseits Ihr manipulativer Teil nicht bewusst ist. Seitens Ihrer Selbstwahrnehmung haben Sie keinen Zugang zu dem machtvollen Teil in Ihnen, da Sie sich ganz mit Ihrer positiven Seite identifiziert haben. Über die Symptommanifestation kehrt der unbewusste Teil zu Ihnen zurück, so dass es für Sie zu erkennen gilt, welche Kräfte in Ihrem Inneren walten, um sie in die Bewusstheit zu heben und um einen anderen Kanal für diese Kräfte zu schaffen. Leiden Sie beispielsweise an gutartigen Geschwülsten oder Warzen, dann will Ihnen dies z. B. signalisieren, dass es keine kreativen Ausdrucksformen in Ihrem Leben gibt. Oder wenn Sie unter unkontrolliertem Zellwachstum leiden, wäre es für Sie sehr bedeutsam, sich mit Ihrer machtvollen sowie der unnachgiebigen Seite zu beschäftigen, die sich durch nichts verwandeln möchte. Schenken Sie dem Teil Beachtung, der sich schon lange nicht mehr verändert hat. Halten Sie an Lebenssituationen, Menschen, Selbstbildern fest, obwohl diese Ihnen nichts mehr bedeuten? Besonders wichtig ist es, ob gerade in den Bereichen, in denen Sie verharren, ständige Schwierigkeiten und Konflikte Sie mahnen, sich zu verändern. Spüren Sie Ihrer inneren Verhärtung nach und der möglichen Angst, sich zu wandeln. Gelingt es Ihnen, den Teil, der sich dem verändernden Lebensfluss nicht hingeben möchte, aufzuspüren, dann sind Sie der Wurzel der Kräfte, die Sie zur Wandlung treiben, sehr nahe.

Fragen, auf die Sie sich zu Ihren Symptomen einlassen sollten

Habe ich mich auf Verwandlungen jenseits meiner Kontrolle eingelassen? – Verharre ich seit langem schon in den gleichen Lebensbedingungen und -situationen? – Ist mir bewusst, dass ich meine Ansichten stets für das Maß aller Dinge halte? – Ist mit bewusst, dass ich andere Menschen dominiere? – Greife ich, wenn auch mit besten Absichten, in die Lebensverläufe mir nahe stehender Menschen ein? – Gibt es Menschen an meiner Seite, die ich liebe und die unfähig sind, ihr Leben zu gestalten? – Wohin fließen meine gestalterischen Fähigkeiten? – Lebe ich mein kreatives Potenzial? – Gibt es in meinem Leben Themen oder Organisationen, für die ich mich einsetzen kann? – Entwickele ich meine metaphysische Seite? – Besitze ich einen angstfreien Zugang zum Mysterium des Todes? – Habe ich durch Meditation zu einem inneren Leben gefunden? – Achte ich auf meine innere Stimme? – Ist mit (als Frau) meine Abneigung gegen die Weitergabe des physischen Lebens bewusst? – Ist mir (als Frau) die Abneigung gegenüber meiner weiblich passiven Seite bewusst? – Werde ich (als Mann) von meiner Partnerin dominiert? – Habe ich (als Mann) ständig Stress mit meinen Partnerinnen? – Bin ich in Gefühlen von Wut und Enttäuschung so gefangen, dass ich mich nicht mehr in die Lage anderer Menschen versetzen kann? – Reagiere ich mit Wut über und neige ich in der Folge zu unverhältnismäßigen Handlungsweisen, indem ich mich z. B. von anderen Menschen trenne oder das berufliche Umfeld wechsele? – Habe ich Zugang zu meiner dunklen Seite, oder nehme ich mich stets als lichtvolle Persönlichkeit wahr?

Nehmen Sie jeweils nur eine Frage in Ihre Betrachtungen hinein. Dabei spielt es keine Rolle, ob Sie die Situationen wirklich sehen oder ob es die Gefühle sind, die mit den Erinnerungen hochsteigen. Wichtig ist, dass Sie Ihren Empfindungen aus den Erlebnisbereichen nachspüren, damit Sie einen Zugang zu den verborgenen Themen erhalten. Je mehr Sie sich in den Situationen im Spiegel der Selbstbetrachtung erleben und ganz intensiv mit den entstehenden Erkenntnissen Ihren Wahrnehmungen hinterher spüren, desto besser werden Sie sich Ihrer unbewussten Mechanismen bewusst. Nichts will mit Vehemenz erzwungen werden, sondern die Botschaften Ihres Inneren wollen sich Ihnen offenbaren. Je mehr Sie sich Ihrer unbewussten, machtvollen Seite annähern, desto eher erreichen Sie jenes Themenfeld, das durch Bewusstheit erlöst werden will.

Symbol-Imagination bei Symptommanifestationen

Lassen Sie in Ihrem Spiegel ein weites Feld entstehen, auf dem sich viele Menschen befinden, die in einer gewissen Distanz zu Ihnen einen Kreis um Sie bilden. Vielleicht sind Menschen darunter, die Sie kennen oder denen Sie gefühlsmäßig zugetan sind. Sie befinden sich im Mittelpunkt dieses Kreises als ein Wesen, das in einem Kokon lebt. Der Mittelpunkt Ihres Kokons gleicht dem Gefühl, wenn Sie die Augen schließen und in sich hineinlauschen und nur in Verbindung mit Ihrem Wesen sind. Lassen Sie diese Situation in Ihrem Inneren Gestalt annehmen, indem Sie nur sich als Empfindungswesen wahrnehmen und die Menschen um Sie herum. Nach einer Weile können Sie erkennen, dass Sie auf seltsame Weise mit den Menschen um Sie herum durch ganz subtile Fäden verbunden sind. Jedes Mal, wenn Ihre Aufmerksamkeit auf einem Menschen ruht, Sie an ihn denken oder Gefühle in Ihnen aufsteigen, können Sie wahrnehmen, wie ganz subtile Fäden zu dem Menschen hinreichen, auf den Sie sich gerade konzentrieren. Es ist, als würden Sie ganz subtile Bänder mit den anderen verbinden. Genau wie Ihre Gefühle unterschiedlicher Natur sind, sind auch die subtilen Bänder unterschiedlich.

Je intensiver Ihre Gefühle sind, desto stärker umwinden die feinen Fäden in den unterschiedlichsten Farben den Menschen, dem sie gelten. Haben Sie Angst um einen Menschen, können Sie sehen, wie die Fäden den Menschen einengen und ihn förmlich immer fester bis zur Unbeweglichkeit umschnüren. Haben Sie Erwartungshaltungen, gleichen die Fäden einer Wand, die Druck auf den Menschen ausübt. Fühlen Sie Liebe, dann verweben sich Ihre Fäden mit dem Menschen, so dass er ganz an Sie gebunden und eins ist, sind Sie ärgerlich und wütend, formieren sich die Fäden zu einer schwarzen Wolke, die Sie umgibt. Lassen Sie nun die unterschiedlichsten Gefühle in Ihnen aufsteigen, und nehmen Sie wahr, dass diese nicht ohne Wirkung bleiben, denn jedes Mal entstehen neue Verbindungen zu den Menschen, denen sie gelten. Machen Sie sich dabei bewusst, dass Ihre Gefühle und Gedanken eine Wirkung auf die Psyche anderer Menschen und auf die Verläufe in ihrem Leben haben.

In dieser Imagination haben Sie die Möglichkeit, wahrzunehmen, was in Ihrem alltäglichen Leben ebenso geschieht, zwar nicht sichtbar ist, jedoch vergleichbare Wirkungen im Gefühl der anderen hervorruft. Spüren Sie, dass Ihre Gefühle Kräfte hervorbringen, die sich auf die Menschen richten, denen sie gelten, einerlei, was es für Gefühle sind. Dies ist in Ordnung, denn es geht nur darum, es wahrzunehmen, nicht jedoch es zu bewerten, da es für Sie bedeutsam ist, sich ganz einfach diesem Mechanismus, der in Ihrem Unbewussten verborgen liegt, anzunähern. Gleich, ob Sie binden, einschnüren oder Druck ausüben, es ist nicht Ihre Absicht, aber trotzdem geschieht es. Lassen Sie diese Wahrnehmung intensiv auf sich wirken. Seien Sie sich dessen bewusst, dass von Ihnen Kräfte ausgehen, die in den seelischen Innenraum anderer eindringen und auf ihr äußeres Lebensumfeld einwirken. Sie jedoch bleiben stets unverändert und unberührt, weil Sie Ihr Kokon schützt. Sie können auch wahrnehmen, dass jedes Mal, wenn ein Mensch in umgekehrter Weise Sie zu berühren versucht, Sie sich ganz zusammenziehen und sich in Ihren Kokon verweben, damit nichts an Sie heranzudringen vermag. Vielleicht spüren Sie auch, dass Sie sich ganz bewusst verschließen, um nicht berührt zu werden und keine Veränderung zu erfahren. Lassen Sie nun wechselseitig diese Erfahrung immer und immer wieder entstehen. Spüren Sie die Energien, die von Ihnen ausgehen, und auch umgekehrt, wie Sie sich verschließen, wenn Sie von anderen Menschen oder von der Dynamik des Lebens berührt werden. Spüren Sie, dass Ihre inneren Regungen bei anderen etwas bewirken, dass Sie mit den anderen verbunden sind, auf diese einwirken, denn Sie sind in Ihrer Emotionalität nicht getrennt von anderen, sondern bewegen Kräfte. Dies gilt es, bewusst wahrzunehmen. Aber auch Ihre unbewegte Position in der Mitte, in der Sie sich einigeln und vor den Zugriffen des Lebens schützen.

Achten Sie darauf, was die Imagination in Ihnen hervorruft. Vielleicht sind Sie betroffen oder es wird Ihnen bewusst, dass andere Menschen Ihnen gegenüber äußerten, dass sie sich von Ihnen unter Druck gesetzt fühlten, was Sie sicherlich strikt von sich gewiesen haben. Suchen Sie mit dieser sehr effektiven Imagination ähnliche Erfahrung in Ihrem Inneren auf, und lassen Sie sie immer wieder auf sich wirken, bis diese Wahrnehmung für Sie ganz selbstverständlich ist. Nehmen Sie Ihre gefühlte innere Realität und die Erkenntnisse als Simile in Ihr tägliches Leben, indem Sie auch dort Ihre Intensität wahrnehmen.

MOND IM ZEICHEN SCHÜTZE
MOND IM NEUNTEN HAUS

DIE MOND-JUPITER-THEMATIK

primäre Stimmung:
Mond im Zeichen Schütze
Mond in Haus 9
Jupiter in Haus 4
Mond Konjunktion Jupiter
Mond Quadrat Jupiter

latente Erfahrung:
Tierkreiszeichen Schütze in Haus 4
Tierkreiszeichen Krebs in Haus 9
Mond Opposition Jupiter

Stimmungsbild

Das Tierkreiszeichen Schütze, das als letztes Zeichen im geistigen Quadranten angesiedelt ist, wird von dem Urprinzip Jupiter als Herrscherplanet regiert. Das Zeichen Schütze ist ein männlich-aktives Feuerzeichen, dem die inspirativen, erhebenden Geistimpulse zugeordnet werden. Das im Zeichen Schütze herrschende Jupiterprinzip entspricht sinnbildlich jener Kraft, die für alle Wachstums- und Erweiterungsprozesse, die im materiellen, aber insbesondere im Geiste stattfinden. Weiterhin ist ihm das Thema der Sinnsuche zugeordnet, denn diese erwächst dem Bedürfnis, nach neuen Inhalten zu suchen, wenn der Mensch von einer steten Unruhe getrieben ist, weil er sich nicht mit dem Gegenwärtigen zufrieden gibt. Auch die Suche nach neuen Weltanschauungen und das Bedürfnis, sich mit Philosophie und Religion auseinander zu setzen, entsprechen jenem jovischen Wachstumsbedürfnis. Dies ist nicht immer unter beschönigenden ideellen Gesichtspunkten zu verstehen, denn ganz wertfrei findet der Mensch zu neuen Lebensinhalten, die weit entfernt von seinen Grundanliegen sind und eben deshalb zu einer Erweiterung des Bewusstseins führen. Aus tief greifenden Impulsen des Lebens reifen Erkenntnisse und Einsichten heran, deren Verarbeitung den Sinn erfüllen, das Individuum innerlich reifen und wachsen zu lassen.

Aus der **primären Stimmung** der Mond-Jupiter-Thematik ergeben sich jene erweiternden Erfahrungen im Bereich der Seele, dargestellt durch den Mond im Zeichen Schütze sowie den Mond im neunten Haus, das gleichfalls für Wachstum und Erweiterung steht. Auch wenn das Urprinzip Jupiter im neunten Haus positioniert ist sowie beim Quadrat und einer Konjunktion

Jupiters mit dem Mond, lassen sich diese Verbindungen alle zusammen mit der Überschrift einer Mond-Jupiter-Thematik definieren. Die **latente Erfahrung** dieser Mond-Signatur drückt sich im Geburtsmuster mit dem Tierkreiszeichen Schütze im vierten Haus, dem Tierkreiszeichen Krebs im neunten Haus, der Opposition zwischen Mond und Jupiter aus. Mit dieser Mond-Kombination verbinden sich zwei Prinzipien, die in ihrem Ursprung nicht kompatibel sind. Man denke an die Diskrepanz zwischen philosophischer stiller Einkehr und dem Geschrei von Schokolade verschmierten Kindern. Doch mit der Mond-Jupiter-Thematik entsteht gerade jene Verbindung, aus der der Native über die Familie einen Wachstumsimpuls erfährt, der ihn zu neuen Erfahrungen streben lässt. Auf einer anderen Ebene bedeutet dies, da der Mond sinnbildlich für das seelische Element im Geburtsmuster steht, dass der Mensch Wachstum und Erweiterung über die Auseinandersetzung mit der Seele findet, um in den wässrigen Gefilden seines seelischen Innenraumes eine Brücke zu den Prinzipien aufzubauen, die ihm innerlich fehlen. Dies ist verbunden mit einer sehnsuchtsvollen Stimmung, weil der Mond die Gefühle und Jupiter die Sehnsucht nach anderen Zuständen repräsentiert, die jenseits des Weltlichen zu finden sind.

Fragt man nach dem Sinn, weshalb es zu einer Mond-Jupiter-Signatur im Geburtsmuster eines Menschen kommt, ist diese Konstellation als ein verborgener Seelenwunsch zu verstehen, der nach Erhebung und Wachstum über die profanen Bereiche des Lebens hinaus zielt. Die Sehnsucht nach dem Besonderen, dem Erhebenden ist die Triebfeder der Nativen, die sie in die unterschiedlichsten Lebensbereiche auf die Reise schickt, um sich immer weiter zu bewegen und sich nicht mit dem Erreichten zufrieden zu geben. Die Suche nach Glück und Zufriedenheit zeichnet den Menschen mit dieser Mond-Thematik aus. Das Erreichen von Zufriedenheit kann in den unterschiedlichsten Ausformungen ihren Ausdruck finden, die von der Suche nach dem Heil im materiellen Überfluss bis hin zum Glück in geistigen Bereichen durch Erhebung und Erkenntnis führt. Oft entsteht dieser Weg auch aus Unzufriedenheit über verwirklichte Lebensziele, die schon wieder bedeutungslos und schal werden, wenn man sie gerade erreicht hat. Dies treibt den Menschen weiter auf seiner Suche nach der Zufriedenheit, solange bis er erkennt, dass Glück nicht über Äußerlichkeiten erreicht werden kann, weil dieses nicht lange währt.

So ist es das größte Anliegen der Nativen unter der Mond-Jupiter-Thematik, sich aus den Niederungen der Normalität zu erheben, um sich von der Masse zu unterscheiden. Sie empfinden die Welt mit ihrem täglichen Einerlei als trist und grau und verlieren ihre Begeisterung dadurch, dass sie sich in dem als sinnlos empfundenen Alltagsgetriebe aufreiben. Aus diesem Grund vermeiden sie es, sich mit Kleinigkeiten auseinander zu setzen, so dass sie auf andere Menschen einen großzügigen und toleranten Eindruck machen. In aller Tiefe verstehen sie die Bemühungen anderer, sich bessere Lebensformen zu erschaffen, und es liegt ihnen fern, deren Bemühungen zu beurteilen. Trotzdem haben auch die Eigner dieser Mond-Thematik das Empfinden, etwas Besonderes zu sein, was ein wesentliches Anliegen aller feurigen Elemente ist, die sich nicht mit statischen Bedingungen zufrieden geben, da sie in ihnen das Gefühl von Stagnation erzeugen. Im Unterschied zum Menschen mit der Mond-Sonne-Thematik, der schon in seiner Kindheit von seiner Familie Zuspruch und Förderung erhielt, empfindet der Mensch mit der Mond-Jupiter-Thematik sich zwar auch als etwas Besonderes, doch bezieht er seinen Selbstwert nicht aus dem Zuspruch und dem Applaus seiner Mitmenschen, denn er hadert mit der Lebenseinstellung und dem Lebensstil der anderen. Deshalb sind sie für ihn im Stillen auch nicht berechtigt, ihn und seine Anliegen zu würdigen. Seine Begeisterung begründet sich in der Überwindung der anderen, woraus er sich selbst zu inspirieren vermag, denn die Wurzel seiner Dynamik liegt darin, dass sich die allgemein gültigen Lebensideale nicht mit seinen Vorstellungen decken. Schon von Kindheit an haben die Nativen mit der Mond-Jupiter-Thematik das Gefühl, als hätten sie einen inneren Heilszustand verloren. Sie tragen eine undefinierbare Sehnsucht im Herzen, so als wären sie aus einem paradiesischen Zustand gestürzt, den sie mit ihren Bemühungen wiederherzustellen versuchen. Da es sich dabei um ein nicht genau definierbares Gefühl handelt, nagt in ihnen dieser Schmerz, und sie beginnen, in den unterschiedlichsten Bereichen zu suchen, um die sich nicht schließende Wunde wieder zu heilen.

Das euphorische Empfinden dominiert bei den Nativen über ihre Handlungsfähigkeit. Aus Begeisterung ziehen sie für sich die Energie, die sie benötigen, um sich im Leben zu engagieren. Inhaltlich liegt diese Dynamik, die Kraft aus der Begeisterung zieht, in der Grundcharakteristik des Schützezeichens bzw. im Urprinzip Jupiter begründet. Im Verbund mit dem Mond erhält diese Qualität eine weitere Steigerung, denn aus dem Gefühl der Begeisterung entspringt ihr inneres Seelenheil. Dies macht sich besonders dadurch bemerkbar, dass nur durch eine flammende, begeisterte Inspiration weltliche Dinge bewältigt werden können. Erlischt die Flamme, so erlöschen mit ihr die Lebensfreude und damit der Lebenssinn, so dass sich dadurch auch im Leben Stagnation breit macht. Ist genügend Euphorie vorhanden und können die Nativen auf Ziele zurückgreifen, für die es sich zu leben lohnt, dann sind sie anderen Menschen gegenüber offen und großherzig und versuchen, etwas von ihrer Inspiration weiterzugeben. So zeichnen sie sich dadurch aus, dass sie sehr begeisterungsfähig sind, denn das Gefühl (Mondprinzip) gepaart mit Jupiter (Geistprinzip) sucht sich mit erhebenden Momenten zu verbinden, in denen sie sich innerlich geborgen und heimisch fühlen.

Das Verhalten der Nativen ist dynamisch und aktiv, denn der Mond im Verbund mit Jupiter schafft eine Dynamik, aus der heraus sie Energie nach außen abgeben und deshalb nicht so aufnahmebereit sind; sie sind keine Empfängernaturen. Die Außenwelt vermag sie nur über intensive Erfahrungen zu erreichen, um Spuren in ihnen zu hinterlassen. Aus dem Empfinden, nicht am rechten Platz in der Welt zu sein, versuchen sie mit einer Überdynamik, rastlos ihr nicht klar zu definierendes Ziel zu erreichen. Fast macht es den Eindruck, dass ihr Leben für sie ein ewiges Provisorium ist und sie sich in einer Übergangssituation befinden, dessen Ziel sie nicht genau definieren können. Ihre jeweilige Ist-Situation nehmen sie aus diesem Grund nicht wahr und können sie nicht besonders genießen, da sie zukunftsorientiert sind und damit gar nicht bemerken, was das Jetzt für sie bereithält. Ihre Sehnsucht nach der Besonderheit im Leben können sie mit anderen Menschen schwer teilen, da diese keinen Draht zu ihren hochtrabenden Ideen haben. Man unterstellt ihnen Größenwahn und Undankbarkeit für die Erfolge, die sie schon in ihrem Leben erzielt haben, und vermag nicht nachzuvollziehen, was die Nativen bewegt.

Das mangelnde Verständnis der Umwelt macht die Betroffenen einsam, woraus ein großer Leidensdruck entsteht. In den Phasen der Isolation durch das Unverständnis des Umfeldes werden bei ihnen häufig kreative Prozesse und die größten Leistungen geboren. Denn ein kreatives Potenzial benötigt eine gewisse Portion an Leid, um sich in höchsten Formen ausdrücken zu können. Dies ist auch eine besondere Dynamik, die aus der Kombination des Mondes mit der jovischen Qualität entsteht. Wie es auch dem Schütze-prinzip zu Eigen ist, braucht es stets eine bedrückende Situation, die zu einer Veränderung beiträgt. So erleben die Nativen häufig Situationen, die für sie erdrückend sind, bis sie zu einer Dynamik finden, mit der sie sich aus der leidhaften Situation befreien können. Es sind förmlich Druckgeburten, aus denen immer wieder etwas Neues entsteht. Dies lässt sich aus einer Analogie des jahreszeitlichen Geschehens, in dem das Tierkreiszeichen Schütze angesiedelt ist, ableiten. Es ist die Vorweihnachtszeit des Jahres, die gleichsam die dunkelste Zeit des Jahres ist, in der Lichtfeste und Zeremonien gefeiert werden. Dies bedeutet, dass im tiefsten Dunkel stets das Licht als Sehnsucht nach helleren Momenten geboren wird. Dies ist für das bessere Verständnis der Lebenserfahrung der Nativen wichtig, die ihre Unzufriedenheit und die daraus entstehende Suche als einen Motor verstehen sollten, der sie zum Wachsen antreibt.

Im Grunde ihres Herzens fühlen sich die Eigner mit dieser Mond-Signatur über das Leben erhaben und suchen nach Ideen, die sie begeistern. Dabei ist die Diskrepanz zwischen ihrem Ideal und der Wirklichkeit so groß, als würde man neben einem antiken Tempel in Griechenland einen Plattenbau aus den sechziger Jahren errichten. Ihre gefühlsmäßige Großzügigkeit und die Nähe eines Zustandes, der sehnsüchtig weit über das profane Leben hinauszielt, lässt sie diese Diskrepanz empfinden. Da in ihnen der Glaube an das Gute oder an ein Ideal stark ausgeprägt ist, übertragen sie dies in ihrem Selbstverständnis auch als Erwartungshaltung auf andere Menschen. Voller Idealismus und Illusionen gehen sie auf diese zu und glauben an deren ehrliche Motivationen, ohne einen Gedanken an Berechnung, Übervorteilung oder rationales Kalkül zu verschwenden. So erleben sie im Verbund mit anderen immer wieder enttäuschende Momente, in denen sie die Feststellung machen müssen, dass es gut ist, vorsichtiger im Umgang mit den Mitmenschen zu sein. Gerade im Kontakt mit menschlichen Niederungen verstärkt sich das Gefühl, nicht am rechten Platz zu sein, besonders wenn sie den Futterneid ihrer Mitstreiter spüren, der in der Gesellschaft so ausgeprägt ist wie das Kampfverhalten hungriger Enten um eine Brotkrume. Für sie ist es nicht nachvollziehbar, dass das Gros der zwischenmenschlichen Kontakte getragen ist von Neid, Revierkämpfen und dem Bedürfnis, jeden Andersdenkenden zu ächten. Sie kennen keinen Neid, weil ihnen die erreichten Ziele der anderen nicht bedeutsam erscheinen. Sie würdigen andere in ihren Leistungen nicht und werden deshalb von diesen als arrogant und überheblich empfunden. Dies ist den Nativen aber nicht bewusst, weil sie den Mitmenschen stets aus ihrem Herzen und aus ihrer Sicht der Dinge begegnen. Ihr Verhalten entspringt einem natürlichen Selbstverständnis, das sie nicht zu Markte tragen, um andere dadurch klein zu machen. Deshalb verstehen sie auch nicht, weshalb sie von anderen ausgegrenzt werden und deren stillen Unmut wecken.

Hier zahlen die Nativen eine Menge Lehrgeld, bis sie merken, dass ihre unerbittliche Wachstumssehnsucht für Themen und Ideale sie zu einem Exoten in der Welt macht. Aus diesem Grund sehnen sie sich auch nach einer Ebene des Zusammenlebens, die frei von störendem kleinlichen menschlichen Gerangel ist, oder sie treten durch Überleistung die Flucht nach vorne an, um sich über diesen Weg von den Kontakten des Umfeldes zu befreien. Mit zunehmendem Alter, besonders wenn sie das Gefühl haben, auf der Stelle zu treten, kann das zu einer Veränderung ihrer Weltsicht bis hin zur tiefen Verbitterung führen, denn enttäuschende Momente rauben den Nativen unter dieser Mond-Thematik die Kraft, die dann fehlt, um sich aus stagnierenden Situationen zu befreien. Auch ihr Verhalten anderen

Menschen gegenüber kann sich soweit verändern, dass sie andere Menschen stellvertretend für sich abwerten und kritisieren. Derartig eingestimmt, entfalten sie der Umwelt gegenüber eine abwertende Verhaltensstruktur. Aus dem eigenen Unglück heraus sind sie unbewusst bestrebt, das Glück anderer nach dem Motto zu schmälern: „Wenn ich schon nicht glücklich bin, warum sollen es dann andere sein?"

Die Arbeitsmoral ist bei den Nativen nicht sehr ausgeprägt, nur solange ihre Begeisterung reicht, können sie dynamisch agieren. Eintönige Berufe und harte, inspirationstötende Arbeit lehnen sie ab. Vieles wird mit großer Begeisterung begonnen, doch sobald sich Widerstände auftun, werden angestrebte Ziele oder Arbeiten nicht zu Ende geführt. Sie werfen dann die Flinte ins Korn und wenden sich genervt ab. Das Aufzeigen von Grenzen berührt bei den Betroffnen die empfindsame Wunde ihrer profanen, demotivierenden Welterfahrung, die an solchen Punkten sofort wieder zu bluten beginnt. Es entsteht das Gefühl, durch die Widerstände an scheinbar ausweglose Situationen gebunden zu sein, in denen es keine Perspektive gibt. So sind die Nativen dazu geeignet, Impulse zu setzen, denn sie profitieren stets von der Anfangsenergie, doch für nachhaltige, langwierige Projekte fehlt ihnen der Atem. Andere können sie jedoch mit ihrer Fähigkeit inspirieren.

Besonders intensiv zeigt sich in ihnen ein Ausbruchsdrang, wenn sie das Gefühl haben, gebunden zu sein. Innerlich spüren sie in solchen Situationen eine undefinierbare Unruhe und die Lust, in die Ferne zu schweifen. Im Beruf ist es die Sehnsucht, endlich in den Urlaub zu fahren, oder im Winter zieht es sie bezeichnenderweise in südliche Gefilde, da das Grau der Wintermonate für sie erdrückend ist. In solchen Ausformungen zeigt sich der Mangel an Konzentration auf die tatsächlichen Anforderungen, welche die Welt an sie stellt. Gerne versuchen sie, den kleinen Dingen des Alltags zu entrinnen. Die ungeduldige Sehnsucht, schnelle Ergebnisse zu erzielen, zeichnet sie aus, was zu einer depressiven Abwärtsbewegung führt, sobald sie auf der Stelle treten. Hier ist es für die Nativen bedeutsam, sich zu vergegenwärtigen, dass es darum geht, die Welt mit ihren zeitlichen Gesetzmäßigkeiten anzunehmen, denn: „Gut' Ding will Weile haben." Es gilt, sich zu vergegenwärtigen, dass der Erfolg (wie das Wort schon sagt, „Er-folgt") immer das Ergebnis von Bemühungen ist, und dieser sich erst nach einer gewissen Zeit einstellt. Das Hinderungselement der Nativen ist ihre Sehnsucht nach dem erhebenden Moment des Erfolges. Sie zielen stets auf das Endprodukt einer Sache und vergessen dabei, dass es wichtig ist, sie mit Geduld und Ausdauer zu ihrem Ende zu führen. Hier liegt auch die Wurzel für die leidhafte Variante dieser Mond-Verbindung, denn wenn es an der

Umsetzung fehlt und sie sich auf ihren Lorbeeren, etwas Besonderes zu sein, ausruhen, kann es passieren, dass sie schnell in untergeordnete Positionen geraten. Besonders leiden sie unter der Diskrepanz zwischen dem Erhabenheitsgefühl und den tatsächlichen Verhältnissen. Es ist ihnen aufgrund ihres Elitedenkens schwer möglich, sich in hierarchischen Berufssituationen unterzuordnen. Leicht kann sich das Gefühl einstellen, dass sie als Handlanger lauter Unwürdigen zu dienen haben. Für die Nativen ist es aus diesem Grund auch erträglicher, eine freiberufliche Tätigkeit auszuführen; in einer solchen sind das kreative Moment und die Abwechslungsmöglichkeit größer. In einem Angestelltendasein werden für sie allein die Überschaubarkeit und die kalkulierbaren finanziellen Grenzen unerträglich. Die Perspektive, immer nur das gleiche Gehalt zu beziehen, ist für sie schwer auszuhalten.

Je größer diese Diskrepanz zwischen ihrem Erhabenheitsgefühl und der tatsächlichen Lebenssituation ist, desto stärker leiden sie unter der scheinbaren Erniedrigung. Der entstandene innere Druck kann dazu führen, dass sie damit beginnen, jene Bereiche dynamisch zu meistern, die ihnen eigentlich fern liegen. Auch hier werden die unannehmbaren Formen zum Geburtselement, aus denen eine Überwindungsqualität geboren wird. Oder der Leidensdruck wird zum Motor, der durch die erfahrene Schmach den Menschen dazu treibt zu erkennen, dass das Glück nicht im Weltlichen zu finden ist, sondern in den Bereichen des Geistes, womit sie der eigentlichen Sinnhaftigkeit ihrer Mond-Thematik näher kommen. Verharren sie jedoch in ihrer Ausgeliefertheit, dann tarnen sie sich, ähnlich wie die Nativen unter der Mond-Sonne-Thematik, unter einer Maske der Arroganz und der Überheblichkeit, um ihre Unsicherheit zu kaschieren. In der Erleidensvariante ihres Musters wächst der Gram über das eigene Versagen und lässt sie zu unerbittlichen Kritikern werden, die sich über die anderen erheben, selbst aber nicht in der Lage sind, Vergleichbares auf die Beine zu stellen. Unbewusst sind sie ärgerlich über das Durchhaltevermögen anderer Menschen und vergessen, dass vor jeder Kritik, quasi als Legitimation, die Auszeichnung durch eigene Arbeit stehen sollte. Hier ist es für die Nativen bedeutsam, sich selbst zu reflektieren, denn es geht für sie darum, sich zu überwinden, um selbst Leistungen zu erbringen, damit sie, wenn sie sich auf der Erleidensseite dieser Mond-Verbindung befinden, in den Heilwerdungsprozess gelangen und aus einer tieferen Zuversicht dem Leben begegnen können. Ist das der Fall, trägt dies im hohen Maße zu ihrer Offenheit bei. In der erlösten Form ihrer Mond-Thematik geht es darum, einen Ausgleich zwischen dem weltlichen und dem geistigen Teil zu schaffen.

Die Welt will mit all ihren Erfordernissen angenommen werden, und gleichzeitig geht es darum, durch das Eintauchen in die Bereiche der eigenen Seele, durch Traumreisen, Meditation und philosophische Studien den eigentlichen Sinn des Lebens zu berühren und damit eine Verbindung zweier Ebenen herzustellen. Gelingt es zu einer Erkenntnis zu gelangen, in der das eine das andere nicht ausschließt, nähern sie sich dem Ziel ihrer Mond-Signatur an. Dann haben sie jenen verständigen dritten Punkt erreicht, der es den Nativen auf ihrem Lebensweg ermöglicht, sich aus den bindenden kausalen Schuldzuweisungen zu lösen, da sie erkennen, dass im Menschen alleine die Wiege aller äußerer Umstände verborgen ist.

Kindheitsmythos

Das besondere Spezifikum des Kindheitsmythos unter dieser Mond-Signatur ist, dass er verschiedene Facetten aufweist, die sich, zumindest was die subjektive Wahrnehmung der Kinder anbetrifft, ganz unterschiedlich einsortieren lassen. Die Haltung gegenüber dem Elternhaus erfährt im Verlauf des Reifungsprozesses der Kinder eine sich stark abzeichnende Veränderung. Ein Fakt, der sich auch im späteren Leben fortführen wird, da Menschen mit einer Mond-Jupiter-Thematik vielfältige Entwicklungsstadien durchlaufen.

Der Geborgenheitszustand in der pränatalen Phase des Kindes entspricht der Grundsehnsucht der Nativen nach Einheit und kosmischer Harmonie. Dies ist nicht zu vergleichen mit dem kindlichen Bedürfnis nach Geborgenheit und mütterlicher Wärme. Primär entspringt die Sehnsucht dem Wunsch, die Einheit und das Einssein nicht gegen ein weltliches Zerwürfnis eintauschen zu müssen. Es ist gleichzusetzen mit der Auflehnung des Wesens gegen die Polaritätserfahrung mit der Welt. Die Geburt, mit dem zu bewältigenden Leben, führt an den generellen Weltschmerz heran, den die Nativen in sich tragen und der mit dem Sturz aus einem paradiesischen Zustand zu vergleichen ist. Dieser nimmt mit dem Aufplatzen der Fruchtblase und dem daraus entstehenden Sog unaufhaltsam seinen Lauf, wodurch das Neugeborene den Kräften der Schwerkraft ausgeliefert ist.

Auch die Mütter von Kindern mit einer Mond-Jupiter-Thematik erleben während ihrer Schwangerschaft ein intensives Ringen. Dies kann mit verschiedenen Situationen einhergehen, die den Sinn ihres Lebens in Frage stellen. Mangelnde Zuwendung oder die Angst, der Partner könne sich von ihr abwenden, weil häufig zwischen ihr und ihm große weltanschauliche Unterschiede bestehen, lassen sie an der Sinnhaftigkeit ihrer Lebensgemeinschaft zweifeln. Auch der Verlust von Nahestehenden durch Krankheit oder Tod kann sich während der Schwangerschaft einstellen; möglicherweise stirbt ein Elternteil der jungen Mutter, so dass sie aus der Trauer heraus den Sinn ihres eigenen Lebens anzweifelt. Fast als hätte die Geburt ihres Kindes das Opfer eines anderen geliebten Menschen gefordert – wie ein Austausch, in dem altes Leben geht und neues Leben kommt. Die junge Mutter erfährt den Verlust ihrer Kindheit durch die eigene Mutterschaft und fühlt dadurch intensiv den Verlust der Geborgenheit, den das Kind in ähnlicher Weise durch den Geburtsprozess erlebt. Trotzdem stellt die Erfahrung, die aus der Schwangerschaft erwächst, für die Mutter eine wesentliche Bereicherung dar. Das liegt im Wesen des Jupiterprinzips, das durch Erfahrung zu Wachstum und Erweiterung beiträgt, so dass das Ergebnis des durchlaufenen Prozesses das Gefühl ist, dass es doch etwas gibt, für das es sich zu leben lohnt. Im Ergebnis kann die Erkenntnis der Mutter auf einer tiefen Ebene auf das Kind übertragen werden, denn das ist die Botschaft der Mond-Jupiter-Thematik. Aber auch intensive Hinterfragungen, welche die Mutter während der Schwangerschaft bewegten, übertragen sich auf das Kind und entfachen in der Phase des pränatalen Zustandes einen Argwohn gegenüber dem ihn erwartenden Leben. Unbewusst wächst es mit dieser ablehnenden Haltung gegenüber dem Leben auf.

Die Folge ist der dem Tierkreiszeichen Schütze innewohnende Welt-schmerz, der in den jungen Nativen ein Heimweh entfacht, dass sie nach etwas verlangen oder sich nach etwas sehnen, das rational nicht beschrieben werden kann. Gleich, was sich im Konkreten in der Familie vollzieht, die Empfindung bleibt bestehen. So kann die Familie mit einem Gefühl der Einheit zum inneren Wohlbefinden der Kinder beitragen, trotzdem bleibt die Sehnsucht nach dem Nichtbenennbaren. Häufig vollzieht sich der Kindheitsmythos im Kreise von vielen Geschwistern, so dass die Fülle der Familienangehörigen reichlich Wachstumsangebote entstehen lässt. Oft ist das Kind mit der Mond-Jupiter-Thematik auch das Nesthäkchen, das sehr früh mit den Erkenntnissen der älteren Geschwister in Berührung kommt und ihm sich dadurch Lebensweisheiten erschließen, die anderen Kindern in diesem Alter noch nicht zugänglich sind. Die Kinder erfahren die rech-ten Anstöße durch die Mutter oder die Menschen, die ihnen besonders nahe sind. Es entstehen eine Sehnsucht und ein tiefes Verlangen nach Einheit und Verschmelzung mit dem Umfeld, die sich aber nur in der ersten Phase des Familienlebens ausprägen. Später können die zwischenmenschlichen Erlebnisse durchaus ernüchternd wirken, denn das Besondere unter der Mond-Jupiter-Thematik ist, dass sich Einklang, Wachstum und Förderung (Jupiter) im Verbund mit der Familie einstellen (Mond).

Mitunter ziehen sich die Kinder mit dieser Mond-Thematik auch in eine selbst geschaffene Welt zurück. Sie fliehen besonders dann in die Isolation, wenn der innere Weltschmerz stark ausgeprägt ist oder das Elternhaus sehr rational oder profan ist und es dort keine schönen, erhebenden Momente zu erfahren gibt, die ihrer Sehnsucht nach dem Besonderen nachkommen. Im Vorschulalter sind es die Welten der Märchen und Mythen, die sie inspirieren und die sie dann in Rollenspielen in das eigene Leben übertragen. Mythische Figuren aus Filmen, die sie beeindruckt haben, werden von ihnen weitergelebt. Der Zauberer, der ihnen zum Vorbild wird, treibt sie dazu, mit Umhang und Spitzhut die Freizeit zu verbringen, während die anderen Kinder im Fußballdress auf den Wiesen herumtollen. Die Kinder schaffen sich Räume, in denen sie sich zurückziehen können, um ihren inneren Sehnsüchten und den Träumen nachzugehen. Im späteren Verlauf gehören sie zu den Bücherwürmern, die sich vollkommen in Geschichten und Romanen vergessen und teilweise ihre Identität in die Romane verschieben. Die Kluft zwischen der Fantasie- und der Realwelt beginnt dann sehr deutlich zu werden, wenn sich durch Schulstress die Anforderungen erhöhen und es ihnen dadurch schwerer möglich ist, sich in ihre literarischen Fluchträume zurückzuziehen. Das kann durch immer wiederkehrende Albträume begleitet werden, die aus einer Lebensangst resultieren, oder die in der Außenwelt geschaffene Zufluchtsstätte wird ihnen entzogen und lässt ihnen früh deutlich werden, dass ihr paradiesischer Zustand keinen langfristigen Bestand hat. Oder die Familie muss aufgrund von beruflichen Versetzungen des Vaters öfter umziehen. Dahinter verbirgt sich immer die symbolische Aufforderung des Lebens, sich der Welt zu stellen, und zwar so, wie sie tatsächlich ist, und in derartigen Verläufen einen Wachstumsimpuls zu sehen, der sie weiterführen möchte. Die Nativen sind dazu berufen, immer weiter zu streben und nicht im Erreichten auszuharren, was auch in der weiteren Lebenserfahrung deutlich werden wird.

Oft ist die Familie auch ideologisch gebunden, was die Kinder dazu nötigt, sich in die vorgegebene Weltanschauung einzufügen. Dies geschieht nicht mit Macht und Zwang, sondern es entwickelt sich ein Interesse des Kindes, erst einmal unvoreingenommen das Weltbild der Eltern zu teilen. Es kann auch sein, dass die Eltern keiner spezifischen weltanschaulichen Ideologie zugetan sind, außer der Lebenserhaltung und intensiver nachbarschaftlicher Kontakte, was bei den Kindern später zu einer verstärkten Suche führen wird. Im ersten Fall könnten die Eltern beispielsweise einer religiösen Richtung oder einer politischen Weltanschauung verpflichtet sein, die keinerlei andere Meinung gelten lässt. Auf der Seite der Eltern erlebt das Kind, dass diese bemüht sind, eine völlig widersinnige Philosophie aufrechtzuerhalten, die nach einer gewissen Zeit ihren Argwohn weckt. Gemeinsam beten die Eltern das aus ihrer Gruppierung übernommene

Weltbild im Kreise der ihnen Nahestehenden herunter. Zunächst nehmen die Kinder das festgefügte Weltbild der Eltern auf, um es mit zunehmender Intelligenz in Frage zu stellen. Das Kind hegt an den Weltanschauungen, die ihm vermittelt werden, zuerst großes Interesse, hat aber nicht die Tendenz, diese komplett als „Wahrheit" in sein Denken und Handeln zu übernehmen. Es merkt mit der Zeit, dass in dem Verhalten der Erwachsenen ein merkwürdiger Krampf liegt, und entdeckt allmählich seine Eigenständigkeit, die es zu einer intensiven Suche nach dem Sinn des Lebens führt. Wie schon angedeutet, kann diese Suche auch aus dem Motor eines dumpfen Elternhauses entstehen, denn die Kinder fühlen die absolute Sinnlosigkeit in deren Existenz. Ihre Sehnsucht nach Erfüllung treibt sie zu anderen Werten. Da es in beiden Varianten die Festgefahrenheit vor Augen geführt bekommt, entwickelt sich ein ausgeprägter Drang, immer weiter und immer tiefer in die Dinge, welche die Welt zusammenhalten, einzusteigen. Die Vielfalt der Ideen, mit der sich die Nativen auseinander setzen, zwingt sie dazu, die Vorstellungswelt der Eltern auch äußerlich zu verlassen, es kommt damit unweigerlich zum Konflikt, den die Kinder durchstehen müssen. Unvermeidlich werden sie auf diesem Weg erstmals mit dem Bedürfnis konfrontiert, dem eingefahrenen mitmenschlichen Umfeld ein weltanschauliches Licht aufzustecken. Unermüdlich agieren sie, da sie es nicht mit ansehen können, wie die anderen in ihrem Weltbild gefangen sind. Auf diesem Weg kommen sie mit der eigenen Grundproblematik in Berührung. Denn in Bezug auf den Sinn der Lebenserfahrung, die unter dieser Mond-Thematik gemacht werden will, geht es um Wachstum und Erweiterung. Deshalb nehmen die Nativen schon sehr früh die Begrenztheit anderer Menschen wahr. Sie erleben im Zerrspiegel der Elternsituation, wie Weltanschauungen, die zu lange unreflektiert gepflegt wurden, in eine Sackgasse führen, da nichts Neues, Erweiterndes geschieht.

Die Erkenntnis mit der beginnenden Ablösung vollzieht sich schubweise. In der frühen Kindheit wird die Einheit mit der Gesamtheit der Familie bis zu dem Zeitpunkt erfahren, an dem die Einschulung stattfindet. In der Phase der Auseinandersetzung mit der Welt werden die Weltanschauungen der Familie übernommen und dem Außen gegenüber vertreten. Mit dem Einsetzen der Pubertät erfährt es durch die entstehenden inneren Widerstände und die Auflehnung gegen das Elternhaus den Verlust der gemeinschaftlichen Philosophie. Dies geht mit Angst einher, denn erst einmal spüren sie nur Widerstand, und es scheint sich keine eigene Philosophie zu formieren, so dass es in der Ablösephase zu einem inneren „Schwärzeprozess" kommt, der sich langsam in der Psyche auszubreiten beginnt. Mit der Abnabelung entsteht der erste Verlust einer Weltanschauung und es setzt die Dynamik ein, die sie auch im späteren Leben begleiten wird. Es gibt eine treibende Kraft in ihnen, die sie immer weiterführt, sie aber auch schmerzlich empfinden lässt, dass ihnen die alten Anschauungen nichts mehr bedeuten. Die Erfahrung, das Paradies immer wieder erneut in kleineren Situationen zu verlieren, beginnt sich zu häufen. Hier ist es für die Nativen wichtig zu verstehen, dass es nicht stehen zu bleiben und dem Verlust des Teils, der ihnen Geborgenheit verschaffte, nachzutrauern gilt, sondern dass diese Dynamik sie weitertreiben möchte, um nicht in den alten Bedingungen zu verharren und damit zu stagnieren. Der Motor, der sie antreibt, ist die Unzufriedenheit über den jeweilig gegenwärtigen Zustand, der zum Stachel in der Seele wird und sie unermüdlich weitersuchen lässt.

Partnerschaftsmythos

Partnerschaften werden unter dem Signum von Mond-Jupiter meist im Verbund mit einer bestimmten Weltanschauung eingegangen. Häufig entstehen Partnerschaften aus einer gemeinsamen Beschäftigung mit einem Thema, wodurch die Nativen tiefe Verbundenheit mit ihren Partnern erfahren. Die Sehnsucht, die gefühlsmäßige Gemeinschaft zu einer Enklave werden zu lassen, die sie durch gemeinsame Ideen und Leitbilder vor der profanen Welt schützt, ist sehr ausgeprägt. Das Auswahlkriterium für die Wahl einer Beziehung ist immer ein gewisser Gleichklang und ein Verständnis, das sie beim anderen finden wollen. Damit ähneln sie in gewisser Hinsicht den Nativen mit der Mond-Pluto-Thematik, die sehr leitbildorientiert sind und vom Partner eine verbindliche Ideengleichheit und -treue fordern. Der Unterschied ist, dass die Nativen mit der Mond-Jupiter-Thematik nicht mit dieser immensen Verbissenheit ausgestattet sind und hohe Anforderungen aus dieser Haltung heraus an ihre Partner stellen. Auch üben sie keinen Druck auf die anderen aus, damit diese ihren Ansprüchen gerecht werden. Die Nativen sind vielmehr von einer Sehnsucht nach dem ähnlich fühlenden Menschen getrieben. Äußere Attraktivität oder ein Zueinanderfinden durch einen einmaligen Blickkontakt in der Öffentlichkeit ist nicht die Ebene, auf der bei den Nativen Partnerschaften entstehen können. Diese entwickeln sich über einen gewissen Zeitraum, man lernt sich kennen und aus der gemeinschaftlichen Austauschbasis entsteht plötzlich eine Beziehung. Je nachdem, wie das weitere Gesamtmuster der Nativen gestaltet ist – besonders wenn andere Elemente des Geburtsmusters eine hohe leidenschaftliche Komponente aufweisen, kann es bei den Nativen zum Konflikt zwischen ihren weltanschaulichen Idealen, die sie mit ihrem Partner teilen, und ihren sexuellen Bedürfnissen kommen. Es kann sein, dass sie hin und her gerissen sind zwischen ihrer Leidenschaft, die von ihren Idealen abgekoppelt ist, und der Suche nach einer inneren Erfülltheit. Je einseitiger sie leben, desto stärker meldet sich der im Moment nicht gelebte Teil.

Die Persönlichkeit der Nativen spaltet sich in zwei Bereiche auf, die ihre Erfüllung nicht immer in nur einer Partnerschaft findet, sondern allen Bedürfnissen gerecht zu werden versucht. Dies ist verbunden mit großen Schuldgefühlen, denn sie erleben dadurch eine Spaltung zwischen ihren Trieben und dem tiefen gefühlsmäßigen Einheitsbestreben. Im Bereich der Sexualität kommt diese Trennung zwischen Gefühl und Sexus sehr stark zum Tragen. Meistens idealisieren sie ihren Partner, der oft als Dualseele empfunden wird, und erheben ihn fast zum Heiligen. Heilige in den Bereich der Triebe einzusortieren, wirft aber gewisse Probleme auf, denn unbewusst wird dies von den Nativen als eine Art Entmystifizierung empfunden. Hier wird häufig eine Trennung vollzogen, denn die Nativen versuchen, das Besondere durch die Ausklammerung der Sexualität zu erhalten. Diese leben sie möglicherweise außerhalb ihrer Beziehungen, was aber dem Liebesgefühl für ihre geheiligten Partner keinen Abbruch tut. Nur der Zwiespalt, den sie erfahren, ist dabei der Stachel in ihrer Seele. Dies kann von dem jeweiligen Partner ganz anders empfunden werden, denn es ist das subjektive Empfinden der Nativen, dass sie einen bewertenden Ausschluss der Sexualität tätigen und in ihrem Bewusstsein schwerlich die Verbindung zwischen körperlicher und geistig-idealler Welt herzustellen vermögen. Diese Kluft zwischen der körperlichen und der geistigen Seite will bei den Nativen auf vielen Ebenen überwunden werden. Gerade die Trennung dieser beiden Ebenen kann zu einem Bruch in ihrer Beziehung führen, weil das sexuelle Bedürfnis des Menschen, der ihnen nahe steht, nicht erfüllt wird. Trotz ihres erhöhten Interesses an der Sexualität sind sie bestrebt, diese auf dem Altar ihrer Ideale zu opfern, denn die Welt der Ideale hat bei ihnen Vorrang gegenüber dem reinen Triebgeschehen. Aus diesem Grund unterstellen sie auch ihr Triebleben allen möglichen moralischen oder religiösen Überzeugungen. Auch hier sind die Nativen gefordert, sich aus den Definitionen ihrer Person zu lösen, um dem Selbstbild weitere Facetten zu ermöglichen, was ihnen eine echte, ungesteuerte Verwandlung zu erfahren hilft. Menschen unter dieser Mond-Thematik ringen ganz vehement darum, den hohen Anforderungen des Lebens und der notwendigen Bewusstheit gerecht zu werden, aber sie geraten immer wieder mit den eigenen Ansprüchen und Bedürfnissen in Konflikt. Eine andere Variante des Partnerschaftsmythos ist, dass die Nativen sich zu Menschen hingezogen fühlen, die sehr gegensätzlich sind, weil das unbewusste Bestreben dieser Mond-Thematik auf Wachstum und

Erweiterung zielt. Es kann sein, dass ihr Partner wesentlich älter ist als sie und sie durch die größere Lebenserfahrung des anderen eine Bereicherung erfahren. Oder der Mensch entstammt einer anderen Nation oder einer ganz anderen Kultur, so dass das Einlassen auf fremde Weltanschauungen, Philosophien und Religionen der Motor für die Gemeinschaft sind. Beseelt von der freiheitlichen Idee, dass jedes Individuum als gleichberechtigt anzusehen ist, zieht der Mensch unter dieser Mond-Thematik seine Bahn. Dabei eckt er häufig im Verbund mit dem sozialen Umfeld an, was zum schmerzlichen Aufbrechen seiner Lebenswunde beitragen kann.

Was das Gemeinschaftsleben anbelangt, so sind die Nativen bereit, alle Konflikte zugunsten ihrer Ideale zu verdrängen. So kann es phasenweise sehr gut funktionieren, dass die Beziehung ihr Fundament auf einem Ideal hat, jedoch schlägt der verdrängte Teil meist nach einer gewissen Zeit zu und verlangt sein Recht, erkannt zu werden. Das ist das spezifische Element dieser Mond-Signatur, dass ein Wachstum durch Erweiterung stattfindet. Dies kann aber niemals in gleichbleibenden Situationen vonstatten gehen, auch wenn sie noch so schön sind. Um Enttäuschungen vorzubeugen, ist es bedeutsam, dass die Nativen sich stets vergegenwärtigen, dass ihre Sehnsucht auf eine Lebensform zielt, die jenseits der Polarität und somit jenseits jeder Zwistigkeit liegt.

Leben in der Welt der Gegensätzlichkeit bedeutet, durch den Schmerz der Auseinandersetzung mit dem fehlenden Anteil zu gehen, um zu einem Wachstum zu gelangen, das den Menschen über die Bedingungen hebt, die er sich selbst aus seinen Idealen geschaffen hat. Das Heilen ihrer Wunde vollzieht sich in der Partnerschaft auch über die Akzeptanz der menschlichen Unvollkommenheit und dem Bewusstsein, dass die Idealisierung ein Drang ist, der die „niedere Welt" durch einen Weichzeichner erträglicher machen soll. Mit dieser unbewussten Motivation befinden sie sich aber gerade auf dem Teil, der sie zwangsläufig immer wieder zu Enttäuschungen führen muss.

Die Mond-Jupiter-Thematik im Geburtsmuster der Frau

Die Mond-Jupiter-Signatur im Geburtsmuster der Frau führt in besondere Weiblichkeitserfahrungen hinein. Mit der jovischen Ausstrahlung, die von großer weiter Welt kündet, wirkt sie sehr anziehend auf das männliche Geschlecht. Darüber hinaus besitzt sie eine sehr weibliche Ausstrahlung, die Männer fasziniert. Ihr Wesen strahlt eine gewisse Unnahbarkeit und kühle Distanz aus, die aber nicht mit dem toleranten wohlmeinenden Gefühlen übereinstimmt, von denen sie getragen ist. Mit der jovischen Mond-

Thematik in ihrem Geburtsmuster ist sie von einem ausgeprägten Freiheitsdrang beseelt, der im Verbund mit Männern hervorbricht, wann immer diese einen Besitzanspruch gegenüber ihrer Partnerin hegen. Erfährt sie Einschränkungen, liegt ihr Bestreben darin, sich aus den engen Klauen einer Beziehung zu befreien oder zu versuchen, durch bewusste Ausbruchsszenarien ein Exempel zu statuieren.

Damit will sie dem Partner signalisieren, dass sie nicht von ihm besessen wird. Tiefe Gefühle und das Bedürfnis, in der Zweisamkeit große Nähe zu leben, sind ihr ein echtes Anliegen. Jedoch kollidiert ihr Drang, größtmögliche Nähe zu einem Partner aufzubauen, mit dem Bedürfnis, gleichzeitig die größtmögliche Unabhängigkeit zu leben. In der Beziehung zu einem Mann trägt sie im Besonderen zu dessen Bewusstwerdung bei. Sie gehört zu den Frauen, die von dem Drang beseelt ist, Licht in die dunklen Bereiche der unbewussten Motivationen zu bringen. So wirkt sie in ihren Beziehungen mit einem wenig bewussten Mann stets als ein Wachstumselement, das die Partner zu Erweiterung führt und sie damit in ihrer Entwicklung voranbringt. Häufig sind sie in Beziehungen zu Männern auch deren Türöffner zu den geheimen Kammern der Seele und wirken als initiatisches Element, das den Mann auf den Weg der Selbstfindung führt. Da sie sich nicht auf ewig bindet, ist sie für manche Partner als Entwicklungselement zu verstehen, das den Mann solange begleitet, bis der Prozess seiner Öffnung vonstatten gegangen ist. In vielen Fällen ist es so, dass der Partner während der Beziehung mit der Frau geistig-metaphysischen Themen gegenüber skeptisch ist und es deshalb zu vielen Disputen kommt, da ihm die Frau zu mystisch und irrational erscheint. Nach der Trennung beginnt er in Angedenken an die Partnerin, die in seinem Leben etwas Besonderes darstellte, selbst den Weg aufzunehmen, indem er sich mit der metaphysischen Seite des Lebens auseinander zu setzen beginnt.

Lebt die Frau mit der Mond-Jupiter-Thematik mit einem Partner zusammen, dann trägt die Gemeinschaftlichkeit oft zur Verbesserung der Lebensbedingungen des Mannes bei. Denn in dem Moment, wo sie eine mondige Beziehung lebt, beginnt das erweiternde jovische Element in ihrem Muster zu wirken, welches sich auf die Gemeinschaft übertragen kann. Vergleichbar mit einer Muse beginnen sich die Bedingungen des Mannes zu verbessern, wodurch ihr selbst annehmbare Lebensbedingungen zuwachsen. Der Mann erfährt in der Gemeinschaft mit ihr eine Zunahme an materiellem Erfolg und Wachstum, verharrt aber oft auf der rein materiell und weltlich ausgerichteten Position, von der aus er den mystischen Drang seiner Partnerin argwöhnisch und skeptisch beobachtet. In dieser Form entspinnen sich oftmals Beziehungen, in denen zwar vom seelischen Empfinden eine Gemeinsamkeit besteht, aber ganz unterschiedliche Interessen vorliegen. Jeder geht seinen Weg, er den des Materialismus, und sie folgt ihrer Sehnsucht nach geistiger Inspiration und Erhebung, die sie in entsprechenden Gruppierungen sucht. Diese Sehnsucht lebt sie z. B. mit ihren Freundinnen aus; während er am Wochenende seinen Hobbys nachgeht, reist sie von einer Seminarveranstaltung zur anderen und zieht sich damit den Unmut des Mannes zu. Steigert sich der Konflikt aufgrund der männlichen Intoleranz, entwickelt sich dieser zum Trennungsgrund. Der Mann beklagt, dass sie seine Interessen nicht teilt, und sie umgekehrt, dass er ihre nicht teilt, so dass es zu verhärteten Fronten kommen kann. Geht die Beziehung auseinander, fällt der Mann meistens wieder in seinen alten Status zurück, denn ihm war nicht bewusst, dass sie auf nicht kausalem Wege zu seiner Erweiterung beigetragen hat. Mit ihr schwindet auch der Erfolg wieder aus seinem Leben.

Mit der Mond-Jupiter-Thematik im Geburtsmuster besitzt die Frau ein hohes Fruchtbarkeitspotenzial. Das Besondere für die Frau mit dieser Mond-Signatur ist, dass sie durch die Bereitschaft zu gebären, selbst das Mysterium von Wachstum und Erweiterung erfährt. Selbst wenn sie im Geburtsmuster passive Anteile besitzt, so dass sie sich vor der Geburt eines Kindes in Abhängigkeiten und finanziellen Engpässen befand, erfährt sie mit der Schwangerschaft auf vielen Ebenen ein dynamisches Wachstum. In vielen Fällen kommt es zur vollkommenen Veränderung des Lebens, so dass sie trotz ihrer Mutterschaft mehr Freiheit und Unabhängigkeit erlebt. Auch auf geistiger Ebene wachsen ihr dabei Erkenntnisse bis zu dem Punkt zu, dass sie zu ihrer eigentlichen Bestimmung findet. Hier wirkt die Schwangerschaft so, als würde sie einen Stein ins Rollen bringen, der eine bestehende Stagnation im Leben zu einer intensiven Entwicklung führt.

Das sexuelle Interesse ist unter dieser Mond-Signatur sehr ausgeprägt. Jedoch liegt die Sehnsucht, die damit verwirklicht wird, nicht im reinen Triebgeschehen, sondern in dem Bedürfnis nach Einheit und Verschmelzung. So wird die Sexualität häufig auch zum Element, das über eine nicht annehmbare Realitätserfahrung hinweg helfen soll. Dies kann bis zu einer Sexsucht führen, denn hinter jeder Sucht steht immer eine Sehnsucht nach annehmbareren Zuständen, und die ist beim jovischen Element sehr stark ausgeprägt. Überwiegen allerdings die Probleme im Leben, dann kann dies zur Beeinträchtigung in der Sexualität führen, die sich bei der Frau als Orgasmusschwierigkeit offenbaren kann, da es ihr schwer fällt, belastende Themen und Sorgen einfach zu verdrängen. Für die Frau ist es unter dieser Mond-Thematik bedeutsam, sich ihren seelischen Wurzeln zuzuwenden. Es geht um das Leben ihrer Spiritualität sowie um die Bereitschaft, durch bewusst eingegangene Erfahrungen immer weiter zu wachsen. Dies schließt eine Bereitschaft zu konstanter Neuwerdung ein, so dass das Wichtigste darin besteht, sich vor Stagnation und Einseitigkeit zu hüten. Auch das Festhalten an einem ausgrenzenden Weltbild wirkt wachstumsverhindernd, denn das Ziel dieser Kombination ist, nie innezuhalten.

Die Mond-Jupiter-Thematik im Geburtsmuster des Mannes

Die Mond-Jupiter-Thematik äußert sich beim Mann in einem ähnlichen Freiheitsdrang wie bei der Frau. Aufgrund des männlichen Status verbindet sich der Mann stärker mit der jovischen Seite, die ihn in Überdynamik und Aktivität hineinführt, vergleichbar mit den anderen aktiven Mond-Kombinationen. Dies wirkt sich auch so aus, dass der Mann in Beziehungen recht unstet ist. Man könnte sagen, dass er in Beziehungen zu Frauen durch die Vielfalt der Partnerschaften, die er eingeht, sein Wachstumselement lebt – denn jede Frau wird auf ihre Weise zu seiner Veränderung beitragen. Dies spürt er unbewusst und strebt immer wieder neue Beziehungen an, die ihn geistig/seelisch bereichern.

Im Gegensatz zur Frau ist sein Hang zur metaphysischen Seite nicht so stark ausgeprägt. Die Anlage dazu ist ihm zwar durch die Mond-Thematik gegeben, jedoch umkreist er diese Themen eher peripher, um sich nicht einlassen zu müssen. Vielmehr trägt er dazu bei, dass andere sich verändern und an sich arbeiten, wobei er seinem missionarischen Eifer viel Raum gibt und andere belehrt; jedoch nimmt er das, was er anderen empfiehlt, für sich nicht in Anspruch. Er lässt oftmals das mystische Potenzial von der Partnerin leben, denn bei Frauen ist es jenes geheimnisvolle Element, das ihn fasziniert und gleichzeitig beängstigt. Da er sich vermehrt mit der aktiven jovischen Seite verbindet, kommt das materielle Interesse beim Mann stärker zum Tragen. Hier zeichnet sich der Weg so ab, dass er seine inneres Heil über materielle Ziele zu verwirklichen versucht, die ihn jedoch niemals ganz zufrieden stimmen. Die erste Lebenshälfte bis circa zum 42. Lebensjahr ist somit stärker den materiellen Zielen gewidmet, die mit zunehmendem Alter einen Wechsel zu geistigen Zielen erfahren. Gleichzeitig mit der materiellen Orientierung neigt der Mann dazu, dem Leben mit einer rosaroten Brille zu begegnen, indem er seine verdrängte mystische Seite über illusionäre Ziele und Weltvorstellungen lebt, was in der Folge zu Enttäuschungen und dem Aufbruch der Geburtswunde beiträgt, so dass der Schmerz über das weltliche Gebundensein stärker zu Tage tritt.

Auch in der Sexualität zielt seine Intention auf das gemeinsame Verschmelzungselement. Wie bei der Frau kann beim Mann die Sexualität noch stärker ausgeprägt zum Verdrängungselement gegenüber einer nicht annehmbaren Realität werden. Bei ihm geht dies mit wechselnden Partnerinnen einher, als würde er seine nicht verwirklichte geistige Suche gegen Erfahrungen mit Frauen eintauschen. Auch in diesem Bereich wird er, wenn er sich zu sehr auf das körperliche Glückselement fixiert hat, mit der Zeit eine innere Leere spüren, da ihn diese Form des Lebens nicht ewig auszufüllen vermag. Bei weltlicher Überbelastung und Problemen kann es auch beim Mann zu Störungen in der Sexualität kommen, die sich bei ihm durch Erektionsprobleme äußern können. In solchen vorübergehenden oder längerfristigen Störungen tritt deutlich hervor, dass er im Verbund mit dem Leben und mit seinen konkreten Anforderungen nicht in der Lage ist, sich frei und gelöst gehen zu lassen. Die weltlichen Erfordernisse wollen bearbeitet werden, und das Fluchtelement tritt in den Hintergrund.

Beim Mann unter dieser Mond-Signatur will vor allem eine Öffnung gegenüber seinen Gefühlen und der verborgenen inwendigen Seite gelebt werden. Er ist dazu berufen, sich seiner metaphysischen Seite zu öffnen und durch Wissen und vor allem durch Praxis Erfahrungen zu machen, die ihm eine ganz andere Seite seines Wesens erschließen. Das Besondere ist dabei, dass viele Probleme, die in weltlichen Bereichen bestanden, in dem Moment auf nicht kausalem Weg aus dem Leben verschwinden, indem eine Interessensverlagerung vom äußeren Wachstumsbestreben nach innen stattfindet. Sie dienten als Triebfeder, ihn in Verbund mit seiner geistigen Seite zu bringen, denn irgendwann führt die rastlose Suche nach äußerem Glück zu der Frage nach dem eigentlichen Sinn des Lebens. Gelangt er in die Bereiche, die es zu ergründen gilt, schmilzt das Erfordernis, ihn in diese Richtung zu bewegen, dahin und es entstehen Einklang und Harmonie mit dem Sein.

Symptome

Symptome unter dieser Mond-Thematik führen in den Bereich hinein, der den Nativen unbewusst ist, nämlich die Schwankungen, die zwischen dem weltlichen Ringen einerseits und der Sehnsucht nach Erhebung andererseits bestehen. Kennt der Mensch dieses Ringen nicht, dann muss sich der nicht wahrgenommene Konflikt auf der Symptomebene äußern, da keine Bewusstheit über ihn besteht.

Besonders das weltanschauliche Ringen drückt sich in den Symptommanifestationen dieser Mond-Thematik aus. Die Leber ist dem Jupiterprinzip zugeordnet. Sie ist das Organ des Stoffwechsels auf der körperlichen Ebene, das durch Verbrennung und Verwertung die nötigen Bausteine aus der

Nahrung zieht und hauptsächlich mit der Energiegewinnung zu tun hat. Im übertragenen Sinne lässt sich daraus ableiten, dass es auch die Dynamik ist, die entsteht, wenn der Mensch sich mit für ihn zuträglichen wachstumsfördernden Elementen auseinander setzt. Kommt es zu Störungen im Stoffwechsel, dann wird der Mensch müde und träge und beginnt, an Gewicht zuzunehmen, weil die Verbrennung nicht mehr adäquat stattfindet. Liegt in diesem Bereich eine Symptomatik vor, dann lässt dies deutlich werden, dass sich die Betroffenen im Umgang mit dem Leben nicht mit den entsprechenden wachstumsfördernden Themen auseinander setzen. Es kann eine übersteigerte materielle Ausrichtung sein, indem sich die Nativen nur um äußerliche Themen kümmern, aber in der Umkehrung können es auch geistige Themenbereiche sein, die in der Übersteigerung gelebt werden, so dass die schöngeistigen Nativen vollkommen weltfremd sind. Die Darmträgheit und die Darmerschlaffung gehören in dieses Themenfeld, das aber noch ein Stück tiefer im Bereich der inneren Auseinandersetzung angesiedelt ist. Denn kommt es zum Erliegen der Verdauung aufgrund einer Darmträgheit, dann lässt dies deutlich werden, dass es analog dazu im Bewusstsein zu einer Stagnation gekommen ist. Der gestaute Kot, der aus abgestorbenen Zellen und verarbeiteter Nahrung besteht, lässt deutlich werden, dass es im Sinne eines Verarbeitungsprozesses von innerseelischen Themen keine intensive Auseinandersetzung gibt. Der Mensch begegnet sich nicht auf einer tieferen Ebene und setzt sich nicht ausreichend mit seinem Unbewussten auseinander. Eine weitere Folge aus dieser Symptomatik ist, dass der schlecht verdaute Stuhl zu Gasbildung und Blähungen führt. Es entsteht ein Gas-Kotbauch, der schmerzlich auf eine innere Drucksituation hinweist, die aus dem nicht erfolgten Verarbeitungs- und damit Vergeistigungsprozess entsteht. Das Unbewusste macht den Betroffenen sinnbildlich Druck, da sie in ihren Wachstumsbestrebungen stagnieren. Die körperliche Signatur weist einen aufgeblähten Bauch auf, aus dem man schließen kann, dass der Mensch sich nach außen hin aufbläht, aber das innere Erweiterungselement auf der Strecke geblieben ist. Weitere Symptommanifestationen können die Schilddrüse betreffen, die den Lebenstakt regelt. Aus den Schilddrüsenhormonen folgt die Regulierung des Körpers im Sinne von Antrieb und Reduktion. Oft kommt es zu einer mangelnden Dynamik, die den Menschen müde und phlegmatisch werden lässt. Hieraus lässt sich folgern, dass der Mensch äußerlich zu aktiv ist und die Schilddrüse seine Außenaktivität dadurch herunterbremst, dass sie den Menschen träge und müde werden lässt. Die Betroffenen werden förmlich von ihrem Inneren ausgebremst und liegen fortan nur noch träge herum. Diese Symptomatik führt einerseits in die Ehrlichkeit hinein, indem durch das Unbewusste deutlich gemacht wird, dass der Mensch zu träge ist, weitere Wachstumsschritte zu unternehmen, andererseits zwingt die Unterfunktion den Menschen dadurch, dass er viel schläft und antriebsschwach ist, in eine nach innen gerichtete Stimmung, die die Betroffenen sonst ablehnen.

Da der Mond als aufnehmendes Prinzip auf der körperlichen Ebene mit der Nahrungsaufnahme und dem Nähren gleichgesetzt wird, findet die Mond-Jupiter-Signatur ihre direkte Ausdrucksform über das unbändige Bedürfnis, Nahrung zu sich zu nehmen, ihre Einlösung. Das bedeutet, dass die seelische Zuwendung im Konkreten nicht ausreichend ist. Der Mensch ist ständig hungrig und muss diesen Hunger zwanghaft stillen, weil er sich sonst nichts Bereicherndes zukommen lässt, wie z. B. weltanschauliche Erneuerungen oder inspirierende Philosophien.

Teilnehmer von philosophisch-weltanschaulichen Seminaren wundern sich häufig darüber, dass sie in Zeiten der Aufnahme von neuem Wissen kaum das Bedürfnis nach Nahrungsaufnahme verspüren. Darin wird deutlich, dass der Hunger, den die Nativen verspüren, ein Hunger nach geistiger Nahrung ist, der aber leider auf der falschen Ebene gestillt wird.

Dem Mond wird als wässriges Ur-Prinzip auf einer konkreten elementaren Ebene das Wasser zugeordnet. So besteht besonders dann, wenn die Betroffenen keinen Zugang zu ihren Gefühlen und ihren inneren Welten pflegen, eine Tendenz des Körpers, das nicht gelebte Wasserelement stellvertretend im Gewebe zu speichern. Erst wenn genügend Hinwendung z. B. an die inneren Welten geleistet wird durch seelische Arbeiten, Meditation oder Innenweltreisen, kann sich dies wieder regulieren. Auch die Bindegewebe-Schwäche sowie starke Zellulitis sind eine Ausdrucksform der Mond-Jupiter-Thematik. In ähnlicher Weise wie es über die Wassereinlagerungen im Gewebe seinen Ausdruck findet, mangelt es den Nativen an der Weichheit und Beeindruckbarkeit. Dies wird dann in der körperlichen Form deutlich, die nach außen hin immer weicher und beeindruckbarer wird.

Besitzen die Nativen keinen direkten Zugang zu ihrem Rückbindungsbedürfnis nach erweiternden Erfahrungen in ihren inneren Welten, dann leiden sie auf der psychischen Ebene unter einem unerklärlichen Sehnsuchtselement. Dieses führt zu einem latenten Suchtpotenzial, welches nach Alkohol und Drogen verlangt. Über den Weg der Droge versuchen sie, sich annehmbare Zustände zu verschaffen, die sie in den weltlichen Gegebenheiten nicht erleben können. Die Sucht wird zur Weltflucht, weshalb es für Native mit einer latenten Suchtthematik notwendig ist, auf eine geistige Suche zu gehen, indem sie sich mit Weltanschauungen und Philosophien fremder Kulturen auseinander setzen und damit der inneren Sehnsucht eine andere Einlösungsmöglichkeit geben. Auch unerklärliche

Stimmungsschwankungen, die aus einer ewigen Unzufriedenheit heraus resultieren, sind im gleichen Themenfeld angesiedelt, das nach anderen Inhalten zielt. Häufig wird der innere Mangel aufgrund dessen, dass auf adäquaten Ebenen des Jupiterelementes keine Erfahrungen gemacht werden, mit Überheblichkeit und einer Tendenz zur Selbstüberschätzung kompensiert. Dadurch, dass man sich erhaben und allen anderen überlegen fühlt, wird eine Mauer aufgebaut, hinter der man sich verschanzt. Diese gilt aber weniger anderen Menschen, sondern vielmehr der Abschottung des eigenen weltanschaulichen Systems gegenüber der Umwelt. Auf diese Weise fühlen die Nativen sich sicher und klammern damit die Lust und die Neugier, Erfahrungen zu machen, die zu Wachstum beitragen, aus. Man ist mit sich so in Einklang, dass einen nichts zu erreichen vermag, was natürlich ein fataler Trugschluss ist.

Lerninhalt

Im Sinn der Lernerfahrung unter der Mond-Jupiter-Thematik lassen sich zwei Bereiche sehr deutlich voneinander unterscheiden: Bei zu starker Anbindung an das Jupiterprinzip ist es die Abneigung gegenüber dem Leben. Diese will durch eine andere Umgangs- und Sichtweise gegenüber diesem ausgeglichen werden. Bei zu starker Mondausrichtung mangelt es an der jovischen Seite, die in die Bereiche von innerem Wachstum hineinführt. Bei der Anbindung an die jovische Seite geht es darum, dass die Nativen wieder lernen, eine wohlwollende Beziehung zur Welt und zum Leben herzustellen. Dabei ist es bedeutsam zu erkennen, dass viele Dinge, insbesondere konflikthafte Auseinandersetzungen mit anderen Menschen, sie bewegen wollen, sich im eigenen Sosein zu hinterfragen. In der polaren Welt der Auseinandersetzungen lernen sie, sich und ihre subjektiven Belange zu hinterfragen.

Möglicherweise besteht eine Kluft zwischen dem aufgebauten Lebensideal und der Realität, die die Nativen nicht zu sehen vermögen. Besonders wenn die Nativen sich hinter einer überheblichen Distanz gegenüber dem Außen verschanzen, ist es für sie wichtig, sich außerhalb dieser wieder ganz neu zu definieren. Sie sollten lernen, sich einen anderen Zugang zur Welt aufzubauen, indem sie unvoreingenommen auf die vermeintlich profanen Dinge des Lebens zugehen, um damit Schritt für Schritt wieder in der Welt neu zu werden. Dabei verhilft ihnen die Einsicht, dass die Welt, die sie als so profan und unwichtig empfinden, genau der Teil ist, der ihnen fehlt und der sie bereichern kann. Dazu braucht es seitens der

Nativen eine Öffnung. Erst wenn sie verinnerlicht haben, dass sie der Teil bereichert, und daraus eine Bereitschaft entsteht, unvoreingenommen auf das Leben zuzugehen, vermag die Welt ihnen gegenüber eine andere Dynamik zu entwickeln. Solange sie mit Argwohn und Abneigung dem Außen begegnen, wird sich ihnen immer wieder genau der Teil präsentieren, den sie darin so ablehnen, womit sie sich stets auf fatale Weise bestätigt sehen. Wird aber die innere Sperre gelöst und geht man dem Außen mit Freude und Neugier entgegen, dann vermag sich auch die bisherige Erfahrung zu verändern.

Der Ausweg aus dem Dilemma, in der eigenen Sinnsuche gefangen zu sein, beginnt dort, wo die Nativen die äußere Suche, die vielmehr einer Ablenkung gleicht, aufgeben und den Sinn in sich selbst zu finden versuchen. Für sie ist es von Bedeutung, die Möglichkeit in Betracht zu ziehen, dass sie sich den Zugang zu einer adäquaten Lebensführung selbst verbaut haben, da sie verkrampft allem und jedem einen Sinn abzuringen versuchen. In dieser endlosen Dynamik übersehen die Nativen, dass das höchste Glück darin liegt, mit dem, was ist, einverstanden zu sein und sich dem zu öffnen, was der Moment in sich birgt. Das Wissen beginnt erst dann zu leben, wenn es im Menschen selbst heranreift und aus ihm Erkenntnis wird. Dies bedeutet aber, dass der Mensch in seiner immer während Dynamik innehalten muss, um zur Erkenntnis zu kommen, dass er die Saat in sich aufgehen lässt. Solange der Mensch unter dieser Mond-Thematik unerbittlich selbst zu bestimmen versucht, was in seinem Leben bestehen darf und was nicht, bleibt ihm jene Ebene verschlossen, die er sehnsüchtig sucht. In der Annahme der Bereitschaft zum Wandel seiner Bewertungen, die er gegenüber dem Leben anstellt, offenbart sich im Außen jener Anteil, nach dem er ständig sucht und keinen Zugang fand. Es ist bereits alles vorhanden, wonach es einem verlangt: Alles ist in allem enthalten. Man sollte es zu sehen lernen.

Ist die mondige Seite mit einer starken Weltausrichtung übersteigert, werden die Nativen über schicksalhafte Begebenheiten und melancholische Stimmungen als Ausgleich mit der jovischen Seite konfrontiert. In den äußeren Lebensausformungen können es Erfahrungen sein, die die Nativen an Verwirklichungsgrenzen heranführen, die sie sich für ihre weltlichen Ziele vorgenommen haben. Der Erfolg bleibt aus, oder berufliche Situationen gestalten sich so, dass sie sie plötzlich unerträglich finden und der Wunsch aufkeimt, sich zu verändern. Was immer es auf einer kausalen Ebene sei, was zu Grenzaufzeigungen beiträgt, dahinter verbirgt sich die Aufforderung auf einer geistigen Ebene, die dem Sinn des Lebens näher kommt, auf die Suche zu gehen. Die aktive Beschäftigung mit Religion oder mit Philosophie bringt sie ein Stück weit in die Nähe des zu verwirklichenden Wandlungselementes. Auch unerklärliche Sehnsuchtsstimmungen verbunden mit der Neigung, sich Auszeiten zu nehmen, oder die Tendenz, leichtere Drogenerfahrungen zu machen, zielen in die Richtung der im inneren schwelenden Sehnsucht nach Vergeistigung. Je weniger sie sich in derartigen Lebensphasen mit der geistigen Seite auseinander setzen, desto stärker fühlen sich die Nativen von Sehnsüchten überschwemmt. Dies kann der Einzelne, der keine Anleitung für den Zugang zu den entsprechenden philosophischen Erfahrungsinhalten hat, natürlich nur verschwommen formulieren. Doch auf dem Weg in die unterschiedlichsten Systeme der geistigen Traditionen beginnt sich das anfangs nur Geahnte für sie zu konkretisieren.

Je tiefer sie in die Thematik einsteigen, desto mehr gelingt es ihnen, übergeordnete Zusammenhänge zu verstehen. Ein starker Hang zum Idealismus, mit dem Glauben an das wirklich Gute im Menschen, trägt sie dabei. Denn niemand kann von vornherein ganz genau wissen, wo der individuelle Weg des Menschen hinführt, weshalb es bedeutsam ist, eigene Erfahrungen zu machen, die zu Erkenntnissen führen. Deshalb gilt es, sich zu vergegenwärtigen, dass es das Ziel aller Vereitelungen ist, eine Suche nach geistigen Inhalten zu entfachen, so dass die Unzufriedenheit als Motor für die eigentliche Reise in den Innenraum zu verstehen ist. Der dadurch dynamisierte Selbstfindungsprozess gestaltet sich als Weg zu höheren Erkenntnissen, aus dem in der Folge Kraft und Zufriedenheit entstehen. Tief im Inneren ahnen die Nativen dies, und ihre Sinnsuche in vielen Lebensbereichen gilt dieser erahnten und noch nicht offenbarten Kraft. Der innere Drang, sich ständig aus einer Sehnsucht resultierend neue Reize auf den verschiedenen Ebenen zu verschaffen, ist als der Urwunsch der Seele zu verstehen, sich in die Einheit zurückzubewegen. Deshalb erfahren alle materiellen Ziele nach einiger Zeit eine gewisse Reizlosigkeit. Findet der Mensch den Zugang zu seinen Innenräumen, dann erfährt er, dass seine äußerlichen Bedürfnisse nur ein Ausdruck der inneren Suche sind – die unerklärliche Sehnsucht sowie Blockaden in weltlichen Situationen weichen unmittelbar nach einer Prioritätenverschiebung und wandeln sich in tiefe Zufriedenheit mit dem Bedürfnis, die Harmonie über geistige Sinnfragen zu erfahren.

Meditative Integration

Begeben Sie sich, wie in den Kapiteln „Der innere Raum" und „Spiegel der Selbstbetrachtung" beschrieben, in den von Ihnen geschaffenen inneren Raum. Nachdem Sie die Entspannungsübung zur Einstimmung ausgeführt haben und in den auf dem Tisch vor Ihnen stehenden Selbstbetrachtungs-spiegel blicken, können Sie sich folgende Fragen im Geiste stellen und in Ihrem Spiegel vor sich die Bilder und die damit verbundenen Empfindungen der Lebenssituationen Revue passieren lassen:

Meditation zu äußeren Lebensbegebenheiten

Bin ich mir bewusst, dass meine Lebenserwartung überzogen ist? – Kann ich das Heute nicht genießen, da ich nur in der Zukunft lebe? – Ist mir bewusst, dass ich das Glück anderer Menschen zu schmälern versuche, weil ich selbst nicht glücklich bin? – Bin ich mir bewusst, dass ich, ohne es zu merken, andere Menschen mit meinem Selbstverständnis verletze? – Kenne ich meinen Unmut, Pflichten zu erfüllen, wenn ich nicht begeistert bin? – Bin ich mir darüber im Klaren, dass nicht jeder Tag meines Lebens ein Höhepunkt sein kann? – Bin ich mir darüber bewusst, dass ich selbst die Quelle meiner Unzufriedenheit bin, weil ich sehr schnell vor Widerständen kapituliere? – Bin ich mir darüber im Klaren, dass ich für den Glanz, der sich in meinem Leben einstellen soll, nicht genügend Einsatz bringe? – Gab es in meinem Leben häufig Situationen, die mich aufforderten, mich zu verändern? – Wie reagiere ich auf Veränderungen? – Ist mein Leben nur auf Erfüllung durch materiellen Erfolg eingestellt? – Stellt sich recht bald wieder die bekannte Unzufriedenheit ein, nachdem ich ein Ziel verwirklicht habe? – Befinden sich in meinem Umfeld Menschen, die einen geistigen Weg gehen? – Was rührt der Kontakt zu diesen Themen in mir an?

Lassen Sie zu Ihren Fragen und den daraus entstehenden Rückerinne-rungen Ihre individuellen Erkenntnisse im Spiegel der Selbstbetrachtung vor Ihnen entstehen. Suchen Sie besonders jenen Teil in der inneren Gewahr-werdung auf, in dem Sie von Ihrer Eigendynamik gefangen waren. Spüren Sie, wie Sie die Qualität Ihres Lebens ständig bewerten.

Beobachten Sie dabei sehr genau, wie Sie sich selbst Ihre Energie rauben, indem Sie mit den Lebensbedingungen, die Sie umgeben, unzufrieden sind. Fragen Sie sich, ob Ihr leidhaftes Empfinden nicht hausgemacht ist. Dies können Sie daran erkennen, dass andere Sie beneiden und nicht verstehen können, weshalb Sie sich demotiviert fühlen. Vielleicht gelingt es Ihnen zu sehen, dass Sie in Ihrer Anspruchshaltung maßlos sind. Ein materiell ausgerichtetes Leben kann aus der Sicht geistiger Gesetzmäßigkeiten, die sich z. B. im Zyklus des Jahreslaufes widerspiegeln, nicht immer eine permanente Steigerung erfahren. In einer Ausrichtung auf den Glückszugang durch äußeren Erfolg liegt die Wurzel für Ihr Leiden.

Jenseits dieses vermeintlichen Glückes gibt es eine geistige Zufriedenheit, die sich aus Begeisterung für inspirierende Themen einstellt. Es ist eine Begeisterung, die sich einstellt, weil Sie die Gesetze erforschen, nach denen das Leben funktioniert, und jede Menge Erkenntnisse über sich und weltliche Sinnzusammenhänge sammeln, besonders wenn Sie erkennen, dass der Mensch ein geistiges Wesen ist. Wenn Sie den Ursprung des Lebens und die Quelle Ihres Seins erforschen, wird sich die blutende Wunde Ihrer Unzufriedenheit schließen. Störungen, die im Leben bestehen, werden aus diesem schwinden, weil sie Sie daran erinnern wollen, dass das Glück woanders zu finden ist.

Nachdem Sie eine Reihe von Lebenssituationen aufgesucht haben, in denen Sie Ihrer unzufriedenen Seite empfindend begegnet sind, ist es bedeutsam, Situationen aufzusuchen, in denen Sie heiter und in Frieden mit dem Leben waren. Vielleicht waren es Situationen, die sich aus Gesprächen mit anderen ergaben und die zu Ihrer Inspiration beitrugen. Vielleicht waren es erhebende Momente aus einem Theaterstück, einer Oper oder einem besonderen Gemeinschaftsgefühl mit anderen, die vollkommen wertfrei waren und nicht Ihren Zielen dienten. Gab es solche Situationen in Ihrem Leben, dann versetzen Sie sich noch einmal ganz in die Stimmung zurück. Vielleicht waren Sie auch verwundert darüber, dass tiefe Zufriedenheit Sie durchziehen konnte, obwohl es keine auf Erfolg oder Ergebnisse bezogenen Situationen waren. Wenn es solche Erlebnisse in Ihrem Leben gab, dann fühlen Sie noch einmal ganz intensiv in Ihre damaligen Empfindungen hinein.

Diese Zufriedenheit vermag sich auch in der Folge einzustellen, wenn Sie eine Prioritätenverschiebung für sich ausführen, indem Sie den Glückserfüllungsdruck von äußeren Bedingungen nehmen. Sie werden sehen, es wird mehr erhebende Momente in Ihrem Leben geben.

Meditation zu körperlichen Symptomen

Finden sich bei Ihnen Symptome aus der Mond-Jupiter-Signatur wieder, dann lässt dies darauf schließen, dass Ihre auf jovische Erkenntnis bezogene Seite im Schatten der Unbewusstheit verborgen liegt. Sie haben Ihre weltanschauliche, auf Wachstum bezogene Qualität nicht entsprechend entfaltet, die Ihnen nun über Ihre körperlichen Symptome begegnet. Deshalb gilt es, diese auf die Ebene der Bewusstheit zu heben, damit Sie sich den Themen durch vermehrte Bewusstwerdung annähern können. Wie auch bei den anderen Kombinationen, ist der Zeitpunkt, wann sie erstmals auftraten, in welcher Lebensphase und im Zusammenhang mit welchen Menschen, sehr wichtig, denn damit können Sie die Manifestationen des Unbewussten sehr gut ergründen. Leiden Sie z. B. an einer Stoffwechselträgheit, dann schauen Sie sich im Spiegel der Selbstbetrachtung an, wie wenig Neues in ihrem Leben noch Platz hat, weil Sie in Ihren weltlich-materiellen Ausrichtungen gefangen sind. Oder wenn Sie an einer Dysfunktion der Schilddrüse leiden, dann spüren Sie Situationen nach, in denen Sie vor innerer Einkehr und Selbstbetrachtung durch Überaktivität geflohen sind, Sie sich zu dynamisch in hektischen Zielorientierungen vom Wesentlichen und somit von Ihrem Wesen abgelenkt haben. In gleicher Weise können Sie auch mit den spezifischen Symptommanifestationen Ihrer Mond-Jupiter-Signatur verfahren. Die nachfolgend aufgeführten Fragen sind auf diese abgestimmt.

Weitere Fragen, die Sie sich zu Symptomen stellen können

Bin ich bereit, meine jetzige Weltanschauung zu hinterfragen? – Folge ich den immer gleichen Themenausrichtungen? – Bin ich ausschließlich an weltlich-sachlichen Themen interessiert? – Habe ich eine Abneigung gegen metaphysische Themen? – Bin ich bereit, mich mit inneren Dingen wie Seelenarbeit zu beschäftigen? – Mache ich ausreichende Erfahrungen im innerseelischen Bereich? – Nehme ich genügend neues Wissen auf? – Wie reagiere ich auf innerseelische Arbeiten? Lehne ich diese ab? – Lebe ich meine weiche, beeindruckbare Seite? – Habe ich mich in meinem Weltbild abgeschlossen? – Blicke ich herablassend auf andere? – Kenne ich meine arrogante Schutzhaltung gegenüber anderen Menschen? – Ist mir bewusst, dass ich meine Überheblichkeit dazu nutze, um mich in meinen Weltanschauungen einzuigeln?

Nehmen Sie jeweils nur eine Frage mit in die Selbstbetrachtung hinein. Lassen Sie sich Zeit, denn jede Frage kann ihnen eine Fülle von Lebenssituationen offenbaren, die Sie sich auch über einen längeren Zeitraum anschauen können. Handeln Sie die Bilder nicht intellektuell ab, sondern spüren Sie in die Gefühle hinein, die mit den Situationen verknüpft sind. Seien Sie vor allem sich selbst gegenüber nicht wertend. Verwenden Sie alles, was Sie in sich wahrnehmen und erkennen können, stets nur für sich und niemals gegen sich. Ihre Selbstbetrachtung fördert das Aufspüren der Diskrepanz zwischen den äußerlichen Zielausrichtungen und Ihrem vernachlässigten inneren Wesenskeim. Je öfter Sie sich in den Situationen im Spiegel der Selbstbetrachtung erleben und ganz intensiv Ihren Wahrnehmungen nachspüren, desto eher werden Sie sich Ihrer Mechanismen bewusst. Nichts will erzwungen werden, sondern die Botschaften Ihres Inneren wollen sich Ihnen offenbaren. Es kann helfen, die Erkenntnisse niederzuschreiben, so können Sie diese auch später immer wieder zur Hand nehmen und ihnen neue hinzufügen.

Symbol-Imagination bei Symptommanifestationen

Begeben Sie sich in Ihrer Fantasie an einen fernen Ort in einer antiken Kultur. Dort finden Sie einen prachtvollen Tempel mit riesigen Säulen und Gängen aus Marmor. Beginnen Sie, den Tempel zu durchschreiten, und nehmen Sie die erhabene Pracht dieses Bauwerkes wahr. Während Sie sich durch die Tempelanlage bewegen, gelangen Sie in das Innere des Heiligtums. Die Luft riecht nach angenehmen Harzen und ist Weihrauch geschwängert. In der Ferne nehmen Sie erhebende Gesänge wahr und in Ihnen steigt der Wunsch auf, Teilnehmer dieser Zeremonie, deren Gesänge Sie hören, zu werden. Kaum haben Sie den Wunsch in sich formuliert, tritt ein Wächter, der in eine prachtvolle Robe gekleidet ist, vor Sie hin und deutet Ihnen an, dass Sie ihm folgen mögen. Er führt Sie in das innere Heiligtum des Tempels, zu dem Sie als Teilnehmer einer bedeutenden Initiation geladen sind. Nachdem Sie verschiedene Hallen und Tore durchschritten haben, gelangen Sie in den Mittelpunkt des Tempels, in dem das Ritual abgehalten wird. Die Halle ist von gedämpftem Licht erfüllt. Im Tempel befinden sich vier Stationen, den Himmelsrichtungen entsprechend. Sie werden an einen fünften Punkt in der Mitte des Raumes geführt und schauen mit Ihrem Gesicht gen Osten, dort, wo das Licht aufgeht. Während erhebende Intonationen Ihre Körperempfindung schwinden lassen, werden von weiß gekleideten, jungen Mädchen brennende Fackeln von den nördlichen Stationen in den Osten getragen. Tief in Ihrem Inneren wissen Sie, dass es Ihr Weg ist, der von der Dunkelheit des Stoffes zur aufgehenden geistigen

Sonne im Osten führt. Nachdem die Fackelträgerinnen ihre Fackeln vor der Station des Hohepriesters im Osten abgestellt haben, erhebt der Priester seine Arme nach oben und stimmt einen Anrufungsgesang an. Während Sie ihn anschauen, machen Sie sich bewusst, dass es der Hohepriester in Ihnen ist, der sich der geistigen Sonne zuwendet und die Verbindung herstellt, die den Sonnenglanz in Ihnen erstrahlen lässt. Fühlen Sie, wie Sie eins werden mit dem Hohepriester und mit der Anrufung, die inbrünstig die Verbindung zum inneren Licht des Kosmos herstellt. Alles ist in Ihnen – auch dieser Tempel; verbinden Sie sich ganz mit dieser Wahrnehmung, und verbinden Sie sich intensiv mit dem Wunsch, dass der geistige Sonnenglanz sich in Ihnen entfalten möge. Lassen Sie die erhebende Stimmung sich in Ihrem Inneren ausbreiten, bis Sie ganz erfüllt von dieser sind.

Machen Sie sich bewusst, dass dieser Tempel in Ihnen ist, es gibt keine Trennung. Sie können zu jeder Zeit an diesen inneren Ort zurückkehren. Was immer Sie in Ihrer Imagination für Erfahrungen machen, nehmen Sie den Tempel und die gemachten Erfahrungen in Ihr tägliches Leben mit. Seien Sie sich dessen bewusst, dass alles, nach dem Sie sich sehnen, bereits vorhanden ist. Das Außen trennt Sie nur solange von Ihrem Inneren und Ihrer Inspiration, solange Sie es ihm gestatten. Spüren Sie, dass Sie die Kraft sind, die eine bewertende Trennung in Ihrem Leben zwischen Profanität und geistigen Sehnsüchten ausführt.

Genauso, wie Sie sich in Ihrem Leben von einem erhebenden Zustand in Ihrem Inneren abgetrennt haben, vermögen Sie auch die Verbindung zu diesem wieder herzustellen. Lassen Sie die Empfindung der Rückverbundenheit mit Ihrem inneren Kosmos als Simileprinzip in Ihrem Bewusstsein ihre Wirkung entfalten, und nehmen Sie vor allem jene Glück und Erhebung spendende Empfindung, alles in sich selbst zu tragen, mit in Ihr tägliches Leben hinein.

MOND IM ZEICHEN STEINBOCK
MOND IM ZEHNTEN HAUS

DIE MOND-SATURN-THEMATIK

primäre Stimmung:
Mond im Zeichen Steinbock
Mond in Haus 10
Saturn in Haus 4
Saturn Konjunktion Mond
Saturn Quadrat Mond

latente Erfahrung:
Saturn Opposition Mond
Tierkreiszeichen Steinbock in Haus 4
Tierkreiszeichen Krebs in Haus 10

Stimmungsbild

Saturn als Symbol für die Kraft geistiger Gesetzmäßigkeiten wird als herrschender Planet dem Tierkreiszeichen Steinbock zugeordnet. Die Dynamik der saturninen Kraft als Instanz der Ehrlichkeit und der Klarheit fädelt den Menschen stets in einen Reifeprozess hinein. Saturn bringt mit dieser Mondverbindung Bewusstheit in das Leben des Menschen und lenkt dessen Konzentration auf das Wesentliche.

Saturn symbolisiert die Idee der begrenzenden Widerstände für alle kosmischen geistigen Gesetzmäßigkeiten, die in der Schwere der stofflichen Bedingungen erfahren werden. In diesem Zusammenhang ist es bedeutsam zu hinterfragen, was der stoffliche Urgrund oder die materielle Welt (Hauptbestandteile der Saturn-Analogie) überhaupt zu bewirken vermögen. In der Schöpfung gleicht die materielle Welt einer Projektionsfläche, auf der geistigseelische Gesetzmäßigkeiten sichtbar und erfahrbar gemacht werden. Metaphorisch gesprochen, wäre dies vergleichbar mit einer riesigen Kinoleinwand, auf welche die Bilder eines Films projiziert werden. Diese werden im realen Kino vom Projektor in den Raum gestrahlt und erst auf der Projektionsfläche sichtbar. Auf der Strecke zwischen Projektor und Leinwand sind die in den Raum hineinprojizierten Bilder nicht zu sehen. Staubpartikel oder Rauch lassen ahnen, dass der Raum lichtdurchflutet ist. Erst am Widerstand (Leinwand) wird das Licht sichtbar! In physikalischen Versuchen lässt sich nachweisen, dass Licht an sich, wie es sich im kosmischen Urraum befindet, keine Farbe hat. Es ist ohne Reflexionsfläche nicht sichtbar und unterliegt auch keinem Farbspezifikum. Erst durch auftretende Projektionsflächen erhält es seine Sichtbarkeit, denn die beschienenen Weltraumkörper fangen es auf und beginnen reflektierend zu erstrahlen. Wenn man die Eigenschaft des Lichtes analog zum Bewusstsein des Menschen setzt, dann gleicht die Dynamik des menschlichen Bewusstseins ebenfalls einer Energie, die erst eine Reflexion erhält, wenn sie im Leben auf Grenzen (Projektionsflächen) und damit auf Widerstand trifft. Das menschliche Bewusstsein ruht dumpf und unreflektiert in sich, solange fehlende Widerstände keine Reflexion entfachen oder die Trägheit überwiegt und die Selbstreflexion ausbleibt. Macht man sich diese Konsequenz einmal für das eigene Leben ganz bewusst, lässt sich erkennen, dass man durch Grenzen und Einschränkungen stets entsprechende Möglichkeiten zur Reflexion gereicht bekommt. Die einschränkenden Lebensbereiche beginnen im Menschen etwas sichtbar zu machen, was nur über diesen Weg zu erreichen ist. In der **primären Stimmung** mit dem Mond im Steinbock erfährt dieser als subjektives Prinzip im Geburtsmuster des Menschen einen kühlen Hauch ernsthafter Lebensprägungen, die ihn in seinen persönlichen Anliegen disziplinieren. Auch das zehnte Haus, das seine Entsprechung zum Saturnprinzip besitzt, vermittelt dem dort positionierten Mond jenes Stimmungsbild, das auf Verantwortungsübernahme im Leben zielt. Gleichfalls gibt Saturn im vierten Haus inneren Stimmungen den Hauch der Abgeschlossenheit, die auch ihren Ausdruck in der Konjunktion und dem Quadrat zwischen Mond und Saturn finden. In der **latenten Erfahrung** klingt in abgeschwächter Form die beschriebene Stimmung durch das Tierkreiszeichen Steinbock im vierten Haus an sowie durch das Tierkreiszeichen Krebs im zehnten Haus als auch mit der Opposition zwischen Saturn und Mond.

Viele Menschen akzeptieren den korrigierenden Aspekt von Begrenzungen nicht und versuchen immer und immer wieder, gegen die Widerstände anzugehen, was oftmals zu Enttäuschungen und Frustrationen führt. Dabei will ihnen das Leben nicht die Freude vergällen, sondern lediglich eine Selbsthinterfragung anregen. Nimmt man jene Hinterfragung an, hat man sich dem Zweck und dem Wesen der Erfahrung im Keim angenähert – die Botschaft ist angekommen. Auch hier verhält es sich ähnlich wie im Bereich der menschlichen Kommunikation. Ist man bereit, den Meinungen oder Anregungen anderer Menschen zuzuhören, werden die Dialoge, die man führt, einen konstruktiven Charakter haben. Verschließt man sich jedoch den anderen und geht in die Ablehnung, wird es Konflikte, Ausgrenzungen und letztlich Stagnation im Leben geben.

Saturn als Gesetzmäßigkeit des Lebens ist also immer die Projektionsfläche des eigenen So-Seins. Es ist stets der Mensch, der mit sich selbst konfrontiert wird. Hinter Saturn verbirgt sich das Gesetz des Wachstums über die Grenzen der Subjektivität. Der Mensch erhält über Saturn eine bewusste Fokussierung in seinem Leben, die er aus seinem eigenen Anspruch nicht kennt. Denn in vielen Dingen gleicht sein Verhalten dem eines Kindes, das gerne alles tun möchte, was ihm gefällt. Dies wird aber von der Erwachsenenwelt nicht geduldet. Auch im Bereich der Erziehung zeigt man einem Kind Grenzen auf, die nötig sind, damit es im späteren Verlauf seines Lebens keinen Schaden nimmt. In ähnlicher Form verhält es sich mit dem Saturnprinzip in Bezug auf das menschliche Leben. Durch dieses Prinzip werden Grenzen aufgezeigt, deren Notwendigkeit häufig nicht erkannt werden, die aber den Menschen aus geistiger Sicht vor möglichem Schaden bewahren. Denn er ist genausowenig wie ein Kind bereit, die gesetzten Grenzen zu akzeptieren.

Unter diesem Gesichtspunkt wird verständlich, dass es bedeutsam für jeden Menschen ist, sich mit den kosmischen Gesetzen des Lebens und insbesondere mit der Verantwortung ihnen gegenüber auseinander zu setzen. Dies ist auch das Thema, das mit der Mond-Saturn-Thematik aktiviert wird. Vor ihr wird der Mensch mit der verzerrten Fratze seiner noch nicht bewältigten Persönlichkeitsanteile konfrontiert. Diese Kombination lässt die kleinen, subjektiven, sprudelnden Wasser der Gefühle zu Eis gefrieren. Dies gleicht einem intensiven Bewusstwerdungsakt, denn Saturn als der große Edelsteinschleifer setzt immer genau an den Stellen an, an denen der Mensch in seinem Leben zu subjektiv agiert. Menschen mit einer Mond-Saturn-Kombination im Geburtsmuster erfahren sehr oft eine Hemmung, sich selbst zu erleben. Sie haben kein Vertrauen in die eigene Persönlichkeit, und es liegt eine Diskrepanz vor, sich selbst anzunehmen und zu mögen. Die wertfreie Annahme der eigenen Persönlichkeit ist tief verschüttet, und man glaubt, nicht liebenswert zu sein, denn das Leben lehrte einen, sich Stück für Stück mit der eigenen Schaffenskraft die Akzeptanz des Umfeldes zu erringen.

Wie bei anderen saturninen Kombinationen im Geburtsmuster liegt bei den Nativen eine seelische Isoliertheit vor, die aus dem Bewusstsein resultiert, unermüdlich selbst aktiv sein zu müssen, da sie unbewusst das Gefühl haben, ihre Daseinsberechtigung gegenüber anderen Menschen legitimieren zu müssen. Dies führt im Laufe des Lebens zu Schwächesituationen, die aus der permanenten Selbstüberforderung resultieren, denn die Aufgaben, die sie im Leben erfüllen, erwachsen nicht einem inneren Lustempfinden, sondern einem Pflichtgefühl.

Den Nativen bereitet es enorme Schwierigkeiten, sich seelisch zu öffnen oder sich Gefühlen hinzugeben, da diese angstbeladen sind. Aus diesem Grund wirken sie auf andere verschlossen und lassen weder Regungen hinein noch hinaus, wodurch es schwierig wird, ihre jeweilige Verfassung einzuschätzen. Emotionslos wie ein Stein wirken sie bisweilen auf die anderen, weil sie in den schwierigsten Situationen oder mit aufgewühlten Gefühlen grundsätzlich „Haltung" zu bewahren versuchen. Sie bekleiden deshalb häufig im Leben Positionen, in denen es nötig ist, mit einem kühlen, klaren Kopf wichtige Handlungen auszuführen und die volle Verantwortung für die daraus erwachsenden Konsequenzen zu übernehmen. Stets sind sie dabei auf der Suche nach einem festen Standpunkt, auf dem es ihnen möglich wird, als Individuum für das große Ganze einzutreten.

Dieses Bedürfnis findet in einem stark reglementierenden Verhalten seinen Ausdruck, wobei die Nativen ständig bemüht sind, andere Menschen in Normen hinein zu „formatieren", zu denen sie selbst ein Zugehörigkeitsbedürfnis herauskristallisiert haben. Dieses ausgesprochen motorische Verhalten entspringt einer inneren Angst der Nativen vor dem Kontrollverlust und einer möglicherweise plötzlich auftretenden Konfrontation mit dem Unvorhersehbaren. Die ständige Furcht, die Steuerungsfäden könnten ihrer Hand entgleiten, bewirkt, dass die Nativen es nicht zulassen können, dass es zu undefinierbaren Zuständen in ihrem Leben kommt. Dabei überlassen sie aber auch rein gar nichts dem Zufall, denn jedes Mal, wenn sie mit spontanen und unberechenbaren Situationen konfrontiert werden, verspüren sie Hilflosigkeit. Ihr Kontrollverhalten ist ein zentrales Muster, das sich in vielen Bereichen ihres Lebens offenbart.

Menschen unter dieser Mond-Kombination fühlen sich aufgrund ihrer inneren Distanz zum Leben einsam und verlassen. Das Empfinden ist in vielen Bereichen blockiert. Man könnte auch sagen, dass der innere Quell der Gefühle verödet ist, man hat Angst vor dem Gefühl. Für sie sind Gefühle gleichzusetzen mit Kontrollverlust, denn sie bringen die Nativen in Bereiche des Undefinierten, Unkonturierten hinein, die ihnen fremd und deshalb für sie nicht steuerbar sind.

Um dem Gefühl oder emotionalen Situationen ausweichen zu können, eignen sie sich häufig ein Schutzverhalten an, mit dem sie auf andere höflich, aber distanziert wirken. Manchmal erwecken sie auch den Eindruck, dass sie arrogant, überheblich und kalt seien. Es gelingt ihnen, eine Barriere zu ihren Mitmenschen aufzubauen, die sie vor den gefürchteten Gefühlen der Betroffenheit bewahren, die aus kumpelhaften Übergriffen anderer Menschen entstehen können. Allzu nahe Kontakte könnten ihr Rollenverhalten durchbrechen und ihren wahren Kern zu Tage treten lassen, der wie ein Heiligtum gehütet wird. Mit Gefühlen und somit durch ihre emotionale innere Realität gelangen die Nativen mit der Saturn-Mond-Verbindung in jenen subjektiven Bereich hinein, in dem sich die kontrollierende Qualität Saturns einschaltet. Einerseits fürchten sie sich vor einem Zuviel an eigener Subjektivität, denn aus traumatischen Kindheitssituationen ist in ihnen das unbewusste Programm aktiv, keinen Anspruch auf Selbstverwirklichung zu besitzen. Andererseits ersehnen sie die subjektive Zuwendung anderer. Sie sind besonders im Bereich von emotionaler Zuwendung durch ihr Umfeld seismografisch empfindlich. Sobald sie nur die geringste Andeutung von Ablehnung erfahren, verfallen sie in tiefste Betroffenheit und Depression. Dies lässt sie in einem ambivalenten Zustand leben, mit dem sie sich allerdings arrangiert haben. Sie haben grundsätzlich auf die Dinge zu verzichten gelernt, die ihnen versagt sind. Ihre Vernunft hilft ihnen, sich mit vielen Situationen des Lebens abzufinden und sie vernünftig zu relativieren. Das haben sie schon in sehr jungen Jahren gelernt, und so ist diese Eigenschaft zu einem starken Bestandteil ihres Wesens geworden.

Häufig bauen sich die Nativen in ihrem Leben ritualisierte Bereiche auf, um über die systematisierte Handlungsweise jeden neuen Impuls auszuschließen. Diese Systematisierung erwächst aus dem Bedürfnis, ein Überlebensraster zu gestalten, das ihnen Sicherheit vor der Eventualität des Lebens bietet. Denn tief in ihrem innersten Kern sind sie sehr labile und unsichere Persönlichkeiten, die ein Mindestmaß an Richtlinien und Gesetzmäßigkeiten benötigen, um im Leben zurechtzukommen. Nichts verunsichert sie so sehr wie das Unvermögen, den Lebensverlauf nicht selbst gestalten zu können, denn dies käme einer Hingabe oder einer Abhängigkeit vom Lebensprozess gleich, womit sie sich in die Nähe ihres Angstbereiches geführt sehen.

Die andere Komponente ihres Wesens kann auch in der umgekehrten Form zu Tage treten, was häufig bei feurig-dynamischen Anteilen im Geburtsmuster der Fall ist. Dann erheben sie sich selbst zum Gesetzgeber und treten dem Leben mit einer gestaltenden Überdynamik entgegen, um dem Angstbereich nicht begegnen zu müssen. Aus vielen Ereignissen und Situationen entsteht bei ihnen der Eindruck, dass das Leben ihnen gegenüber härtere Bandagen anlegt. Viele Erfahrungen, die sie nicht recht einzusortieren wussten, haben dazu beigetragen, dass sie mit einer pessimistischen Grundstimmung auf das nächste Unheil warten.

Die Distanz, die aus diesem argwöhnisch betrachtenden Lebensgefühl entsteht, führt dazu, dass sie sich einsam und unverstanden vorkommen. Deshalb treffen sie Entscheidungen lieber alleine. Es kommen sowieso nicht viele Freunde in Frage, denen sie sich mitteilen könnten. Selbst wenn es in ihrem Leben Freundschaften gibt, ist es immer noch fraglich, ob die Bereitschaft vorhanden ist, sich anderen zu öffnen. Denn die Mitmenschen müssen Voraussetzungen erfüllen, damit die Nativen ihnen die nötige Achtung entgegenbringen. Viel lieber forschen sie nach den Gefühlen und der Bewegtheit der anderen, als ihr Innerstes zu offenbaren. Dies kann bis in den partnerschaftlichen Bereich hineinwirken, so dass Menschen, mit denen sie zusammen sind, nie zur Gänze ermessen können, was in ihnen vorgeht.

Unter dieser Prinzipienverbindung ist es schwierig, die Sehnsucht nach der Akzeptanz und der Sympathie anderer Menschen mit dem inneren dogmatischen Anspruch zu verbinden. Sie fürchten, aufgrund ihrer in der Tonart Moll klingenden Lebenshaltung und ihren Ansprüchen gegenüber den anderen gemieden zu werden, so dass sie in der Konsequenz auch bereit sind, wesentliche Anteile ihrer Persönlichkeit zu verdrängen, um die Zuneigung ihres Umfeldes nicht zu gefährden. Mond-Saturn lässt darauf schließen, dass die Menschen auf ein Seelenpotenzial blicken, das sehr subjektiv geprägt ist. Deshalb führt sie das Leben in die unterschiedlichsten Erfahrungsbereiche der Gefühlswelt, von der Ablehnung durch andere bis hin zur Ablehnung durch die Welt. In dieser ambivalenten Bandbreite lernen sie im Laufe des Lebens die Wasser der Gefühle zu kanalisieren, so dass diese einen Gestaltungsprozess erfahren, der sie allmählich in einen verantwortlichen Erwachsenenstatus erhebt. Denn Saturn als ernsthaftes Bearbeitungselement führt im Verbund mit dem Mondprinzip zu einer Arbeit mit dem Gefühl und letztlich mit der Seele.

Kindheitsmythos

Ein zentrales Thema zieht sich bei vielen Menschen unter dieser Mond-Signatur durch den Kindheitsmythos: Schon sehr früh, nämlich im pränatalen Zustand, machten sie die Erfahrung, in der Welt nicht erwünscht zu sein. Die Mutter hegte während der Schwangerschaft eine Abneigung gegen die bevorstehende Mutterschaft, möglicherweise weil sie fürchtete, den Anforderungen der Mutterrolle nicht gewachsen zu sein. Vielleicht war die Mutter noch viel zu jung und wollte gerne bestimmte Bereiche des Lebens auskosten, ihre Freiheit genießen, die Welt kennen lernen, Karriere machen oder ein Studium zu Ende bringen, was durch die nahende Geburt des Ankömmlings vereitelt wurde, so dass die bevorstehende Situation zu einer Erschwernis in ihrem Leben beitrug. Aus dieser psychischen Belastung projizierte die Mutter das Unwohlsein in die Zukunft. Erst die Schwangerschaft brachte ihr zu Bewusstsein, dass für sie mit der dräuenden Verantwortung der Ernst des Lebens beginnt. Das Kind fühlt bereits im pränatalen Zustand die Abneigung aus dem inneren Konflikt der Mutter, und mit seiner unabwendbaren Geburt wächst in ihm ein schlechtes Gewissen für das eigene Dasein heran. Die Erfahrung, im Leben nicht willkommen zu sein, verbindet es mit der gesamten Existenz und mit anderen Menschen.

Da die Mutter im Leben des Kindes gleichzusetzen ist mit dem ersten Weltenrepräsentanten, brennt sich in die Seele das Programm ein, das heißt: Die Mutter will mich nicht – also bin ich in der Welt auch nicht willkommen. Dies sind natürlich innerseelische Eindrücke, die von den Betroffenen niemals so rational wahrgenommen werden, wie sie hier beschrieben sind, sondern vielmehr als latente Stimmungsbilder zu verstehen sind, die den Nativen selbst nicht ganz bewusst sind. Jedoch sind sie die Ursprungsquelle für viele spätere Handlungsmotivationen, die die Nativen manchmal selbst erstaunen. Aus dieser Kälteerfahrung rührt eine hohe Empfindsamkeit, die jedes Mal, wenn sie in ein ähnliches Stimmungsklima hineingeraten, die alte Wunde wieder aufbrechen lässt, was zur depressiven Verstimmung beitragen kann. Aus diesem Grund sind die Nativen eher zurückhaltend und bleiben vorsichtshalber auf emotionaler Distanz, um durch Nahestehende nicht verletzt zu werden. So entsteht aus der scheinbar kausalen Situation bei den Betroffenen ein kontaktarmes Verhalten. Weder verbindende Gemeinschaft noch Austausch existieren. Allerdings entspricht das dem eigentlichen Naturell der Betroffenen. Als Kind buhlen sie sehnlichst um die Anerkennung der Mutter und fühlen sich ihr auf eine paradoxe Art und Weise verbunden. Immer wieder erfahren die Nativen seitens der Mutter eine Distanzierung und mangelnde Zuwendung, die sie sich jedoch heiß ersehnen. So sind es dann später die Sehnsüchte nach Anerkennung ihrer Leistungen, die ihnen versagt bleiben. Möglicherweise treibt sie ihre Sehnsucht nach Anerkennung schon in der Schule, während des Studiums oder später im Beruf zu besonderen Erfolgen. Doch selbst alle Leistungen, die sie mit Bravour oder „summa cum laude" absolvieren, wiegen den Mangel eines fehlenden Zuspruches seitens der Mutter nicht auf. Sie sind zeitlebens auf der Suche nach der vermissten Zuwendung und Geborgenheit und bemühen sich, mit anderen Menschen Verbindungen herzustellen, die eine Art Ersatzfunktion für die vermisste Geborgenheit darstellen sollen – sie suchen eine Art verlängerter Gebärmutter in den verschiedenen Lebenssituationen, um den Mangel zu kompensieren. Dieses Suchen nach der Gefühlsgeborgenheit setzt sich oft lebenslang fort. Wo man auf andere Menschen trifft, sucht man die Akzeptanz des Umfeldes, fehlt sie, ziehen sich die Nativen schüchtern und betroffen zurück. Aus dieser Bedürfnishaltung werden die Nativen unter der saturninen Mondsignatur von Menschen abhängig, die ihnen gefühlsmäßige Zuwendung liefern, und sie beginnen, die Umstände, die diese liefern, zu lieben, nicht aber die Menschen. Schon die geringste Störung – sie werden von jemandem übersehen, kommen gerade in einem ungelegenen

Moment zu anderen Menschen oder berufliches Engagement wird nicht gewürdigt – kann Betroffenheit und Depression auslösen. Die Nativen ziehen sich verletzt zurück und verschließen sich innerlich, weil ihnen das essenzielle Zuwendungselement vorenthalten wurde.

In dem Bedürfnis nach Liebe und Beachtung liegt die Hauptquelle ihres oft erlebten Leides. Die Mond-Saturn-Thematik möchte die Nativen in eine Unabhängigkeit von der Zuwendung ihres Umfeldes hineinführen. Die Nativen bewegen sich jedoch mit ihren emotionalen Bedürfnissen stets in die entgegengesetzte Richtung ihres Lernerfordernisses, womit sie jeweils den gegenteiligen Mechanismus ihres Musters auslösen. Das bedeutet, wenn sie auf der Suche nach Zuwendung (Mond) sind, erfahren sie durch ihr Umfeld jeweils Kühle und Distanz (Saturn). Sicherlich ist das Zuwendungsbedürfnis der Nativen aufgrund des erlebten Mangels verständlich, doch wirkliche Zuwendung vermögen sie erst dann zu erfahren, wenn sie sich aus der inneren Erwartungshaltung herausgelöst haben, sie vom Zuspruch des Außen frei geworden und somit in der Lage sind, die Geborgenheit in sich selbst herzustellen.

Generell gestaltet sich das Klima im Elternhaus nicht besonders warmherzig, und die Nativen unter der Mond-Saturn-Kombination lernen, trotz der mangelnden Zuneigung und den immer wieder an sie gestellten Leistungsanforderungen problemlos zu funktionieren. Meist wurden sie schon sehr früh mit Verantwortung überhäuft, indem sie sich beispielsweise um jüngere Geschwister kümmern mussten, oder sie bekamen im Haushalt Verantwortungsbereiche übertragen, für die sie geradestehen mussten. Möglicherweise fehlte auch ein Elternteil und die Nativen waren aufgefordert, sich als Stütze der Familie einzubringen. Zum einen mag dies bewirken, dass die Kinder das Vertrauen in die Erwachsenen verlieren, weil sie sehr früh deren Ratlosigkeit im Lebenskampf erleben mussten. Daraus erwächst eine frühe Überforderungsspannung; zum anderen führt dies aber auch dazu, dass die Kinder zu kleinen Erwachsenen werden, die sich daran gewöhnt haben, eigenverantwortlich zu handeln und Entscheidungen zu fällen. Dies geht natürlich auf Kosten der persönlichen Entwicklung. Häufig fühlen sich die Betroffenen schon als Kinder wie alte Menschen, die Spiele mit Gleichaltrigen bereiten ihnen keine rechte Freude und die Spielkameraden besitzen in ihren Augen nicht den nötigen Ernst. Das charakterisiert die Nativen später auch im Erwachsenenalter. Das spontane kindliche Ausleben und kreative Ausdrucksformen werden somit verschüttet. Es fehlt an kindlicher Gelassenheit, und die saturntypische Angst, sich im eigenen So-Sein anzunehmen, wächst mit der Zeit immer stärker heran. Oft wird während der Pubertät die Revolutions- und Ablösephase übergangen, weil eine Angst besteht, die eigenen Anliegen zu leben, die tief im Verborgenen schlummern und kaum zugänglich sind.

Nicht immer vollzieht sich der Mond-Saturn-Mythos dergestalt, dass das Kind aufgrund elterlicher Bedürftigkeit zur Verantwortung gezogen wird. Der Mythos kann sich auch in einem kalten, strengen Elternhaus vollziehen, welches keine anheimelnde Stimmung aufkommen lässt. Meist ist unter dieser Verbindung – der Mond steht symbolisch für das Mutterprinzip – die Mutter jene besonders strenge Instanz, die unerbittlich richtet und in der Familie zumindest in der Kindererziehung den Ton angibt. Oft äußert die Mutter dem Kind gegenüber lautstark ihre Missachtung, einerlei, was es auch macht, alles staut sich an der Kritikschwelle der Mutter. Die Mutter herrscht als erbarmungslose Despotin, die jede kindliche Äußerung sofort in die Schranken zurückweist, womit sie zur Erfüllungsgehilfin des Mond-Saturn-Klimas wird, welches die gehemmte Eigenart in der Psyche sichtbar macht. Wie immer der Mythos geartet ist, er erzeugt vor allem eine Befangenheit, so dass ein lockeres entspanntes Lebensgefühl schwer zu realisieren ist. Einsamkeit und das Gefühl, nicht verstanden und angenommen zu werden, machen sich breit – eine Stimmung der Isolation, die sich in vielen Fällen immer wieder durch die späteren Lebenssituationen ziehen wird.

Der Kindheitsmythos unter der saturninen Signatur drückt auf diese Weise schon sehr deutlich in den frühen Lebensstadien das verantwortungsvolle Erfordernis aus. Er macht deutlich, dass es den Betroffenen nicht wie anderen Kindern vergönnt ist, träumend und spielerisch durch das Leben zu wandeln. An dieser Aufforderung wird sich auch im Erwachsenenalter nichts ändern, was bedeutet, dass die Nativen sich nicht wie die verspielte Mehrheit der Menschen erlauben können, ihre Lebenszeit mit sinnentleerten Ablenkungen zu vertrödeln. Dies wird in vielen Stationen der Kindheit deutlich, denn nicht nur im Elternhaus machen sie in vermehrtem Maße Erfahrungen, die sie an den Ernst des Lebens mahnen. Frühe Konfrontationen mit dem Tod und dem Thema der Einsamkeit tragen dazu bei, dass die Nativen im Laufe der Zeit die trügerische Schönheit des Lebens recht skeptisch und pessimistisch bewerten. Viele Betroffene versuchen, sich den ernsthaften und düsteren, unerfreulichen Aspekten des Lebens zu entziehen, und begeben sich auf die Suche nach dem berühmten Silberstreif der Befreiung am Horizont, ohne dabei aber zu merken, dass sich dieser von ihnen nicht direkt ansteuern lässt, es sei denn, sie erfüllen ganz Saturn spezifische Bedingungen.

Das Bedürfnis nach Zuneigung wächst in ihnen, je mehr sie von der Mutter oder den Eltern abgelehnt werden. Sie versuchen, sich die vermisste Zuwendung zu erarbeiten. Der Leitsatz „Gefühle gegen Leistung" beschreibt, ähnlich wie bei einer Saturn-Venus-Verbindung, das Klima in der Familie treffend. Wie immer die Anforderung von Seiten der Eltern an das Kind aussieht, sie ist niemals wertfrei und immer an Bedingungen geknüpft. Das Kind ist bereit, die geforderten Leistungen zu erbringen, verliert aber aufgrund des Leistungsdrucks die Wertfreiheit von Gefühlen. Auch später erlebt es das Liebeselement als an Bedingungen geknüpft. Hier entsteht eine zweite gravierende Verletzung, denn unbewusst prägt sich durch die Erfahrung bei den Nativen ein, dass sie so, wie sie sind, nicht liebenswert sind, sondern erst Leistung erbringen müssen, damit sie die Zuneigung ihres Umfeldes erfahren. Dadurch ist es ihnen im späteren Lebensverlauf fast unmöglich, Liebe annehmen zu können, da es außerhalb ihres Vorstellungsvermögens liegt, um ihrer selbst willen geliebt zu werden.

Für die Betroffenen unter der Mond-Saturn-Verbindung werden Gefühle zu einer kalkulierbaren Größe, die sie immer auf einem möglichst niedrigen und damit nicht verunsichernden Level halten möchten. Solchermaßen ihrem Gefühl entfremdet, identifizieren sich die Betroffenen viel lieber mit übergeordneten Normen und Zielen, wobei ihnen der Zugang zur eigenen Emotionalität verschlossen bleibt. In ihnen erwächst geradezu eine Angst vor der Individualität, weil diese in ihren Erfahrungen nicht willkommen ist, so dass die Übernahme von kollektivem Rollenverhalten als reiner Selbstschutz gewertet werden kann. Menschen mit einer Mond-Saturn-Kombination mögen das in stillen, reflektierenden Momenten als bedauerlich empfinden, weil ihnen bestimmte Gefühlsebenen, die sich für andere Menschen eher offen und unbelastet darstellen, nicht zugänglich sind. Die Abgrenzung macht sie einsam, da sie sich aufgrund der erlebten Verletzung den Zugang zum echten Kontakt verschließen. Sie sind in hohem Maße auf übergeordnete Belange reduziert und fühlen sich zu allen Bereichen, die frei von kleinen persönlichen Anliegen sind, besonders hingezogen. Das Lebensgefühl ist stark angstbeladen, denn unbewusst ahnen sie, dass ein Teil ihres Lebensauftrages lautet, von den persönlichen Belangen Abstand zu nehmen oder diese zugunsten einer erhöhten Bereitschaft, Verantwortung zu übernehmen, aufzugeben.

Dies drückt sich bereits im Kindheitsmythos aus, denn im persönlichen Mikrokosmos des Lebens tragen die Eltern symbolisch im Zerrspiegel des Erlebens jene zu erfüllenden Aufträge an den Menschen heran. Zu diesen sind die Nativen berufen zu finden, indem sie lernen, sich eigenverantwortlich berufen zu fühlen, andere Menschen zu unterstützen und Verantwortung für Schwächere zu übernehmen. So geht es unter dieser Verbindung darum, das Persönliche in den Hintergrund zu stellen – doch solange eine bewusste Bearbeitung des erlebten Dramas auf der seelischen Ebene nicht stattgefunden hat und man sich nicht aus sich selbst berufen sieht, befinden sich die Nativen in einem schwelenden Zwischenzustand.

Partnerschaftsmythos

Im Bereich der Partnerschaft entwickeln die Nativen eine ganz konkrete Festigkeit, die vielmehr etwas mit Vernunft als mit unerklärbarer Emotionalität zu tun hat. Die Gefühle sind sehr klar und beschreibbar, wobei sich die Frage stellt, ob es sich dann noch um Gefühle handelt. In ihren Beziehungen wünschen sie sich Dauerhaftigkeit und Verbindlichkeit, denn für sie ist es wichtig, kalkulierbare Partnerschaftsmodelle zu leben. Hier kommt das saturnine Element zum Tragen, das der Zeit (Kronos-Saturn) zugeordnet wird. Es dauert bei den Nativen sehr lange, bis sie sich geöffnet haben. Aber ist dies einmal geschehen, halten sie an der Partnerschaft fest, um die erlangte Sicherheit nicht zu verlieren. Die in der Beziehung stattfindende Öffnung ist oft so groß, dass sie für diese Menschen fast bedrohliche Ausmaße annimmt. Das beginnt oft schon in der Phase der Annäherung und der Verliebtheit.

Je tiefer das empfundene Gefühl ist, desto hilfloser fühlen sich die Nativen. Sie reagieren mit Betroffenheit, weil sie von ihrem Gefühl abhängig sind; tagelang an einen Menschen denken zu müssen und ihn herbeizusehnen, führt sie an ihre Grenzen. Dabei haben sie Angst, die Kontrolle über ihr Leben zu verlieren. Einerseits fürchten sie, den Alltagserfordernissen nicht mehr gewachsen zu sein, und andererseits nimmt die Angst, aufgrund der seelischen Öffnung verletzt zu werden, für sie einen bedrohlichen Charakter an: „Was ist, wenn ich enttäuscht, verletzt oder gar abgewiesen werde? Was ist, wenn er oder sie nicht die gleichen Gefühle in sich trägt wie ich? Was ist, wenn ich betrogen werde? Kann ich den Schmerz ertragen, wenn ich verlassen werde?" Dies sind Fragen und Zweifel, die die Nativen wie Mantras ständig in sich wiederholen, weil sie sich nicht vorstellen können, dass sie von ihren Partnern geliebt werden. Sie führen dann paradoxerweise die Partnerschaft weiter, um sich wieder verschließen zu können. Mit Routine, exzessiver gemeinsamer Alltagsgestaltung und permanenter Nähe, die zwangsläufig zum Spannungsabfall durch Gewöhnung führt, lenken sie die Beziehungsdynamik unbewusst wieder auf ein unbedrohliches Maß zurück. Sicherheit und Steuerbarkeit stellen sich dann wieder für sie ein, wenn der besondere Zauber, der „süße Liebesschmerz", erfolgreich durch den Alltag vertrieben wurde. Fortan regieren Fakten und Erfordernisse wieder die Beziehung und der unbewusste saturnine Drang zur Entfremdung hat seine Einlösung gefunden. Dies ist genau der umgekehrte Prozess, wie er bei anderen Paaren angestrebt wird. Dort steht über langjährigen Beziehungen das Element der Öffnung im Vordergrund, man will sich näher kommen, den anderen Menschen in seinen inneren

Beweggründen erfassen, sich ausliefern und vertrauensvoll hingeben. Selbst wenn die Beziehung von Menschen mit der Mond-Saturn-Verbindungen im Kern schon keinen Bestand mehr hat, führen sie diese aus Gewohnheit und einem Sicherheitsbedürfnis weiter. Häufig spielt hier ein ökonomisches oder ein Sicherheitelement eine große Rolle. Denn jedes Einlassen auf eine neue Beziehung würde in die bedrohlichen, angstbeladenen Bereiche der Liebesungewissheit hineinführen. Wenn sie schon so lange in der Verbindung verweilen und viel Energie und Dynamik in diese investiert haben, dann wollen sie auch, so argumentieren die Nativen vor sich selbst, von den Ergebnissen und den sich erst mit der Zeit einstellenden Vorzügen Gebrauch machen (Zugewinn- bzw. Erbengemeinschaft).

Nativen mit der Mond-Saturn-Thematik fällt es schwer, ganz konkrete Dinge abzugeben oder sich von ihnen zu trennen, da der Verbund des Mondes mit einer erdigen Grundenergie in den Bereichen des Festhaltens seinen Ausdruck findet. In Beziehungen wird jeder Pfennig, der dem anderen unter großen Gesten überantwortet wurde, notiert und festgehalten – man vermag sich noch nach Jahren daran zu erinnern, was man anderen zum Geschenk machte, und oft finden diese in Dialogen eine Erwähnung. Das Prinzip des Geizes, welches mit Geld und Wertgegenständen (Venusprinzip = Liebesprinzip) sehr verhalten umgeht, lässt deutlich werden, dass in dieser Analogie auch das wertfreie Geben im zwischenmenschlichen Bereich gebremst ist. Im Geiz spiegelt sich das Unvermögen wider, dem anderen seine Zuneigung (Venus = Geld) wertfrei zukommen zu lassen. Natürlich ist der Geiz auch Ausdruck für die emotionale Verhaltenheit, unter der die Gefühle nicht im rechten Fluss sind und eine ständige Kontrolle erfahren. Hier ähnelt die Mond-Saturn-Verbindung sehr stark einer Saturn-Venus-Verbindung mit ihrem Gesetz „Liebe gegen Leistung". Das bedeutet, dass unbewusst das Unvermögen, sich vorstellen zu können, dass man liebenswert ist, auch wenn man nichts dafür leistet, in den Beziehungen weitergegeben wird. Das Maß der Zuwendung, die sie anderen Menschen geben, richtet sich danach, wie viel Aufmerksamkeit und Entgegenkommen sie seitens des jeweiligen Partners erfahren haben. Man rechnet im Bereich der eigenen Zuwendung auf. Mal ist es das Thema Beachtung, mal die Akzeptanz der Bedürfnisse der Nativen, mal die Intensität der Zuwendung oder auch ganz konkrete alltägliche Dienste, die durch den anderen erfüllt werden sollen. Die Messlatte der zu erfüllenden Erfordernisse kann subjektiv beliebig erhöht werden. Hierbei kommt es dann auch zur Spaltung zwischen den Bedürfnissen und den notwendigen emotionalen Strafaktionen bei Nicht-Erfüllung und der Angst, bei zu viel individueller Forderung vom Partner abgewiesen zu werden. Nach

Konflikten versuchen dann die Nativen, durch konkrete Dienstleistungen, indem sie für den anderen etwas Besonderes machen, dem Partner entgegenzukommen. Beispielsweise näht die Frau dem Partner plötzlich alle abgerissenen Knöpfe an Hemden wieder an oder bringt seine Anzüge in die Reinigung, oder der Mann hängt ihr nach vielen Monaten das ersehnte Bild auf oder montiert in ihrem Zimmer eine Lampe. Dabei muss es noch nicht einmal zum offenen Konflikt gekommen sein, sondern diese wieder gut machenden Handlungsweisen vermögen auch aufgrund von stillschweigenden Ärgernissen, da man über den Partner schlecht dachte oder ihn im Stillen kritisierte, erfolgen.

Die Nativen hoffen, aufgrund ihrer unbewegten Psyche durch ihre Partner Motivation zu erfahren. Auch im engen zwischenmenschlichen Bereich reagieren sie nur auf die Erfordernisse, die an sie herangetragen werden. Sie parieren scheinbar nur automatisch die Impulse des Außen, weil das kreative Element, welches auch in den Bereichen des Mondenprinzipes zu finden ist, durch Saturn eine Einschränkung erfährt. Das stille Warten auf dynamische Impulse und Ansprache vom Außen, der Mangel an eigener spontaner Kreativität lassen in Partnerschaften beim anderen das Gefühl entstehen, als Conferencier missbraucht zu werden. Solange die Menschen mit dieser Konstellation sich nicht bewusst mit ihrer Thematik auseinander setzen, bleiben sie in ihrer Passivität und den daraus erwachsenden Problemen stecken. Denn haben sie beispielsweise einen geeigneten Menschen gefunden, der Dynamik in ihr Leben bringt, regt sich in ihnen eine stille Ablehnung, weil sie genau wissen, dass sie vom anderen vollkommen abhängig sind. Er oder sie entscheidet darüber, wie dynamisch ihr Leben verläuft. Trotzdem verweilen sie in ihren Beziehungen, weil sie sich schwer in Richtung befreiender Handlungen motivieren können. Auch in zwischenmenschlichen Beziehungen gehen die Nativen gerne Freundschaften mit Menschen ein, um durch sie nicht mit ihrem Verlassenheits- und Einsamkeitsgefühl konfrontiert zu werden. Hier ist es dann die Freundlichkeit, die besticht, weil man sich zu verhältnismäßig unverbindlichen Unternehmungen zusammenfindet. Man konsumiert gemeinsam Kulturprogramme, tauscht Weltanschauungen oder die aktuellen tagespolitischen Themen aus. Dies geschieht aber auf einer Ebene jenseits persönlicher Anrührung, oft interessieren sich die anderen überhaupt nicht für die Nativen, die sich zwar selbst für diese einbringen, aber für sie kommt erstaunlicherweise nichts an Interesse von den anderen zurück. Vielleicht begegnete man sich schon längere Zeit, aber die anderen fragen nie nach dem persönlichen Leben der Nativen. Dies führt mit Sicherheit mit der Zeit zu Frustrationen, da sie feststellen, dass das Interesse rein einseitiger Natur ist. Unbewusst streben die Menschen unter dieser Mond-Signatur in die ersehnten Begegnungsprogramme hinein, um nicht allein sein zu müssen. Somit ist der verborgene Beweggrund ein egoistischer, der da lautet: „Hilf mir, lenke mich von meinen Gefühlen ab, damit ich mir nicht selbst begegnen und mit meiner Verlassenheit in Berührung kommen muss." Sicher ist dies keine absichtsvolle Strategie, doch für die Nativen ist es bedeutsam, dies zu erkennen, damit sie verstehen können, warum sie im Gegenüber stets auf selbstbezogene Menschen stoßen. Denn sie begegnen im Spiegel des Erlebens nur ihrer eigenen unbewussten Motivation.

Auf der Gefühlsebene sind sowohl bei der Frau als auch beim Mann die Empfindungen in ihrer Wahrnehmung blockiert. Häufig besitzen die Nativen unter dieser Konstellation keinen Zugang zu den tiefen Schichten ihrer Gefühle. Alles, was aus den Tiefen der emotionalen Kammern auftaucht, weckt größtes Misstrauen, und beide ruhen nicht eher, als bis es ihnen gelungen ist, ihre Gefühle zu beschriften. Menschen unter dieser Konstellation suchen sich häufig Partner, die sich für gleiche Themen interessieren. Dies geschieht vor allem, um dem Konflikt der Auseinandersetzung aus dem Wege zu gehen und um eine kontinuierliche Harmonie zu erleben, die nicht in die Bedrohung einer Ablehnung hineinführt. Trotzdem zieht mit den Jahren Unzufriedenheit auf. Möglicherweise kommt es zu sexuellen Problemen, die sich in Desinteresse, Frigidität oder Impotenz manifestieren. Hinter diesen Themen wird die Angst vor der Spannung und der Auseinandersetzung deutlich, denn Sexualität basiert auf gegenseitiger Spannung und lebt von der Bereitschaft, sich über den gemeinsamen Akt mit der Polarität eines anderen Wesens in Verbindung zu bringen. Da dies aber angstbeladen ist, wird damit gleichfalls die sexuelle Dynamik ausgeklammert. Das saturnine Element fordert besonders im Bereich von Beziehungen zur Bewusstwerdung heraus, um deutlich zu machen, dass der Mensch aufgefordert ist, sich wieder zu stellen, auch wenn er dadurch an seine verborgenen Ängste und Unsicherheiten herangeführt wird. Dies bedeutet, da die Mond-Saturn-Thematik zur Bearbeitung unbewusster Seeleninhalte hinführen möchte, dass es wichtig ist, die inneren seelischen Zusammenhänge zu erforschen, um eine genaue Kenntnis über bestimmte Motivationen und Verhaltensstrukturen zu erlangen.

Die Mond-Saturn-Verbindung im Geburtsmuster der Frau

Aufgrund des gestörten Verhältnisses zur Mutterinstanz in ihrem Leben, als Ausdruck des eigenen innerseelischen Dramas, haben es Frauen unter dieser Mond-Kombination schwer, ihre weibliche Rolle anzunehmen. Für sie liegt ähnlich wie bei der Mutter eine Angst vor, der nährenden Form der Weiblichkeit nicht gewachsen zu sein. Dies kann bedeuten, dass sie aus der unbewussten Angst, dass sich das erlebte Drama der Kindheit in der Umkehrung noch einmal vollzieht, sie eine Distanz zur Körperlichkeit aufbauen. Sie gehen dann zwar Beziehungen mit Männern ein, wehren aber das Thema der Sexualität ab, um nicht eine unerwünschte Schwangerschaft zu erleben. Diese Angst kann sie so stark beeinträchtigen, dass es ihnen nicht möglich ist, in der Sexualität loszulassen, um Erfüllung zu finden. Vielleicht geben sie sich dem Mann hin, sind aber innerlich verkrampft und lassen das sexuelle Drängen des Mannes als eine lästige Nebenerscheinung über sich ergehen. Dies kann dazu führen, dass sie sich auch zu gleichgeschlechtlichen Beziehungen hingezogen fühlen, in denen sie den aktiven, männlichen Teil übernehmen. Hier brauchen sie nicht zu fürchten, in die nährende weibliche Rolle hineinzugeraten, weshalb sie sich dann auch mit der aktiven Seite der Beziehung identifizieren. Auch die Sexualität lässt ihnen in einer gleichgeschlechtlichen Beziehung einen gewissen Raum, Körperlichkeit zu erleben.

Kommt es trotz der inneren Vorbehalte gegen das Thema der nährenden Weiblichkeit zur Mutterschaft, dann sind die Frauen unter dieser Konstellation durch die Geburt des Kindes emotional überfordert, insbesondere weil die Zuwendungsbedürfnisse des Kindes bei ihnen selbst nicht befriedigt sind. So erleben sie eine Zerrissenheit zwischen Erinnerungen an das eigene Trauma der Kindheit und ihrem Bedürfnis, dies dem Kind ersparen zu wollen, sowie den wahrgenommenen gefühlsmäßigen Grenzen. Sie versuchen, alles richtig zu machen, was vom Kind schnell realisiert wird. Vor allem weil die Mutter dem Kind nichts abschlagen kann, um es nicht zu enttäuschen, kann dies dazu führen, dass die Kinder bald der Mutter auf der Nase herumtanzen und mit ihr machen, was sie wollen. Eine Frau erlebte dies in einer gewissen Ironie des Schicksals, denn sie wollte ihren Kindern alle Liebe geben, die sie selbst sehnlichst vermisst hatte. Sie war beseelt von ihrem Bedürfnis, das Erlebte an ihren Kindern heilen zu wollen, was dazu führte, dass die Kinder sie derart provozierten, bis sie nicht mehr an sich halten konnte und nur aus Selbstschutz dazu gezwungen war, ihre autoritäre Seite zu offenbaren, um die Kinder in ihre Schranken zu verweisen. Demonstrativ setzten die Kinder sich über jedes Gebot und über jede Regel hinweg, was für das Leben der Kinder bedrohlich wurde: Beispielsweise rannte eines ihrer Kinder über die Straße, als ein Auto kam, obwohl die Mutter zuvor gewarnt und es gebeten hatte, stehen zu bleiben. Es kam zu einem Unfall, den der Autofahrer verursachte, um das Leben des Kindes zu schützen. Ein anderes Mal schluckte eines ihrer Kinder einen Toiletten-desinfektionsstein, obwohl sie es eindringlich ermahnt hatte, ihr diesen zu geben, da er giftig sei. Das Kind schaute sie demonstrativ an und schluckte den Stein mit einem triumphalen Blick, anschließend musste es im Krankenhaus behandelt werden. In ihr staute sich eine solche ohnmächtige Spannung an, dass sie irgendwann handgreiflich und autoritär wurde und dadurch von fürchterlichen Gewissensbissen geplagt wurde. Dies wurde für sie zu einem leidhaften Geschehen, denn sie wollte den Kindern nichts ver-wehren, musste aber einsehen, dass es ohne Grenzaufzeigung in der Erziehung nicht ging. Hier wird deutlich, wie wichtig es ist, sich unter die-ser Mondverbindung mit dem eigenen Seelenprinzip zu beschäftigen, denn hier waren es stellvertretend die Kinder, die diese Auseinandersetzung mit dem inneren Drama der jungen Frau hervorriefen. Denn sie wollte gerne eine liebevolle Mutter sein und den Kindern Erfahrungen, die sie erleben musste, ersparen.

Die Mond-Saturn-Verbindung im Geburtsmuster des Mannes

Der Mann unter der Mond-Saturn-Thematik fühlt sich zu einer Frau hin-gezogen, die ihm seine innere Qualität bewusst macht. Das bedeutet, dass er mit Frauen in Beziehung treten wird, die bestimmte Forderungen an ihn stellen, so dass er im Gegenüber jenen Teil erfährt, der ihm die Liebe, bezo-gen auf seine Individualität, versagen wird. Er hat Leistungen zu erbringen, um sich die Liebe zu erarbeiten. In einer solchen Verbindung gerät er in eine Abhängigkeit vom mütterlichen Typus Frau. Aus seiner erlebten Verletzung heraus ist er bereit, sich den Forderungen der Frau zu unterwerfen, denn er ist dem Teil in seiner Seele ausgeliefert, der seinen Erfahrungen in seinem Kindheitsmythos entspricht. So zieht es ihn zu einer Partnerin hin, mit der er bestrebt ist, jene Verbindung herzustellen, die ihm durch die eigene Mutter versagt geblieben ist. Hat er sein inneres Mondendrama nicht bearbeitet, ide-alisiert er Frauen und hebt sie wider allen Erfahrungen auf ein Podest.

In gewisser Hinsicht gleitet er in der Beziehung in eine kindliche Rolle, denn er will die Frau für sich alleine haben, so dass er eifersüchtig über seine Frau wacht; eine Konkurrenzsituation würde in ihm die Wunde der nicht erfahrenen Zuwendung wieder aufbrechen lassen. Ähnlich wie die Frau lehnt er Kinder in der Beziehung ab, und zwar aus den gleichen Vorbehalten, wie sie bei der Frau existieren. Für ihn bedeutet die Kinderthematik, seine Frau mit den Kindern teilen zu müssen. Mit der Konzentration auf die Schwangerschaft und nach der Entbindung auf die vielfältigen Bedürfnisse des Neugeborenen machen sich beim Mann Einsamkeitsgefühle und Depression breit. Er erlebt sich so, als wäre er zu einer Randerscheinung geworden, die er schon einmal in seiner Kindheit gewesen war. Dies kann im Extremfall zu einer Beziehungsproblematik führen, denn er regrediert in einer solchen Situation in ein ausgesprochen kindliches Verhalten. Er fühlt sich verstoßen, besonders wenn es sich um ein männliches Kind handelt, er verweigert sich der Frau, entzieht ihr seine Liebe und straft sie damit für ihre Zuwendung an das Kind. In manchen Fällen kann dies solche Ausmaße annehmen, das beim Mann psychosomatische Störungen auftreten, die in einer Form von Krankheitsgewinn die Aufmerksamkeit auf sich lenken sollen. Das Resultat ist, dass er mit solchen Verhaltensstrukturen nur den Unmut der Frau auf sich zieht und diese mit Ablehnung und Aggression auf ihn reagiert, womit sich das alte Kindheitsdrama in einer neuen veränderten Form nochmals vollzieht. Hier wird deutlich, dass besonders die Elternschaft eine intensive Bearbeitung der inneren Mythen voraussetzt, sonst kann das Thema der eigenen Familie nicht wertfrei erlebt werden und wird zu einer Offenbarungssituation der eigenen unbewussten Themen.

Ganz besonders unter der Mond-Saturn-Thematik gilt es für die Nativen, einen Erwachsenen-Status zu erreichen, der sich dadurch auszeichnet, dass der Mensch selbstverantwortlich zu geben lernt, und nicht in einer ständigen Haltung verweilt, aus der Forderungen, ihn emotional zu nähren, an die Umwelt gestellt werden. Hier wäre es bedeutsam, sich bewusst zu machen, dass die Forderungen aus einem kindlichen Drang heraus entstehen und zum Auslösefaktor für weitere Ablehnung werden.

Eine mögliche andere Variante seiner archetypischen Beziehungsqualität besteht darin, dass er sich einer bedürftigen Frau zuwendet, die beispielsweise krank oder hilflos ist, um sich durch den Dienst an ihr eine vermeintlich unbeschwerte Partnerschaft zu versagen, was einer Selbstbestrafung für mögliche Mängel gleichkommt, die er in seiner Persönlichkeit zu sehen glaubt. Er erlebte zwischen den Zeilen seines Kindheitsmythos, dass er es nicht wert ist, Annehmlichkeit zu erfahren, und so sieht er die bedürftige Frau als eine Selbstverständlichkeit an, der er selbstlos zu dienen hat. Sicher kommt dies dem Erfordernis dieser Mond-Thematik näher, solange aber eine innere Bearbeitung nicht stattgefunden hat, befindet sich der Mensch nicht in der Lage, einen befreiten Lebensfluss in seinen Partnerschaften zu erfahren. Er wird zum Opfer der Umstände, da er aufgrund seiner innerseelischen Resonanz im Außen stets das gleiche Weiblichkeitsthema anzieht. In vielen

Fällen findet man unter dieser Mond-Verbindung den ewigen Bastler und Heimwerker, der kaum einen Moment in Ruhe verbringen kann, weil er sich innerlich ständig getrieben fühlt, etwas Konkretes leisten zu müssen. Von der Grundintention mag dies wohl ein pflichtbewusstes saturnines Anliegen sein, doch meist entgeht den Nativen dabei vollkommen, dass vor lauter Sorgepflicht für ihre Partnerin die Hauptperson, der die Aktionen gewidmet sind, zu kurz kommt, weil man vor lauter Arbeit die gefühlsmäßige Zuwendung vergisst. Für den Mann entspringen seine Handlungsweisen zwar aus Liebe und Zuwendung, doch er merkt nicht, da er in seiner Dynamik unreflektiert gefangen ist, dass die Frau an seiner Seite gefühlsmäßig am Verhungern ist. Macht ihm die Frau Vorhaltungen oder löst sie sich gar von ihm, stürzt er in ein seelisches Drama hinein, denn aus seiner Sicht hatte er alles nur für sie getan. Dann wird wie im Falle eines Mannes mit der Mond-Saturn-Thematik argumentiert: „Ich habe das Haus doch nur für dich gebaut und all meine Zeit und Kraft darin investiert, damit du es schön hast!" Doch in den Jahren des Hausbaues und der langsamen Einrichtung nahm er seine Partnerin nicht ein einziges Mal in den Arm, oder wenn sie sinnliche Nähe zu ihm suchte, wurde sie abgewiesen. Zu sehr war er damit beschäftigt, es ihr schön machen zu wollen.

Männer unter dieser Mond-Thematik sind in ihren Beziehungen verkrampft und gehemmt, sie können oft nicht loslassen, was bei ihnen zu Potenzproblemen führen kann. Gerade über die Sexualität geraten die Betroffenen mit der Angst, ihre Individualität zu leben, in Kontakt. Die Lust ist nicht stark ausgeprägt wie häufig bei saturninen Menschen. Oder sie scheuen sich, ihre Lust zu leben, da sie unbewusst das Gefühl haben, sich dies nicht gestatten zu dürfen. Beim Mann ist es bedeutsam, dass er lernt, sich selbst anzunehmen und vor allem seinen Selbstwert und das Gefühl, dass er liebenswert ist, zu stärken, damit er seinem Umfeld mit echter Zuwendung begegnen kann.

Symptome

Da der Mond die Empfindungsfähigkeit des Menschen repräsentiert und Auskunft über dessen Gefühlsleben gibt, sind unter der Mond-Saturn-Kombination an erster Stelle psychische Symptome zu verzeichnen. Die Betroffenen leiden oft unter schweren Depressionen, die sie wie eine schwarze Wolke empfinden, die sich plötzlich und nicht an kausale Zusammenhänge gebunden über ihre Psyche legt. Dies geschieht immer dann, wenn sie verantwortungsvollen Aufgaben zu entfliehen versuchen, die das Leben für sie bereithält, und wenn es um den Bereich von seelischer Verantwortung für andere Menschen geht. Die äußerlich gemiedene Schwere verlagert sich auf die Psyche und findet dort stellvertretend für die mangelnde Umsetzung ihre Einlösung – es kommt zur Schwermütigkeit. Auch die Schutzhaltung, die sie sich anderen Menschen gegenüber aneignen, sendet Signale aus, die nicht der inneren Wirklichkeit entsprechen. Sie begegnen ihnen mit einer Toleranz und Kompromissbereitschaft, die nicht ihrem eigentlichen Naturell entsprechen, das viel extremer und dogmatischer ist als ihre Schutzhaltung vermuten lässt. Denn das Drama besteht darin, dass sie wesentliche Anteile ihrer inneren Realität verdrängen, damit sie von ihrem Umfeld nicht gemieden und somit einsam werden. Da sie anderes vorgeben, als sie tatsächlich empfinden, geraten sie mit ihrer inneren Realität in Konflikt. Die daraus entstehende enorme Spannung führt zu einem vehementen Kräfteverlust und wird zu einem energetischen Leck in ihrem inneren System; das Aufrechterhalten ihrer Lebenslüge, die nicht aus einer böswilligen Strategie heraus errichtet wird, sondern aus einer emotionalen „Notlage", kostet Mühe und vor allem Kraft. Die Ironie des Schicksals ist bei diesem Mechanismus, dass die Mitmenschen ihre Grenzen solange verletzen, bis die Nativen ihr wahres Wesen offenbaren und sie zur Räson rufen. Auf diese Weise beginnen sie, die Ehrlichkeit ihres seelischen Anliegens zu definieren, denn Kompromissbereitschaft und Offenheit leben sie unbewusst deshalb, weil sie Angst davor haben, von anderen Menschen in ihrer Individualität nicht angenommen zu werden.

Hinter dem vermeintlich offenen Verhalten verbirgt sich die Angst vor der Einsamkeit und vor dem Erfordernis, die Geborgenheit in sich selbst zu finden. Wollen sie sich aus diesem angstvollen Bindungsprogramm befreien, ist es notwendig, sich von den Bewertungen anderer zu lösen, um zur Eigenständigkeit zu finden und damit einen echten Erwachsenenstatus zu entwickeln. Es ist sehr wichtig, durch eine therapeutische Arbeit die Eigenliebe und den Selbstwert zu stärken. Zutiefst mangelt es den Nativen an Selbstvertrauen, denn sie warten stets auf irgendeine Kritik von außen an ihnen und ihren Handlungen. Kommt es dazu, dann ähnelt ihre innere Auseinandersetzung mit den Themen schon einer Selbstkasteiung, die oft einen sehr destruktiven Charakter annehmen kann. Innerlich waltet eine negative Richterinstanz in ihnen, die alles an sich selbst kritisiert und verurteilt. Aus diesem Grund ziehen sie sich innerlich zurück und bremsen ihr kreatives Potenzial. Dadurch geht dann letztlich jedwede Unternehmungslust verloren. Nur wer in seiner emotionalen inneren Mitte ruht, ist auch in der Lage, wertfrei dem Außen begegnen zu können: Einmal wertfrei nein sagen zu können, ohne dadurch in ein angstvolles Reflektieren hineinzugeraten. Wichtig ist es vor allem, sich von dem Bedürfnis nach Zuwendung frei zu machen.

Der Magen besitzt auf der körperlichen Ebene eine Entsprechung zum Mondprinzip. Er nimmt die Nahrung auf, die dem Körper zugeführt wird, birgt durch diese Funktion die erhaltenen Lebenseindrücke (Nahrung) im Inneren und verarbeitet sie weiter. Unter der Mond-Saturn-Verbindung liegt häufig eine Untersäuerung des Magens vor. Diese symbolisiert die Verweigerung, sich mit den Eindrücken des Außen auseinander zu setzen. Die Magensäure besitzt einen aggressiven Charakter und zersetzt die einzelnen Nahrungsbestandteile. Fehlt es an Säure, somit an der Auseinandersetzungsbereitschaft, bleibt die Nahrung unverdaut im Magen zurück. Ein schwelender Gärungsprozess entsteht, der zu unangenehmen Blähungen führt und metaphorisch deutlich werden lässt, wie groß der seelische Druck ist, den man zurückhält, weil man Angst davor hat, sich und seinen Gefühlen Luft zu machen. Die dabei im Magen liegende Nahrung symbolisiert, dass fremde Eindrücke, Vorstellungen und aufkeimende Gefühle nicht entsprechend verdaut werden können, da eine Angst vor den eigenen Gefühlen vorliegt. Die im Menschen waltenden Gefühle besitzen jedoch die außerordentliche Eigenschaft, zu innerer Lebendigkeit beizutragen. Denn aus den Gefühlen erwächst die Reflexionsfähigkeit und aus dieser wiederum baut sich die Individualität auf. Gefühle begleiten Prozesse, aus denen Erfahrungen erwachsen und sich dauerhaft einprägen. Aus diesen entstehen Erkenntnisse, die – gefühlt – einzig und alleine zum Eigentum der Persönlichkeit werden. Erst das Zulassen und das Lernen von Empfindungsfähigkeit führen die Menschen unter dieser Konstellation zum Aufbau einer authentischen eigenständigen Persönlichkeit.

Auch die Bauchspeicheldrüse ist unter dieser Mond-Thematik ähnlich wie bei einer Saturn-Venus-Thematik betroffen und spiegelt in dem Sinne die Unfähigkeit wider, Gefühle und Zuwendung verarbeiten und annehmen zu können. Als zentrale Stoffwechselerkrankung liegt dem die Diabetes zugrunde. Hier wird im Symptom der Liebesbezug und die nicht annehmbare Süße des Lebens wieder deutlich. Der Körper vermag den Zucker aus der Nahrung nicht zu verarbeiten und festzuhalten und scheidet diesen durch den Harn wieder aus. Die Liebe oder die Zuwendung des Außen kann nicht verarbeitet und gehalten werden, lautet die Botschaft, die sich als Symbol manifestiert, weil der Mensch in seinem Tagesbewusstsein keinen Zugang zu seiner inneren Thematik hat. Alle weiteren Symptome lassen die gefühlsmäßige Bearbeitungssituation deutlich werden. So ist das Wasser dem Mondprinzip zuzuordnen, welches sich auf der körperlichen Ebene im Flüssigkeitshaushalt wieder finden lässt. Eine frühzeitige Dehydrierung ist unter dieser Mondverbindung spezifisch, denn die versiegenden Wasser der Gefühle lassen diesen Ausdruck auf der körperlichen Ebene zu Tage treten.

Der Mensch sieht frühzeitig alt aus, weil die Haut faltig und runzelig wird. Bei vielen Nativen liegt auch eine große Abneigung vor, Flüssigkeit zu sich zu nehmen, insbesondere Wasser, so dass sich der Prozess der inneren Austrocknung noch verstärkt.

Auch die Schleimhäute unterliegen dem Austrocknungsprozess, was bedeutet, dass dadurch die Infektanfälligkeit erhöht ist und deutlich wird, dass die Auseinandersetzungen, die im Außen aufgrund der Angst vor der Ausgrenzung nicht mehr geführt werden, sich auf die körperliche Ebene verlagern. Bei der Frau überlagert sich die Austrocknung der Schleimhäute auch auf den Geschlechtsbereich, so dass der sexuelle Akt für sie zu einem schmerzlichen Unterfangen werden kann. Auch sind bei Mann und Frau Orgasmusstörungen ein häufig auftretendes Symptom, in dem sich die Unfähigkeit des Loslassens widerspiegelt. Zum Loslassen gehört Vertrauen in die Existenz, und dieses wurde gerade am Anfang des Lebens durch die gemachten Erfahrungen in Frage gestellt, so dass es ganz wichtig für die Nativen ist, sich dieses Vertrauen wieder innerlich aufzubauen. Bedeutsam ist die Erkenntnis, dass sie mit der versagten Zuwendung oder den oft ausgeprägten Leistungsanforderungen keiner Willkür des Lebens ausgeliefert sind.

Die eigene unbewusste Haltung mit dem Bedürfnis, Zuwendung und Annehmlichkeit vom Leben zu erhalten, ist der Auslöser für viele leidhafte Begebenheiten. Somit liegt es an ihnen selbst, durch Arbeit am Unbewussten Veränderung in der Lebensdynamik zu bewirken.

Lerninhalt

Unter der Mond-Saturn-Konstellation ist es besonders wichtig, sich seiner inneren und äußeren Distanz bewusst zu werden. Die erlebte Isolation zum Außen schafft in der Erleidensform einen Zustand, in dem man lernen soll, sich selbst anzunehmen, um auf diese Weise zu einer anderen Qualität der Geborgenheit zu gelangen. Native mit dieser Mond-Thematik sind zu der Erkenntnis berufen, dass die vermisste Emotionalität und die fehlende Geborgenheit im Leben ihnen dabei helfen, sich der eigenen Abgrenzung bewusst zu werden. Die Akzeptanz des eigenen So-Seins führt zur Befreiung von der Anbindung an das Prinzip „Liebe gegen Leistung". Es ist für die Nativen wichtig, die Konfrontation mit sich selbst zu erleben, diese fordert sie heraus, die Konfrontation mit der Einsamkeit anzunehmen. Ist man durch die Einsamkeit der Salzwüste gegangen, in dem Bewusstsein, sich mit sich selbst zu konfrontieren, dann wird der Weg frei, Verbindungen mit dem Umfeld auf eine andere Art zu führen. In der Folge löst sich das Verlangen auf, durch Anerkennung die Liebe vom Außen zu erhalten, und somit vermag auch die Außenwelt wieder in eine Anbindung zu den Betroffenen zu treten, da sie nicht mehr die Spiegelfunktion für das Unbewusste übernehmen muss, welches den Betroffenen etwas über die Distanz zum Umfeld erzählen will. Für sie ist es aus diesem Grund wesentlich zu realisieren, dass sie die fremden Gefühle und Vorstellungen in Begegnungen nicht hereinlassen, um sich nicht verändern zu müssen. Härtesituationen erfahren die Nativen, damit ihre Gefühlsebene von der Subjektivität zur Objektivität gewandelt wird und sie sich von ihrer emotionalen Bedürftigkeit ablösen. Für sie gilt es zu lernen, dass die emotionalen Forderungen, die sie an ihr Umfeld stellen, aus der Sicht ihrer inneren Gesetzmäßigkeiten kindlich und damit nicht im Einklang mit ihrem Mond-Thema sind, welches sie in einen verantwortungsvollen Erwachsenenstatus erheben möchte. Für sie ist es deshalb wichtig, eine Bereitschaft zu entwickeln, sich in der Gefühlsleere selbst zu erkennen und das Defizit aus der eigenen Wahrnehmung heraus auszugleichen.

Das Finden des eigenen Erwachsenenstatus, der schon sehr früh vom Leben angeboten wurde, ist die Lösung aus der Gefangenheit in den sich häufig wiederholenden Härtesituationen. Aus einer selbstverantwortlichen Haltung heraus ist es möglich, die eigene Seele wiederzuentdecken und die verborgene Wirklichkeit hinter der Subjektivität zu erfahren. Es ist bedeutsam, die Abhängigkeit von anderen Menschen zu realisieren, die zum eigenen Wohlbefinden beitragen soll, damit sie die Diskrepanz in ihren Gefühlen erkennen. Häufig ist es ihnen nicht bewusst, dass sie nur die Situationen lieben, die von anderen Menschen geliefert werden, nicht aber die Lieferanten selbst. Ist es ihnen möglich, diese Trennung zu realisieren, so vermögen sie sich aus den Abhängigkeiten von emotionalen Umständen zu lösen. Beziehungen, die nicht auf echten Gefühlen erwachsen sind und lediglich als Stützkorsett fungieren, um das Verlassenheitsgefühl nicht aufkommen zu lassen, verlieren ihre Bedeutsamkeit und ihre Macht. Auf diese Weise erwächst ihnen eine Kraft, echte Beziehungen eingehen zu können. Auch innerhalb von Beziehungen und Partnerschaften sollten die Nativen erkennen, dass die Erwartungshaltungen, die sie hegen, nur ihrem eigenen Gusto entsprechen und dass sich hinter ihrem Anspruch das eigene Unvermögen verbirgt, andere so anzunehmen, wie sie sind. Somit geben sie letztlich das Prinzip des Lebens „Liebe gegen Leistung" auf einer anderen Ebene nur weiter, und es hat sich nichts in ihrem Inneren geändert. Hier liegt – wie bei allen anderen Saturnverbindungen – das Erfordernis ganz stark im Vordergrund, sich ehrlich mit sich auseinander zu setzen und die Themen, um die man ringt, intensiv zu verarbeiten. Weiß man um das innere Drama, dann vermögen sich die äußeren Blockaden zu lösen, denn sie sind nur dazu da, den Menschen mit dem nicht bewussten Anteil in Verbindung zu bringen.

Diesen Fakt sollten sie verinnerlichen, damit sie auf diesem Weg über die unerlöste Form, die eigene Distanz und das eigene Unvermögen, Gefühle offen und frei auszudrücken, kennen lernen. Erst wenn sie verstehen, dass sie nicht Opfer äußerer Umstände sind, sondern dass das Außen lediglich die verdeckten unbewussten Bereiche ihrer Psyche hervorbringt, kehrt für sie in den betroffenen Themenbereichen Normalität ein. Wenn sie ihren eigentlichen Wesenskern erkennen und die Außenwelt nicht mehr gezwungen ist, diesen Teil über das Schicksal zu vermitteln, wachsen in ihnen neue Potenziale heran.

Die Mond-Saturn-Verbindung führt die Betroffenen in jene Bereiche hinein, in denen sie lernen müssen, ganz eigenständig in ihrem Leben zu werden. Unbewusst sind sie durch die Angst vor der Konfrontation und den Mangel an Selbstvertrauen so bestimmt, dass sie einen konfliktfreien Weg im Leben wählen. Diesem Sicherheitsbedürfnis liegt aber nichts anderes zugrunde als die Erfahrungen aus der Infragestellungssituation in der Kindheit. Dort machte das Kind die Erfahrung, dass es besser für die Lebensgestaltung ist, sich in die Gebote und Richtlinien der Eltern einzufügen, um anerkannt leben zu können. Erst die Krise lässt sie erkennen, wie unlebendig sie sind und wie wenig Zutrauen sie zu ihren eigenen Fähigkeiten haben. Der Zusammenbruch des Sicherheitssystems ist die Geburtsstätte einer neuen Definition. Hier wird Mond-Saturn zur Geburtswiege von Selbsterkenntnis und Dynamik, denn in der Bewältigung ist selbstgesteuertes Handeln erforderlich. Mit der Bereitschaft, sich in den Dienst einer Sache zu stellen, schaffen sie dann die Voraussetzung, die den Druck des Außen oder den in der eigenen Psyche weichen lässt, da sie auf subjektive Bedürfnisse verzichtet haben. Je mehr die Nativen sich also freiwillig einzubinden lernen, desto weniger muss das Leben selbst jenes Werk an ihnen vollbringen, welches sie selbst nicht bereit sind zu leisten. Die Seelenpersönlichkeit von Menschen mit der Mond-Saturn-Thematik hat sich auf ihrem Weg durch Zeit und Raum die Aufgabe gestellt, sich ernsthaft und strukturiert zu verhalten. Aus karmischer Sicht fehlt das Bewusstsein für Gesetz und Verantwortung. Diesmal sollen sie lernen, sich in das große Ganze einzubinden und – wenigstens stellvertretend für die höchste Instanz im Schöpfungsplan – sich im Leben einzufügen und das kleine Ich-Gefühl schwinden zu lassen.

Sind die Nativen bereit, ihre persönlichen Belange zugunsten einer Sache soweit in den Hintergrund treten zu lassen, ganz in dem Sinne des Spruches, „ich muss weichen, damit es wachsen kann", werden sie aufgrund der freiwilligen Anbindung an ihr Thema die Erfahrung einer zunehmenden Befreiung und Klarheit machen, die sie zuvor noch nicht gekannt hatten.

Auf diese Weise erlangt die Seele der Nativen, gleich einem Diamanten (Saturn), der im Laufe der Jahrtausende unter ungeheurem Druck aus Kohlenstoff zum härtesten und reinsten Stein gewachsen ist, eine innere Veredelung und auf einer geistigen Ebene einen so hohen Wert, wie er durch den Diamant äußerlich dargestellt wird.

Der Entstehungsprozess des Diamanten ist von Anbeginn bis zum letzten Schliff ein reiner Saturn-Mythos und kann in diesem metaphorischen Sinne für alle saturninen Erfahrungen und den Mythos unter der Mond-Saturn-Verbindung übernommen werden. Lehnen Menschen mit dieser Mondverbindung allerdings die saturnine Lebensaufforderung ab, so werden sie innerhalb des Lebens in solche Erfahrungsbereiche eingeschleust, die sie freiwillig nicht bereit waren zu integrieren, so dass sie sich gezwungen sehen, für alle erkauften Scheinfreiheiten des Lebens hart arbeiten zu müssen (Saturn), wodurch sie wieder in ihr Muster geführt werden.

Meditative Integration

Suchen Sie, wie in den Kapiteln „Der innere Raum" und „Spiegel der Selbstbetrachtung" beschrieben, den von Ihnen geschaffenen inneren Raum auf. Nach dem Sie die Entspannungsübung ausgeführt haben und sich vor Ihrem Spiegel sitzend wiederfinden, lassen Sie in Ihrem Spiegel der Selbstbetrachtung folgende Themen im Geist Revue passieren:

Meditation zu äußeren Lebensbegebenheiten

Haben Sie in Ihrem Leben häufig Kältesituationen erfahren? Bemühten Sie sich um die Zuwendung von Menschen, die Ihnen nahe standen? Reagierten Sie auf Missachtung mit Betroffenheit und Rückzug?

Lassen Sie Ihre individuellen Situationen, die den im Kapitel „Stimmungsbild" beschriebenen entsprechen, im Spiegel der Selbstbetrachtung vor Ihnen noch einmal entstehen. Nehmen Sie im Besonderen in diesen Situationen die Gefühle Ihrer Einsamkeit wahr. Spüren Sie all jenen Empfindungen nach, die sich in den verschiedenen Lebenssituationen einstellten. Nehmen Sie sich Zeit und lassen Sie unterschiedliche Situationen vor Ihrem geistigen Auge Revue passieren. Schauen Sie sich aber auch an, was Sie jeweils vor den ausgrenzenden Situationen mit Menschen und während dessen für Bedürfnisse hatten oder was Sie zu der damaligen Zeit gerne verwirklichen wollten, besonders wenn Sie Ihren Einsamkeits- oder Verlassenheitsgefühlen im

Verbund mit anderen Menschen entkommen wollten. Dort finden Sie die Quelle für die sich nachhaltig einstellenden Einsamkeitsgefühle. Je mehr es Ihnen gelingt, die damaligen Erwartungen regelrecht neu zu spüren, desto eher kann Ihnen im Verbund die Erkenntnis erwachsen, dass Ihre Forderungen zur Blockade des tragenden Lebensflusses beigetragen haben.

Nachdem Sie eine Reihe von Lebenssituationen aufgesucht haben, in denen Ihnen Liebe und Zuwendung versagt waren, ist es bedeutsam, in der Umkehrung Situationen aufzusuchen, in denen Sie unvermittelt Zuwendung Ihres Umfeldes erhielten. Lassen Sie Situationen vor Ihrem geistigen Auge entstehen, bei denen es durch spontan geäußerte Gefühle anderer bei Ihnen innerlich zu Misstrauen und zur Blockade kam. Dies ist besonders bedeutsam, damit Sie dem Zweifel an sich selbst nachspüren können und der daraus resultierenden inneren Abwehr der Zuwendung. Je mehr es Ihnen gelingt, authentisch Ihrem Ringen nachzuspüren, weshalb es möglich ist, dass Ihnen wertfrei Gefühle entgegengebracht werden, desto stärker gelangen Sie in die Nähe Ihres inneren Paradox: Einerseits eine Sehnsucht nach Zuwendung in sich zu tragen, diese andererseits jedoch nur schwer annehmen und genießen zu können.

Weitere Themen, die Sie bearbeiten können

Kenne ich meine Sehnsucht nach Liebe, Zuwendung und Beachtung? – Wurden meine Bedürfnisse erfüllt, wenn ich sie intensiv herbeisehnte? – Erfuhr ich statt Liebe stets kühle Distanz vom Umfeld? – Suche ich Leichtigkeit und Unbeschwertheit bei anderen Menschen? – Sind meine Beziehungen und Freundschaften echt und lebendig? – Führe ich Beziehungen, nur weil sie mir etwas geben, das ich anderweitig missen müsste? – Lenke ich mich durch Scheinaktivitäten von meinem Inneren ab? – Leiste ich genügend Seelenarbeit, die mich mit Bewusstheit erfüllt? – Höre ich auf meine innere Stimme?

Meditation zu körperlichen Symptomen

Finden sich bei Ihnen Symptome, die im Ähnlichkeitenbereich dieses Mond-Saturn-Mythos angesiedelt sind, ist es bedeutsam, den Zeitpunkt aufzusuchen, an dem die Symptome sich zu manifestieren begannen. Lenken Sie dabei besonders Ihre Aufmerksamkeit auf die Menschen, die Sie zu diesem Zeitpunkt umgaben, oder die jeweilige Lebenssituation, denn sie sind stets in einem Zusammenhang solcher Entstehungen zu sehen. Leiden Sie beispielsweise an einer Unterfunktion der Nahrungsverarbeitung Ihres Magens und kommt es in der Folge zu Gährungsprozessen, die Sie schmerzlich beeinträchtigen, dann schauen Sie sich sehr genau im Spiegel der Selbstbetrachtung die Beziehungen an, die Sie pflegten. Stellen Sie sich die Frage, warum Sie mit diesen Menschen zusammen sind. Verbindet Sie etwas Authentisches oder ist es nur die Angst vor der Einsamkeit? Sind Sie bereit, Persönlichkeitsanteile und Bedürfnisse zu unterdrücken, nur damit die ersehnte Zuwendung oder Akzeptanz erfolgt? Versuchen Sie dem durch die Unterdrückung entstandenen Ärgernis nachzuspüren? Wichtig ist die authentische Empfindung, weniger Ihr Denken.

Bei einem Diabetes ist ebenso der Zeitpunkt der Entstehung bedeutsam. Schauen Sie sich die Situationen an, in denen Sie zu lieben glaubten. Verbinden Sie diese Empfindung mit Gewahrwerdungen, in denen Sie keine Gefühle annehmen konnten oder gar Angst davor hatten. Setzen Sie sich mehr mit Ihren Vorbehalten gegen das Gefühl auseinander als mit der fühlenden Seite. Denn bei den Symptomen fehlt der bewusste Zugang zu der eigentlichen inneren Realität. Als Schlüsselmeditation sind für Sie jene Bereiche wichtig, in denen Sie sich in der Gefühlsabwehr befanden. Spüren Sie sich immer wieder in die damaligen Situationen hinein, damit Sie Ihre innere Grenze wahrnehmen können.

Weitere Fragen, die Sie sich zu Symptomen stellen können

Lehne ich verantwortungsvolle Aufgaben in meinem Leben ab? – Bin ich anderen Menschen eine Stütze? – Verhalte ich mich anderen Menschen gegenüber kontaktfreudig und tolerant? – Habe ich Angst davor, anderen Grenzen aufzuzeigen? – Kann ich Gefühle zulassen? – Ist mir bewusst, wie empfindsam ich auf meine Umwelt reagiere? – Lebe ich meine Gefühle authentisch? – Ist mir bewusst, dass ich Gefühle nicht wirklich annehmen kann? – Habe ich Zugang zu dem Selbstverständnis in mir, das es nicht wert zu sein glaubt, geliebt zu werden? – Ist mir meine Lebensangst bewusst?

Nehmen Sie nicht zu viele Fragen in die Betrachtungen mit hinein. Lassen Sie sich Zeit dazu, denn diese Fragen wollen nicht über den Intellekt geklärt werden. Für Sie ist es ganz besonders wichtig, wertfrei zu sein, da Sie, Ihre eigene Persönlichkeit betreffend, dazu neigen, Kritik an sich zu üben (innere negative Richterinstanz). Wenn Sie Kritik an den Ergebnissen Ihrer inneren Wahrnehmung üben oder an Ihrem So-Sein – dann nehmen Sie sich die Chance, dass die Begebenheiten in Ihrem Inneren eine Eigendynamik entwickeln. Je mehr Sie sich in den Situationen im Spiegel der Selbstbetrachtung erleben und ganz intensiv den empfindungsmäßigen Wahrnehmungen hinterherspüren, desto eher beginnen sich die Erkenntnisse in Ihrem Inneren zu formieren. Nichts will erzwungen werden, sondern die Botschaften Ihres Inneren wollen sich Ihnen offenbaren. Je mehr Sie sich in Ihrem saturninen abgeschlossenen Seelennaturell fühlen und annehmen können, desto besser kommen Sie in Einklang mit Ihrem Inneren.

Symbol-Imagination bei Symptommanifestationen

Lassen Sie in Ihrer Fantasie in Ihrem Spiegel einen Turm oder eine Burg entstehen, in denen Sie sich ganz allein befinden. Nehmen Sie sich in diesem Gemäuer mit seiner Abgeschlossenheit wahr. Lassen Sie die Ruhe und die Einsamkeit auf sich wirken. Empfinden Sie diesen Zustand als einen Ausdruck Ihres inneren Getrenntseins von anderen Menschen, in dem Sie sich auch in Ihrem täglichen Leben befinden. Nur, dass Sie ihn in der Umtriebigkeit des Tages nicht so wahrnehmen. Vielleicht wird Ihnen auch bewusst, dass Sie so viele Kontakte suchen, um diesen Zustand nicht wahrnehmen zu müssen, obwohl er zu Ihrer inneren Realität gehört.

An Stelle des Gemäuers können Sie auch eine einsame Berglandschaft, eine Höhle oder ein ausgetrocknetes Flussbett wählen. Wichtig ist, dass Sie ganz allein sind und sich nicht von sich selbst ablenken. Bedeutsam ist, dass Sie während Sie sich in die Stimmung einlassen, diese als einen Ausdruck Ihrer inneren Gefühlslandschaft verstehen. Gehen Sie ganz in diese Empfindung hinein, ohne etwas damit bewirken zu wollen, seien Sie sich bewusst, dass Sie in sich abgeschlossen sind. Je mehr Sie sich in die Stimmung einfühlen, ohne sie zu bewerten oder sich gegen sie aufzulehnen, werden Sie merken, dass hinter der Stille in Ihrem Inneren noch etwas anderes verborgen liegt, dass sich Ihnen nicht offenbaren kann, wenn Sie in ständiger Aktivität sind. Wenn es Ihnen gelingt, die Stille anzunehmen, gelangen Sie mit der Zeit in jenen Zustand der Geborgenheit, den Sie bestrebt sind sonst äußerlich zu erreichen. Vermögen Sie diesen in sich herzustellen, erfahren Sie im Alleinsein (all-eins) die höchste Geborgenheit. Geben Sie dem Bild die Chance, als Simile in Ihrem Inneren zu wirken.

MOND IM ZEICHEN WASSERMANN
MOND IM ELFTEN HAUS

DIE MOND-URANUS-THEMATIK

primäre Stimmung:	latente Erfahrung:
Mond im Zeichen Wassermann	Uranus Opposition Mond
Mond in Haus 11	Tierkreiszeichen Krebs in Haus 11
Uranus in Haus 4	Tierkreiszeichen Wassermann in Haus 4
Uranus Quadrat Mond	
Uranus Konjunktion Mond	

Stimmungsbild

Uranus als regierender Planet im Zeichen Wassermann ist die treibende Kraft, die dem Tierkreiszeichen seine spezifischen Qualitäten verleiht. So lässt sich im Geburtshoroskop eines Menschen die **primäre Stimmung** mit dem Mond im Zeichen Wassermann, dem Mond im elften Haus, das eine Entsprechung zum Zeichen Wassermann besitzt, dem Uranus im vierten Haus, als auch die Konjunktion und das Quadrat von Mond und Uranus mit der Überschrift einer Mond-Uranus-Thematik bezeichnen. Der **latenten Erfahrung** sind das Tierkreiszeichen Wassermann im vierten Haus, mit seiner Entsprechung zum Mondprinzip und das Tierkreiszeichen Krebs im elften Haus sowie die Opposition von Mond und Uranus zugeordnet.

Der uranischen Kraft entspringt das Prinzip der Umpolung und der Entpolarisierung. Uranus ist ein luftiges Urprinzip, welches sinnbildlich die entpolarisierenden, paradoxen Gesetze des Kosmos widerspiegelt, die unentwegt und ewig im Rhythmus des Seins ihren Ausdruck finden und vor dem sich alles scheinbar Feste und Beständige aus der Welt der vergänglichen Maya irgendwann einmal beugen muss. Die uranischen Energien brechen besonders dann blitzartig mit dem jeweilig Gegenteiligen in das Leben ein, wenn zu viel Statik im Bewusstsein des Menschen besteht. Dies geschieht, um auf diese Weise alles Endgültige und damit Einseitige umzupolen. Uranus richtet sich besonders gegen die fixierten Ideen des Menschen, die durch die Umpolung nicht mehr aufrechterhalten werden können. Das Uranusprinzip deckt die Relativität der Dinge auf und ist somit der Wegbereiter zum Metaphysischen. Das bedeutet, dass er alle Grenzen aufbricht und auf der

Ebene der Materie alles aus dem Weg räumt, was die freie Bahn zum Geistprinzip behindert. Uranus beginnt dort, wo alles Begriffliche aufhört. Seine Frequenz ist absolut übergeordnet und da dies so ist, kann die Qualität nur in einer ständigen Bereitschaft zur Veränderung des Bewusstseins erfahren werden, um damit zu einer veränderten Weltsicht und des eigenen Lebens zu gelangen. Unter der Hinzunahme von altem Mysterienwissen erwächst ein besseres Verständnis für uranische Gesetzmäßigkeiten, denn probate weltliche Konzepte sind auf die uranischen Inhalte nicht anwendbar. In den alten Mysterienschulen wurde die Erkenntnis gefördert, die den Menschen die Einseitigkeit der materiellen Bedingungen aufschließt. Das Bewusstsein des Menschen ist einseitig, weil ihm stets die jeweilige sich bedingende Hälfte von Natur aus fehlt, sobald er sich Definitionen innerhalb des Lebens schafft, die er zum Aufbau des Egos benötigt. Der Mensch vermag, in seiner ihm vertrauten Art zu denken, nur einseitige Entscheidungen zu treffen, die ihn zu einem ständigen „Entweder-Oder" treiben. Dies führt zu Verwicklungen innerhalb des Stoffes, denn jede einseitige Definition will vom Menschen durch Standhaftigkeit vertreten werden. Damit ist der Mensch stets an die Erfüllung seiner Leitbilder gebunden. Uranus will diese Einseitigkeit umpolen, indem er das im Bewusstsein Fehlende ergänzt. Er führt den Menschen in verzerrter Form über die umbrechenden Lebenssituationen an dieses Wissen heran, um ihn irgendwann auf seiner Suche über das materialistisch ausgerichtete Weltbild hinauszuheben. Solange das Bewusstsein der Betroffenen nicht in einer „relativen" Haltung gegenüber den Lebensbedingungen weilt, polt Uranus unerbittlich alles in das genaue Gegenteil um und lehrt die Betroffenen auf diese Weise ein verändertes uranisches Denken, welches den paradoxen Aspekt des „Sowohl-als-auch" beinhaltet.

Die uranische Kraft steht für Umpolung von subjektiven Belangen; sie führt in paradoxe Themen hinein, die den Menschen aus seiner Geradlinigkeit führen. Damit werden alle Schwarz-/Weißkategorien des Denkens gesprengt, so dass die Sehnsucht des Menschen nach einem Entweder-Oder ad absurdum geführt wird. Wo auch immer man im Geburtsmuster uranische Kombinationen entdecken kann, erfährt der jeweilige betroffene Bereich eine Umpolung in das genaue Gegenteil. Damit werden aus der Sicht des sich daraus ergebenden Lernerfordernisses die statischen Haltungen im Bewusstsein des Menschen in eine Bewegtheit gebracht. Versucht man den unbewussten Seelenwunsch zu ergründen, der dieser Mondkonstellation zugrunde liegt, so geht es für die Nativen darum, auf ihrer Wanderung durch Raum und Zeit zu lernen, von den Forderungen der Mitmenschen nach Geradlinigkeit und vor allem von Fixierungen über die Lebensführung loszulassen. Es liegt eine große Notwendigkeit vor, sich Umpolungen zu unterziehen, weil sie unbewusst in ihrer Seelenstruktur besonders „eingefahren" sind. Ihre Mond-Thematik ist natürlich aus weltlicher Sicht mit einigen Herausforderungen versehen, denn sie müssen sich permanent gegen den Strom der Masse bewegen. Deshalb erleben die Nativen ihr Thema häufig in der Erleidensform, in der sie dann durch „äußere Umstände" gezwungen werden, sich von ihren Fixierungen zu lösen, denn sie glauben, ihre angestrebten Ziele in einer Kontinuität erreichen zu können. Metaphorisch gesprochen, imaginieren sie vor ihrem geistigen Auge das Bild einer von unten nach oben verlaufenden Kurve der sich stetig dem Ziel annähernden Lebensbedingungen. Erst die uranische Dynamik bringt den unvermeidbaren Knick in diese Linie.

Was aus kosmischer Sicht in Richtung Vollkommenheit führt, löst beim Menschen Spannungsmomente aus, in denen er sich wie ein Spielball zwischen gewaltigen konträren Urgewalten vorkommt. Immer wieder stehen die Betroffenen mit Unverstand vor dem großen Paradoxon der Welt, das sie oftmals schier zur Verzweifelung treibt, da jedes Individuum tief im Grund der Seele den aufrichtigen Wunsch nach Vollkommenheit und Harmonie trägt. Weil aber das menschliche Bewusstsein die Verläufe des Lebens nur geradlinig und kontinuierlich einordnen und wahrnehmen kann, landet es grundsätzlich in der Einseitigkeit. Diese stellt jedoch das genaue Gegenteil von Vollkommenheit und Harmonie dar. So sitzt die menschliche Definition des Begriffes Harmonie immer in Gleichmaß und Stillstand fest, da im Grunde alles Stofflich-Irdene schwer und aus kosmischer Sicht absolut unbeweglich ist. Nur der Mensch in seiner beschränkten kleinen Weltbetrachtung ist allzeit bestrebt, „seine" Welt völlig einseitig hübsch und freundlich zu gestalten, gerade so, wie er sich „seine kleine Schöpfung" als funktionierendes Modell wünscht. Alle Formen von Reibung, Gegensätzlichkeit und Widersprüchlichkeit wertet er dabei von seinem Gesichtspunkt aus als störendes Element, ja sogar als „ungerechten" Einbruch in seine heile Welt. Jede Abweichung von seiner geplanten Idee oder Vorstellung bringt ihn in die Unsicherheit und zwingt ihn, sich umzuorientieren.

Der Kosmos selbst ist jedoch vollkommen und enthält ausnahmslos alles; somit lässt jede vom Menschen hervorgebrachte Einseitigkeit die Erde aus dem höheren Gesetz treten. Das kosmische Prinzip muss immer wieder dafür sorgen, dass die Ordnung im Sinne des großen Gesetzes wiederhergestellt wird. Wo also vorher zu viel Struktur regierte, zieht zum Ausgleich das Chaos ein, wo nur Frieden herrschte, beginnen plötzlich heftige Auseinandersetzungen für ganzheitliche Stimmigkeit und Harmonie im kosmischen Sinne zu sorgen, und wo die Oberflächlichkeit zu lange regierte, zwingt es den

Menschen anhand von Problemen in die Tiefgründigkeit. In diesem Sinne ist jeder unerwünschte Ausgleich, der in das menschliche Dasein einbricht, lediglich Ausdruck einer notwendigen Korrektur jener höheren Oktave, die man mit „universeller Harmonie" bezeichnen kann.

Die uranische Kraft kehrt im Zusammenhang mit dem Mondprinzip auch dessen aufnehmende Qualität um. In diesem Verbund wird aus der eigentlichen Qualität des Mondprinzipes, welches die Eindrücke von außen aufnimmt und sie seelisch verwahrt, eine aktive abstrahlende Kraft, die in ihrer Umkehrung vielmehr auf Energieabgabe eingestellt ist als auf Aufnahme. Hingabe und die Sehnsucht nach Geborgenheit erhalten im uranischen Stimmungsbild ihren gegenteiligen Aspekt im Inneren des Menschen. Der Mond als das subjektivste Prinzip, das nach Selbsterhalt und Zuwendung strebt, wird durch Uranus vollkommen entsubjekiviert. Dies macht es den Eignern dieser Mondqualität schwer, mit der Masse der Menschen in Einklang zu leben. Die reine Mondqualität strebt nach Gemeinschaft und Integration mit anderen Menschen, das Mondprinzip jedoch geht im Verbund mit der uranischen Energie in die Ablehnung und Distanzierung. Das Leben, wie es die Masse der Menschen lebt, wird von den Nativen unter der Uranus-Mond-Thematik wie ein trüber Sumpf wahrgenommen, den sie sehnlichst zu überwinden wünschen. Im Leben strahlen die Nativen auf andere eine starke Distanziertheit aus; die distanzierte Art, mit der sie ihren Mitmenschen begegnen, fast immer auf dem Sprung, wenn man sie in Verbindlichkeiten drängt, wird von diesen als Überheblichkeit und Unnahbarkeit gewertet. Weil sie das Leben aus der Vogelperspektive wahrnehmen, können sie sich nicht im erdverhafteten Treiben der Welt verlieren. Ihre Intention ist, sich von der breiten Masse zu distanzieren, und so dokumentieren sie ihre Andersartigkeit mit eindeutigen Signalen.

Bedeutsam ist es in diesem Zusammenhang zu verstehen, dass bei den Eignern der Uranus-Mond-Thematik bezüglich ihrer Reaktionen keine direkte Strategie vorliegt oder sie intellektuell versuchen, sich von den anderen abzuheben, sondern es ist ein unbewusster Drang. Dies führt sogar so weit, dass sie mit ihren feinsinnigen Antennen nicht einmal auf das gesprochene Wort ihres Umfeldes reagieren, sondern nur auf deren mentale Erwartungshaltungen. Dies bringt ihnen in einem konservativen Umfeld nicht gerade besondere Sympathien ein, denn das Gros der Menschen kann es nicht ertragen, wenn sich jemand vom Kollektiv distanziert. Man versucht, den Außenseiter zu binden oder auch Druck auf ihn auszuüben, damit die vorher sichtbaren Unterschiede verschwinden, oder man meidet ihn unbewusst, als wäre er ein Aussätziger. Native mit dieser Mond-Signatur erinnern die anderen durch ihr Verhalten an deren stagnierende, erdverhaftete Position. Der Dornröschenschlaf des Kollektivs wird mit seinen immer gleichen statischen Ausformungen sichtbar, weil sie anders sind und leben. Arbeit, Wochenende, Einkaufen, Putzen, Party, Grillen, Kaffeenachmittag – Jahr um Jahr unverändert immer die gleichen rituellen Abläufe. Trotz vieler Kontakte fühlen sich die Nativen aufgrund ihrer inneren Distanz zum Leben alleine. Sie empfinden sich als von den anderen getrennt. Um den Schmerz ihrer Distanz nicht im vollen Umfang spüren zu müssen, kultivieren sie den Zustand der Separation und beziehen daraus ein elitäres Wertgefühl, ohne ihre Mitmenschen daran teilhaben zu lassen, worauf es beruht. So sitzen sie oft zwischen sämtlichen Stühlen, denn einerseits suchen sie die Nähe anderer Menschen und deren Anerkennung, können sie andererseits jedoch nicht annehmen, da sie ihnen keine Urteilsfähigkeit zutrauen.

Die Entfremdung von den Mitmenschen kann so weit gehen, dass sie das Gefühl haben, nicht von dieser Welt zu sein, oder sie glauben, man habe sie bei ihrer Geburt im Krankenhaus vertauscht und der falschen Familie zugeordnet. Sie befinden sich in einem allgegenwärtigen Zwiespalt, die Nähe ihrer Mitmenschen zu suchen und sich doch in dem Moment, in dem sie aufgenommen werden, von der Geborgenheit erdrückt zu fühlen, um sich sogleich wieder zu befreien und die Flucht anzutreten. Hinter allen Flucht- und Entzugstendenzen steht die unbewusste Angst vor der Bindung. Denn der Mond im Geburtsmuster symbolisiert den Bereich, in dem der Mensch zu Hause ist. Uranus ist das Prinzip der Freiheit und der kosmischen Allverbundenheit. Das bedeutet, dass die scheinbar kausal begründbare Angst instinktiv richtig aus der Ablehnung resultiert, stofflich gebunden zu sein und als Mensch bindende persönliche Bedürfnisse zu besitzen. Denn das uranische Mond-Thema will den Menschen im Laufe des Lebens von den äußeren Aspekten der menschlichen Geborgenheit befreien. Die wahre Geborgenheit kann der uranische Mensch nur in sich selbst finden.

Mit der Uranus-Mond-Thematik fühlen sich die Nativen von ihrem Umfeld unverstanden und gemieden. Immer sind ihre Ideen und Ansichten dem Leben ein Stück voraus und deshalb nicht mit dem Strom der allgemeinen Entwicklung konform. Auch die schicksalsmäßigen Verläufe innerhalb des Lebens besitzen wie bei anderen uranischen Urprinzipienverbindungen keine Geradlinigkeit. Dies zeichnet sich schon sehr früh ab. Immer, wenn sie glauben, die Sicherheit im Leben oder in einer besonderen Identifikation gefunden zu haben, und sie sich dabei an feste Standpunkte klammern, erfolgt ein Impuls, der sie aus der eingenommenen Ruheposition wieder hinausbefördert. Für die Betroffenen mag sich eine solche Dynamik anfühlen, als würden sie permanent wie ein Jungvogel aus der Geborgenheit des Nestes gestoßen. Und tatsächlich ist das dahinter stehende Prinzip des Geborgenheitsverlustes mit den Erfahrungen gleichzusetzen, die der Jungvogel gezwungenermaßen in der Natur machen muss. Der natürliche Vorgang im Leben des Vogels sorgt dafür, dass er aufgrund des Impulses, zu fliegen, hinüberwechselt in einen befreiten, eigenständigen Zustand, der sich dadurch auszeichnet, unabhängig von der Zuwendung der anderen zu sein.

Auch der Mensch mit der Uranus-Mond-Thematik will vom Leben aus der Verhaftung an seine subjektiven Bedürfnisse befördert werden. Für ihn sollen persönliche Dinge durch die versagenden äußeren Impulse nicht mehr eine vordergründige Bedeutung besitzen. Auf der seelischen Ebene ahnt der Native die ständige Nähe einschneidender Ereignisse. Innerlich befindet er sich deshalb in einer erhöhten Alarmbereitschaft, so dass ihm aus dieser Anspannung andere Wahrnehmungs- und Reaktionsantennen erwachsen. Man hat beobachtet, dass Menschen in Gefahren- oder Extremsituationen intuitiv oft blitzschnell richtig handeln und die Signale des Lebens viel schneller aufnehmen und verwerten können als in einem „normalen" Zustand. Eine vergleichbare Form der intuitiven Wahrnehmung besitzt auch der Mensch mit der Uranus-Mond-Thematik, da er sich seelisch in einer erhöhten Wachbereitschaft befindet. Im Leben ist es sogar so, dass sie in extremen Situationen stets die Ruhe bewahren und zentriert sind, aber in Situationen der Harmonie beginnt es in ihrem Inneren zu brodeln und zu rotieren. So behalten sie beispielsweise in einer Unfallsituation völlig die Nerven und den Überblick, jedoch mutiert der nachmittägliche Geburtstagskaffee in der Familie für sie und die anderen zu einer Ausnahmesituation. Die Nativen wirken auf andere Menschen, denen sie im alltäglichen Leben begegnen, deshalb unruhig und nervös, weil in ihnen jede Faser vibriert. Je weniger die Nativen unter dieser Mondverbindung einen bewussten Zugang zu ihrer seelischen Dynamik besitzen, desto zerrissener fühlen sie sich innerlich.

Unter dieser Mond-Verbindung ist die Beobachtungsgabe für weltliche Zusammenhänge aufgrund der inneren Distanz äußerst geschärft, und häufig besitzen die Nativen eine ungewöhnliche Intelligenz. Ihre Wahrnehmungsfähigkeit zeichnet sie natürlich gegenüber anderen Menschen aus, denn je weiter die Distanz zu den Dingen ist, desto breiter ist das Spektrum der Betrachtung. Am Ufer eines Meeres mag einem die Erde wie eine große Scheibe vorkommen, doch der Astronaut erkennt aus seiner erhöhten Position die Illusion der Betrachtung. Vom Prinzip her lässt sich dieses Bild auf die Lebenswahrnehmung der Nativen übertragen. Sie kennen die Unterschiede zwischen sich und ihren Mitmenschen und verlassen sich kaum auf die Rückmeldungen anderer Menschen, weil sie deren Wahrnehmungsfähigkeiten zu misstrauen gelernt haben. Sie leben möglicherweise in dem Bewusstsein, dem trägen Menschen in seinem dumpfen Erdendasein etwas mehr Licht und Erhebung bringen zu können, indem sie ihn auf unbewusste Dinge hinweisen. Der Drang, Bewusstwerdungsprozesse bei anderen anzuregen, lässt sie gegen übernommene und nicht hinterfragte Konventionen rebellieren. Dies hat allerdings auch den Nachteil, dass sie anderen gegenüber äußerst überheblich und nicht im geringsten bereit sind, irgendetwas von ihnen anzunehmen oder sich von ihnen kritisieren zu lassen. Damit kommt ihnen die Lernbereitschaft abhanden, da sie nicht auf Empfang eingestellt sind. Im Gespräch signalisieren sie beispielsweise ihrem Gegenüber, schon zu wissen, was man ihnen vermitteln möchte. Doch bei genauerem Nachfassen stellt man fest, dass sie überhaupt nicht zugehört haben. Dies ist auch ein Grund, weshalb die Impulse, die vom Leben an sie ergehen, häufig etwas heftiger sind als bei anderen Menschen, fast so, als wollte sich das Leben durch einen heftigen Einbruch bei ihnen Gehör verschaffen. Häufig spüren die Nativen die Distanz zu ihren Mitmenschen und versuchen, diese zu überbrücken, doch je mehr sie eine Annäherung versuchen, desto stärker müssen sie erleben, wie die anderen Menschen sich von ihnen entfernen und sie meiden. Unbewusst spüren die Mitmenschen die innere Distanziertheit der Nativen, und so stellt sich durch den Rückzug des Umfeldes nur die innere Wahrheit her, die im Verhalten der anderen ihren Ausdruck findet.

Den Nativen ist der Zugang zu ihren Gefühlen fern, denn Gefühle entspringen dem Subjektiven und ziehen sie in einen Sumpf hinein, wodurch ihre Fluchtinstinkte geweckt werden. Deshalb meiden sie emotionale Situationen, denn innerlich fühlen sie sich dadurch an das Menschsein gebunden und von der Erdenschwere überwältigt. Auch in anderen Bereichen ist ihnen daran gelegen, eine deutliche Distanz zu ihren Mitmenschen herzustellen. Dies gelingt ihnen in der Rolle des schrulligen Außenseiters, oder sie treten die Flucht nach vorne an, indem sie soziale Positionen anstreben, in denen sie ihrem Umfeld überlegen sind. Auf der beruflichen Ebene können es Betätigungsfelder sein, die keinem anerkannten Ausbildungsweg entspringen und im Bereich der alternativen Tätigkeiten zu finden sind, wie beispielsweise als Rutengänger oder Feng-Shui-Berater. Aber auch Tätigkeiten aus dem Freizeitbereich, die sie nicht in der Mühle des grauen Alltags versinken lassen, gehören dazu. Auch eine Tätigkeit im Bereich von Umwelt und Entwicklungshilfe gibt ihrem Drang nach Achtsamkeit im Umgang mit dem Leben und Überwindung von Problemsituationen eine Ausdrucksform. Das breite Spektrum von Seele und Psyche und des Heilungssektors lässt ihre innere Resonanz zum Tragen kommen. Mit dem aus ihrer Tätigkeit erwachsenden Sonderstatus lösen sie in den seelischen Berufen den Umgang mit psychischen Grenzsituationen ein, so dass man sagen kann, je mehr sie sich in einem solchen Feld verwirklichen, desto ruhiger wird es in ihrem „privaten Leben", denn irgendwo will das Prinzip gelebt werden. Auch in einem Heilberuf vermögen sie häufig in den Notsituationen der Patienten genau den Überblick zu wahren, den die Situation erfordert. Darüber hinaus lösen sie in solchen Berufen auch das Prinzip der Andersartigkeit ein, welches sonst schwerlich auf anderen Ebenen zu verwirklichen ist. Die ihnen aus dem weltlichen Sonderstatus erwachsene Distanz zu den anderen legitimiert sie, und ihre innere Distanz wird quasi amtlich bestätigt. Der ihnen von Berufswegen entgegengebrachte Respekt verschafft ihnen einen klar definierten Rahmen der Distanz, in dem sie sich sehr wohl fühlen, so dass keine Gefahr besteht, andere könnten ihnen zu nahe treten. So können sie sich ganz generös anderen zuwenden, doch wehe die volkstümlichen Signale werden von ihrem Gegenüber zu ernst genommen.

Selbst ihre Handlungsweisen sind in derartigen Betätigungsfeldern jeglicher Kritikmöglichkeit entzogen, so dass man ihnen mangels fachlicher Spezialkenntnisse nichts anhaben kann. Wagt es dennoch jemand, sie innerhalb ihrer Spezialgebiete zu hinterfragen, reagieren sie mit Empörung und verweisen die anmaßenden Kritiker in ihre Schranken. Derartige Situationen verursachen bei ihnen unbewusste Ängste, da sie die Nativen auf den menschlich angreifbaren Status herunterholen, den ein verborgener Teil ihres Inneren zu überwinden bestrebt ist. Für die Nativen ist es deshalb bedeutsam, ihren Drang nach Distanz zu realisieren, damit sie an anderer Stelle auch wieder offen sein können für Kritik und Ansprache durch das Umfeld.

Kindheitsmythos

Menschen mit der Uranus-Mond-Thematik erfahren sehr früh die Entsubjektivierung, indem sie mit dem Thema der Ungeborgenheit in Kontakt kommen. Dies kann bereits während der Geburt sein, z. B. in Form einer Sturz- oder Frühgeburt. Der Mond repräsentiert das Thema der Geborgenheit, Uranus hingegen stellt die Dynamik der umpolenden Kräfte dar. So verkehrt er die Geborgenheit der lunaren Stimmungen in ihr genaues Gegenteil. Die Geburt kann deshalb ganz unverhofft, an ungewöhnlichen Orten eingeleitet worden sein: Einen Monat früher als geplant, im Urlaubsflieger über dem Atlantik, während einer Veranstaltung oder mitten in der Stadt beim Einkaufen. Stets sind es Situationen, die den Mythos des Plötzlichen und Unvorhergesehenen tragen.

Es kann sich auch um eine plötzliche Schwangerschaft handeln, vielleicht war die Mutter in einem Alter, in dem sie für die Empfängnis zu alt war, und wurde so durch das Ausbleiben ihrer monatlichen Blutung nicht alarmiert. Vielleicht hatte sie auch die Schwangerschaft nicht geplant und wird durch die Nachricht überrascht. Die Schwangerschaft wird von der Mutter abgelehnt. Dies kann aus einer Angst heraus resultieren, dass sich zum Beispiel der Vater als zu schwach erweist oder für eine Familiensituation ungeeignet. Der Zweifel der Mutter an dem Gelingen des Aufbaus einer Familiensituation überträgt sich in dem pränatalen Stadium auf das Nichtgeborene, so dass die seelische Botschaft lautet: Das Kind ist nicht willkommen. Hierbei ist es bedeutsam, sich zu vergegenwärtigen, dass es sich um gefühlsmäßige Stimmungen handelt, die keine differenzierten Gründe bezüglich der Ablehnung liefern, denn in diesem Stadium fehlt der Intellekt, der dieses Verarbeitungswerk zu bewerkstelligen fähig wäre. (*Anmerk.: Mütter reagieren oftmals auf Nachfragen mit Entsetzen, da sie möglicherweise während ihrer Schwangerschaft gefühlsmäßig innerlich zerrissen waren. Vielleicht freuten sie sich gar auf das Kind und liebten es auch später. In diesem Szenario wurden die damaligen ökonomischen Ängste, die Zweifel am Partner, an der Fähigkeit der eigenen Mutterschaft, die unterbrochene Karriere, durch das bewusste „ich habe mich entschieden", weg rationalisiert. Der entstandene lange während Gefühlscocktail blieb jedoch beim Ungeborenen hängen, dessen Sensorium im seelischen Empfangsbereich liegt, und somit blieb die Botschaft des Zweifels und der Ablehnung zurück. Dieses innere Drama darf aber von den Betroffenen auf keinen Fall mit Schuldzuweisung gegenüber der Mutter belegt werden.*)

Somit bleibt also die Ablehnungsbotschaft beim Kind, und durch diese Ablehnung entsteht eine Situation, in der das Kind sich in der ständigen Bedrohungssituation befindet. Unbewusst zieht die Mutter Sturz- und Unfallsituationen an, die einen verfrühten Abgang des Fötus einleiten könnten. Aber auch der bewusst gesteuerte Abtreibungsversuch kann bei dieser Mond-Thematik vorliegen. Ebenso durch die korporale Anlage der Mutter, eine Früh- oder Sturzgeburt zu erleiden, ist das Kind ständiger Tötungsgefahr durch frühzeitigen Abgang ausgesetzt. Diese seelisch schwer zu verarbeitende Erfahrung wird später erst einmal vom Kind verdrängt, denn mit einer solchen Erfahrung im Gepäck lässt sich der Lebensweg kaum beschreiten.

Auch kann die Geburt des Kindes mit der Uranus-Mond-Thematik den Eltern unbewusst dazu dienen, eine fehlende Verbindung oder Gemeinsamkeit in der Partnerschaft (wieder-)herzustellen. Die Kluft zwischen ihnen könnte durch eine fremde Nationalität, durch soziale Unterschiede, ein geringeres Bildungsniveau oder gravierende Charakterdifferenzen entstehen und den daraus erwachsenen, schwer miteinander zu vereinbarenden Neigungen. Bei solchen gewaltigen Unterschieden stellt sich in der Psyche des Kindes ein Zerrissenheitszustand ein, der die Gespanntheit zwischen den Seelenpotenzialen des Vaters und denen der Mutter repräsentiert. Die Betroffenen werden im Laufe ihres Lebens zwischen den unterschiedlichen Qualitäten hin- und hergerissen, ohne die verschiedenen Persönlichkeitsanteile selbst steuern zu können. Sie fühlen sich oft als Opfer der gespaltenen Anteile ihrer Psyche. Im Kindheitsmythos sind häufig zwei Einlösungsvarianten signifikant. Erstens die bindende Variante, die irgendwann zur vehementen Ablösung führt, oder zweitens Geborgenheitsverlusterfahrungen, die die Nativen ständig auf Geborgenheitsuche sein lassen. Bei der ersten werden sie von der Mutter mit viel Liebe, gleichzeitig aber auch mit verschiedenen Ansprüchen überschüttet.

Oft wird der Mensch mit der Uranus-Mond-Thematik in der Kindheit mit Zuneigung überhäuft, so dass er völlig übersättigt ist. Besonders kennzeichnend ist, dass ihm die Zuneigung seiner Umwelt nichts bedeutet und auch meistens abgeblockt wird. Oft zeigen Kinder unter dieser Konstellation ein vollkommen unverständliches Verhalten gegenüber ihren Eltern. Je mehr diese bestrebt sind, den Kindern Geborgenheit und Liebe zukommen zu lassen, desto größer wird die Abneigung der Kinder. Diese werden dann oft als undankbar beschimpft, weil die Eltern sich von ihnen ungerecht behandelt fühlen. Die naturgegebene Abhängigkeit von den Eltern ist die Kraft, die auf der anderen Seite das freiheitlich orientierte uranische Potenzial aktiviert. Zu Hause zu sein bedeutet, abhängig zu sein. Abhängigkeit erzeugt Gebundenheit und Gebundenheit wiederum den Drang, sich, gleich wie, zu distanzieren. Dies kann durch ständige Nörgeleien bis hin zu heftigen Auseinandersetzungen geschehen, so dass die Kinder ihre eigenen Reaktionen nicht verstehen, da sie sich in ihrer Opposition wie von einem Zwang getrieben fühlen. Hierbei handelt es sich nicht um den phasenweisen Ablöseprozess der Kinder von den Eltern, sondern um einen generellen Drang zu revoltieren. Das Paradoxe dabei ist: Distanzieren sich die Eltern von den Kindern, beginnen diese sich den Eltern mit Zuwendungsbedürfnissen und Vorwürfen anzunähern, um sich im versöhnlichen Moment seitens der Eltern gleich wieder von ihnen abzuwenden. Es besteht bei den Kindern ein hohes Angstpotenzial, dass emotionale Bindung die eigene Freiheit behindert, und so lassen sie es erst gar nicht zu, dass sie geliebt werden. Weil sie sich nicht in familiäre Abmachungen und Regeln integrieren, provozieren sie sozusagen eine bedingungslose Zuneigung. Eigentlich wären sie selbstständig in der Lage, sich zu organisieren, aber das Leben im Kindheitsstadium hält zu viele Strukturen und Regeln bereit, als dass dieser Zustand unter dieser Urprinzipienverbindung ertragbar wäre. Oft entspannt sich das heimische Theater, wenn die Eltern die Kinder aus dem Nest gestoßen haben, aber die Zeit bis dahin kann für beide nervenaufreibende Schwerstarbeit bedeuten. Bedeutsam ist für die Eltern der innere Löseakt, vor allem, dass sie die Kinder emotional entlassen und ihnen das Recht auf freie Selbstverwirklichung einräumen, woraus sich die Möglichkeit entwickelt, dass sich die Beziehung halbwegs normalisiert.

Die bindende Variante eines strengen Elternhauses sollte im Kindheitsmythos dieser Konstellation als ein Motor verstanden werden, welcher die uranischen Qualitäten ins Bewusstsein hebt. Hier sind es die Regeln und die Verbote eines konservativen Elternhauses, die den Drang entstehen lassen, aus der engen heimischen Form auszubrechen. Dies beginnt mit Regelverletzungen, die Kinder kleiden sich provokativ oder entwickeln verschrobene Eigenarten. Beispielsweise verunstalten sie sich optisch dergestalt, dass sie alleine durch ihren Anblick und ihr Gebaren bei ihrem elterlichen Umfeld Unbehagen erzeugen. Je nach dem, wie dynamisch und autoritär die Eltern sind, wird das dazu beitragen, dass die Kinder von selbst recht bald das Elternhaus verlassen, was aber nicht zum Nachlassen ihrer Ablehnung gegen die Eigenarten ihrer „Unterdrücker" führt. Die Spannung kann daraus resultieren, dass die Mutter ihre unerfüllten Sehnsüchte und Wünsche auf das Kind überträgt, was dazu führt, dass es den Zugang zu den eigenen Bedürfnissen und Gefühlen verliert. Das Kind soll für die Mutter einen bestimmten Auftrag erfüllen, der ihr im Leben versagt geblieben ist. Sie drängt das Kind dazu, ein Studium zu absolvieren, oder nötigt es, Erfolge zu haben.

Wie immer diese mütterlichen oder elterlichen Aufträge aussehen mögen, das Kind wird von diesen so sehr überlagert, dass es – von den Eltern fremdbesetzt – eigene Bedürfnisse nicht mehr spürt. Daraus entstehen eine Abwehrhaltung und die Flucht in die rettende Distanz, die das Kind vor dem elterlichen Übergriff in Sicherheit bringt. Das Anspruchsdenken der Mutter bewirkt beim Kind einen traumatischen Zustand, der zeitlebens erhalten bleibt und immer dann besonders deutlich zu Tage tritt, wenn andere mit Ansprüchen an die Betroffenen herantreten. Für die Zeit des Heranwachsens ist das Kind den eigenen Ansprüchen entfremdet und entwickelt dadurch zwanghafte Verhaltensstrukturen. Häufig leidet es unter kalten Händen und Füßen, welche die Abgetrenntheit von seinen Bedürfnissen darstellen. Für andere unverständlich, doch wer die innere Spannung des uranischen Menschen nachzuvollziehen weiß, versteht die sich aufstauende Spannung. Häufig fürchten die Eltern, dass ihre Kinder aufgrund der Verweigerungshaltung zu verkrachten Existenzen werden, die ein Dasein am Rande der Gesellschaft führen müssen. Sie werden mit besonderen erzieherischen Maßnahmen bestraft, um zu gewährleisten, dass aus dem Kind doch noch etwas wird. Kommt es zu einer Anpassung von Seiten des Kindes, entsteht bei ihm ein innerer Hass gegen sich selbst wegen dieser Angepasstheit. Hier entwickelt sich ein Zwiespalt, der sie ein Leben lang begleiten wird: Einerseits die Zerrissenheit zwischen der Notwendigkeit, sich bestimmten Funktionszwängen unterstellen zu müssen, und andererseits einem innerseelischen Spannungsmoment ausgeliefert zu sein, das vehement sein Recht auf Freiheit und Eigenständigkeit einklagt. Weicht jedoch der Druck von den Nativen, sie sind vom elterlichen Reglement befreit und vermögen sie dadurch, eigenständig ihre Entscheidungen zu treffen, so glätten sich die Wogen und sie können ihr Leben nach ihren eigenen kreativen Vorstellungen gestalten. Auch hier gilt es seitens der Eltern, keine autoritäre Distanz aufzubauen, sondern eher die Kinder mit einzubeziehen und ihnen mit Verständnis zu begegnen, denn wie bei allen uranischen Verbindungen ist der größte Schmerz des uranischen Kindes die Abhängigkeit und die Angebundenheit.

Zum einen ist das Kind in hohem Maße auf der Suche nach Geborgenheit und gerät in Panik, wenn ihm diese versagt bleibt, erhält es jedoch die vermisste Zuwendung, wendet es sich ab und entzieht sich. Aufgrund seines Verhaltens ist das Kind mit der Uranus-Mond-Thematik von Seiten der Mitmenschen nicht einschätzbar, denn gleich, wie man auf es eingeht, es ist für das Kind nicht stimmig. Die Familienmitglieder reagieren auf dieses widersprüchliche Verhalten mit Ablehnung und Resignation, weil sie durch die einschlägigen Erfahrungen irgendwann die Waffen strecken und es aufgeben, ihm etwas recht machen zu wollen. Die Kinder stehen selbst mit großem Unverständnis vor ihren eigenen Verhaltensweisen, die ihnen immer wieder Rätsel aufgeben. Das Unvermögen, sich definieren zu können, soll die Nativen in höherem Maße von der Anbindung an die Subjektivität (Mondprinzip) ablösen. Erst wenn sie aufhören, sich immer wieder neue Identifikationen zu suchen, erhalten sie von sich eine Begrifflichkeit, die jenseits aller weltlichen Konzepte liegt.

Eine weitere Erlebensvariante manifestiert sich in dem ständigen Verlust der Geborgenheit. Diese umgekehrte Form findet man bei Nativen, die noch keinen Zugang zu ihrem inneren uranischen Löseprinzip gefunden haben. Sie werden also zum Opfer ihrer eigenen inneren nicht gelebten Thematik. Gleich dem Jungvogel, der aus dem Nest fällt, hält der Kindheitsmythos dann ständige Geborgenheitsverluste bereit. Dies kann einhergehen mit häufigen Wohnortwechseln der Eltern, die es erforderlich machen, sich immer wieder an ein neues Umfeld mit anderen Menschen gewöhnen zu müssen. Gerade haben die Nativen Freunde gefunden oder sich an Lehrer in der Schule gewöhnt, kommt es wieder zu Nestverlusterfahrungen. Oder es sind die einem nahe stehenden Menschen, die man vielleicht früh verliert, so dass man sich in der kalten Welt alleine und verlassen fühlt. Aber es können auch ständige Unsicherheitsfaktoren sein, die einem die Geborgenheit rauben, bis hin zum Ringen um die eigene Person, die aufgrund ihrer Vielschichtigkeit keine subjektive Definition zulässt. Man fühlt sich in sich selbst nicht geborgen, weil es nicht möglich ist, sich an Definitionen festzuhalten. Das eigene nicht erklärbare Verhalten trägt zur Erschütterung bei, dass die Kinder in sich keine Geborgenheit erfahren.

Partnerschaftsmythos

Auf der Beziehungsebene besteht unter der Uranus-Mond-Thematik eine ausgeprägte Distanz- und Näheproblematik. Paradoxerweise liegt bei den Nativen ein großer Wunsch nach Nähe und Geborgenheit vor. Wie andere Menschen sehnen sich die Nativen auch danach, eine Gemeinschaft mit einem Partner aufzubauen, mit dem sie sich verbunden fühlen. Das Bedürfnis, eine Idealvorstellung zu verwirklichen, lässt sie Beziehungen eingehen, in denen sie sich sehr dynamisch engagieren, um sich dann, ausgelöst durch eine Erkenntnis oder durch eine paradoxe Erfahrung, wieder vom Partner zu distanzieren. Meist haben sie so viel Energie in die gemeinschaftliche Verbindung investiert, dass seitens der Partner dieses Maß an Engagement nicht zurückgegeben werden kann, was sie innerlich erschüttert und ihre Abkehr legitimiert. Dies wird von den Nativen real als sehr schmerzlich erlebt, weil sie sich selbst in ihrem Verhalten, welches fast zwanghafte Formen annehmen kann, nicht verstehen. Beispielsweise führen sie eine intensive Beziehung mit einem anderen Menschen, die in ihrer Dynamik genau das repräsentiert, was sie sich schon immer herbeigesehnt haben. Am intensivsten Punkt der Gemeinschaftlichkeit jedoch wenden sie sich plötzlich einem anderen Menschen zu. Man will vielleicht gerade einen gemeinsamen Hausstand gründen und am Tage des Umzuges findet man sich im Bett eines anderen Menschen wieder, was dann zu einer Situation führt, aus der heraus wieder alles rückgängig gemacht wird. Oder am Vorabend der Hochzeit lässt sich der Bräutigam auf ein homoerotisches Abenteuer in einem Park ein. Hinter der Dramatik einer solchen Begebenheit liefern die Scham und Angst, sich möglicherweise bei diesem Abenteuer infiziert zu haben, die erlösende Legitimation, sich in eine Schutzdistanz zu bringen. Ist dies geschehen, beginnt man, sich aus der Ferne wieder dem anderen anzunähern. Das kann zu sehr aufreibenden ständigen Binde- und Lösesequenzen führen. Oft sind die Nativen dann der Meinung, dass es wohl daran liegt, dass der oder die

Richtige noch nicht in das Leben getreten ist, und man befindet sich Jahre lang auf der Suche nach dem geeigneten Partner. Die Uranus-Mond-Verbindung wirft die Nativen mit einer grausam anmutenden Dynamik immer wieder auf sie selbst zurück. Bedeutsam ist es in diesem Zusammenhang, dass sie sich innerlich nicht unter einen Erfüllungsdruck bringen, sondern von vornherein erkennen, dass die Bilder, die die Gesellschaft für sie bereithält, nicht ihre sind.

Es braucht eine ganz eigenständige Form des Lebens, die der inneren seelischen Wahrheit entspricht. Jedes abgerungene Versprechen oder die eigenen Vorsätze sind stets der Zündstoff für uranische Manifestationen. Das Beste in diesem Zusammenhang ist, wenn es ihnen in ihren Partnerschaften gelingt, sich ganz im Hier und Jetzt wahrzunehmen, ohne dass sie beginnen, sich und ihre Beziehungen auf lange Sicht zu verplanen. Ihre Sehnsucht nach der Verwirklichung von zwischenmenschlicher Gemeinschaft ist einerseits verständlich, denn sie fühlen tragischerweise ihr Manko, aber andererseits führt der Drang, den idealen Bildern der Welt zu folgen, fast wie eine Ironie des Schicksals genau in das gegenläufige Programm hinein. Hier ist es die Diskrepanz, die sie zwischen den rationalen, vom Intellekt gesteuerten Intentionen und der nicht erkannten innerseelischen Wahrheit in die Zerrissenheit hineinführt.

Alle anderen paradoxen zwischenmenschlichen Verhaltensmuster sind als uranischer Drang der Nativen zu verstehen, sich in einen Findungsprozess einzufädeln, für den es keine Vorbilder gibt. So spüren die Nativen latent das Bedürfnis nach neuen Lebensformen. Für Menschen mit einer Uranus-Mond-Thematik gelten andere Gesetze, als sie von den meisten erfahren werden. Für sie besteht die höchste Zuneigung darin, dem anderen geistig nahe zu sein, was für sie aber beinhaltet, dass sie auf physische Nähe und die damit verbundenen Signale der Zuneigung verzichten können. Je mehr ein nicht uranisch geprägter Partner, der eher verbindliche Anteile in seinem Geburtsmuster besitzt, den uranischen Nativen mit Erwartungen und Ansprüchen begegnet, desto mehr gehen diese auf Gegenkurs, so dass immer genau das Gegenteil von dem eintritt, was die anderen von ihnen erwarten. Auf der Beziehungsebene führt insbesondere eine partnerschaftliche Erwartungshaltung bei den Nativen zu Spannungsreaktionen, die ihre Partner betroffen machen, da der uranische Mensch nicht kalkulierbar ist. In Gesprächen nimmt er z. B. willkürlich den Gegenpol ein, so dass er ein ständiges Herausforderungselement für andere darstellt. Dies kann sehr befruchtend sein, aber auch sehr nervend und anstrengend. Je statischer ein Beziehungsgebäude ist, desto höher ist auch das Spannungselement, besonders wenn das Geburtsmuster eines Menschen neben der Uranus-Mond-Verbindung statische oder verbindliche Säulen aufweist (z. B. Aszendent oder Venus stehen in einem verbindlichen Zeichen, oder es sind in Haus 4 oder Haus 7 statische oder bindende Tierkreisprinzipien positioniert).

Daraus ergeben sich im Inneren verschiedene Realitäten, die sich nicht mit einem generalisierten Patentrezept für einen idealen Menschen und einem allgemeingültigen Verhaltensraster beschreiben lassen. Bei einem solchen Geburtsmuster ist es ein starkes Bedürfnis der Nativen, in ihren Beziehungen Verbindlichkeit herzustellen. Doch ist diese hergestellt, kommt es zu einem ungeheuren Spannungselement, das sich in irgendeiner Form Ausdruck verschaffen muss. Vielleicht erleben die Nativen dies in Form von innerer Unruhe, die sie treibt, oder sie gehen berufliche Verpflichtungen ein, die sie ständig unterwegs sein lassen, um sich danach sehnen zu können, endlich Zweisamkeit zu leben, sich aber gleichzeitig so viel aufzuschultern, dass diese kaum in eine realisierbare Nähe rückt. Auch hier würde die sprichwörtliche uranische Zerrissenheit auftauchen. Denn wo immer sie sich einseitig wiederfinden, ist es stets nur die halbe Wahrheit. Für die Nativen ist es bedeutsam, sich von vornherein in einer größeren Dimensionalität zu begreifen.

Auf der Beziehungsebene spielt das Thema von Doppelbeziehung eine große Rolle, denn die Nativen liefern sich nicht gerne den Wünschen und Erwartungen eines Menschen aus, deshalb führen sie neben ihren Partnerschaften weitere Beziehungen. Innerlich ist diese Form für sie eine Möglichkeit, sich einen Ausweg vor dem Zugzwang eines Partners offen zu halten. Auch wenn seitens der Partner kein Zwang ausgeübt wird, ist der gemeinsame Nestbau durch die errichtete Wohnsituation oder durch den sich einstellenden Nachwuchs Zugzwang genug. Paradoxerweise können sie in den Momenten oder Situationen der Unverbindlichkeit Verbindlichkeit entwickeln. Auf diese Weise erhalten die Nativen ihre relative Freiheit und bearbeiten gleichfalls ihr Thema des Bewegtseins zwischen zwei Welten. Ähnlich wie bei einer Uranus-Venus-Thematik gilt es auch hier, die Beziehung nicht zu verplanen, sie nicht zu einer Institution zu machen. Unter dieser Urprinzipienverbindung wirkt besonders das Element, als Paar gemeinsame Sache zu machen, entzweiend. Das gemeinschaftliche Verplanen von Zeit und beruflichen Zielen wird zum Störfaktor. Es wäre unter diesem Gesichtspunkt wichtig, damit sich keine Spannungen aufbauen, dass jeder sein eigenes „Ding durchzieht", so wie es beispielsweise Freunde untereinander handhaben, indem sie sich gegenseitig durch Rat und Verständnis stützen, jedoch nicht, wie es sich häufig in Partnerschaften vollzieht, durch den mentalen Übergriff den anderen so weit in die eigenen Probleme mit einzubinden, dass eine Funktionssymbiose entsteht.

Ist dies nicht gewährleistet, strafen die Nativen stellvertretend an ihren Partnern die Eltern, die ihnen den Zugang zu den eigenen emotionalen Bedürfnissen aufgrund der Leistungserwartungen versperrten. Unbewusst quälen sie ihre Partner, die die verborgenen Anteile ihres inneren Dramas aktivieren, indem sie deren seelisch zudringliche Liebe an der eigenen Kälte auflaufen lassen. Diese Mechanismen spielen sich nicht auf einer bewusst strategischen Ebene ab, sondern werden von den Nativen intuitiv unbewusst ausgeführt. Mit ihren feinsinnigen Antennen erspüren sie die Erwartungshaltung der anderen wie ein Seismograf und verhalten sich, fast schon zuverlässig, genau entgegengesetzt. Würde man ihnen dies rational vorwerfen, wären sie sicherlich betroffen darüber.

Auf einer anderen Ebene kann sich ihre Neigung, von der Norm abzuweichen, dadurch ausdrücken, dass sie Beziehungen mit einem Partner eingehen, der aus ganz anderen Verhältnissen kommt. Dies können soziale, aber auch kulturelle Unterschiede sein. Ein wohlhabender Geschäftsmann heiratet etwa seine Friseurin, oder die Tochter aus gehobenen Verhältnissen lässt sich zum Entsetzen des Familienclans mit einem muslimischen Studenten ein, der intensiv daran arbeitet, dass die Angebetete zu seiner Glaubensrichtung konvertiert. In solchen Fällen kann durch die erhebliche Unterschiedlichkeit, die dem uranischen Prinzip entspricht, Ruhe einkehren. Denn die erwähnten paradoxen Spannungen können hier auf einer anderen Ebene ausgetragen werden, das Prinzip der Widersprüchlichkeit findet so eine andere Einlösung.

Die Sexualität ist für den Menschen mit dieser uranischen Signatur ein spezielles Kapitel, da gerade der sexuelle Akt die höchste Form der Bindung an die korporale Welt darstellt. Jedoch strebt ein innerseelischer Anteil der Nativen weg von der Verwurzelung in der Materie, und gleichsam mit diesem Teil entfernt sich auch das Bedürfnis nach Sexualität, weil dieses bedeuten würde, die Welt bzw. das Leben aufrechtzuerhalten, denn das natürliche biologische Ergebnis der Sexualität besteht in der Nachkommenschaft. Selbst mit den perfektesten Verhütungsmaßnahmen oder gar einer Sterilisation aktiviert sich das archaische Muster im Unbewussten und erweckt bei den Nativen ein Alarmprogramm.

Dies führt bei Mann und Frau zu einer mangelnden energetischen Ladung ihrer Extremitäten, was bei ihnen die Sexualität erschwert. Dies bedeutet symbolisch, dass die Nativen sich eigentlich nicht mit der Welt einlassen wollen. Dieser Bereich ist besonders mit den Menschen, die sie lieben, schwer zu verwirklichen. In ihrem Bewusstsein entsteht eine Kluft, weil über den körperlichen Kontakt eine zu große Nähe mit dem Partner entsteht, die dann zu einer körperlichen Abstoßung führt. Man ist sich zwar von der

Empfindung nahe, aber die Nähe kann im körperlichen Akt nicht hergestellt werden, beim Mann möglicherweise wegen einer auftretenden Potenzstörung, bei der Frau dadurch, dass sie mit ihrem Partner keinen Orgasmus erlebt. Deshalb gehen sie außerhalb ihrer Liebesbeziehungen Verbindungen mit Menschen ein, die sie körperlich anziehend finden, bei denen sie jedoch keine intensiven Gefühle verspüren. In solchen Verbindungen ist es ihnen möglich, ihre Körperlichkeit zu leben, denn aufgrund der fehlenden Gefühle würden sie sich niemals wirklich an sie binden. In der eigentlichen Beziehung wird das Körperliche in den Hintergrund gedrängt, damit sie sich im Konkreten nicht einlassen müssen. Häufig führt das in die Trennung hinein, weil sich ihr Bindungswunsch nach jedem Sicheinlassen umkehrt und verblasst. So kann es vorkommen, dass das Feuer der Leidenschaft ganz plötzlich von heute auf morgen bei den Nativen erlischt oder langsam zur Neige geht, insbesondere dann, wenn die Partner sie mit ihrem leidenschaftlichen sexuellen Begehren unter Druck setzen.

Die Mond-Uranus-Verbindung im Geburtsmuster der Frau

Der Mond im Geburtsmuster der Frau als Ausdruck ihrer archetypisch weiblichen, nährenden Seite lässt die weiblichen Nativen sich am liebsten in der Rolle der unberührbaren Prinzessin wiederfinden, die auf der ständigen Suche nach der passenden Dualseele ist. Hat sie jenen ersehnten Seelenpartner gefunden, stellt sie so komplizierte Bedingungen her, dass diese seitens ihres Partners nicht erfüllt werden können, wie beispielsweise der Verzicht auf Sex. Natürlich wird dies nicht so klar formuliert, sondern findet umrankt von außerordentlichen Dramen seine Aufführung. In ihrer kühlen Gefühlslage trinkt sie von den verzehrenden Leidenschaften ihrer Verehrer, die sie oft umschwirren wie die Motten das Licht, ohne sich ihnen wirklich gefühlsmäßig hinzugeben. Paradoxerweise gibt sie sich Partnern, die sie wirklich lieben, sexuell nicht hin, um sich jedoch auf der anderen Seite auf kurze sexuell unverbindliche Kontakte einzulassen. Damit schafft sie den Ausgleich, sich emotional nicht zu verstricken, so dass keine Gefahr für ihr inneres Gleichgewicht besteht.

Die Frau unter dieser Urprinzipienverbindung überträgt ihr eigenes inneres Drama häufig auf den Mann. Sie lässt quasi ihre Uranus-Mond-Thematik leben, indem sie sich einen männlichen Partner sucht, der ihrer archetypischen Uranus-Mond-Stimmungsresonanz entspricht. Somit hat sie eine Resonanz zum schwachen Mann, der in sich nicht gefestigt oder in irgendeiner Weise bedürftig ist. Dieser lockt ihre Zuwendungsseite hervor, wodurch sie phasenweise den Mann unterstützt und ihn durch ihr Zuwendungselement dominiert.

Sie erlangt dadurch Unabhängigkeit und das Gefühl der Stärke, so dass sie die Position der dominierenden Instanz in der Beziehung einnimmt. Damit ist sie ihr eigenes Spannungsfeld losgeworden, wird aber nach einer gewissen Zeit der Zweisamkeit die Schwäche des Mannes verachten und ihren Unmut über sein So-Sein auf ihn abladen. Selbst nach einer Trennung wird sie, sofern nicht eine bewusste Bearbeitung ihrer Uranus-Mond-Thematik stattgefunden hat, stets unter hundert Männern genau den Typus herauswählen, der ein vergleichbares Muster in sich trägt, weil sie über ihn mit ihrem nicht erkannten eigenen Drama konfrontiert wird. Wirklich starke Partner wird sie wie die Pestilenz fürchten; diese führen sie auf ihre eigene Uranus-Mond-Thematik zurück und wecken somit ihre Fluchtinstinkte. Je weniger also der Partner eine dominante Rolle in ihrem Leben einnimmt, desto eher kann sie eine relative Präsenz entwickeln.

Deshalb ist es bedeutsam, dass die Frau in bewusster Form jenen uranischen Teil in ihrem Muster bearbeitet, um für ihn die Verantwortung zu übernehmen. Erst dann ist sie in der Lage, eine andere Beziehungsresonanz zu erfahren. Sehr oft ringen weibliche Native um ihre Rolle als Frau und Mutter. Aufgrund der in jeder Frau existierenden archaischen mondig-weiblichen Instinktnatur kann es unter dieser Mond-Verbindung zur Verdrängung der ablehnenden uranischen Seite kommen. Die Frau kompensiert dann mit einem extremen Leistungsbewusstsein über. Sie hat von sich Bilder und Vorstellungen, die beste Mutter zu sein, und beginnt sich, wenn sie Kinder hat, vollkommen zu überfordern. Dies kann zu unterschiedlichen Manifestationen führen, z. B. werden ihre Leistungen seitens der Kinder und des Umfeldes nicht anerkannt, die Kinder werfen ihr Lieblosigkeit vor und signalisieren ihr, dass sie eine Rabenmutter ist. Man kann sich vorstellen, dass solche Botschaften im Inneren der Betroffenen einen ziemlichen Aufruhr verursachen. Eine andere Variante ist, dass die Kinder zum Problemfall werden, stellvertretend für die Frau in ihrer angepassten Mutterrolle, schwer erziehbar sind, sich mit Aggression und Randale gegen jedes Gebot auflehnen und die Mutter schier an ihre Grenzen bringen. Hier sind es dann die Kinder, die im Zerrspiegel des mütterlichen Erlebens ihre eigenen unbewussten uranischen Anteile widerspiegeln. Der von der Frau nicht gelebte Ausbruch aus dem Gefängnis der Mutterschaft als auch aus der konservativen Beziehungsstruktur findet seinen Ausdruck in der Revolte der Kinder. Hier wäre es insbesondere für die Frau bedeutsam, sich innerlich mit ihren Grenzen im Themenbereich Mutterschaft auseinander zu setzen, um zu schauen, wo es in ihr einen Teil gibt, der am liebsten auf die Barrikaden gehen möchte. Oft entspannt sich durch eine solche Bewusstwerdung die heimische Situation und sie kann erkennen, dass ihr Bewusstwerdungsprozess mehr Früchte trägt als jede Erziehungsmaßnahme an den Kindern.

Die Mond-Uranus-Verbindung im Geburtsmuster des Mannes

Der Mann unter dieser Signatur fühlt sich auf seiner Suche nach der Anima häufig zu Frauen hingezogen, die eine männliche oder neutrale Ausstrahlung besitzen, denn unter der Uranus-Mond-Thematik findet die Umkehrung des Weiblichen seinen Ausdruck. So fühlt er sich zu Kindfrauen hingezogen oder zu der knabenhaft aussehenden Frau, die keinen Kinderwunsch hegt und für ihn dadurch nicht zur Bedrohung werden kann. Auch der Mann lässt sich gerne von Frauen umwerben, ohne sich aber wirklich hinzugeben und zu öffnen. Zwar liefert er sich im Gegensatz zur Uranus-Mond-Frau körperlich aus, aber nicht seelisch. Die Gefühle des Mannes sind den Partnerinnen gegenüber distanziert, er verliebt sich selten in eine Frau, außer, wenn sie bereits in einer Partnerschaft lebt und damit sichergestellt ist, dass keine Bindungsgefahr besteht. Dies wird von den Nativen natürlich nicht aus einer Absicht oder einer Strategie heraus inszeniert, sondern aus dem unbewussten Bestreben, sich lieber in der Rolle des Opfers zu fühlen, der sich leider immer in die „falsche" Frau verliebt. So kann er im Schmerz des Getrenntseins aufgehen, weil es in der geradlinigen Form für ihn zu schwer ist. In solchen Beziehungsformen kann der Mann dann ganz präsent sein, denn die Basis der Beziehung ist uranisch und er kann seine Mondenqualität entwickeln. Beim Mann stellt sich die Frage nach seiner männlichen Rollenverwirklichung, da er sich in den klassischen Definitionen und Bildern nicht ganz zu finden vermag. Sicher hat er Vorstellungen, die er gerne verwirklichen möchte. Diese entspringen aber dem übernommenen Familien- bzw. Vaterbild und sind nicht authentisch. Im Laufe der Zeit geht eine Fülle an Energie an der Stelle verloren, an der er um den Aufbau bzw. den Erhalt der Vorstellung bemüht ist. Insbesondere die Rolle als Familienvater aktiviert ein erhöhtes Angstpotenzial; damit geht eine extreme Verbindlichkeit und ein Präsenzerfordernis einher, und das Uranus-Mond-Thema wird aktiviert. Oft löst eine mögliche Vaterschaft und eine konkrete Familienplanung unter dieser Mond-Signatur Potenzschwierigkeiten aus. Wichtig wäre in diesem Zusammenhang, nicht dem körperlichen Problem die Beachtung zu schenken, sondern der dahinter liegenden Angst „seinen Mann stehen zu müssen". Das bedeutet das Erfordernis, die Familie zu schützen, zu ernähren, seiner Sorgepflicht nachzukommen und somit in einer festen Verbindlichkeit zu sein. Eine derartige Problematik taucht stets gerade dann auf, wenn im Bewusstsein theoretisch die Bereitschaft vorhanden ist, der Betroffene jedoch keinen Zugang zu dem Angst besetzten Teil besitzt. Er identifiziert sich möglicherweise mit der Rolle des Familienvaters, und ihm ist somit der Zugang zum uranischen Monden-Prinzip versperrt.

So erlebte ein junger Familienvater mit Frau und zwei Kindern sein „Mondendrama" (Mond in Haus 11 im Löwen) in folgender Weise: Er arbeitete in der Entwicklungshilfe und weilte jährlich bis zu 6 Monate im Ausland. Er arbeitet dort in Kinderhilfsprojekten und hatte zu den Kindern, die er jeweils betreute, ein inniges Verhältnis. Vom schlechten Gewissen gepackt, dass seine eigenen Kinder ihn entbehren mussten, nahm er sich jedes Mal, wenn er nach Hause reise, vor, ihnen in der kurzen Zeit all die Zuwendung zu geben, die sie hatten entbehren müssen. Dieses Vorhaben führte ihn in einen solchen Stress und in eine extreme innere Blockade, dass es ihm während seiner Anwesenheit nicht möglich war, den Kindern auch nur eine nette Geste entgegenzubringen. Er litt extrem unter dieser Situation und verstand sich selbst nicht. Wieso konnte er anderen Kinder Zuwendung geben und nicht seinen eignen?

In dieser Begebenheit ist es der extreme innere Druck, das geplante Vorhaben, seinen Kindern besondere Zuwendung zu geben, der in das genaue Gegenteil hineinführte. Die Blockade löste sich in dem Moment, da er sich jede Form der Erwartungshaltung nahm. Dies ist ein sehr wichtiger Schlüssel im Umgang mit den uranischen Mond-Themen, denn so kann wieder Freiwilligkeit und damit Annäherung entstehen.

Männer unter dieser Urprinzipienverbindung fühlen sich oftmals zu gleichgeschlechtlichen Beziehungsformen hingezogen. Auf die Weise ist es für die Nativen möglich, ihre Andersartigkeit zu leben und auch den Drang, neue Formen des Zusammenlebens zu entdecken, die außerhalb der gesellschaftlichen Schubladendefinitionen liegen.

Entlastend wäre vor allem für die Nativen, dass sie die Verantwortung für ihre Dramen übernehmen, sie ihre innere Distanziertheit erkennen und akzeptieren können, um nicht in die Rolle des Opfers zu geraten. Denn auch in außergewöhnlichen Beziehungsformen kann es zu Situationen des Nestverlustes kommen, besonders wenn die Identifikation zu sehr auf Verbindlichkeit und Statik ausgerichtet ist.

Symptome

Der Magen wird dem Mondprinzip zugeordnet, und so liegt bei Unbewusstheit über die inneren Prinzipien, wie eingangs beschrieben, eine hohe Neigung zu Magenerkrankungen vor. Der Magen symbolisiert die seelische

Aufnahmebereitschaft und weigert sich in dieser Urprinzipienverbindung durch Übelkeit, Erbrechen und auch durch Schmerz, die Nahrung aufzunehmen. Dies geschieht insbesondere dann, wenn die Nativen unter dieser Urprinzipienverbindung in engen Familienstrukturen leben, sei dies mit den Eltern oder mit einer eigenen Familie. Essstörungen sind deshalb eine häufig auftretende Symptomatik; diese signalisieren den Konflikt der Aufgespaltenheit zwischen der Sehnsucht nach Zuwendung und dem Unvermögen, diese annehmen zu können. Der Magen symbolisiert dann die mangelnde Bereitschaft, sich seelisch einzulassen, weil die Nativen mit dem Tagesbewusstsein in der Gemeinsamkeit, der Familie oder der Beziehung willig funktionieren. Eine derartige Symptommanifestation tritt insbesondere bei Frauen in der Schwangerschaft auf. Verstandesmäßig freut sich die Frau auf ihre Mutterschaft, jedoch liegt im Unbewussten eine vehemente Abneigung gegen die entstehende Abhängigkeit durch die Mutterschaft vor, was durch das häufige spontane Erbrechen seinen Ausdruck findet.

Gesellschaftlich ist es immer noch ein Tabu, sich mit den Vorbehalten gegen die Mutterschaftsthematik auseinander zu setzen, und gerade bei der vorliegenden Thematik wird häufig auffällig versichert, wie sehr man sich doch auf die Rolle der Mutter freut. Dabei wäre es bei vorliegenden Symptomen sehr wichtig, sich mit der ablehnenden Seite auseinander zu setzen, und zwar auf einer tiefen Ebene der inneren Empfindung, weil die Ablehnung gerade über die Symptomatik versucht, den bewussten Teil des Menschen zu erreichen. Geschieht dies nicht, entstehen möglicherweise weitere Symptome wie Schwangerschaftsdiabetes, die deutlich werden lässt, dass die Liebe (Zucker) vom System nicht gehalten werden kann. Diese Symptomatik des Erbrechens kann aber auch eine viel größere Tragweite symbolisieren, nämlich die Abwehr gegen das Leben selbst. Hier sind es die Eindrücke und die Impulse der Welt, gegen die eine innere Abwehr besteht, denn mit der Uranus-Mond-Thematik kehrt sich die Aufnahme- oder Hingabebereitschaft in ihr Gegenteil um. Ebenso kann es im Bereich der Sexualität zu Störungen kommen, denn auch hier geht es um Hingabe und Öffnung dem anderen Menschen gegenüber. Dies kann während des Geschlechtsverkehrs zu Stimmungsschwankungen führen, die den Abbruch des Aktes immer in den Momenten zur Folge haben, in denen es insbesondere um seelische Hingabe und die Öffnung geht. Meist geschieht dies völlig abrupt und für den jeweiligen Partner vollkommen unverständlich; diese fühlen sich dann oft als Verursacher des Dramas. Beim Mann drückt sich die Abwehr häufig in Potenzstörungen aus. Im Bewusstsein sehnt man sich nach Verschmelzung, der Körper jedoch stellt die Ehrlichkeit der inneren Abwehr her. Bei der Frau hingegen tritt ein ganz spezifisches Symptom auf: Ihr wird es nach dem Sexualakt schlecht, vielleicht muss sie sich übergeben, was in der Symbolik der vorangegangenen Beschreibung der Ablehnung gleichkommt. In der Folge kann das Sexualleben in der Beziehung zur Abkühlung kommen, und die Distanzierung, die in der Uranus-Mond-Thematik enthalten ist, wird offenbar.

Bei Frauen ist das Spektrum der Symptome wesentlich vielschichtiger, weil die Uranus-Mond-Thematik ihre gesamte Rolle als Frau berührt. So sind insbesondere Menstruationsbeschwerden ein Ausdruck der Ablehnung der weiblichen Rolle. In der Jugend geht dies einher mit einer mangelnden Produktion von Weiblichkeitshormonen, dadurch wird der Körper nicht voll ausgeprägt und weist in der Folge eine knabenhafte Signatur als Ausdruck des Widerstandes gegen die Frauen- und Mutterrolle auf. Schmerzlich erleben sie in ihren zyklischen Phasen einen intensiven Kampf gegen die höchste Ausdrucksform der Weiblichkeit, die für Fruchtbarkeit und Empfänglichkeit, aber auch als Sinnbild für die Erhaltung des Lebens steht. In dieser Symptomatik finden sich zwei besondere Ausdrucksformen der Abwehr wieder, einerseits gegen die eigene Weiblichkeit, andererseits gegen die Bereitschaft, das Leben aus sich heraus entstehen zu lassen und damit auch – in einer größeren Tragweite – die „Welt" nicht weiter erhalten zu wollen.

Die Uranus-Mond-Thematik findet ihren Ausdruck in weiteren Symptomen, welche die Weiblichkeitsorgane betreffen, wie in Entzündungen der Gebärmutterschleimhaut oder während der Schwangerschaft insbesondere in Brustdrüsenentzündungen, die bewirken, dass die Frau nicht stillen kann oder sehr früh abstillen muss. Hinter allen Symptommanifestationen wird das Ringen um die innere Realität sichtbar, mit der die Betroffenen aufgerufen sind, dieser auf einer inneren Empfindungsebene nachzuspüren. Meist führen gesellschaftliche Zwänge und tradierte Bilder dazu, dass die Nativen gegen ihre innere Natur zu leben versuchen. Hier ist es bedeutsam, dass die Nativen auf ihre innere Stimme zu hören lernen.

Lerninhalt

Die Uranus-Mond-Thematik führt im besonderen Maße zu einer Auseinandersetzung mit sich selbst. Für die Nativen heißt es, sich mit ihrer paradoxen Struktur annehmen zu lernen. In Beziehungen gilt es, die Distanz- und Nähethematik zu akzeptieren. Das bedeutet, dass sie lernen, ehrlich gegenüber sich selbst und dem jeweiligen Partner zu sein. Dabei hilft es ihnen, wenn sie aufhören zu glauben, dass mit ihnen etwas nicht in Ordnung ist, weil sie nicht so angepasst zu leben vermögen, wie dies ein Großteil der Masse scheinbar vermag. Dem uranischen Teil kommt besonders entgegen, wenn die Nativen in diesem Zusammenhang auf ihre Intuition zu hören lernen, denn häufig spüren sie die Diskrepanz zwischen ihrer inneren Stimme und der strategischen Vernunftseite. Es ist bedeutsam, der inneren Wahrheit mehr Raum einzugestehen, auch wenn dies bedeutet, sich über die Brücke der Andersartigkeit zu bewegen, denn auf die Dauer führt ihr Anpassungsbestreben nur zu Zerrissenheit. Hier sollten die Nativen einfach einmal zurückblicken, um anhand des Lebensverlaufes erkennen zu können, dass sich immer das gleiche Raster abspult. Daraus wird ersichtlich, dass es sich in dieser Dynamik um eine Gesetzmäßigkeit handelt, die aber auch genau umgekehrt zu wirken vermag. Wie oft waren sie in ihrem Leben bestrebt, Sonnenblumen zu säen, und mussten schließlich Disteln ernten!

Die größte Kontinuität erreichen sie, wenn es keine Vorhaben und bindende Versprechen für sie gibt. Denn das freiheitliche Uranusprinzip vermag alles zu verwirklichen, solange kein Druck und kein Zwang bestehen. Man kann etwas erfüllen, wenn man möchte, aber nicht, weil man es muss. Dies gilt auch für selbstgeschaffene Vorhaben und Ziele. Erst wenn dies realisiert ist, vermögen die Nativen ihrer eigentlichen Bestimmung entgegenzugehen, die darin besteht, sich im Leben Formen zuzuwenden, die in den übergeordneten sozialen oder dienstleistenden Bereichen angesiedelt sind, Tätigkeiten also, die dem Kollektiv dienen. Wichtig ist dabei das Wissen um die eigentliche Motivation: Um beispielsweise eine Distanz zum Außen herzustellen, um nicht berührbar zu sein, oder weil man eine exponierte Stellung einnehmen möchte. Je stärker die persönlichen Bedingungen im Vordergrund stehen, desto größer werden die Umpolungen seitens der äußeren Welt eine Folge sein, denn unter dieser Kombination geht es nicht mehr um die „kleinen" persönlichen Bestrebungen. Das soll nicht heißen, dass ein persönliches Leben unter dieser Konstellation nicht zu verwirklichen ist, sondern dass es eine Frage der Prioritätensetzung im Bewusstsein ist. Im Themenbereich der Mutterschaft geht es nicht um die Selbstverwirklichung über diese Rolle, sondern vielmehr um die Verwandlung der Subjektivität, indem sie lernen, für andere Wesen und deren Belange verantwortlich zu sein. Das ist ein großer Unterschied gegenüber der Mutterschaft aus dem Bedürfnis, sich in den Kindern widerspiegeln zu wollen und um Spaß an ihnen zu haben. Dies erfordert einen bewussten Umgang mit sich. Die erste Voraussetzung dafür ist, dass Menschen mit der Uranus-Mond-Thematik im Geburtsmuster annehmen lernen, dass sie sich häufig – was ihre Person und ihre Motivationen anbelangt – vollkommen fehleinschätzen. Das Fatale daran ist, dass sie auf Ansprache oder Kritik an ihrer Person nicht reagieren, weil sie nicht belehrbar sind. Das kann eine wesentliche Quelle ihrer leidhaften Erfahrungen sein.

Die Lernaufgabe für Menschen mit der Uranus-Mond-Thematik besteht darin, die eigene Distanz zum Leben und die Beziehungslosigkeit zu anderen Menschen zu erkennen. Durch die Entfernung von den übrigen Menschen werden die Nativen zwangsläufig mit sich konfrontiert, denn es geht darum, Verbindung mit dem eigenen Wesenskeim aufzunehmen, um diesen zu integrieren. Das heißt auch zu realisieren, dass Nähe und Geborgenheit nicht über den Umweg des Außen hergestellt werden können, sondern nur in der Annahme der eigenen Wesensqualität. Dabei geht es um die Akzeptanz der kühlen Schönheit in dieser Welt, die auch zu einem ekstatischen Erleben werden kann. Dies führt zur Erkenntnis und zur Lösung von alten Anpassungsmustern, die aus der Kindheit als Schutz vor den Autoritäten eingenommen wurden, im eigenständigen Leben aber eine Behinderung darstellen. Erst wenn dieser Teil von ihnen erkannt wird, sie im vollem Einverständnis mit sich selbst sind und nicht mehr versuchen, etwas anderes zu realisieren als das, was ihrer inneren Natur entspricht, vermag sich die erlöste Qualität der Uranus-Mond-Verbindung zu verwirklichen.

Bedeutsam ist dabei die Erkenntnis, dass das Außen nur durch den Filter der eigenen Projektionen betrachtet wird, weil die Nativen nicht auf „Reizempfang" stehen, sondern mit ihrer Energieabgabe ihre Wahrnehmung beliebig in die Welt hineininterpretieren und somit ihre eigene subjektive Welt erschaffen. In vielerlei Hinsicht sind die eintretenden Umbrüche, Geborgenheitsverluste oder Infragestellungen Impulse, die sie wieder berührbar machen wollen, um, bildlich gesprochen, ein Loch in den undurchdringlichen Panzer der Abwehr gegenüber dem Gefühl und dem Außen hineinzustoßen. Für die Nativen ist es deshalb besonders wichtig, sich in diesem Bereich nichts vorzumachen, denn je mehr ihnen ihr seelisches Bedürfnis nach Lösung von der subjektiven Geborgenheit bewusst ist, desto eher kann in ihrem Leben eine relative Ruhe in jene Prozesse einkehren, die sie ständig aus der Geborgenheit reißen. In diesem Zusammenhang wird von den Nativen die Entwicklung einer Annahmequalität vom Leben gefordert. So wie die Mutter als symbolische Instanz während der Kindheit die Nativen mit Aufträgen zu betrauen versuchte, aus denen sie sich wieder ablösten, kann man im übertragenen Sinne sagen, dass die Gesetzmäßigkeit des Lebens – vergleichbar mit der Mutter – sie mit zu erfüllenden Ämtern betrauen will. Dies kann aber nur geschehen, wenn der Mensch seine subjektiven Abwehrmechanismen erkennt und sich aus diesen löst. Dies ist im Laufe des Lebens als ein Prozess zu verstehen, der eine Folgerichtigkeit besitzt. Denn solange der uranische Mensch noch seinen Widerstand leben muss, hat er seine wahre innere

Freiheit nicht gefunden. Alle Loslösedemonstrationen sind nur Selbstbestätigungen, um in die erste Manifestation des uranischen Mechanismus zu gelangen. Die wahre Freiheit ist die Erkenntnis der inneren Losgelöstheit, die keine äußeren Demonstrationen mehr benötigt, sowie die losgelöste Haltung der Nativen, die in dieser Position aus freien Stücken zu erkennen vermögen, wann Themen, die aus dem Umfeld an sie herantreten, bedeutsam sind, so dass diese freiwillig angenommen und umgesetzt werden können. Erst wenn die Nativen gelernt haben, die Erfüllung in sich selbst zu suchen, indem sie erkennen, dass die Geborgenheit nur in *sich* erlangt werden kann, erfahren sie innerhalb bestimmter Lebenssituationen, in ihren Partnerschaften, im Beruf usw. einen Freiraum jenseits aller Widersprüchlichkeit.

Versucht man zu verstehen, was es im Besonderen mit dem trennenden Aspekt der Uranus-Mond-Thematik auf sich hat, dann findet sich in Uranus und Mond die Qualität der übermenschlichen Gefühle wieder, die nicht an eine personifizierte Frau oder einen Mann gebunden sind, sondern die in beiden den archetypischen weiblich/männlichen Teil begehren, als die Göttin in jeder Frau und die Gottheit in jedem Mann. Dies ist eine entpolarisierte Form des Gefühls, das besonders daran zerbricht, dass die subjektiven Anteile der „Gottheitsrepräsentanten" irdische Forderungen stellen. Hier kommt es zu „unmenschlichen" Verhaltensweisen durch die Nativen, die berufen sind, sich über den morastig-stofflichen Teil von Gemeinschaft und Beziehung zu erheben. Sie sind aufgerufen zu erkennen, dass sie die Welt als polares Element zwar als profan und bindend empfinden, dass diese Welt aber zugleich den einzigen Bereich darstellt, der ihnen den Weg zum Ziel ihrer inneren Sehnsüchte freimachen kann. Um dies zu erreichen, sollten sie versuchen, den unbewusst, fast zwanghaft selbstgeschaffenen Sinn, den sie beständig bestrebt sind dem Leben aufzuzwingen, getrieben von der Angst mit der inneren Realität in Kontakt zu kommen, wieder zurückzunehmen, um das Leben befreit und wertfrei erfahren zu können.

Meditative Integration

Begeben Sie sich, wie in den Kapiteln „Der innere Raum" und „Spiegel der Selbstbetrachtung" beschrieben, in den von Ihnen geschaffenen inneren Raum. Nachdem Sie die Entspannungsübung ausgeführt haben und sich vor Ihrem Spiegel sitzend wiederfinden, lassen Sie in Ihrem Spiegel der Selbstbetrachtung folgende Themen im Geiste Revue passieren:

Meditation zu äußeren Lebensbegebenheiten

Sind Sie in Ihrem Leben häufig Opfer eines Geborgenheitsverlustes geworden? Mussten Sie sich stets wieder neu orientieren und erfuhren Umpolungssituationen? Dann lassen Sie diese Situationen in dem Spiegel vor Ihnen noch einmal entstehen. Nehmen Sie im Besonderen in diesen Situationen die Gefühle Ihrer Betroffenheit wahr. Spüren Sie all jenen Empfindungen nach, die sich in den verschiedenen Lebenssituationen einstellten. Besonders dann, wenn Sie den uranisch bewegten Teil bislang nicht in sich wahrzunehmen vermochten. Nehmen Sie sich ruhig Zeit, und lassen Sie unterschiedliche Situationen vor Ihrem geistigen Auge Revue passieren. Schauen Sie sich aber auch an, was Sie in den Zeiten vor den jeweiligen Veränderungen für Sehnsüchte und Erwartungen an das Leben hatten oder was Sie zu der damaligen Zeit gerne verwirklichen wollten; insbesondere, wenn es Ihre Intention war, sich niederzulassen, um Wurzeln in den unterschiedlichen Lebensbereichen zu schlagen. Dort finden Sie die Quelle, für die sich einstellenden Umbrüche. Je mehr es gelingt, die damaligen Erwartungen regelrecht neu zu spüren, desto eher kann Ihnen im Verbund die Erkenntnis erwachsen, dass ihre Haltung zu den Umbrüchen beitrug.

Nachdem Sie eine Reihe von Situationen aufgesucht haben, in denen Sie passiv die bewegten Anteile Ihrer Mondqualität erfahren oder erlitten haben, ist es nun in der Folge bedeutsam, sich in Situationen hineinzubegeben, in denen Sie genau umgekehrte Erfahrungen gemacht haben: Sie wurden z. B. vom Außen gebunden oder befanden sich in stagnierenden Situationen. Versuchen Sie innerlich zu erspüren, ob es in Ihnen jenen Impuls gegeben hat, der bestrebt war, sich zu befreien. Schauen Sie sich die erlebten Situationen in Ihrer Kindheit, in Beziehungen oder Arbeitsverhältnissen an. Oft ist man geneigt, die uranischen Befreiungsimpulse zu verdrängen, weil sie einem nicht angenehm sind und die Vernunft und Moral einen mahnte, sich anzupassen. Gerade im Gefühlsbereich entsteht Verunsicherung, wenn man sich mit paradoxen Empfindungen konfrontiert sieht. Man versteht nicht, wieso man lieben kann und sich gleichzeitig innerlich distanziert. Jedoch sind die natürlichen uranischen Impulse wichtig und stellen unter dieser Mond-Thematik eine innere Realität dar. Die Nähe kann erst dann zugelassen werden, wenn man auch den Drang nach Distanz akzeptiert. Metaphorisch gesprochen: Möchte man einen Stein weit werfen, muss man weit ausholen, um den nötigen Schwung zu erreichen. Bedeutsam für die Meditation ist, dass Sie Ihren Drang zur Befreiung empfinden, damit er innerlich authentisch werden kann. Diese damit einhergehende Energie, sich befreien zu wollen und ungebunden zu sein, will wahrgenommen und gefühlt werden. Je mehr Ihnen dies gelingt, desto eher wird sich die Dynamik in den äußeren Lebensbereichen abschwächen, in denen Sie in vielen Situationen zum Opfer wurden, denn diese entspricht Ihrer verdrängten, inneren uranischen Energie.

Weitere Fragen, die Sie erforschen können

Kenne ich meine Distanz- und Beziehungsferne zu anderen Menschen? – Ist mir bewusst, dass ich die Gleichstellung zu anderen Menschen verabscheue? – Wie reagiere ich auf Kritik von außen? – Begegne ich im Stillen meinen Mitmenschen in einem Elfenbeinturm der inneren Überheblichkeit? – Ist mir bewusst, dass ich volkstümliches Verhalten nur spiele? – Bin ich zu subjektiv und kümmere mich nur um meine eigene Selbstverwirklichung? – Investiere ich in meine Beziehungen übersteigert selbstlose Bemühungen? – Wurde meine Zuwendung von den Menschen, denen sie galt, gebührend erwidert? – Ist mit bewusst, dass ich mit meiner totalen Ausrichtung auf einen Partner einen Grund schaffe, um mich dann aus Enttäuschung legitimiert wieder zurückziehen zu können? – Wie reagiere ich auf Gefühle, die in mir aufsteigen? – Wie reagiere ich auf Gefühle und Zuneigung, die mir vom Umfeld entgegengebracht werden? – Will ich als Frau eine „Super-Mutter" sein? – Will ich als Mann meiner Familie demonstrieren, dass ich ständig präsent und ansprechbar bin? – Will ich in Gruppensituationen unbedingt mit dazu gehören? – Ist es mein Bestreben, alles korrekt und zuverlässig zu machen? – Passe ich mich am Arbeitsplatz zu sehr an?

Nehmen Sie nicht zu viele Fragen in die Betrachtungen hinein. Lassen Sie sich Zeit dazu, denn diese Fragen wollen nicht über den Intellekt geklärt werden. Sondern je mehr Sie sich in den Situationen im Spiegel der Selbstbetrachtung erleben und ganz intensiv den empfindungsmäßigen Wahrnehmungen nachspüren, desto eher beginnen sich die Erkenntnisse in Ihrem Inneren zu formieren. Nichts will erzwungen werden, sondern die Botschaften ihres Inneren wollen sich ihnen offenbaren. Je mehr Sie sich in Ihrem uranischen Seelennaturell fühlen und annehmen können, desto besser kommen Sie in Einklang mit Ihrem Inneren.

Meditation zu körperlichen Symptomen

Sind Sie von einer eben beschriebenen uranischen Symptomatik betroffen, dann suchen Sie in Ihrem inneren Spiegel der Selbstbetrachtung jenen

Zeitpunkt vor der Symptommanifestation auf. Bedeutsam sind in diesem Zusammenhang vor allem die errichteten Lebenssituationen: Jene Begebenheiten aus der eigenen Kindheit, aus Beziehung und Partnerschaft oder auch Situationen im Beruf und dem damit verbundenen stimmungsklimatischen Arbeitsumfeld. Fragen Sie sich, ob es dort etwas gab, was Sie unbedingt verwirklichen wollten? Mussten Sie große Mühe aufwenden, um eine bestimmte Situation aufrechtzuerhalten oder sie zu tragen? Versuchen Sie, das sich einstellende Symptom in diesem Kontext zu sehen. Möglicherweise liegt die Entstehungsgeschichte in der Kluft zwischen Ihrer äußerlich zu haltenden Situation und Ihrer inneren seelischen Realität, die nach Freiheit und Unabhängigkeit strebt. Vielleicht gab Ihnen das Symptom auch einen konkreten Anlass, sich von fixierten Vorhaben, Lebenssituationen usw. zu lösen, aus denen Sie sich unbegründet nicht gelöst hätten. Bedeutsam ist es für die Uranus-Mond-Thematik, sich mit dem nach Freiheit und Unangepasstheit strebenden Teil zu identifizieren. Je mehr es Ihnen gelingt, jene Spur im Inneren aufzunehmen, die Sie immer authentischer uranisch fühlen lässt, desto eher gelangen Sie in Einklang mit Ihrer uranischen Thematik. Auf diesem Weg unterstützen Sie einen Heilwerdungsprozess, der sich durch die innere Bearbeitung auch im Konkreten einzustellen vermag. Sie geben auf diese Weise therapeutischen Anwendungen die Chance zu greifen oder leiten durch die intensive innere Bearbeitung einen Selbstheilungsprozess ein.

Weitere Fragen, die Sie sich zu Symptomen stellen können

Lebe ich in einer Beziehung angepasst und verbindlich? – Hege ich manchmal heimliche Ausbruchssehnsüchte und gestatte ich sie mir nicht? – Versuche ich als Frau, zwanghaft meiner Verantwortung als Mutter nachzukommen? – Bin ich mir bewusst, dass es einen Teil in mir gibt, der nicht gerne lebt? – Identifiziere ich mich in meiner Beziehung nur mit der verbindlichen Seite? – Gibt es in meiner Partnerschaft für mich genügend Tage und Freiräume, die ich alleine gestalten kann? – Fühle ich mich mit dem Menschen an meiner Seite symbiotisch verbunden? – Schaffe ich mir als Frau Idealvorstellungen bezüglich der zu erfüllenden Mutterrolle? – Ist mir als Frau die Ablehnung meiner weiblichen Rolle bewusst? – Gibt es eine Diskrepanz zwischen meinen vernunftgeprägten Idealvorstellungen und meiner inneren Stimme? – Achte ich genügend auf meine Intuition? – Bin ich bestrebt, den Anforderungen, die an mich gestellt werden, gerecht zu werden?

Symbol-Imagination bei Symptommanifestationen

Lassen Sie in Ihrem Spiegel eine Situation entstehen, in der Sie durch die Straßen einer Stadt gehen, die Ihnen bekannt ist. Das Außergewöhnliche dabei ist, dass Sie mit der Fähigkeit ausgestattet sind, durch alles hindurch schauen zu können. Wände und Mauern, Menschen und deren Wesen – alles wird sich Ihnen offenbaren. Während Sie sich umblicken, machen Sie die Erfahrung, dass es zu dem äußeren Bild einer gegenwärtigen Situation zusätzlich jeweils deren genaues Gegenteil gibt. Sie sehen durch alles hindurch, können in die Wohnungen der Menschen hineinschauen, in das Leben, das sich dort vollzieht. Das Besondere an Ihrer Schau ist, dass es keine Momentaufnahmen sind, die Sie sehen, sondern Sie sehen einzelne Situationen, die sich verändern und fließend umgestalten. Dabei können Sie nicht trennen, ob Sie die Bilder sehen oder ob Sie den weiteren Verlauf denken. Sie sehen Menschen, die sich freuen, aber gleichzeitig weinen und trauern, Sie sehen Paare, die sich lieben und sich gleichzeitig hassen und prügeln, Sie sehen, wie Menschen geboren werden und gleichzeitig wie sie sterben. Sie sehen Kranke und Siechende und vor Gesundheit strotzende Menschen, die sich im Sonnenlicht bewegen, Sie sehen heldenhafte Menschen, die wie Kinder weinen, Sie sehen zarte Kinder zu emotionslosen, rigorosen Despoten werden. Sie sehen Intellektuelle in vollkommener Verdummung, Sie sehen verbindliche und zuverlässige Menschen sprunghaft und unverbindlich, Sie sehen ehrliche und aufrichtige Wesen als Spitzbuben. Je schneller die Bilder sich wie in einem Vexierspiegel verändern, um so weiter führt sie dieses Wechselspiel, solange bis Sie in der Rückschau in die Bilder Ihres eigenen Lebens gelangen. In gleicher Weise, wie Sie dies schon in Ihrer vorherigen Betrachtung bei anderen gesehen haben, verändern sich Erlebnisse, die in Ihrem Bewusstsein aufsteigen, auch in ihr Gegenteil. Durchwandern Sie dabei für Sie bedeutsame Lebenssituationen, und lassen Sie jeweils die Erlebnisse in der Fantasie sich in ihr Gegenteil verwandeln. Fühlen Sie intensiv, was die Umkehrung in Ihnen hervorruft: Ist es Betroffenheit oder vielleicht ein Gefühl der Befreitheit? Haben Sie dabei keine moralischen Bedenken, diese Umkehrungen dürfen sein. Je intensiver Sie sich in das Gegenteil einer jeden Situation hineinfühlen können, desto besser ist es für Sie.

Das gefühlte Gegenteil einer jeden Situation und die Identifikation mit der anderen Rolle, vermögen Sie zu befreien. Lassen Sie dieses paradoxe Bilderspiel intensiv auf sich wirken. Sie können dies zu jeder Zeit beliebig mit neuen Situationen aus der Gegenwart ergänzen. Nehmen Sie dieses Bewusstsein als Simile in Ihr tägliches Leben hinein.

MOND IM ZEICHEN FISCHE
MOND IM ZWÖLFTEN HAUS

DIE MOND-NEPTUN-THEMATIK

primäre Stimmung:
Mond im Zeichen Fische
Mond in Haus 12
Neptun in Haus 4
Neptun Konjunktion Mond
Neptun Quadrat Mond

latente Erfahrung:
Neptun Opposition Mond
Tierkreiszeichen Fische in Haus 4
Tierkreiszeichen Krebs in Haus 12

Stimmungsbild

Das Urprinzip Neptun, das als herrschendes Prinzip dem Zeichen Fische zugeordnet ist, entspricht einer übergeordneten dynamischen Kraft, die durch die Form hindurch wirkt, um das Wesen einer höheren Wirklichkeit sichtbar werden zu lassen. Die **primäre Stimmung**, die sich aus der Verbindung von Mond und Neptun ergibt, findet ihren Ausdruck über den Mond in den Fischen. Mit dieser Mond-Signatur trägt der Mensch eine Anlage in sich, die ihn prädestiniert, ein Bürger zweier Welten zu sein, der diesseitigen und der metaphysischen. Genauso verhält es sich mit dem Mond im zwölften Haus, dessen Qualität dem Verborgenen, Hintergründigen entspricht. Auch die Stimmungen, die Neptun ins Leben einfließen lässt, wenn er im vierten Haus positioniert ist oder eine Konjunktion oder ein Quadrat zwischen Neptun und Mond besteht, führen in metaphysische Erfahrungen, die in der eigenen Seele gemacht werden wollen. Latente Erfahrungen ergeben sich mit dem Tierkreiszeichen Fische im vierten Haus sowie den Tierkreiszeichen Krebs im zwölften Haus sowie der Opposition zwischen Neptun und Mond. Alle zusammen lassen sich unter der Überschrift einer Mond-Neptun-Thematik vereinen. Mit dem Urprinzip Neptun dringt eine strukturauflösende Energie in die Existenz des Menschen ein, die ihn aus seiner weltlichen Verkapselung löst, um ihn mit einer höheren Fügung in Verbindung zu bringen, von der er aufgrund seiner unerbittlichen Willens- und Triebkräfte abgeschnitten ist. Hinter dem Neptunprinzip verbergen sich die Bereiche des Metaphysischen und des Jenseitigen. Kommt der Mensch mit ihnen in Berührung, so beginnen deren Gesetze für ihn auch auf dem irdischen Plan zu wirken. Dies macht die neptunische Erfahrung genauso unsicher wie die uranische. Beide unterscheiden sich darin, dass der uranische Zustand spannungsgeladen und zerrissen, der neptunische dagegen nebulös, wachsweich und unkonkret ist. In den Fischen verschwinden Polarität und Bindung, die die Grundbestandteile der konkreten Welt sind.

Das primäre Anliegen eines Menschen ist die Eigengestaltung seiner Lebensverläufe. Dadurch ist er abgetrennt von der gestalterischen Weisheit des allumfassenden Geistprinzipes und unterliegt der fatalen Täuschung, dass seine selbst geschaffene Realität ihm ermöglicht genau zu wissen, was zu seinem Wachstum beitragen kann. Neptun löst den Menschen aus seiner Täuschung und lässt ihn in Verbindung kommen mit einer anderen Wirklichkeit, die ihn dem Wesentlichen näher bringt. Dazu lässt er im Leben des Menschen alle willentlich geschaffenen und anvisierten Ziele durchlässig und marode werden, so dass es dem Betroffenen nicht mehr möglich ist, etwas auf direktem Wege anzustreben. Die neptunische Erfahrung wirkt auf den Menschen zutiefst verunsichernd, da Struktur und Sicherheit aufgelöst werden und ihm die Steuerbarkeit seiner Lebensumstände entgleitet. Die Betroffenen nehmen die neptunische Erfahrung als Ich-auflösend wahr. Das Ich mit seinen Willenskräften ist jedoch stets der Verhinderer, der eine Manifestation der höheren Wirklichkeit ausschließt. Die Willenskräfte stellen die eigentliche Täuschung im Leben dar und verstricken den Menschen immer tiefer in seine Illusion, denn niemand besitzt soviel klaren Blick in das eigene Leben, um zu ermessen, was entscheidend zu seinem inneren Wachstum beiträgt. Der Mensch im neptunischen Erfahrungsfeld erlebt, wann immer er willensgesteuert Ziele anvisiert, dass sich Auflöseprozesse einstellen. In seiner weltlichen Steuerung gerät er dadurch in einen Zugzwang. Einerseits gilt es zur Lebenssicherung Ziele anzusteuern, um den Erfordernissen gerecht werden zu können, andererseits entstehen in dem weltlichen Steuerungsbestreben Auflöseprozesse, die das Anvisierte wieder in die Ferne rücken lassen. Dies führt dazu, dass die Betroffenen in eine Außenseiterrolle geraten. Es ist ihnen nicht möglich, in gleicher Weise wie andere Menschen am Rad des Lebens zu drehen. Für die Nativen gibt es zwei Realitäten, wodurch in den verschiedensten Lebensstationen Konflikte entstehen. Ihre Erfahrung führt sie zu einer veränderten Weltsicht und zu der Erkenntnis, dass es notwendig ist, das Seelenheil auf einer anderen Ebene als auf der materiellen zu suchen. Der neptunische Mensch ist dazu aufgerufen, Möglichkeiten zu finden, wie er außerhalb der üblichen weltlichen Gesetzmäßigkeiten zu leben vermag. Das Zeichen Fische ist ein weiblich-wässriges Prinzip, dem alle lösenden und aufweichenden Prozesse zugeordnet werden. Menschen mit einer neptunischen Mond-Konstellation wirken auf ihre Umwelt vorsichtig-distanziert. Für sie gelten andere Gesetze im Umgang mit ihren Mitmenschen, denn sie nehmen nonverbal alle Gefühle, Gedanken und Ablehnungen in einer solchen Intensität wahr, als würden sie ganz persönlich angesprochen. Dies erschwert ihnen zwischenmenschliche Beziehungen, denn sie müssen sich an das Gesetz des gesprochenen Wortes, das in der Welt herrscht, halten und im Kontakt zu anderen so neutral agieren, als wären sie nicht in der Lage, deren Gedanken aufzunehmen. Häufig erfolgen die Außenreize so schnell, dass die Nativen Mühe mit der Verarbeitung haben.

Ähnlich wie Menschen mit der Mond-Uranus-Thematik befinden sich auch die Nativen mit der Mond-Neptun-Thematik in einer Außenseiterrolle. Aufgrund ihres „Anders-Seins" fühlen sie sich im Verbund mit anderen Menschen nicht zugehörig. Der Grund für diese Wahrnehmung ist dabei relativ. Dies kann aus einem Einsamkeitsgefühl des Unverstandes entstehen oder aus einer gesellschaftlichen Randgruppenposition. Weil man aus sozial schwachen Verhältnissen kommt – aber auch in der Umkehrung – weil die Familie oder man selbst einen hohen sozialen Status einnimmt und deshalb vom Umfeld nicht angenommen und integriert ist. Ihnen bringt die Welt nichts als eine ununterbrochene Auseinandersetzung mit einem Umfeld von scheinbar grenzüberschreitender Derbheit. Geboren in eine unheimische Situation haben sie nirgends das Gefühl, geborgen und zu Hause zu sein. Gleich, wo und von wie vielen Menschen umgeben: Sie bleiben einsam, da diese nicht ihre Sprache sprechen. Hinzu kommt, dass ihnen die Fähigkeit zur Abgrenzung fehlt. Negative Äußerungen prägen sich ihrer Psyche so nachhaltig ein, dass sie ihre Betroffenheit kaum verbergen und ihrem Umfeld unbefangen begegnen können. Ebenso empfindlich reagieren sie auf Stimmungen, die von anderen Menschen ausgehen. Gedanken und Gefühle, die sie von anderen empfangen, haben einen mächtigen Einfluss auf sie, mehr als gesprochene Worte. Betreten sie z. B. einen Raum mit Menschen, erspüren sie auf Anhieb die dort herrschende Stimmung, die sie zudem aufnehmen wie ein Schwamm das Wasser. Stoßen sie auf Ablehnung, dann suchen sie möglichst schnell das Weite; sie ertragen kein angespanntes Klima. Eine Fahrt mit der U-Bahn oder ein Fußmarsch durch ein Elendsviertel kann für sie so beeinträchtigend sein, dass sich tiefe Trauer in ihnen breit macht, weil sie den Dramen ihres Umfeldes schutzlos ausgeliefert sind. Jeder kleinste Impuls aus der Außenwelt erreicht sie absolut ungefiltert, Gedanken und Gefühle, positive wie negative. Sind sie wieder allein, brauchen sie oftmals ein bis zwei Tage, um sich innerlich zu regenerieren. Dies beeinträchtigt die Nativen unter dieser Mond-Signatur, so dass das Eintauchen in den Alltag zu einem Kraft zehrenden Erfordernis für sie wird. Dies macht sie zu Außenseitern, denn wenige Menschen können nachvollziehen, weshalb sie der Kontakt mit dem Leben so erschöpft.

Auch im Kontakt mit Nahestehenden haben sie Mühe, den Zugang zu ihren eigenen Bedürfnissen zu finden und sich über diese zu definieren. Denn sie übernehmen von Menschen Bedürfnisse, denen sie sich kurzfristig geöffnet haben, und glauben, es seien eigene. Der Mond stellt die gefühlsmäßige Identifikation dar, diese ist in den Fischen aufgelöst und so haben die Betroffenen Mühe, sich selbst zu finden. Man könnte jetzt leichthin sagen, dass die Eigner einer Mond-Neptun-Thematik sich in allem wiederfinden, nur hört sich das großartiger an, als es sich für die Betroffenen selbst darstellt. Das Lebensgefühl bei einer solchen Konstellation ist geprägt von dem Fluchtinstinkt vor den Härten und Anforderungen der Welt. Die Betroffenen werden mit jedem Außenkontakt aus ihrem Inneren gedrängt. Sie scheuen daher davor zurück und wünschen in vielen Situationen sehnlichst, sich der Welt entziehen zu können. Gerne bleiben sie im Hintergrund und versuchen kein Aufsehen zu erregen. Als Überkompensation ihrer inneren Feinsinnigkeit schützen sie sich vor Verletzungen, indem sie sich von anderen Menschen distanzieren. Sie argumentieren und handeln mit erschreckender Kälte, sind aber gleichzeitig im Höchstmaß zu Gefühlsregungen fähig, die das absolute Gegenteil darstellen. So besteht häufig eine Diskrepanz zwischen dem nach außen dargestellten belastbaren Erscheinungsbild und ihrer tiefen Empfindsamkeit. Fatalerweise führt das zu dem Mechanismus, dass andere sie „beim Wort" nehmen und sie teilweise sehr burschikos behandeln, ohne zu realisieren, dass sie damit den Nativen schmerzlichst in die Seele trampeln.

Die Nativen stehen große Ängste aus, von anderen Menschen nicht geliebt und angenommen zu werden, weil sie sich in ihrer Grundstimmung einsam und verlassen fühlen. Dieser Typus wünscht sich liebevolle Gesten und die Zuneigung anderer Menschen, doch hat er – wie bei vielen neptunischen Themen – schon im Vorfeld große Angst, dass ihm das Gewünschte versagt bleibt. Er begegnet den anderen daher mit einer so angespannten Erwartung, dass er geringfügige Anzeichen mangelnder Zuneigung sofort mit harten und den anderen unverständlichen Abfuhren erwidert. Um nicht ständig enttäuscht zu werden, zieht er sich immer stärker in sich selbst zurück. Phasen von Alleinsein durchziehen sein Leben, in denen er entwurzelt durch das Dasein treibt.

Anstatt sich der realen Welt zu stellen, igelt er sich in Traum- und Fantasiewelten ohne Ecken und Kanten ein. Ähnlich wie der Mensch mit der Mond-Jupiter-Thematik vermisst auch der Eigner von Mond-Neptun einen verlorenen, nicht benennbaren paradiesischen Zustand, der mit dem realen Weltempfinden nichts gemein hat. Für ihn ist es sehr schwierig, im Alltag zu funktionieren. Immer wieder droht er, an den Anforderungen, die die Welt ihm beschert, zu scheitern und in ein ungeordnetes Chaos abzustürzen. Es gelingt ihm kaum, die Probleme des Lebens in den Griff zu bekommen. Oft sind es kleine belanglose Dinge, die an ihm zehren. Der Postbote hat beispielsweise ein Päckchen bei den Nachbarn abgegeben, dass er dort abholen muss, und es kostet ihn Stunden der Überwindung, bis er endlich hinübergeht, um es abzuholen. Dabei gibt es keinen kausalen Grund, warum es die Nativen solche Überwindung kostet, bis sie in Aktion treten. Oder ein Anruf, der getätigt werden muss, nimmt sie mental in Anspruch. Es ist vergleichbar mit Menschen, die in der Öffentlichkeit arbeiten und vor ihren Auftritten stets Lampenfieber haben. Bei den Nativen besteht eine Art Lampenfieber vor dem Leben, so dass es sie jedes Mal Überwindung kostet, in die Welt oder in den Kontakt zu gehen. So ist das tägliche Hineingehen in die Welt, bildhaft gesprochen, als würden sie täglich neugeboren werden und müssten sich in dem neu zu betretenden Lebensraum erst einmal zurechtfinden. In vielen Fällen legen die Betroffenen sich mit erheblichem Kraftaufwand ein Schutzverhalten zu, damit ihre innere Entrücktheit nicht zum Vorschein kommt. Nicht selten treiben sie sich damit selbst in den energetischen Bankrott. Exzessive Tagträume, Alkohol oder Drogen schaffen ihnen Fluchträume, in die die Realität durch einen Weichzeichner abgemildert hinein scheint. Sie trinken sich Mut an oder greifen in ihrer Verzweiflung zu aktivierenden Tabletten oder Drogen, da sie glauben, sie könnten der Welt derart gewappnet entgegentreten. Doch ist diese scheinbare Überlebensstrategie auf lange Sicht zum Scheitern verurteilt. Viele Eigner unter dieser Mond-Signatur ergreifen intuitiv richtig ein berufliches Einlösungsfeld und stellen sich umgekehrt der hilflosen bedürftigen Seite der Welt, indem sie soziale und helfende Berufe erwählen, um sich über den Umweg der Außenwelt stellvertretend ihrem eigenen inneren Elend anzunähern. So sind sie phasenweise von ihrer eigenen Not befreit, da sie offen dem Leid der Welt in die Augen schauen, mit dem sie sich aus Angst nicht konfrontieren, denn in ihnen waltet eine tief sitzende Angst, den Boden unter den Füßen zu verlieren.

Selbst bestens begüterte Native tragen ihr Leben lang die Angst in sich, irgendwann einmal „unter der Brücke" oder „auf der Straße" zu enden. Hier ist es bedeutsam zu verstehen, dass die Berührbarkeit und ihre Durchlässigkeit, gepaart mit der Fähigkeit, andere Menschen mit ihren verborgenen inneren Bedürfnissen zu verstehen, sie auszeichnet für eine berufliche Verwirklichung in sozialen, therapeutischen oder heilenden Berufen. Wo immer der Mensch mit seiner seelischen Bedürftigkeit im Vordergrund steht, sind sie in einem zu ihnen passenden Wirkungsfeld. Wenn sie sich anderen Menschen in ihrer Bedürftigkeit und seelischen Not, gleich, in welchem Bereich und auf welchem Niveau, zuwenden, erfahren auch sie in ihrem Leben eine getragene Sicherheit. In der anderen Variante ihrer Verhaltensstruktur suchen sie ausgesprochen kompensatorisch konkrete Betätigungsfelder, um nicht den Boden unter den Füßen zu verlieren. Allerdings nimmt in diesem Fall wieder die Neigung zu, mit Drogen dem Alltag zu entfliehen. Doch sind sie auf die Dauer mit einem Betätigungsfeld, in dem Konkurrenz, Revierkampf, Intrige und Mobbing zum normalen Tagesgeschehen gehören, seelisch überfordert. Sie spüren die hintergründigen Intentionen ihrer „freundlichen" Mitmenschen, die durch positivistische Kommunikationstrainings zu lächelnden Pitbulls mutiert sind. Auf die Dauer zerbrechen die Nativen an solchen Kontakten, weil sie deren instinkthafte verborgene Intentionen wahrnehmen. Aus einem Verlassenheitsgefühl heraus versuchen die Nativen, Emotionen und Betroffenheiten durch Distanzierung zu vermeiden. Sie schaffen sich ein Sicherheitsraster, das Enttäuschungen verhindern soll: Sie lassen die Annäherung anderer Menschen erst gar nicht zu. Sie ignorieren selbst deren intensivste Gefühle und lassen die Realität an ihrer Sehnsucht, das Übernatürliche zu erfahren, abprallen. So kommt es, dass ihre Grundstimmung nicht selten die einer abgeklärten Resignation ist, häufig verbunden mit intensivem Konsum von Alkohol oder Drogen oder auch mit der Flucht in religiöse Themen. Oft hilft ihnen der Kontakt mit Themen der Sinnsuche, weil sie sich damit an ein Feld annähern, welches ihnen das Tor zum Metaphysischen zu öffnen vermag, womit sie sich in die Bereiche hineinbegeben würden, die ihnen zum seelischen Heil werden können – vorausgesetzt, es handelt sich nicht um eine weitere Form der Weltflucht. Da sie ihre eigenen Bedürfnisse kaum kennen, ist es für sie schwierig, ihre Lebensrichtung zu finden. Durch ihr unbegrenztes Empfinden identifizieren sie sich mit den Ideen und Leitbildern anderer Menschen so sehr, dass sie glauben, es seien ihre eigenen. Im Augenblick der Identifikation empfinden sie sich ganz eins mit dem Angenommenen, so sehr, dass sie nicht unterscheiden können, ob die übernommenen Intentionen ihre eigenen sind. Um dieser Thematik auf den Grund zu gehen, ist es bedeutsam, sich mit sich selbst auseinander zu setzen, was bei ihrer Veranlagung ein gern unterlassenes Unterfangen ist. Je weniger sie jedoch Zugang zu ihren inneren Zusammenhängen besitzen, desto mehr leiden sie unter einer zunehmenden Unsicherheit. Deshalb ist es bedeutsam für die Nativen, sich intensiv mit metaphysischen Themen zu beschäftigen. Nicht allein das Aneignen von Wissen über den Zusammenhang von Kosmos, Natur und Mensch reicht aus, sondern auch die Erfahrung, die aus der Praxis von Meditation und Initiation erwächst und sie innerlich bereichert, ist von Bedeutung. Hier sei noch einmal nachdrücklich betont, dass es nicht um eine Weltflucht geht, die sie noch weiter entrückt, sondern um einen ausgleichenden Pol, der als Balsam auf ihrer seelischen Wunde zu wirken beginnt, wenn sie sich parallel dazu intensiv den äußeren Anforderungen stellen.

Kindheitsmythos

Die Nativen machen bereits sehr früh die Erfahrung von Ungeborgenheit. Die Geburt trägt oft das Signum, dass sie nicht in die Welt hinein wollen, so dass sie mittels Kaiserschnitt oder in früheren Zeiten als Zangengeburt in die Welt hineingeholt werden müssen, da die innere Natur des Neugeborenen nicht sonderlich an dem Kontakt mit der Welt interessiert ist. Auch nach dem Geburtsprozess fehlt es den Säuglingen an seelischer Wärme. Vielleicht weil sie zu schwach sind und noch einmal eine Zeit im Brutkasten verbringen müssen. Möglicherweise hat die Mutter unter der Geburt extrem an Kraft verloren, so dass sie zu schwach ist, sich ganz dem Kind zu widmen. In irgendeiner Form kommt es jedenfalls zu einer Erfahrung, die subjektiv von den Nativen als kalt und wenig anheimelnd empfunden wird und die symbolisch die Ungeborgenheitserfahrung im Leben repräsentiert. Die Mutter als Mondrepräsentantin wird mittels der Neptunverbindung für das Kind zu einer nicht erreichbaren hintergründigen Instanz. Möglicherweise weiß sie selbst nicht, wie sie sich im Leben behaupten soll, und besitzt keine Lebensperspektive oder ist schwach und gesundheitlich angeschlagen. So erfährt das Kind durch die Nichtpräsenz der Mutter, dass das Thema Geborgenheit und emotionale Getragenheit für es nicht existiert. Auch wenn es von den Nativen leidhaft empfunden wurde, verbirgt sich hinter dieser Erfahrung ein bedeutsamer Punkt, denn die Nativen sind dazu berufen, die Geborgenheit in sich selbst herzustellen. Fehlen die Instanzen oder dazugehörige Situationen im Leben, ist dies ein Zeichen, dass durch den Entsubjektivierungsprozess eine Geborgenheit im eigenen Inneren oder in geistigen Welten hergestellt werden will. Ein Thema, das sich auch in vielen Bereichen des späteren Lebens fortsetzen wird, denn es geht für die Nativen darum, sich anderen Menschen zuzuwenden, um für sie zu einer umsorgenden Trägerinstanz zu werden. Ist jedoch das Bedürfnis fordernd darauf eingestellt, Geborgenheit und Zuwendung zu erhalten, machen die Nativen stets die Erfahrung, dass sich ihre Sehnsüchte nicht auf direktem Wege realisieren lassen. In einer anderen Variante des Kindheitsmythos kann es auch sein, dass die gesamte Familiensituation zu einer Verunsicherung beiträgt. Möglicherweise befindet sich die Familie zur Zeit der Geburt in einer Ausnahmesituation, die es nicht zulässt, Wurzeln zu schlagen, aus denen Wertigkeitsdefinitionen entstehen können. Die Unsicherheit kann auch durch den Umzug in ein anderes Land entstehen, in dem man keine Akzeptanz erfährt und als Außenseiterfamilie getrennt vom Umfeld lebt. Oder der Vater ist arbeitslos, wodurch sich Spannung und Resignation in der Familie breit machen. Doch muss sich der Kindheitsmythos nicht zwingend in einer sozialen Brennpunktsituation abspielen. Es kann auch sein, dass die Familie sich in einer Außenseiterposition befindet, weil sie hoch begütert ist, gleichzeitig jedoch Distanz und Abgeschiedenheit vor dem sozialen Neid des Umfeldes bestehen. Man lebt sein eigenes Leben und meidet den Kontakt zum Umfeld, um keine Konflikte und Übergriffe erleiden zu müssen. Sehr häufig verbringen Native auch ihre Jugend in einem Internat oder als Waise in einem Heim. Dort müssen sie sich an eine Gemeinschaft anpassen und erleben sehr oft die innere Vereinsamung, da sie sich ihrem Umfeld nicht zu öffnen vermögen.

Eine andere Variante wäre eine Alkohol- oder Drogenproblematik der Eltern, die dem Kind die eigene Nichtakzeptanz des weltlichen Geschehens widerspiegelt. Denn jeder Mensch findet in den Eltern jene Repräsentanten des eigenen inneren Dramas verborgen, die symbolisch im Zerrspiegel des Erlebens seinen weiblichen und männlichen Anteil verkörpern. Auch in einer Krankheitssituation der Eltern kann jener bedürftige Teil sichtbar werden, der in der Lebensbewältigung zur Unsicherheit führt. Was immer kausal verunsichernd wirkt, ist stets nur die Trägerinstanz für die Botschaft des Unbewussten und damit verursachendes Werkzeug, um die innere Realität der Labilität deutlich werden zu lassen, die unter dieser Mond-Signatur besteht.

Die mangelnde Beziehung zu einer Person, die ihnen Geborgenheit geben könnte, setzt sich im späteren Leben fort. Häufig wird das Kind von der Mutter, die es als störend oder belastend empfindet, vernachlässigt, es bekommt weder überschwängliche Liebe noch Körpernähe. So zieht sich das Kind in seine Fantasiewelten zurück, in denen es seine eigene Realität kreiert. Es baut sich Unterschlüpfe, in denen es sich verstecken kann, oder zieht sich an entlegene Orte zurück, wo es mit imaginären Wesen zu kommunizieren beginnt. Im Verbund mit anderen Kindern ist es sehr verletzlich und wird deswegen von ihnen verlacht. Es hat keinen Sinn für die Ausgelassenheiten der anderen Kinder, die ihre Revierkonflikte untereinander ausfechten. Viel zu sehr nimmt es sich die ungebremsten archaischen Verhaltensstrukturen der Altersgenossen zu Herzen, so sehr, dass es sich noch nach fünfzig Jahren, im Erwachsenenalter, vor dem hütet, der es im Sandkasten einst verletzend behandelte.

Viele Kinder mit dieser Mond-Thematik wachsen als Schlüsselkinder auf, die Mutter ist berufstätig und hat nicht genügend Zeit, sich um sie zu kümmern. Abends ist sie so übermüdet, dass sie nicht mehr die Kraft aufbringt, dem Kind ihre Zuwendung zu geben. Sie reagiert gereizt darauf, dass sie dem Kind abends auch noch Essen zubereiten muss. Der Fernseher übernimmt die Rolle des Dialogpartners und unterstützt im Konkreten die Flucht in eine imaginäre Traumwelt.

In irgendeiner Form ist die Mutter nicht präsent, was dazu führt, dass es im späteren Leben die Mutter ablehnt oder sie deshalb zu einer heiligen Figur hochstilisiert und um deren Zuwendung bemüht ist. So wie im christlichen Gefüge die Mutter Maria den Menschen nicht in den Arm zu nehmen vermag, sie aber trotzdem zu einer Instanz wird, mit der der Mensch in einem innerseelischen Dialog steht. Da es dem Kind nur unter Schwierigkeiten möglich ist, sich über sein Umfeld zu definieren, wird es sehr empfindlich und unsicher. Es erwartet von anderen Menschen keine Unterstützung. Zugleich wünscht es sich sehnlichst Anerkennung, die ihm die nötige Energie geben könnte, um das Leben zu meistern.

Eine weitere Variante des Kindheitsmythos kann sich in geregelten Verhältnissen wie folgt vollziehen: Das Kind entwickelt zu einem Elternteil eine besondere Zuneigung. Es fühlt sich intensiv zu dem Vater oder der Mutter hingezogen, weil aber die elterliche Beziehung einen festen Rahmen darstellt, empfindet sich das Kind als Eindringling und drittes Rad am Wagen. Die Eltern lieben zwar das Kind, pflegen aber untereinander eine intensive Beziehung, so dass es scheint, als wäre das Kind nur ein kleines Nebenprodukt ihrer Beziehung. Sehnsüchtig trauert es der Liebe des einen Elternteils nach, weil ihm diese nicht alleine gehört. Besonders verletzend sind für das Kind Erfahrungen, in denen es spürt, dass es stört; diese prägen sich sofort innerlich ein und führen zu einem betroffenen Rückzug. Ein Mythos, der sich auch im weiteren Leben in Partnerschaftssituationen fortsetzt, denn die Erfahrung der scheinbaren Zurückweisung wird in späteren Situationen die alte Wunde wieder aufbrechen lassen, so dass die Nativen sich lieber zurückziehen als noch einmal erneut ähnliche Verletzungen zu erfahren.

Partnerschaftsmythos

Auf einer Beziehungsebene wird gleichfalls das Ringen um Struktur und Lösung in den Vordergrund gerückt. Zum einen liegt bei den Nativen eine große Sehnsucht vor, sich in einen festen partnerschaftlichen Rahmen einzufügen, der ihnen Struktur verleiht, um die alte Familienwunde zu heilen, zum anderen führt das Bedürfnis nach Struktur sie wieder in Auflöseprozesse hinein. Denn ist der Beziehungsrahmen hergestellt, fühlen sie sich konturlos und treten einen inneren Rückzug an, um sich vor der Dichte in die emotionale Distanz zu retten. Für sie ist es schwierig, einen Menschen dauerhaft um sich zu haben. Dies hat nichts mit ihren Gefühlen zu tun, sondern resultiert aus einem energetischen Problem, weil sie sich nicht abgrenzen können. Die Neigung zum Alkoholkonsum lässt die Nähe durch den

Nebel des Rausches wieder erträglich werden. Auch kann es innerhalb der Beziehung zur Verschiebung der eigenen Problematik kommen, wie es bereits im Kindheitsmythos erfahren wurde. Der Partner übernimmt dann jenen auflösenden Teil, der im Geburtsmuster der Nativen angelegt ist, indem sich seine Lebensstruktur aufzulösen beginnt. Das kann über berufliche, gesundheitliche oder psychische Probleme geschehen. Bei den Menschen unter der Mond-Neptun-Verbindung führt das zur Ablehnung, die aus einer tief verborgenen Angst geboren wird, da sie durch die Partner an den eigenen Themenbereich herangeführt werden, den sie unbewusst über die Partnerschaft kompensieren wollten. Wichtig ist für die Betroffenen unter Mond-Neptun, sich über die eigene Thematik bewusst zu sein, so dass die Verantwortung für das Geschehen bei einem selbst gesucht wird.

Das Ringen zwischen der festen Partnerschaft und der Distanz spielt unter der Mond-Neptun-Verbindung eine ähnlich große Rolle wie unter der Mond-Uranus-Verbindung. Die uranische Verbindung besitzt mehr Sprengkraft, mit der sich die Nativen vehement befreien oder distanzierende Handlungen ausführen, wohingegen die neptunische Mondverbindung in eine innere Auflösung führt, der ein stiller Rückzug folgt. Die Nativen brauchen deshalb in ihren Beziehungen Rückzugsmöglichkeiten, damit sie präsent sein können. Wenn die konkreten und rationalen Erfordernisse in der Beziehung die Oberhand gewinnen, dann kommt es bei den Betroffenen zu dem spezifischen inneren Abtauchen, wobei deutlich wird, dass sie den Präsenzerfordernissen nichts entgegenzusetzen haben. Sehr häufig entziehen sie sich über Krankheit, sowohl über kurzfristige, mit denen sie akuten Belastungen ausweichen, als auch über längerfristige, chronische, auf die sie sich, falls erforderlich, berufen können und die sie ansonsten über einen längeren Zeitraum in den Hintergrund treten lassen. Dies geschieht nicht aus einer Strategie heraus, sondern die leichteren Manifestationen sind als psychosomatische Störung zu verstehen, die sich sofort wieder löst, wenn das verursachende Problem aus der Welt geschafft wird. Unter der neptunischen Mond-Thematik findet man eine allgemeine Empfindlichkeit und somit die latente Anlage zur Hypochondrie. Mit ihren Krankheiten binden die Nativen den Partner, verschaffen sich aber gleichzeitig eine Legitimation, ihn auf Distanz zu halten.

Für das tiefere Verständnis ist es bedeutsam zu wissen, dass das Rückzugsbedürfnis nicht aus einem Mangel an Liebe resultiert – nein, die Gefühle sind bei den Nativen sehr tief und intensiv, vielmehr ist es für sie ein energetisches Problem. Sie verlieren durch den Partner ihre Energie, weil sie so durchlässig sind. Generell sind sie für ihr Umfeld eine Art energetischer Selbstbedienungsladen. Sie werden für Menschen, mit denen sie zusammen sind, zu einer Frischzellenkur. Fatalerweise beginnen die so Gespeisten, mit der geraubten

Kraft die neptunischen Nativen zu dominieren. Sie schmelzen zu einem blut-leeren Elend dahin und werden immer willenloser. An diesem untersten ener-getischen Punkt setzt oft der Drang zum Alkohol- und Drogenkonsum ein, oder es entsteht ein Symptom, das es ermöglicht, sich vom Umfeld zu sepa-rieren. Dies kann auch durch die legitime Flucht in die Arbeit geschehen. Der Mann, der am Wochenende unbedingt ins Büro muss, sitzt dann seelig am Schreibtisch, um endlich einmal alleine zu sein, aber gleichzeitig leidet er auch darunter, dass er aus Selbstschutz alleine sein muss. Hausfrauen suchen bei-spielsweise ihren Fluchtpunkt in der Hausarbeit – kaum ist am Wochenende das Essen verspeist und die Familie hätte Zeit für Gemeinsamkeit, tauchen sie für Stunden in der Küche, im Bügelzimmer oder im Keller unter und keiner weiß, womit sie dort ihre Zeit verbringen.

Ohne es selbst zu realisieren, bleiben ihre Beziehungen zu ihren Partnern distanziert. Sie leben zwar mit dem Menschen, der sie liebt, zusammen, sind aber auf ihre Weise tranceartig entrückt. Aus der Angst vor dem Alleinsein halten sie an ihren Beziehungen fest und ordnen sich in die Gemeinschaft ein. Im Stillen hegen sie eine Aggression gegen die Partner, weil sie von ihnen abhängig sind, da sie sich fürchten, alleine der Welt nichts entgegenzusetzen zu haben. Selbst wenn sie in einer festen Bindung leben, gibt es stets einen heimlichen Idealpartner, dem sie sich gedanklich verbunden fühlen, um ihren Sehnsuchtsanteil entsprechenden Raum zu geben. Über den Sehnsuchtsaspekt, der unter der neptunischen Mond-Thematik sehr ausge-prägt ist, verschaffen sich die Nativen genügend Raum, um nicht konkret werden zu müssen: Sie verlieben sich in Partner, die räumlich weit von ihnen entfernt oder schon in einer Beziehung gebunden sind. Die widrigen Umstände erlauben es ihnen, in sehnsüchtigem Schmachten nach dem geliebten Menschen zu verweilen. Unbewusst haben sie sich eine Situation geschaffen, aus der heraus kaum Ansprüche an sie gestellt werden. Deshalb lösen sie sich immer dann von ihrem Traumpartner, wenn dieser für sie ver-bindlich wird, selbst wenn sie zuvor jahrelang darum gerungen haben, end-lich zueinander zu kommen. Ihre Gefühle für den anderen gelten einer Traumgestalt, nicht so sehr dem realen Menschen. Im Grunde verlieben sie sich in das archetypische Bild, für welches das andere Individuum nur der Träger ist. Man könnte auch sagen, dass die Nativen unter dieser Mondkonstellation alle Männer in einem Mann und alle Frauen in einer Frau sehen. Deswegen bereitet es ihnen keine Schwierigkeiten, binnen Sekunden dort zu Hause zu sein, wo sie eben noch fremd waren, vorausge-setzt, sie fühlen echte Sympathie oder die Liebe des anderen.

Sexualität und Körperlichkeit ist unter dieser Signatur ein Bereich, der oftmals schwer zu realisieren ist. Dabei spielt die innere Gemütslage der Nativen eine dominierende Rolle. Fühlen sie sich minderwertig, schwindet ihr sexuelles Verlangen. Auch wenn sie mit existenziellem Druck und Problemen zu kämpfen haben, kann es sein, dass sie die Sexualität fast vollkommen vergessen. Leben sie mit einem Partner, der sie zusätzlich mit sexuellen Bedürfnissen bedrängt, fühlen sie sich beklommen und gehen auf emotionale Distanz. Da die Sexualität das Bindeglied zur materiellen Welt ist, erhält ihr unbewusster Drang, sich nicht mehr an diese zu binden, mit ihrer Abneigung gegen Körperlichkeit seinen Ausdruck. So wie sie zum eigenen Körper kaum Kontakt haben und deshalb auch mit ihm Raubbau treiben, siedeln sie das Thema der körperlichen Sinnlichkeit mehr im Reich der Fantasie an, damit sie der harten Realität entkommen können. Eine Ausnahme besteht darin, wenn die Nativen die Sexualität als Fluchtvehikel benutzen, mit dem sie sich der Welt zu entziehen versuchen, um im orgiastischen Rausch jene Sehnsucht zu befriedigen, die nach einer Verschmelzungserfahrung schreit. So mag in diesem Fall auch die Sexualität zur Sucht zu werden, an die der Mensch gebunden ist, um sich das Leben erträglicher zu gestalten.

Die Mond-Neptun-Verbindung im Geburtsmuster der Frau

Die Frau unter dieser Mond-Thematik neigt dazu, ihre Partner zu idealisieren. Mit der Zeit leiden sie unter dem Verlust des Zaubers, der nicht bis ins Endlose ausdehnbar ist, denn nach einer gewissen Zeit wirkt die graue Mühle des Alltags zermürbend auf sie ein. Vor allem Arbeiten im Haushalt (Mondprinzip) führen zur großen Erschöpfung mit den beschriebenen Auflösetendenzen (Neptun). Dem neptunischen Menschen fällt es generell schwer, Ordnung zu halten, so dass das Spülen, Aufräumen und Reinigen des Haushaltes zu einem Erschwernis wird, als wären sie zur Zwangsarbeit in einem Steinbruch verurteilt. Arbeiten, die andere innerhalb rascher Zeit vollbringen würden, verschleppen sie über den ganzen Tag. Auf einer verborgenen Ebene in ihrem Inneren erwächst Wut, die sich gegen den Partner richtet, weil er von ihrem Stimmungsbild her Mitverursacher ihres Dramas ist. Dem Menschen mit dieser Mondkonstellation ist jedoch der Zugang zur Wut versperrt, was sich in Symptomen wie Magenschleimhautentzündung, Kopfschmerzen oder Allergien ausdrücken kann. Das kann dazu beitragen, dass sie sich in ihren jeweiligen Lebens- und Partnerschaftssituationen nach einer ideelleren Form des Lebens sehnen. Dies gleicht aber mehr einem stillen Schmachten, das nach außen hin keine Offenbarung erfährt. Zu sehr ist sie in den Intentionen des Partners gefangen und lebt, ohne es zu merken, das Leben des Partners, weil ihr der Zugang zu den eigenen Intentionen versperrt ist. Das kann dazu führen, dass sie den Kinderwunsch ihres Partners als den eigenen empfindet, und je intensiver der Wunsch des Partners nach Kindern ist, desto mehr verstärkt sich dieser auch in ihrem Inneren. Kommt es zur Mutterschaft, kann sich diese sehr schnell in eine Überlastungssituation verwandeln. Ihre Durchlässigkeit, aus welcher der energetische Verlust herrührt, bewirkt, dass ihr die Forderungen des Kindes gerade in der frühen Phase der Mutterschaft über den Kopf wachsen. Mit dem Stillen saugt das Kind nicht nur die Nahrung in sich auf, sondern kontinuierlich auch die Kraft der Mutter. Neugeborene können in dieser Zeit eine erhebliche Dominanz entwickeln. Sie spüren, dass die Mutter sich innerlich zu entziehen versucht, und entwickeln mehr und mehr Zuwendungsansprüche, die die Mutter an den Rand der Erschöpfung bringen. Unter dieser Mond-Konstellation (ähnlich der Mond-Uranus-Thematik) ist es für die Frau bedeutsam, dass sie Entlastung erfährt. Vor allem sollte sie sich nicht unter Druck setzen, dies ist ihrem Energiepegel nicht zuträglich, da ihr schier alles über den Kopf zu wachsen droht. Partner von Frauen mit einer Mond-Neptun-Thematik sollten sie unbedingt entlasten. Verheerend wird es für die Frau, wenn die Leistungsmesslatte des Partners angelegt wird: „Ich weiß gar nicht, was du hast, das bisschen Arbeit habe ich in einer Stunde erledigt!" Solche Dialoge verstärken das Drama der Frau, denn je sensibler sie ist und je passiver ihr gesamtes Geburtsmuster ist, desto wahrscheinlicher wird sie in eine stille Depression fallen. Einerseits fühlt sie sich unfähig, in einer vergleichenden Leistungssituation, denn es werden ihr die Erklärungsmodelle fehlen, warum die Situation an ihr zehrt, andererseits wird sie, um niemanden zu verletzen, nach außen den Anschein erwecken, dass alles in Ordnung ist. Wie auch in anderen Lebenssituationen wird sie sich als belastbar darstellen, und es entsteht ein Missverhältnis zwischen dem Bild der Stärke und plötzlich auftretenden, fast hysterischen Zusammenbrüchen, die vollkommen konträr zum dargestellten Bild sind.

An solchen Stellen kann eine gefährliche Wende entstehen, in der die Verzweifelung so groß ist, dass psychosomatische Störungen auftreten, die ihr einen Rückzug legitimieren. Möglicherweise wird sie sich trotz ihrer Sehnsucht nach Zärtlichkeit in nahen Momenten dem Partner entziehen. Ohne dass kausale Verletzungen vorliegen, kann sich in einer unerkannten Situation ihres Dramas die Liebe langsam auflösen und sie entfernt sich von ihrem Partner wie ein Boot, dessen Vertäuung sich gelöst hat und das langsam auf das Meer hinauszutreiben beginnt. Dies muss aber nicht sein, wenn man seine eigenen Grenzen kennt und sich überwindet, diese zu formulieren, ohne dabei ein schlechtes Gewissen zu haben. Meist sind die Reaktionen anders, als die Betroffenen mit dieser Mond-Thematik fürchten, und es braucht nicht zu den erstaunten Ausrufen des Partners zu kommen, wenn die Beziehung längst in einem Scherbenhaufen vor ihnen liegt: „Warum hast du denn nie ein Wort gesagt?!" Ganz wichtig ist es für die Frau, sich zu vergegenwärtigen, dass der Partner meist nicht das gleiche Gefühlssensorium besitzt wie sie. Sie hofft darauf, dass der andere sie in ihrem Drama erfasst, so wie sie andere Menschen in ihrem Drama erfassen kann. Denn meist sind die Partner von Nativen mit Mond-Neptun entweder Dynamiker, die nur auf „senden" eingestellt sind und deshalb von außen nichts empfangen, oder sie sind geschlossene Systeme, an die nichts herandringt. Deshalb braucht es die Aussprache, auch wenn es dem neptunischen Menschen schwer fällt. Eine extreme Begebenheit mit einer jungen Frau zeigt in der Übersteigerung das Drama, das bei vielen sich im Kleinen abspielt.

Die Frau war Mutter geworden und mit der Situation so überfordert, dass die Beziehung zerbrach und ihr Partner sich von ihr trennte. Sie zog mit dem Kind zur dynamischen Mutter, zu der sie ein liebevolles Verhältnis hatte. Die junge Frau litt darunter, dass die Mutter sich in ihre Erziehungsformen einmischte, sie aber selbst zu schwach war, sich gegen sie zu erheben, um aktiv die eigene Mutterrolle zu übernehmen. Das Drama steigerte sich zu einer derartigen Verzweifelung, dass sie sich danach sehnte, aus dem Leben zu scheiden. Sie liebte das Kind und die Mutter so sehr, dass sie beide nicht mit einem Suizid verletzen wollte, sie beschaffte sich Gift, das sie über einen Zeitraum von anderthalb Jahren in kontinuierlichen kleinen Mengen zu nehmen begann. Sie wurde immer hinfälliger, die Familie und die Ärzte standen vor einem Rätsel, da keine organischen Ursachen gefunden wurden. Eine starke Dosis, die sie ins Koma und in die Nähe des Todes führte, weckte die Aufmerksamkeit eines Arztes, der daraufhin in eingehenden Blutuntersuchungen den Befund der kontinuierlichen Selbstvergiftung diagnostizierte. Sie wurde errettet, war jedoch gesundheitlich schwer angeschlagen und gezeichnet. Von da ab begann sie intensiv an ihrem inneren neptunischen Drama zu arbeiten. In dieser Begebenheit wird die stille Verzweifelung deutlich, die sich im verdrängten Umgang mit den eigenen Grenzen einstellt. Sicher ist das eine sehr extreme Variante der Mond-Neptun-Thematik, aber es wird deutlich, wie im Kleinen bei vielen Frauen unter dieser Konstellation die Selbstvergiftung durch den eigenen Organismus (die Entgiftungsorgane reduzieren ihre Funktion) oder die Flucht in Krankheit und Drogen stattfinden kann.

Dies soll nicht heißen, dass die Frau unter dieser Mond-Verbindung nicht für die Mutterschaft prädestiniert ist, sondern dass es für sie bedeutsam ist, einige für sie lebenswichtige Fakten zu berücksichtigen: Nämlich Klarheit über sich selbst sowie Aussprache und Offenbarung ihrer inneren

Befindlichkeit. Darüber hinaus sollte sie sich in der Beziehung, ähnlich wie in den beruflichen Themen beschrieben, klare Freiräume schaffen und, wenn es finanziell möglich ist, Haushalts- oder Putzhilfen beschäftigen sowie Entlastungen in der Kinderbetreuung organisieren. Sind diese Vorraussetzungen geschaffen und sie macht sich keinen Druck, indem sie sich mit anderen Frauen vergleicht, dann sind die Verhältnisse so, dass sie ihre Familiensituation leben kann.

Die Mond-Neptun-Verbindung im Geburtsmuster des Mannes

Der Mann unter dieser Mond-Thematik erlebt das Drama der Sehnsucht in einem stärkeren Maße als die Frau. Denn mit Mond-Neptun ist das weibliche Element in einer sich entziehenden Position. Das bedeutet, dass er eine ähnliche Konkurrenzerfahrung machen wird, wie er sie in der Kindheit erlebt hat: Der Mensch, dem seine Liebe gehört, ist entweder vergeben oder es kommt in seinen Partnerschaften zu verletzenden Erfahrungen. Die Partnerin verliebt sich in einen anderen und er kommt sich wie das dritte Rad am Wagen vor. Damit gerät er in eine schwer zu verarbeitende Situation, denn der Selbstwert ist bei Nativen nicht besonders hoch, wodurch sich der Zweifel am eigenen Wert auch durch den Vergleich mit anderen Männern verstärkt. Beim Mann liegt in der Konkurrenzunterlegenheit (besonders in der Sexualität) die Siegfriedstelle, an der er am verletzlichsten ist. Es kann sein, dass dies zu einem Grund wird, der in eine Beziehung mit einem Mann führt. Hier ist es dann weniger die Neigung, sondern vielmehr das Bedürfnis, das Thema der Konkurrenzunterlegenheit ausschalten zu wollen.

Gerne kompensieren Männer ihren Zweifel und ihr vermeintliche Schwäche durch Unnachgiebigkeit und Arroganz und neigen zu höchst neurotischem Verhalten. Sie sehnen sich ebenso wie der Mann mit der Mond-Uranus-Thematik nach Liebe und Geborgenheit, doch je stärker ihr Drang und vor allem ihre Handlungsweise das Ersehnte anvisiert, desto kälter und einsamer wird es in ihrem Leben. Denn die neptunische Kraft wirkt stets auflösend auf Willensintentionen. Wenn der Wille lautet: „Ich will Geborgenheit, ich will eine Beziehung, ich will mein Verlassenheitsgefühl überwinden, wird dieser Drang durch Neptun in eine Warteschleife geführt. Der Mann mit einer solch empfindsamen Mond-Thematik ist aufgefordert, seinen männlichen Auftrag neu zu definieren. Für ihn ist es bedeutsam, sich den Druck zu nehmen, dass alle Verantwortung, als alleiniger Ernährer in einer Partnerschaft oder einer Familiensituation zu fungieren, auf ihm lastet. Meist ist er schon mit der Verarbeitung der täglichen Eindrücke so überlastet, dass nicht mehr viel Zeit für Menschen um ihn herum bleibt. Dies macht ihn im Vergleich zu anderen Männern nicht unterlegen oder schlechter, sondern es ist bedeutsam, seine Rolle ihm entsprechend zu definieren. Er gehört nicht zu den Rambos, die ihre Kämpfe auf den beruflichen Feldern, in Sportstudios, auf dem Fußballplatz, der Autobahn oder im Balzgehabe ausfechten, obwohl seine Sehnsüchte sehr groß sind, sich in solchen Männlichkeitsbildern wiederzufinden. Doch er begibt sich auf ein sehr dünnes Eis, wenn er sein Image nach solchen Bildern zu gestalten beginnt, und die Gefahr, dass er mit Ersatzmitteln dies zu erreichen versucht, ist sehr groß. Neben der Tendenz, dem Alkohol zu verfallen, besteht eine hohe Affinität zu Leistungspräparaten bis hin zur Designerdroge. Befinden sie sich in beruflichen Positionen, in denen sie unter Erfolgszugzwang stehen, greifen sie zu solchen Präparaten, denn sie sind stets auf der Suche nach dem ultimativen Mittel, welches ihnen ermöglicht, z. B. die Teilnehmer während einer beruflichen Konferenz aktiv zu dominieren oder einmal vor ein Auditorium zu treten, ohne Unsicherheit und Lampenfieber zu spüren. Die Versuchung und die Verlockung sind groß, jedoch sind die schon beschriebenen Überbelastungssyndrome die Folge von solchen überkompensierenden Kraftakten.

Der Mann unter Mond-Neptun braucht zumindest im Kreis der ihn liebenden und vertrauten Menschen einen Verständnisraum, um seine Empfindsamkeit zu offenbaren. Die Frau, die mit ihm zusammenlebt, sollte wissen, dass es bei ihm Leistungsgrenzen gibt. Dass sein sexuelles Verhalten ähnlichen Stimmungen unterlegen ist wie bei einer Frau. Er gehört nicht zu jenem Typus Mann, der durch Sexualität Spannungsabbau betreibt, um sich wohl zu fühlen. Der kleinste Zweifel oder eine Missstimmung in der Zweisamkeit kann ihn beeinträchtigen, dass er nicht in Stimmung ist. Auch ist es möglich, dass der Mann aufgrund der beruflichen Anforderungen oder der Last, als Ernährer fungieren zu müssen, die Sexualität vollkommen vergisst. Oder dass er Potenzprobleme aufgrund des energetischen Schwundes, der im Kreise, der ihn umgebenden Menschen vonstatten geht, bekommt. Deshalb ist es wichtig, ihm ein Stück des Drucks zu nehmen, damit er zu einem innerlichen Gleichgewicht finden kann. Partnerschaften, die mit solchen Mond-Signaturen geführt werden, haben einen größeren Bestand, wenn man sich als vertrautes Team begreift, das sich gegenseitig unterstützt, um den stressigen Anforderungen des Lebens gewachsen zu sein. Gegenseitiger Druck und Erwartungshaltungen führen zur Schwächung, und man landet irgendwann zielsicher in der Trennung oder der gefühlsmäßigen Distanzierung. Auch beim Mann sind es häufig die stillen, schleichenden Prozesse, die langsam zum Tragen kommen. Denn Nativen unter dieser Signatur fällt es schwer, Menschen, die sie lieben, etwas abzuschlagen, sie zu verletzen, einmal aus der Angst, dafür nicht geliebt zu werden, und zum anderen, weil sie bei niemandem Leid verursachen möchten, denn sie wissen, wie schmerzhaft seelische Verletzungen sein können.

Folgende Begebenheit eines Familienvaters mit einem Fische-Mond trägt die Handschrift der Mond-Neptun-Thematik: Der Mann lebte mit Frau, einem Kind und der Schwiegermutter in einer Hausgemeinschaft. Diese Gemeinschaft vollzog sich recht gut, denn er hatte genügend Freiräume, besonders im beruflichen Feld als Chemiker, in dem er auch seine neptunische Thematik pflegen konnte. Bis zu dem Zeitpunkt, als seine Frau und die Schwiegermutter, beide sehr erdig-materiell bezogene Frauen, von einem eigenen Haus zu träumen begannen. Man schleppte ihn an Wochenenden zu Grundstücksbesichtigungen und erstellte anhand seines Gehaltes Finanzierungspläne für den Hausbau. Die Schwiegermutter und seine Frau entwickelten beide eine hohe Dynamik, durch die er förmlich überrollt wurde, mit dem Argument, es würde doch alles viel schöner und angenehmer und er wäre sowieso nur an den Wochenenden richtig zu Hause. Der Mann wurde in dieser Phase immer introvertierter, und eine unerklärliche Sorge um seine Gesundheit trieb ihn plötzlich in jede nur erdenkliche Art der Vorsorgeuntersuchung. Fast schien es, als wäre er bestrebt, ein Symptom herbei zu diagnostizieren, und „endlich" ergab sich bei einer Nierenuntersuchung als Befund ein minimaler Schatten am Rand einer Niere, den man als eine mögliche Geschwulst oder als Zyste diagnostizierte. Dies nahm der Mann zum Anlass, die Frauen von dem Plan des Hausbaues abzubringen, denn er wisse nicht, wie es gesundheitlich mit ihm weitergehen solle und ob eine spätere Finanzierung bei Ausfall oder Minderung seiner Arbeitskraft überhaupt gewährleistet sei. Das Vorhaben wurde unter Murren eingestellt. In späteren Folgeuntersuchungen der Nieren konnte kein Befund mehr erstellt werden, der einst festgestellte Schatten wurde nicht mehr geortet.

Daraus wird die Dramatik deutlich, die sich im Gemüt des Betroffenen einstellt und die bis hin zur Symptommanifestation führen kann. Das Vorhaben der Frauen hatte die Leistungsgrenze des Mannes überschritten. Für die Folgezeit der Finanzierung wäre er durch die Verbindlichkeiten in eine Bindungssituation hineingeraten, die ihn in einen gewaltigen inneren Zugzwang gebracht hätte. Es war quasi der Tropfen, der das Leistungsfass der Wohngemeinschaft zum Überlaufen brachte. Glücklicherweise erkannten die Frauen die Dramatik des Mannes und ließen von ihrem Vorhaben des Hausbaues ab. So konnte der Druck von ihm weichen und er kam wieder in Einklang mit seiner Lebenssituation.

Symptome

Die Mond-Neptun-Verbindung mit ihren lösenden Anteilen führt in erster Linie in die Bereiche von psychischen Symptomen. Dabei handelt es sich vor allem um Existenzängste oder starke Minderwertigkeitsgefühle, weil durch die Lebenserfahrungen die Struktur der Persönlichkeit angegriffen ist. Sie weist nicht die Festigkeit auf, wie sie anderen Menschen zu Eigen ist, und führt zur permanenten Überkompensation durch Aktivität, was auf die Dauer eine Entkräftung bewirkt. Die zunehmende Labilität und die Enttäuschung sind oft der Motor für ein starkes Rückzugsbedürfnis, dem die Nativen aber nur bedingt Raum geben sollten. Sie empfinden, dass sie im Verbund mit anderen Menschen durchlässig sind und den auf sie einströmenden Emotionen und Ansprüchen nichts entgegenzusetzen haben. Sehnlichst wünschen sie sich, innere Sicherheit und souveränes Auftreten in der Öffentlichkeit zu erreichen. Doch ist gleichzeitig die Unkonturiertheit ein besonderes Mittel, das ihnen ein gebührliches Einfühlungsvermögen für Menschen und deren Bedürfnisse gibt, um andere in pflegenden oder helfenden Berufen zu begleiten und ihnen Halt zu geben. Wo immer die Nativen sich Situationen zuwenden, in denen Menschen bedürftig sind und nicht die rechte Struktur besitzen, ihr Leben zu gestalten, erfahren sie umgekehrt einen Zuwachs an Stärke.

Unter Mond-Neptun kommt es aufgrund der Verweigerung, sich der Welt „hinzugeben", häufig zu großen energetischen Mangelzuständen. Man empfindet Schwäche, weil ein Teil des Inneren nicht bereit ist, in der Welt zu funktionieren, andererseits führt die permanente Überkompensation zur vollkommenen Verausgabung mit dem Ergebnis einer energetischen Pattsituation. Die Überanstrengung, die im Verbund mit der Welt entsteht, rührt aus einer erhöhten weltlichen Reizverarbeitung der Nativen. Für sie existieren zwei Realitätsebenen, zum einen die formale Welt und zum anderen die Welt der Stimmungen, die gefühlsmäßig von ihrem feinen Sensorium aufgesogen werden, deshalb ist die Verarbeitungsleistung für sie doppelt so hoch wie bei anderen Menschen. Gehen sie beispielsweise in der Stadt durch die Einkaufsstraße, so haften die Gefühle, das Leiden der Obdachlosen, die ihnen dort begegnen, oder die Stimmung eines Kindes, das von seiner alkoholisierten Mutter geschlagen wurde, und was immer es sonst sei, so intensiv an ihnen, als wären es ihre eigenen. Gesellen sich noch persönliche Probleme und Drucksituationen hinzu, ist das Szenario dieses Tages für sie schwer zu verarbeiten und führt zur Erschöpfung. In der Folge kann es zu Melancholie und Depressionen kommen bis hin zum manisch-depressiven Formenkreis.

Die tiefe Depression rührt aus der energetischen Mangelsituation her, weshalb es bedeutsam wäre, sich regenerative Ausstiege besonders in

Meeresnähe zu gönnen, da der Kontakt mit Wasser und Salzluft für die Nativen eine sehr heilsame Wirkung besitzt. Unter dieser Mond-Thematik kann auch eine latente Todessehnsucht vorliegen, die aber nicht als aktive Suizidtendenz zu verstehen ist, sondern als eine in Gedanken bestehende Sehnsucht, die wie folgt lauten könnte: „Wenn ich morgen nicht mehr aufwachen würde, wäre dies für mich in Ordnung", oder bei Krankheitsverläufen: „Wenn mich mein Symptom meinem Ende zuführt, wäre ich erlöst und hätte es endlich hinter mir." Dies sind aber nur Sehnsüchte, denn wenn die Nativen in echte Gefahrensituationen gelangen, ist ihr Überlebensdrang sehr ausgeprägt, so stark, dass sie möglicherweise selbst erstaunt sind über ihren instinktiven Willen zum Überleben. Je mehr die Nativen zwanghaft im täglichen Lebenskampf am Arbeitsplatz oder in Revierbehauptungen bestehen wollen, desto ausgeprägter zeigt sich der energetische Mangel. Die extremste Variante sind Lähmungserscheinungen, hinter denen das gleiche Prinzip deutlich wird. Die verdrängte innere Lähmung wird zur äußeren Manifestation und schafft einen aufgezwungenen Rahmen, der aus den aktiven Bereichen des Lebens hinausführt. Die Überaktivität wird vom Körper als Sprachrohr des Unbewussten mit sich verlangsamenden Funktionsverläufen reduziert. Symbolisch werden die betroffenen Nativen dadurch in eine Situation geführt, die sie von den Außenaktivitäten entbindet, um sie mehr mit dem inneren Kern ihres Wesens in Verbindung zu bringen, den es unter dieser Konstellation zu ergründen gilt.

Vergiftungen stellen unter dieser Mond-Thematik eine häufig auftretende Variante dar. Dies können Nahrungsmittelvergiftungen sein oder Vergiftungen durch Umwelteinflüsse. Ausdünstungen von Materialien in Haus und Wohnung, die von Ausrüstungsmitteln für Textilien oder Imprägnierungen von Teppichböden, Holz oder Baustoffen ausgehen, bis hin zur Schimmelpilzvergiftungen, die zur gesundheitlichen Beeinträchtigung beitragen. Hier könnte man einwenden, dass dies Beeinträchtigungen sind, die von außen kommen und nicht im Zusammenhang mit den Betroffenen stehen können. Die Nativen besitzen aber aufgrund ihrer Mond-Thematik eine Resonanz zum Thema Auflösung durch Vergiftung. Je unbewusster sie über ihren inneren Rückzugs- und Hintergrunddrang sind, desto mehr entwickeln sie eine Resonanz zu belasteten Objekten. Sie fühlen sich von ihnen angezogen, da sie ihnen kausal gefallen, und so dient die äußere Welt als Erfüllungsgehilfe für die sich in der Folge einstellenden Symptome. Dies können sein: leichtes Unwohlsein, Gedächtnis- und Bewusstseinsstörungen, Konzentrations- und Sehstörungen, Hautaffektionen. Auch die körperliche Selbstvergiftung durch eine Unterfunktion der zentralen Entgiftungsorgane wie die Nieren, die Leber und der Darm kann sich einstellen. In der Folge verlieren die Nativen

Kraft und Energie, erfahren diffuse Gefühle mit Schwindelanfällen oder fühlen sich gedanklich entrückt und nicht klar, um sich derart geschwächt den täglichen Erfordernissen gegenüber nicht mehr gewachsen zu sehen.

Die innere Labilität lässt die Menschen unter der Mond-Neptun-Thematik auch eine starke Affinität zu Suchtmitteln entwickeln. Mit diesen flüchten sie sich aus der Realität in eine Welt, in der die Dinge leichter funktionieren als in der konkreten Welt. Im Rausch suchen sie eine annehmbare Weltenerfahrung, die sich dort scheinbar herstellen lässt, um dann wieder in der kalten Realität zu erwachen. In den Anfangsphasen der Sucht führt der Drogenkonsum zu einer größeren Strukturiertheit, unter der es die weltlichen Erfordernisse zu erfüllen gelingt. Unter dieser Mond-Thematik findet man z. B. den Alkoholiker, der durch den Alkoholkonsum nicht wie andere Menschen in einen übermütigen Kontrollverlust hineingerät, sondern in das genaue Gegenteil. Häufig gelingt es ihnen, ihren Alkoholismus über Jahre hinaus zu verbergen. Pflichtgetreu erfüllen sie ihr tägliches Arbeitspensum, allerdings nur unter erheblichem Promilleeinfluss, vollkommen unbemerkt, da das neptunische Rauschmittel die vermisste Kontur herstellt. Der Alkohol wird somit zum Mittel, um den Erfordernissen gerecht werden zu können. Für eine gewisse Zeit mag ein solch wackeliges Lebensgerüst funktionieren, bis es plötzlich zusammenbricht und die Nativen vor dem Desaster der Weltenkonfrontation stehen.

Körperliche Symptome weisen im Konkreten auf die Grundproblematik der Mond-Neptun-Verbindung hin. Dies sind insbesondere korporale Auflösungstendenzen, welche die festen Strukturen betreffen. Die Haut besitzt eine Grenzfunktion gegenüber der äußeren Welt. Sie stellt die Hülle des Körpers dar, die eine besondere Schutzfunktion hat. Deshalb erfährt die Haut unter dieser Konstellation oft eine Öffnung oder Auflösung, ausgelöst durch einen Pilzbefall oder ekzematöse Erkrankungen. Symbolisch wird die Grenze des Körpers durchlässiger, und es findet die Öffnung zum Außen statt, die die Nativen nicht bereit sind, selbst auszuführen. Insbesondere dann, wenn sie zu stark in ihrer Schutzhaltung verhaftet und bestrebt sind, im Außen eine starke Seite zu zeigen.

Auch Gewichtsprobleme stellen das Ringen um die Grenzaufzeigung mit der Welt dar. Besonders leicht vermag sich eine Übergewichtigkeit einzustellen, wenn die Nativen ständig von anderen Menschen umgeben sind. Der energetische Verlust, den sie durch Partner, Kinder oder Eltern erfahren, da diese ihnen die Energie rauben, versuchen sie mittels verstärkter Nahrungsaufnahme auszugleichen. Oder der Stoffwechsel und die Verdauung kommen aufgrund des energetischen Mangels zum Erliegen, was wiederum zur Gewichtszunahme führt. Auch das andere Extrem, die Magersucht, ist unter der Mond-Neptun-Thematik zu finden, die besonders im Zeitraum der Pubertät auftreten kann. Dies geht einher mit einer reduzierten Entwicklung der Geschlechtsorgane. Hinter dieser Thematik verbirgt sich die Abneigung gegen das Leben. Die Sehnsucht, wieder in die Urbausteine des Kosmos zurückkehren zu wollen, findet in der Magersucht ihren Ausdruck. Die verlangsamte Geschlechtsreife hingegen (bei Frauen knabenhafte Brüste, bei Männern unterentwickelte, zur Atrophie neigende Hoden) signalisiert, dass die Rolle als Frau oder Mann nicht angenommen werden will. Die Angst vor dem Leben spielt dabei eine Rolle, da sehr starke unbewusste Vorbehalte gegenüber den rollenspezifischen Leistungsanforderungen bestehen. Sporadisch drückt sich die Lebensangst auch in Magenschleimhautentzündungen aus. Sie symbolisieren die Wut gegenüber der Ausgeliefertheit an den Lebensprozess. Oder ein nervöser Magen- und Darmtrakt, der in der Folge von Stresssituationen zu Durchfällen führt, lässt die Angst offenbar werden, die durch die Bewältigung großer Herausforderungen hervorgerufen wird.

Eine Osteoporose, die die aufrechte Struktur des Körpers zusammensinken lässt, signalisiert, dass die jahrzehntelange Überlastung zu dem unbewussten Wunsch führt, sich in die Urbausteine zurückzubewegen, was durch die Verkleinerung der körperlichen Statur sichtbar wird. Der Druck und die Überlastungssituation finden in diesem Symptom ihren Ausdruck. Auch Fußprobleme gehören in den Formenkreis der Mond-Neptun-Symptome. Schmerzende geschwollene Füße, die Druckstellen und Blasen aufweisen, eingewachsene Fußnägel, die beim Gehen oder bei Berührung starke Schmerzen erzeugen, bis hin zu offenen Füßen und Unterschenkeln symbolisieren den offenbar gewordenen Schmerz, der entsteht, wenn man sich durch das Leben bewegt. Konkret müssen die Nativen sich öfters in die horizontale Lage bewegen, damit sie Entlastung finden. Diese Symptome prägen sich stets aus, wenn die Überkompensation mit Aktivität besonders stark ist und kein entsprechender Umgang mit dem sensiblen Inneren stattfindet.

Hinter allen Symptommanifestationen wird das Ringen zwischen den beiden Welten, dem Diesseits und dem Jenseits, offenbar. Sicher gilt es, einen behutsamen Vermittlungsakt herzustellen, wobei weder die eine noch die andere Seite einen Überhang erfahren darf. Es braucht einen veränderten Umgang mit sich und der Umwelt, der vor allem die Kenntnis der eigenen Entrücktheit erfordert und die Erkenntnis, dass diese nicht dazu legitimiert sich gehen zu lassen, indem man sich der Welt entzieht. Vielmehr sind die Nativen gefordert, sich andere Dimensionen zu eröffnen, die sie in Verbindung mit der metaphysischen Erfahrungswelt bringen und einen sukzessiven Prozess des Einklangs mit dem Leben herzustellen vermögen, denn ihre Geborgenheit finden sie in inneren Welten.

Lerninhalt

Die Mond-Neptun-Verbindung führt die Nativen verstärkt in ihren Innenraum hinein. Dazu ist die Erfahrung des Druckes in der äußeren Welt notwendig, weil er ihnen das Tor zu den inneren Dimensionen öffnet. Hier geht es um die Erkenntnis, die über das leidhafte Ringen um die Bedeutung in der äußeren Welt an ein inneres Leben heranführt. Für die Betroffenen ist es notwendig, alle irdisch-sozialen Maßstäbe oder weltlich-kausalen Sinnzusammenhänge hinter sich zu lassen, um die Wirklichkeit in sich zu erfahren. Nach dem Lösen des Widerstandes gegenüber der Welt wird der Mensch bereit, verändernde Erfahrungen zuzulassen. Es ist der Widerstand, der ihnen die Kraft raubt bzw. keine Energie im Inneren mobilisiert und sie in entrückte Stimmungslagen führt. Hier braucht es gezielte Rückzugsmöglichkeiten und die Anerkennung der energetischen Grenzen, die in ihrem Umfeld unbedingt formuliert werden wollen. Aus der Offenheit über die Leistungsgrenzen im emotionalen wie im funktionalen Bereich, die nichts über die Fähigkeiten des Menschen aussagt, baut sich ein enormes Spannungsfeld ab, das bei Nichtbeachtung zu den vielfältigen Symptommanifestationen führt. So braucht es im privaten Bereich Rückzugs- und Sammlungsmöglichkeiten wie beispielsweise eigene Räume, in denen man ungestört verweilen kann, ohne Rechenschaft ablegen zu müssen, Fragen wie, „was hast du denn gemacht?", „was hast du gedacht?" oder „warum willst du gerade jetzt in dein Zimmer gehen?", sind lauter „schreckliche" Fragen, die im Gemüt der Nativen Befangenheit und Konflikte hervorrufen, da sie mit ihrem Verhalten niemanden verletzen möchten, sondern einfach nur ein Sammlungsmoment brauchen.

Um den inneren Durchlässigkeitsempfindungen adäquat begegnen zu können, sollten sich die Nativen während des Tages und am Abend angewöhnen, fünf bis zehn Minuten Zeit für Regenerationsübungen zu verwenden. Dies kann eine kleine Meditation zur Abstimmung mit dem Kosmos sein, eine meditative Atemübung oder eine konzentrierte Aufladung der Energiezentren des Körpers. Sport oder Fitness erfüllen nicht den gewünschten Zweck und sind eher kontraproduktiv, denn sie führen in die Außenorientierung. Der Mangel, der hier ausgeglichen werden will, ist ein innerer. Auch greifen unter dieser Mond-Thematik alle Wasseranwendungen und Therapien sehr gut, besonders um sich nach einem intensiven Kontakt mit vielen Menschen von den mentalen Anhaftungen zu reinigen. Im Beruf ist es vorteilhaft, insofern realisierbar, sich eher kürzere Auszeiten in kontinuierlichen Abständen zu organisieren, als das Urlaubszeitkontingent mit einem Male zu verbrauchen. Denn bestehen keine „Ausstiegsrettungsbojen" für die

Nativen, erliegen sie einem energetischen Auszehrungsprozess, der bis zum „Burn-out-Syndrom" führen kann. Hat man zudem noch beruflich viel mit Menschen zu tun, dann wäre es sogar wichtig, sich den Urlaub auch vom Partner oder den Kindern zu gönnen, weil Sammlung und Regeneration unter dieser Mond-Signatur so bedeutsam sind. Einfach mal nichts tun zu müssen, träumen, lesen, meditieren oder nur „kerzengeradeaus" aufs Meer starren, kann zur effektiven Regeneration führen, so dass die Nativen sich dadurch auf ihr heimisches Umfeld wieder freuen können. Nochmals will betont sein, dass es nicht um einen vollumfänglichen Rückzug geht, denn die Ausstiegsphasen besitzen auch ihre Grenzen – sie wirken nur als polarer Ausgleich! Häufig machen die Nativen die Erfahrung, wenn sie für längere Zeit dem Leben zu entfliehen versuchen, dass es eine Umkehrung gibt und sie sich nach einiger Zeit wertlos, zaghaft und aufgelöst zu empfinden beginnen, so als würden sie den Boden unter den Füßen verlieren. Darüber hinaus ist es erforderlich, sich von allen Bestrebungen, einen sozialen Stellenwert zu erreichen, zu lösen, um zu einer eigenen Wahrheit zu finden, die im Inneren begründet ist. Es gilt, der inneren Wahrheit eine größere Bedeutung beizumessen als den Anteilen, die von der Welt als Messlatte angelegt werden.

Ein Familienvater war beispielsweise in einer Bank die Karriereleiter stetig hinaufgestiegen, bis er die Vorstandsebene erreichte. Er wollte sich und der Welt seine Leistungsfähigkeit beweisen. Mit der Zeit wurde er mit den auf ihm lastenden Verantwortungen immer kränker und schwächer und verbrachte seine Freizeit zu Hause mit der Familie nur noch in Dämmerzuständen auf dem Sofa oder im Bett, so dass er für niemanden mehr wirklich existent war. Derart an seine Grenzen angelangt, fasste er den Entschluss, sich in eine untergeordnete Abteilung zurückversetzen zu lassen. Dies war für ihn keine leichte Entscheidung – aber eine heilsame, denn sehr bald war er frei von seinen Beschwerden und gewann sein altes Lebensgefühl wieder zurück. Es brauchte seine Zeit, um mit der Verwunderung seiner Vorstandskollegen fertig zu werden. Dafür wurde er mit viel Sympathie und Achtung in seinem neuen Umfeld aufgenommen. Er begann sich weiter zu bilden, um in einen therapeutischen Beruf zu wechseln. Dies soll nicht den Anschein erwecken, dass der Mensch unter dieser Mond-Thematik nicht zu Erfolg, Wohlstand und Anerkennung kommen kann. Wenn aber ein solches Bemühen zum verzweifelten Kampf und letztlich zum Krampf wird, stimmt etwas nicht. Verwirklicht sich der Mensch jedoch in einem Umfeld, das ihm und seinen Neigungen entspricht, ist es möglich, dass sich jene vielfach heiß umkämpften Erfolge als angenehmes Nebenprodukt einstellen – als ein Resultat authentisch ausgeführter Bemühungen. Unter dieser Mond-Thematik geht es vielmehr um Erfordernisse und Ideale, die erfüllt werden wollen. Nicht das Ideal der eigenen Selbstdemonstration ist der Sinn der inneren Lebenshaltung, weshalb es nötig ist, das die „Ich-AG" in den Ruhestand versetzt wird. Erfolg ist stets ein Ergebnis, das sich aus dem Einklang mit den inneren Gesetzen einstellt, aber nicht als Ziel eines Selbstzweckes anvisiert werden kann. Denn schließlich vermittelt schon das Wort „Erfolg" wie es gemacht wird. „Er folgt" und nicht „er zwingt". Die Lernaufgabe für Menschen mit der Mond-Neptun-Thematik besteht in der Erkenntnis, dass sie zwar konkret und körperlich auf dieser Ebene anwesend sind, aber nicht in dem Maße, wie es von der Welt gefordert wird. Je mehr sie so tun, als wären sie vollkommen konkret und im Sinne der Welt belastbar, desto stärker stellt ihnen dies den Mythos der eigenen Unzulänglichkeit in den Weg. Jene Vorgänge treten in das Leben der Nativen, damit sie sich von den eigenen Belangen zu lösen lernen. Je weiter sie von persönlichen Ansprüchen Abstand nehmen, desto mehr wird ihnen auf vielen Ebenen gegeben. Dies geschieht allerdings nur aus einer inneren Haltung, aus der heraus der neptunische Mensch innerlich wertfrei und anspruchslos geworden ist. Dann vermag auch er zu spüren, dass er vom Leben getragen wird.

Über die Bereitschaft, auch einmal einen Schritt zurück zu treten, erfährt der Mensch die Befreiung von den äußeren Löseprozessen wie von den inneren Auflöseprozessen. Das Außen wird zur wertfreien Zone, die dann gestalterisch ihre eigenen Formen annehmen kann, da sie durch das ständige aktive Wirken der Nativen nicht mehr behindert wird. Was immer den Menschen mit neptunischen Themen in Verbindung zu bringen vermag, ist unter dieser Konstellation ein wertvolles Mittel. Das können kreative Tätigkeiten sein, die sich im Rahmen von Kunst, Theater oder im Medienbereich einlösen, weil der Mensch dort mit unkonkreten Bildern und Ideen arbeitet, um sie konkret sichtbar zu machen. Aber auch Tätigkeiten im therapeutisch-sozialen Bereich schaffen Einlösungsmöglichkeiten für die Nativen, weil sie sich damit in die Nähe ihres eigenen Dramas bewegen.

Letztlich steht hinter allen stellvertretenden Einlösungsebenen die eine große Notwendigkeit: Sich auf den Weg zu machen, um in der konkreten Welt eine andere Realität zu finden. Das metaphysische Weltbild entspricht jener Philosophie, die den Menschen zu adäquaten Antworten in Bezug auf seine Lebensdramatik führt. Hier wird er jene Erfüllung finden, die ihm das gibt, was ihn erkennen lässt, dass alle äußeren Dinge nur Mittel zu einer inneren Erfahrung sind. Das Leid ist stets der Motor, um den Menschen zu bewegen, zu neuen Ufern aufzubrechen. Die Ufer unter der Mond-Neptun-Verbindung sind in dem allumfassenden Ozean der geistigen Welt zu finden, die es in der konkreten Welt zu entdecken gilt. Erwächst ein solches Bewusstsein, dann findet der Mensch zu der ersehnten Mitte. Denn die Mitte ist das

Wesen aller Dinge, so wie auch der innere Keim des Menschen das Wesen ist, das sich mit der Hülle des Körpers umgibt. Er erfährt, dass er sich wieder konturiert und geschlossen fühlt und jene ängstliche Zaghaftigkeit sich in Vertrauen verwandelt. Er findet zu sich, weil er sich mit jener Ebene in Verbindung bringt, die ihm unter dieser Mond-Signatur Heimat ist; sein Zuhause ist in den metaphysischen Welten zu finden, in denen er Kraft und Regeneration erfährt, um in der Welt der äußeren Formen seinen Platz einnehmen zu können.

Meditative Integration

Wenden Sie sich, wie in den Kapiteln „Der innere Raum" und „Spiegel der Selbstbetrachtung" beschrieben, dem von Ihnen geschaffenen inneren Raum zu. Nachdem Sie die Entspannungsübung zur Einstimmung ausgeführt haben und sich vor Ihrem Spiegel sitzend wiederfinden, lassen Sie in Ihrem Spiegel der Selbstbetrachtung folgende Themen im Geiste Revue passieren:

Meditation zu äußeren Lebensbegebenheiten

Habe ich in meinem Leben häufig Verlassenheitssituationen erfahren? Lebe ich in einer inneren Welt und fühle ich mich einsam und unverstanden? Sehne ich mich danach, dass meine Bedürfnisse nach Liebe und Zuwendung bemerkt werden, ohne dass ich darauf aufmerksam mache? Kenne ich meine Neigung, Menschen, die ich liebe, zu idealisieren? Kenne ich meine Sehnsucht nach einer überirdischen Liebe? Weiß ich, wie stark meine Angst vor Verletzung ist? Habe ich Zugang zu meiner inneren Unsicherheit? Kenne ich meine Vermeidungsstrategien durch stilles Verschwinden, wenn ich mich in Gesellschaft nicht wohl fühle? Kenne ich meine Angst, nicht immer das zu offenbaren, was mich wirklich bedrückt? Sind mir meine unkonkreten Ausflüchte bewusst, wenn ich nicht „nein" sagen kann und es doch gerne möchte? Kenne ich meine Angst und mein Rückzugsbedürfnis, wenn mir ein Mensch zu nahe kommt?

Lassen Sie dazu individuelle Situationen und Erlebnisse im Spiegel der Selbstbetrachtung vor Ihnen entstehen. Es geht nicht darum, dass Sie sich bewerten und sich damit selbst schlecht machen, sondern dass sie den inneren Mechanismen näher kommen, die gerne verdrängt werden. Nehmen Sie im Besonderen in diesen Situationen die Gefühle Ihrer Entrücktheit und des Bedürfnisses, sich zu entziehen, wahr, besonders dann, wenn es etwas zu klären gab oder Sehnsucht nach etwas bestand. Spüren Sie all jenen Empfindungen nach, die sich in den verschiedenen Lebenssituationen einstellten. Nehmen Sie sich Zeit, und lassen Sie verschiedene Situationen in der Selbstbetrachtung entstehen. Schauen Sie sich aber auch an, was Sie jeweils schon vor Situationen der Auflösung und der differenten Gefühle, bevor Sie mit Menschen und Situationen in Berührung kamen, sich gedanklich für ein Möglichkeitsszenario ausgemalt hatten. Fanden Sie sich im Nachhinein ungerecht, weil es eigentlich nicht so war, wie Sie erwartet hatten? Besonders wenn Sie Ihren Ängsten und Unsicherheiten im Verbund in der Begegnung zu viel Raum gegeben haben? In den Ängsten aus vergangenen Begebenheiten, die an Ihnen nachhaltig haften, weil Sie so sensibel sind, finden Sie die Quelle für die sich einstellenden Auflöse- und Entrücktheitsgefühle.

Je mehr es Ihnen gelingt, den sich steigernden Mechanismus Ihrer eigenen Voreingenommenheit neu zu spüren, desto besser kann Ihnen im Verbund die Erkenntnis erwachsen, dass Ihre Vorbehalte insbesondere zur Entkräftung und zum Rückzugsbedürfnis beitragen. Im Bereich der zwischenmenschlichen Erfahrung gilt es, jener überirdischen Liebessehnsucht nachzuspüren, die Sie in den Menschen, den Sie lieben, hineininterpretieren. Fühlen Sie Ihrem nachdrücklichen Sehnsuchtsgefühl hinterher. Machen Sie sich dabei bewusst, dass Ihre Gefühlssehnsucht einer inneren Intention von Ihnen entspringt, da Sie einen selbstgeschaffenen Empfindungsmaßstab besitzen. Nachdem Sie eine Reihe von Lebenssituationen aufgesucht haben, in denen Ihre Liebe enttäuscht wurde, weil die Entgegnungen nicht so waren, wie Sie sie gerne gehabt hätten, ist es bedeutsam, in der Umkehrung Situationen aufzusuchen, in denen die Liebe anderer Ihnen galt. Lassen Sie Situationen vor Ihrem geistigen Auge entstehen, in denen andere um Ihre Liebe buhlten, betrachten Sie, wie zurückgezogen und verhalten Sie waren. Viel lieber wandten Sie sich möglicherweise einem Menschen zu, der gebunden war oder Sie nicht liebte. Dies ist besonders bedeutsam, damit Sie Ihrer Sehnsucht nachspüren können und der Suche nach einer Liebe, die es nur in Ihrer Sehnsucht gibt. Diese kann aber von keinem Menschen erfüllt werden. Je mehr es Ihnen gelingt, authentisch Ihrem Ideal der Liebe nachzuspüren, desto eher gelangen Sie in die Nähe einer Erkenntnismöglichkeit: Dass Sie Liebe verhindern, damit Sie Sehnsucht nach Liebe entstehen lassen können, um damit ins ideale Reich Ihrer Träume und Sehnsüchte abtauchen zu können. Eigentlich ist es eine Sehnsucht nach einer kosmischen Liebe, eine Sehnsucht, eins mit allem zu werden, die Sie treibt. Sie sollten versuchen, diesen Erfüllungszwang von anderen Menschen zu nehmen, damit das Liebeselement wertfreier in Ihrem Leben fließen kann.

Meditation zu körperlichen Symptomen

Finden sich bei Ihnen Symptome aus den Mond-Neptun-Analogien wieder, können sich wertvolle Erkenntnisse einstellen, wenn Sie den Zeitpunkt aufsuchen, an dem die Symptome sich zu manifestieren begannen. Lenken Sie dabei besonders Ihre Aufmerksamkeit auf die Menschen, die Sie zu diesem Zeitpunkt umgaben, oder die jeweilige Lebenssituation, denn sie sind stets in einem Zusammenhang solcher Entstehungen zu sehen. Leiden Sie an Entkräftung oder an entrückten inneren Stimmungen, dann schauen Sie im Spiegel der Selbstbetrachtung genau jene Situationen an, in denen Sie zu viel Nähe erlebt haben, sich aber fürchten, Ihr Rückzugsbestreben zu formulieren. Spüren Sie dem Druck hinterher, der sich aufbaut, weil Sie in der Partnerschaft bestimmte Dinge nicht formulieren wollen. Beobachten Sie, wie Sie sich gegen die eigene Empfindsamkeit aufbäumen und Sie in ständiger Aktivität sind. Es ist stets die Diskrepanz, die sich aufbaut zwischen den Ängsten, Dinge, die für Sie bedeutsam sind, zu formulieren, die dann aber keinen Ausdruck finden.

Weitere Fragen, die Sie zu Symptomen stellen können

Ist mir bewusst, dass ich mit Überdynamik meine Ziele zu erreichen versuche? – Habe ich Zugang zu der Seite in mir, die sich der Welt entziehen möchte? – Ist mir bewusst, dass ich Zeit und Raum benötige, um die täglichen Eindrücke zu verarbeiten? – Befinde ich mich beruflich in einem Umfeld, in dem sachliche Erfordernisse und Revierkämpfe überwiegen? – Habe ich Zugang zu meiner Lebensangst? – Ist mir meine Angst vor dem unsensiblen Verhalten meines Umfeldes bewusst? – Kenne ich mein Distanz- und Näheproblem? – Kenne ich jenen scheuen Anteil in mir, der ständig vor anderen auf der Flucht ist? – Sind mir die mentalen Übertragungen aus meinem Umfeld bewusst? – Ist mir bewusst, dass ich Stimmungen, die ich aus dem Umfeld aufnehme, für meine eigenen halte? – Ist mir bewusst, dass ich meinen subjektiven Befindlichkeiten zu viel Macht über mich gebe? – Habe ich bedacht, dass ich emotionale Missstimmungen anderer Menschen, die nichts mit mir zu tun haben, mir aufgrund meiner Sensibilität und Unsicherheit anziehe, als gälten sie mir? – Fehlt mir die Objektivität in der Einschätzung meiner inneren Zustände? – Ist mir bewusst, dass ich mehr Objektivität und Abgrenzung dem Umfeld gegenüber lernen muss? – Leiste ich genügend meditativen Ausgleich, der meine metaphysische Seite fordert?

Nehmen Sie nicht zu viele Fragen in die Betrachtungen hinein. Lassen Sie sich Zeit dazu, denn diese Fragen wollen nicht über den Intellekt geklärt werden. Für Sie ist es auch wichtig, wertfrei zu sein, da Sie, was Ihre eigene Persönlichkeit anbetrifft, unsicher sind. Wenn Sie Kritik an Ihrer Leistungsfähigkeit und der anderen Taktzahl Ihres Inneren üben, dann setzen Sie sich unter Druck und nähren die Leidensvariante Ihrer Monden-Thematik. Je mehr Sie sich in den Situationen im Spiegel der Selbstbetrachtung erleben und ganz intensiv den entstehenden Erkenntnissen Ihrer Wahrnehmungen hinterherspüren, werden Sie sich Ihrer Mechanismen bewusst. Nichts will erzwungen werden, sondern die Botschaften Ihres Inneren wollen sich Ihnen offenbaren.

Je mehr Sie sich in Ihrem geöffneten Zustand annehmen können und bereit sind, trotz der Überwindung, die es Sie kostet, in die Welt zu gehen, desto stärker kommen Sie in Einklang mit Ihrem Inneren.

Symbol-Imagination bei Symptommanifestation

Lassen Sie in Ihrem Spiegel ein weites Meer entstehen. Nehmen Sie sich so wahr, als würden Sie in dieses Meer eintauchen, ohne dass es Ihnen schadet. Es trägt Sie, umschließt Sie, gibt Ihnen Geborgenheit und trotzdem verbindet es Sie mit allen Lebewesen, die sich auch im Meer befinden. Nehmen Sie diese Wahrnehmung als das Gefühl der Allverbundenheit mit allen Lebewesen. Fühlen Sie, wie Sie das Wasser verbindet, gleichzeitig reinigt und Sie sicher trägt. Lassen Sie diesen Zustand intensiv auf sich wirken. Spüren Sie die heilende Kraft des Wassers, in dem alle Information enthalten ist, in dem nichts verloren geht, so wie im Ozean der Seelen auch nichts verloren gehen kann. Spüren Sie gleichzeitig auch die Allverbundenheit mit dem Urstrom des Kosmos, mit dem Sie sich in gleicher Weise rückverbunden fühlen können. Aus diesem Gefühl erhalten Sie die Kraft, die Sie durch Ihr Leben zu tragen vermag. Stellen Sie mit dieser Empfindung den Bezug zu Ihrem Mondenprinzip her, und lassen Sie die aufbauende Qualität des Wassers als Ihr Simile im Inneren zum Tragen kommen.

Anmerkung des Autors:
Bei dieser Mondsignatur ist es empfehlenswert, die energetisierende Bauchnabelübung, die sie am Ende des Kapitels der Mond-(Erd)-Merkur-Thematik finden, zusätzlich auch während des Tages auszuführen. Auch bei dieser Mond-Signatur kann es hilfreich sein, sich eine energetische Basis zu erschaffen, von der aus Sie lernen können, anders mit sich umzugehen.

Über den Autor

Die hermetische Philosophie, deren Renaissance dem Neuplatoniker Marsilio Ficino (1433 – 1499) zu verdanken ist und zu der die hermetische Astrologie zählt, ist ein einzigartiges Bewusstwerdungsinstrument, um die Schattenbereiche, Verwandlungs- und Einsichtsebenen des Menschen zu definieren. Das ist die ursprüngliche Idee der hermetischen Astrologie, deren Grundzüge Sie in dem Buch von Randolf M. Schäfer „Astrologie – Die Symbolik des Lebens entschlüsseln" (Urania Verlag, 2002) nachlesen können.

Es ist Randolf M. Schäfer seit langem ein Anliegen, die ursprüngliche hermetische Lehre bzw. das Urprinzipienwissen wieder ins Bewusstsein der Menschen zu bringen. Er hat deshalb 1988 das System der Astrosophischen Symbolkunde begründet. Er leitet seither Ausbildungen zum beratenden Astrosophen und hält Seminare und Vorträge in Deutschland, Italien, Österreich und der Schweiz.
Randolf M. Schäfer arbeitet in seiner Praxis in Frankfurt am Main und führt individuelle Beratungsgespräche durch sowie die von ihm entwickelte Innenweltarbeit der Kosmo-Imagination.

Auf seinen Internetseiten **www.randolfschaefer.de** finden Sie Anregungen zur Selbsterkenntnis- und Bewusstwerdungsarbeit. Weitere Informationen erhalten Sie unter folgender Adresse:

Astrosophische Praxis
Randolf M. Schäfer
Gutzkowstr. 47
60594 Frankfurt am Main
Tel.: 0049 - (0) 69 - 962 00 –108, Fax –109
randolfschaefer@aol.com